Wangzikun

王梓坤文集 | 李仲来 主编

06

随机过程通论及其应用（上卷）

王梓坤 著

北京师范大学出版集团
BEIJING NORMAL UNIVERSITY PUBLISHING GROUP
北京师范大学出版社

前　言

王梓坤先生是中国著名的数学家、数学教育家、科普作家、中国科学院院士。他为我国的数学科学事业、教育事业、科学普及事业奋斗了几十年，做出了卓越贡献。他是中国概率论研究的先驱者，是将马尔可夫过程引入中国的先行者，是新中国教师节的提出者。作为王先生的学生，我们非常高兴和荣幸地看到我们敬爱的老师8卷文集的出版。

王老师于1929年4月30日（农历3月21日）出生于湖南省零陵县（今湖南省永州市零陵区），7岁时回到靠近井冈山的老家江西省吉安县枫墅村，幼时家境极其贫寒。父亲王肇基，又名王培城，常年在湖南受雇为店员，辛苦一生，受教育很少，但自学了许多古书，十分关心儿子的教育，教儿子背古文，做习题，曾经凭记忆为儿子编辑和亲笔书写了一本字典。但父亲不幸早逝，那年王老师才11岁。母亲郭香娥是农村妇女，勤劳一生，对人热情诚恳。父亲逝世后，全家的生活主要靠母亲和兄嫂租种地主的田地勉强维持。王老师虽然年幼，但帮助家里干各种农活。他聪明好学，常利用走路、放牛、车水的时间看书、算题，这些事至今还被乡亲们传为佳话。

王老师幼时的求学历程是坎坷和充满磨难的。1940年念完初小，村里没有高小。由于王老师成绩好，家乡父老劝他家长送他去固江镇县立第三中心小学念高小。半年后，父亲不幸去世，家境更为贫困，家里希望他停学。但他坚决不同意并做出了他人生中的第一大决策：走读。可是学校离家有十里之遥，而且翻山越岭，路上有狼，非常危险。王老师往往天不亮就起床，黄昏才回家，好不容易熬到高小毕业。1942年，王老师考上省立吉安中学（现江西省吉安市白鹭洲中学），只有第一个学期交了学费，以后就再也交不起了。在班主任高克正老师的帮助下，王老师申请缓交学费获批准，可是初中毕业时却因欠学费拿不到毕业证，更无钱报考高中。幸而学长王寄萍出资帮助，才拿到了毕业证并且去县城考取了国立十三中（现江西省泰和中学）的公费生。这事发生在1945年。他以顽强的毅力、勤奋的天性、优异的成绩、诚朴的品行，赢得了老师、同学和亲友的同情、关心、爱护和帮助。母亲和兄嫂在经济极端困难的情况下，也尽力支持他，终于完成了极其艰辛的小学、中学学业。

1948年暑假，在长沙有5所大学招生。王老师同样没有去长沙的路费，幸而同班同学吕润林慷慨解囊，王老师才得以到了长沙。长沙的江西同乡会成员欧阳伯康帮王老师谋到一个临时的教师职位，解决了在长沙的生活困难。王老师报考了5所学校，而且都考取了。他选择了武汉大学数学系，获得了数学系的两个奖学金名额之一，解决了学费问题。在大学期间，他如鱼得水，在知识的海洋中遨游。1952年毕业，他被分配到南开大学数学系任教。

王老师在南开大学辛勤执教28年。1954年，他经南开大学推荐并考试，被录取为留学苏联的研究生，1955年到世界著名大学莫斯科大学数学力学系攻读概率论。三年期间，他的绝大部分时间是在图书馆和教室里度过的，即使在假期里有去伏尔加河旅游的机会，他也放弃了。他在莫斯科大学的指导老师是近代概率论的奠基人、概率论公理化创立者、苏联科学院院士柯尔莫哥洛夫（А. Н. Колмогоров）和才华横溢的年轻概率论专家杜布鲁申（Р. Л. Добрушин），两位导师给王老师制订了学习和研究计划，让他参加他们领导的概率论讨论班，指导也很具体和耐心。王老师至今很怀念和感激他们。1958 年，王老师在莫斯科大学获得苏联副博士学位。

学成回国后，王老师仍在南开大学任教，曾任概率信息教研室主任、南开大学数学系副主任、南开大学数学研究所副所长。他满腔热情地投身于教学和科研工作之中。当时在国内概率论学科几乎还是空白，连概率论课程也只有很少几所高校能够开出。他为概率论的学科建设奠基铺路，向概率论的深度和广度进军，将概率论应用于国家经济建设；他辛勤地培养和造就概率论的教学和科研队伍，让概率论为我们的国家造福。1959 年，时年 30 岁还是讲师的王老师就开始带研究生，主持每周一次的概率论讨论班，为中国培养出一些高水平的概率论专家。至今他已指导了博士研究生和博士后 22 人，硕士研究生 30 余人，访问学者多人。他为本科生、研究生和青年教师开设概率论基础及其应用、随机过程等课程。由于王老师在教学、科研方面的突出成就，1977 年 11 月他就被特别地从讲师破格晋升为教授，这是“文化大革命”后全国高校第一次职称晋升，只有两人（另一位是天津大学贺家李教授）。1981 年国家批准第一批博士生导师，王老师是其中之一。

1965 年，他出版了《随机过程论》，这是中国第一部系统论述随机过程理论的著作。随后又出版了《概率论基础及其应用》(1976)、《生灭过程与马尔可夫链》(1980)。这三部书成一整体，从概率论的基础写起，到他的研究方向的前沿，被人誉为概率论三部曲，被长期用作大学教材或参考书。1983 年又出版专著《布朗运动与位势》。这些书既总结了王老师本人、他的同事、同行、学生在概率论的教学和研究中的一些成果，又为在中国传播、推动概率论学科发展，培养中国概率论的教学和研究人才，起到了非常重要的作用，哺育了中国的几代概率论学人（这 4 部著作于 1996 年由北京师范大学出版社再版，书名分别是：《概率论基础及其应用》，即本8卷文集的第5卷；《随机过程通论》上、下卷，即本8卷文集的第6卷和第7卷）。1992年《生灭过程与马尔可夫链》的扩大修订版（与杨向群合作）被译成英文，由德国的施普林格（Springer）出版社和中国的科学出版社出版。1999年由湖南科技出版社出版的《马尔可夫过程与今日数学》，则是将王老师1998年底以前发表的主要论文进行加工、整理、编辑而成的一本内容系统、结构完整的书。

1984年5月，王老师被国务院任命为北京师范大学校长，这一职位自1971年以来一直虚位以待。王老师在校长岗位上工作了5年。王老师常说："我一辈子的理想，就是当教师。"他一生都在实践做一位好教师的诺言。任校长后，就将更多精力投入到发展师范教育和提高教师地位、待遇上来。1984年12月，王老师与北京师范大学的教师们提出设立"教师节"的建议，并首次提出了"尊师重教"的倡议，提出"百年树人亦英雄"，以恢复和提高人民教师在社会上的光荣地位，同时也表达了全国人民对教师这一崇高职业的高度颂扬、崇敬和爱戴。1985年1月，全国人民代表大会常务委员会通过决议，决定每年的9月10日为教师节。王老师任校长后明确提出北京师范大学的办学目标：把北京师范大学建成国内第一流的、国际上有影响力的、高水平、多贡献的重点大学。对于如何处理好师范性和学术性的问题，他认为两者不仅不能截然分开，而且是相辅相成的；不搞科研就不能叫大学，如果学术水平不高，培养的老师一般水平不会太高，所以必须抓学术；但师范性也不能丢，师范大学的主要任务就是干这件事，更何况培养师资是一项光荣任务。对师范性他提出了三高：高水平的专业、高水平的师资、高水平的学术著作。王老师也特别关心农村教育，捐资为农村小学修建教学楼，赠送书刊，设立奖学金。王老师对教育事业付出了辛勤的劳动，做出了重要贡献。正如著名教育家顾明远先生所说："王梓坤是教育实践家，他做成的三件事情：教师节、抓科研、建大楼，对北京师范大学的建设意义深远。”2008年，王老师被中国几大教育网站授予改革开放30年“中国教育时代人物”称号。

1981年，王老师应邀去美国康奈尔（Cornell）大学做学术访问；1985年访问加拿大里贾纳（Regina）大学、曼尼托巴（Manitoba）大学、温尼伯（Winnipeg）大学。1988年，澳大利亚悉尼麦考瑞（Macquarie）大学授予他荣誉科学博士学位和荣誉客座学者称号，王老师赴澳大利亚参加颁授仪式。该校授予他这一荣誉称号是由于他在研究概率论方面的杰出成就和在提倡科学教育和研究方法上所做出的贡献。

1989年，他访问母校莫斯科大学并作学术报告。

1993年，王老师卸任校长职务已数年。他继续在北京师范大学任职的同时，以极大的勇气受聘为汕头大学教授。这是国内的大学第一次高薪聘任专家学者。汕头大学的这一举动横扫了当时社会上流行的“读书无用论”“搞导弹的不如卖茶叶蛋的”等论调，证明了掌握科学技术的人员是很有价值的，为国家改善广大知识分子的待遇开启了先河。但此事引起极大震动，一时引发了不少议论。王老师则认为：这对改善全国的教师和科技人员的待遇、对发展教育和科技事业，将会起到很好的作用。果然，开此先河后，许多单位开始高薪补贴或高薪引进人才。在汕头大学，王老师与同事们创办了汕头大学数学研究所，并任所长6年。汕头大学的数学学科有了很大的发展，不仅获得了数学学科的硕士学位授予权，而且聚集了一批优秀的数学教师，为后来获得数学学科博士学位授予权打下了坚实的基础。

王老师担任过很多兼职：天津市人民代表大会代表，国家科学技术委员会数学组成员，中国数学会理事，中国科学技术协会委员，中国高等教育学会常务理事，中国自然辩证法研究会常务理事，中国人才学会副理事长，中国概率统计学会常务理事，中国地震学会理事，中国高等师范教育研究会理事长，

《中国科学》《科学通报》《科技导报》《世界科学》《数学物理学报》等杂志编委，《数学教育学报》主编，《纯粹数学与应用数学》《现代基础数学》等丛书编委。

王老师获得了多种奖励和荣誉：1978年获全国科学大会奖，1982年获国家自然科学奖，1984年被中华人民共和国人事部授予“国家有突出贡献中青年专家”称号，1986年获国家教育委员会科学技术进步奖，1988年获澳大利亚悉尼麦考瑞大学荣誉科学博士学位和荣誉客座学者称号，1990年开始享受政府特殊津贴，1993年获曾宪梓教育基金会高等师范院校教师奖，1997年获全国优秀科技图书一等奖，2002年获何梁何利基金科学与技术进步奖。王老师于1961年、1979年和1982年3次被评为天津市劳动模范，1980年获全国新长征优秀科普作品奖，1990年被全国科普作家协会授予“新中国成立以来成绩突出的科普作家”称号。

1991年，王老师当选为中国科学院院士，这是学术界对他几十年来在概率论研究中和为这门学科在中国的发展所做出的突出贡献的高度评价和肯定。

王老师是将马尔可夫过程引入中国的先行者。马尔可夫过程是以俄国数学家A. A. Марков的名字命名的一类随机过程。王老师于1958年首次将它引入中国时，译为马尔科夫过程。后来国内一些学者也称为马尔可夫过程、马尔柯夫过程、Markov过程，甚至简称为马氏过程或马程。现在统一规范为马尔可夫过程，或直接用Markov过程。生灭过程、布朗运动、扩散过程都是在理论上非常重要、在应用上非常广泛、很有代表性的马尔可夫过程。王老师在马尔可夫过程的理论研究和应用方面都做出了很大的贡献。

随着时代的前进，特别是随着国际上概率论研究的进展，王老师的研究课题也在变化。这些课题都是当时国际上概率论研究前沿的重要方向。王老师始终紧随学科的近代发展步伐，力求在科学研究的重要前沿做出崭新的、开创性的成果，以带动国内外一批学者在刚开垦的原野上耕耘。这是王老师一生中数学研究的一个重大特色。

20 世纪 50 年代末，王老师彻底解决了生灭过程的构造问题，而且独创了马尔可夫过程构造论中的一种崭新的方法——过程轨道的极限过渡构造法，简称极限过渡法。王老师在莫斯科大学学习期间，就表现出非凡的才华，他的副博士学位论文《全部生灭过程的分类》彻底解决了生灭过程的构造问题，也就是说，他找出了全部的生灭过程，而且用的方法是他独创的极限过渡法。当时，国际概率论大师、美国的费勒（W. Feller）也在研究生灭过程的构造，但他使用的是分析方法，而且只找出了部分的生灭过程（同时满足向前、向后两个微分方程组的生灭过程）。王老师的方法的优点在于彻底性（构造出了全部生灭过程）和明确性（概率意义非常清楚）。这项工作得到了苏联概率论专家邓肯（Е. Б. Дынкин，E. B. Dynkin，后来移居美国并成为美国科学院院士）和苏联概率论专家尤什凯维奇（А. А. Юшкевич）教授的引用和好评，后者说："Feller 构造了生灭过程的多种延拓，同时王梓坤找出了全部的延拓。"在解决了生灭过程构造问题的基础上，王老师用差分方法和递推方法，求出了生灭过程的泛函的分布，并给出此成果在排队论、传染病学等研究中的应用。英国皇家学会会员肯德尔（D. G. Kendall）评论说："这篇文章除了作者所提到的应用外，还有许多重要的应用……该问题是困难的，本文所提出的技巧值得仔细学习。"在王老师的带领和推动下，对构造论的研究成为中国马尔可夫过程研究的一个重要的特色之一。中南大学、湘潭大学、湖南师范大学等单位的学者已在国内外出版了几部关于马尔可夫过程构造论的专著。

1962 年，他发表了另一交叉学科的论文《随机泛函分析引论》，这是国内较系统地介绍、论述、研究随机泛函分析的第一篇论文。在论文中，他求出了广义函数空间中随机元的极限定理。此文开创了中国研究随机泛函的先河，并引发了吉林大学、武汉大学、四川大学、厦门大学、中国海洋大学等高校的不少学者的后继工作，取得了丰硕成果。

20 世纪 60 年代初，王老师将邓肯的专著《马尔可夫过程论基础》译成中文出版，该书总结了当时的苏联概率论学派在马尔可夫过程论研究方面的最新成就，大大推动了中国学者对马尔可夫过程的研究。

20 世纪 60 年代前期，王老师研究了一般马尔可夫过程的通性，如 0-1 律、常返性、马丁（Martin）边界和过分函数的关系等。他证明的一个很有趣的结果是：对于某些马尔可夫过程，过程常返等价于过程的每一个过分函数是常数，而过程的强无穷远 0-1 律成立等价于过程的每一个有界调和函数是常数。

20 世纪 60 年代后期和 70 年代，由于众所周知的原因，王老师停下理论研究，应海军和国家地震局的要求，转向数学的实际应用，主要从事地震统计预报和在计算机上模拟随机过程。他带领的课题小组首创了“地震的随机转移预报方法”和“利用国外大震以预报国内大震的相关区方法”，被地震部门采用，取得了实际的效果。在这期间，王老师也发表了一批实际应用方面的论文，例如，《随机激发过程对地极移动的作用》等，还有 1978 年出版的专著《概率与统计预报及在地震与气象中的应用》（与钱尚玮合作）。

20 世纪 70 年代，马尔可夫过程与位势理论的关系是国际概率论界的热门研究课题。王老师研究布朗运动与古典位势的关系，求出了布朗运动、对称稳定过程的一些重要分布。如对球面的末离时、末离点、极大游程的精确分布。他求出的自原点出发的 d（不小于 3）维布朗运动对于中心是原点的球面的末离时分布，是一个当时还未见过的新分布，而且分布的形式很简单。美国数学家格图（R. K. Getoor）也独立地得到了同样的结果。王老师还证明了：从原点出发的布朗运动对于中心是原点的球面的首中点分布和末离点分布是相同的，都是球面上的均匀分布。

20 世纪 80 年代后期，王老师研究多参数马尔可夫过程。他于 1983 年在国际上最早给出多参数有限维奥恩斯坦-乌伦贝克（OU，Ornstein-Uhlenbeck）过程的严格数学定义并得到了系统的研究成果。如三点转移、预测问题、多参数与单参数的关系等。次年，加拿大著名概率论专家瓦什（J. B. Walsh）也给出了类似的定义，其定义是王老师定义的一种特殊情形。1993 年，王老师在引进多参数无穷维布朗运动的基础上，给出了多参数无穷维 OU 过程定义，这是国际上最早提出并研究多参数无穷维 OU 过程的论文，该文发现了参数空间有分层性质。王老师关于多参数马尔可夫过程的开创性工作，推动和引发了国内对于多参数马尔可夫过程的研究，如中山大学、武汉大学、南开大学、杭州大学、湘潭大学、湖南师范大学等的后继研究。湖南科学技术出版社 1996 年出版的杨向群、李应求的专著《两参数马尔可夫过程论》，就是在王老师开垦的原野上耕耘的结果。

20 世纪 90 年代至今，王老师带领同事和研究生研究国际上的重要新课题——测度值马尔可夫过程（超过程）。测度值马氏过程理论艰深，但有很明确的实际意义。粗略地说，如果普通马尔可夫过程是刻画“一个粒子”的随机运动规律，那么超过程就是刻画“一团粒子云”的随机飘移运动规律。王老师带领的集体在超过程理论上取得了丰富的成果，特别是他的年轻的同事和学生们，做了许多很好的工作。

2002 年，王老师和张新生发表论文《生命信息遗传中的若干数学问题》，这又是一项旨在开拓创新的工作。1953 年沃森（J. Watson）和克里克（F. Crick）发现 DNA 的双螺旋结构，人们对生命信息遗传的研究进入一个崭新的时代，相继发现了“遗传密码字典”和“遗传的中心法则”。现在，人类基因组测序数据已完成，其数据之多可以构成一本 100 万页的书，而且书中只有4个字母反复不断地出现。要读懂这本宏厚的巨著，需要数学和计算机学科的介入。该文首次向国内学术界介绍了人类基因组研究中的若干数学问题及所要用到的数学方法与模型，具有特别重要的意义。

除了对数学的研究和贡献外，王老师对科学普及、科学研究方法论，甚至一些哲学的基本问题，如偶然性、必然性、混沌之间的关系，也有浓厚兴趣，并有独到的见解，做出了一定的贡献。

在“文化大革命”的特殊年代，王老师仍悄悄地学习、收集资料、整理和研究有关科学发现和科学研究方法的诸多问题。1977年“文化大革命”刚结束，王老师就在《南开大学学报》上连载论文《科学发现纵横谈》(以下简称《纵横谈》)，次年由上海人民出版社出版成书。这是“文化大革命”后中国大陆第一本关于科普和科学方法论的著作。这本书别开生面，内容充实，富于思想，因而被广泛传诵。书中一开始就提出，作为一个科技工作者，应该兼备德识才学，德是基础，而且德识才学要在实践中来实现。王老师本人就是一位成功的德识才学的实践者。《纵横谈》是十年“文化大革命”后别具一格的读物。数学界老前辈苏步青院士作序给予很高的评价：“王梓坤同志纵览古今，横观中外，从自然科学发展的历史长河中，挑选出不少有意义的发现和事实，努力用辩证唯物主义和历史唯物主义的观点，加以分析总结，阐明有关科学发现的一些基本规律，并探求作为一名自然科学工作者，应该力求具备一些怎样的品质。这些内容，作者是在‘四人帮’① 形而上学猖獗、唯心主义横行的情况下写成的，尤其难能可贵……作者是一位数学家，能在研究数学的同时，写成这样的作品，同样是难能可贵的。”《纵横谈》以清新独特的风格、简洁流畅的笔调、扎实丰富的内容吸引了广大读者，引起国内很大的反响。书中不少章节堪称

① 指王洪文、张春桥、江青、姚文元.

优美动人的散文，情理交融回味无穷，使人陶醉在美的享受中。有些篇章还被选入中学和大学语文课本中。该书多次出版并获奖，对科学精神和方法的普及起了很大的作用。以至19年后，这本书再次在《科技日报》上全文重载（1996年4月4日至5月21日）。主编在前言中说："这是一组十分精彩、优美的文章。今天许许多多活跃在科研工作岗位上的朋友，都受过它的启发，以至他们中的一些人就是由于受到这些文章中阐发的思想指引，决意将自己的一生贡献给伟大的科学探索。"1993年，北京师范大学出版社将《纵横谈》进一步扩大成《科学发现纵横谈（新编）》。该书收入了《科学发现纵横谈》、1985年王老师发表的《科海泛舟》以及其他一些文章。2002年，上海教育出版社出版了装帧精美的《莺啼梦晓——科研方法与成才之路》一书，其中除《纵横谈》外，还收入了数十篇文章，有的论人才成长、科研方法、对科学工作者素质的要求，有的论数学学习、数学研究、研究生培养等。2003年《莺啼梦晓——科研方法与成才之路》获第五届上海市优秀科普作品奖之科普图书荣誉奖（相当于特等奖）。2009年，北京师范大学出版社出版的《科学发现纵横谈》（第3版）于同年入选《中国文库》（第四辑）（新中国60周年特辑）。《中国文库》编辑委员会称：该文库所收书籍"应当是能够代表中国出版业水平的精品""对中国百余年来的政治、经济、文化和社会的发展产生过重大积极的影响，至今仍具有重要价值，是中国读者必读、必备的经典性、工具性名著。"王老师被评为"新中国成立以来成绩突出的科普作家"，绝非偶然。

王老师不仅对数学研究、科普事业有突出的贡献，而且对整个数学，特别是今日数学，也有精辟、全面的认识。20世纪90年代前期，针对当时社会上对数学学科的重要性有所忽视的情况，王老师受中国科学院数学物理学部的委托，撰写了《今日数学及其应用》。该文对今日数学的特点、状况、应用，以及其在国富民强和提高民族的科学文化素质中的重要作用等做了全面、深刻的阐述。文章提出了今日数学的许多新颖的观点和新的认识。例如，“今日数学已不仅是一门科学，还是一种普适性的技术。”“高技术本质上是一种数学技术。”“某些重点问题的解决，数学方法是唯一的，非此‘君’莫属。”对今日数学的观点、认识、应用的阐述，使中国社会更加深切地感受到数学学科在自然科学、社会科学、高新技术、推动生产力发展和富国强民中的重大作用，使人们更加深刻地认识到数学的发展是国家大事。文章中清新的观点、丰富的事例、明快的笔调和形象生动的语言使读者阅后感到是高品位的享受。

王老师在南开大学工作28年，吃食堂42年。夫人谭得伶教授是20世纪50年代莫斯科大学语文系的中国留学生，1957年毕业回国后一直在北京师范大学任教，专攻俄罗斯文学，曾指导硕士生、博士生和访问学者20余名。王老师和谭老师1958年结婚后育有两个儿子，两人两地分居26年。谭老师独挑家务大梁，这也是王老师事业成功的重要因素。

王老师为人和善，严于律己，宽厚待人，有功而不自居，有傲骨而无傲气，对同行的工作和长处总是充分肯定，对学生要求严格，教其独立思考，教其学习和研究的方法，将学生当成朋友。王老师有一段自勉的格言：“我尊重这样的人，他心怀博大，待人宽厚；朝观剑舞，夕临秋水，观剑以励志奋进，读庄以淡化世纷；公而忘私，勤于职守；力求无负于前人，无罪于今人，无愧于后人。”

本8卷文集列入北京师范大学学科建设经费资助项目，由北京师范大学出版社出版。李仲来教授从文集的策划到论文的收集、整理、编排和校对等各方面都付出了巨大的努力。在此，我们作为王老师早期学生，谨代表王老师的所有学生向北京师范大学、北京师范大学出版社、北京师范大学数学科学学院和李仲来教授表示诚挚的感谢！

杨向群　吴　荣　施仁杰　李增沪

2016年3月10日

目　录

随机过程通论(上卷)

随机过程通论(上卷)

第 2 版上卷作者的话[①]

本卷由科学出版社于 1965 年初版，1978 年重印. 尽管随机过程理论发展非常迅速，这里所叙述的关于马尔可夫过程与平稳过程的理论仍是很重要的，它们至今还是每位研究概率论者不可不知的基本理论. 在这一版中，改正了一些笔误.

初版后承一些著名大学用作教本或参考书，热心的读者曾多次赐教，他们的重要意见已吸收在新版中，作者谨对他们表示衷心的谢忱.

作者还衷心地感激韩丽娟、洪良辰、廖昭懋、蒋铎、洪吉昌等各位教授，他们关心本书的再版，并给予了许多帮助.

各章之末附有参考文献，卷末有参考书目. 每章末有补充与习题和附记.

§1.2 表示第 1 章第 2 节，§3 则表示本章内第 3 节.

王梓坤　1995-08-10

① 《随机过程通论》(上卷)由北京师范大学出版社于 1996 年 5 月出版第2 版.

第 1 版作者的话[①]

本卷的目的是叙述随机过程论(简称过程论)的基本理论.要达到此目标,不可避免地会碰到两个问题:什么是过程论的基本理论?怎样才能把它叙述得谨严而又易懂?前者是选材问题;后者涉及叙述的方式.

原来,过程论虽是一门年轻的数学学科,它的蓬勃发展不过是近30年左右的事;但由于实际需要的推动和数学工作者的努力,这门学科已经具有非常丰富的内容,诸子百家,巧立门户,早已形成群峰竞秀,万水争流的局面.因此,要在一本篇幅不大的书里,比较直接而又详细地叙述它的核心部分,必须认真选材,才有可能不浪费或少浪费读者的精力.幸好1961年我国部分概率论工作者曾交换意见,认为概率论的基本理论中,至少应该包括极限理论、平稳过程和马尔可夫过程三方面.这给作者以很大的启发.遵照这一意见,本卷主要由三部分组成:随机过程的一般理论,马尔可夫过程和平稳过程(极限理论不在本书范围内).在这三部分的具体取材中,作者参考了柯尔莫哥洛夫(A. H. Колмогоров),杜布鲁申(P. L. Добрушин),邓肯(E. Б. Дынкин),杜布(J. L. Doob),勒夫(M. Loève)和伊滕清

---

① 《随机过程论》由科学出版社于1965年12月出版第1版.

(K. Itô)等人的著作，并包含了作者本人的若干结果.特别是江泽培教授的平稳过程讲义，给了作者很大的启发与帮助，谨此深表谢意.

迄今叙述过程论的方式主要有两种：一是理论性的，严谨而系统，但不证明的细节太多，以致初学时发生不少困难；另一种是实用性的，关于应用方面的材料很丰富，涉及面广，但作为数学基本理论，却似乎不很适当.本书的任务要求采用第一种方式，为了便于初学，作者力求把选定的内容写细.我们希望，即使在没有外援的自学条件下，学生学习本书也有可能坚持到底.除最后一章外，各章末备有习题，它们都不太难，而且几乎每题都附有提示或解答，这些习题对加深理解无疑是有益处的.此外，在各章末的附记中，简短地指出了作者所知的进一步值得注意的问题与参考文献，这当然是十分浅薄和挂一漏万的.

基于上述想法，我们力求在全书中贯彻选材精练而叙述详细的原则.

上卷共9章，可把它们分成三个单元：第1,3章主要讲过程的一般理论；第2,4,5,6章讲马尔可夫过程；第7,8,9章讲(弱)平稳过程.后两单元基本上是彼此独立的.

上卷底稿在南开大学数学系部分地讲授过，作者衷心感谢听众所提出的许多宝贵意见.吴荣教授详细阅读了底稿，并提出了许多改进建议；来新三教授校对了文字；胡国定教授对本书的写作始终关心和鼓励.作者谨对以上诸位敬致谢意；同时还感谢审校者的大力协助.

由于作者学识浅薄，尽管竭力而为，错误缺点，仍然难免，敬请随时指教，以便改进.

1963-01

第 1 章　随机过程的基本概念

§1.1　随机过程的定义

(一)

像许多其他数学学科一样，概率论需要自己的公理结构．我们采用柯尔莫哥洛夫(A. H. Кодмогоров)于 1933 年所引进的公理系统，它使概率论建立在测度论的基础上，因而有可能充分利用测度论中的结果和工具．虽然如此，从历史上看，概率论的产生远在一般的测度理论建立以前，它有专门的术语和偏重的问题．为了保留这些术语的直观意义，我们自然应该沿用概率论中的名词．

有关测度论的预备知识都收集在本套书第 7 卷附篇中．

测度空间$(\Omega,\mathscr{F},P)$，如果满足条件 $P(\Omega)=1$，就称为**概率空间**．本书中，为了避免许多烦琐的关于零测集的子集的说明，总设 P 为**完全的概率测度**．概率论中，称 Ω 中的点 ω 为**基本事件**，Ω 为**基础事件空间**，$\mathscr{F}$中的集 A 为**事件**，称 $P(A)$为 A 的**概率**．定义在 Ω 上取实数值的 $\mathscr{F}$ 可测函数 $x(\omega)$称为**随机变量**，ω 的复数值函数 $\xi(\omega)$，$\xi(\omega)=y(\omega)+z(\omega)\mathrm{i}$，如果它的实部 $y(\omega)$和虚部 $z(\omega)$都是随机变量，就称为**复随机变量**．以后如果同时研究多个随机变量，除非特别声明，我们总设它们定义在同一个概率空间上.

对随机变量 $x(\omega)$，函数

$$F(\lambda)=P(x(\omega)\leqslant\lambda) \tag{1}$$

称为 $x(\omega)$ 的**分布函数**，它对一切 $\lambda\in\mathbf{R}$ 有定义，而且是 λ 的不下降右连续函数，满足条件

$$\lim_{\lambda\to-\infty}F(\lambda)=0,\ \lim_{\lambda\to+\infty}F(\lambda)=1 \tag{2}$$

（右连续性及(2)由测度的连续性公理推出）. 因此，$F(\lambda)$ 具备一维分布函数的一切性质，从而它在 $\mathcal{B}_{1,F}$ 上产生一个**概率分布**①，后者定义为 $F(\lambda)$ 所产生的勒贝格-斯蒂尔切斯（Lebesgue-Stieltjes）测度，即测度

$$\int_A \mathrm{d}F(\lambda),\ A\in\mathcal{B}_{1,F}. \tag{3}$$

这测度在 $\mathcal{B}_1$ 上的限制叫作 $x(\omega)$ 的**分布**.

对于任何一个一维分布函数 F（以后"一维"两字省去），如果存在某个勒贝格可测而且可积函数 f，使

$$F(\lambda)=\int_{-\infty}^{\lambda}f(\mu)\mathrm{d}\mu\quad(\lambda\in\mathbf{R}), \tag{4}$$

就称 f 为 F 的**分布密度**，或者说，F 有分布密度为 f.

今设有 n 个随机变量 $x_1(\omega),x_2(\omega),\cdots,x_n(\omega)$，它们构成一个 n 维随机向量

$$X(\omega)=(x_1(\omega),x_2(\omega),\cdots,x_n(\omega)). \tag{5}$$

n 元函数

$$\begin{aligned}&F(\lambda_1,\lambda_2,\cdots,\lambda_n)\\=&P(x_1(\omega)\leqslant\lambda_1,x_2(\omega)\leqslant\lambda_2,\cdots,x_n(\omega)\leqslant\lambda_n)\end{aligned} \tag{6}$$

是一 n 维分布函数[本套书第7卷附录1之(4)式的满足是由于它左方的值等于 $P(\lambda_j<x_j(\omega)\leqslant\mu_j,j=1,2,\cdots,n)\geqslant0$]，称为

① 记号 $\mathcal{B}$，$\mathcal{B}_{1,F}$ 等的意义参看本套书第7卷附篇(二)段.

$X(\omega)$的**联合分布函数**. 它在$\mathcal{B}_{n,F}$上产生一个概率分布,后者定义为$F(\lambda_1,\lambda_2,\cdots,\lambda_n)$所产生的勒贝格-斯蒂尔切斯测度,即测度

$$\int\cdots\int_A F(\mathrm{d}\lambda_1,\mathrm{d}\lambda_2,\cdots,\mathrm{d}\lambda_n),\quad A\in\mathcal{B}_{n,F}. \tag{7}$$

这测度在$\mathcal{B}_n$上的限制叫作$X(\omega)$的分布.

对于任一n维分布函数F,如果存在某个勒贝格可测而且可积函数f,使

$$F(\lambda_1,\lambda_2,\cdots,\lambda_n)=\int_{-\infty}^{\lambda_1}\int_{-\infty}^{\lambda_2}\cdots\int_{-\infty}^{\lambda_n}f(\mu_1,\mu_2,\cdots,\mu_n)\mathrm{d}\mu_1\mathrm{d}\mu_2\cdots\mathrm{d}\mu_n \tag{8}$$

对任意$(\lambda_1,\lambda_2,\cdots,\lambda_n)\in\mathbf{R}^n$成立,就称$f$为$F$的**分布密度**,或者说,$F$有分布密度为$f$.

n维随机向量的一般化是随机过程. 设$T\subset\mathbf{R}$是已给的实数集,有穷或无穷,可列或不可列均可. 设T中每一元t对应于一随机变量$x_t(\omega)$,就称随机变量族$x_t(\omega)(t\in T)$为一随机过程①. 与(5)式类似,记此过程(随机过程的简称)为

$$X(\omega)=\{x_t(\omega),t\in T\}, \tag{9}$$

$x_t(\omega)$有时也写为$x(t,\omega)$或$x(t)$或x_t.

对任意n个值$t_1,t_2,\cdots,t_n\in T$,考虑$x_{t_1},x_{t_2},\cdots,x_{t_n}$的联合分布函数

$$F_{t_1,t_2,\cdots,t_n}(\lambda_1,\lambda_2,\cdots,\lambda_n)=P(x_{t_1}\leqslant\lambda_1,x_{t_2}\leqslant\lambda_2,\cdots,x_{t_n}\leqslant\lambda_n), \tag{10}$$

当n在正整数集及t_i在T中变动时$(1\leqslant i\leqslant n)$,得到一族分布函数

$$F=\{F_{t_1,t_2,\cdots,t_n}(\lambda_1,\lambda_2,\cdots,\lambda_n),n>0,t_i\in T\}, \tag{11}$$

称F为过程$X(\omega)$的**有穷维分布函数族**.

---

① 以Y表示定义在概率空间$(\Omega,\mathcal{F},P)$上的随机变量全体. 可以把随机过程$\{x_t(\omega),t\in T\}$看成为定义在T上而取值于Y中的抽象函数;或者视为自T到Y中的映像.

与附篇中(10)(11)两式的证明完全一样(只要在那里的证明中,以 x_t, x_{t_i} 代替 $\lambda(t)$, $\lambda(t_i)$),可见 F 满足相容性条件,根据本套书第7卷附篇定理4,F 在 $\mathcal{B}_{T,F}$ 上产生一概率分布 P_F,简记 P_F 为 F. 它在 $\mathcal{B}_T$ 上的限制叫**过程 $X(\omega)$ 的分布**. 今证对任意 $A\in\mathcal{B}_T$,有

$$F(A)=P(X(\omega)\in A).$$

实际上,使上式成立的全体 $A\in\mathcal{B}_T$ 构成 R_T 中的 λ-系 Λ. 由(10)式,Λ 包含全体形如 $(\lambda(t):\lambda(t_j)\leqslant\lambda_j, j=1,2,\cdots,n)$ 的集;既然全体这种集构成 R_T 中的 π-系 Π,由附篇引理3,可见 $\Lambda\supset\mathcal{F}\{\Pi\}=\mathcal{B}_T$.

在上述随机过程的定义中,我们假定了 T 是某实数集,它可解释为时间的集;其次,还假定了 $x_t(\omega)$ 的值为实数(或复数). 其实从数学理论上看来,没有必要一定要这样做. 例如,T 也可以取为平面上的点集,而 $x_t(\omega)$ 可取值于任意可测空间 $(E,\mathcal{B})$,其中 $\mathcal{B}$ 为抽象点 e 的集 E 中某指定的 σ 代数. 这时,随机变量的定义应如下推广. 称 $x(\omega)$ 为**取值于 $(E,\mathcal{B})$ 中的随机变量**,如对任意 $B\in\mathcal{B}$,ω 集 $(x(\omega)\in B)\in\mathcal{F}$. 显然,当 $(E,\mathcal{B})$ 为 $(\mathbf{R},\mathcal{B}_1)$ 时,这定义化归以前的定义. 如对已给集 T 中任一点 t,有一取值于 $(E,\mathcal{B})$ 中的随机变量 $x_t(\omega)$ 与之对应,就称 $X(\omega)=\{x_t(\omega), t\in T\}$ 为**取值于 $(E,\mathcal{B})$ 中的随机过程**;或简称**随机过程**(如 $(E,\mathcal{B})$ 已明确固定). 因此,对随机过程 $X(\omega)$, $x_t(\omega)$ 是 $\omega\in\Omega$, $t\in T$ 的二元函数;当 $t\in T$ 固定时, $x_t(\omega)$ 是随机变量;而当 $\omega\in\Omega$ 固定时, $x_t(\omega)$ 是定义于 T 上而取值于 E 的函数,称为(对应于 ω 的)**样本函数**. $(E,\mathcal{B})$ 称为**相空间**.

然而以后如无特别声明,总设 t 及 $x_t(\omega)$ 都取实数值.

随着 T 及 E 是可列集①或非可列集,可将随机过程分为四

① 为方便计,有穷集(即只含有穷多个元的集)也算可列集.

类：E, T 均可列；均不可列；E 可列 T 不可列；T 可列 E 不可列. 这是形式上的分类. 另一种分类是根据过程内在的概率法则进行的，于是得到以后要专门讲述的各种过程，例如半鞅、正态过程、马尔可夫过程、平稳过程等，这留待将来细讲. 事实上大多是把两种分类结合起来，研究时比较方便. 因此，譬如说，马尔可夫过程中又分 E,T 均可列；均不可列等四种(但对正态过程，E 可列无意义).

作为一例，试引进独立随机过程的观念.

称**随机变量族**$\{x_t(\omega),t\in T\}$**为独立的**，如对任意有穷多个不同的 t_i，$t_i\in T$，任意 $B_i\in\mathcal{B}$，$i=1,2,\cdots,n$，有

$$P(x_{t_i}(\omega)\in B_i,i=1,2,\cdots,n)=\prod_{i=1}^{n}P(x_{t_i}(\omega)\in B_i). \qquad (12)$$

如果$\{x_t(\omega),t\in T\}$独立，称 $X(\omega)=\{x_t(\omega),t\in T\}$ 为**具有独立随机变量族的随机过程**，或简称为**独立随机过程**.

更一般地，设对每个 $\lambda\in\Lambda$，$\Lambda\subset\mathbf{R}$，存在一随机过程 $X_\lambda(\omega)=\{x_t(\omega),t\in T_\lambda\}$. 考虑乘积空间 E^{T_λ} 中的乘积 σ 代数 $\mathcal{B}^{T_\lambda}$. 说**随机过程** $X_\lambda(\omega)$，$\lambda\in\Lambda$ **是独立的**，如对任意有穷多个不同的 λ_i，$\lambda_i\in\Lambda$，任意 $B_{\lambda_i}\in\mathcal{B}^{T_{\lambda_i}}$，$i=1,2,\cdots,n$，有

$$P(X_{\lambda_i}(\omega)\in B_{\lambda_i},i=1,2,\cdots,n)=\prod_{i=1}^{n}P(X_{\lambda_i}(\omega)\in B_{\lambda_i}).$$

注意，一随机变量可看成为一随机过程，故上定义中也**蕴含**着随机变量族的独立性定义.

以下设$(E,\mathcal{B})=(\mathbf{R},\mathcal{B}_1)$. 条件(12)等价于：对任意$(\lambda_1,\lambda_2,\cdots,\lambda_n)\in\mathbf{R}^n$，有

$$P(x_{t_i}(\omega)\leqslant\lambda_i,i=1,2,\cdots,n)=\prod_{i=1}^{n}P(x_{t_i}(\omega)\leqslant\lambda_i), \qquad (12_1)$$

这可记成

$$F_{t_1,t_2,\cdots,t_n}(\lambda_1,\lambda_2,\cdots,\lambda_n)=\prod_{i=1}^{n}F_{t_i}(\lambda_i). \qquad (12_2)$$

现在设 $T=(1,2,\cdots,n)$ 而考虑具有独立分量的随机变量 $X(\omega)=(x_1(\omega),x_2(\omega),\cdots,x_n(\omega))$，因而它的分布函数

$$F(\lambda_1,\lambda_2,\cdots,\lambda_n)=\prod_{i=1}^{n}F_i(\lambda_i).$$

令 $S_n(\omega)=\sum\limits_{i=1}^{n}x_i(\omega)$. 试证

引理1 对任意 $\lambda_j\in\mathbf{R}$, $j=1,2,\cdots,n-1$, $\lambda\in\mathbf{R}$，有

$$\begin{aligned}&P(x_j(\omega)\leqslant\lambda_j,j=1,2,\cdots,n-1;S_n(\omega)\leqslant\lambda)\\&=\int_{-\infty}^{\lambda_1}F_1(\mathrm{d}\xi_1)\cdots\int_{-\infty}^{\lambda_{n-1}}F_n(\lambda-\xi_1-\cdots-\xi_{n-1})F_{n-1}(\mathrm{d}\xi_{n-1}).\end{aligned}\tag{13}$$

证 令 $A\subset\mathbf{R}^n$ 为如下的 n 维点集

$$A=\left((\xi_1,\xi_2,\cdots,\xi_n):\xi_j\leqslant\lambda_j,j=1,2,\cdots,n-1;\sum_{j=1}^{n}\xi_j\leqslant\lambda\right),$$

又以 W 表(13)左方括号中的 ω 集. 由积分变换定理及独立性假设，(13)左方值等于

$$\begin{aligned}P(W)&=\int_W 1P(\mathrm{d}\omega)=\int\cdots\int_A F(\mathrm{d}\xi_1,\mathrm{d}\xi_2,\cdots,\mathrm{d}\xi_n)\\&=\int\cdots\int_A F_1(\mathrm{d}\xi_1)F_2(\mathrm{d}\xi_2)\cdots F_n(\mathrm{d}\xi_n),\end{aligned}$$

计算此式最后的 n 重积分，即得(13)中右方的数值. ■

作为(13)的特殊情形是

$$\begin{aligned}&P(S_n(\omega)\leqslant\lambda)\\&=\int_{-\infty}^{+\infty}F_1(\mathrm{d}\xi_1)\cdots\int_{-\infty}^{+\infty}F_n(\lambda-\xi_1-\cdots-\xi_{n-1})F_{n-1}(\mathrm{d}\xi_{n-1}).\end{aligned}\tag{13$_1$}$$

(二)

下述定理在理论上具有重要的意义，它肯定了以已给 F 为有穷维分布函数族的过程的存在.

定理1(存在定理) 设已给参数集 T 及满足相容性条件的有穷维分布函数族

$$F=\{F_{t_1,t_2,\cdots,t_n}(\lambda_1,\lambda_2,\cdots,\lambda_n),n>0,t_i\in T\},$$

则必存在概率空间$(\Omega,\mathcal{F},P)$及定义于其上的随机过程 $X(\omega)=\{x_t(\omega),t\in T\}$,使 $X(\omega)$的有穷维分布函数族与 F 相重合.

证　设 $\Omega=\mathbf{R}^T$; $\omega=\lambda(\cdot)$, $\lambda(\cdot)$表定义在 T 上的实值函数 $\lambda(t)$, $t\in T$;$\mathcal{F}=\mathcal{B}_T$.

P 为 F 所产生的 $\mathcal{B}_T$ 上的概率测度,即 $P=P_F$(见本套书第 7 卷附篇定理 4),因而对 n 维柱集 $C_{t_1,t_2,\cdots,t_n}(B_n)$,有

$$P(C_{t_1,t_2,\cdots,t_n}(B_n))=F_{t_1,t_2,\cdots,t_n}(B_n). \tag{14}$$

于是得到概率空间$(\Omega,\mathcal{F},P)$,即$(\mathbf{R}^T,\mathcal{B}_T,P_F)$. 在此空间上,对每固定的 $t\in T$,定义一个 ω 的函数

$$x_t(\omega)=\lambda(t),\text{如 }\omega=\lambda(\cdot),$$

换句话说,$x_t(\omega)$是 $\mathbf{R}^T$ 上的 t 坐标函数,亦即 x_t 在 $\omega=\lambda(\cdot)$上的值,等于$\lambda(\cdot)$在点 t 上的值 $\lambda(t)$. 由定义并采用附篇(6)式中的记号 W_n 即得

$$(x_{t_i}(\omega)\leqslant\lambda_i,i=1,2,\cdots,n)=W_n\in\mathcal{B}_T,$$

故 $X(\omega)=\{x_t(\omega),t\in T\}$是随机过程;由(14)

$$P(x_{t_i}(\omega)\leqslant\lambda_i,i=1,2,\cdots,n)$$
$$=P(W_n)=F_{t_1,t_2,\cdots,t_n}(\lambda_1,\lambda_2,\cdots,\lambda_n),$$

这表示 $X(\omega)$的有穷维分布函数族与 F 重合.　■

上述定理肯定了以已给 F 为有穷维分布函数族的过程的存在性,然而这种过程及概率空间一般不唯一而有多种造法. 定理 1 证明中所造出的空间及过程称为**标准的**.

为了说明造法不唯一,试述两种典型方法:联合与清洗概率空间. 利用这些方法,可以造出无穷多个具有上述性质的过程. 不仅如此,这些方法还有其他广泛的用途.

引理 2(空间的联合)　设 $X(\omega_1)=\{x_t(\omega_1),t\in T\}$是定义在$(\Omega_1,\mathcal{F}_1,P_1)$上的随机过程,$(\Omega_2,\mathcal{F}_2,P_2)$为另一概率空间,$\Omega_i=$

(ω_i)，$i=1,2$. 令

$$\Omega=\Omega_1\times\Omega_2,\ \mathcal{F}=\mathcal{F}_1\times\mathcal{F}_2,\ P=P_1\times P_2, \tag{15}$$

$$y_t(\omega)=x_t(\omega_1),\text{如 }\omega=(\omega_1,\omega_2), \tag{16}$$

则 $Y(\omega)=\{y_t(\omega),t\in T\}$ 是定义在 $(\Omega,\mathcal{F},P)$ 上的随机过程，而且 $X(\omega_1)$ 与 $Y(\omega)$ 有相同的有穷维分布函数族.

证 因为

$$\begin{aligned}(\omega:y_t(\omega)\leqslant\lambda)&=(\omega=(\omega_1,\omega_2):x_t(\omega_1)\leqslant\lambda)\\&=(\omega_1:x_t(\omega_1)\leqslant\lambda)\times\Omega_2\in\mathcal{F},\end{aligned}$$

所以 $Y(\omega)$ 是随机过程；第二结论则由于

$$\begin{aligned}&P(\omega:y_{t_i}(\omega)\leqslant\lambda_i,i=1,2,\cdots,n)\\&=P_1(\omega_1:x_{t_i}(\omega_1)\leqslant\lambda_i,i=1,2,\cdots,n)\times P_2(\Omega_2)\\&=P_1(\omega_1:x_{t_i}(\omega_1)\leqslant\lambda_i,i=1,2,\cdots,n).\quad\blacksquare\end{aligned}$$

如果说空间的联合是为了解决原有空间太小的困难，那么空间的清洗便可免除由于空间太大而引起的麻烦. 有些基本事件空间过大，其中包含了许多不必要的点，此时自然想把它们清洗出去.

引理 3（空间的清洗） 设对概率空间 $(\Omega,\mathcal{F},P)$，$\widetilde{\Omega}\subset\Omega$ 是外测度为 1 的集①，则 $(\widetilde{\Omega},\widetilde{\mathcal{F}},\widetilde{P})$ 也是概率空间，其中

$$\widetilde{\mathcal{F}}=\widetilde{\Omega}\,\mathcal{F},\text{即 }\widetilde{\mathcal{F}}=(B)(B=\widetilde{\Omega}A,A\in\mathcal{F}), \tag{17}$$

$$\widetilde{P}(B)=P(A); \tag{18}$$

又若 $X(\omega)=\{x_t(\omega),t\in T\}$ 是 $(\Omega,\mathcal{F},P)$ 上的随机过程，则 $\widetilde{X}(\omega)=\{\widetilde{x}_t(\omega),t\in T\}$ 是 $(\widetilde{\Omega},\widetilde{\mathcal{F}},\widetilde{P})$ 上的随机过程，而且 $X(\omega)$ 与 $\widetilde{X}(\omega)$ 有相同的有穷维分布函数族，这里 $\widetilde{x}_t(\omega)=x_t(\omega)$，$\omega\in\widetilde{\Omega}$.

证 $\widetilde{\mathcal{F}}$ 是 $\widetilde{\Omega}$ 上的 σ 代数是显然的. 试证 $\widetilde{P}(B)$ 的值唯一. 设 $\widetilde{\Omega}A_1=B=\widetilde{\Omega}A_2$，则 $A_1\widetilde{\Omega}A_1=A_1\widetilde{\Omega}A_2$，$(A_1-A_1A_2)\widetilde{\Omega}=\varnothing$，于是

---

① 即指 $\widetilde{\Omega}$ 具有性质：若 $C\in\mathcal{F}$，$\widetilde{\Omega}\subset C$，则 $P(C)=1$.

$\Omega-(A_1-A_1A_2)\supseteq\widetilde{\Omega}$. 因 $\widetilde{\Omega}$ 的外测度为 1，故 $P(\Omega)-P(A_1-A_1A_2)=1$，$P(A_1-A_1A_2)=0$，于是得证 $P(A_1)=P(A_1A_2)$；同样，$P(A_2)=P(A_1A_2)=P(A_1)$，因而证明了 $\widetilde{P}(B)$的值唯一. 显然 $\widetilde{P}(B)\geqslant 0$，$\widetilde{P}(\widetilde{\Omega})=1$，而且 $\widetilde{P}$ 在 $\widetilde{\mathcal{F}}$上完全可加，故 $\widetilde{P}$ 是 $\widetilde{\mathcal{F}}$上的概率测度.

最后，由

$$
\begin{aligned}
\widetilde{P}(\widetilde{x}_{t_i}(\omega)\leqslant\lambda_i, i=1,2,\cdots,n)&=\widetilde{P}(\widetilde{\Omega}\cap(x_{t_i}(\omega)\leqslant\lambda_i, i=1,2,\cdots,n))\\
&=P(x_{t_i}(\omega)\leqslant\lambda_i, i=1,2,\cdots,n),
\end{aligned}
$$

即知 $X(\omega)$与 $\widetilde{X}(\omega)$有相同的有穷维分布函数族. ■

现在举一例以说明上述结果. 先引进记号 $\begin{pmatrix} a_0 & a_1 & \cdots \\ p_0 & p_1 & \cdots \end{pmatrix}$，它代表一个分布 F，使

$$F(\{a_i\}) = p_i > 0, \quad \sum_{i=0}^{+\infty} p_i = 1.$$

$\{a_i\}$表示只含一个点 a_i 的集，叫做**单点集**，这种形状的分布 F 叫**离散分布**，它的分布函数为

$$F(\lambda) = \sum_{(i: a_i\leqslant\lambda)} p_i.$$

例　试造$(\Omega,\mathcal{F},P)$及定义于其上的两随机变量 $x_1(\omega)$，$x_2(\omega)$(即 $T=(1,2)$的过程)，使分别有分布

$$F_1=\begin{pmatrix} 1 & 0 \\ \frac{1}{2} & \frac{1}{2} \end{pmatrix}, \quad F_2=\begin{pmatrix} 1 & 0 \\ \frac{1}{2} & \frac{1}{2} \end{pmatrix},$$

而且它们的联合分布为

$$F_{12}=\begin{pmatrix} (0,0) & (0,1) & (1,0) & (1,1) \\ \frac{1}{4} & \frac{1}{4} & \frac{1}{4} & \frac{1}{4} \end{pmatrix}.$$

解　造法1　分布族(F_1, F_2, F_{12})是相容的[①]，故由存在定理，可造标准过程. 此时

$$(\Omega, \mathcal{F}, P)=(R_2, \mathcal{B}_2, F_{12}),$$

其中F_{12}应理解为$\mathcal{B}_2$中的分布，即

$$F_{12}(A)=\frac{k}{4},$$

而k为A所含$((0,0),(0,1),(1,0),(1,1))=\tilde{\Omega}$中点的个数. 然后定义

$$x_1(\omega)=\omega_1,\ x_2(\omega)=\omega_2, \text{如 } \omega=(\omega_1, \omega_2)\in R_2.$$

造法2　因为$F_{12}(\tilde{\Omega})=1$，所以可清洗上面所造的$\Omega=R_2$，经清洗后，所得为$(\tilde{\Omega}, \tilde{\mathcal{F}}, \tilde{P})$，其中$\tilde{\mathcal{F}}$为$\tilde{\Omega}$中全体子集所成$\sigma$代数，$\tilde{P}=F_{12}$. 又

$$\tilde{x}_1(\omega)=\omega_1,\ \tilde{x}_2(\omega)=\omega_2, \text{如 } \omega=(\omega_1, \omega_2)\in \tilde{\Omega}.$$

造法3　令$\Omega_1=(0,1)$，它只含0与1两点. $\mathcal{F}_1$是Ω_1中全体子集所成σ代数，$P_1=F_1$. 又

$$x_1(\omega_1)=\omega_1,\ \omega_1\in\Omega_1.$$

于是得到概率空间$(\Omega_1, \mathcal{F}_1, P_1)$及其上定义的随机变量$x_1(\omega_1)$，显然$x_1(\omega_1)$的分布是$F_1$.

完全同样地造$(\Omega_2, \mathcal{F}_2, P_2)$及$x_2(\omega_2)$.

然后依照引理2造乘积空间：

$$(\Omega, \mathcal{F}, P)=(\Omega_1\times\Omega_2, \mathcal{F}_1\times\mathcal{F}_2, P_1\times P_2),$$

并在$(\Omega, \mathcal{F}, P)$上，定义两随机变量$X_1(\omega)$及$X_2(\omega)$，使

$$X_1(\omega)=\omega_1,\ X_2(\omega)=\omega_2, \text{如 } \omega=(\omega_1, \omega_2)\in\Omega.$$

易见$X_1(\omega)$，$X_2(\omega)$分别有分布F_1及F_2，再注意$F_{12}=F_1\times F_2=P_1\times P_2$，即知它们的联合分布为$F_{12}$. 形象地说，我们已把定义在

---

① $F_{21}=F_{12}$略去.

两空间上的随机变量,“搬到”同一空间上来了.

(三)

简单回顾一下概率论中的基本观念和事实,凡是在普通概率论教程中能找到证明的,这里都不重新证明.

设 $x(\omega)$ 是随机变量,因为它是 Ω 上的 $\mathcal{F}$ 可测函数,所以对它可取勒贝格积分(关于概率测度 P). 如果 $x(\omega)$ 的积分存在,那么称此积分值为 $x(\omega)$ 的**数学期望**,或**期望**[①],并记为 Ex 或 $Ex(\omega)$:

$$Ex=\int_{\Omega}x(\omega)P(\mathrm{d}\omega). \tag{19}$$

直观地说,Ex 是 $x(\omega)$ 在全 Ω 上关于 P 的平均值. 由测度论可知,$x(\omega)$ 可积的充分必要条件是 $E|x|<+\infty$. 既然期望无非就是勒贝格积分,所以期望的性质也就是勒贝格积分的性质.

如果说,期望表达随机变量的集中位置,或者说“重心”,那么方差 Dx 便表达 x 对它的期望 Ex 的分散程度,我们定义

$$Dx=\int_{\Omega}(x(\omega)-Ex)^2P(\mathrm{d}\omega). \tag{20}$$

Dx 非负但可能等于 $+\infty$.

可测函数列的各种收敛性(见本套书第 7 卷附篇),可以用作随机变量列的对应的各种收敛性的定义. 于是得到随机变量列 $\{x_n(\omega)\}$ 向随机变量 $x(\omega)$ 的**概率 1**(即**几乎处处**)**收敛**,**依概率**(或称**依测度**)**收敛**及**均方收敛**(或一般地,r **方收敛**,$r>0$). 众所周知,由概率 1 收敛或 r 方收敛都可推出依概率收敛. 反之,如果 $P\lim\limits_{n\to+\infty}x_n=x$,即 $\{x_n\}$ 依概率收敛于 x,那么 $\{x_n\}$ 的任一子列 $\{x_n'\}$ 必定包含一子子列 $\{x_{k_n}'\}$,$\{x_{k_n}'\}$ 以概率 1 收敛于 x.

---

① 如果 $\xi(\omega)=y(\omega)+z(\omega)\mathrm{i}$ 是复随机变量,而且 Ey 及 Ez 存在,便定义 ξ 的数学期望为 $E\xi=Ey+\mathrm{i}Ez$.

更弱的一种收敛性如下：设 $F_n(\lambda)$，$F(\lambda)$ 都是分布函数，说 $\{F_n(\lambda)\}$（或分布 F_n）弱收敛于 $F(\lambda)$（或分布 F），并记为 $F_n \xrightarrow{W} F$，如果在 $F(\lambda)$ 的连续点集 B 上，有 $\lim\limits_{n\to+\infty} F_n(\lambda)=F(\lambda)$.

如果 $F_n \xrightarrow{W} F$，$F_n \xrightarrow{W} \widetilde{F}$，$F(\lambda)$ 与 $\widetilde{F}(\lambda)$ 的连续点集的交记为 C，由不减函数的性质知 C 在 $\mathbf{R}$ 中稠密，那么 $F(\lambda)$ 与 $\widetilde{F}(\lambda)$ 在 C 上一致，再由分布函数的右连续性知 $F(\lambda)=\widetilde{F}(\lambda)$，$\lambda\in\mathbf{R}$. 这证明了极限的唯一性.

设随机变量 x_n 及 x 分别有分布函数为 $F_n(\lambda)$ 与 $F(\lambda)$，如果 $F_n \xrightarrow{W} F$，就说 $\{x_n\}$ **依分布**收敛于 x. 注意这种收敛不需要通过 ω 来表达.

引理 4　设 $\{x_n\}$ 依概率收敛于 x，则 $\{x_n\}$ 必依分布收敛于 x.

证　采用定义中的记号. 因

$$\begin{aligned}(\omega:x(\omega)\leqslant\lambda')&=(\omega:x_n\leqslant\lambda,x\leqslant\lambda')\cup(\omega:x_n>\lambda,x\leqslant\lambda')\\&\subset(\omega:x_n\leqslant\lambda)\cup(\omega:x_n>\lambda,x\leqslant\lambda'),\end{aligned}$$

故 $P(x\leqslant\lambda')\leqslant F_n(\lambda)+P(x_n>\lambda,x\leqslant\lambda')$. 若 $P\lim\limits_{n\to+\infty} x_n=x$，而且 $\lambda'<\lambda$，则

$$P(x_n>\lambda,x\leqslant\lambda')\leqslant P(|x_n-x|\geqslant\lambda-\lambda')\to0,$$

从而 $F(\lambda')\leqslant \varliminf\limits_{n\to+\infty} F_n(\lambda)$，$\lambda'<\lambda$.

同样，对调 x 与 x_n，λ 与 λ'，再换 λ' 为 λ''，即得

$$\varlimsup_{n\to+\infty} F_n(\lambda)\leqslant F(\lambda''),\ \lambda\leqslant\lambda''.$$

故若 $\lambda'<\lambda<\lambda''$，则

$$F(\lambda')\leqslant \varliminf_{n\to+\infty} F_n(\lambda)\leqslant \varlimsup_{n\to+\infty} F_n(\lambda)\leqslant F(\lambda'').$$

由此可见，若 $\lambda\in B$，则令 $\lambda'\uparrow\lambda$，$\lambda''\downarrow\lambda$，即得

$$F(\lambda)=\lim_{n\to+\infty} F_n(\lambda).\quad ■$$

设 $x(\omega)$ 的分布函数为 F，函数

$$\Phi(t)=Ee^{tx\mathrm{i}}=\int_{-\infty}^{+\infty}e^{t\lambda\mathrm{i}}F(\mathrm{d}\lambda)\quad(t\in\mathbf{R})$$

称为 $x(\omega)$的(或 F 的)**特征函数**.它具有下列性质,它们在概率论中都已证明.

(i) Φ 是 $t\in\mathbf{R}$ 上的有界、一致连续函数;满足

$$|\Phi(t)|\leqslant\Phi(0)=1,\ \Phi(-t)=\overline{\Phi(t)}.$$

若 $E\{|x|^n\}<+\infty$,则 Φ 有 n 级连续导数,而且

$$\Phi^{(n)}(t)=\int_{-\infty}^{+\infty}(\lambda\mathrm{i})^n e^{t\lambda\mathrm{i}}F(\mathrm{d}\lambda),\ |\Phi^{(n)}(t)|\leqslant\int_{-\infty}^{+\infty}|\lambda|^n F(\mathrm{d}\lambda).$$

(ii) 分布函数 F 被它的特征函数 Φ 唯一决定,下列莱维(Lévy)公式成立:

$$\frac{F(\mu)+F(\mu-0)}{2}-\frac{F(\lambda)+F(\lambda-0)}{2}$$
$$=\lim_{c\to+\infty}\int_{-c}^{c}\frac{e^{-t\mu\mathrm{i}}-e^{-t\lambda\mathrm{i}}}{-2\pi t\mathrm{i}}\Phi(t)\mathrm{d}t.$$

(iii) 若 $x_1,x_2,\cdots,x_n$ 为独立随机变量,分别有特征函数为 $\Phi_1,\Phi_2,\cdots,\Phi_n$,则 $\sum_{i=1}^{n}x_i$ 的特征函数为

$$\Phi=\prod_{i=1}^{n}\Phi_i.$$

(iv) 若$\{x_n\}$依分布收敛于 x,则$\{x_n\}$的特征函数列 Φ_n 收敛于 x 的特征函数 Φ,而且这收敛在任一有穷 t 区间中是一致的.

(v) 反之,设分布函数列$\{F_n\}$对应的特征函数列为 Φ_n,而且$\{\Phi_n\}$收敛于特征函数 Φ,如果对应于 Φ 的分布函数为 F,那么在 F 的连续点集上,有 $\lim\limits_{n\to+\infty}F_n(\lambda)=F(\lambda)$.

若只假定 $\lim\limits_{n\to+\infty}\Phi_n(t)=\Phi(t)$ 存在,$t\in\mathbf{R}$,但补设此收敛在某一含 0 的开区间中一致,则 $\Phi(t)$必是特征函数,而且上述结论仍成立.

博赫纳-辛钦(G. Bochner-Хинчин)定理[①] 连续函数 $\Phi(t)$，$t\in\mathbf{R}$，$\Phi(0)=1$，是某分布的特征函数的充分必要条件是：它具有非负定性，即对任意有穷多个复数 $a_1,a_2,\cdots,a_n$，任意实数 $t_1,t_2,\cdots,t_n$，有

$$\sum_{i=1}^{n}\sum_{j=1}^{n}a_i\bar{a}_j\Phi(t_i-t_j)\geqslant 0.$$

下面我们将通常用到的一维分布 F 及与它对应的特征函数列成表 1-1.

在表 1-1 中 $f(x)$ 表分布的密度；$\Phi(t)$ 表特征函数；若分布是离散的，则以 P_k 表分布在点 k 上的概率，换句话说，若 ξ 的分布是离散的，即存在可列点集 A，使 $P(\xi\in A)=1$，则 $P(\xi=k)=P_k$，$k\in A$；ξ 的 k 阶矩 $E\xi^k$ 记为 m_k，方差记为 D，$D\xi=E(\xi-m_1)^2=m_2-m_1^2$，一般地，记 $c_k=E(\xi-m_1)^k$. 此外，回忆伽马(Gamma)函数的定义.

$$\Gamma(p)=\int_0^{+\infty}x^{p-1}\mathrm{e}^{-x}\mathrm{d}x\quad(p>0),$$

并注意 $\Gamma(n+1)=n!$.

类似地可以考虑 n 维随机向量

$$X(\omega)=(x_1(\omega),x_2(\omega),\cdots,x_n(\omega)),$$

它的分布函数记为 $F(\lambda_1,\lambda_2,\cdots,\lambda_n)$. 对任意 $m<n$，$(i_1,i_2,\cdots,i_m)\subset(1,2,\cdots,n)$，定义

$$F_{i_1,i_2,\cdots,i_m}(\lambda_{i_1},\lambda_{i_2},\cdots,\lambda_{i_m})=\lim_{\substack{\lambda_i\to+\infty\\ \text{一切}i\overline{\in}(i_1,i_2,\cdots,i_m)}}F(\lambda_1,\lambda_2,\cdots,\lambda_n),$$

它叫作 F 的 m **维边沿分布函数**，实际上是随机向量 $(x_{i_1}(\omega),x_{i_2}(\omega),\cdots,x_{i_m}(\omega))$ 的分布函数. $X(\omega)$ 的数学期望是一 n 维向量

$$EX=(Ex_1,Ex_2,\cdots,Ex_n),$$

---

① 证明见[1]或[4].

其中 Ex_i 是 x_i 的期望. 与一维情况的方差相当的是协方差矩阵 DX

$$DX=(D_{ij}),\quad i,j=1,2,\cdots,n,$$

其中

$$\begin{aligned} D_{ij} &= E\{(x_i - Ex_i)(x_j - Ex_j)\} \\ &= \int_{-\infty}^{+\infty}\int_{-\infty}^{+\infty}(\lambda_i - Ex_i)(\lambda_j - Ex_j)F_{ij}(\mathrm{d}\lambda_i, \mathrm{d}\lambda_j). \end{aligned}$$

令 $\boldsymbol{\Lambda}=(\lambda_1,\lambda_2,\cdots,\lambda_n)\in\mathbf{R}^n$, $\boldsymbol{t}=(t_1,t_2,\cdots,t_n)\in\mathbf{R}^n$, 记 $(\boldsymbol{t},\boldsymbol{\Lambda})=\sum\limits_{i=1}^{n}t_i\lambda_i$, 并称 n 元函数

$$\Phi(\boldsymbol{t}) = E\{\mathrm{e}^{\mathrm{i}(\boldsymbol{t},\boldsymbol{X})}\} = \iint\limits_{\mathbf{R}^n}\cdots\int \mathrm{e}^{\mathrm{i}(\boldsymbol{t},\boldsymbol{\Lambda})}F(\mathrm{d}\lambda_1,\mathrm{d}\lambda_2,\cdots,\mathrm{d}\lambda_n)$$

为 $X(\omega)$ 的特征函数. 一元特征函数的性质在多元情况仍保留, 例如, 分布函数由它的特征函数所唯一决定[①].

---

① 详细的叙述与证明可见参考书目中[15].

表 1-1　常用分布表

分布名称	分布或密度函数 $f(x)$	$f(x)$的图形
单点分布	$P_c=1$（c 为某常数）	
两点分布	$P_0=q,\ P_1=p,\ \begin{pmatrix} p\geqslant 0, q\geqslant 0 \\ p+q=1 \end{pmatrix}$	
二项分布 $B(n,p)$	$P_k=\mathrm{C}_n^k p^k q^{n-k}$ $p>0,q>0$ 为常数，$p+q=1$ $k=0,1,2,\cdots,n$	
泊松 (Poisson) 分布 $P(\lambda)$	$P_k=\mathrm{e}^{-\lambda}\dfrac{\lambda^k}{k!}$ $(k\in\mathbf{N},\lambda>0)$	
几何分布	$P_k=pq^{k-1},k\in\mathbf{N}^*$， （$p>0,q>0$ 为常数，$p+q=1$）	
均匀分布	$f(x)=\begin{cases}\dfrac{1}{2h}, & a-h\leqslant x\leqslant a+h;\\ 0, & 其他.\end{cases}$ （a 及 $h>0$ 为常数）	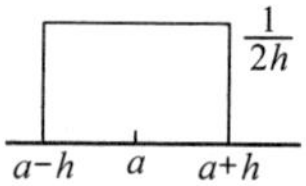
指数分布	$f(x)=\begin{cases}0, & x<0,\\ b\mathrm{e}^{-bx}, & x\geqslant 0.\end{cases}$ （$b>0$ 为常数）	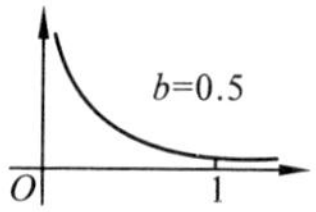
正态分布 $N(a,\sigma)$ $(\sigma>0)$	$f(x)=\dfrac{1}{\sigma\sqrt{2\pi}}\mathrm{e}^{-\frac{(x-a)^2}{2\sigma^2}}$ （a 及 $\sigma>0$ 为常数）	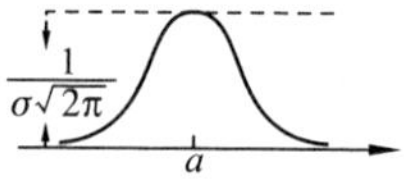
$\chi^2(n)$分布	$f(x)=\begin{cases}0, & x\leqslant 0,\\ \dfrac{1}{2^{\frac{n}{2}}\Gamma\left(\dfrac{n}{2}\right)}x^{\frac{n}{2}-1}\mathrm{e}^{-\frac{x}{2}}, & x>0.\end{cases}$ $(n\in\mathbf{N}^*)$	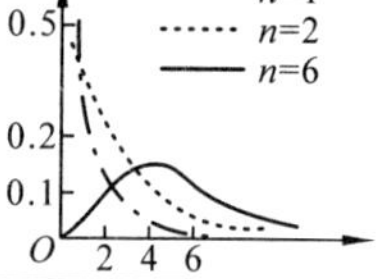

续表

特征函数 $\Phi(t)$	k 阶矩 m_k(m_1 为数学期望)，k 阶中心矩 c_k(c_2 为方差)，	附　注
$e^{ct\mathrm{i}}$	$m_k = c^k \quad c_k = 0$	
$pe^{t\mathrm{i}} + q$	$m_k = p \quad c_2 = pq$	
$(pe^{t\mathrm{i}} + q)^n$	$m_1 = np$ $c_2 = npq$	**1.** 加法定理成立①： $B(n,p) * B(m,p) = B(n+m,p)$ **2.** 若 ξ_i 独立，有相同的两点分布，$(i=1,2,\cdots,n)$ 则 $\sum\limits_{i=1}^{n}\xi_i$ 有二项分布
$e^{\lambda(e^{t\mathrm{i}}-1)}$	$m_1 = \lambda$ $c_2 = \lambda$	加法定理成立 $P(\lambda_1) * P(\lambda_2) = P(\lambda_1 + \lambda_2)$
$pe^{t\mathrm{i}}(1 - qe^{t\mathrm{i}})^{-1}$	$m_1 = p^{-1} \quad c_2 = qp^{-2}$	
$e^{ta\mathrm{i}} \dfrac{\sin th}{th}$	$m_k = \dfrac{1}{2h} \dfrac{(a+h)^{k+1} - (a-h)^{k+1}}{k+1}$ $(k \in \mathbf{N}^*)$ $c_2 = \dfrac{1}{3}h^2$	若 ξ 的分布函数 $F(x)$ 连续，则 $\eta = F(\xi)$ 在$[0,1]$中均匀分布
$\left(1 - \dfrac{t\mathrm{i}}{b}\right)^{-1}$	$m_1 = \dfrac{1}{b} \quad c_2 = \dfrac{1}{b^2}$	指数分布是伽马分布的特殊情形
$e^{at\mathrm{i} - \frac{\sigma^2 t^2}{2}}$	各阶矩存在： $m_1 = a$ $c_{2k+1} = 0$ $c_{2k} = 1 \cdot 3 \cdot \cdots \cdot (2k-1)\sigma^{2k}$	加法定理成立：若 ξ_i 独立，各有分布为 $N(a_i,\sigma_i)$，d 为常数，则 $\sum\limits_{i=1}^{n} c_i\xi_i + d$ 的分布为 $N\left(\sum\limits_{i=1}^{n} c_i a_i + d, \sqrt{\sum\limits_{i=1}^{n} c_i^2 \sigma_i^2}\right)$
$\dfrac{1}{(1-2t\mathrm{i})^{\frac{n}{2}}}$	$m_k = n(n+2)\cdots(n+2k-2)$ $(k \in \mathbf{N}^*)$ $c_2 = 2n$	**1.** 加法定理成立： $\chi^2(n) * \chi^2(m) = \chi^2(n+m)$ **2.** 若 ξ_i 独立同分布为 $N(0,1)$，则 $\sum\limits_{i=1}^{n}\xi_i^2$ 之分布为 $\chi^2(n)$

① 设 C 为某类分布(例如正态分布类)，如对任意 $F_1 \in C$，$F_2 \in C$，它们的卷积 $F_1 * F_2 \in C$，就说对 C 加法定理成立.

续表

分布名称	分布或密度函数 $f(x)$	$f(x)$ 的图形
伽马分布 $\Gamma(b,p)$	$f(x)=\begin{cases}0, & x\leqslant 0,\\ \dfrac{b^p}{\Gamma(p)}x^{p-1}\mathrm{e}^{-bx}, & x>0.\end{cases}$ $(b>0,p>0$ 常数)	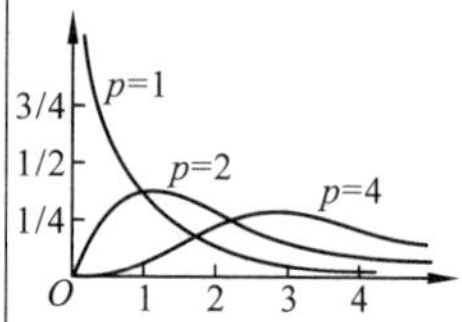
贝塔(Beta) 分布	$f(x)=\begin{cases}0, & x\leqslant 0 \text{ 或 } x\geqslant 1,\\ \dfrac{\Gamma(p+q)}{\Gamma(p)\Gamma(q)}x^{p-1}(1-x)^{q-1}, & 0<x<1\end{cases}$ $(p>0,q>0$ 常数)	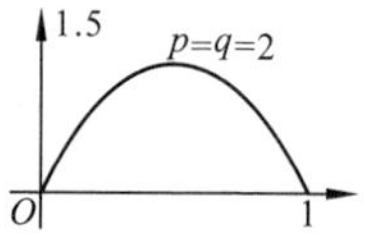
柯西 (Cauchy) 分布 $c(\lambda,\mu)$	$f(x)=\dfrac{1}{\pi}\dfrac{\lambda}{\lambda^2+(x-\mu)^2}$ $(\lambda>0$ 常数)	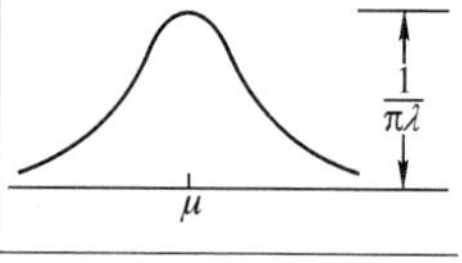
拉普拉斯 (Laplace) 分布	$f(x)=\dfrac{1}{2\lambda}\mathrm{e}^{-\frac{\mid x-\mu\mid}{\lambda}}$ $(\lambda>0$ 常数)	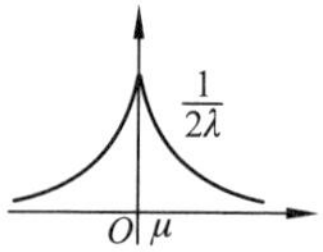
学生 (Student) 分布 ($t(n)$ 分布)	$f(x)=\dfrac{1}{\sqrt{n\pi}}\dfrac{\Gamma\left(\frac{n+1}{2}\right)}{\Gamma\left(\frac{n}{2}\right)}\left(1+\dfrac{x^2}{n}\right)^{-\frac{n+1}{2}}$, 其中 $\Gamma(p)=\int_0^{+\infty}x^{p-1}\mathrm{e}^{-x}\mathrm{d}x\ (p>0)$	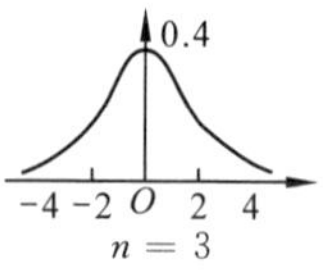

续表

特征函数 $\Phi(t)$	k 阶矩 m_k(m_1 为数学期望)， k 阶中心矩 c_k(c_2 为方差)，	附　注
$\dfrac{1}{\left(1-\dfrac{t\mathrm{i}}{b}\right)^p}$	$m_k=\dfrac{1}{b^k}p(p+1)\cdots(p+k-1)$ $(k\in\mathbf{N}^*)$ $c_2=\dfrac{p}{b^2}$	**1.** 它是 p 个($p\in\mathbf{Z}$ 时)指数分布的卷积；$p=1$ 时化为指数分布 **2.** 加法定理成立：$\Gamma[b,p_1]*\Gamma[b,p_2]=\Gamma[b,p_1+p_2]$ **3.** 当 $p=\dfrac{n}{2}$，$b=\dfrac{1}{2}$ 时化为 $\chi^2(n)$ 分布
	$m_k=$ $\dfrac{p(p+1)\cdots(p+k-1)}{(p+q)(p+q+1)\cdots(p+q+k-1)}$ $(k\in\mathbf{N}^*)$ $c_2=\dfrac{pq}{(p+q)^2(p+q+1)}$	**1.** 若 $\xi_1,\xi_2,\cdots,\xi_{n+m}$ 独立，同分布为 $N(0,\sigma)$，则 $\sum\limits_{i=1}^{m}\xi_i^2\div\sum\limits_{j=1}^{n+m}\xi_j^2$ 有 Beta 分布，此时 $p=\dfrac{m}{2}$，$q=\dfrac{n}{2}$ **2.** 当 $p=q=\dfrac{1}{2}$ 时，化为反正弦分布，其密度为 $\dfrac{1}{\pi\sqrt{x(1-x)}}$，$(0<x<1)$， 分布函数为 $\dfrac{2}{\pi}\arcsin\sqrt{x}$
$\mathrm{e}^{\mu t\mathrm{i}-\lambda\lvert t\rvert}$	各阶矩都不存在	加法定理成立： $c(\lambda_1,\mu_1)*c(\lambda_2,\mu_2)$ $=c(\lambda_1+\lambda_2,\mu_1+\mu_2)$
$\dfrac{\mathrm{e}^{\mu t\mathrm{i}}}{1+\lambda^2t^2}$	各阶矩有穷	
	$k(<n)$ 阶矩有穷： $m_1=0\quad(1<n)$ $m_{2v}=c_{2v}=$ $=\dfrac{1\cdot3\cdot\cdots\cdot(2v-1)n^v}{(n-2)(n-4)\cdots(n-2v)}$， $(2v<n)$	**1.** 设 $\xi,\xi_1,\xi_2,\cdots,\xi_n$ 独立，同分布为 $N(0,\sigma)$，则 $\xi\div\sqrt{\dfrac{1}{n}\sum\limits_{i=1}^{n}\xi_i^2}$ 有学生分布 $t(n)$(与 $\sigma>0$ 无关) **2.** $n=1$ 时化为柯西分布 $c(1,1)$

续表

<table>
<tr><th>分布名称</th><th>分布或密度函数 $f(x)$</th><th>$f(x)$ 的图形</th></tr>
<tr><td>F-分布
(F_{k_1,k_2})</td><td>$$f(x)=\begin{cases}0, & x<0,\\ \dfrac{\Gamma\left(\frac{k_1+k_2}{2}\right)}{\Gamma\left(\frac{k_1}{2}\right)\Gamma\left(\frac{k_2}{2}\right)}k_1^{\frac{k_1}{2}}k_2^{\frac{k_2}{2}}\dfrac{x^{\frac{k_1}{2}-1}}{(k_2+k_1x)^{\frac{k_1+k_2}{2}}}, & x\geqslant 0.\end{cases}$$
(k_1,k_2 为正常数)</td><td>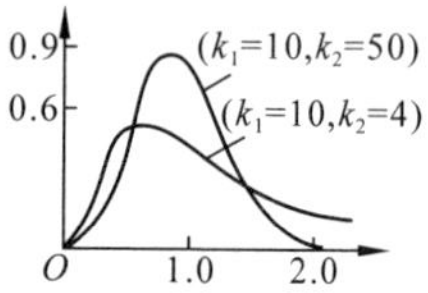
</td></tr>
<tr><td>韦布尔
(Weibull)
分布</td><td>$$f(x)=\begin{cases}0, & x\leqslant 0,\\ \alpha\lambda x^{\alpha-1}e^{-\lambda x^{\alpha}}, & x>0.\end{cases}$$
($\lambda>0,\alpha>0$ 是常数)</td><td>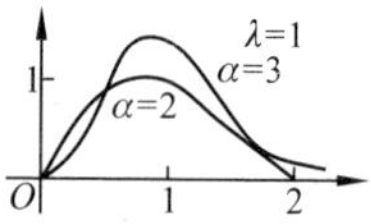
</td></tr>
<tr><td>对数正
态分布</td><td>$$f(x)=\begin{cases}0, & x\leqslant 0,\\ \dfrac{1}{x\sigma\sqrt{2\pi}}e^{\frac{-(\lg x-a)^2}{2\sigma^2}}, & x>0\end{cases}$$</td><td>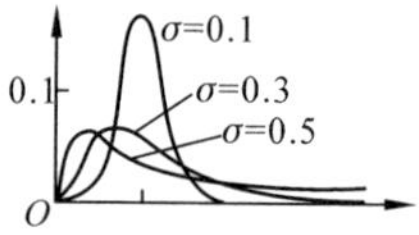
</td></tr>
</table>

续表

特征函数 $\Phi(t)$	k 阶矩 m_k（m_1 为数学期望）， k 阶中心矩 c_k（c_2 为方差），	附　注
	$m_k=$ $\left(\frac{k_2}{k_1}\right)^k \frac{\Gamma\left(\frac{k_1}{2}+k\right)\Gamma\left(\frac{k_2}{2}-k\right)}{\Gamma\left(\frac{k_1}{2}\right)\Gamma\left(\frac{k_2}{2}\right)}$ 对 $k_1<2k<k_2$ 存在 $c_2=\frac{2k_2^2(k_1+k_2-2)}{k_1(k_2-2)^2(k_2-4)}\ (k_2>4)$	若 ξ,η 独立，分别有 $\chi^2(k_1),\chi^2(k_2)$ 分布，则 $\frac{\frac{\xi}{k_1}}{\frac{\eta}{k_2}}$ 有 F- 分布 F_{k_1,k_2}
	$m_k=\Gamma\left(\frac{k}{a}+1\right)\lambda^{-\frac{k}{a}}$ $c_2=\lambda^{-\frac{2}{a}}\left\{\Gamma\left(\frac{2}{a}+1\right)-\left[\Gamma\left(\frac{1}{a}+1\right)\right]^2\right\}$	当 $a=1$ 化为指数分布
	$m_1=e^{a+\frac{\sigma^2}{2}}\qquad m_2=e^{2(a+\sigma^2)}$ $c_2=e^{2a+\sigma^2}(e^{\sigma^2}-1)$ $m_k=e^{na+\frac{n^2\sigma^2}{2}}$	设 ξ 有 $N(a,\sigma)$ 正态分布，令 $\xi=\lg\eta$，则 η 有对数正态分布

§1.2 正态随机过程

（一）

在引入正态过程的定义以前，需要较仔细地研究 n 维正态分布的性质.

设已给 n 维向量

$$\boldsymbol{m}=(m_1,m_2,\cdots,m_n)\in\mathbf{R}^n$$

及 n 阶**非负定对称**矩阵 $\boldsymbol{\Lambda}=[\lambda_{jk}]$，即满足下列条件的矩阵：对任意实数 $\eta_1,\eta_2,\cdots,\eta_n$，有

$$\sum_{j,k=1}^{n}\lambda_{jk}\eta_j\eta_k\geqslant 0,\quad \lambda_{jk}=\lambda_{kj}. \tag{1}$$

此外，若(1)中前式当且仅当一切 $\eta_j=0$ 时等号成立，则称 $\boldsymbol{\Lambda}$ 为**正定对称的**. 考虑定义在 $\mathbf{R}^n$ 上的、$\boldsymbol{t}=(t_1,t_2,\cdots,t_n)$的函数

$$f(\boldsymbol{t})=f(t_1,t_2,\cdots,t_n)=\exp\left\{\mathrm{i}\sum_{j=1}^{n}m_jt_j-\frac{1}{2}\sum_{j,k=1}^{n}\lambda_{jk}t_jt_k\right\}, \tag{2}$$

采用矩阵记号，可改写(2)为

$$f(\boldsymbol{t})=\exp\left\{\mathrm{i}\boldsymbol{m}\boldsymbol{t}^{\mathrm{T}}-\frac{1}{2}\boldsymbol{t}\boldsymbol{\Lambda}\boldsymbol{t}^{\mathrm{T}}\right\}, \tag{3}$$

其中 $\boldsymbol{t}^{\mathrm{T}}$ 为 $\boldsymbol{t}$ 的转置矩阵.

今证 $f(\boldsymbol{t})$为 n 元特征函数. 实际上，设 $\boldsymbol{\Lambda}$ 正定，由概率知结论正确，而且它所对应的分布 F 有密度函数为

$$\frac{|a_{jk}|^{\frac{1}{2}}}{(2\pi)^{\frac{n}{2}}}\exp\left[-\frac{1}{2}\sum_{j,k=1}^{n}a_{jk}(y_j-m_j)(y_k-m_k)\right],$$

这里$[a_{jk}]=\boldsymbol{\Lambda}^{-1}$是 $\boldsymbol{\Lambda}$ 的逆矩阵. 如果 $\boldsymbol{\Lambda}$ 不是正定的，对任意正整数 s，令 $\boldsymbol{\Lambda}_s=\boldsymbol{\Lambda}+\frac{1}{s}\boldsymbol{I}$，($\boldsymbol{I}$ 为 n 阶幺矩阵，其元为 δ_{ij})，那么由(1)

$$\boldsymbol{\eta}\boldsymbol{\Lambda}_s\boldsymbol{\eta}^{\mathrm{T}}=\boldsymbol{\eta}\boldsymbol{\Lambda}\boldsymbol{\eta}^{\mathrm{T}}+\frac{1}{s}\boldsymbol{\eta}\boldsymbol{\eta}^{\mathrm{T}}\geqslant\frac{1}{s}\boldsymbol{\eta}\boldsymbol{\eta}^{\mathrm{T}},$$

故 $\boldsymbol{\Lambda}_s$ 为正定的；如上所述

$$f_s(\boldsymbol{t})=\exp\left\{\mathrm{i}\boldsymbol{m}\boldsymbol{t}^{\mathrm{T}}-\frac{1}{2}\boldsymbol{t}\boldsymbol{\Lambda}_s\boldsymbol{t}^{\mathrm{T}}\right\}$$

是 n 元特征函数. 因为

$$f_s(\boldsymbol{t})=f(\boldsymbol{t})\exp\left\{-\frac{1}{2s}\boldsymbol{t}\boldsymbol{t}^{\mathrm{T}}\right\},$$

所以 $f_s(\boldsymbol{t})$ 在 $\boldsymbol{t}$ 的任意有界集上一致收敛于 $f(\boldsymbol{t})$，从而得证 $f(\boldsymbol{t})$ 是 n 元特征函数.

称 $f(\boldsymbol{t})$ 所决定的分布为 n **维正态分布**，特别，当 $\boldsymbol{\Lambda}$ 不是正定，即 $\boldsymbol{\Lambda}$ 的行列式 $|\boldsymbol{\Lambda}|=0$ 时，称此正态分布为**退化的**.

由于 n 维正态分布由 $\boldsymbol{m}$ 及 $\boldsymbol{\Lambda}$ 决定，故记它为 $N(\boldsymbol{m},\boldsymbol{\Lambda})$；若 $n=1$，则化为 $N(m,\sigma^2)$，通常简写后者为 $N(m,\sigma)$，我们以后也采用这个简单的记号. 如果 $\sigma=0$ 分布退化而质量集中在一个点 m 上. 注意 σ 总是非负数.

（二）

称随机变量集 $X(\omega)=(x(\omega))$ 为**正态系**，如果它的任意有穷多个元 $x_1(\omega),x_2(\omega),\cdots,x_n(\omega)$ 的联合分布是 n 维正态的. 由此立知：$X(\omega)$ 的任一子集是正态系；反之，如果某随机变量集的任一有穷子集是正态系，那么它本身也是正态系.

定理 1　为使随机变量集 $X(\omega)$ 是正态系，充分必要条件是 $X(\omega)$ 中任意有穷多个元的线性组合的分布是一维正态的.

证　根据上述，不失一般性，我们只要对有穷集 $X(\omega)$ 作证明. 设

$$X(\omega)=\{x_1(\omega),x_2(\omega),\cdots,x_n(\omega)\}.$$

充分性　由假定，对任意实数 $a_j(j=1,2,\cdots,n)$，随机变量

$$Y(\omega)=\sum_{j=1}^{n}a_jx_j(\omega)$$

有一维正态分布．由此推出，每个 x_j 都是正态的．由于正态分布有各阶矩，故

$$m_j = Ex_j, \quad \lambda_{jj} = E(x_j - m_j)^2 \tag{4}$$

有穷；再由 $E|x_j - m_j||x_k - m_k| \leqslant \sqrt{\lambda_{jj}\lambda_{kk}} < +\infty$ 知

$$\lambda_{jk} = E(x_j - m_j)(x_k - m_k) \tag{5}$$

也有穷．由此立得

$$EY = \sum_{j=1}^{n} m_j a_j, \quad D^2 Y = \sum_{j,k=1}^{n} \lambda_{jk} a_j a_k,$$

而 Y 有分布为 $N\left(\sum_{j=1}^{n} m_j a_j, \left[\sum_{j,k=1}^{n} \lambda_{jk} a_j a_k\right]^{\frac{1}{2}}\right)$，有特征函数为

$$E(\mathrm{e}^{tY\mathrm{i}}) = \exp\left\{t\mathrm{i}\sum_{j=1}^{n} m_j a_j - \frac{t^2}{2}\sum_{j,k=1}^{n} \lambda_{jk} a_j a_k\right\}.$$

令 $t=1$，得

$$E\left(\exp\left\{\mathrm{i}\sum_{j=1}^{n} a_j x_j\right\}\right) = \exp\left\{\mathrm{i}\sum_{j=1}^{n} m_j a_j - \frac{1}{2}\sum_{j,k=1}^{n} \lambda_{jk} a_j a_k\right\}. \tag{6}$$

由于 $a_j \in \mathbf{R}$ 可任意，上式表示 $x_1, x_2, \cdots, x_n$ 的分布是 n 维正态的．

必要性 设 $x_1, x_2, \cdots, x_n$ 的联合分布为 $N(\boldsymbol{m}, \boldsymbol{\Lambda})$，$\boldsymbol{m} = (m_1, m_2, \cdots, m_n)$，$\boldsymbol{\Lambda} = (\lambda_{jk})$，则对任意实数 $a_1, a_2, \cdots, a_n$，有

$$E\left(\exp\left\{\mathrm{i}\sum_{j=1}^{n} a_j x_j\right\}\right) = \exp\left\{\mathrm{i}\sum_{j=1}^{n} m_j a_j - \frac{1}{2}\sum_{j,k=1}^{n} \lambda_{jk} a_j a_k\right\}.$$

考虑 $x_1, x_2, \cdots, x_n$ 的任一线性组合

$$Z = a_0 + \sum_{j=1}^{n} a_j x_j,$$

得

$$\begin{aligned} E(\mathrm{e}^{tZ\mathrm{i}}) &= E\left(\mathrm{e}^{a_0 t\mathrm{i}}\exp\left\{\mathrm{i}\sum_{j=1}^{n} a_j t x_j\right\}\right) = \mathrm{e}^{a_0 t\mathrm{i}} E\left(\exp\left\{\mathrm{i}\sum_{j=1}^{n} a_j t x_j\right\}\right) \\ &= \mathrm{e}^{a_0 t\mathrm{i}}\exp\left\{\mathrm{i}\sum_{j=1}^{n} m_j (a_j t) - \frac{1}{2}\sum_{j,k=1}^{n} \lambda_{jk}(a_j t)(a_k t)\right\} \end{aligned}$$

$$= \exp\left\{ \mathrm{i}\left(a_0 + \sum_{j=1}^{n} a_j m_j \right) t - \frac{t^2}{2} \sum_{j,k=1}^{n} \lambda_{jk} a_j a_k \right\},$$

这表示 Z 的分布为 $N\left(a_0 + \sum_{j=1}^{n} a_j m_j, \sqrt{\sum_{j,k=1}^{n} \lambda_{jk} a_j a_k} \right)$. ■

至于(2)中常数 m_j，λ_{jk} 的概率意义则有

系 1　设 $X(\omega)=(x_1(\omega), x_2(\omega), \cdots, x_n(\omega))$ 的特征函数为(2)，则

$$m_j = Ex_j, \quad \lambda_{jk} = E(x_j - m_j)(x_k - m_k). \tag{7}$$

证　根据定理 1 知 $x_1(\omega), x_2(\omega), \cdots, x_n(\omega)$ 的任一线性组合有一维正态分布，依照定理 1 充分性部分的证明(参看(4)～(6))，知存在

$$\widetilde{m}_j = Ex_j, \quad \widetilde{\lambda}_{jk} = E(x_j - m_j)(x_k - m_k),$$

而且 $X(\omega)$ 的特征函数是

$$\exp\left\{ \mathrm{i}\sum_{j=1}^{n} \widetilde{m}_j t_j - \frac{1}{2} \sum_{j,k=1}^{n} \widetilde{\lambda}_{jk} t_j t_k \right\}.$$

由假定，它应等于(2)中右方项. 由此并利用 t_j 的任意性及 $\lambda_{jk} = \lambda_{kj}$，$\widetilde{\lambda}_{jk} = \widetilde{\lambda}_{kj}$，即得

$$m_j = \widetilde{m}_j, \quad \lambda_{jk} = \widetilde{\lambda}_{jk}. \quad ■$$

正态分布随机变量具有重要特性：独立性与不相关性是等价的. 精确些说，就是

引理 1　设 $X(\omega)=(x_1(\omega), x_2(\omega), \cdots, x_n(\omega))$ 的分布是 n 维正态的，则不相关性即

$$\lambda_{jk} = 0 \quad (j \neq k)$$

是 $x_1(\omega), x_2(\omega), \cdots, x_n(\omega)$ 相互独立的充分必要条件.

证　若不相关，则(2)化为

$$f(t) = \exp\left\{ \mathrm{i}\sum_{j=1}^{n} m_j t_j - \frac{1}{2} \sum_{j=1}^{n} \lambda_{jj} t_j^2 \right\} = \prod_{j=1}^{n} \exp\left\{ m_j t_j \mathrm{i} - \frac{1}{2} \lambda_{jj} t_j^2 \right\}.$$

既然 $\exp\left\{ m_j t_j \mathrm{i} - \frac{1}{2} \lambda_{jj} t_j^2 \right\}$ 是一维正态分布 $N(m_j, \sqrt{\lambda_{jj}})$ 的特征函

数，故由上式即知 $x_1(\omega), x_2(\omega), \cdots, x_n(\omega)$ 相互独立，而且 $x_j(\omega)$ 的分布是 $N(m_j, \sqrt{\lambda_{jj}})$（若 $\lambda_{jj}=0$，则退化为集中在 m_j 上的单点分布）. 这便证明了**充分性**. 至于**必要性**则是一般随机变量所公共具有的

$$\lambda_{jk}=E(x_j-m_j)(x_k-m_k)=E(x_j-m_j)\cdot E(x_k-m_k)=0. \quad \blacksquare$$

引理 2 设一维正态分布列 $F_n=N(m_n, \sqrt{d_n})$ 弱收敛于一维分布 F，则极限

$$m=\lim_{n\to+\infty} m_n, \quad d=\lim_{n\to+\infty} d_n \tag{8}$$

存在，而且 $F=N(m,\sqrt{d})$.

证 设 F_n，F 的特征函数分别为 f_n 及 f. 由假定

$$f(t)=\lim_{n\to+\infty} f_n(t)=\lim_{n\to+\infty}\exp\left\{m_n t\mathrm{i}-\frac{d_n}{2}t^2\right\}, \tag{9}$$

因此，若能证明(8)中两极限存在，则引理得以证明.

由(9)

$$\exp\left(-\frac{d_n}{2}t^2\right)=|f_n(t)|\to|f(t)|,$$

因 $f(t)$ 连续而且 $f(0)=1$，故必存在 $t_0\neq 0$ 使 $f(t_0)\neq 0$，从而 $-\frac{1}{2}d_n t_0^2\to\lg|f(t_0)|\neq-\infty$，故得证极限 $d=\lim\limits_{n\to+\infty} d_n$ 存在.

由上一段证明及 $F_n\xrightarrow{W}F$ 知，关于 $t\in[0,1]$ 一致地有 $\mathrm{e}^{\frac{d_n}{2}t^2}\to\mathrm{e}^{\frac{d}{2}t^2}$，$f_n(t)\to f(t)$，因而

$$\mathrm{e}^{m_n t\mathrm{i}}\equiv f_n(t)\mathrm{e}^{\frac{d_n}{2}t^2}\to f(t)\mathrm{e}^{\frac{d}{2}t^2}, \tag{10}$$

故得

$$\left|f(t)\mathrm{e}^{\frac{d}{2}t^2}\right|=\lim_{n\to+\infty}\left|\mathrm{e}^{m_n t\mathrm{i}}\right|=1.$$

今取积分路线

$$C_n:\ \xi=\mathrm{e}^{m_n t\mathrm{i}}, \qquad 0\leqslant t\leqslant 1;$$

$$C:\ \xi=f(t)\mathrm{e}^{\frac{d}{2}t^2}, \quad 0\leqslant t\leqslant 1,$$

由(10)，$C_n \to C$，(即指表示 C_n 的函数 $e^{m_n t i}$ 在 $0 \leqslant t \leqslant 1$ 上一致收敛于表示 C 的函数 $f(t)e^{\frac{d}{2}t^2}$). 既然在积分路上，$|\xi| = 1 \neq 0$，故

$$m_n \mathrm{i} = \int_{C_n} \frac{d\xi}{\xi} \to \int_C \frac{d\xi}{\xi}.$$

即极限 $m = \lim\limits_{n \to +\infty} m_n$ 存在. ■

由定理 1 及引理 2 知正态系 X 具有下列性质.

定理 2　设 $X = (x(\omega))$ 是正态系，则

(i) X 所张成的线性集 $L(X)$(即由 X 中有穷多个元的线性组合全体构成的集)是正态系；

(ii) 在依概率收敛意义下，X 的闭包 $\overline{X}$(即指 $\overline{X}$ 中任一元可表为 X 中某一列相同或不相同的元在依概率收敛下的极限)是正态系；故 $\overline{L(X)}$ 也是.

证　(i) $L(X)$ 中有穷多个元的线性组合可表为 X 中有穷多个元的线性组合，故两次用定理 1 即得.

(ii) 任取有穷多个元 $x_i \in \overline{X}$，$i = 1, 2, \cdots, k$. 令

$$x_i = P\lim_{n \to +\infty} x_{in}, \quad x_{in} \in X,$$

则 $\sum\limits_{i=1}^{k} a_i x_i = P\lim\limits_{n \to +\infty} \left(\sum\limits_{i=1}^{k} a_i x_{in} \right)$，因而 $\sum\limits_{i=1}^{k} a_i x_{in}$ 的分布 F_n 弱收敛于 $\sum\limits_{i=1}^{k} a_i x_i$ 的分布 F. 但 $\sum\limits_{i=1}^{k} a_i x_{in}$ 有正态分布，故由引理 2，知 $\sum\limits_{i=1}^{n} a_i x_i$，因而 $a_0 + \sum\limits_{i=1}^{n} a_i x_i$ 也有正态分布，利用定理 1 即得所欲证. ■

(三)

考虑复随机过程 $X(\omega) = \{x_t(\omega), t \in T\}$，其中每 $x_t(\omega)$ 是复值随机变量. 设二阶矩 $E|x_t|^2 < +\infty$，$t \in T$，因之也存在

$$m(t) = Ex_t(\omega) \tag{11}$$

及

$$\lambda(s,t)=E(x_s-Ex_s)\overline{(x_t-Ex_t)}=Ex_s\overline{x}_t-m(s)\overline{m(t)}. \tag{12}$$

引理 3 函数 $\lambda(s,t)$ $(s,t\in T)$具有下列性质

(i) $\lambda(s,t)=\overline{\lambda(s,t)}$; (13)

(ii) 非负定性：对任意 $t_j\in T$，任意复数 a_j，$j=1,2,\cdots,n$，有

$$\sum_{j,k=1}^{n}\lambda(t_j,t_k)a_j\overline{a}_k\geqslant 0. \tag{14}$$

证 (i) 由(12)直接推出. (14)左方值等于

$$E\left[\sum_{j,k=1}^{n}(x(t_j)-m(t_j))\overline{(x(t_k)-m(t_k))a_j\,a_k}\right]$$

$$=E\left[\left\{\sum_{j=1}^{n}(x(t_j)-m(t_j))a_j\right\}\left\{\sum_{k=1}^{n}\overline{(x(t_k)-m(t_k))a_k}\right\}\right]$$

$$=E\left|\sum_{j=1}^{n}(x(t_j)-m(t_j))a_j\right|^2\geqslant 0.\quad\blacksquare$$

称复过程 $x(t,\omega)=x_1(t,\omega)+x_2(t,\omega)\mathrm{i}$ 为**正态的**①，如随机变量集$\{x_1(t,\omega),x_2(t,\omega),t\in T\}$是正态系.

定理 3 设 T 为任一参数集，$m(t)$ $(t\in T)$为任意复值函数，$\lambda(s,t)$ $(s,t\in T)$为任意满足引理 3 条件(i)(ii)的函数. 于是必存在正态过程 $X=\{x_t(\omega),t\in T\}$，使(11)(12)成立；而且若 $m(t)$，$\lambda(s,t)$是实值函数，则可取 X 的实正态过程.

证 先设 $m(t)$，$\lambda(s,t)$为实值函数，使引理 3(i)(ii)满足. 对任意 n 个值，$t_j\in T$，$j=1,2,\cdots,n$ 造 n 维正态分布 $N(\boldsymbol{m},\boldsymbol{\Lambda})$，这里 $\boldsymbol{m}=(m(t_1),m(t_2),\cdots,m(t_n))$而 $\boldsymbol{\Lambda}=(\lambda(t_j,t_k))$是 n 阶矩阵；换言之，这分布的特征函数是

$$\exp\left\{\mathrm{i}\sum_{j=1}^{n}m(t_j)a_j-\frac{1}{2}\sum_{j,k=1}^{n}\lambda(t_j,t_k)a_ja_k\right\}, \tag{15}$$

在(15)中令 $a_j=0$，$n^0<j\leqslant n$，则(15)化为 n^0 维正态分布 $N(\boldsymbol{m}^0$，

① 以后 a_1,a_2 表复数 $a=a_1+a_2\mathrm{i}$ 的实、虚部分.

$\boldsymbol{\Lambda}^0$)的特征函数,这里 $\boldsymbol{m}^0=(m(t_1^0),m(t_2^0),\cdots,m(t_n^0))$而 $\boldsymbol{\Lambda}^0$ 是 n^0 阶矩阵$(\lambda(t_j,t_k))$,$j,k\leqslant n^0$. 因此,由(15)决定的有穷维分布族是相容的. 由随机过程的存在定理,可找到实值正态过程$\{x_t(\omega),t\in T\}$,满足引理 3 条件(i)(ii).

现在考虑取复值的 $m(t)$ 与 $\lambda(s,t)$. 如果能找到复过程 $x(t,\omega)=x_1(t,\omega)+x_2(t,\omega)\mathrm{i}$,满足条件

$$\begin{cases} Ex_1(t)=m_1(t),\ Ex_2(t)=m_2(t); \\ Ex_1(s)x_1(t)-Ex_1(s)\cdot Ex_1(t)=\dfrac{1}{2}\lambda_1(s,t); \\ Ex_2(s)x_2(t)-Ex_2(s)\cdot Ex_2(t)=\dfrac{1}{2}\lambda_1(s,t); \\ Ex_1(s)x_2(t)-Ex_1(s)\cdot Ex_2(t)=-\dfrac{1}{2}\lambda_2(s,t); \end{cases} \tag{16}$$

那么$\{x_t(\omega),t\in T\}$满足(11)(12). 实际上,由引理 3(i)

$$\lambda_1(s,t)=\lambda_1(t,s),\quad \lambda_2(s,t)=-\lambda_2(t,s). \tag{17}$$

然后以(16)代入(11)(12)的右方,所得即分别为(11)(12)的左方值.

因此,只要证明的确存在满足(16)的复正态过程$\{x(t,\omega),t\in T\}$. 为证此,我们利用上面对实值情况已证明的结果,只要证具有性质(16)的$\{x_1(t,\omega),x_2(t,\omega),t\in T\}$中,任意有穷个的协方差矩阵是对称的,非负定的. 不失一般性①,只要对 n 对随机变量 $x_1(t_j)$, $x_2(t_j)$ $(j=1,2,\cdots,n)$作证明. 这样一来,剩下的问题只是证明 $2n$ 阶矩阵

---

① 对称非负定矩阵的主子式也是对称非负定的. 因此,例如给定的是$x_1(t_1)$;$x_2(t_2)$;$x_2(t_3)$,则可把它们配成双而考虑 $x_1(t_1)$,$x_1(t_2)$,$x_1(t_3)$;$x_2(t_1)$,$x_2(t_2)$,$x_2(t_3)$.

$$2(\rho_{jk})=\begin{pmatrix}\lambda_1(t_1,t_1) & \cdots & \lambda_1(t_1,t_n) & -\lambda_2(t_1,t_1) & \cdots & -\lambda_2(t_1,t_n)\\ \vdots & & \vdots & \vdots & & \vdots\\ \lambda_1(t_n,t_1) & \cdots & \lambda_1(t_n,t_n) & -\lambda_2(t_n,t_1) & \cdots & -\lambda_2(t_n,t_n)\\ -\lambda_2(t_1,t_1) & \cdots & -\lambda_2(t_n,t_1) & \lambda_1(t_1,t_1) & \cdots & \lambda_1(t_1,t_n)\\ \vdots & & \vdots & \vdots & & \vdots\\ -\lambda_2(t_1,t_n) & \cdots & -\lambda_2(t_n,t_n) & \lambda_1(t_n,t_1) & \cdots & \lambda_1(t_n,t_n)\end{pmatrix}$$

是对称的，非负定的. 对称性由(17)易见；为证非负定性，只需证对任意实数[①] $a_1,a_2,\cdots,a_{2n}$ 和数

$$\sum_{j,k=1}^{2n}\rho_{jk}a_ja_k=\frac{1}{2}\sum_{j,k=1}^{n}\lambda_1(t_j,t_k)(a_ja_k+a_{n+j}a_{n+k})+\frac{1}{2}\sum_{j,k=1}^{n}\lambda_2(t_j,t_k)(a_{n+j}a_k-a_ja_{n+k})\tag{18}$$

非负. 然而根据假定(14)，有

$$\begin{aligned}0&\leqslant\frac{1}{2}\sum_{j,k=1}^{n}\lambda(t_j,t_k)(a_j-a_{n+j}\mathrm{i})(a_k+a_{n+k}\mathrm{i})\\&=\frac{1}{2}\sum_{j,k=1}^{n}\lambda(t_j,t_k)(a_ja_k+a_{n+j}a_{n+k})-\\&\quad\frac{\mathrm{i}}{2}\sum_{j,k=1}^{n}\lambda(t_j,t_k)(a_{n+j}a_k-a_ja_{n+k}),\end{aligned}$$

以 $\lambda(t_j,t_k)=\lambda_1(t_j,t_k)+\lambda_2(t_j,t_k)\mathrm{i}$ 代入上式，把最后一方分解为实虚两部分，因为最后一方是实值($\geqslant 0$)，故虚部应为0，而实部则恰好等于(18)式中右方的值. 这样便证明了非负定性. ■

注1 在定理3的证明中，根据(16)所造出的复值过程 $x(t)=x_1(t)+\mathrm{i}x_2(t)\ (t\in T)$ 还满足

---

① 实际上，设 $a_j=b_j+c_j\mathrm{i}$ 为复数，则

$$\sum_{j,k=1}^{2n}\rho_{jk}a_j\bar{a}_k=\sum_{j,k=1}^{2n}\rho_{jk}(b_j+c_j\mathrm{i})(b_k-c_k\mathrm{i})=\sum_{j,k=1}^{2n}\rho_{jk}(b_jb_k+c_jc_k+b_kc_j\mathrm{i}-b_jc_k\mathrm{i}),$$

由于 $\rho_{jk}=\rho_{kj}$，故虚部为0，而实部则由上所证为非负.

$$Ex(s)x(t)=m(s)m(t). \tag{19}$$

实际上，利用(16)得上式左方：

$$Ex_1(s)x_1(t)+\mathrm{i}Ex_2(s)x_1(t)+\mathrm{i}Ex_1(s)x_2(t)-Ex_2(s)x_2(t)$$

$$=m_1(s)m_1(t)+\frac{1}{2}\lambda_1(s,t)+m_1(t)m_2(s)\mathrm{i}-\frac{1}{2}\lambda_2(t,s)\mathrm{i}+$$

$$m_1(s)m_2(t)\mathrm{i}-\frac{1}{2}\lambda_2(s,t)\mathrm{i}-m_2(s)m_2(t)-\frac{1}{2}\lambda_1(s,t),$$

由(17)，上式右方化为

$$[m_1(s)+m_2(s)\mathrm{i}][m_1(t)+m_2(t)\mathrm{i}]=m(s)m(t).$$

注 2　试问满足(11)(12)的正态过程是否唯一？这问题的准确提法是：满足(11)(12)的相容的有穷维正态分布族是否唯一？在实值情况答案肯定，因为 n 维正态分布 $N(\boldsymbol{m},\boldsymbol{\Lambda})$完全由 $\boldsymbol{m}$ 及 $\boldsymbol{\Lambda}$ 决定. 在复值情形，可以证明，满足(11)(12)及(19)三条件的正态过程唯一. 实际上，由此三条件得两方程

$$Ex(s)\overline{x(t)}=\lambda(s,t)+m(s)\overline{m(t)},\quad Ex(s)x(t)=m(s)m(t).$$

以 $x=x_1+x_2\mathrm{i}$, $\lambda=\lambda_1+\lambda_2\mathrm{i}$, $m=m_1+m_2\mathrm{i}$(自变量省去)代入上两式中，比较虚实部分得四个方程. 由此四方程可唯一确定 $Ex_1(s)x_1(t)$, $Ex_1(s)x_2(t)$, $Ex_1(t)x_2(s)$与 $Ex_2(s)x_2(t)$. 此外，(11)还确定了 $Ex_1(t)=m_1(t)$, $Ex_2(t)=m_2(t)$. 这样一来，正态系 $\{x_1(t,\omega),x_2(t,\omega),t\in T\}$的联合分布便唯一确定.

根据定理 3，可见当研究任意具有有穷二阶矩过程$\{z(t,\omega),t\in T\}$, $E|z(t)|^2<+\infty$的均方性质(即可用一个二阶矩来表达的性质)时，不妨假定该过程为正态过程.

实际上，令

$$m(t)=Ez(t)\cdot\lambda(s,t)=E(z(s)-m(s))\overline{(z(t)-m(t))}.$$

由引理 3，此 $\lambda(s,t)$满足条件(i)(ii). 根据定理 3，可找到正态过程 $\{x(t,\omega),t\in T\}$，使

$$m(t)=Ex(t),\ \lambda(s,t)=E(x(s)-m(s))\overline{(x(t)-m(t))}.$$

从而两过程有相同的均方性质，而且若$\{z(t,\omega),t\in T\}$是实过程，则$\{x(t,\omega),t\in T\}$也可选为实正态过程. 不过要注意的是，一般地两过程所在的概率空间是不同的.

实值正态过程的一个特点是：由不相关性

$$Ex(s)x(t)=Ex(s)\cdot Ex(t),\quad s,t\in T,$$

可得过程的独立性. 因此如果原来的实值过程$\{z(t,\omega),t\in T\}$满足$Ez(s)z(t)=Ez(s)\cdot Ez(t)$，那么上述实值正态过程$\{x(t,\omega),t\in T\}$甚至可取为独立的.

称**随机变量集**$\{x(\omega)\}$**为独立的**，如其中任意有穷多个元是独立的；称**复过程**$\{x(t,\omega),t\in T\}$**是独立的**，如二维随机向量族$\{x_1(t,\omega),x_2(t,\omega)\},t\in T$，是独立的.

继续讨论刚才的问题. 如果原来的复值过程$\{z(t,\omega),t\in T\}$满足$Ez(s)\overline{z(t)}=Ez(s)E\,\overline{z(t)}$，试问如上所造的满足(19)的复正态过程$\{x(t,\omega),t\in T\}$是否也独立呢？答案仍然肯定. 因为由假定及(19)，同时有

$$Ex(s)\overline{x(t)}=Ex(s)E\,\overline{x(t)},\quad Ex(s)x(t)=Ex(s)Ex(t).$$

由此两式得

$$Ex_1(s)x_1(t)=Ex_1(s)Ex_1(t);$$

$$Ex_1(s)x_2(t)=Ex_1(s)Ex_2(t);$$

$$Ex_2(s)x_2(t)=Ex_2(s)Ex_2(t);$$

$$Ex_2(s)x_1(t)=Ex_2(s)Ex_1(t).$$

因此，正态系$\{x_1(t,\omega),x_2(t,\omega),t\in T\}$是两两不相关的，从而是独立的. 故过程$\{x(t,\omega),t\in T\}$也是独立的.

§1.3　条件概率与条件数学期望

（一）

设$(\Omega,\mathcal{F},P)$为概率空间，$\Omega=(\omega)$，$\mathcal{B}$是$\mathcal{F}$的子σ代数，$y(\omega)$是某随机变量，$E|y|<+\infty$.

定义 1　具有下列两性质的随机变量$E(y|\mathcal{B})$称为$y(\omega)$**关于$\mathcal{B}$的条件数学期望**[①]（简称条件期望），如果

(i) $E(y|\mathcal{B})$是$\mathcal{B}$可测函数；

(ii) 对任意$A\in\mathcal{B}$，有

$$\int_A E(y|\mathcal{B})P(\mathrm{d}\omega)=\int_A yP(\mathrm{d}\omega). \tag{1}$$

定义 2　设$C\in\mathcal{F}$为任一事件，则它的示性函数，即

$$\chi_C(\omega)=\begin{cases}1, & \omega\in C,\\ 0, & \omega\overline{\in} C,\end{cases}$$

关于$\mathcal{B}$的条件期望称为C**关于$\mathcal{B}$的条件概率**，记为$P(C|\mathcal{B})$.

换言之，$P(C|\mathcal{B})$是满足以下两条件的随机变量：

(i)′ $P(C|\mathcal{B})$为$\mathcal{B}$可测函数；

(ii)′ 对任意$A\in\mathcal{B}$，有

$$\int_A P(C|\mathcal{B})P(\mathrm{d}\omega)=P(AC). \tag{2}$$

由于条件概率是条件期望的特殊情况，故只要讨论后者就够了.

为使定义合理，必须保证满足定义 1 条件(i)及(ii)的随机变

① 既然$E(y|\mathcal{B})$是一随机变量，明确些应把$E(y|\mathcal{B})$写成$E(y|\mathcal{B})(\omega)$，以表明它是ω的函数，这里及以后都略去了ω. 关于下面的$P(C|\mathcal{B})$也如此.

量存在. 为此，注意(1)的右方值 $\int_A yP(\mathrm{d}\omega)$ 是 $\mathcal{B}$ 上的广义测度，而且在 $\mathcal{B}$ 上，它关于测度 P 是绝对连续的，即

$$\text{当 } P(A)=0 \text{ 时}, \int_A yP(\mathrm{d}\omega) = 0 .$$

因此，由[①]拉东-尼科迪姆(Radon-Nikodým)定理可见：满足定义 1 (i)(ii)的随机变量 $E(y|\mathcal{B})$的确存在，而且一般地有许多个；但如果有两随机变量 $E_1(y|\mathcal{B})$及 $E_2(y|\mathcal{B})$都满足定义 1 (i)(ii)，那么

$$P(\omega: E_1(y|\mathcal{B})=E_2(y|\mathcal{B}))=1. \tag{3}$$

既然 y 关于 $\mathcal{B}$ 的条件期望一般不唯一，我们以后所说的条件期望 $E(y|\mathcal{B})$，只是指它们之中的一个代表.

例 1 设 $\mathcal{B}=(\varnothing,\Omega)$. 为使 $E(y|\mathcal{B})$满足定义 1 (i)，充分必要条件是它为某一常数，即 $E(y|\mathcal{B})=c$. 为使定义 1 (ii)成立，必须也只需 $c=Ey$. 实际上，以 c 代入(1)中的 $E(y|\mathcal{B})$，并取 $A=\Omega$，即得 $c=Ey$. 由于 $\mathcal{B}$ 只含$\varnothing$，Ω 两个元，故此 c 使(1)对任意 $A\in\mathcal{B}$ 成立.

特别，若 $y=\chi_C$，则 $E(\chi_C|\mathcal{B})=P(C)$.

例 2 设$\mathcal{B}=(\varnothing,D,\overline{D},\Omega)$，$D\in\mathcal{F}$，$0<P(D)<1$，$\overline{D}=\Omega\backslash D$. 试证此时

$$E(y|\mathcal{B}) = \begin{cases} \dfrac{1}{P(D)}\displaystyle\int_D y(\omega)P(\mathrm{d}\omega) = E(y|D), & \omega\in D, \\ \dfrac{1}{P(\overline{D})}\displaystyle\int_{\overline{D}} y(\omega)P(\mathrm{d}\omega) = E(y|\overline{D}), & \omega\in \overline{D}, \end{cases} \tag{4}$$

$$P(C|\mathcal{B}) = \begin{cases} \dfrac{1}{P(D)}P(CD)=P(C|D), & \omega\in D, \\ \dfrac{1}{P(\overline{D})}P(C\overline{D})=P(C|\overline{D}), & \omega\in \overline{D}, \end{cases} \tag{5}$$

---

① 参看本套书第 7 卷附篇(五).

而且 $E(y|\mathcal{B})$，$P(C|\mathcal{B})$是唯一的.

实际上，为使定义 1 (i)成立，$E(y|\mathcal{B})$必须也只需呈下形：

$$E(y|\mathcal{B})=\begin{cases}c_1, & \omega\in D,\\ c_2, & \omega\in\overline{D},\end{cases}\quad c_1,c_2\ \text{常数}.$$

以之代入(1)并令 $A=D$，即得

$$c_1P(D)=\int_D yP(\mathrm{d}\omega),$$

或 $c_1=\dfrac{1}{P(D)}\displaystyle\int_D yP(\mathrm{d}\omega)=E(y|D)$；同样证明 $c_2=E(y|\overline{D})$，而且这样决定的 c_1,c_2 使定义 1 (ii)对一切 $A\in\mathcal{B}$ 成立. 因此，用(4)定义的 $E(y|\mathcal{B})$是 y 关于 $\mathcal{B}$ 的条件期望的一个代表. 今设 $\widetilde{E}(y|\mathcal{B})$是另一代表. 由上所述知

$$\widetilde{E}(y|\mathcal{B})=\begin{cases}\tilde{c}_1, & \omega\in D,\\ \tilde{c}_2, & \omega\in\overline{D},\end{cases}\quad \tilde{c}_1,\tilde{c}_2\ \text{常数}.$$

若说 $\tilde{c}_1\neq c_1$，则 $P(E(y|\mathcal{B})\neq\widetilde{E}(y|\mathcal{B}))\geqslant P(D)>0$，这与(3)矛盾，故 $\tilde{c}_1=c_1$，同样 $\tilde{c}_2=c_2$.

在(4)中令 $y(\omega)=\chi_C(\omega)$，即得(5).

例 3　设 $\mathcal{B}=\mathcal{F}$. 易见 y 关于 $\mathcal{B}$ 的条件期望的一个代表就是 y，即$E(y|\mathcal{B})=y(\omega)\quad \text{a.s.}$. 令 $y=\chi_C$，则 $P(C|\mathcal{B})=\chi_C(\omega)\quad \text{a.s.}$.

(二)

试研究 $E(y|\mathcal{B})$（特别地，$P(C|\mathcal{B})$）的性质. 由于$E(y|\mathcal{B})$是用定义 1 的可测性(i)的积分性质(ii)定义的，容易想到关于通常的勒贝格积分的性质对$E(y|\mathcal{B})$ 也成立.

以下的等式、不等式或极限关系式都是以概率 1 成立的，又 $y(\omega)$，$y_i(\omega)$都是随机变量，而且 $E|y|<+\infty$，$E|y_i|<+\infty$. 以后不再一一声明上述条件.

i) 对任意 $c_1\in\mathbf{R}$，$c_2\in\mathbf{R}$，有

$$E(c_1y_1+c_2y_2|\mathcal{B})=c_1E(y_1|\mathcal{B})+c_2E(y_2|\mathcal{B}).$$

证 我们先来说明证明这类关系式的一般方法. 上式表示 $c_1E(y_1|\mathcal{B})+c_2E(y_2|\mathcal{B})$是 $c_1y_1+c_2y_2$ 关于 $\mathcal{B}$ 的条件期望的一个代表，由定义只要证明：$c_1E(y_1|\mathcal{B})+c_2E(y_2|\mathcal{B})$是关于 $\mathcal{B}$ 可测的随机变量；而且对任意 $A\in\mathcal{B}$，有

$$\int_A [c_1E(y_1|\mathcal{B})+c_2E(y_2|\mathcal{B})]P(\mathrm{d}\omega) = \int_A (c_1y_1+c_2y_2)P(\mathrm{d}\omega). \tag{6}$$

这里，由 $E(y_i|\mathcal{B})$的定义，它们都是 $\mathcal{B}$ 可测的，故 $c_1E(y_1|\mathcal{B})+c_2E(y_2|\mathcal{B})$也是 $\mathcal{B}$ 可测；又因对 $A\in\mathcal{B}$，有

$$\int_A E(y_i|\mathcal{B})P(\mathrm{d}\omega)=\int_A y_iP(\mathrm{d}\omega) \quad (i=1,2),$$

以 c_i 乘上式两边后对 $i=1,2$ 求和即得(6). ■

ii) 若 $y\geqslant 0$，则 $E(y|\mathcal{B})\geqslant 0$.

证 令 $A=(\omega: E(y|\mathcal{B})<0)$，$A_m=\left(\omega: E(y|\mathcal{B})\leqslant -\frac{1}{m}\right)$. 则

$A=\bigcup\limits_m A_m$，

$$-\frac{1}{m}P(A_m)\geqslant\int_{A_m}E(y|\mathcal{B})P(\mathrm{d}\omega)=\int_{A_m}yP(\mathrm{d}\omega)\geqslant 0,$$

故 $P(A_m)=0$，$P(A)\leqslant\sum\limits_m P(A_m)=0$. ■

iii) $|E(y|\mathcal{B})|\leqslant E(|y||\mathcal{B})$.

证 由 ii)，有 $E(|y|-y|\mathcal{B})\geqslant 0$，由此及 i)得

$$E(y|\mathcal{B})\leqslant E(|y||\mathcal{B}),$$

$$-E(y|\mathcal{B})=E(-y|\mathcal{B})\leqslant E(|y||\mathcal{B}). \quad ■$$

iv)① 设 $0\leqslant y_n\uparrow y$，$E|y|<+\infty$，则

① 数列 $a_n\uparrow a$ 表 $a_n\leqslant a_{n+1}$，$\lim\limits_{n\to+\infty}a_n=a$；类似定义 $a_n\downarrow a$. 集列 $A_n\uparrow A$ 表 $A_n\subset A_{n+1}$，$A=\bigcup\limits_n A_n$；类似地，$A_n\downarrow A$ 表 $A_n\supset A_{n+1}$，$A=\bigcap\limits_n A_n$.

$$E(y_n|\mathcal{B})\uparrow E(y|\mathcal{B});$$

证　由 ii)，$0\leqslant E(y_1|\mathcal{B})\leqslant E(y_2|\mathcal{B})\leqslant\cdots$　a.s.，故对几乎一切 ω 存在极限 $\lim\limits_{n\to+\infty}E(y_n|\mathcal{B})$；在极限不存在的 ω 上补定义为 0，经过这样补定义后的极限是 $\mathcal{B}$ 可测的. 为证它等于 $E(y|\mathcal{B})$，只要注意，用积分单调收敛定理两次，对任意 $A\in\mathcal{B}$，有

$$\int_A\lim_{n\to+\infty}E(y_n|\mathcal{B})P(\mathrm{d}\omega)=\lim_{n\to+\infty}\int_A E(y_n|\mathcal{B})P(\mathrm{d}\omega)$$

$$=\lim_{n\to+\infty}\int_A y_nP(\mathrm{d}\omega)=\int_A\lim_{n\to+\infty}y_nP(\mathrm{d}\omega)=\int_A yP(\mathrm{d}\omega).$$ ■

v) 设 $y_n\to y$，$|y_n|\leqslant x$，$Ex<+\infty$，则

$$E(y_n|\mathcal{B})\to E(y|\mathcal{B}).$$

证　定义

$$z_n^+=\sup_{k\geqslant 0}y_{n+k},\quad z_n^-=\inf_{k\geqslant 0}y_{n+k}.$$

显然

$$0\leqslant x-z_n^+\uparrow x-y,\quad 0\leqslant x+z_n^-\uparrow x+y.$$

故由 iv)

$$E(x-z_n^+|\mathcal{B})\uparrow E(x-y|\mathcal{B});$$

$$E(x+z_n^-|\mathcal{B})\uparrow E(x+y|\mathcal{B}).$$

从而

$$E(z_n^+|\mathcal{B})\downarrow E(y|\mathcal{B}),\quad E(z_n^-|\mathcal{B})\uparrow E(y|\mathcal{B}).$$

最后只要注意，由于 ii)

$$E(z_n^-|\mathcal{B})\leqslant E(y_n|\mathcal{B})\leqslant E(z_n^+|\mathcal{B}).$$ ■

vi) 若 $z(\omega)$ 对 $\mathcal{B}$ 可测，$E|yz|<+\infty$，$E|y|<+\infty$，则

$$E(yz|\mathcal{B})=zE(y|\mathcal{B}).\tag{7}$$

证　令 $\mathcal{L}=\{z(\omega):E|yz|<+\infty\}$，$L=\{z(\omega):$使(7)成立$\}$由 i)，iv) 知 L 是一 $\mathcal{L}$-系. 但当 $z=\chi_M$ $(M\in\mathcal{B})$ 时

$$\int_A zyP(\mathrm{d}\omega)=\int_A \chi_M yP(\mathrm{d}\omega)=\int_{AM} yP(\mathrm{d}\omega)$$

$$=\int_{AM} E(y|\mathcal{B})P(\mathrm{d}\omega)=\int_A \chi_M E(y|\mathcal{B})P(\mathrm{d}\omega)$$

$$=\int_A zE(y|\mathcal{B})P(\mathrm{d}\omega)\ (A\in\mathcal{B}).$$

既然 $zE(y|\mathcal{B})$明显的是$\mathcal{B}$可测的，故

$$\chi_M\in L(M\in\mathcal{B}).$$

根据本套书第7卷附篇引理4，即得证. ■

vii) 若 $y(\omega)$为$\mathcal{B}$可测，则 $E(y|\mathcal{B})=y$.

证 因此时 y 具备定义1(i)及(ii)中对 $E(y|\mathcal{B})$所需的性质. ■

viii) 若$\mathcal{B}_1\subset\mathcal{B}_2\subset\mathcal{F}$，则

$$E[E(y|\mathcal{B}_2)|\mathcal{B}_1]=E(y|\mathcal{B}_1)=E[E(y|\mathcal{B}_1)|\mathcal{B}_2].$$

证 为证前一等式，只要注意若 $A\in\mathcal{B}_1$，则 $A\in\mathcal{B}_2$，故

$$\int_A E(y|\mathcal{B}_1)P(\mathrm{d}\omega)=\int_A yP(\mathrm{d}\omega)=\int_A E(y|\mathcal{B}_2)P(\mathrm{d}\omega).$$

为证后一等式，注意 $E(y|\mathcal{B}_1)$为$\mathcal{B}_2$可测，然后应用 vii)即可. ■

条件数学期望还有一些重要性质，见§9.2定理3，§9.3定理1及§1.4引理2.

取随机变量为可测集的示性函数，由条件数学期望的性质立得条件概率的性质. 试举其中若干如下：设 $A\in\mathcal{F}$，$A_n\in\mathcal{F}$.

(i) $0\leqslant P(A|\mathcal{B})\leqslant 1$.

(ii) 若 $P(A)=0$，则 $P(A|\mathcal{B})=0$；

若 $P(A)=1$，则 $P(A|\mathcal{B})=1$.

(iii) 若 $A_n\uparrow A$ 或 $A_n\downarrow A$，得

$$\lim_{n\to+\infty}P(A_n|\mathcal{B})=P(A|\mathcal{B}).$$

(iv) 若有穷个或可列个 A_n 互不相交，则

$$P\left(\bigcup_n A_n|\mathcal{B}\right)=\sum_n P(A_n|\mathcal{B}).$$

证　(i) $1-\chi_A\geqslant 0$，由本节(二) ii)，$E(1-\chi_A|\mathcal{B})\geqslant 0$，由本节(二) i)，$1=E(1|\mathcal{B})\geqslant E(\chi_A|\mathcal{B})=P(A|\mathcal{B})$. 类似证 $0\leqslant P(A|\mathcal{B})$.

(ii) 如 $P(A)=0$，直接由 $P(A|\mathcal{B})$ 的定义知 $P(A|\mathcal{B})=0$. 另一结论可自此结论推出，只要考虑补集 $\overline{A}$.

(iii) 如 $A_n\uparrow A$，$\chi_{A_n}\uparrow\chi_A$，由本节(二) iv)即得所欲证. 若 $A_n\downarrow A$，则补集 $\overline{A}_n\uparrow\overline{A}$.

(iv) 由 A 知结论对有穷个 A_n 正确；由(iii)知对可列个也对. ■

条件概率相应于本节(二) vi)～viii)的性质也不难转述.

(三)

设 $\{x_t(\omega),t\in T\}$ 为一族取值于可测空间 (E,σ) 中的随机变量，称 $E(y|\mathcal{F}\{x_t,t\in T\})$ 为实值随机变量 y **关于** $\{x_t,t\in T\}$ 的**条件期望**. 并简记为 $E(y|x_t,t\in T)$.

今设 $T=(1,2,\cdots,n)$ 而考虑 $E(y|x_1,x_2,\cdots,x_n)$ 它是 $\mathcal{F}\{x_1,x_2,\cdots,x_n\}$ 可测的. 由本套书第 7 卷附篇引理 6，存在定义在 $E^n=E\times E\times\cdots\times E$ 上的 $\sigma^n=\sigma\times\sigma\times\cdots\times\sigma$ 可测实值函数 $f(z_1,z_2,\cdots,z_n)$，$(z_i\in E)$，使

$$\begin{aligned}&E(y|x_1(\omega),x_2(\omega),\cdots,x_n(\omega))\\&=f(x_1(\omega),x_2(\omega),\cdots,x_n(\omega)).\end{aligned}\tag{8}$$

我们称 $f(z_1,z_2,\cdots,z_n)$ 为 y 在条件“$x_1(\omega)=z_1,x_2(\omega)=z_2,\cdots,x_n(\omega)=z_n$”下的条件期望，并记为 $E(y|x_1=z_1,x_2=z_2,\cdots,x_n=z_n)$；换言之，定义

$$E(y|x_1=z_1,x_2=z_2,\cdots,x_n=z_n)=f(z_1,z_2,\cdots,z_n).$$

于是 $E(y|x_1=z_1,x_2=z_2,\cdots,x_n=z_n)$ 是 E^n 上的 n 元 $z_1,z_2,\cdots,z_n$ 的函数，具有性质：

(i) 它是 σ^n 可测的.

(ii) 对任意 $B\in\sigma^n$，有

$$\int_{(X(\omega)\in B)} y(\omega)P(\mathrm{d}\omega)$$
$$=\int_B E(y|x_1=z_1,x_2=z_2,\cdots,x_n=z_n)P_X(\mathrm{d}z). \qquad (9)$$

这里 $X(\omega)=(x_1(\omega),x_2(\omega),\cdots,x_n(\omega))$，$z=(z_1,z_2,\cdots,z_n)$；而 P_X 为 $X(\omega)$的分布，它是 σ^n 上的概率测度.

实际上，由 $f(z_1,z_2,\cdots,z_n)$的 σ^n 可测性即得(i)；由测度论中积分变换定理得

$$\int_{(X(\omega)\in B)} y(\omega)P(\mathrm{d}\omega)$$
$$=\int_{(X(\omega)\in B)} E(y|x_1,x_2,\cdots,x_n)P(\mathrm{d}\omega)$$
$$=\int_{(X(\omega)\in B)} f(x_1(\omega),x_2(\omega),\cdots,x_n(\omega))P(\mathrm{d}\omega)$$
$$=\int_B f(z_1,z_2,\cdots,z_n)P_X(\mathrm{d}z)$$
$$=\int_B E(y|x_1=z_1,x_2=z_2,\cdots,x_n=z_n)P_X(\mathrm{d}z).$$

§ 1.4　半鞅序列

(一)

设 $T(\subset[-\infty,+\infty])$为有序集,序关系[1]记作"$\prec$". 随机过程$\{x_t(\omega),t\in T\}$,如果满足 $E|x_t|<+\infty$,而且对任一对 $s\prec t$ 有

$$x_s=E(x_t\,|\,x_u,u\prec s)\quad \text{a.s.},\tag{1}$$

那么称此过程为**鞅**. 显然,条件(1)等价于:对任意 $A\in\mathcal{F}\{x_u,u\prec s\}$,有

$$\int_A x_s P(\mathrm{d}\omega)=\int_A x_t P(\mathrm{d}\omega).\tag{2}$$

若将上述定义的(1)式中"="换为"≤",则过程称为**半鞅**. [2]

以下无特别声明时,总设 $T=\mathbf{N}^*$,其中序关系"$\prec$"即自然序. 这时条件(1)等价于

$$x_n=E(x_{n+1}\,|\,x_1,x_2,\cdots,x_n)\quad \text{a.s.}.\tag{3}$$

事实上,(3)是(1)的特殊情形. 反之,由(3)知

$$x_n=E(x_{n+k}\,|\,x_1,x_2,\cdots,x_n)\quad \text{a.s.}$$

对 $k=1$ 正确;今设它对 $k=m$ 也正确,则由(3)及§ 1.3 viii)得

$$\begin{aligned}&E(x_{n+m+1}\,|\,x_1,x_2,\cdots,x_n)\\ =&E[E(x_{n+m+1}\,|\,x_1,x_2,\cdots,x_{n+m})\,|\,x_1,x_2,\cdots,x_n]\\ =&E(x_{n+m}\,|\,x_1,x_2,\cdots,x_n)=x_n\quad \text{a.s.},\end{aligned}$$

这便证明了(1).

关于半鞅与鞅的关系有

---

① 如读者不熟悉序的概念,可简单地理解"$\prec$"为"≤",即可读下文. 本节只在第 10 章中用到.

② 文献中常称为下鞅;若换为"≥",则称为上鞅.

引理 1 任一半鞅$\{x_n, n>0\}$可分解为

$$x_n = x_n' + x_n'', \tag{4}$$

其中$\{x_n', n>0\}$为鞅而$0 \leqslant x_n'' \leqslant x_{n+1}''$ a.s..

证 定义x_n''：令$x_1''=0$，

$$x''_n = \sum_{k=2}^{n} \{E(x_k \mid x_1, x_2, \cdots, x_{k-1}) - x_{k-1}\}. \tag{5}$$

由于$\{x_n, n>0\}$为半鞅，故$0 \leqslant x_n'' \leqslant x_{n+1}''$ a.s.. 其次

$$\begin{aligned}
&E(x'_{n+1} \mid x_1, x_2, \cdots, x_n) \\
&= E\left(\left[x_{n+1} - \sum_{k=2}^{n+1} \{E(x_k \mid x_1, x_2, \cdots, x_{k-1}) - x_{k-1}\}\right] \middle| x_1, x_2, \cdots, x_n\right) \\
&= E(x_{n+1} \mid x_1, x_2, \cdots, x_n) - \sum_{k=2}^{n+1} [E(x_k \mid x_1, x_2, \cdots, x_{k-1}) - x_{k-1}] \\
&= x_n - \sum_{k=2}^{n} [E(x_k \mid x_1, x_2, \cdots, x_{k-1}) - x_{k-1}] = x_n - x_n'' = x_n' \quad \text{a.s.},
\end{aligned}$$

上面第二个等号用到§1.3 viii)与 vii). 注意x_n''及x'_n为$\mathcal{F}\{x_1, x_2, \cdots, x_n\}$可测，以$E(- \mid x_1', x_2', \cdots, x_n')$作用于上式两端，再用一次§1.3 中的 viii)与 vii)，得

$$E(x_{n+1}' \mid x_1', x_2', \cdots, x_n') = x_n' \quad \text{a.s.}. \tag{6}$$

由(5)知$Ex_n'' = \sum_{k=2}^{n} (Ex_k - Ex_{k-1})$，故$x_n''$可积，从而$E|x_n'| \leqslant E|x_n| + E|x_n''| < +\infty$. 这与(6)结合便得证$\{x_n', n>0\}$是一鞅序列. ■

由于引理 1，在某些问题中可把对半鞅的研究化为对鞅的研究.

下面的引理，可以帮助我们由已给半鞅作出许多新的半鞅. 考虑定义在有穷或无穷开区间$I \subset \mathbf{R}$上的函数$g(x)$，称它在I上是**凸的**，如对任两点$x, y \in I$，有

$$g\left(\frac{x+y}{2}\right) \leqslant \frac{1}{2}(g(x) + g(y)). \tag{7}$$

引理 2 设$g(x)$是在$\mathbf{R}$上凸的连续函数，又$E|\eta(\omega)| <$

$+\infty$, $E|g(\eta)|<+\infty$,则

$$g(E(\eta|\mathcal{B}))\leqslant E(g(\eta)|\mathcal{B}) \quad \text{a.s.}. \tag{8}$$

证　以 S 表全体有理数的集. 对 $\lambda_i\in S$,定义

$$G(\lambda_i,\omega)=P(\eta(\omega)\leqslant\lambda_i|\mathcal{B}) \tag{9}$$

其中 $P(\eta(\omega)\leqslant\lambda_i|\mathcal{B})$ 是条件概率的任一固定的代表. 由§1.3(二)条件概率的性质(i)~(iv)知存在集 A,使 $P(A)=0$,当 $\omega\overline{\in}A$ 时,作为 $\lambda_i\in S$ 的函数, $G(\lambda_i,\omega)$ 是单调不减,右连续的,而且 $\lim\limits_{\lambda_i\to+\infty}G(\lambda_i,\omega)=1$. 扩大 G 的定义域到一切 $\lambda\in\mathbf{R}$ 而定义

$$G(\lambda,\omega)=\begin{cases}\lim\limits_{\lambda_i\downarrow\lambda}G(\lambda_i,\omega), & \omega\overline{\in}A,\\ F(\lambda), & \omega\in A,\end{cases} \tag{10}$$

其中 $F(\lambda)$ 是任一固定的与 ω 无关的分布函数. 于是对每 $\omega\in\Omega$, $G(\lambda,\omega)$ 是一个分布函数,从而产生 $\mathbf{R}$ 上的概率测度 $G(B,\omega)$, $(B\in\mathcal{B}_1)$.

令 $\mathcal{M}=(B:B\in\mathcal{B}_1$,而且 $G(B,\omega)$ 是 ω 的 $\mathcal{B}$ 可测函数$)$,则 $\mathcal{M}$ 是一 λ-系,由(9)(10)知 $\mathcal{M}$ 含一切$(-\infty,\lambda]$,故由本套书第7卷附篇引理3知 $\mathcal{M}=\mathcal{B}_1$. 故得证:对每固定的 $B\in\mathcal{B}_1$, $G(B,\omega)$ 是 $\mathcal{B}$ 可测的.

记 $\mathcal{L}=(f(x):f$ 为 $\mathcal{B}_1$ 可测,而且 $E|f(\eta(\omega))|<+\infty)$;又以 L 表一切使

$$E(f(\eta(\omega))\mid\mathcal{B})=\int_{\mathbf{R}}f(x)G(\mathrm{d}x,\omega) \tag{11}$$

成立的 $f(x)$ 的集. 易见 L 是一 $\mathcal{L}$-系,而且由(9)(10)知 L 包含一切$(-\infty,\lambda]$的示性函数,故由本套书第7卷附篇引理4知(11)对一切 $\mathcal{B}_1$ 可测的 $f(x)$ 成立,只要 $E|f(\eta(\omega))|<+\infty$. 特别,由假设知(11)对 $f(x)=g(x)$ 及 $f(x)=x$ 成立. 于是要证明的(8)式化为

$$g\left(\int_{\mathbf{R}}xG(\mathrm{d}x,\omega)\right)\leqslant\int_{\mathbf{R}}g(x)G(\mathrm{d}x,\omega),$$

但由凸函数理论中的詹森(Jensen)不等式①可知，上面不等式是正确的. ■

注意，我们早已知道，若 $E|f(\eta)|<+\infty$，则

$$Ef(\eta)=\int_{\mathbf{R}}f(x)F_\eta(\mathrm{d}x),$$

这里 $F_\eta(x)=P(\eta\leqslant x)$ 是 η 的分布函数.(11)式表示，对条件期望 $E(f(\eta)|\mathcal{B})$ 也有积分表达式，其中 $G(B,\omega)$ 称为 **η 关于 $\mathcal{B}$ 的条件分布**②.

例 1 设$\{y_n\}$为独立随机变量序列，为使

$$\{x_n,n>0\},x_n=\sum_{i=1}^{n}y_i$$

是鞅，充分必要条件是 $Ey_n=0$，$n>1$. 此由

$$\begin{aligned}&E(x_{n+1}|x_1,x_2,\cdots,x_n)\\&=E(x_n|x_1,x_2,\cdots,x_n)+E(y_{n+1}|x_1,x_2,\cdots,x_n)\\&=x_n+E(y_{n+1}|y_1,y_2,\cdots,y_n)=x_n+Ey_{n+1}=x_n\quad\text{a.s.}\end{aligned}$$

看出. 上式中用到§1.3 vii)及$\{y_n\}$的独立性.

例 2 例1一般可化为：设$\{y_n\}$是任一列随机变量，$E|y_n|<+\infty$，而且

$$E(y_{n+1}|y_1,y_2,\cdots,y_n)=0\quad(n\geqslant1)$$

则 $\{x_n,n>0\}$，$x_n=\sum_{i=1}^{n}y_i$ 构成一鞅.

例 3 设 x，$y_n(n>0)$为随机变量，$E|x|<+\infty$，则$\{x_n,n>0\}$成鞅，这里$x_n=E(x|y_1,y_2,\cdots,y_n)$. 实际上，简记 $\mathcal{F}_n^0=\mathcal{F}(x_1,x_2,\cdots,x_n)$，$\mathcal{F}_n=\mathcal{F}(y_1,y_2,\cdots,y_n)$. 因 x_i 为 $\mathcal{F}_i$ 可测，所以 $\mathcal{F}_n^0\subset\mathcal{F}_n$. 由§1.3 viii)得

---

① 见那汤松，著. 徐瑞云，译. 实变函数论. 北京：高等教育出版社，1958，第10章，§5，定理6.

② 在[16]中称为 η 关于 $\mathcal{B}$ 的广义条件分布.

$$E(x_{n+1}|\mathcal{F}_n)=E(E[x|\mathcal{F}_{n+1}]|\mathcal{F}_n)=E(x|\mathcal{F}_n).$$

再由 § 1. 3 viii)及 vii)，即得

$$E(x_{n+1}|\mathcal{F}_n^0)=E(E[x|\mathcal{F}_n]|\mathcal{F}_n^0)=E(x_n|\mathcal{F}_n^0)=x_n \quad \text{a.s.}. \tag{12}$$

例 4　例 3 的一般化可叙述如下：任取随机变量 x，$E|x|<+\infty$及一列 σ 代数$\mathcal{F}_1\subset\mathcal{F}_2\subset\cdots$. 定义

$$x_n=E(x|\mathcal{F}_n), \tag{13}$$

则$\{x_n,n>0\}$成鞅. 证明与例 3 中的完全一样.

例 5　设$\{x_n,n>0\}$是半鞅，则$\{x_n^+,n>0\}$是半鞅，x_n^+ 表 x_n 的非负部分①. 实际上，显然 $E|x_n^+|<+\infty$. 在引理 2 中取$g(x)=x^+$，由半鞅性及$g(x)$的单增性得

$$\begin{aligned}g(x_n)&\leqslant g(E[x_{n+1}|x_1,x_2,\cdots,x_n])\\&\leqslant E(g(x_{n+1})|x_1,x_2,\cdots,x_n),\end{aligned}$$

即 $x_n^+\leqslant E(x_{n+1}^+|x_1,x_2,\cdots,x_n)$. 再用 § 1. 3 vii)，viii)即得

$$x_n^+\leqslant E(x_{n+1}^+|x_1^+,x_2^+,\cdots,x_n^+). \tag{14}$$

类似地可以证明：若半鞅 $x_n\geqslant 0$　a.s. 或者$\{x_n,n>0\}$成鞅，则由 $E|x_n|^r<+\infty(r\geqslant 1)$知，$\{|x_n|^r,n>0\}$是一半鞅.

注 1　鞅与半鞅的实际背景如下：某工厂第 n 年生产价值设为 x_n 元，x_n 是随机变量. $E(x_{n+1}|x_1,x_2,\cdots,x_n)$便是在已知前 n 年生产价值 $x_1,x_2,\cdots,x_n$ 的条件下，第 $n+1$ 年的平均价值. 一般地，工厂在第 $n+1$ 年初计划本身的生产时，只以第 n 年的生产所得价值 x_n 为本金，故可设上述条件期望只依赖于 x_n（与 x_1，$x_2,\cdots,x_{n-1}$无关），而鞅性质

$$E(x_{n+1}|x_1,x_2,\cdots,x_n)=x_n,$$

则进一步表明该工厂在第 $n+1$ 年平均所得仍为 x_n. 因此，如果把 x_n 全部投入生产，作为第 $n+1$ 年的本金时，结果是不盈也不

① 即 $x_n^+=x_n$，如 $x_n\geqslant 0$；否则 $x_n^+=0$. 显然 $x_n^+=\frac{1}{2}(x_n+|x_n|)$为$\mathcal{F}\{x_n\}$可测.

亏.而半鞅则表示盈利.自然希望知道,经过多年以后的生产价值是否稳定,数学上便是研究鞅与半鞅的收敛性,即研究 $\lim\limits_{n\to+\infty} x_n$.(这个例子在一些国家里常用赌博的话来表达.有一种赌法叫Martingale,这个字的另一种中文意思是"鞅".这也许是所以命名为鞅的原因.)

（二） 研究鞅的收敛性

设已给闭区间$[a,b]$及n个数$x_1,x_2,\cdots,x_n$.如果自x_1起,顺次到x_n,自区间的左方到右方共h次,便说$x_1,x_2,\cdots,x_n$通过$[a,b]$的次数为h.精确些说:令

$$x_{k_1}\leqslant a,\ x_{k_2}\geqslant b,\ x_{k_3}\leqslant a,\ x_{k_4}\geqslant b,\cdots,$$

其中k_1是第一个使$x_{k_1}\leqslant a$的下标,k_2是k_1以后第一个使$x_{k_2}\geqslant b$的下标,等.设k_{j_0}是这样得到的最后一个下标,定义$k_j=n+1$,$j_0<j\leqslant n$.如果上述的k_i一个也不存在,就令$k_1=k_2=\cdots=k_n=n+1$.如果至少存在一个k_i,那么对每个$k>k_1$,根据$x_1,x_2,\cdots,x_{k-1}$的值,可以决定一整数j,使$k_j<k\leqslant k_{j+1}$.

当$k_2\leqslant n$时,定义通过次数为使$k_{2h}\leqslant n$的最大整数h;当$k_2>n$时,定义通过次数为0.以下就用h来表通过次数.h依赖于$[a,b]$.

试讨论h与x_i间的关系.为此,先对每个$k>1$定义一数i_k:如果$k\leqslant k_1$,令$i_k=0$;如果$k>k_1$,那么定义$i_k=0$或1,视k所决定的j是奇数或偶数而定.先设$h>0$.若$k_{2h+1}\leqslant n$,则

$$\begin{aligned}\sum_{k=2}^{n} i_k(x_k-x_{k-1}) &= i_{k_3}(x_{k_3}-x_{k_2})+\cdots+i_{k_{2h+1}}(x_{k_{2h+1}}-x_{k_{2h}})\\ &\leqslant (a-b)h;\end{aligned}$$

若$k_{2h+1}>n$,则

$$\begin{aligned}&\sum_{k=2}^{n} i_k(x_k-x_{k-1})\\ &= i_{k_3}(x_{k_3}-x_{k_2})+\cdots+i_{k_{2h-1}}(x_{k_{2h-1}}-x_{k_{2h-2}})+i_n(x_n-x_{k_{2h}})\\ &\leqslant (a-b)h+(x_n-a);\end{aligned}$$

其次设 $h=0$,这时左方和为 0 而第一个不等式显然是对的. 因此不论在哪一种情况,总有

$$\sum_{k=2}^{n} i_k(x_k - x_{k-1}) \leqslant (a-b)h + (x_n - a)^+. \tag{15}$$

现在考虑 n 个随机变量 $x_1(\omega), x_2(\omega), \cdots, x_n(\omega)$. 当 ω 固定时,它们是 n 个通常的数,故可如上得到变数 $K_i(\omega)(=k_i(\omega))$, $H_n(\omega)(=h_n(\omega))$, $I_k(\omega)(=i_k(\omega))$. 然后令 ω 变动,便得随机变量 $K_i(\omega)$, $H_n(\omega)$, $I_k(\omega)(k>1)$. $I_k(\omega)$决定于 $x_1(\omega), x_2(\omega), \cdots, x_{k-1}(\omega)$,即 $I_k(\omega)$为 $\mathscr{F}\{x_1, x_2, \cdots, x_{k-1}\}$ 可测①.

引理 3　设 $x_1, x_2, \cdots, x_n$ 是半鞅,则

$$(b-a)EH_n \leqslant \sup_{k\leqslant n} E(x_k - a)^+ = E(x_n - a)^+. \tag{16}$$

证　以此半鞅代入(15),取数学期望,得

$$\sum_{k=2}^{n} \int_{I_k=1} (x_k - x_{k-1}) P(\mathrm{d}\omega) \leqslant (a-b)EH_n + E(x_n - a)^+.$$

由半鞅性知左方每项非负,因而

$$(b-a)EH_n \leqslant E(x_n - a)^+.$$

既然 $x_1 - a, x_2 - a, \cdots, x_n - a$ 也是半鞅,由例 5 知$(x_1 - a)^+$, $(x_2 - a)^+, \cdots, (x_n - a)^+$ 也如此,于是 $E(x_i - a)^+$ 对 i 不减. 故

$$(b-a)EH_n \leqslant E(x_n - a)^+ = \sup_{k\leqslant n} E(x_k - a)^+. \quad ■$$

以下定理解决几乎处处收敛与 r 次方收敛问题.

定理 1　设$\{x_n, n>0\}$是半鞅.

(i)若 $\sup E|x_n| < +\infty$,则 $x_n \to x$ 有穷 a.s.,而且

$$Ex \leqslant \sup Ex_n^+, \ E|x| \leqslant \sup E|x_n|.$$

(ii)当且仅当$|x_n|^r$ 均匀可积时, $x_n \xrightarrow{r} x$, $r \geqslant 1$,此时 $x_n \to$

① 实际上,$(I_k(\omega)=1) = \bigcup_{1\leqslant l\leqslant a} \{K_{2l}(\omega) < k \leqslant K_{2l+1}(\omega)\} \in \mathscr{F}\{x_1, x_2, \cdots, x_{k-1}\}$,$a$ 为不大于$\frac{k-1}{2}$的最大正整数.

x　a.s..

证　(i)以 A 表$(\omega: x_n$ 不收敛$)$，并令

$$A_{a,b}=(\omega: \underline{\lim}_{n\to+\infty} x_n<a<b<\overline{\lim}_{n\to+\infty} x_n),$$

则 $A=\bigcup_{a,b} A_{a,b}$，这里 a,b 表有理数. 由此可见，当且仅当每一 $A_{a,b}$ 为零测集时，A 是零测集.

考虑引理3中的 H_n，当 $n\to+\infty$ 时，$H_n\uparrow H$. 显然，若 $\omega\in A_{a,b}$，则必 $H=+\infty$. 因此，如能证 $P(H=+\infty)=0$，就有 $P(A_{a,b})=0$. 由引理3

$$EH=\sup EH_n\leqslant\sup\frac{E(x_n-a)^+}{b-a}. \tag{17}$$

由假设 $E(x_n-a)^+\leqslant E|x_n-a|\leqslant\sup E|x_n|+|a|<+\infty$，因之 $\sup E(x_n-a)^+<+\infty$，故(17)的右方也有穷，从而 $P(H=+\infty)=0$. 这样便证明了 $x_n\to x$　a.s.，x 是有穷或无穷的，由法图(Fatou)引理得 $E|x|\leqslant\sup E|x_n|<+\infty$，从而知 x 有穷 a.s.. 按 $x^+=\frac{1}{2}(x+|x|)$ 及 $x_n\to x$　a.s.，得 $x_n^+\to x^+$　a.s.. 再用一次法图引理，便得

$$Ex\leqslant Ex^+\leqslant\sup Ex_n^+.$$

(ii)如 $x_n\xrightarrow{r}x(r\geqslant1)$，由本套书第7卷附篇(三)段知 $|x_n|^r$ 均匀可积. 反之，设 $|x_n|^r$ 对某 $r\geqslant1$ 均匀可积，则 $E|x_n|^r$，从而 $E|x_n|\leqslant E^{\frac{1}{r}}|x_n|^r$，都均匀有界. 故由(i)得 $x_n\to x$　a.s.. 再由本套书第7卷附篇(三)段即知 $x_n\xrightarrow{r}x$. ■

注2　对半鞅，$\sup_n E|x_n|<+\infty$ 等价于 $\sup_n Ex_n^+<+\infty$. 实际上，显然，由前者得后者. 由半鞅性，$Ex_n\geqslant Ex_m(n\geqslant m)$. 因而

$$2Ex_n^+=Ex_n+E|x_n|\geqslant Ex_1+E|x_n|(n\geqslant1).$$

既然 Ex_1 有穷，故由 $\sup_n Ex_n^+<+\infty$ 得 $\sup_m E|x_m|<+\infty$.

设鞅列 $x_n \to x$ a.s.，容易想到下列问题：$\{x_1, x_2, \cdots, x\}$ 是否也成鞅？从注 1 中的解释看，这问题是有意义的，因为它关系到稳定的年产价值是否仍无盈亏. 问题的答案一般是否定的. 为了进一步研究，需要引进下面的概念.

说鞅(或半鞅) $\{x_t, t\in T\}$ **右闭于** y，如果 $\{x_t, t\in T, y\}$ 是鞅(或半鞅)；换句话说，如 $E|y|<+\infty$，并且对每 $t\in T$ 有

$$x_t = E(y|x_s, s\leqslant t)\text{（或 } x_t\leqslant E(y|x_s, s\leqslant t)\text{）}\quad \text{a.s.};\tag{18}$$

此时称 y 为**右闭元**. (18)可改写为：对任意 $A\in\mathcal{F}\{x_s, s\leqslant t\}$，

$$\int_A x_t P(\mathrm{d}\omega) = \int_A yP(\mathrm{d}\omega)$$

$$\text{或}\quad \int_A x_t P(\mathrm{d}\omega) \leqslant \int_A yP(\mathrm{d}\omega).\tag{19}$$

如果鞅(或半鞅) $\{x_t, t\in T\}$ 既右闭于 y，又右闭于 z，但 $\{x_t, t\in T, y, z\}$ 成鞅(或半鞅)，就说 y **近于** z；如果 y 近于任一其他右闭元，便说 y 是**最近的**.

为了研究闭性，需要下面一个有关不等式：

引理 4　设 $\{x_1, x_2, \cdots, y\}$ 是半鞅，则对每 $c>0$，有

$$cp(\sup x_n\geqslant c)\leqslant\int_{(\sup x_n\geqslant c)} yP(\mathrm{d}\omega);\tag{20}$$

又如此半鞅之元非负 a.s.(或此半鞅成鞅)，而且 $E|x_n|^r<+\infty$，$E|y|^r<+\infty$，$r\geqslant 1$，则

$$c^r p(\sup|x_n|\geqslant c)\leqslant\int_{(\sup x_n\geqslant c)}|y|^r P(\mathrm{d}\omega).\tag{21}$$

证　分解

$$B=(\sup x_n>c')=\bigcup_j A_j,$$

其中 $A_j=(x_k\leqslant c', \text{一切 } k<j; x_j>c')$，$A_jA_k=\varnothing(j\neq k)$. 于是由条件期望的定义及半鞅性

$$\int_B yP(\mathrm{d}\omega)=\sum_n\int_{A_n} yP(\mathrm{d}\omega)=\sum_n\int_{A_n} E(y|x_k, k\leqslant n)P(\mathrm{d}\omega)$$

$$\geqslant \sum_n \int_{A_n} x_n P(\mathrm{d}\omega) \geqslant \sum_n c' P(A_n) = c' P(B),$$

令 $c' \uparrow c$，即得(20). 由例 5 及(20)得(21). ■

引理 5[①] 设 $\{x_1, x_2, \cdots, y\}$ 为非负半鞅，$E|x_n|^r < +\infty$，$E|y|^r < +\infty$，则

$$E\{\sup_n x_n^r\} \leqslant \left(\frac{r}{r-1}\right)^r E\{y^r\}, \ r > 1.$$

证 由引理 4，只要证明下列一般命题：设 x, z 是两非负随机变量，$Ex^r < +\infty$，$Ez^r < +\infty$，又对一切 $\lambda > 0$，有

$$P\{z(\omega) \geqslant \lambda\} \leqslant \frac{1}{\lambda} \int_{(z(\omega) \geqslant \lambda)} x P(\mathrm{d}\omega),$$

则

$$E\{z^r\} \leqslant \left(\frac{r}{r-1}\right)^r E\{x^r\}, \ r > 1.$$

为证此命题，任取 λ 的不减函数 $\psi(\lambda)$，$\lambda > 0$，使满足 $\psi(0) = 0$，$E|\psi(z)| < +\infty$，则

$$E\{\psi(z)\} = -\int_0^{+\infty} \psi(\lambda) \mathrm{d}P(z(\omega) \geqslant \lambda) \leqslant \int_0^{+\infty} P(z(\omega) \geqslant \lambda) \mathrm{d}\psi(\lambda)$$

$$\leqslant \int_0^{+\infty} \frac{\mathrm{d}\psi(\lambda)}{\lambda} \int_{(z(\omega) \geqslant \lambda)} x P(\mathrm{d}\omega) = \int_\Omega x P(\mathrm{d}\omega) \int_0^{z(\omega)} \frac{\mathrm{d}\psi(\lambda)}{\lambda}.$$

特别，取 $\psi(\lambda) = \lambda^r$，由上式得

$$E\{z^r\} \leqslant \frac{r}{r-1} E\{x z^{r-1}\} \leqslant \frac{r}{r-1} \{Ex^r\}^{1/r} \{Ez^r\}^{1-\frac{1}{r}},$$

两边取 r 次方，得

$$[E\{z^r\}]^r \leqslant \left(\frac{r}{r-1}\right)^r \{Ex^r\} \{Ez^r\}^{r-1},$$

若 $Ez^r > 0$，由此式即得命题结论；若 $Ez^r = 0$，则命题显然正确. ■

定理 2 (i) 设 $\{x_n, n > 0, y\}$ 构成鞅或非负半鞅，而且

① 此引理在第 10 章中有用，与本节中以下内容无关.

$E|x_n|^r<+\infty, E|y|^r<+\infty$, $r\geqslant 1$,则 $x_n \xrightarrow{r} x$,又 $x_n \to x$　a.s..

(ii) 设 $\{x_n, n>0\}$ 成半鞅,如果对某 $r\geqslant 1$, $x_n \xrightarrow{r} x$,那么 $x_n \to x$(a.s.),并且右闭于 x,还可取 x 为最近的[①].

证　(i) 令 $B_n=(|x_n|\geqslant c)$, $B=(\sup|x_n|\geqslant c)$,则 $B\supset \bigcup_n B_n$. 由引理 4

$$c^r P(B)\leqslant \int_B |y|^r P(\mathrm{d}\omega)\leqslant E|y|^r<+\infty.$$

于是当 $c\to+\infty$ 时, $P(B)\to 0$,从而 $\int_B |y|^r P(\mathrm{d}\omega)\to 0$. 利用例 5, 对任意 $\varepsilon>0$,当 c 充分大时,有

$$\int_{B_n} |x_n|^r P(\mathrm{d}\omega)\leqslant \int_{B_n} |y|^r P(\mathrm{d}\omega)\leqslant \int_B |y|^r P(\mathrm{d}\omega)<\varepsilon,$$

这说明 $|x_n|^r$ 均匀可积. 由定理 1 即得证(i).

(ii) 由 $x_n \xrightarrow{r} x$ 得 $x_n \xrightarrow{1} x$,根据定理 1 还有 $x_n \to x$　a.s.. 因为

$$\left|\int x_n P(\mathrm{d}\omega)-\int x P(\mathrm{d}\omega)\right|\geqslant \int |x_n-x| P(\mathrm{d}\omega)\to 0,$$

所以可在积分号下取极限. 由半鞅性得

$$\int_{B_n} x_n P(\mathrm{d}\omega)\leqslant \int_{B_n} x_{n+m} P(\mathrm{d}\omega), \tag{22}$$

其中 $B_n\in\mathcal{F}\{x_1, x_2, \cdots, x_n\}$,令 $m\to+\infty$,得

$$\int_{B_n} x_n P(\mathrm{d}\omega)\leqslant \int_{B_n} x P(\mathrm{d}\omega),$$

这就是(19);既然 $E|x|<+\infty$,故得证 $\{x_n, n>0\}$ 右闭于 x.

设它又右闭于 y,则对 $B_n\in\mathcal{F}\{x_1, x_2, \cdots, x_n\}$,有

$$\int_{B_n} x_{n+m} P(\mathrm{d}\omega)\leqslant \int_{B_n} y P(\mathrm{d}\omega).$$

---

① 注意 x 只是概率 1 地被决定.

令 $m\to+\infty$ 得

$$\int_{B_n} xP(\mathrm{d}\omega)\leqslant\int_{B_n} yP(\mathrm{d}\omega). \tag{23}$$

考虑代数 $\bigcup\limits_n \mathcal{F}\{x_1,x_2,\cdots,x_n\}$ 上的有穷测度 $\int_A (y-x)P(\mathrm{d}\omega)$，(注意 $y-x$ 可积)，由测度扩张定理及(23)，它可唯一地扩展成为 $\mathcal{F}\left\{\bigcup\limits_n \mathcal{F}\{x_1,x_2,\cdots,x_n\}\right\}=\mathcal{F}\{x_1,x_2,\cdots\}$ 上的有穷测度，而且

$$\int_A xP(\mathrm{d}\omega)\leqslant\int_A yP(\mathrm{d}\omega) \tag{24}$$

对任意 $A\in\mathcal{F}\{x_1,x_2,\cdots\}$ 成立. 既然 x 以概率1等于一个 $\mathcal{F}\{x_1,x_n,\cdots\}$ 可测函数，故在一测度为零的集上改变 x 的值后，可设 x 关于 $\mathcal{F}\{x_1,x_n,\cdots\}$ 可测，从而上式也对任意的

$$A\in\mathcal{F}\{x_1,x_2,\cdots\}=\mathcal{F}\{x_1,x_2,\cdots,x\}$$

成立，这便证明了所取的 x 的最近性. ■

应用上述定理于例4，便得

定理3 设 $\{x_n,n>0\}$ 是例4中的鞅，则

$$E(x\mid\mathcal{F}_n)\to E(x\mid\mathcal{F}_{+\infty})\quad \text{a.s.}, \tag{25}$$

其中 $\mathcal{F}_{+\infty}$ 是含一切 $\mathcal{F}_n(n>0)$ 的最小 σ 代数；如果 $E|x|^r<+\infty$，$r\geqslant1$，那么(25)中极限还可以是 r 次方收敛意义下的.

证 先证 $\{x_n,n>0\}$ 闭于 x. 回忆 $E|x|<+\infty$. 显然由(13)得 $\mathcal{F}\{x_1,x_2,\cdots,x_n\}\subset\mathcal{F}_n$，故由 § 1.3 viii)，vii)有

$$\begin{aligned} E(x\mid x_1,x_2,\cdots,x_n)&=E(E[x\mid\mathcal{F}_n]\mid x_1,x_2,\cdots,x_n)\\ &=E(x_n\mid x_1,x_2,\cdots,x_n)=x_n\quad \text{a.s.}, \end{aligned} \tag{26}$$

故 x 是右闭元. 由定理2 (i)知存在

$$\lim_{n\to+\infty} x_n=y\quad (\text{a.s.及1方收敛下}). \tag{27}$$

其次证 $y=E(x\mid\mathcal{F}_{+\infty})$ a.s.. 为此只要证 y 具备决定 $E(x\mid\mathcal{F}_{+\infty})$ 的两个性质(即 § 1.3(一)中的性质(i)(ii)). 首先，因为 x_n 为 $\mathcal{F}_{+\infty}$ 可测，所以由(27)可取 y 也为 $\mathcal{F}_{+\infty}$ 可测；其次，对任意固

定的 $A\in\mathcal{F}_n$，由(13)

$$\int_A xP(\mathrm{d}\omega)=\int_A x_nP(\mathrm{d}\omega)\to\int_A yP(\mathrm{d}\omega),$$

这里可在积分号下取极限是由于(27)在 1 方收敛下也成立(参看定理 2 (ii)的证明). 故

$$\int_A xP(\mathrm{d}\omega)=\int_A yP(\mathrm{d}\omega)\tag{28}$$

对 $A\in\bigcup_n\mathcal{F}_n$ 成立. 全体使(28)成立的可测集 A 构成一 λ-系 Λ，既然 $\Lambda\supset\bigcup_n\mathcal{F}_n$，故由本套书第 7 卷附篇引理 3 可知 $\Lambda\supset\mathcal{F}_{+\infty}$，亦即(28)对 $\mathcal{F}_{+\infty}$ 中一切集成立. 这便完成了定理中第一结论的证明.

如果 $E|x|^r<+\infty$, $r\geqslant1$，那么第二结论由定理 2 (i)，引理 2 及刚才已证明的 $y=E(x|\mathcal{F}_{+\infty})$ a.s. 推出. ■

系 1　设 $x, y_n(n>1)$ 为随机变量，$E|x|^r<+\infty$, $r\geqslant1$，则以概率 1，同时也在 r 方收敛意义下有

$$E(x|y_1,y_2,\cdots,y_n)\to E(x|y_1,y_2,\cdots).\tag{29}$$

证　在定理 3 中取 $\mathcal{F}_n=\mathcal{F}\{y_1,y_2,\cdots,y_n\}$，则 $\mathcal{F}_{+\infty}=\mathcal{F}\{y_1,y_2,\cdots\}$. ■

系 2　设 x 为 $\mathcal{F}\{y_1,y_2,\cdots\}$ 可测，$E|x|^r<+\infty(r\geqslant1)$. 则

$$E(x|y_1,y_2,\cdots,y_n)\xrightarrow{r}x\quad\text{a.s.};\tag{30}$$

特别若 $A\in\mathcal{F}\{y_1,y_2,\cdots\}$，则

$$P(A|y_1,y_2,\cdots,y_n)\xrightarrow{r}\chi_A\quad\text{a.s.};\tag{31}$$

若再设 $P(A|y_1,y_2,\cdots,y_n)=P(A)$，则 $P(A)=\chi_A$ a.s.，由于 $P(A)$是与 ω 无关的常数，故必有 $P(A)=0$ 或 1.

关于具有连续参数 t 的半鞅的样本函数性质，我们留待§3.4 研究.

§1.5　补充与习题

1. 设已给一列一维分布函数$\{F_n(\lambda), n\geqslant 1\}$，试造一概率空间$(\Omega, \mathcal{F}, P)$及定义于其上的独立随机变量列$\{x_n(\omega), n\geqslant 1\}$，使$x_n(\omega)$的分布函数为$F_n(\lambda)$.

提示　定义 m 维分布函数

$$F_{1,2,\cdots,m}(\lambda_1, \lambda_2, \cdots, \lambda_m) = \prod_{i=1}^{m} F_i(\lambda_i),$$

并利用§1.1 定理 1.

2. 设 $\boldsymbol{X}=(x_1, x_2, \cdots, x_n)$为 n 维随机向量，使 $Ex_i=0$，$Ex_ix_j=\lambda_{ij}$ 有穷. 设矩阵$\boldsymbol{\Lambda}=(\lambda_{ij})$的秩为 $m(\leqslant n)$，试证存在 m 维随机向量 $\boldsymbol{Y}=(y_1, y_2, \cdots, y_m)$，$Ey_i=0$，$Ey_iy_j=\delta_{ij}$（$=0$ 如 $i\neq j$；$=1$ 如 $i=j$）使每个 x 是 $y_1, y_2, \cdots, y_m$ 的线性组合.

提示　参看[15]§22.6.

3. 设 $\boldsymbol{X}=(x_1, x_2, \cdots, x_n)$满足上题条件，并有 n 维正态分布. 试证每 x_i 可表为 m 个独立的正态分布的随机变量的线性组合.

提示　利用上题及正态系的性质. 详见[15]§24.3.

4. 设 $E|x|<+\infty$，若 x 与任意 $\chi_A(\omega)$，$A\in\mathcal{B}$都相互独立，则 $E(x|\mathcal{B})=Ex$　a.s.；特别，如 $x=\chi_B$，得 $P(B|\mathcal{B})=P(B)$　a.s..

提示　$Ex\chi_A=Ex\cdot E\chi_A$.

5. 试证若可测集列 $A_n(n>1)$互不相交，则

$$P\left(\bigcup_n A_n \mid \mathcal{B}\right) = \sum_n P(A_n|\mathcal{B}) \quad \text{a.s.}.$$

6. 设 $E|x|<+\infty$，$\delta>0$，则级数

$$x(\delta,\omega) = \sum_{-\infty}^{+\infty} (j+1)\delta P(j\delta < x(\omega) \leqslant (j+1)\delta|\mathcal{B})$$

以概率 1 绝对收敛，而且

$$\lim_{n\to+\infty} x\left(\frac{1}{n},\omega\right)=E(x|\mathcal{B})\quad \text{a.s.}.$$

提示　将 $x(\omega)$ 离散化而造

$$z(\delta,\omega)=j\delta,\ j\delta<x(\omega)\leqslant(j+1)\delta,\ j\in\mathbf{Z}$$

$$z_n(\delta,\omega)=\begin{cases} z(\delta,\omega) & -n\delta<x(\omega)\leqslant(n+1)\delta, \\ 0, & \text{反之}. \end{cases}$$

然后用 §1.3 v)两次.

7. 设 $(x_1(\omega),x_2(\omega))$ 有二维正态分布，$Ex_1=Ex_2=0$，$Dx_1=Dx_2=1$，$Ex_1x_2=R$；试证 $E\max(x_1,x_2)=\sqrt{\frac{1-R}{\pi}}$；并求 $E\min(x_1,x_2)$.

8. (i) 设 $E|x(\omega)|<+\infty$ 而且存在常数 c_1,c_2，使 $c_1\leqslant x(\omega)\leqslant c_2$ a.s.，则 $c_1\leqslant E(x|\mathcal{B})\leqslant c_2$ a.s.对任意 σ 代数 $\mathcal{B}\subset\mathcal{F}$ 成立. 特别，$0\leqslant P(A|\mathcal{B})\leqslant 1$ a.s..

(ii) 设 Π 为 π-系，$\Omega\in\Pi\in\mathcal{F}$，又 $\mathcal{B}$ 为含 Π 的最小 σ 代数，则 §1.3 定义 1 中条件(ii)等价于：$E(y|\mathcal{B})$ 可积，而且对任意 $A\in\Pi$ 有

$$\int_A E(y|\mathcal{B})P(\mathrm{d}\omega)=\int_A yP(\mathrm{d}\omega).$$

(iii) 设 $\mathcal{B}$ 为含可列多个可测集 $\{B_n\}$ 的最小 σ 代数. 其中 $B_iB_j=\varnothing$，$i\neq j$；$\bigcup_n B_n=\Omega$；又 $P(B_n)>0$ 对一切 n. 则对任意 $A\in\mathcal{F}$ 有

$$P(A|\mathcal{B})=P(A|B_n),\quad \omega\in B_n.$$

提示　(i) $c=E(c|\mathcal{B})$ a.s.，c 为常数.

(ii) 用 λ-系方法.

(iii) 参考 §1.3 例 2.

9. 设随机变量列$\{x_n(\omega)\}$均匀有界，即存在常数c使$|x_n(\omega)|<c$对一切n,ω成立，则此时依概率收敛等价于$r(>0)$方收敛.

提示 参看129页的脚注.

下面一系列的习题，表明如何应用半鞅的一般理论以推出独立随机变量的许多著名的性质.

10. 0-1 律 设$\{y_n, n>0\}$为独立随机变量序列，若x关于$\bigcap_{n=1}^{+\infty}\mathcal{F}\{y_m, m\geqslant n\}$可测，则称为**尾随机变量**，而$\sigma$代数$\bigcap_{n=1}^{+\infty}\mathcal{F}\{y_m, m\geqslant n\}$中的集$A$称为**尾事件**. 试证

$$P(A)=0\text{ 或 }1,\ x=Ex\quad \text{a.s.}.$$

提示 $A\in\mathcal{F}\{y_m, m>n\}$，由$\{y_k, k>0\}$的独立性知$P(A|y_1, y_2, \cdots, y_n)=P(A)$，这从$P(AB)=P(A)P(B)$ $(B\in\mathcal{F}\{y_1, y_2, \cdots, y_n\})$立刻推知. 再利用§1.4系2即得. 故系2是一般化的0-1律.

11. 设$\{B_n, n>1\}$为一列相互独立事件，令$B=\bigcap_{m=1}^{+\infty}\bigcup_{j=m}^{+\infty}B_j$，试证$P(B)=0$或1. 若无独立性假定，则结论不正确. 试举例说明.

提示 令$y_n=\chi_{B_n}$（B_n之示性函数），利用上题. 注意$B=\bigcap_{m=n}^{+\infty}\bigcup_{j=m}^{+\infty}B_j\in\mathcal{F}\{y_n, y_{n+1}, \cdots\}$. 所需例：取$B_j=A$，而$P(A)=\frac{1}{2}$.

12. 波莱尔-坎泰利(Borel-Cantelli)引理 设$B_j(j>0)$为任一列可测集，$B=\bigcap_{m=1}^{+\infty}\bigcup_{j=m}^{+\infty}B_j$. 若$\sum_j P(B_j)<+\infty$，则$P(B)=0$. 若$\sum_j P(B_j)=+\infty$而且$B_j(j>0)$相互独立，则$P(B)=1$.

提示 利用$P(B)\leqslant P\left(\bigcup_{j=n}^{+\infty}B_j\right)\leqslant\sum_{j=n}^{+\infty}P(B_j)$立得第一结论. 记$\overline{B}_j=\Omega-B_j$，由独立性得

$$1-P(B)=\lim_{n\to\infty}P\left(\bigcap_{j=n}^{+\infty}\overline{B}_j\right)=\lim_{n\to\infty}\prod_{j=n}^{+\infty}(1-P(B_j)).$$

若 $\sum_j P(B_j)=+\infty$，则 $\prod_j(1-P(B_j))=0$.

13. 设$\{y_n, n>1\}$为独立随机变量序列. 令

$$A=\left(\omega:\sum_{n=1}^{+\infty}y_n(\omega)\text{ 收敛于有穷极限}\right),$$

试证 $P(A)=0$ 或 1.

提示　$A=\left(\omega:\sum_{n=m}^{+\infty}y_n(\omega)\text{ 收敛于有穷极限}\right)$，利用 0-1 律.

14. 设$\{y_n, n>1\}$为独立随机变量序列，$Ey_n=0$，$\sum_{n=1}^{+\infty}Ey_n^2<+\infty$，则 $\sum_{n=1}^{+\infty}y_n$ 以概率 1 收敛，也在均方意义下收敛.

提示　令 $x_m=\sum_{n=1}^{m}y_n$，$\sigma_n^2=Ey_n^2$，则 $E(x_n-x_m)^2=\sum_{i=m+1}^{n}\sigma_j^2\to 0$，$m\to+\infty$，$n\to+\infty$. 此得证 x_n 均方收敛于某 x. $\{x_n, n>1\}$ 成鞅. 由 §1.4 定理 2 得 $x_n\to x$　a.s..

15. 试证：若$\{x_1, x_2, \cdots, x_n\}$成鞅，$E|x_k|^r<+\infty$，$(r\geqslant 1)$，则

$$P(\sup_{k\leqslant n}|x_k|\geqslant c)\leqslant E\frac{|x_n|^r}{c^r}.$$

提示　利用 §1.4 引理 4，并注意注 1 与前一段话.

16. 设$\{y_k, k\geqslant 1\}$为独立随机变量序列，$Ey_k=0$，$\sigma_k^2=Ey_k^2<+\infty$.

令 $x_k=\sum_{i=1}^{k}y_i$，试证

$$P(\sup_{k\leqslant n}|x_k|\geqslant c)\leqslant\frac{\sum_{k=1}^{n}\sigma_k^2}{c^2}.$$

提示　利用上题. 注意上式为柯尔莫哥洛夫不等式，故上题中不等式可看成此不等式之推广.

17. 设 $x_n=\sum_{k=1}^{n}y_k$ 是独立随机变量 $y_k(k>1)$的部分和，$Ey_k=0$. 则 $x_n\to x$ a.s.，$E|x|^r<+\infty$ $(r\geqslant 1)$的充分必要条件是 $x_n\xrightarrow{r}x$.

提示 充分性由 § 1.4 定理 2 推出. 反之，设 $x_n\to x$，$E|x|^r<+\infty$ $(r\geqslant 1)$. 易见 $x_{n+p}-x_n$ 因之 $x-x_n$ 与 $x_1,x_2,\cdots,x_n$ 独立，故若令 $\mathcal{F}_n=\mathcal{F}\{x_1,x_2,\cdots,x_n\}$，则

$$E(x|\mathcal{F}_n)=E(x-x_n|\mathcal{F}_n)+E(x_n|\mathcal{F}_n)$$
$$=E(x-x_n)+x_n=Ex+x_n\quad \text{a.s.}.$$

由 § 1.4 系 2 及 $x_n\to x$ 即得 $Ex=0$. 故$\{x_n,n>1\}$右闭于 x，然后用 § 1.4 定理2.

18. 试举一列随机变量 $x_n(\omega)(n>0)$及 $x(\omega)$，使$\{x_n\}$依分布收敛于 x 但不依概率收敛于 x.

提示 令 x 的分布为$\begin{pmatrix}1 & 0\\ \frac{1}{2} & \frac{1}{2}\end{pmatrix}$，即 $P(x=1)=\frac{1}{2}$，$P(x=0)=\frac{1}{2}$，造 $x_n(n>0)$及 x，使它们相互独立而且有相同分布.

附记 正态过程在实际中有重要应用，正如正态分布在实际中大量出现一样. 关于它的应用见本章参考文献[2][3]. 正态过程理论的进一步叙述要等到一般的过程知识相当具备以后，例如，参看 § 9.3.

条件概率的概念最初为柯尔莫哥洛夫引进. 理论上重要的还有所谓条件分布. 但我们以后并不需要(只在 § 1.4 引理 2 的证明中稍有涉及)，故略而不叙. 关于条件分布见本书末所列参考书[16]或[21]. 半鞅理论的详细而又深入的叙述也见[16].

参考文献

[1] 杨宗盘.关于条件期望的一点注意(Ⅰ)(Ⅱ).数学进展,1957,3(4):658-661;数学学报,1959,9(3):330-332.

[2] Davenport W B, Root W L. An introduction to the theory of random signals and noise. Physics Today,1987,11(1-2):30.

[3] Laning J H, Battin R H. Random processes in automatic control. Journal of the Japan Society of Mechanical Engineers,1956,59(455):946.

第 2 章　可列马尔可夫链

§2.1　基本性质

马尔可夫链(简称马氏链)是一种特殊的随机过程,最初由马尔可夫(A. A. Марков)(1856－1922)所研究. 它的直观背景如下:

设想有一随机运动的体系Σ(例如运动着的质点等),它可能处的状态(或位置)记为$E_0,E_1,\cdots,E_n,\cdots$,总数共有可列多个或有穷个. 这体系只可能在时刻$t\in\mathbf{N}^*$上改变它的状态. 随着$\Sigma$的运动进程,定义一列随机变量$x_n,n\in\mathbf{N}$,其中

$$x_n=k,\text{如在 } t=n \text{ 时},\Sigma\text{位于 } E_k.$$

一般地,$\{x_n\}$未必是相互独立的.

实际中常常碰到具有下列性质的运动体系Σ. 如果已知它在$t=n$时的状态,那么关于它在n时以前所处的状态的补充知识,对预言Σ在n时以后所处的状态,不起任何作用. 或者说,在已知"现在"的条件下,"将来"与"过去"是独立的. 这种性质,就是直观意义上的"马尔可夫性"(简称"马氏性"),或称"无后效性".

例 1　**(具吸引壁的随机徘徊)**考虑自然数点$0,1,2,\cdots,2a(a\in$

$\mathbf{N}^*$)的集合 E,这里 i 表状态 E_i. 设有质点 Q 自某状态出发,令 ${}_{m_1\cdots m_k m}p_{i_1\cdots i_k ij}^{(1)}$ 为已知,它于 $t=m_l$ 时(过去)位于 $i_l(l=1,2,\cdots,k)$,于 m 时(现在)位于 i 的条件下,下一时刻(将来),即$m+1$ 时位于 j 的条件概率($m_1<m_2<\cdots<m_k<m, i_l\in E, i,j\in E$). 如果假定

$$ {}_{m_1\cdots m_k m}p_{i_1\cdots i_k ij}^{(1)} = {}_m p_{ij}^{(1)}, $$

也就是说,上述概率只依赖于现在所在的位置 i,那么此运动具有直观上的马氏性. 现在进一步假定

$$ {}_m p_{ij}^{(1)} = \begin{cases} p_i^{(m)}(\geqslant 0), & j=i+1, \\ q_i^{(m)}(\geqslant 0), & j=i-1, \\ 0, & |i-j|>1, \end{cases} $$

其中 $0<i<2a$, $p_i^{(m)}+q_i^{(m)}=1$;在这假定下,Q 自 i 出发,下一步以概率 1 只能转移到邻近两种状态 $i+1$ 及 $i-1$.

今以 x_n 表 Q 在 $t=n$ 时所处的状态,则$\{x_n\}(n\in\mathbf{N})$记录 Q 的运动过程. 现在补设当 Q 到达 0(或 $2a$)后,就永远停留于 0(或 $2a$),或者等价地设下一步以概率 1 仍处于 0(或 $2a$),即

$$ {}_m p_{00}^{(1)}=1, \quad {}_m p_{2a2a}^{(1)}=1, $$

此时称状态 0 及 $2a$ 为 **吸引壁**,而称此运动为 **具吸引壁 0 与 2a 的随机徘徊**. 显然,支配这个运动的概率法则由下列两个因素决定:

(i) Q 在开始时即 $t=0$ 时处于状态 i 的概率 $q_i=P(x_0=i)$, $i=0,1,2,\cdots,2a$; $\sum\limits_{i=0}^{2a} q_i = 1$.

(ii) 矩阵列${}_m\boldsymbol{P}(m\in\mathbf{N})$:

$$
{}_m\boldsymbol{P}=\begin{pmatrix}
1 & 0 & 0 & 0 & \cdots & 0 & 0 & 0\\
q_1^{(m)} & 0 & p_1^{(m)} & 0 & \cdots & 0 & 0 & 0\\
0 & q_2^{(m)} & 0 & p_2^{(m)} & \cdots & 0 & 0 & 0\\
\vdots & \vdots & \vdots & \vdots & & \vdots & \vdots & \vdots\\
0 & 0 & 0 & 0 & \cdots & q_{2a-1}^{(m)} & 0 & p_{2a-1}^{(m)}\\
0 & 0 & 0 & 0 & \cdots & 0 & 0 & 1
\end{pmatrix} \tag{1}
$$

${}_m\boldsymbol{P}$ 给出在已知 $t=m$ 时 Q 的位置的条件下，下一步转移的条件概率.

特别重要的是 ${}_m\boldsymbol{P}$ 不依赖于 m 的情况，此时 ${}_m\boldsymbol{P}={}_n\boldsymbol{P}$，故运动只受 $\{q_i\}$ 及一个矩阵 ${}_m\boldsymbol{P}=\boldsymbol{P}$ 的支配，我们说，这运动关于时间是**齐次**的.

一种更特殊的情况是(1)中的 $q_i^{(m)}=q,p_i^{(m)}=p$，

$$
\boldsymbol{P}=\begin{pmatrix}
1 & 0 & 0 & 0 & \cdots & 0 & 0 & 0\\
q & 0 & p & 0 & \cdots & 0 & 0 & 0\\
0 & q & 0 & p & \cdots & 0 & 0 & 0\\
\vdots & \vdots & \vdots & \vdots & & \vdots & \vdots & \vdots\\
0 & 0 & 0 & 0 & \cdots & q & 0 & p\\
0 & 0 & 0 & 0 & \cdots & 0 & 0 & 1
\end{pmatrix} \tag{1$'$}
$$

这时不仅对时间是齐次的，而且条件概率 p_i,q_i 与 i 无关.

现在可以对马氏链下正式的定义.

定义 1 定义在概率空间$(\Omega,\mathcal{F},P)$上的取非负整数值的随机变量列 $x_n(x_n=x_n(\omega),\omega\in\Omega),n\in\mathbf{N}$ 称为 **马氏链**，如果等式

$$
\begin{aligned}
&P(x_{m+k}=i_{m+k}\mid x_m=i_m,x_{j_l}=i_{j_l},\cdots,x_{j_2}=i_{j_2},x_{j_1}=i_{j_1})\\
&=P(x_{m+k}=i_{m+k}\mid x_m=i_m)
\end{aligned} \tag{2}
$$

对任意正整数 l,m,k，及任意非负整数 $j_l>\cdots>j_2>j_1(m>j_l)$，$i_{m+k},i_m,i_{j_l},\cdots,i_{j_2},i_{j_1}$ 成立，只要(2)中左方构成条件的事件的概率大于 0.

在本章中,(2)就是**马氏性**的正式定义,它是上述直观意义上的马氏性的数学抽象.

为了保持直观的意义,事件 $(x_m=i)$有时也说成"于第 m 步时体系位于状态 E_i"或更简短些,"于 m 步时位于 i".

下面总设构成条件的事件有正概率,以避免条件概率的不确定性,以后不再一一声明.

在"于 m 步时位于 i"的条件下,经 k 步后转移到 j(即 E_j)的(条件)概率 $P(x_{m+k}=j|x_m=i)$简记为${}_mp_{ij}^{(k)}$,并记矩阵

$$ {}_m\boldsymbol{P}^{(k)}=({}_mp_{ij}^{(k)})(i,j\in\mathbf{N}). $$

称元为非负数的矩阵为**随机矩阵**,如果它的每一横行上的元的和为 1,由${}_mp_{ij}^{(k)}$的定义,显然

$$ {}_mp_{ij}^{(k)}\geqslant 0,\ \sum_j {}_mp_{ij}^{(k)}=1. \tag{3} $$

这里及今后 $\sum\limits_j$ 表 $\sum\limits_{j=0}^{+\infty}$. 那么对任一自然数 k, ${}_m\boldsymbol{p}^{(k)}$ 为随机矩阵.

引理 1　对任意正整数 k 及 l,有

$$ {}_mp_{ij}^{(k+l)}=\sum_r {}_mp_{ir}^{(k)}\cdot {}_{m+k}p_{rj}^{(l)}, \tag{4} $$

或者采用矩阵记号

$$ {}_m\boldsymbol{p}^{(k+l)}={}_m\boldsymbol{p}^{(k)}\cdot {}_{m+k}\boldsymbol{p}^{(l)}. \tag{5} $$

证[①]

$$ \begin{aligned} {}_mp_{ij}^{(k+l)} &= P(x_{m+l+k}=j|x_m=i)=\frac{P(x_m=i,x_{m+l+k}=j)}{P(x_m=i)} \\ &= \sum_r \frac{P(x_{m+k+l}=j,x_m=i,x_{m+k}=r)}{P(x_m=i,x_{m+k}=r)}\cdot \\ &\quad \frac{P(x_m=i,x_{m+k}=r)}{P(x_m=i)} \end{aligned} $$

① 这里求和号 $\sum\limits_r$ 表对一切使 $P(x_m=i,x_{m+k}=r)>0$ 的 r 求和.

$$= \sum_r P(x_{m+k+l} = j | x_m = i, x_{m+k} = r) \cdot P(x_{m+k} = r | x_m = i),$$

由马氏性(2)得

$$\begin{aligned} {}_m p_{ij}^{(k+l)} &= \sum_r P(x_{m+k+l} = j | x_{m+k} = r) \cdot P(x_{m+k} = r | x_m = i) \\ &= \sum_r {}_m p_{ir}^{(k)} \cdot {}_{m+k} p_{rj}^{(l)}. \quad \blacksquare \end{aligned}$$

等式(4)或(5)称为**柯尔莫哥洛夫-查普曼(Колмогоров-Chapman)方程**. 初学者易误以为这方程对任意随机序列$\{x_n\}$都成立，因为由它的概率意义似乎无需证明而是显然成立的. 其实上述的证明中本质地用到了马氏性.

简记${}_m p_{ij}^{(1)}$为${}_m p_{ij}$. 由(4)及归纳法立得

$$ {}_m p_{ij}^{(k+1)} = \sum_{j_1, j_2, \cdots, j_k} {}_m p_{ij_1} \cdot {}_{m+1} p_{j_1 j_2} \cdot \cdots \cdot {}_{m+k} p_{j_k j}, \tag{6}$$

$$ {}_m p_{ij}^{(k+1)} = \sum_r {}_m p_{ir} \cdot {}_{m+1} p_{rj}^{(k)} = \sum_r {}_m p_{ir}^{(k)} \cdot {}_{m+k} p_{rj}. \tag{7}$$

设 $q_j = P(x_0 = j)$，显然 $q_j \geqslant 0$，$\sum_j q_j = 1$. 分布$\{q_j\}$称为马氏链$\{x_n\}$的**开始分布**.

一般，对每一非负整数 n，称概率

$$q_j^{(n)} = P(x_n = j), \quad j = \in \mathbf{N}.$$

为**绝对概率**，$\sum_j q_j^{(n)} = 1$. $\{q_j^{(n)}\}$ 通过下式为开始分布及转移概率所决定：

$$\begin{cases} q_j^{(0)} = q_j, \\ q_j^{(n+1)} = \sum_i q_i^{(0)} \cdot {}_0 p_{ij}^{(n+1)} = \sum_i q_i^{(n)} \cdot {}_n p_{ij}. \end{cases} \tag{8}$$

更一般地，下列引理给出 $\{x_n\}$的全体有穷维联合分布.

引理 2 对任意非负整数 $j_1 < j_2 < \cdots < j_k$，有

$$\begin{aligned} &P(x_{j_1} = i_{j_1}, x_{j_2} = i_{j_2}, \cdots, x_{j_k} = i_{j_k}) \\ &= q_{i_{j_1}}^{(j_1)} \cdot {}_{j_1} p_{i_{j_1} i_{j_2}}^{(j_2 - j_1)} \cdot \cdots \cdot {}_{j_{k-1}} p_{i_{j_{k-1}} i_{j_k}}^{(j_k - j_{k-1})}. \end{aligned} \tag{9}$$

证 左方值等于

$$P(x_{j_1}=i_{j_1})P(x_{j_2}=i_{j_2}\mid x_{j_1}=j_{j_1})P(x_{j_3}=i_{j_3}\mid x_{j_1}=i_{j_1},x_{j_2}=i_{j_2})\cdots$$
$$P(x_{j_k}=i_{j_k}\mid x_{j_1}=i_{j_1},x_{j_2}=i_{j_2},\cdots,x_{j_{k-1}}=i_{j_{k-1}}),$$

由马氏性(2)知此值为

$$P(x_{j_1}=i_{j_1})P(x_{j_2}=i_{j_2}\mid x_{j_1}=i_{j_1})P(x_{j_3}=i_{j_3}\mid x_{j_2}=i_{j_2})\cdots$$
$$P(x_{j_k}=i_{j_k}\mid x_{j_{k-1}}=i_{j_{k-1}})$$
$$=q_{i_{j_1}}^{(j_1)}\cdot {}_{j_1}p_{i_{j_1}i_{j_2}}^{(j_2-j_1)}\cdot\cdots\cdot {}_{j_{k-1}}p_{i_{j_{k-1}}i_{j_k}}^{(j_k-j_{k-1})}. \qquad ■$$

至今证明了：如果已给定义在$(\Omega,\mathcal{F},P)$上的马氏链$\{x_n\}$，那么它的开始分布$\{q_j\}$及转移概率矩阵${}_m\boldsymbol{P}(={}_m\boldsymbol{P}^{(1)})(m\in\mathbf{N})$也随之决定，而且后者都是随机矩阵. 反之，有

定理 1(存在定理) 设任意给定分布$\{q_j\}$及随机矩阵列${}_m\boldsymbol{P}=({}_mp_{ij})$，$m\in\mathbf{N}$，则存在概率空间$(\Omega,\mathcal{F},P)$及定义于其上的马氏链$\{x_n\}$，$n\in\mathbf{N}$，使

$$q_j=P(x_0=j), \tag{10}$$

$${}_mp_{ij}=P(x_{m+1}=j\mid x_m=i). \tag{11}$$

证 考虑所给的${}_m\boldsymbol{P}$及由(6)定义的随机矩阵${}_m\boldsymbol{P}^{(k)}=({}_mp_{ij}^{(k)})$，$k\in\mathbf{N}^*$，$({}_m\boldsymbol{P}^{(1)}={}_m\boldsymbol{P})$；利用已给的$\{q_j\}$及(8)来定义$\{q_j^{(k)}\}$. 对任意$k$个非负整数，把它们按大小排为$j_1<j_2<\cdots<j_k$，造$k$元函数(参看(9)).

$$P_{j_1,j_2,\cdots,j_k}(i_{j_1},i_{j_2},\cdots,i_{j_k})$$
$$=q_{i_{j_1}}^{j_1}\cdot {}_{j_1}p_{i_{j_1}i_{j_2}}^{(j_2-j_1)}\cdot\cdots\cdot {}_{j_{k-1}}p_{i_{j_{k-1}}i_{j_k}}^{(j_k-j_{k-1})}, \tag{12}$$

作为k个非负整数$i_{j_1},i_{j_2},\cdots,i_{j_k}$的函数，它是一$k$维分布. 由于${}_m\boldsymbol{P}^{(k)}$是随机矩阵，显而易见，这样造出的有穷维分布族是相容的. 故由§1.1定理1，存在概率空间$(\Omega,\mathcal{F},P)$及定义于其上的随机变量列$\{x_n\}$，$n\in\mathbf{N}$，使

$$P(x_{j_1}=i_{j_1},x_{j_2}=i_{j_2},\cdots,x_{j_k}=i_{j_k})$$
$$=P_{j_1,j_2,\cdots,j_k}(i_{j_1},i_{j_2},\cdots,i_{j_k}). \tag{13}$$

由此可得 $P(x_k=j)=q_j^{(k)}$，特殊情况是(10). 试证马氏性(2)成立：(2)左方值等于

$$\frac{P_{j_1,j_2,\cdots,j_l,m,m+k}(i_{j_1},i_{j_2},\cdots,i_{j_l},i_m,i_{m+k})}{P_{j_1,j_2,\cdots,j_l,m}(i_{j_1},i_{j_2},\cdots,i_{j_l},i_m)}$$

$$=\frac{q_{i_{j_1}}^{(j_1)}\cdot{}_{j_1}p_{i_{j_1}i_{j_2}}^{(j_2-j_1)}\cdot\cdots\cdot{}_{j_l}p_{i_{j_l}i_m}^{(m-j_l)}\cdot{}_mp_{i_mi_{m+k}}^{(k)}}{q_{i_{j_1}}^{(j_1)}\cdot{}_{j_1}p_{i_{j_1}i_{j_2}}^{(j_2-j_1)}\cdot\cdots\cdot{}_{j_l}p_{i_{j_l}i_m}^{(m-j_l)}}={}_mp_{i_mi_{m+k}}^{(k)},$$

(2)右方值等于

$$\frac{P_{m,m+k}(i_m,i_{m+k})}{P_m(i_m)}=\frac{q_{i_m}^{(m)}\ {}_mp_{i_mi_{m+k}}^{(k)}}{q_{i_m}^{(m)}}={}_mp_{i_mi_{m+k}}^{(k)}.$$

比较此两式即得证(2)；同时还证明了(11)(只要在上式中令 $i_m=i,i_{m+k}=j,k=1$). ■

由引理 2 与存在定理的证明，便得与定义 1 等价的马氏链的另一定义.

定义 2 定义在概率空间$(\Omega,\mathcal{F},P)$上而取自然数值的随机变量列 $x_n(=x_n(\omega),\omega\in\Omega)$，$n\in\mathbf{N}$ 称为马氏链，如果存在分布$\{q_j\}$及满足(3)的矩阵列 ${}_m\boldsymbol{P}=({}_mp_{ij})(m\in\mathbf{N})$使(13)成立；(13)中右方值由(12)定义.

这时，$\{x_n\}$的开始分布为$\{q_j\}$，转移概率矩阵列为 ${}_m\boldsymbol{P}$，$m\in\mathbf{N}$.

由此可见，马氏链$\{x_n\}$由其开始分布及转移概率矩阵列$\{{}_m\boldsymbol{P}\}$所决定，此两因素有如微分方程论中开始条件与方程本身. 开始分布描述随机运动的开始状态，而$\{{}_m\boldsymbol{P}\}$则描述运动的过程. 因此，若转移概率固定，则具有不同开始分布的运动只是开始状态的分布不同，运动过程却遵循同样的概率法则. 由定理 1 的证明可见，如先给出$\{q_i\}$及$\{{}_m\boldsymbol{P}\}$要造$(\Omega,\mathcal{F},P)$时，P 决定于$\{q_j\}$及$\{{}_m\boldsymbol{P}\}$. 故若固定$\{{}_m\boldsymbol{P}\}$而$\{q_i\}$不确定，则 P 只依赖于$\{q_j\}$. 有时为了强调这种对开始分布的依赖关系，常常记 P 为 P_q. 特别，如 $q_j=\delta_i$，即开始分布集中在一点 i 上时，记此 P 为 P_i. 此外，由 §1.1

定理 1 的证明可见，尽管 P_q 可以不同，$\Omega,\mathcal{F}$仍可取为相同，即不随开始分布$\{q_j\}$而变.

定义 3　称马氏链$\{x_n\}$为**齐次的**，如果它的转移概率矩阵${}_m\boldsymbol{P}=\boldsymbol{P}$与$m$无关；即对任意非负整数$m$，有

$$P(x_{m+1}=j\,|\,x_m=i)=p_{ij}.$$

由(6)可见，${}_mp_{ij}^{(k)}$也与m无关，称为 **k 步转移概率**. 以后记 $p_{ij}^{(1)}=p_{ij}$. 在(3)～(13)中，把${}_mp_{ij}^{(k)}$改写为$p_{ij}^{(k)}$后，即得这些公式在齐次情况的表现. 其中，我们只指出特别重要的下列诸式

$$p_{ij}\geqslant 0,\quad \sum_j p_{ij}=1, \tag{3$'$}$$

$$p_{ij}^{(k+l)}=\sum_r p_{ir}^{(k)}p_{rj}^{(l)}, \tag{4$'$}$$

$$q_j^{(n+1)}=\sum_i q_ip_{ij}^{(n+1)}=\sum_i q_i^{(n)}p_{ij}. \tag{8$'$}$$

到现在为止，对马氏链的研究，所得的结果虽然丰富，但只是在齐次情况才比较完善. 因此，从下节起，我们主要研究齐次马氏链.

例 1(续)　上面直观地讨论了具吸引壁的随机徘徊. 现在正式对它下定义. 我们称马氏链$\{x_n\}$为**具吸引壁 0 与 $2a$ 的随机徘徊**，如果它的转移矩阵列$\{{}_m\boldsymbol{P}\}$由(1)决定；特别，如${}_m\boldsymbol{P}=\boldsymbol{P}$化为(1$'$)时，它是齐次的. 自然，这里"最后一个状态是偶数 $2a$"的假定是无关紧要的，它可以是任何非负整数.

类似地定义具**反射壁** 0 与 n 的随机徘徊，它是以

$${}_m\boldsymbol{P}=\begin{pmatrix} 0 & 1 & 0 & 0 & \cdots & 0 & 0 & 0\\ q_1^{(m)} & 0 & p_1^{(m)} & 0 & \cdots & 0 & 0 & 0\\ 0 & q_2^{(m)} & 0 & p_2^{(m)} & \cdots & 0 & 0 & 0\\ \vdots & \vdots & \vdots & \vdots & & \vdots & \vdots & \vdots\\ 0 & 0 & 0 & 0 & \cdots & q_{n-1}^{(m)} & 0 & p_{n-1}^{(m)}\\ 0 & 0 & 0 & 0 & \cdots & 0 & 1 & 0 \end{pmatrix} \tag{14}$$

为转移矩阵的马氏链.此外,也可以定义具有一个吸引壁和一个反射壁的随机徘徊.或者,只对一个壁加限制(为反射的或吸引的).

另一种重要的情况是所谓**自由随机徘徊**.它是一马氏链,相空间是全体整数,而转移概率矩阵由下列(15)式决定.注意,上面的理论虽然只对 $\mathbf{N}$ 陈述,其实相空间是任何可列集时,全部理论保留不变,只要理解 $\sum\limits_{j}$ 为对此可列集中一切元求和就行了.

$$
{}_{m}\boldsymbol{P}=\begin{pmatrix}
\vdots & \vdots & \vdots & \vdots & \vdots & & \vdots & \vdots & \vdots & \vdots \\
\vdots & q_{-i}^{(m)} & 0 & p_{-i}^{(m)} & 0 & \cdots & 0 & 0 & 0 & \vdots \\
\vdots & 0 & q_{-i+1}^{(m)} & 0 & p_{-i+1}^{(m)} & \cdots & 0 & 0 & 0 & \\
\vdots & \vdots & \vdots & \vdots & \vdots & & \vdots & \vdots & \vdots & \vdots \\
\vdots & 0 & 0 & 0 & 0 & \cdots & q_{i}^{(m)} & 0 & p_{i}^{(m)} & \vdots \\
\vdots & \vdots & \vdots & \vdots & \vdots & & \vdots & \vdots & \vdots & \vdots
\end{pmatrix}. \tag{15}
$$

§2.2　闭集与状态的分类

（一）

以后无特别声明时，所研究的都是齐次马氏链，同时将“齐次”两字省去. 设 E 为相空间，$E=\mathbf{N}$. 我们说，**k 可自 j 到达**，并记为 $j\Rightarrow k$，如果存在正整数 n，使 $p_{jk}^{(n)}>0$，这里 j 可等于 k；如 $j\Rightarrow k$，$k\Rightarrow j$，就说 j,k **互通**，并记作 $j\Leftrightarrow k$. 显然[①]若 $j\Rightarrow k$，$k\Rightarrow l$，则 $j\Rightarrow l$.

E 的子集 C 称为 **闭集**，如果 C 外的任一状态都不能自 C 内任一状态到达. 为方便计，我们认为 E 是闭集. 如果单点集 $\{k\}$ 成一闭集，就称 k 为**吸引状态**；另一个极端是：除 E 以外不存在其他闭集，这时就说此马氏链是**不可分的**. 更一般地，称 **闭集 C 为不可分的**，如它不含任一闭的非空真子集.

设 $D\subset E$. 包含 D 的一切闭集的交仍是包含 D 的闭集，它是含 D 的最小闭集，称为 D 的**闭包**，并记作 $\overline{D}$.

注意　以上各概念全由一步转移概率矩阵 $\boldsymbol{P}=(p_{ij})$ 决定，因为 $\boldsymbol{P}^{(n)}=(p_{ij}^{(n)})$ 由 $\boldsymbol{P}$ 决定.

例 1　设 $\{x_n\}$ 为具吸引壁 0 与 a 的随机徘徊，$E=(0,1,2,\cdots,a)$，$0<p<1$. 首先，任一 k 可自 $j(j\neq 0,j\neq a)$ 到达，从而 k,j 互通$(k,j\neq 0,k,j\neq a)$. 实际上，令 $n=|k-j|$，则当 $k>j$ 时，$k=j+n$，故[②]

$$p_{jk}^{(n)}\geqslant p_{j,j+1}\cdot p_{j+1,j+2}\cdot\cdots\cdot p_{j+n-1,k}=p^n>0,$$

---

① 实际上，由假设存在正整数 n,m，使 $p_{jk}^{(n)}>0$，$p_{kl}^{(m)}>0$，故 $p_{jl}^{(n+m)}=\sum\limits_r p_{jr}^{(n)}\cdot p_{rl}^{(m)}\geqslant p_{jk}^{(n)}p_{kl}^{(m)}$ 故 $j\Rightarrow l$.

② 此后所考虑的随机徘徊均设 $q_i=q>0$，$p_i=p>0$ 与 i 无关.

同样，当 $j>k$ 时，$k=j-n$，故

$$p_{jk}^{(n)} \geqslant p_{j,j-1} \cdot p_{j-1,j-2} \cdot \cdots \cdot p_{j-n+1,k} = q^n > 0.$$

其次，此链只有四个闭集 $\{0\}$，$\{a\}$，$\{0,a\}$，E. 0 及 a 均为吸引状态. $\overline{\{0\}}=\{0\}$ 而非 $\{0,a\}$，设 $i\neq 0$，$i\neq a$，则 $\overline{\{i\}}=E$，又此链是**可分的**(即不是不可分的).

例 2 设 $\{x_n\}$ 为具反射壁 0 与 a 的随机徘徊，$0<p<1$. 此时任一状态 i 都可自 j 到达，i 可等于 j. 此链为不可分的.

例 3 若 $p_{jk}>0$，记作 $j\rightarrow k$；若 $p_{jk}>0$，$p_{kj}>0$，则记作 $j\leftrightarrow k$. 若存在 $k\in A$，使 $p_{jk}>0$，则记作 $j\rightarrow A$. 采用这些记号，可以用图形来表达运动的过程. 例如，图形 $0\rightarrow 1\rightarrow 2\rightarrow\cdots$ 表示马氏链 $\{x_n\}$，其转移概率 $p_{ij}=0$，如 $j\neq i+1$，$p_{i,i+1}=1$. 这时任两状态，不管相同与否，都不是互通的；任一形如 $(i,i+1,i+2,\cdots)$ 的集都是闭的.

又如，图 2-1 表示，(a_1,a_2,a_3,a_4) 及 (b_1,b_2,b_3,b_4,b_5) 是两闭集，但 (j,k,l) 不是，等.

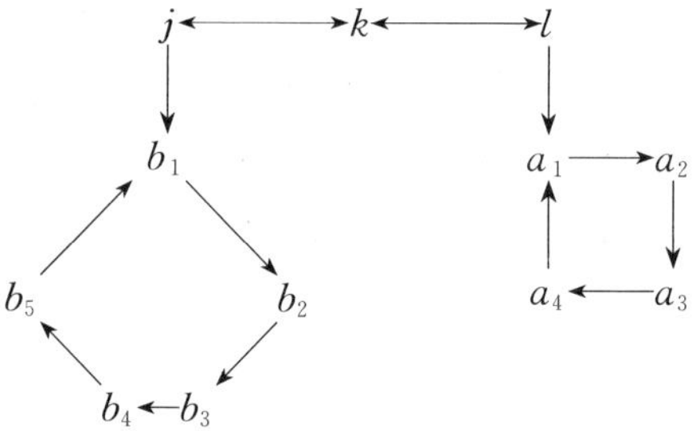

图 2-1

读者可作例 1 及例 2 的图.

注意 如果自一个状态出发的只有一个箭头，这表明自此状态向箭头所指向的状态经一步转移而到达的概率为 1，向其他状态经一步转移而到达的概率便为 0，如图 2-1 中 $p_{a_2a_3}=1$，$p_{b_1b_2}=1$ 等，这时一步转移概率完全确定；但若自一状态出发有一个以上的箭头，则因一步转移概率的数值未精确表出，故未完全确定，

例如在图 2-1 中的 k 只表示 $p_{kl}>0$，$p_{kk}>0$，$p_{kj}>0$，$p_{km}=0(m\overline{\in}(l,k,j))$，但 p_{kl}，p_{kk}，p_{kj} 到底等于多少则未说明. 虽然如此，这图形仍然令人相当满意地反映了运动的进程.

不难证明以下各结论：

(i) 当且只当对一切 $j\in C$，一切 $k\overline{\in}C$，$p_{jk}=0$ 时，C 是一闭集.

证　由闭集的定义**必要性**显然. 试用归纳法证**充分性**. 只要证明，对任意 $m\geqslant 1$，一切 $j\in C$ 及 $k\overline{\in}C$，有 $p_{jk}^{(m)}=0$.

当 $m=1$ 时，由假设此结论成立；今设对 m 成立，则

$$\begin{aligned}p_{jk}^{(m+1)} &= \sum_{r\in C}p_{jr}^{(m)}p_{rk}+\sum_{r\overline{\in}C}p_{jr}^{(m)}p_{rk}\\ &= \sum_{r\in C}p_{jr}^{(m)}\cdot 0+\sum_{r\overline{\in}C}0\cdot p_{rk}=0.\end{aligned}\qquad\blacksquare$$

(ii) 若在矩阵 $\boldsymbol{P}^{(n)}=(p_{jk}^{(n)})$ 中，将某闭集 C 以外的状态所对应的一切行与列全部删去，则剩下来的行列仍构成一随机矩阵.

证　任取 $j\in C$，显然 $p_{jk}^{(n)}\geqslant 0$. 又

$$1=\sum_{k}p_{jk}^{(n)}=\sum_{k\in C}p_{jk}^{(n)}.\qquad\blacksquare$$

由(ii)可见，对应于任一闭集 C，可得原马氏链的子马氏链(开始分布未定)，后者的转移概率矩阵是前者的转移概率矩阵的子矩阵，此时相空间自 E 缩小为 C.

(iii) 当且仅当 $p_{kk}=1$ 时，k 为吸引的.

证　此由(i)及 $\sum\limits_{i}p_{ki}=1$ 推出.　$\blacksquare$

(iv) $\overline{\{j\}}=\{j\}\cup\{k:j\Rightarrow k\}$.

证　以 F 记右方的集，F 必是闭集. 因为，否则必存在 $q\overline{\in}F$，$p\in F$，$(p\neq j)$，使 $p\Rightarrow q$；但 $j\Rightarrow p$，故 $j\Rightarrow q$ 而与 $q\overline{\in}F$ 矛盾.

今设 G 为含 j 的任一闭集，则 $G\supset F$. 实际上，若说存在 k，使 $k\in F(k\neq j)$，$k\overline{\in}G$，则由 G 的闭性 $j\not\Rightarrow k$(此记号表 k 不能自 j 到达)，此与 $k\in F$ 矛盾.

(v) 当且仅当每一状态可自任一其他状态到达时，链为不可分的.

证　充分性　设 C 为任一闭集，$j\in C$. 由(iv)及假设，$\overline{\{j\}}=E$，故 $C\supset E$. 但 $E\supset C$，故 $C=E$.

必要性　如说存在 j 及 k，$j\not\Rightarrow k$，由(iv)，$k\overline{\in}\overline{\{j\}}$，于是存在非 E 的闭集 $\overline{\{j\}}$，此与链的不可分性矛盾，故[①] $j\Rightarrow k$. ■

(二)

现在将状态分类. 首先可以假定，对任一 $i\in E$，必存在自然数 m，使 $P(x_m=i)>0$，因为，否则可将此 i 自 E 中删去，而考虑状态空间 $E\setminus\{i\}$，它仍然是可列集. 对任一状态 j，如 $P(x_m=i)>0$，可考虑条件概率

$$f_{ij}^{(n)}=P(x_{m+k}\neq j,k=1,2,\cdots,n-1;x_{m+n}=j\mid x_m=i),\tag{1}$$

由链的齐次性，利用联合分布可知 $f_{ij}^{(n)}$ 等于

$$\sum_{\binom{s_k\neq j}{1\leqslant k<n}} p_{is_1}\cdot p_{s_1s_2}\cdot\cdots\cdot p_{s_{n-1}j}.\tag{2}$$

如果 $P(x_0=i)=0$，$P(x_k\neq j,k=1,2,\cdots,n-1,x_n=j\mid x_0=i)$ 的值应不确定，但为方便计，我们也定义它的值为(2). 这样，$f_{ij}^{(n)}$ 可直观地解释为：在开始时，体系位于 i 的条件下，事件“第 n 步时初次到达 j”的条件概率.

由 $f_{ij}^{(n)}$，$p_{ij}^{(n)}$ 的定义与证§2.1(4)类似，可见[②]

$$p_{ij}^{(n)}=f_{ij}^{(1)}p_{jj}^{(n-1)}+f_{ij}^{(2)}p_{jj}^{(n-2)}+\cdots+f_{ij}^{(n-1)}p_{jj}+f_{ij}^{(n)},\tag{3}$$

这是今后要用到的重要关系式. 令

$$f_{ij}=\sum_{n=1}^{+\infty}f_{ij}^{(n)},\tag{4}$$

---

① 由对称性，$k\Rightarrow j$；从而 $j\Rightarrow j$. 故还证明了：当且仅当 E 中任两状态互通时(相同或不相同)，链不可分.

② (3)表示自 i 经 n 步到达 j 的概率，等于自 i 经 k 步初次到 j，然后自 j 经 $n-k$ 步到达 j 的概率 $f_{ij}^{(k)}p_{jj}^{(n-k)}$ 对 $k=1,2,\cdots,n$ 的和(令 $p_{jj}^{(0)}=1$). 参看§2.7题4.

则 f_{ij} 为"在开始时，体系位于 i 的条件下，经有穷步后终于到达 j"的条件概率，或简称"自 i 出发终于到达 j"的概率；令

$$u_{ij}=\sum_{n=1}^{+\infty}nf_{ij}^{(n)},\tag{5}$$

若 $f_{ij}=1$，则可视 μ_{ij} 为自 i 出发，初次到达 j 所走步数的数学期望；特别，μ_{ii} 称为 i 的 **平均回转时间**.

令 $f_j^{(n)}=f_{jj}^{(n)}$，$f_j=f_{jj}$，$\mu_j=\mu_{jj}$.

状态分类的定义：

i) 若 $f_j=1$，则称 j 为**常返的**；若 $f_j<1$，则称 j 为 **非常返的**；

ii) 若 $f_j=1$，$\mu_j=+\infty$，则称 j 为 **消极常返的**，或称为 **零状态**；

iii) 称 j 有 **周期** t，若正整数集[①]$(n:p_{jj}^{(n)}>0)$的最大公约数为 t. 通常，若$t>1$，称 j 为 **周期的**，若 $t=1$，称 j 为**非周期的**；

iv) 若 j 常返、非零（即非消极常返）、非周期，则说 j 为 **遍历的**.

例如，例 1 中的 0，a 都是遍历状态，$j(0<j<a)$的周期为 2，而且以后会看到[②]，它是非常返的；但例 2 中任一状态都是常返的.

由周期的定义可见，如 n 非 t 的倍数时，$p_{jj}^{(n)}=0$；然而，即使 m 是 t 的倍数，仍可能有 $p_{jj}^{(m)}=0$. 虽然如此，却可证明

(vi) 存在正整数 k_0，使对一切正整数 $k\geqslant k_0$ 有 $p_{jj}^{(kt)}>0$，这里 $t(=t(j))$是 j 的周期.

证　记集$(n:p_{jj}^{(n)}>0)$为$\{n_i\}$，设其前 i 个数的最大公约数为 t_i，则显然

$$t_1\geqslant t_2\geqslant\cdots\geqslant t.$$

既然 $t\geqslant 1$，故存在正整数 l，使 $t_l=t_{l+1}=\cdots=t$，因而 t 是 n_1，n_2，…，n_l 的最大公约数. 由初等数论知存在正整数 k_0，使对任一不小于 k_0 的正整数 k 有

---

① 我们只对使此集非空的 j 定义周期.

② 例如，见 § 2.7 题 17；后一结论见 § 2.4 系 1，注意例 2 为不可分链.

$$kt=d_1n_1+d_2n_2+\cdots+d_ln_l,$$

其中 d_i 为某正整数，$i=1,2,\cdots,l$. 于是

$$p_{jj}^{(kt)}\geqslant\prod_{i=1}^{l}p_{jj}^{(d_in_i)}\geqslant\prod_{i=1}^{l}[p_{jj}^{(n_i)}]^{d_i}>0. \quad ■$$

可以给出周期的一个等价的定义：

(vii) 设正整数集 $(n:f_j^{(n)}>0)$ 的最大公约数为 d，则 $d=t$.

证 由(3) $p_{jj}^{(n)}\geqslant f_j^{(n)}$，故 $(n:f_j^{(n)}>0)\subset(n:p_{jj}^{(n)}>0)$. 从而 $d\geqslant t$. 如果 $d=1$，那么结论显然成立. 如果 $d>1$，那么对每 $r=1,2,\cdots,d-1$，利用(3)，得

$$p_{jj}^{(r)}=f_j^{(1)}p_{jj}^{(r-1)}+f_j^{(2)}p_{jj}^{(r-2)}+\cdots+f_j^{(r-1)}p_{jj}+f_j^{(r)}.$$

但由 d 的定义，知 $f_j^{(1)}=f_j^{(2)}=\cdots=f_j^{(r)}=0$，故 $p_{jj}^{(r)}=0$. 其次，对 $n=d+r$ 用(3)，同样得 $p_{jj}^{(d+r)}=f_j^{(d)}p_{jj}^{(r)}=0$. 一般地，得

$$p_{jj}^{(kd+r)}=f_j^{(d)}p_{jj}^{((k-1)d+r)}+f_j^{(2d)}p_{jj}^{((k-2)d+r)}+\cdots+f_j^{(kd)}p_{jj}^{(r)}.$$

利用归纳法，可见 $p_{jj}^{(kd+r)}=0$，换言之，若 n 非 d 的整倍数，则 $p_{jj}^{(n)}=0$. 从而 $(n:p_{jj}^{(n)}>0)$ 中的数都可被 d 整除，故 $t\geqslant d$. 于是 $t=d$. ■

（三）

现对各类状态证明两个重要的定理，它们可用作状态分类的判别法.

先引进一个有力的工具——母函数.

设 $\{a_n,n\geqslant 0\}$ 为一列实数，如级数

$$A(s)=\sum_{n=0}^{+\infty}a_ns^n \tag{6}$$

在某一区间 $(-s_0,s_0)(s_0>0)$ 中收敛，就说 $A(s)$ 是 $\{a_n\}$ 的 **母函数**. 特别，如果 $\{a_n\}$ 是一分布，$A(s)$ 就在 $(-1,1)$ 中收敛.

容易看出，如果 $\{a_n\}$，$\{b_n\}$ 的母函数分别为 $A(s)$，$B(s)$，定义实数列 $\{c_n\}$，其中

$$c_n=\sum_{k=0}^{n}a_kb_{n-k}, \tag{7}$$

那么$\{c_n\}$的母函数为

$$C(s)=A(s)B(s). \tag{8}$$

这只要展开(8)的右方比较系数就可证明. 称由(7)定义的$\{c_n\}$为$\{a_n\}$,$\{b_n\}$的**卷积**. (8)式表示,可变卷积运算为乘法运算.

定理 1　当且仅当 $\sum_{n=1}^{+\infty} p_{jj}^{(n)}<+\infty$ 时,j 为非常返的(因而此时 $\lim_{n\to+\infty} p_{jj}^{(n)}=0$).

证　补定义 $p_{jj}^{(0)}=1, f_j^{(0)}=0$. 由(3)对 $n\geqslant 1$ 有

$$p_{jj}^{(n)}=\sum_{k=0}^{n} p_{jj}^{(k)} f_j^{(n-k)}. \tag{9}$$

令$\{p_{jj}^{(n)}\}$,$\{f_j^{(n)}\}$($n\geqslant 0$ 变动)的母函数各为 $P(s)$及 $F(s)$,以 s^n 乘(9)的两边,对 $n\geqslant 1$ 求和,并注意 $p_{jj}^{(0)}=1$ 及 $f_j^{(0)}=0$,即得

$$P(s)-1=P(s)F(s).$$

当 $0\leqslant s<1$ 时,$F(s)\neq 1$,故

$$P(s)=\frac{1}{1-F(s)}. \tag{10}$$

其次,由于 $p_{jj}^{(n)}\geqslant 0$,当 $s\uparrow 1$ 时 $P(s)$不减,故对每一 N 有

$$\sum_{n=0}^{N} p_{jj}^{(n)} \leqslant \lim_{s\uparrow 1} P(s) \leqslant \sum_{n=0}^{+\infty} p_{jj}^{(n)}. \tag{11}$$

令 $N\to+\infty$,由(10)即得

$$\sum_{n=0}^{+\infty} p_{jj}^{(n)} = \lim_{s\uparrow 1} P(s) = \lim_{s\uparrow 1} \frac{1}{1-F(s)}. \tag{12}$$

既然证明(11)的方法同样可用于 $F(s)$,故

$$\lim_{s\uparrow 1} F(s) = \sum_{n=0}^{+\infty} f_j^{(n)} = f_j.$$

从而当且仅当 $f_j<1$ 时,即 j 为非常返时,$\sum_{n=1}^{+\infty} p_{jj}^{(n)}<+\infty$.　■

以后$\frac{a}{\pm\infty}$(a 为实数)均理解为 0.

定理 2 设 j 为常返状态，有周期 t，则

$$\lim_{n\to+\infty} p_{jj}^{(nt)}=\frac{t}{\mu_j}, \tag{13}$$

其中 $\mu_j=\mu_{jj}$ 由(5)定义.

证 对 $n\geqslant 0$，令 $r_n=\sum_{v=n+1}^{+\infty} f_v$，这里 $f_v=f_j^{(v)}$. 于是

$$\sum_{n=0}^{+\infty} r_n=\sum_{n=1}^{+\infty} nf_n=\mu_j, \tag{14}$$

$r_0=1$. 以 $f_v=r_{v-1}-r_v$ 代入(3)，并记 $p_{jj}^{(v)}$ 为 p_v，得

$$p_n=-\sum_{v=1}^{n}(r_v-r_{v-1})p_{n-v}，即\sum_{v=0}^{n} r_v p_{n-v}=\sum_{v=0}^{n-1} r_v p_{n-1-v},$$

此表 $\sum_{v=0}^{n} r_v p_{n-v}$ 之值与 n 无关；既然 $r_0 p_0=1$，得

$$\sum_{v=0}^{n} r_v p_{n-v}=1, \quad n\geqslant 0. \tag{15}$$

设 $\lambda=\overline{\lim_{n\to+\infty}} p_{nt}$，因当 k 非 t 的倍数时，$p_k=0$，故

$$\lambda=\overline{\lim_{n\to+\infty}} p_{nt}=\overline{\lim_{k\to+\infty}} p_k. \tag{16}$$

必存在子列 $\{n_m\}$，$n_m\to+\infty$，使 $\lambda=\lim_{m\to+\infty} p_{n_m t}$. 任意取 s 使 $f_s>0$；由 G，t 可整除 s. 利用(3)及 $f_j=1$ 得

$$\begin{aligned}\lambda&=\lim_{m\to+\infty} p_{n_m t}=\lim_{m\to+\infty}\Big\{f_s p_{n_m t-s}+\sum_{\substack{v=1\\v\neq s}}^{n_m t} f_v p_{n_m t-v}\Big\}\\&\leqslant f_s \underline{\lim_{m\to+\infty}} p_{n_m t-s}+\Big(\sum_{\substack{v=1\\v\neq s}} f_v\Big)\cdot \overline{\lim_{m\to+\infty}} p_m\text{①}\end{aligned}$$

---

① 用到易证的不等式：

$$\overline{\lim_{m\to+\infty}}\sum_{\substack{v=1\\v\neq s}}^{n_m t} f_v p_{n_m t-v}\leqslant\Big(\sum_{\substack{v=1\\v\neq s}} f_v\Big)\overline{\lim_{m\to+\infty}} p_m$$

实际上，对任意 $\varepsilon>0$，存在 M，使 $m>M$ 时，$p_m<\lambda+\varepsilon$；也存在 N，使 $\sum_{v=N}^{+\infty} f_v<\varepsilon$. 于是对任意满足 $n_m t-N>M$ 的 m，有

$$\sum_{\substack{v=1\\v\neq s}}^{n_m t} f_v p_{n_m t-v}\leqslant\sum_{\substack{v=1\\v\neq s}}^{N} f_v p_{n_m t-v}+\varepsilon\leqslant\Big(\sum_{\substack{v=1\\v\neq s}}\Big)(\lambda+\varepsilon)+\varepsilon,$$

由 ε 的任意小性即得证以上不等式.

$$= f_s \varliminf_{m\to+\infty} p_{n_m t-s} + (1-f_s)\lambda, \tag{16'}$$

于是 $\varliminf_{m\to+\infty} p_{n_m t-s}\geqslant\lambda$，故由(16)，$\lim_{m\to+\infty} p_{n_m t-s}=\lambda$. 这对每一个使 $f_s>0$ 的 s 及每一个使 $\lim_{m\to+\infty} p_{n_m t}=\lambda$ 的子列$\{n_m\}$正确，因此，由于 s 是 t 的倍数，得

$$\lim_{m\to+\infty} p_{n_m t-2s}=\lim_{m\to+\infty} p_{(n_m t-s)-s}=\lambda, \cdots$$

将此事实连续用若干次后可见 $\lim_{m\to+\infty} p_{n_m t-u}=\lambda$ 对任意形如 $u=\sum_{i=1}^{l} c_i t_i$ 的 u 正确，这里 c_i 及 t_i 都是正整数，使 $f_{t_i}>0, i=1,2,\cdots,l$. 既然 t 也是$(n: f_n>0)$的最大公约数，像证明(vi)一样，可见必存在满足 $f_{t_i}>0$ 的 $t_i, i=1,2,\cdots,l$，使 $t_1, t_2, \cdots, t_l$ 的最大公约数为 t. 故再用一次证(vi)时用过的数论中的事实，便知当 k 不少于某正整数 k_0 时，必有正整数 c_i 使

$$kt=\sum_{i=1}^{l} c_i t_i .$$

这样，便证明了：对每个 $k\geqslant k_0$，有

$$\lim_{m\to+\infty} p_{(n_m-k)t}=\lambda.$$

今在(15)中令 $n=(n_m-k_0)t$，并注意 v 非 t 之正整数倍时，$p_v=0$，就得

$$\sum_{v=0}^{n_m-k_0} r_{vt} p_{(n_m-k_0-v)t}=1.$$

令 $m\to+\infty$，易见

$$\lambda\sum_{v=0}^{+\infty} r_{vt}=1,$$

只要级数 $\sum_{v=0}^{+\infty} r_{vt}<+\infty$，否则 $\lambda=0$.（实际上，当 $n_m-k_0\geqslant N$ 时，有

$$1=\sum_{v=0}^{n_m-k_0} r_{vt} p_{(n_m-k_0-v)t}=\sum_{v=0}^{N}+\sum_{v=N+1}^{n_m-k_0}$$

（被加项因与左方的相同而省写），右方第二项不超过 $\sum_{v=N+1}^{n_m-k_0} r_{vt}$. 如果 $\sum_{v=0}^{+\infty} r_{vt} < +\infty$，于上式中先令 $m \to +\infty$，再令 $N \to +\infty$，即得 $1 = \lambda \sum_{v=0}^{+\infty} r_{vt}$. 如 $\sum_{v=0}^{+\infty} r_{vt} = +\infty$，在 $1 \geqslant \sum_{v=0}^{N} r_{vt} p_{(n_m-k_0-v)t}$ 中，先令 $m \to +\infty$，次令 $N \to +\infty$，得 $1 \geqslant \lambda \sum_{v=0}^{+\infty} r_{vt}$，故 $\lambda = 0$.）在任一情形下都有

$$\lambda = \frac{1}{\sum_{v=0}^{+\infty} r_{vt}}.$$

但因当 v 非 t 的正整数倍时，$f_v = 0$，故由 r_n 的定义易见 $r_{vt} = \frac{1}{t} \sum_{j=vt}^{vt+t-1} r_j$. 从而由(14)

$$\sum_{v=0}^{+\infty} r_{vt} = \frac{1}{t} \sum_{v=0}^{+\infty} r_v = \frac{\mu_j}{t},$$

于是证明了 $\lambda = \frac{t}{\mu_j}$.

上述计算 $\overline{\lim\limits_{n\to+\infty}} p_{nt}$ 的方法，经明显的修改后①，可用于计算 $\underline{\lim\limits_{n\to+\infty}} p_{nt}$. 结果仍有 $\lim\limits_{n\to+\infty} p_{nt} = \frac{t}{\mu_j}$. ■

系 1 若 j 为遍历的，则 $\lim\limits_{n\to+\infty} p_{jj}^{(n)} = \frac{1}{\mu_j} > 0$；若 j 为常返状态，则它为零状态的充分必要条件是 $\lim\limits_{n\to+\infty} p_{jj}^{(n)} = 0$.

证 只要注意当 n 非 t 之正整数倍时，$p_{jj}^{(n)} = 0$. ■

---

① 实际上，令 $\tilde{\lambda} = \underline{\lim\limits_{n\to+\infty}} p_{nt} = \lim\limits_{k\to+\infty} (p_k : p_k > 0)$. 对 $\tilde{\lambda}$ 可得与(16′)类似的反向不等式. 只需在(16′)中分别以 $\tilde{\lambda}$, $\overline{\lim}$, $\underline{\lim}$ 代入 ，$\underline{\lim}$, $\overline{\lim}$ 即得. 由是有 $\overline{\lim\limits_{m\downarrow+\infty}} p_{n_m t-s} \leqslant \tilde{\lambda}$，由此可推得 $\tilde{\lambda} = \lim\limits_{m\to+\infty} p_{n_m t-s} = \lambda$. 以下推理完全一样.

§ 2.3　相空间的分解

上节中已看到每一闭集对应于一子马氏链,自然希望把这一思想深入地分析一下:是否任一马氏链可分解为若干子马氏链的和? 所谓和又是什么意思等. 既然闭集对应于子马氏链,这个问题用闭集来表达便会更清楚些,因为集的“和”等概念是十分明确的. 如果能把相空间的分解研究清楚,它的结构也就了如指掌了.

要研究分解,应先从某些状态的共性着手.

(viii) 设 j 为常返状态,$j\Rightarrow k$,$j\neq k$,则 $f_{kj}=1$.

证[1]　由于 $j\Rightarrow k$,可见自 j 出发,终于要到达 k,而且中间不经过 j 的概率应大于 0;因此,必存在 $N(>0)$,使自 j 出发,于第 N 步时初次到达 k,而且中间不经过 j 的概率 ${}_jf_{jk}^{(N)}>0$,若设 $f_{kj}<1$,则自 j 出发,不回到 j 的概率至少为 ${}_jf_{jk}^{(N)}(1-f_{kf})>0$,此与 j 为常返的假设矛盾. ■

今任取 j,k 为满足(viii)中条件的两状态,由(viii)知,存在 N,M,使 $\alpha=p_{jk}^{(N)}>0$,$\beta=p_{kj}^{(M)}>0$;对任意正整数 n,有

$$\begin{cases} p_{jj}^{(n+N+M)}\geqslant p_{jk}^{(N)}p_{kk}^{(n)}p_{kj}^{(M)}=\alpha\beta p_{kk}^{(n)}, \\ p_{kk}^{(n+N+M)}\geqslant p_{kj}^{(M)}p_{jj}^{(n)}p_{jk}^{(N)}=\alpha\beta p_{jj}^{(n)}. \end{cases} \tag{1}$$

由此关系式立得

i) 因 j 常返,由上节定理 1,$\sum\limits_{n=1}^{+\infty}p_{jj}^{(n)}=+\infty$. 由(1)知 $\sum\limits_{n=1}^{+\infty}p_{kk}^{(n)}=+\infty$,再由该定理知 k 常返.

ii) 如 j 为零状态,由上节系 1,$p_{jj}^{(n)}\to 0$,由(1) $p_{kk}^{(n)}\to 0(n\to$

[1] 参看 § 2.7 题 4. 注意由 $j\Rightarrow k$ 及上节(3)式,$f_{jk}>0$.

$+\infty$)，既然 k 为常返的，再用上节系1知 k 为零状态.

iii) 设 j 的周期为 t，由于

$$p_{jj}^{(N+M)} \geqslant p_{jk}^{(N)} p_{kj}^{(M)} = \alpha\beta > 0,$$

故 t 可整除 $N+M$. 取 n 使 $p_{kk}^{(n)}>0$，由(1)中第一式知 $p_{jj}^{(n+N+M)}>0$，故 t 也可整除 $n+N+M$，从而也可整除 n. 这表示 t 是$(n:p_{kk}^{(n)}>0)$的公约数，故 t 应不大于其最大公约数，即不大于 k 的周期 t'. 同样可证 $t'\leqslant t$. 于是 j,k 有相同的周期 t.

这三性质均适用于常返状态.

对非常返的 j 及 k 如果它们互通，那么(1)式仍然成立，重复 iii) 的推理，即知

iv) 两互通的非常返状态 j 及 k 有相同的周期 $t(\geqslant 1)$.

由此可证

定理1(分解定理) 对任一马氏链，相空间 E 可唯一地分解为有穷或可列多个不相交的子集 $D, C_1, C_2, \cdots$ 的和，使

(i) 任一 C_j 是由常返状态构成的不可分闭集，C_i 中的状态不能自 C_j $(i\neq j)$中的状态到达；

(ii) C_j 中的状态属同类：或者都是零的，或者都是遍历的，或者都是有周期的非零的状态(在任何一种情况下，C_j 中各状态都有相同的周期)，而且 $f_{ik}=1(i\in C_j, k\in C_j)$.

(iii) D 由一切非常返状态构成(D 中的状态不可能自 C_j 中的状态到达).

证 在全体常返状态构成的集 F 中，考虑关系$\Rightarrow$(“到达”关系)，它是自反的：$j\Rightarrow j$(因为，否则一切 $p_{jj}^{(n)}=0$. 由上节(3)，$f_j=0$，这与 j 为常返矛盾)；它是对称的：若 $j\Rightarrow k$，则 $k\Rightarrow j$(由本节(viii))；它是推移的：若 $j\Rightarrow k$，$k\Rightarrow l$，则 $j\Rightarrow l$，(由 $p_{jl}^{(n+m)}\geqslant p_{jk}^{(n)} p_{kl}^{(m)}$). 故此关系将 F 唯一地分解为有穷或可列多个不相交的集 $C_1, C_2, \cdots$的和. 当且仅当 j,k 互通时，此两状态属于同一 C_i.

利用 ii)，iii)及本节(viii)即得证(i)(ii). 令 $D=E\backslash F$. 由 C_i 的闭性即知 D 中的状态不能自 C_i 中状态到达. ■

至于集 D，则它可能是闭集，也可能不是；关于周期性质见 iv). 以后会证明，如果 E 只含有穷多个状态，那么 D 一定不是闭的(见 § 2.7 题 17).

系 1　对不可分马氏链，一切状态属同类：或都是非常返的，或都是零的，或都是遍历的，或都是非零，常返而有周期的. 在任一情况下，它们有相同的周期.

证　此时 E 或者重合于某一 C_i，于是系 1 是分解定理的特殊情形；或者重合于 D，利用 § 2.2 (v)后，由(viii)仍知它们有相同的周期. ■

总结上述，得表 2-1：

表 2-1

<table>
<tr><td rowspan="3">$D=$(非常返状态)，若 $j\Leftrightarrow k$，则 k 有相同的周期</td><td colspan="3">$F=$(常返状态)</td></tr>
<tr><td>零状态所成闭集 $C_{i_1},C_{i_2},\cdots$</td><td>遍历状态所成闭集 $C_{j_1},C_{j_2},\cdots$</td><td>非零、有周期状态所成闭集 $C_{k_1},C_{k_2},\cdots$</td></tr>
<tr><td colspan="3">每一闭集 C_l 中的状态有相同的周期 $t_l\geqslant 1$，C_l 不可分</td></tr>
</table>

由此表可以清楚地想象到运动的情况：如果体系 Σ 自闭集 C_l(简记为 C)中某状态出发，那么它只能在 C 内随机运动；如果自 D 中某状态出发，便有两个可能，或者它永远在 D 中随机运动，或者经有穷步后落到某闭集 C 中去，此后就永远在 C 中运动.

然而，它在 D 中是怎样运动的呢？它在 C 中又是怎样运动的呢？

关于前一问题，1955 年才研究得比较清楚[①]，但这里不深入讨论，只在 § 2.7 第 15～19 题中约略涉及. 现在来考虑后一问题.

---

① 见[14] § I,17 及其后所引文献.

每闭集产生一子马氏链（除了开始分布未定外），而且不可分闭集产生不可分的子马氏链. 既然每一 C 都是不可分闭集，故只要考虑不可分子马氏链就够了. 后者的相空间为 C.

现在固定一状态 $i\in C$，并以 t 表 C 中元共同的周期. 先证明

命题 I 对每 $j\in C$，如果 $p_{ij}^{(n)}>0$，那么①

$$n=kt+t_j \quad (0<t_j\leqslant t),$$

即 $n\equiv t_j(\mathrm{mod}\ t)$；其次，存在一正整数 $k(j)$，使对一切 $k\geqslant k(j)$，有 $p_{ij}^{(kt+t_j)}>0$.

证 因 C 中元互通，故有 m 使 $p_{ji}^{(m)}>0$. 今若 $p_{ij}^{(n)}>0$，$p_{ij}^{(n')}>0$，则 $p_{ii}^{(n+m)}\geqslant p_{ij}^{(n)}p_{ji}^{(m)}>0$. 故 $n+m\equiv 0(\mathrm{mod}\ t)$. 同样，$n'+m\equiv 0(\mathrm{mod}\ t)$. 于是 $n-n'\equiv 0(\mathrm{mod}\ t)$，或 $n\equiv n'(\mathrm{mod}\ t)$. 这表示 n 与 n' 各被 t 除后有相同的余数 t_j 而得证第一结论. 由于互通性，至少存在一个 k_0，使 $p_{ij}^{(k_0t+t_j)}>0$；根据上节(vi)，存在 k_1，使 $m\geqslant k_1$ 时，$p_{jj}^{(mt)}>0$. 因此，如 $k\geqslant k_0+k_1$，就有 $k-k_0\geqslant k_1$ 及

$$p_{ij}^{(kt+t_j)}\geqslant p_{ij}^{(k_0t+t_j)}p_{jj}^{(k-k_0)t}>0. \quad ■$$

这样，每一 $j\in C$ 对应于一正整数 $t_j(\leqslant t)$. 对应于同一正整数 r 的 j 构成 C 的一子集 G_r，$r=1,2,\cdots,t$. 而且

$$C=\bigcup_{r=1}^{t}G_r,\quad G_r\cap G_s=\varnothing \quad (r\neq s).$$

根据命题 I 及 G_r 的定义，可见自 i 出发，在而且仅在 $r,t+r,2t+r,\cdots,kt+r,\cdots$ 步上，Σ 落于 G_r 中. 实际上，若 $p_{ij}^{(kt+r)}>0$，则 j 对应于余数 r，故 $j\in G_r$；反之，如经 n 步 Σ 到达 G_r，由于 G_r 是可列集，必有 $j\in G_r$ 使 $p_{ij}^{(n)}>0$，由命题 I 及 G_r 的定义得 $n=kt+r$. 最好用图 2-2 来表达这一事实. 把 t 个集 $G_1,G_2,\cdots,G_t$ 顺序排列圆形，使 G_t

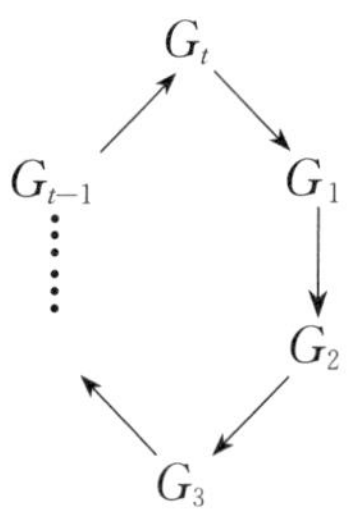

图 2-2

① 重点是：余数 t_j 不随满足 $p_{ij}^{(n)}>0$ 的 n 而变.

与 G_1 相邻($i\in G_t$). 于是经一步转移后,自 G_r 中的状态必落于 G_{r+1} 中某一状态上($t+1$ 看成 1),这种圆圈形运动是决定性的,然而到底落在 G_{r+1} 中哪一状态则是随机的,而且命题Ⅰ还指出:对任一 $j\in G_r$,除可能对有穷个 k 以外,总有 $p_{ij}^{(kt+r)}>0$.

这种半决定性半随机性的运动使我们想到,从 G_r 中任一状态出发,经 t 步后必回到 G_r 中某一状态. 因此,如果考虑以随机矩阵 $\boldsymbol{P}^t$ 为转移概率矩阵的新马氏链,那么对此新马氏链,每一 G_r 形成一个闭集,由命题Ⅰ第二结论,它还是不可分的.

以上讨论中还有一个漏洞:我们先固定了一个 $i\in C$,然后相对于此 i 而将 C 分成不相交的 $G_1,G_2,\cdots,G_t$. 试问这种分类是否依赖于 i 呢? 为证与 i 无关,应证如果相对于 i,j 与 k 属于同一子集 G 时,那么相对于任一 i',它们仍属于同一子集. 实际上,相对于 i 及 i' 而分得的子集分别记为 $G_1^{(i)},G_2^{(i)},\cdots,G_t^{(i)}$ 及 $G_1^{(i')}$,$G_2^{(i')},\cdots,G_t^{(i')}$. 设 j,k 均属于 $G_r^{(i)}$,$i'\in G_s^{(i)}$,则当 $r\geqslant s$ 时,自 i' 出发,只可能在 $r-s,t+(r-s),2t+(r-s),\cdots$ 步上到达 j,k,故 j,k 属于 $G_{r-s}^{(i')}$;类似地,若 $s>r$,则 j,k 属于 $G_{r-s+t}^{(i')}$.

总结上述,便得

定理 2　设不可分马氏链的转移概率矩阵为 $P=(p_{ij})$,有周期 t 及相空间 C. 于是可唯一地表 C 为

$$C=\bigcup_{r=1}^{t}G_r,\quad G_r\cap G_s=\varnothing,\quad r\neq s,$$

使经一步的转移后,自 G_r 中任一状态必落于 G_{r+1}($G_{t+1}=G_1$)中某一状态上;若只在时刻 $0,t,2t,3t,\cdots$ 上考虑此链,则得一转移概率矩阵为 P' 的新马氏链. 在此新链中,每一 G_r 形成一不可分闭集,而且 G_r 中任一状态 k 都是周期为 1 的状态;如果原来的链常返,那么新链也常返.

实际上,只要补证最后一句话. 由命题Ⅰ知自某一项以后,一切 $p_{kk}^{(nt)}>0$,可见在新链中,k 的周期为 1. 常返性则是由于

$$\sum_{n=1}^{+\infty}f_k^{(nt)}=\sum_{n=1}^{+\infty}f_k^{(n)}=1.\quad\blacksquare$$

§2.4 遍历定理

考虑 n 步转移概率 $p_{jk}^{(n)}$. 在实际中常常碰到这种情形：当 n 甚大时，$p_{jk}^{(n)}$ 与一常数 a_k 甚接近而且此常数与 j 无关. 这反映下列事实：经 n 步转移后，当 n 甚大时，$\sum$位于 k 的概率，几乎不依赖于它开始时所处的位置.

数学上的精确提法是：

(i) 试问 $\lim p_{jk}^{(n)}$ 是否存在？

(ii) 如存在，此极限是否与 j 无关？

结果发现答案未必常常是肯定的，而与 j,k 所处的类有关.

在马氏链理论中，有关这一类问题的定理统称 **遍历定理**.

设相空间 E 已按分解定理分解为 $D,C_1,C_2,\cdots$. 需要分别考虑各种情况.

(一) $k\in D$ 或 k 为零状态时

定理 1 若 $k\in D$ 或 k 为零状态，则对任意 j 有 $\lim\limits_{n\to+\infty} p_{jk}^{(n)}=0$.

证 回忆 §2.2(3)，取 N 使 $1\leqslant N\leqslant n$，有

$$p_{jk}^{(n)}=f_{jk}^{(n)}+f_{jk}^{(n-1)}p_{kk}^{(1)}+\cdots+f_{jk}^{(N)}p_{kk}^{(n-N)}+\cdots+f_{jk}^{(1)}p_{kk}^{(n-1)}, \quad (1)$$

$$p_{jk}^{(n)}\leqslant\sum_{m=N+1}^{n}f_{jk}^{(m)}+\sum_{m=1}^{N}f_{jk}^{(m)}p_{kk}^{(n-m)}.$$

先令 $n\to+\infty$，由 §2.2 定理 1,2，右方第二项趋于 0；再令 $N\to+\infty$，因 $\sum\limits_{m=1}^{+\infty}f_{jk}^{(m)}\leqslant 1$，右方趋于 0. 故 $\lim\limits_{n\to+\infty} p_{jk}^{(n)}=0$. ■

系 1 有穷链（即只有有穷个状态的马氏链）既不可能只有非常返状态，也不可能有零状态.

证 设 $E=D$. 由定理 1 $p_{jk}^{(n)}\to 0$，$j\in E$，$k\in E$. 令 $E=(0,$

$1,2,\cdots,a)(a<+\infty)$，则 $1=\sum\limits_{k=0}^{a}p_{jk}^{(n)}$. 令 $n\to+\infty$ 即得 $1=0$ 矛盾. 此得证第一结论.

将 E 分解为 $D,C_1,C_2,\cdots,C_k$. 设有一零状态 i，i 属于某 C. C 是不可分的有穷闭集，故有 $1=\sum\limits_{k\in C}p_{ik}^{(n)}$. 既然 C 中状态都是零的，而 C 又为有穷集，令 $n\to+\infty$，由定理 1 仍得 $1=0$，矛盾. 此得证第二结论. ■

系 2　如果存在一个零状态，那么存在无穷多个零状态.

证　与系 1 第二部分证明相仿. ■

由系 1 及系 2 可见，对具反射壁的随机徘徊，全体状态都是周期为 2 的非零的常返状态.

(二)　k 为非零的常返状态时

设 k 的周期为 $t(\geqslant 1)$，引进数值

$$f_{jk}(r)=\sum_{m=0}^{+\infty}f_{jk}^{(mt+r)}\quad(r=1,2,\cdots,t;j\in E),$$

因此，$f_{jk}(r)$ 为自 j 出发，在某 n 步（$n\equiv r(\mathrm{mod}\ t)$）上初次到达 k 的概率；故

$$\sum_{r=1}^{r}f_{jk}(r)=f_{jk}.$$

注意　若 j 常返，但与 k 不属于同一闭集，则显然 $p_{jk}^{(n)}=0$，一切 n，故 $p_{jk}^{(n)}\to 0(n\to+\infty)$. 至于其他的 j，这极限可不存在，但有下列一般性的定理 2：

定理 2　若 k 为非零的常返状态，周期为 t，则对任意 j，有

$$\lim_{n\to+\infty}p_{jk}^{(nt+r)}=f_{jk}(r)\cdot\frac{t}{\mu_k}\quad(1\leqslant r\leqslant t).$$

证　由(1)，并注意 $p_{kk}^{(l)}=0,l\not\equiv 0(\mathrm{mod}\ t)$，对 $N\leqslant n$，有

$$\sum_{m=0}^{N}f_{jk}^{(mt+r)}p_{kk}^{(n-m)t}\leqslant p_{jk}^{(nt+r)}\leqslant\sum_{m=N+1}^{+\infty}f_{jk}^{(mt+r)}+\sum_{m=0}^{N}f_{jk}^{(mt+r)}p_{kk}^{(n-m)t},$$

于此式中令 $n\to+\infty$，并利用§2.2定理2；再令 $N\to+\infty$，并回忆 $f_{jk}(r)$ 的定义，即得所欲证. ■

试较深入地研究 $f_{jk}(r)$. 以 C 泛指分解定理中任一 C_i，其中元是周期为 t 的常返状态. 对任意 $j\in E$，如 $P(x_0(\omega)=j)>0$，引进条件概率

$$f(j,r,G_v)=P(\text{对某 } n\equiv r(\text{mod } t),x_n(\omega)\in G_v\mid x_0(\omega)=j),$$

$$f(j,C)=P(\text{对某 } n,x_n(\omega)\in C\mid x_0(\omega)=j),$$

这里 G_v 由§2.3定理2来定义. 容易看出

$$f(j,C)=\sum_{v=1}^{t}f(j,r,G_v). \tag{2}$$

实际上，只要证明

$$P(\text{对某 } n,x_n\in C\mid x_0=j)=P$$
$$(\text{对某 } n\equiv r(\text{mod } t),x_n\in C\mid x_0=j).$$

左方值显然不小于右方值. 反之，如 $x_n\in C$，由 C 的闭性，只要任取 $m\geqslant n,m\equiv r(\text{mod } t)$，就有 $x_m\in C$. 故右方值也不小于左方值.

由定义看出，$f(j,C)$ 是自 j 出发，终于要落于 C 中的概率，故

$$\sum_{C}f(j,C)\leqslant 1,$$

这里求和号对一切不可分闭集 $C_1,C_2,\cdots$ 进行，而 $1-\sum_{C}f(j,C)$ 为自 j 出发，永远留在 D 中的概率.

引理1 若 $k\in G_v$，则对任意 $r=1,2,\cdots,t$，有

$$f(j,r,G_v)=f_{jk}(r); \tag{3}$$

对任意 $k\in C$，有

$$f(j,C)=f_{jk}. \tag{4}$$

证 显然 $f_{jk}(r)\leqslant f(j,r,G_v)$. 反之，有

$$f_{jk}(r)\geqslant\sum_{n=0}^{+\infty}\sum_{i\in G_v}P(x_{nt+r}=i,x_{st+r}\overline{\in}G_v,$$

$$0 \leqslant s < n | x_0 = j) \cdot f_{ik}(t)$$

但当 i,k 属于同一 G_v 时，由于周期为 t 及 § 2.3(viii)，

$$f_{ik}(t) = f_{ik} = 1,$$

故 $f_{jk}(r) \geqslant f(j,r,G_v)$，此得证前一结论. 后一结论的证明类似. ■

利用此引理便可改写定理 2 为

定理 2′　若 k 为非零的常返状态，$k \in G_v$，则

$$\lim_{n \to +\infty} p_{jk}^{(nt+r)} = f(j,r,G_v)\frac{t}{\mu_k}(j \in E). \tag{5}$$

定理 2′比定理 2 更深刻，因(5)中右方 $\frac{t}{\mu_k}$ 的系数 $f(j,r,G_v)$ 只依赖于 k 所在的子类 G_v，而不依赖于 k 本身.

至此，$p_{jk}^{(n)}$ 当 $n \to +\infty$ 时的性质已研究清楚：

(i) 当 $k \in D$，或 k 为零状态，或链为不可分而且周期 $t=1$ 时，本节开始的问题(i)(ii) 有肯定答案.

(ii) $\lim\limits_{n \to +\infty} p_{jk}^{(n)}$ 未必存在；但若 k 有周期为 t，则对任意 $1 \leqslant r \leqslant t$，子列 $\{p_{jk}^{(nt+r)}\}$ 总有极限；如果理解 $\frac{t}{+\infty} = 0$，$\mu_k = +\infty(k \in D)$，那么(5)对任一对 $j,k \in E$ 都成立. 由此即可推出

(iii) 存在平均极限：此可叙述为

定理 3　对任意 $j \in E$，$k \in E$，存在 $\lim\limits_{n \to +\infty} \frac{1}{n}\sum\limits_{v=1}^{n} p_{jk}^{(v)}$，而且

$$\lim_{n \to +\infty} \frac{1}{n}\sum_{v=1}^{n} p_{jk}^{(v)} = \begin{cases} 0, & k \in D \text{ 或 } k \text{ 为零状态}; \\ f(j,C) \cdot \dfrac{1}{\mu_k}, & k \in C. \end{cases}$$

证　如 $k \in D$ 或为零状态时，结论由定理 1 推出. 今设 $k \in C$ 而且有周期 t.

注意数学分析中的下列事实①

设有 t 个序列 $\{a_{nt+s}\}, n\in\mathbf{N}(s=1,2,\cdots,t)$，使对每一序列，均存在 $\lim\limits_{n\to+\infty} a_{nt+s}=b_s$，则

$$\lim_{n\to+\infty}\frac{1}{n}\sum_{v=1}^{n}a_v=\frac{1}{t}\sum_{s=1}^{t}b_s.$$

利用此事实及定理 2，并注意 $f(j,C)=f_{jk}=\sum\limits_{r=1}^{t}f_{jk}(r)$ 即得证. ■

① 其证明甚易：因为，若 $c_n\to c$，则 $\frac{1}{n}\sum\limits_{v=1}^{n}c_v\to c$，由此即易推得，对任 $\varepsilon>0$，必存在 N，使 $n\geqslant N$ 时

$$\left|\frac{1}{n}\sum_{v=1}^{n}a_i-\frac{1}{t}\sum_{s=1}^{t}b_s\right|<\varepsilon.$$

§2.5　平稳马尔可夫链

马氏链$\{x_n\}$称为**平稳的**，如对任意n,j，有

$$P(x_n=i)=P(x_0=i)=p_i,$$

具有此性质的开始分布$\{p_i\}$称为**平稳分布**. 由

$$p_i=P(x_n=i)=\sum_j p_j p_{ji}^{(n)}\quad (i\in \mathbf{N}) \tag{1}$$

可见，平稳分布$(p_0,p_1,\cdots)$在变换$(p_0,p_1,\cdots)\cdot(p_{ij}^{(n)})$下是不变的，这里$n\in\mathbf{N}^*$.

平稳分布在实际中有重要的意义，因为这时运动具有统计的平稳性：Σ在$t=n$时位于i的概率，不随n而异.

问题在于：如(p_{jk})已给定，平稳分布是否存在？如何求出？

先证明

引理 1　设C为分解定理中任一不可分闭集，由非零的常返状态构成，则$\displaystyle\sum_{k\in C}\frac{1}{\mu_k}=1$.

证　暂设C中状态的周期为 1. 对$k\in C,j\in C$，

$$\lim_{n\to+\infty} p_{jk}^{(n)}=\frac{1}{\mu_k}>0.$$

令$r_k=\dfrac{1}{\mu_k}$. 由C的闭性，有$\displaystyle\sum_{k\in C}p_{jk}^{(n)}=1$及

$$p_{jk}^{(n+m)}=\sum_{h\in C}p_{jh}^{(n)}p_{hk}^{(m)}.$$

先取C中任一有穷子集，令$n\to+\infty$，可见

$$\sum_{k\in C}r_k\leqslant 1,\quad r_k\geqslant\sum_{h\in C}r_h p_{hk}^{(m)}.$$

今设第二不等式中，对某k_0，等号不成立，则将第二不等式对一切$k\in C$求和并利用第一式，得

$$1 \geqslant \sum_{k \in C} r_k > \sum_{h \in C} r_h.$$

此不可能，故对一切 $k \in C$，都有 $r_k = \sum_{h \in C} r_h p_{hk}^{(m)}$. 由于级数 $\sum_{h \in C} r_h p_{hk}^{(m)}$ 为收敛级数 $\sum_{h \in C} r_h (\leqslant 1)$ 所控制，故可在 $\sum_{h \in C}$ 号下取极限，令 $m \to +\infty$ 得

$$r_k = \left(\sum_{h \in C} r_h\right) r_k,$$

于是

$$\sum_{k \in C} r_k = \sum_{k \in C} \frac{1}{\mu_k} = 1.$$

今一般地设 C 中状态有周期为 $t(\geqslant 1)$. C 分解为 $G_1, G_2, \cdots, G_t$ 后，对 P^t 每 G_β 都是周期为 1 的不可分闭集. 既然 $\lim\limits_{n \to +\infty} p_{jk}^{(nt)} = \dfrac{t}{\mu_k} (j \in G_\beta, k \in G_\beta)$，利用上段结果得

$$\sum_{k \in G_\beta} \frac{t}{\mu_k} = 1 \quad (\beta = 1, 2, \cdots, t),$$

故

$$\sum_{k \in C} \frac{1}{\mu_k} = \frac{1}{t} \sum_{\beta=1}^{t} \sum_{k \in G_\beta} \frac{t}{\mu_k} = 1. \quad \blacksquare$$

以下定理解决平稳分布的存在性及其结构的问题.

定理 1 设马氏链有开始分布为 $\{p_i\}$. 以 C_α 表分解定理中任一由非零的常返状态构成的不可分闭集，令 $H = \sum_\alpha C_\alpha$. 于是 $\{p_i\}$ 为平稳分布的充分必要条件是：存在非负数列 $\{\lambda_\alpha\}$，$\sum_\alpha \lambda_\alpha = 1$，使

$$\begin{cases} p_i = 0, & i \overline{\in} H, \\ p_i = \dfrac{\lambda_\alpha}{\mu_i} = \lambda_\alpha \lim\limits_{n \to +\infty} \dfrac{1}{n} \sum\limits_{v=1}^{n} p_{ii}^{(v)}, & i \in C_\alpha. \end{cases} \tag{2}$$

证　必要性 设 $\{p_i\}$ 平稳. 由 $i \overline{\in} H$ 及上节定理 1，$\lim\limits_{n \to +\infty} p_{ji}^{(n)} =$

0. 注意(1)中右方级数为收敛级数 $\sum_{j=0}^{+\infty} p_j = 1$ 所控制，故于(1)中令 $n\to+\infty$ 即得

$$p_i=0,\quad i\overline{\in} H. \tag{3}$$

次设 $i\in C_\alpha$. 利用(3)及 C_α 的闭性，由(1)得

$$p_i = \sum_{j\in C_\alpha} p_j p_{ji}^{(v)} \quad (v\in \mathbf{N}^*),$$

因而

$$p_i = \sum_{j\in C_\alpha} p_j\left\{\frac{1}{n}\sum_{v=1}^{n} p_{ji}^{(v)}\right\} = \lim_{n\to+\infty} \sum_{j\in C_\alpha} p_j\left\{\frac{1}{n}\sum_{v=1}^{n} p_{ji}^{(v)}\right\}.$$

与上同理可在此式中 $\sum\limits_{j\in C_\alpha}$ 号下取极限. 既然 j,i 属于同一 C_α，由上节定理 3，令 $n\to+\infty$ 得

$$p_i = \left(\sum_{j\in C_\alpha} p_j\right)\frac{1}{\mu_i}.$$

取 $\lambda_\alpha = \sum\limits_{j\in C_\alpha} p_j$，则 $\sum\limits_{\alpha}\lambda_\alpha = \sum\limits_{j\in H} p_j = \sum\limits_{j} p_j = 1.$

充分性　用(2)以定义 $\{p_i\}$. 由引理 1 及 $\sum\limits_{\alpha}\lambda_\alpha = 1$ 可见它是一分布. 要证若取 $\{p_i\}$ 为开始分布，则

$$p_i = P(x_m = i)$$

对一切 $m\in\mathbf{N}$ 成立.

如 $i\overline{\in} H$，由(2)中第一式及 H 的闭性得

$$\begin{aligned} P(x_m = i) &= \sum_{j\overline{\in} H} p_j p_{ji}^{(m)} + \sum_{j\in H} p_j p_{ji}^{(m)} \\ &= \sum_{j\overline{\in} H} 0\cdot p_{ji}^{(m)} + \sum_{j\in H} p_j\cdot 0 = 0. \end{aligned} \tag{4}$$

如 $i\in C_\alpha$，任取 $j_0\in C_\alpha$，由(2)及

$$p_{ji}^{(m)} = 0,\quad j\in H - C_\alpha$$

得

$$P(x_m = i) = \sum_{j\in C_\alpha} p_j p_{ji}^{(m)} = \lambda_\alpha \sum_{j\in C_\alpha}\left\{\lim_{n\to+\infty}\ \frac{1}{n}\sum_{v=1}^{n} p_{j_0 j}^{(v)}\right\} p_{ji}^{(m)}.$$

对任意 $\varepsilon>0$，由引理 1，存在只含有穷多个状态的集 $C'_\alpha\subset C_\alpha$，使 $\sum_{j\in C_\alpha-C'_\alpha} p_j<\varepsilon$，于是

$$\begin{aligned} P(x_m=i) &\leqslant \lambda_\alpha \sum_{j\in C'_\alpha}\left\{\lim_{n\to+\infty}\frac{1}{n}\sum_{v=1}^{n} p_{j_0 j}^{(v)}\right\} p_{ji}^{(m)}+\varepsilon \\ &\leqslant \lambda_\alpha \lim_{n\to+\infty}\frac{1}{n}\sum_{v=1}^{n}\sum_{j\in C_\alpha} p_{j_0 j}^{(v)} p_{ji}^{(m)}+\varepsilon \\ &=\lambda_\alpha \lim_{n\to+\infty}\frac{1}{n}\sum_{v=1}^{n} p_{j_0 i}^{(v+m)}+\varepsilon=\frac{\lambda_\alpha}{\mu_i}+\varepsilon. \end{aligned}$$

由 ε 的任意性得

$$P(x_m=i)\leqslant\frac{\lambda_\alpha}{\mu_i}=p_i. \tag{5}$$

再由引理 1 及 $\sum_\alpha \lambda_\alpha=1$ 得

$$\sum_\alpha\sum_{i\in C_\alpha}P(x_m=i)\leqslant\sum_\alpha\lambda_\alpha\sum_{i\in C_\alpha}\frac{1}{\mu_i}=\sum_\alpha\lambda_\alpha=1.$$

另一方面，由(4)得

$$\sum_\alpha\sum_{i\in C_\alpha}P(x_m=i)=\sum_{i=0}^{+\infty}P(x_m=i)=1,$$

故(5)中必须取等号. ■

由定理直接推出

系 1 (i) 当且仅当 $H=\varnothing$，平稳分布不存在；

(ii) 当且仅当只有一个 C_α 时，平稳分布唯一地存在，此时 $\lambda_\alpha=1$；

(iii) 如至少有两个 C_α 时，存在无穷多个平稳分布.

系 2 对有穷马氏链，平稳分布恒存在.

证 由上节系 1，此时 $H\neq\varnothing$. ■

定理 2 为使开始分布 $\{p_i\}$ 平稳的充分必要条件是：$\{p_j\}$ 是方程组

$$\begin{cases} v_i = \sum_{j=0}^{+\infty} v_j p_{ji}, \\ v_i \geqslant 0, \sum_{i=0}^{+\infty} v_i = 1 \end{cases} \tag{6}$$

的解.

证 必要性 由 $P(x_1=i)=p_i$ 即得

$$p_i = \sum_{j=0}^{+\infty} p_j p_{ji}, p_i \geqslant 0, \sum_{i=0}^{+\infty} p_i = 1.$$

充分性 由(6)第一式得

$$P(x_1 = i) = \sum_{j=0}^{+\infty} p_j p_{ji} = p_i,$$

设 $P(x_m=i)=p_i$ 成立,则

$$P(x_{m+1} = i) = \sum_{i=0}^{+\infty} P(x_m = j) p_{ji} = \sum_{j=0}^{+\infty} p_j p_{ji}. \quad \blacksquare$$

虽然定理 2 是一简单的结果,但它与定理 1 综合后,却说明了定理 1 在解无穷线性方程组中的作用. 我们把它写成

系 3 方程组(6)的全部解与全体(2)形的序列 $\{p_j\}$ 的集重合.

§2.6 多重马尔可夫链

马氏链（未必齐次）是多重马氏链的特殊情形. 定义在概率空间 $(\Omega,\mathcal{F},P)$ 上的、取值于 $E=\mathbf{N}$ 中的随机变量列 $x_n(\omega)(n\in\mathbf{N})$ 称为 v(**正整数**)**重马氏链**，如果等式

$$P(x_{m+1}=i_{m+1}\mid x_j=i_j,j=m,m-1,\cdots,1,0)$$
$$=P(x_{m+1}=i_{m+1}\mid x_j=i_j,j=m,m-1,\cdots,m-v+1),\quad(1)$$

对任意正整数 $m\geqslant v$ 及任意 $i_j\in E$ 成立，只要左方构成条件的事件有正概率.

注意马氏链的定义（见§2.1）等价于①

$$P(x_{m+1}=i_{m+1}\mid x_j=i_j,j=m,m-1,\cdots,1,0)$$
$$=P(x_{m+1}=i_{m+1}\mid x_m=i_m).\quad(2)$$

故马氏链是1重马氏链.

下面证明，在扩大相空间的维数后，可化 v 重马氏链为马氏链.

考虑空间 $E^{(v)}=(e)$，这里 e 表 v 维空间中坐标为非负整数的点. 于是 v 维随机向量

$$\boldsymbol{z}_n(\omega)=(x_n(\omega),x_{n+1}(\omega),\cdots,x_{n+v-1}(\omega))\quad(n\in\mathbf{N})\quad(3)$$

的相空间为 $E^{(v)}$. 我们有

定理1 若 $\{x_n(\omega)\}$ 是 v 重马氏链，则 $\{\boldsymbol{z}_n(\omega)\}$ 是马氏链.

证 由(2)只要证

$$P(\boldsymbol{z}_{m+1}=\boldsymbol{e}_{m+1}\mid \boldsymbol{z}_m=\boldsymbol{e}_m,\cdots,\boldsymbol{z}_0=\boldsymbol{e}_0)$$

---

① 参见§2.7题3.

$$=P(\boldsymbol{z}_{m+1}=\boldsymbol{e}_{m+1}\mid \boldsymbol{z}_m=\boldsymbol{e}_m). \tag{4}$$

令 $\boldsymbol{e}_k=(i_1^{(k)},i_2^{(k)},\cdots,i_v^{(k)})$. 为了使(4)中左方有意义,必须使 $\boldsymbol{e}_{k+1}$ 中前 $v-1$ 个坐标,分别按序等于 $\boldsymbol{e}_k$ 中后 $v-1$ 个坐标,即

$$i_j^{(k+1)}=i_{j+1}^{(k)}\quad (j=1,2,\cdots,v-1;\ k=0,1,2,\cdots,m), \tag{5}$$

否则(4)中左方无意义,故应设(5)满足. 从而 $\boldsymbol{e}_0,\boldsymbol{e}_1,\cdots,\boldsymbol{e}_{m+1}$ 中,看来共有 $(m+2)v$ 个坐标,其实只有 $v+m+1$ 个是自由的,取此 $v+m+1$ 个自由坐标为 $i_1^{(0)},i_1^{(1)},\cdots,i_1^{(m)};i_1^{(m+1)},i_2^{(m+1)},\cdots,i_v^{(m+1)}$. 于是其余坐标都被此 $v+m+1$ 个决定. 由此及(3),可改写(4)为

$$\begin{aligned}&P(x_{m+v}=i_v^{(m+1)},x_{m+v-1}=i_{v-1}^{(m+1)},\cdots,x_{m+1}=i_1^{(m+1)}\\&\quad\mid x_{m+v-1}=i_{v-1}^{(m+1)},\cdots,x_{m+1}=i_1^{(m+1)},x_m=i_1^{(m)};\\&\quad \boldsymbol{z}_{m-1}=\boldsymbol{e}_{m-1},\cdots,\boldsymbol{z}_0=\boldsymbol{e}_0)\\&=P(x_{m+v}=i_v^{(m+1)},x_{m+v-1}=i_{v-1}^{(m+1)},\cdots,x_{m+1}=i_1^{(m+1)}\\&\quad\mid x_{m+v-1}=i_{v-1}^{(m+1)},\cdots,x_{m+1}=i_1^{(m+1)},x_m=i_1^{(m)}),\end{aligned}$$

或者

$$\begin{aligned}&P(x_{m+v}=i_v^{(m+1)}\mid x_{m+v-1}=i_{v-1}^{(m+1)},\cdots,x_{m+1}=i_1^{(m+1)},\\&\quad x_m=i_1^{(m)};\boldsymbol{z}_{m-1}=\boldsymbol{e}_{m-1},\cdots,\boldsymbol{z}_0=\boldsymbol{e}_0)\\&=P(x_{m+v}=i_v^{(m+1)}\mid x_{m+v-1}=\\&\quad i_{v-1}^{(m+1)},\cdots,x_{m+1}=i_1^{(m+1)},x_m=i_1^{(m)}).\end{aligned} \tag{6}$$

然而事件 $(\boldsymbol{z}_{m-1}=\boldsymbol{e}_{m-1},\cdots,\boldsymbol{z}_0=\boldsymbol{e}_0)=(x_{m+v-2}=i_{v-2}^{(m+1)},\cdots,x_{m-1}=i_1^{(m-1)},x_{m-2}=i_1^{(m-2)},\cdots,x_0=i_1^{(0)})$. 以之代入(6)的左方,由(1),可见(6)的确成立,故得证(4). ■

今试求 $\{\boldsymbol{z}_n(\omega)\}$ 的转移函数. 设 $\boldsymbol{e}_0=(i_1,i_2,\cdots,i_v)$, $\boldsymbol{e}_1=(j_1,j_2,\cdots,j_v)$,并且如 $P(\boldsymbol{z}_m=\boldsymbol{e}_0)>0$,记

$$P(\boldsymbol{z}_{m+1}=\boldsymbol{e}_1\mid \boldsymbol{z}_m=\boldsymbol{e}_0)={}_mp^{(1)}_{i_1,i_2,\cdots,i_v;j_1,j_2,\cdots,j_v}; \tag{7}$$

如上所述,若有某 $j_l\neq i_{l+1}\ (l=1,2,\cdots,v-1)$,则(7)中值无意义,补定义其值为 0;在相反情况,则有

$$
\begin{aligned}
& {}_m p^{(1)}_{i_1, i_2, \cdots, i_v; j_1, j_2, \cdots, j_v} \\
& = P(x_{m+v} = j_v \mid x_{m+v-1} = j_{v-1}, \cdots, x_{m+1} = j_1, x_m = i_1).
\end{aligned} \tag{8}
$$

称 v 重马氏链 $\{x_n\}$ 为**齐次的**，如(8)中右方值不依赖于 m. 此时由(8)可见马氏链 $\{z_n\}$ 必是齐次的. 于是可利用本章以上诸节的理论来研究 v 重齐次马氏链. 然而，这并不等于说后者无单独研究之必要. 因为自 $\{x_n\}$ 过渡到 $\{z_n\}$ 时，要扩大相空间的维数而直观意义模糊；同时转移概率矩阵中出现许多 0 也不方便.

§2.7　补充与习题

1. 本章多次在求和号下取极限,根据是:

设对非负项级数 $\sum_{n=1}^{+\infty} f_n(m)$,存在一非负项收敛级数 $\sum_{n=1}^{+\infty} g_n < +\infty$,使 $f_n(m) \leqslant g_n$. 若 $\lim\limits_{m\to+\infty} f_n(m) = f_n$,则

$$\lim_{m\to+\infty} \sum_{n=1}^{+\infty} f_n(m) = \sum_{n=1}^{+\infty} f_n (<+\infty).$$

证明甚易,由下列估计式立即推出:

$$\left| \sum_{n=1}^{+\infty} f_n - \sum_{n=1}^{+\infty} f_n(m) \right|$$
$$\leqslant \sum_{n\leqslant N} |f_n - f_n(m)| + \sum_{n>N} f_n + \sum_{n>N} f_n(m).$$

2. 试证马氏性与下条件等价:对任意非负整数 m, i 及 $A \in \mathcal{F}(x_j, j<m)$, $B \in \mathcal{F}(x_j, j>m)$,有

$$P(B|A, x_m = i) = P(B|x_m = i). \tag{1}$$

提示　利用联合分布. 即 §2.1(9)式,先证对柱集 A, B 等式 $P(A, x_m = i, B) = P(A, x_m = i)P(B|x_m = i)$ 成立;其次对固定柱集 B,利用 λ 系方法①,知此式对一般的 A 也成立;再固定一般的 A,又一次应用上述方法,即知此式对一般的 B 也成立.

3. 试证马氏性与下条件等价:

$$P(x_{m+1} = j | x_m = i, x_{m-1} = i_{m-1}, \cdots, x_0 = i_0)$$
$$= P(x_{m+1} = j | x_m = i). \tag{2}$$

提示　计算此随机变量列的有穷维联合分布,利用 §2.1 定义

① 参看本套书第 7 卷附篇引理 3.

2. 因而，表面上看，马氏性的定义似乎介于(1)(2)之间，其实三者等价.

4. 在本章正文中，§2.2(3)式及§2.3命题(viii)的证明是直观的，需要进一步严格化. 我们在那里宁肯采用直观方法，不仅是为了节省时间，而是便于对马氏性有本质的了解，以免一开头就被严格的形式掩盖了思想的本质. 现在给这两处补上严格的证明，理论根据是(1)式，但思想仍是原来的，这里只是把它精确化而已.

(i) 试证 §2.2(3). 利用(1)及齐次性，有

$$\begin{aligned} p_{ij}^{(n)} &= P(x_n = j \mid x_0 = i) \\ &= \sum_{m=1}^{n} P(x_m = j, x_l \neq j, 0 < l < m \mid x_0 = i) \times \\ &\quad P(x_n = j \mid x_0 = i, x_l \neq j, 0 < l < m, x_m = j) \\ &= \sum_{m=1}^{n} f_{ij}^{(m)} p(x_n = j \mid x_m = j) = \sum_{m=1}^{n} f_{ij}^{(m)} p_{jj}^{(n-m)} \ (p_{jj}^{(0)} = 1), \end{aligned}$$

此即 §2.2(3). ■

(ii) 试证§2.3命题(viii)：若 $f_j=1, j\Rightarrow k, j\neq k$，则 $f_{kj}=1$.

令集

$A=(x_0=j$，存在 $N>0$，使 $x_N=k)$，

$B=(x_0=j$，存在 $N>0$，使 $x_l\neq k, \neq j, 0<l<N, x_N=k)$，

$C=(x_0=j$，存在 $M>0, N>0$，使 $x_l\neq k, 0<l<M$，

$x_M=j, x_{M+r}\neq j, \neq k, 0<r<N, x_{M+N}=k)$.

于是 A 表事件"自 j 出发，终于要到达 k"，B 表事件"自 j 出发，终于要到达 k，并且中间不经过 j"，C 表事件"自 j 出发，终于要到达 k，中间经过 j"，因此

$$B\cap C=\varnothing,\ A=B\cup C.$$

利用(1)与齐次性，得

$$0 < f_{jk} = P(A \mid x_0 = j) = P(B \mid x_0 = j) + P(C \mid x_0 = j)$$

$$= \sum_{N=1}^{+\infty} P(x_l \neq k, \neq j, 0 < l < N, x_N = k \mid x_0 = j) +$$

$$\sum_{M,N=1}^{+\infty} P(x_l \neq k, 0 < l < M, x_M = j \mid x_0 = j) \times$$

$$P(x_r \neq k, \neq j, 0 < r < N, x_N = k \mid x_0 = j),$$

因此，至少有一个 N，使

$${}_j f_{jk}^{(N)} \equiv P(x_l \neq k, \neq j, 0 < l < N, x_N = k \mid x_0 = j) > 0.$$

考虑概率

$$1 - f_j = P(x_n \neq j,\ 一切\ n > 0 \mid x_0 = j),$$

由(1)及齐次性得

$$1 - f_j \geqslant P(x_l \neq k, \neq j, 0 < l < N, x_N = k \mid x_0 = j) \times$$

$$P(x_{N+n} \neq j, 一切 n > 0 \mid x_0 = j, x_l \neq k, \neq j, 0 < l < N, x_N = k)$$

$$= {}_j f_{jk}^{(N)} (1 - f_{kj}).$$

如果 $f_{kj} < 1$，那么 $1 - f_j > 0$，或 $1 > f_j$，这与 j 的常返性矛盾，故 $f_{kj} = 1$. ■

5. 设齐次马氏链的转移概率矩阵为

$$\boldsymbol{P} = \begin{pmatrix} \frac{1}{2} & \frac{1}{3} & \frac{1}{6} \\ \frac{1}{3} & \frac{1}{3} & \frac{1}{3} \\ \frac{1}{3} & \frac{1}{2} & \frac{1}{6} \end{pmatrix}.$$

试问此链共有几个状态？求两步转移概率. 分析状态的类别. $\lim\limits_{n \to +\infty} p_{jk}^{(n)}$ 是否存在？试求之. 平稳分布是否存在？试求之.

6. 设存在 $s > 0$ 使 $P^s = (p_{jk}^{(s)})$ 中的元全大于 0，则 $\lim\limits_{n \to +\infty} p_{jk}^{(n)} = r_k$ 存在，与 j 无关. 又若补设此链有穷，则 $r_k > 0$，$\sum\limits_k r_k = 1$.

提示　此链不可分，周期 $t = 1$.

7. 设链不可分，状态为遍历的，令 $\lim\limits_{n \to +\infty} p_{jk}^{(n)} = r_k$，则 $\{r_k\}$ 是方

程组

$$r_k = \sum_j r_j p_{jk} \quad (k \in \mathbf{N})$$

的解；$\{r_k\}$是唯一的平稳分布.

提示 由 $\sum_k r_k \leqslant 1, r_k \geqslant \sum_j r_j p_{jk}$，将后式对一切 k 求和即得. 后式来自 $p_{ik}^{(n+1)} = \sum_j p_{ij}^{(n)} p_{jk}$.

8. 设齐次马氏链以

$$\boldsymbol{P}=\begin{pmatrix} \frac{1}{2} & 0 & \frac{1}{2} & 0 & 0 \\ \frac{1}{4} & \frac{1}{2} & \frac{1}{4} & 0 & 0 \\ \frac{1}{2} & 0 & \frac{1}{2} & 0 & 0 \\ 0 & 0 & 0 & \frac{1}{2} & \frac{1}{2} \\ 0 & 0 & 0 & \frac{1}{2} & \frac{1}{2} \end{pmatrix}$$

为转移概率矩阵. 试分解此链并研究 $p_{jk}^{(n)}$ 的极限性质（$n \to +\infty$时）. 求平稳分布.

提示 (1,3)(4,5)各成一不可分遍历闭集，2 为非常返状态，$p_{21}^{(n)} \to \frac{1}{2}, p_{23}^{(n)} \to \frac{1}{2}$.

9. 设 $p_{jj+1}=1-a_j$，$p_{j0}=a_j$，$0<a_j<1$，$(j \in \mathbf{N})$. 试证一切状态为非常返的或常返的，视级数 $\sum_j a_j$ 收敛或发散而定.

提示 $1 - f_0 = \prod_{j=0}^{+\infty}(1 - a_j)$.

10. 接连独立地从 1,2,3,4,5,6 中取出一数，每次每个数被取出的概率为$\frac{1}{6}$，取后还原. 定义 $x_n = j$，如在前 n 次中所取得的最

大点数为 j. 试求转移概率矩阵 $\boldsymbol{P}$.

答　$p_{jk}=\dfrac{1}{6}$, $k>j$; $p_{jj}=\dfrac{j}{6}$, $p_{jk}=0$, $k<j$, $j,k=1,2,\cdots,6$.

11. 设$\{x_i\}$为独立随机变量列,取非负整数值. x_i 的分布为$(q_0^{(i)}, q_1^{(i)},\cdots,q_n^{(i)},\cdots)$. 试证$\{x_i\}$为马氏链. 并求其开始分布及转移概率矩阵${}_m\boldsymbol{P}$,何时此链是齐次的.

提示　当$\{q_j^{(i)}\}$不依赖于 $i>0$ 时.

12. 同上题设,试证$\{y_n\}$为马氏链. 这里 $y_n=\sum\limits_{i=0}^{n}x_i$. 并对$\{y_n\}$解答上题中提出的问题.

13. 试证当且仅当 $f_{ij}>0, f_{ji}>0$ 时,$i\Leftrightarrow j$.

提示　利用 $\sup\limits_{1\leqslant n<+\infty}p_{ij}^{(n)}\leqslant f_{ij}\leqslant\sum\limits_{n=1}^{+\infty}p_{ij}^{(n)}$.

14. 引进概率

$$\begin{aligned}Q_{ij}&=P(x_k=j\text{ 对无穷多个 }k\text{ 成立}\mid x_0=i)\\&=P\left(\bigcap_{n=1}^{+\infty}\bigcup_{k=n}^{+\infty}(x_k=j)\mid x_0=i\right),\end{aligned}$$

则 (i) $Q_{ii}=0$ 或 1,视 $f_i<1$ 或 $f_i=1$ 而定(这是常返状态命名的根据);

(ii) $Q_{ij}=f_{ij}Q_{jj}$, $Q_{ij}\leqslant Q_{jj}$.

提示　引入 $T_n=P(x_k=i$ 至少对 n 个 k 成立$\mid x_0=i)$,则 $T_1=f_i$, $T_n=f_iT_{n-1}$.

15. 以 D 表齐次马氏链全体非常返状态的集. 试求"自 $j(\in D)$出发,$\sum$永远停留在 D 中的"概率[①] y_j. 证明$\{y_j\}$, $j\in D$,满足方程组

---

① 即 $y_j=P\left(\bigcap\limits_{m=0}^{+\infty}(x_m\in D)\,\Big|_{x_0=j}\right)$,亦即 § 2.4 中的 $1-\sum\limits_{c}f(j,C)$.

$$y_j = \sum_{v \in D} p_{jv} y_v. \tag{3}$$

当且仅当方程组

$$z_j = \sum_{v \in D} p_{jv} z_v (|z_v| \leqslant 1) \tag{4}$$

无非零的有界解时，$y_j = 0$（一切 j）.

解 以 $y_j^{(n)}$ 表自 j 出发，于 $t=n$ 时，Σ 仍位在 D 中的概率. 于是

$$\begin{cases} y_j^{(1)} = \sum_{v \in D} p_{jv}, \\ y_j^{(n+1)} = \sum_{v \in D} p_{jv} y_v^{(n)}, \end{cases} \tag{5}$$

从而 $y_j^{(1)} \leqslant 1, y_j^{(n+1)} \leqslant y_j^{(n)}, y_j^{(n)} \downarrow y_j (n \to +\infty)$，而且(3)成立. 设(4)有一有界解为 $\{z_j\}$. 比较(4)(5)得 $|z_j| \leqslant y_j^{(1)}$，由归纳法 $|z_j| \leqslant y_j^{(n)}$. 由此即可证明最后一结论. ■

16. 以 C 表分解定理中任一不可分闭集. 试求"自 $j \in D$ 出发，Σ 终于要落于 C 中"的概率① x_j；求 x_j 所应满足的方程并讨论此方程的解的唯一性.

解 以 $x_j^{(n)}$ 表自 j 出发，于 $t=n$ 时第一次落于 C 的概率，则 $x_j = \sum_{n=1}^{+\infty} x_j^{(n)}$，其中

$$x_j^{(1)} = \sum_{k \in C} p_{jk}, \quad x_j^{(n+1)} = \sum_{v \in D} p_{jv} x_v^{(n)}. \tag{6}$$

在此式中令 $n \in \mathbf{N}^*$，相加，得

$$x_j - \sum_{v \in D} p_{jv} x_v = x_j^{(1)}. \tag{7}$$

此方程组若有两个不同的有界解，则其差必为(3)的有界解. 因此，由上题即知：x_j 为(7)的唯一有界解，除非存在 $j \in D$，

① 即 $x_j = P\left(\bigcup_{m=1}^{+\infty} (x_m \in C) \middle|_{x_0 = j}\right)$，亦即 § 2.4 中的 $f(j, C)$.

使自 j 出发，Σ永远停留于 D 中的概率 $y_j>0$. ■

17. 试证对有穷齐次马氏链，$y_j=0$（对一切 j）；而且 $x_j(j\in D)$是(7)的唯一解.

证　只要证第一结论. 如说不然，设$\{y_j\}$的最大值为 $M>0$. 不失一般性，可将状态如下排列，以使 y_j 不增，即使 $y_0=y_1=\cdots=y_a=M>y_{a+1}\geqslant y_{a+2}\geqslant\cdots$. 由(3)，对 $i\leqslant a, i\in D$，有

$$M=\sum_{v\in D}p_{iv}y_v=\sum_{v=0}^{a}p_{iv}M+\sum_{v>a}p_{iv}y_v.$$

然而，如果有一个 $v>a$ 使 $p_{iv}>0$，上等式不可能成立. 因此 $p_{iv}=0, v>a$. 这表示$(0,1,\cdots,a)$成一闭集. 于是这闭集产生一不含常返状态的有穷子链. 与 § 2.4 系 1 矛盾. ■

18. 考虑具吸引壁为 $0,a$ 的齐次随机徘徊. 自 j 出发，终于被 0 吸引的概率记为 x_j. 试求 $x_j=?$

答　$x_j=\dfrac{\left(\dfrac{q}{p}\right)^a-\left(\dfrac{q}{p}\right)^j}{\left(\dfrac{q}{p}\right)^a-1}, (p\neq q)$；　$x_j=\dfrac{a-j}{a}, (p=q)$.

19. 设不可分链的状态为 $0,1,2,\cdots$. 为使这些状态为非常返的，充分必要条件是方程组

$$y_j=\sum_{v\in D}p_{jv}y_v \tag{8}$$

(其中 $D=\mathbf{N}^*$)有非 0 的有界解.

提示　只要研究 0 何时非常返. 与 15 题一样，当且仅当(8)有非 0 的有界解时，存在 $j\in D$，使自 j 出发，永远停留在 D 中的概率大于 0，故终于要到达 0 的概率小于 1，即 $f_{j0}<1$. 故 0 非常返.

20. 设 $p_{00}=\dfrac{1}{3}, p_{01}=\dfrac{2}{3}, p_{ii-1}=\dfrac{1}{3}, p_{ii+1}=\dfrac{2}{3}(i\geqslant1)$. 试求 $f_0^{(3)}$ 及 $p_{00}^{(3)}$. 证明 0 是非常返的.

提示 利用题19.

21. 称 j 为**本质状态**，如对任一 k，当 $j \Rightarrow k$ 时，就有 $k \Rightarrow j$. 常返状态必是本质的. 反之不真. 例如见题9. 然而，当链为有穷时，本质状态也是常返的.

提示 对有穷链，若 j 是非常返的，则自 j 出发，终于要落于某闭集 C 的概率为1，而 C 由常返状态构成. 故存在 $k \in C$，使 $j \Rightarrow k$，但 j 不能自 k 到达，于是 j 不是本质的.

22. 举例说明由马氏性不能推出

$$P(x_m = j \mid x_{m-2} = i, x_{m-1} \in A) = P(x_m = j \mid x_{m-1} \in A),$$

其中 $P(x_{m-2} = i, x_{m-1} \in A) > 0$，$A$ 至少含两状态.

附记 马氏链最初由马尔可夫引进. 初期研究的对象主要是有穷链，至今关于有穷链已有几本专著如下面文献[1]等. 对有穷链可用矩阵方法，但此法对可列马氏链难以适用. 本章中的结果主要由柯尔莫哥洛夫得到. 进一步的结果见本书末参考书[14]. 那里对禁止概率，极限定理及关于非常返状态的研究有系统的叙述. 在下面文献[2]中，引进了更一般的马氏链的定义. 这里的叙述方式属于费勒(W. Feller)，好处在于突出了思想的实质(运动的直观形象清楚)，而且避免了测度论. 运动的直观形象在马尔可夫过程的学习中是十分重要的. 我们在费勒的基础上作了系统化与严格化的整理工作.

参考文献

[1] Романовский В И. Дискретные цепи Маркова. 1949(有中译本).

[2] Hunt G A. Markov chains and Martin boundaries. Illinois Journal of Math. ,1960,4:313-340(俄文见 Математика,1961,5(5)).

[3] 书末参考书目[14]中列举的文献甚多,均可参考.

[4] Wang Tzu-Kwen. The Martin boundary and limit theorems for excessive functions. Scientia Sinica,1965,14(8):1 118-1 129.

[5] 戴永隆.关于马尔可夫链的若干概率性质与遍历定理.中山大学学报(自然科学版),1964,(2):153-166.

第 3 章　随机过程的一般理论

§3.1　随机过程的可分性

(一)

设$\{x_t(\omega),t\in T\}$及$\{y_t(\omega),t\in T\}$为定义在概率空间$(\Omega,\mathcal{F},P)$上的随机过程，以后我们允许随机变量取$+\infty$及$-\infty$为值，这时随机变量的定义仍和以前一样，不需任何改变①，但总假定它取无穷值的概率为0. 故对固定的t，

$$P(x_t(\omega)=\pm\infty)=0,\ P(y_t(\omega)=\pm\infty)=0. \tag{1}$$

称两过程为**随机等价的**(或简称**等价的**)，如对任意固定$t\in T$，有

$$P(x_t(\omega)=y_t(\omega))=1; \tag{2}$$

由此可见，对任意固定的$t_i\in T$，$i\in\mathbf{N}^*$(有穷或可列多个)，有

---

① 即仍称$x(\omega)$为随机变量，如对任何实数λ，$(x(\omega)\leqslant\lambda)\in\mathcal{F}$. 由此知

$$(x(\omega)=-\infty)=\bigcap_n(x(\omega)\leqslant -n)\in\mathcal{F};$$

$$(x(\omega)=+\infty)=\bigcap_n(x(\omega)>n)\in\mathcal{F}.$$

$$P(x_{t_i}(\omega)=y_{t_i}(\omega),\ i\in\mathbf{N}^*)=1;$$

因而这两个过程有相同的有穷维分布族. 或者从另一方面看，一族相容的有穷维分布决定某概率空间上的一类等价的随机过程.

对已给的过程$\{x_t(\omega),t\in T\}$，容易造出与它等价的过程. 实际上，对每个$t\in T$，任取一ω集$N_t\in\mathcal{F}$，使$P(N_t)=0$，记

$$\overline{\mathbf{R}}=[-\infty,+\infty],$$

定义

$$y_t(\omega)=\begin{cases}x_t(\omega), & \omega\overline{\in}N_t,\\ \overline{\mathbf{R}}\text{ 中任意值}, & \omega\in N_t,\end{cases}\tag{3}$$

显然$\{y_t(\omega),t\in T\}$与$\{x_t(\omega),t\in T\}$随机等价；而且任何与$\{x_t(\omega),t\in T\}$随机等价的过程都可用这种方法得到(回忆P为完全概率测度的假定). 因此，对任意固定的$t\in T$，可以在任一零测集上，自由改变$x_t(\omega)$的值，而不影响过程的有穷维分布，即不跑出原过程所属的等价类. 这种自由性可以使我们从一类随机等价的过程中，挑选出某些“好”的过程来.

然而所谓“好”是什么意思呢？这是指具有某种较好的性质，例如可分性，连续性，可测性等. 下面便来逐一定义并讨论这些性质.

(二)

可分性观念的产生是由于下类问题的需要. 在理论上或实际中常常要考虑一些重要的ω集如

$$W=(\omega:x_t(\omega)\in A\text{ 对一切 }t\in T\text{ 成立}),\tag{4}$$

其中$A\subset\mathbf{R}$是任一有界闭集. 如果T是可列集①，那么作为可列多个可测集的交，$W\in\mathcal{F}$，故W有概率可言；但如果T不是可列集，那么因$\mathcal{F}$只对可列或有穷交运算封闭，故无从保证$W\in\mathcal{F}$，更

① 重说一次，为了方便，我们把有穷集也当成可列集.

谈不上 W 的概率.

摆脱这种困难的一种方法是改变 σ 代数的定义，使它对任意交运算也封闭，然而这样将从根本上修改概率论的公理结构. 故只好采取另一方法，即假定过程的样本函数具有某种较好的内在规律性，例如假定一切样本函数都是连续函数，这时，若 T 是一区间，则(4)中集

$$W=\{\omega: x_r(\omega)\in A \text{ 对一切有理点 } r\in T \text{ 成立}\},$$

于是不管 T 是否可列，总有 $W\in\mathcal{F}$. 然而，连续性的假定太强. 自然希望尽量减弱条件而又能解除上述困难. 结果发现，合理而又经济的假定是过程的可分性.

为了叙述时记号简单，设 T 为 $\mathbf{R}$ 中任一区间.

设 $x(t)(t\in T)$ 为任一普通函数，可取 $\pm\infty$ 为值，平面点集 $\{(t,x(t)),t\in T\}$ 记为 X_T（它的图形是一平面曲线）. 又设 R 为 T 中任一可列子集，在 T 中稠密. 记 $X_R=\{(r,x(r)),r\in R\}$，它也是一平面点集. 显然，$X_R\subset X_T$. X_R 在通常距离①下的闭包记为 $\overline{X}_R$，因而 $\overline{X}_R$ 由 X_R 及 X_R 的极限点构成.

定义1 说函数 $x(t)(t\in T)$ **关于 $\mathbf{R}$ 是可分的**，如果 $X_T\subset\overline{X}_R$. 也就是说，对任一 $t\in T$，可找到点列 $\{r_i\}\subset R$（r_i 可等于 r_j），使同时有

$$r_i\to t;\quad x(r_i)\to x(t).$$

此 R 称为函数的**可分集**.

定义2 说随机过程 $\{x_t(\omega),t\in T\}$ **关于 $\mathbf{R}$ 是可分的**，如存在一零测集 N，使对任一 $\omega\overline{\in} N$，样本函数 $x_t(\omega)(t\in T)$ 关于 R 是可分的，此时称 R 为过程的**可分集**；N 称为**例外集**. 说随机过程为

---

① 即两点 $P_1=(x_1,y_1)$，$P_2=(x_2,y_2)$ 间的距离为

$$d(P_1,P_2)=\sqrt{(x_1-x_2)^2+(y_1-y_2)^2}.$$

可分的，如存在于 T 中到处稠密的可列子集 R，使它关于 R 是可分的；说随机过程为**完全可分的**，如果它关于任一如上的 R 是可分的.

例 1　连续函数关于 T 中有理点集 R 是可分的，实际上，它关于 T 中任一可列稠集都是可分的.

例 2　设 $s\in T$，s 为任一无理点. 于是函数 $x(t)=0$，$t\in T-\{s\}$，$x(s)=1$，关于 T 中有理点集 R 是不可分的；但关于 $R\cup\{s\}$ 却是可分的.

作为可分性的应用，试证

引理 1　若 $\{x_t(\omega),t\in T\}$ 是可分过程，则(4)中集 W 是可测的.

证　设 R 为可分集，N 为例外集，令

$$W_R=\{\omega:x_r(\omega)\in A\ \text{对一切}\ r\in R\ \text{成立}\}.$$

显然 $W_R\supset W$，$W_R=\bigcap\limits_{r\in R}\{\omega:x_r(\omega)\in A\}\in\mathcal{F}$. 任取 $\omega\in W_R$，$\omega\overline{\in}N$. 对任意 $t\in T$，由可分性知存在 $\{r_i\}\subset R$，使 $r_i\to t$，$x_{r_i}(\omega)\to x_t(\omega)$. 但对一切 r_i 有 $x_{r_i}(\omega)\in A$，而且 A 是有界闭集，故 $x_i(\omega)\in A$. 由 t 的任意性得 $\omega\in W$. 于是得证

$$W_R\supset W\supset W_R\cap\overline{N}.$$

既然 $P(W_R)=P(W_R\cap\overline{N})$，而且 P 是完全的，故

$$W\in\mathcal{F},\ P(W)=P(W_R).\quad ■$$

这引理说明了应用可分性的典型方法：先证明某一性质在 R 上正确，然后利用可分性以证明它在全 T 上也正确.

由此可见，可分性具有重要的理论意义.

然而，是否任一随机过程都是可分的呢？如果不然，可分性条件严格到什么程度呢？

定理 1　对任一定义在$(\Omega,\mathcal{F},P)$上的随机过程$\{\xi_t(\omega),t\in T\}$，必存在可分的随机等价的过程$\{x_t(\omega),t\in T\}$.

这定理说明，虽然一给定的过程$\{\xi_t(\omega),t\in T\}$未必是可分的，但在一类随机等价的过程中，必至少存在一个可分的代表. 因此，对已给的一族相容的有穷维分布，由§1.1存在定理及这里的定理1，必存在一可分的过程，它的有穷维分布族与已给的相重合. 换言之，只要所研究的问题只涉及有穷维分布族时，可以假定所考虑的过程是可分的.

先证

引理2 对任意两区间J及G，$J\subset T$，存在数列$\{s_n\}\subset J$，使对任一固定的$t\in J$，有

$$P(\xi_t\in G,\xi_{s_n}\overline{\in}G,n\in\mathbf{N}^*)=0. \tag{5}$$

证 用归纳法选$\{s_n\}$. 任取$s_1\in J$. 如在J中已选出s_1，$s_2,\cdots,s_n$，令

$$P_n=\sup_{t\in J}P(\xi_t\in G,\xi_{s_1}\overline{\in}G,\cdots,\xi_{s_n}\overline{\in}G). \tag{6}$$

于是必存在$s_{n+1}\in J$，使

$$P(\xi_{s_{n+1}}\in G,\xi_{s_1}\overline{\in}G,\cdots,\xi_{s_n}\overline{\in}G)\geqslant P_n\left(1-\frac{1}{n}\right), \tag{7}$$

但诸事件

$$G_n=(\xi_{s_{n+1}}\in G,\xi_{s_1}\overline{\in}G,\cdots,\xi_{s_n}\overline{\in}G)(n\in\mathbf{N}^*)$$

互不相交，故$\sum\limits_{n=1}^{+\infty}P(G_n)\leqslant 1$，从而(7)式右方值$P_n\left(1-\frac{1}{n}\right)\to 0$，此表示

$$\lim_{n\to+\infty}P_n=0. \tag{8}$$

其次，既然对任一固定的t有

$$(\xi_t\in G,\xi_{s_i}\overline{\in}G,i=1,2,\cdots,n)$$

$$\supset(\xi_t\in G,\xi_{s_i}\overline{\in}G,i=1,2,\cdots,n+1)\supset\cdots,$$

这些事件的交就是(5)中的事件，故由(6)(8)即得证(5). ■

定理1之证 令$B_t=(\omega:\xi_t(\omega)=\pm\infty)$，由本节开始时的假

定，$P(B_t)=0$. 定义 $\tilde{\xi}_t(\omega)=\xi_t(\omega)$，如 $\omega\overline{\in} B_t$；$\tilde{\xi}_t(\omega)=0$，如 $\omega\in B_t$. 于是$\{\tilde{\xi}_t(\omega),t\in T\}$是与$\{\xi_t(\omega),t\in T\}$随机等价的过程而且只取实数值. 故不妨设$\{\tilde{\xi}_t(\omega),t\in T\}$只取实数值.

称任以有理点为端点的两区间 J 及 $G(J\subset T)$为一“对偶”. 全体对偶成一可列集. 对每一对偶(J,G)，可得一具有引理 2 中性质的数列$\{s_n\}$. 把全体这种数列与 T 中全体有理数合并，得一在 T 中稠密的可列子集 R. 如果在$\{s_n\}$中增加新点，(5)中的事件不能加大. 因此，R 具有性质：

对任一固定的 $t\in T$ 及任一固定的对偶(J,G)，使 $t\in J$，有

$$P(\xi_t\in G,\xi_s\overline{\in} G\text{ 对一切 } s\in JR\text{ 成立})=0. \tag{9}$$

现在固定 t 而以 A_t 表事件“至少存在一对偶(J,G)，$t\in J$，使 $\xi_t\in G$，$\xi_s\overline{\in} G$ 对一切 $s\in JR$ 成立”，则由(9)

$$P(A_t)\leqslant\sum_{J,G}P(\xi_t\in G,\xi_s\overline{\in} G\text{ 对一切 } s\in JR\text{ 成立})=0.$$

故 $P(\overline{A}_t)=1$. 以下任意固定 $\omega\in\overline{A}_t$. 任取 G 使 $\xi_t(\omega)\in G$. 由 $\overline{A}_t$ 的定义，对任意含 t 的 J，必存在 $s\in JR$，使 $\xi_s(\omega)\in G$，否则此 $\omega\in A_t$. 由于 J 的任意性，当 J 缩小时，可找到$\{u_j\}\subset R$，使 $u_j\to t$，而且每 $\xi_{u_j}(\omega)\in G$.

今取 $G_n\supset G_{n+1}$，使 $\xi_t(\omega)\in G_n$，又使 G_n 之长趋于 0. 如上所述，对每一 G_n，可找到$\{u_j^{(n)}\}\subset R$，使

$$u_j^{(n)}\to t\ (j\to+\infty),\ \xi_{u_j^{(n)}}\in G_n.$$

造点列$\{v_j\}\subset R$ 如下：令 $v_1=u_1^{(1)}$，v_n 为任一满足 $|u_k^{(n)}-t|<\dfrac{1}{n}$的 $u_k^{(n)}$. 显然 $v_n\to t$，$\xi_{v_n}(\omega)\to\xi_t(\omega)(n\to+\infty)$. 这表示二维点

$$(t,\xi_t(\omega))\in\overline{\Xi_R(\omega)}=\overline{((r,\xi_r(\omega)),r\in R)}.$$

由于 $\omega\in\overline{A}_t$ 任意，故证明了：对任意固定的 $t\in T$，有

$$P((t,\xi_t(\omega))\in\overline{\Xi_R(\omega)})\geqslant P(\overline{A}_t)=1. \tag{10}$$

造一新过程$\{x_t(\omega),t\in T\}$：对任一 $\omega\in\Omega$

$$\begin{cases}\text{当 } t\in R \text{ 时，令 } x_t(\omega)=\xi_t(\omega); \\ \text{当 } t\overline{\in} R \text{ 时，令 } x_t(\omega)=\begin{cases}\xi_t(\omega),(t,\xi_t(\omega))\in\overline{\Xi_R(\omega)}, \\ \delta_t(\omega),(t,\xi_t(\omega))\overline{\in}\overline{\Xi_R(\omega)}.\end{cases}\end{cases} \tag{11}$$

这里 $\delta_t(\omega)$ 应选择得使 $(t,\delta_t(\omega))\in\overline{\Xi_R(\omega)}$. 这样的 $\delta_t(\omega)$ 总可用下法找到：任取一列 $\{s_i\}\subset R$, $s_i\to t$. 在集合 $\{\xi_s(\omega)\}$ 中，任意选一收敛（但极限可为 $+\infty$ 或 $-\infty$）的子列 $\{\xi_{r_i}(\omega)\}\subset\{\xi_{s_i}(\omega)\}$，于是令

$$\delta_t(\omega)=\lim_{i\to+\infty}\xi_{r_i}(\omega)$$

即可.

剩下要证 $\{x_t(\omega),t\in T\}$ 是与 $\{\xi_t(\omega),t\in T\}$ 随机等价的可分过程.

由(10)及(11)可见，对任一固定的 t，我们至多只在一零测集上修改了 $\xi_t(\omega)$ 的值以得 $x_t(\omega)$，故

$$P(x_t(\omega)=\xi_t(\omega))=1\quad(t\in T).$$

其次，由(11)中第一式，知对每 $\omega\in\Omega$, $\overline{X_R(\omega)}=\overline{\Xi_R(\omega)}$，再由(11)中其余两式，知

$$X_T\subset\overline{X_R(\omega)}.\quad ■$$

注 1 通常称定理 1 中的 $\{x_t(\omega),t\in T\}$ 为 $\{\xi_t(\omega),t\in T\}$ 的**可分修正**. (11)中的 $\delta_t(\omega)$，必须允许它可能为 $+\infty$ 或 $-\infty$ 时才能保证存在. $\delta_t(\omega)$ 的选择可能不唯一，但这并不影响结果，因为由(10)，有 $P(x_t(\omega)=\delta_t(\omega))=0$.

在实际中运用可分性时，困难之一是：如何找 R? 如果对过程稍加条件，问题极易解决.

称随机过程 $\{x_t(\omega),t\in T\}$ 为**随机连续**的，如对任一 $t_0\in T$，有

$$P\lim_{t\to t_0}x_t(\omega)=x_{t_0}(\omega)\quad(t\in T). \tag{12}$$

换言之，如当 $t\to t_0$ 时，$x_t(\omega)$ 在依概率意义下收敛于 $x_{t_0}(\omega)$. 若(12)中“$t\to t_0$”换为 $t\uparrow t_0$（或 $t\downarrow t_0$），则称过程为**左（或右）随机连**

续的.

定理 2 若可分过程$\{x_t(\omega), t\in T\}$随机连续,则此过程是完全可分的.

证 由假定,对任一列$\{t_i\}\subset T$, $t_i\to t_0$,有

$$P\lim_{i\to+\infty} x_{t_i}=x_{t_0},$$

故存在子列$\{t_i'\}\subset\{t_i\}$,使

$$P(\lim_{i\to+\infty} x'_{t_i}=x_{t_0})=1. \tag{13}$$

由过程是可分的假定,存在可分集V,使

$$P(X_T\subset\overline{X}_V)=1.$$

今设R为任一稠于T的可列集,任取$t_0\in V$,及$\{t_i\}\subset R$, $t_i\to t_0$.由(13),$P((t_0, x_{t_0})\in\overline{X}_R)=1$.由$V$的可列性得

$$P(X_V\subset\overline{X}_R)=1,\quad P(\overline{X}_V\subset\overline{X}_R)=1.$$

既然$P(X_T\subset\overline{X}_V)=1$,即得

$$P(X_T\subset\overline{X}_R)=1. \quad ■$$

注意 若$T=[0,+\infty)$,则对可分、右随机连续过程,定理 2 的结论仍正确;这由上述证明立即看出.

下定理给出可分性的充分必要条件,它可用作可分性的等价定义.

称随机过程$\{x_t(\omega), t\in T\}$具有性质(D):如存在T的可列稠密子集R及测度为 0 的ω集N,使对任一闭集[①] A及任一开区间I,有

$$\{\omega: x_r(\omega)\in A, r\in IR\}\setminus\{\omega: x_t(\omega)\in A, t\in IT\}\subset N. \tag{14}$$

定理 3 为使$\{x_t(\omega), t\in T\}$可分,充分必要条件是它具有性质(D).

证 **必要性** 设$\{x_t(\omega), t\in T\}$为可分过程,可分集与例外集

---

① 指$[-\infty,+\infty]$中的闭集.

分别为 R 及 N，$P(N)=0$. 任取 $\omega\in\overline{N}\cap\{x_r(\omega)\in A,r\in IR\}$. 对任意 $t\in IT$，由于 R 是可分集，必存在 R 的子列 $\{s_j\}$，使 $\{s_j\}\subset IR$，$s_j\to t$，$x_{s_j}(\omega)\to x_t(\omega)$. 既然对一切 s_j 有 $x_{s_j}(\omega)\in A$，而且 A 为闭集，故 $x_t(\omega)\in A$. 此得证(14).

充分性 设性质(D)成立. 下证此过程可分，而且可分集及例外集可取为(14)中的 R 与 N. 为此，只要证如 $\omega\overline{\in}N$，则对一切 $t\in T$，有

$$(t,x_t(\omega))\in\overline{X_R(\omega)}.\tag{15}$$

如 $t\in R$，(15) 显然成立. 如 $t\in T\setminus R$，令 A_n 为集 $\left\{x_r(\omega):|r-t|<\frac{1}{n},r\in R\right\}$的闭包. 由于对一切满足 $|r-t|<\frac{1}{n}$ 的 $r\in R$，有 $x_r(\omega)\in A_n$，故在(14)中取 $I=\left(t-\frac{1}{n},t+\frac{1}{n}\right)$，即得 $x_t(\omega)\in A_n$. 由 A_n 的定义，可见存在 $r_n\in R$，$|r_n-t|<\frac{1}{n}$，使当 $x_t(\omega)\neq\pm\infty$ 时，$|x_{r_n}(\omega)-x_t(\omega)|<\frac{1}{n}$；当 $x_t(\omega)=+\infty$ 时，$x_{r_n}(\omega)>n$；当 $x_t(\omega)=-\infty$ 时，$x_{r_n}(\omega)<-n$. 这对一切正整数 n 都成立，故得 $r_n\to t$，$x_{r_n}(\omega)\to x_t(\omega)$，此得证(15). ■

注 2 可分性涉及闭包，即涉及极限点，因此，涉及相空间 E 中的拓扑. 在 E 中取不同的拓扑，$\delta_t(\omega)$的选择也随之而异.

注 3 修改记号后，本节结果对任意 $T(\subset\mathbf{R})$正确.

§3.2　样本函数的性质

(一)

设已给可分的随机过程$\{x_t(\omega),t\in T\}$，$T=[a,b]$，我们的目的是：研究在什么条件下，它的样本函数以概率 1 是阶梯函数？是连续函数？换言之，什么时候存在 ω-集 A，$P(A)=1$，使对每 $\omega\in A$，$x_t(\omega)$是 t 的阶梯函数？是 t 的连续函数？

设 $x(t)(t\in T)$是一普通的(非随机的)实值函数，称它为**阶梯的**，如存在 T 的有穷分割 D：

$$a=t_0<t_1<\cdots<t_n=b,$$

使在每(t_i,t_{i+1})中，$x(t)$等于常数 c_i，在 t_i 有不相等的有穷极限 $x(t_i-0)$，$x(t_i+0)$，但 $x(t_i)$等于 $x(t_i-0)$或 $x(t_i+0)$(对 $t_0(t_n)$自然只有左(右)极限). 称 $t_i(i=1,2,\cdots,n-1)$为**跳跃点**.

称 $x(t)(t\in[a,+\infty))$为**阶梯的**，如果存在一列 $b_n\uparrow\infty$，使它在每个有穷$[a,b_n](b_n>a)$中为阶梯的. 因此，它在每个$[a,b_n]$中只有有穷多个跳跃点.

称 $x(t)$，$t\in[a,b]$，为**几乎阶梯的**，如除在有穷多个点上外，它与某阶梯函数重合. 称 $x(t)$，$t\in[a,+\infty)$为几乎阶梯的，如它在每个$[a,b]$上是几乎阶梯的，$b>a$.

以下用 $U=(u_0,u_1,\cdots,u_n)$表$[a,b]$中任一有穷点列，$u_0<u_1<\cdots<u_n$. 以$S(U)$表$[a,b]$中如下的 i 的个数：

$$0\leqslant i\leqslant n-1,\quad x(u_i)\neq x(u_{i+1}).$$

引理 1　如果

$$S=\sup_U S(U)<+\infty,\tag{1}$$

那么 $x(t)$，$t\in[a,b]$是几乎阶梯的. 这里上确界对一切可能的

$U\subset[a,b]$而取.

证 由(1)立知 $x(t)(t\in[a,b])$只可能取有穷多个不同的值. 其次, 对任一 $t\in(a,b]$, 存在 $\varepsilon_1>0$, 使在$(t-\varepsilon_1,t)$中, $x(t)$为常数; 因为, 否则必存在一列 $t_0<t_1<\cdots$, $t_i\uparrow t$, 使 $x(t_i)\neq x(t_{i+1})$, 故 $S(t_0,t_1,\cdots,t_n)=n$ 而 $S=+\infty$, 这与(1)矛盾. 同样, 对任一 $t\in[a,b)$, 存在 $\varepsilon_2>0$, 使在$(t,t+\varepsilon_2)$中, $x(t)$为常数. 故对每一点 $t\in[a,b]$, 存在 $\varepsilon_t>0$, 使在$(t-\varepsilon_t,t)$及$(t,t+\varepsilon_t)$中① $x(t)$分别为常数. 根据有穷遮盖定理, 存在有穷多个$(t_i-\varepsilon_{t_i},t_i+\varepsilon_{t_i})$, 其和包含$[a,b]$. 注意 $x(t)$的断点都是第一类断点, 而且只可能是 t_i. 因此, 有必要时, 可在有穷多个 t_i 上改变 $x(t_i)$的值, 使它等于左或右极限. 由是即得一阶梯函数

引理 2 若函数 $x(t)(t\in[a,b])$关于可列稠集 R 可分, 则

$$S=\sup_{r_i\in R}S\{(r_0,r_1,\cdots,r_n)\},\tag{2}$$

其中上确界对一切可能的 $U=(r_0,r_1,\cdots,r_n)$, $r_0<r_1<\cdots<r_n$, $r_i\in R$, 而取.

证 显然有 $S\geqslant\sup\limits_{r_i\in R}S\{(r_0,r_1,\cdots,r_n)\}$. 反之, 对任一组 $U=(u_0,u_1,\cdots,u_n)\subset[a,b]$, $u_0<u_1<\cdots<u_n$, 令

$$\delta=\min_i(u_{i+1}-u_i),$$

$$\varepsilon=\min_i(|x(u_i)-x(u_{i+1})|:|x(u_i)-x(u_{i+1})|>0).$$

由于 R 为可分集, 存在 $r_i\in R$, 使

$$|u_i-r_i|<\frac{\delta}{2},\ |x(u_i)-x(r_i)|<\frac{\varepsilon}{2}.$$

于是 $r_0<r_1<\cdots<r_n$, 而且若 $x(u_i)\neq x(u_{i+1})$, 则 $x(r_i)\neq x(r_{i+1})$. 故 $S(U)\leqslant S\{(r_0,r_1,\cdots,r_n)\}$, 从而

---

① 如 $t=a$ 或 $t=b$, 自然只有一个这样的区间. 不妨把下面用到的$[a,a+\varepsilon_a)$及$(b-\varepsilon_b,b]$分别扩大为$(a-\varepsilon_a,a+\varepsilon_a)$及$(b-\varepsilon_b,b+\varepsilon_b)$.

$$S \leqslant \sup_{r_i \in R} S\{(r_0, r_1, \cdots, r_n)\}. \quad \blacksquare$$

定理 1　设$\{x_t(\omega), t \in [a,b]\}$为可分过程. 如果存在常数 K $(<+\infty)$,使对$[a,b]$中任意有限点列 $t_0<t_1<\cdots<t_n$,都有

$$\sum_{i=1}^{n} P(x_{t_{i-1}} \neq x_{t_i}) \leqslant K, \tag{3}$$

那么此过程的样本函数以概率 1 是几乎阶梯函数. 进一步如假设过程是完全可分的,那么样本函数以概率 1 是阶梯函数.

证　对每一固定的样本函数 $x_t(\omega)$, $t \in [a,b]$,利用(1)可得一值 $S(\omega)$. 试证 $S(\omega)$是随机变量而且 $P(S(\omega)<+\infty)=1$.

实际上,对 $a \leqslant r_0 < r_1 < \cdots < r_n \leqslant b$,定义随机变量

$$\xi_i(\omega) = \begin{cases} 1, & x_{r_i}(\omega) \neq x_{r_{i+1}}(\omega), \\ 0, & x_{r_i}(\omega) = x_{r_{i+1}}(\omega). \end{cases} \tag{4}$$

由(3)得

$$\begin{aligned} E\{S(r_0, r_1, \cdots, r_n)\} &= E\left(\sum_{i=0}^{n-1} \xi_i\right) \\ &= \sum_{i=0}^{n-1} P(x_{r_i}(\omega) \neq x_{r_{i+1}}(\omega)) \leqslant K. \end{aligned} \tag{5}$$

显然,如增加分点, $S(r_0, r_1, \cdots, r_n)$不下降. 今将可分集 R 中的点按某序排为$\tilde{r}_0, \tilde{r}_1, \cdots$,取其前 $n+1$ 个按大小排成 $\mathbf{R}^n = (r_0, r_1, \cdots, r_n)$. 于是当 ω 不属于例外集 N 时,由引理 2

$$S = \lim_{n \to +\infty} S(\mathbf{R}^n),$$

从而 $S(=S(\omega))$是随机变量. 因 $S(\mathbf{R}^n)$不下降,由(5)得

$$ES = \lim_{n \to +\infty} ES(\mathbf{R}^n) \leqslant K,$$

故 $P(S(\omega)<+\infty)=1$. 按引理 1,可见 $x_t(\omega)(t \in T)$以概率 1 是几乎阶梯函数.

设样本函数 $x_t(\omega)=x(t)(t \in [a,b])$是几乎阶梯的,而且关于 R 可分. 若点 $t_0 \overline{\in} R$,则必存在 $t_i \in R$, $t_i \to t_0$, $t_i \neq t_0$,使 $x(t_i) \to$

$x(t_0)$，于是 $x(t_0)=x(t_0-0)$ 或 $x(t_0+0)$. 因此，$x(t)$ 与某阶梯函数不重合的点必在 R 中. 这样便证明了：样本函数与阶梯函数不重合的点，以概率 1 属于 R.

今设过程完全可分，在 $[a,b]$ 中任取两不相交的可列稠集 R_1 与 R_2，它们都可取作可分集. 如上所证，上述不重合的点以概率 1 既应属于 R_1，又应属于 R_2，但 $R_1 \cap R_2=\varnothing$，故这种点实际上以概率 1 不存在. 因而 $x_t(\omega)(t\in T)$ 以概率 1 是阶梯函数. ■

系 1 为使可分过程 $\{x_t(\omega), t\in[a,b]\}$ 的样本函数以概率 1 为阶梯的，只要存在常数 $c(<+\infty)$，使对一切 $t\in[a,b]$，$t+\delta\in[a,b]$，有

$$P(x_{t+\delta}\neq x_t)\leqslant c|\delta|. \tag{6}$$

证 由(6)立得过程的随机连续性，实际上，对任意 $\varepsilon>0$

$$P(|x_t-x_{t+\delta}|>\varepsilon)\leqslant P(x_t\neq x_{t+\delta})\to 0,\ \delta\to 0.$$

因而由 § 3.1 定理 2，过程完全可分. 其次有

$$\sum_{i=1}^{n} P(x_{t_{i-1}}\neq x_{t_i})\leqslant \sum_{i=1}^{n} c(t_i-t_{i-1})=c(b-a)<+\infty.$$

故由定理 1 即得所欲证. ■

(二)

下面研究样本函数的连续性问题. 注意在闭集 $[a,b]$ 上，连续函数是均匀连续的；为使函数在 $[a,+\infty)$ 上连续，只要它在每一 $[a,a+n]\,(n>0)$ 上连续就够了. 因此，下面只考虑有穷的 $T=[a,b]$.

称函数 $x(t)$ **均匀连续于** R，如对任意 $\varepsilon>0$，存在 $\delta>0$，使当 $r_1\in R$，$r_2\in R$，$|r_1-r_2|<\delta$ 时，有

$$|x(r_1)-x(r_2)|<\varepsilon. \tag{7}$$

显然，若样本函数 $x(t)(t\in[a,b])$ 关于 R 可分，而且在 R 上均匀连续，则 $x(t)$ 在 $[a,b]$ 上也是均匀连续的. 事实上，任取 $t_1\in[a,b]$，$t_2\in[a,b]$，$|t_1-t_2|<\delta$. 由于 R 为可分集，必存在 $r_1\in R$，

$r_2\in R$,使

$$|r_1-r_2|<\delta,\ |x(t_i)-x(r_i)|<\frac{\varepsilon}{2}\ (i=1,2).$$

由(7)立得$|x(t_1)-x(t_2)|<2\varepsilon$.

定理 2　设$\{x_t(\omega),t\in[a,b]\}$为满足下列条件的可分过程：存在三个数$\alpha>0$, $\varepsilon>0$, $c\geqslant 0$,使对任意的 $t\in[a,b]$, $t+\Delta\in[a,b]$,有

$$E\{|x_t(\omega)-x_{t+\Delta}(\omega)|^{\alpha}\}\leqslant c|\Delta|^{1+\varepsilon}, \tag{8}$$

则 $x_t(\omega)$有$[a,b]$上均匀连续的概率为 1.

证　对任意 $d>0$ 及 $t\in[a,b]$,由切比雪夫(Чебышев)不等式及(8)

$$P(|x_t-x_{t+\Delta}|>d)\leqslant\frac{E|x_t-x_{t+\Delta}|^{\alpha}}{d^{\alpha}}\leqslant\frac{c}{d^{\alpha}}|\Delta|^{1+\varepsilon}\to 0\quad(|\Delta|\to 0).$$

由上节定理 2,$\{x_t(\omega),t\in[a,b]\}$对$[a,b]$中子集 $R=\left(\frac{k}{2^n}\right)$可分,这里 k,n 为任意整数使$\frac{k}{2^n}\in[a,b]$. 故依照定理前所指出的事实,只要证明样本函数$x_t(\omega)$以概率 1 在 R 上均匀连续.

对$\frac{k}{2^n}\in[a,b]$, $\frac{k+1}{2^n}\in[a,b]$,有

$$\begin{aligned}P\left(|x_{\frac{k}{2^n}}-x_{\frac{k+1}{2^n}}|>\frac{1}{n^2}\right)&\leqslant n^{2\alpha}E\{|x_{\frac{k}{2^n}}-x_{\frac{k+1}{2^n}}|^{\alpha}\}\\&\leqslant\frac{cn^{2\alpha}}{2^{n(1+\varepsilon)}},\end{aligned} \tag{9}$$

因此

$$P\left(\bigcup_k\left\{|x_{\frac{k}{2^n}}-x_{\frac{k+1}{2^n}}|>\frac{1}{n^2}\right\}\right)\leqslant\frac{c|T|n^{2\alpha}}{2^{n\varepsilon}}. \tag{10}$$

这里求和是对一切使 $\frac{k}{2^n}$ 及 $\frac{k+1}{2^n}$ 皆属于$[a,b]$的 k 进行,而$|T|$表 $T=[a,b]$的长,即 $b-a$. 由于级数 $\sum\limits_n\frac{n^{2\alpha}}{2^{n\varepsilon}}<+\infty$, 由波莱尔-坎

泰利引理，(10)中左方括号中的事件以概率1只出现有穷多个，即对几乎一切 ω，存在正整数 $N=N(\omega)$，使 $n\geqslant N$ 时，对一切使 $\frac{k}{2^n}$ 及 $\frac{k+1}{2^n}$ 都属于 $[a,b]$ 的 k，诸不等式

$$|x_{\frac{k}{2^n}}(\omega)-x_{\frac{k+1}{2^n}}(\omega)|\leqslant\frac{1}{n^2}\tag{11}$$

同时成立. 任意固定这样的一个 ω，以下证此 ω 所对应的样本函数 $x_t(\omega)$ 在 R 上均匀连续.

设已给 $\varepsilon_1>0$，可求出正整数 $N_1(=N_1(\omega))$，使 $N_1>N$，并使

$$\sum_{n\geqslant N_1}\frac{1}{n^2}<\frac{\varepsilon_1}{2}.\tag{12}$$

取 $\delta=\frac{1}{2^{N_1}}$，试证对此 δ，(7)成立. 注意任一形如 $\left[\frac{k_1}{2^{l_1}},\frac{k_2}{2^{l_2}}\right]$ 的闭区间可表为若干个互邻的形如 $\left[\frac{\tau}{2^m},\frac{\tau+1}{2^m}\right]$ 的闭区间的和[①]其中 τ 及 M 均为整数，且具有固定的 m 的闭区间在此和中出现的次数不多于2. 如果 $\frac{k_2}{2^{l_2}}-\frac{k_1}{2^{l_1}}\leqslant\delta=\frac{1}{2^{N_1}}$，那么将此 $\left[\frac{k_1}{2^{l_1}},\frac{k_2}{2^{l_2}}\right]$ 表为上述形状的闭区间的和后，若 $\left[\frac{k}{2^m},\frac{k+1}{2^m}\right]$ 属于此和中，则必 $m\geqslant N_1>N$ $\left(\text{否则，如果说 } m<N_1\text{，那么仅此一闭区间的长}\frac{1}{2^m}\text{就已超过}\frac{1}{2^{N_1}}\right)$.

故对这些闭区间，由(11)得

$$|x_{\frac{k}{2^m}}(\omega)-x_{\frac{k+1}{2^m}}(\omega)|\leqslant\frac{1}{m^2}.$$

---

① 例如：$\left[\frac{1}{8},\frac{3}{4}\right]=\left[\frac{1}{8},\frac{2}{8}\right]+\left[\frac{1}{4},\frac{2}{4}\right]+\left[\frac{2}{4},\frac{3}{4}\right]$；$\left[\frac{1}{16},\frac{13}{16}\right]=\left[\frac{1}{16},\frac{2}{16}\right]+\left[\frac{1}{8},\frac{2}{8}\right]+\left[\frac{1}{4},\frac{2}{4}\right]+\left[\frac{2}{4},\frac{3}{4}\right]+\left[\frac{12}{16},\frac{13}{16}\right]$. 我们这里只需要考虑长度不超过 $\frac{1}{2}$ 的区间(详见§3.5,10).

对上述和中可能出现的一切 m 求和，由(12)及其下指出的注意事项立得

$$\left|x_{\frac{k_1}{2^{l_1}}}(\omega)-x_{\frac{k_2}{2^{l_2}}}(\omega)\right|\leqslant 2\sum_{m\geqslant N_1}\frac{1}{m^2}<\varepsilon_1.\quad\blacksquare$$

定理 2 可以粗略地理解为：只要可分过程的振幅 $|x_t(\omega)-x_{t+\Delta}(\omega)|$ 平均地均匀的小，就可保证样本函数概率 1 的连续性. 这里条件是加在**平均**振幅上. 当然也可以考虑其他条件，使振幅在某种意义下充分地小，以便连续性成立(参看第 5 章，定理 1).

系 2　设可分过程 $\{x_t(\omega),t\in[a,b]\}$ 的增量

$$\Delta x_t(\omega)=x_{t+\Delta}(\omega)-x_t(\omega)$$

有正态分布，$E\{\Delta x_t(\omega)\}=0$，而且存在 $\varepsilon>0$ 使 $\Delta x_t(\omega)$ 的方差

$$D\{\Delta x_t(\omega)\}\leqslant c|\Delta|^{\varepsilon}\ (c\geqslant 0,t\in[a,b]),\tag{13}$$

则此过程的样本函数以概率 1 连续.

证　只要验证(8)式正确. 注意如随机变量 $y(\omega)$ 的分布为 $N(0,\sigma)$ 时，有

$$\begin{aligned}E|y|^{\alpha}&=\frac{1}{\sqrt{2\pi}\sigma}\int_{-\infty}^{+\infty}|x|^{\alpha}\mathrm{e}^{-\frac{x^2}{2\sigma^2}}\mathrm{d}x\\&=\frac{\sigma^{\alpha}}{\sqrt{2\pi}}\int_{-\infty}^{+\infty}|z|^{\alpha}\mathrm{e}^{-\frac{z^2}{2}}\mathrm{d}z=\sigma^{\alpha}k,\end{aligned}$$

其中 $x=\sigma z$，$k=\dfrac{1}{\sqrt{2\pi}}\displaystyle\int_{-\infty}^{+\infty}|z|^{\alpha}\mathrm{e}^{-\frac{z^2}{2}}\mathrm{d}z$. 由上式及(13)得

$$E\{|\Delta x_t(\omega)|\}^{\alpha}=[D\{\Delta x_t(\omega)\}]^{\frac{\alpha}{2}}\cdot k\leqslant c^{\frac{\alpha}{2}}|\Delta|^{\frac{\alpha\varepsilon}{2}}k$$

选 α 使 $\dfrac{\alpha\varepsilon}{2}>1$，即得(8). ■

现在来考虑实正态过程. 它的有穷维联合分布为函数 $m(t)$ 及 $\lambda(s,t)$(见 § 1.2,(11)(12))所决定.

系 3　设 $\{x_t(\omega),t\in[a,b]\}$ 为可分实正态过程，其 $m(t)$ 连续而 $\lambda(s,t)$ 满足条件

$$|\lambda(s,t)-\lambda(s,s)|\leqslant c|t-s|^{\varepsilon}, \tag{14}$$

其中 $c\geqslant 0$，$\varepsilon>0$，则样本函数以概率1连续.

证 令 $y_t(\omega)=x_t(\omega)-m(t)$. 由 $m(t)$ 的连续性知 $\{y_t(\omega), t\in[a,b]\}$ 也是可分实正态过程. 由(14)

$$\begin{aligned} D\{x_s(\omega)-x_t(\omega)\} &= E\{y_s(\omega)-y_t(\omega)\}^2 \\ &= |\lambda(s,s)-\lambda(s,t)+\lambda(t,t)-\lambda(t,s)| \\ &\leqslant |\lambda(s,s)-\lambda(s,t)|+|\lambda(t,t)-\lambda(t,s)| \\ &\leqslant 2c|t-s|^{\varepsilon}. \end{aligned}$$

由系2即得所欲证. ■

§3.3　随机过程的可测性

(一)

考虑$(\Omega,\mathcal{F},P)$上的随机过程$\{x_t(\omega),t\in T\}$. 为叙述简单计，设 T 为 $\mathbf{R}$ 中任一区间(有穷或无穷，开或闭均可). 由过程的定义，对固定的 $t\in T$, $x_t(\omega)$是 ω 的 $\mathcal{F}$ 可测函数；然而，对固定的 ω，样本函数 $x_t(\omega)$，作为 $t\in T$ 的函数，我们却未假定它的任何性质，甚至连对 T 上某 σ 代数的可测性也不具备，当然谈不上对 t 的积分等问题了. 为了充分运用测度论这一工具，有必要引入过程的可测性的概念.

取可测空间$(T,\mathcal{B}_1)$，这里 $\mathcal{B}_1$ 表 T 中全体波莱尔子集所成的 σ 代数. 以

$\mathcal{B}_1\times\mathcal{F}$ 表 $\mathcal{B}_1$ 与 $\mathcal{F}$ 的乘积 σ 代数；

$\mu=L\times P$ 表 $\mathcal{B}_1$ 上勒贝格测度 L 与 $\mathcal{F}$ 上概率测度 P 的独立乘积测度；

$\overline{\mathcal{B}_1\times\mathcal{F}}$ 表关于 μ 完全化的 σ 代数；

这里所以特别取 $\mathcal{B}_1$ 是由于通常的关于 t 的积分都是在波莱尔集或勒贝格集上对勒贝格测度而取的；其实下面的讨论经明显的修改后可用于 T 上其他 σ 代数及其上的其他测度.

定义 1　称过程$\{x_t(\omega),t\in T\}$为**可测的**，如对任一实数 c，(t,ω)-集

$$((t,\omega):x_t(\omega)\leqslant c)\in\overline{\mathcal{B}_1\times\mathcal{F}},\tag{1}$$

称它为波莱尔**可测的**，如

$$((t,\omega):x_t(\omega)\leqslant c)\in\mathcal{B}_1\times\mathcal{F},\tag{2}$$

显然，波莱尔可测过程是可测的. 至于什么时候需要什么样的可

测性，则视问题而异. 例如，若要研究 $x_\tau(\omega)$，其中 $\tau=\tau(\omega)$ 是一随机变量，为使 $x_\tau(\omega)$ 也是随机变量，即 $\mathcal{F}$ 可测，则一般地过程的可测性不够用，而要假定过程的波莱尔可测性.

定理 1 设 $\{\xi_t(\omega),t\in T\}$ 是随机连续的过程. 于是必存在与它等价的、完全可分、可测的过程 $\{x_t(\omega),t\in T\}$.

证 (i) 不失一般性，像 § 3.1 定理一样，可设 $\xi_t(\omega)$ 取实数值. 还可假定存在常数 $c<+\infty$，使

$$|\xi(t,\omega)|<c. \tag{3}$$

否则，令

$$\tilde{\xi}(t,\omega)=\arctan\xi(t,\omega). \tag{4}$$

显然 $\{\tilde{\xi}(t,\omega),t\in T\}$ 是有界及随机连续的. 若对它存在等价的完全可分可测过程 $\{\tilde{x}(t,\omega),t\in T\}$，则过程

$$x(t,\omega)=\tan\tilde{x}(t,\omega) \tag{5}$$

为所求的过程.

实际上，由 $P(\tilde{\xi}(t)=\tilde{x}(t))=1$，即得

$$P(\xi(t)=x(t))=1.$$

其次，对任意 $c\in\mathbf{R}$，

$$\begin{aligned}((t,\omega):x(t,\omega)\leqslant c)&=((t,\omega):\tan[\tilde{x}(t,\omega)]\leqslant c)\\&=((t,\omega):\tilde{x}(t,\omega)\in B),\end{aligned} \tag{6}$$

其中 $B=(y:\tan y\leqslant c)$ 是一维波莱尔集. 由过程 $\{\tilde{x}(t,\omega),t\in T\}$ 的可测性即知(6)中的 (t,ω)-集属于 $\overline{\mathcal{B}_1\times\mathcal{F}}$. 最后，设 R 为 T 的任一可列稠子集，由于 $\{\tilde{x}(t,\omega),t\in T\}$ 的完全可分性，存在 $N\in\mathcal{F}$，$P(N)=0$，若 $\omega\overline{\in}N$，则对任意 $t\in T$，必存在 $\{r_n\}\subset R$，$r_n\to t$，$\tilde{x}(r_n,\omega)\to\tilde{x}(t,\omega)$，从而

$$x(r_n,\omega)=\tan\tilde{x}(r_n,\omega)\to\tan\tilde{x}(t,\omega)=x(t,\omega).$$

此表示 $\{x(t,\omega),t\in T\}$ 是完全可分的.

(ii) 今设 T 为有穷区间(开或闭,半开半闭均可),我们来证明本定理.

不妨设(3)成立. 由假定及 § 3.1 定理 1,2,还可以设此过程关于 T 中任一可列稠子集 R 可分. 固定 R,将 R 中前 n 个元排为

$$s_1^{(n)}<s_2^{(n)}<\cdots<s_n^{(n)}.$$

设 $T=[a,b]$ 而令 $a=s_0^{(n)}$, $b=s_{n+1}^{(n)}$,造

$$x_n(t,\omega)=\xi(s_{j-1}^{(n)},\omega),\text{如 } s_{j-1}^{(n)}\leqslant t<s_j^{(n)},\ j=1,2,\cdots,n.$$

易见过程 $x_n(t,\omega)(t\in[a,b])$ 是波莱尔可测的,因为

$$((t,\omega):x_n(t,\omega)\leqslant c)=\bigcup_{j=1}^{n}[s_{j-1}^{(n)},s_j^{(n)})\times(\xi(s_{j-1}^{(n)},\omega)\leqslant c)$$

$$\bigcup[s_n^{(n)},s_{n+1}^{(n)}]\times(\xi(s_n^{(n)},\omega)\leqslant c)\in\mathcal{B}_1\times\mathcal{F}. \qquad (6_1)$$

对任意固定的 $t_0\in T$,由随机连续性假定,有

$$P\lim_{n\to\infty}x_n(t_0,\omega)=\xi(t_0,\omega). \qquad (7)$$

但对均匀有界随机变量列,依概率收敛等价于平均收敛[①],故

$$\lim_{n\to+\infty}E|x_n(t_0,\omega)-\xi(t_0,\omega)|=0,$$

$$\lim_{n,m\to+\infty}E|x_n(t_0,\omega)-x_m(t_0,\omega)|=0. \qquad (8)$$

由 $x_n(t,\omega)$的有界性、T 的有界性及富比尼(Fubini)定理

$$\lim_{n,m\to+\infty}\int_{T\times\Omega}|x_n(t,\omega)-x_m(t,\omega)|\mu(\mathrm{d}t,\mathrm{d}\omega)$$

$$=\lim_{n,m\to+\infty}\int_T E|x_n(t,\omega)-x_m(t,\omega)|L(\mathrm{d}t)=0,$$

由此可见$\{x_n(t,\omega)\}$关于 μ 平均收敛,故更依测度 μ 收敛,从而存在一子列$\{x_{n_j}(t,\omega)\}$及 $y(t,\omega)$,使关于 μ 几乎处处地有

---

① 这由下式看出:若$|x_n|<c$,$|\xi|<c$ a.s.,则对任意 $\varepsilon>0$,有

$$\varepsilon P(|x_n-\xi|>\varepsilon)\leqslant E|x_n-\xi|=\int_{|x_n-\xi|>\varepsilon}|x_n-\xi|P(\mathrm{d}\omega)+\int_{|x_n-\xi|\leqslant\varepsilon}|x_n-\xi|P(\mathrm{d}\omega)$$

$$\leqslant 2cP(|x_n-\xi|>\varepsilon)+\varepsilon.$$

$$\lim_{j\to+\infty} x_{n_j}(t,\omega)=y(t,\omega),\tag{9}$$

而且可取$\{y(t,\omega),t\in T\}$为波莱尔可测过程. 以 M 表(9)式不成立的(t,ω)-集，则 $\mu(M)=0$. 由富比尼定理，存在 t-集 $T_0\subset T$，$L(T_0)=0$，使若固定 $t\in T-T_0$，则以概率 1 有

$$y(t,\omega)=\lim_{j\to+\infty} x_{n_j}(t,\omega).\tag{10}$$

由(7)知如 $t\in T-T_0$，有

$$P(y(t,\omega)=\xi(t,\omega))=1.\tag{11}$$

今定义$\{x(t,\omega),t\in T\}$使

$$x(t,\omega)=\begin{cases} y(t,\omega),t\in T-(T_0\cup R), \\ \quad \text{而且在此}(t,\omega)\text{上，(9)式成立；}^{①} \\ \xi(t,\omega),\text{反之.}\end{cases}\tag{12}$$

由于(9)式关于 μ 几乎处处成立，而且 $\mu((T_0\cup R)\times\Omega)=0$，故 $x(t,\omega)$与 $y(t,\omega)$不重合的点必构成某 μ 零测集的子集. 既然$y(t,\omega)$为 $\mathcal{B}_1\times\mathcal{F}$ 可测，故$\{x(t,\omega),t\in T\}$是可测过程.

由(11)(12)知$\{\xi(t,\omega),t\in T\}$与$\{x(t,\omega),t\in T\}$随机等价.

试证$\{x(t,\omega),t\in T\}$完全可分. 由(12)，$X_R(\omega)=\Xi_R(\omega)[=(r,\xi_r(\omega)),r\in R]$，故 $\overline{X_R(\omega)}=\overline{\Xi_R(\omega)}$（一切 $\omega\in\Omega$）. 任取一点[②] $(t,x(t,\omega))$，$\omega\in\overline{N}$. 那么，它或者重合于$(t,\xi(t,\omega))$，此时由于$\xi(t,\omega)$关于 R 的可分性，有

$$(t,x(t,\omega))=(t,\xi(t,\omega))\in\overline{\Xi_R(\omega)}=\overline{X_R(\omega)};$$

或者它重合于$(t,y(t,\omega))$，由(9)及 $x_{n_j}(t,\omega)$的定义仍知

$$(t,x(t,\omega))=(t,y(t,\omega))\in\overline{\Xi_R(\omega)}=\overline{X_R(\omega)}.$$

于是得证$\{x(t,\omega),t\in T\}$关于 R 可分，由 § 3.1 定理 2，即知它完

① 即如$(t,\omega)\in\{(T-(T_0\cup R))\times\Omega\}\cap\overline{M}$.

② N 表原可分过程 $\xi_t(\omega)(t\in T)$的例外集.

全可分.

(iii) 若 T 为无穷区间,则可表 $T=\bigcup_m T_m$,这里 T_m 为有穷区间,$T_n\cap T_m=\varnothing(n\neq m)$. 对每一$\{\xi_t(\omega),t\in T_m\}$,由(ii)得其等价的完全可分、可测修正$\{x_t^{(m)}(\omega),t\in T_m\}$. 于是$\{x_t(\omega),t\in T\}$即所求,其中

$$x_t(\omega)=x_t^{(m)}(\omega),\text{如 } t\in T_m.\quad \blacksquare$$

注 1　稍修改记号,定理 1 对任意波莱尔集 $T\subset\mathbf{R}$ 成立.

(二)

在某些过程(例如马氏过程)的研究中,有时还需要一种更强的可测性.

设$\{x_t(\omega),t\in T\}$为$(\Omega,\mathcal{F},P)$上的过程,其相空间为可测空间$(E,\mathcal{B})$. 为确定计,设 T 为 $\mathbf{R}$ 中某区间. 对$[u,v]\subset T$,以 $\mathcal{B}_v^u$ 表$[u,v]$中全体波莱尔子集所成 σ 代数,以 $\mathcal{N}_v^u$ 表 Ω 中 σ 代数

$$\mathcal{N}_v^u=\mathcal{F}\{x_t(\omega),u\leqslant t\leqslant v\},\tag{13}$$

即它是含诸集$(x_t(\omega)\in B)(t\in[u,v],\ B\in\mathcal{B})$的最小 σ 代数. 显然,$\mathcal{N}_v^u\subset\mathcal{F}$.

直觉上,$\mathcal{N}_v^u$ 可理解为在时间$[u,v]$内,过程运动中所发生的事件所成的 σ 代数. 需强调指出,这些事件发生在时间$[u,v]$中.

定义 2　称过程$\{x_t(\omega),t\in T\}$为**强可测的**,如对任意 $B\in\mathcal{B}$,任意$[u,v]\subset T$,有

$$((t,\omega):u\leqslant t\leqslant v,x_t(\omega)\in B)\in\mathcal{B}_v^u\times\mathcal{N}_v^u.\tag{14}$$

显然,当$(E,\mathcal{B})=(\mathbf{R},\mathcal{B}_1)$时,强可测过程是波莱尔可测的.

今设$(E,\mathfrak{C},\mathcal{B})$为拓扑可测空间,这里 $\mathfrak{C}$ 为全体开集所成的集系,$\mathcal{B}$ 为含全体开集的最小 σ 代数. 说**过程为右连续的**(或**连续的**),如果它的一切样本函数都是 $t(\in T)$的右连续(或连续)函数.

引理 1 取值于距离可测空间的右连续过程是强可测的.

证 考虑任意$[u,v]\subset T$，对每正整数 n 及 $t\in[u,v]$，定义

$$x_n(t,\omega)=\begin{cases}x\left(\frac{k+1}{2^n},\omega\right), & \frac{k}{2^n}\leqslant t<\frac{k+1}{2^n}, \text{且} \frac{k+1}{2^n}\in[u,v];\\ x(v,\omega), & \frac{k}{2^n}\leqslant t<\frac{k+1}{2^n}, \text{且} \frac{k}{2^n}\in[u,v], \frac{k+1}{2^n}\overline{\in}[u,v].\end{cases}$$

如同(6_1)一样，可见对 $x_n(t,\omega)$，$t\in[u,v]$，(14)式成立. 但由右连续性，对一切 ω

$$x_n(t,\omega)\rightarrow x(t,\omega)\quad (n\rightarrow+\infty).$$

故由本套书第 7 卷附篇引理 12，知(14)对$\{x_t(\omega),t\in T\}$成立. ■

定理 2 设$\{\xi_t(\omega),t\in T\}$为实值可分过程，而且对每固定的 $t\in T$，有

$$P(\varliminf_{s\downarrow t}\xi(s,\omega)=\xi(t,\omega))=1 \tag{15}$$

则必存在等价的可分、波莱尔可测过程$\{x_t(\omega),t\in T\}$，它的几乎一切样本函数是右下半连续的.

证 设$\{\xi_t(\omega),t\in T\}$的可分集为 R，对每固定 t，令 $\zeta_t(\omega)=\varliminf_{s\downarrow t}\xi_s(\omega)$. 由可分性及(15)，存在 Ω_0，$P(\Omega_0)=1$，使对任意 $\omega\in\Omega_0$，有

(i) 样本函数 $\xi(\cdot,\omega)$关于 R 可分；

(ii) $\xi(r,\omega)=\zeta(r,\omega)$，$r\in R$.

任取一实数 c 而定义

$$x(t,\omega)\equiv\begin{cases}\zeta(t,\omega), & \omega\in\Omega_0;\\ c, & \omega\in\overline{\Omega}_0\end{cases} \tag{16}$$

则$\{x(t,\omega),t\in T\}$即所求的过程. 实际上，由(15)(16)知$\{x_t(\omega),t\in T\}$与$\{\xi_t(\omega),t\in T\}$等价. 其次，以 r 表 R 中的元，若 $\omega\in\Omega_0$，则

$$\zeta(t,\omega)=\varliminf_{r\downarrow t}\xi(r,\omega)=\varliminf_{r\downarrow t}\zeta(r,\omega)=\varliminf_{s\downarrow t}\zeta(s,\omega),$$

其中第一等号由于(i)，第二等号由于(ii)，第一、三项相等说明 $\zeta(\cdot,\omega)$ 关于 R 可分，由此可分性得第三等号，从而 $\zeta(\cdot,\omega)$ 右下半连续. 因之由(16)知对一切 ω，$x(\cdot,\omega)$ 也关于 R 可分而且也右下半连续. 最后，对任实数 λ，

$$((t,\omega):\lim_{t<r<t+\frac{1}{n}}\xi(r,\omega)<\lambda)$$

$$=\bigcup_{r\in R}\left(t:t<r<t+\frac{1}{n}\right)\times(\omega:\xi(r,\omega)<\lambda)$$

而右方第一因子集属于 $\mathcal{B}_1$，第二因子集属于 $\mathcal{F}$，故 $\inf\limits_{t<r<t+\frac{1}{n}}\xi(r,\omega)$ 为 $\mathcal{B}_1\times\mathcal{F}$ 可测，从而 $\zeta(t,\omega)=\lim\limits_{n\to+\infty}\inf\limits_{t<r<t+\frac{1}{n}}\xi(t,\omega)$，$(\omega\in\Omega_0)$ 在 $T\times\Omega_0$ 上为 $\mathcal{B}_1\times\mathcal{F}$ 可测，故 $x(t,\omega)$ 在 $T\times\Omega$ 上也如此. ■

§3.4 维纳过程、泊松过程与半鞅

（一）

实值随机过程$\{x_t(\omega),t\in T\}$（T为区间，开、闭、半开、半闭、有穷、无穷均可）称为维纳（Wiener）**过程**或**布朗运动**，如果第一，它有**独立增量**：即对任意$t_1<t_2<\cdots<t_n(n>2,t_i\in T)$，诸增量

$$x_{t_1},x_{t_2}-x_{t_1},\cdots,x_{t_n}-x_{t_n-1} \tag{1}$$

是相互独立的随机变量，第二，$x_t-x_s(s,t\in T)$有$N(0,\sigma|t-s|^{\frac{1}{2}})$分布，$\sigma>0$.

维纳过程是实际中的布朗运动的数学模型，直观的想法如下：1827年布朗（Brown）发现在水中的花粉（或其他液体中某微粒）在不停地运动，起因是由于粒子受到周围分子不平衡的碰撞. 分子的运动产生一种涨落不定的力. 粒子每秒钟所受碰撞次数非常大，达到10^{21}次. 因此可认为它因受到很多微小的随机力的作用而做随机运动. 以x_t表它在t时所在位置的一个坐标，设液体是均匀的，此时自然设想自时刻t_1到t_2的位移$x_{t_2}-x_{t_1}$是许多几乎独立的小位移的和，即许多小随机变量的和. 根据中心极限定理，自然应该假设$x_{t_2}-x_{t_1}$有正态分布. 由液体的均匀性，还应设$E(x_{t_2}-x_{t_1})=0$，而其方差为

$$D(x_{t_2}-x_{t_1})=E(x_{t_2}-x_{t_1})^2=\sigma^2(t_2-t_1).$$

这里$\sigma>0$是依赖于液体的具体性质的常数，由均匀性，它应与时间t及空间位置无关. 又因位移$x_{t_n}-x_{t_{n-1}},\cdots,x_{t_2}-x_{t_1}$分别为许多几乎独立的小位移的和，故应设它们是独立的.

现在运用前几节的理论来研究维纳过程.

由于对任意固定的$t\in T$

$$\lim_{s\to t}E|x_s-x_t|^2=\lim_{s\to t}\sigma^2|s-t|=0,$$

故它是随机连续的. 从而由 § 3.1 定理 2,存在完全可分的修正,后者仍记为 $\{x_t(\omega),t\in T\}$. 由 § 3.2 系 2 及假设 $D(x_s-x_t)=\sigma^2|s-t|$,对此修正,几乎一切样本函数都是连续的;换言之,存在 A, $P(A)=1$,使 $\omega\in A$ 时,$x_t(\omega)$ 在 T 上连续. 定义

$$\overline{x}_t(\omega)=\begin{cases}x_t(\omega), & \omega\in A;\\ 0, & \omega\overline{\in} A,\end{cases} \tag{2}$$

则 $\{\overline{x}_t(\omega),t\in T\}$ 的一切样本函数都连续,显然它也是原过程的一个修正. 由 § 3.3 引理 1,$\{\overline{x}_t(\omega),t\in T\}$ 是强可测的,故更是波莱尔可测的与可测的.

虽然可分维纳过程的样本函数 $x(t,\omega)$,$(t\in T)$ 以概率 1 连续,然而它却在任一固定的 t_0 上有有穷导数的概率等于 0.

实际上,如说不然,对 $\Delta>0$,有

$$P\left(\lim_{\Delta\to 0}\frac{x(t_0+\Delta,\omega)-x(t_0,\omega)}{\sqrt{\Delta}}=0\right)$$

$$\geqslant P(x(t,\omega)\text{在 } t_0 \text{ 有有穷导数})=a,$$

这里 $a>0$ 为某常数[①]. 因此,对任意 $\varepsilon>0$,存在 $\delta>0$,当 $\Delta<\delta$ 时,有

$$P\left(\left|\frac{x(t_0+\Delta,\omega)-x(t_0,\omega)}{\sqrt{\Delta}}\right|<\varepsilon\right)>\frac{a}{2}. \tag{3}$$

但另一方面,由于 $x(t_0+\Delta)-x(t_0)$ 有 $N(0,\sigma\sqrt{\Delta})$ 分布,故 $\dfrac{x(t_0+\Delta)-x(t_0)}{\sqrt{\Delta}}$ 有 $N(0,\sigma)$ 分布. 由正态分布的性质,当 ε 充分小时,(3)式左方的概率 $\dfrac{1}{\sigma\sqrt{2\pi}}\displaystyle\int_{|y|<\varepsilon}\exp\left(-\frac{y^2}{2\sigma^2}\right)\mathrm{d}y$ 便小于 $\dfrac{a}{2}$,不

---

① 这说明 $\dfrac{x(t_0+\Delta)-x(t_0)}{\sqrt{\Delta}}$ 在一概率不小于 a 的集上几乎处处收敛,故在此集上必概率收敛.

论 $\Delta>0$ 如何. 这与(3)矛盾.

这种现象产生的实质原因是：由假设 x_s-x_t 的方差 $E|x_s-x_t|^2$ 与 $|s-t|$ 同阶，而为了有有穷导数必须 $|x_s-x_t|$ 与 $|s-t|$ 同阶. 既然“平均地” $|x_s-x_t|$ 与 $\sqrt{|s-t|}$ 同阶，故不能有有穷导数.

（二）

取非负整数值的随机过程 $\{x_t(\omega),t\in[0,+\infty)\}$ 称为**泊松过程**，如果它有独立增量，而且对任意 $t>s\geqslant 0$

$$P(x_t(\omega)-x_s(\omega)=k)=\frac{\mathrm{e}^{-\lambda(t-s)}\lambda^k(t-s)^k}{k!}. \tag{4}$$

这里 $\lambda>0$ 为常数，而 $k\in\mathbf{N}$.

试研究此过程的样本函数的性质.

第一，对任意实数 δ，使 $t\geqslant 0,t+\delta\geqslant 0$，有

$$P(x_{t+\delta}\neq x_t)=1-P(x_{t+\delta}=x_t)=1-\mathrm{e}^{-\lambda|\delta|}\leqslant\lambda|\delta|,$$

故过程是随机连续的而且满足 §3.2(6). 因此，若假设此过程是可分的，则它是完全可分的，并且样本函数以概率 1 在任意 $[0,n]$. 从而在 $[0,+\infty)$ 中是阶梯函数. 以下设过程可分，可分集为 R.

第二，对任意 $0\leqslant s<t$，由(4)得

$$P(x_t\geqslant x_s)=\sum_{k=0}^{+\infty}P(x_t-x_s=k)=1,$$

故

$$P(x_t\geqslant x_s \text{ 对 } R \text{ 中一切 } s,t,t>s)=1.$$

换言之，样本函数在 R 上以概率 1 是不减的，由可分性知，它以概率 1 在 $[0,+\infty)$ 上不减.

第三，几乎一切样本函数是不连续的，因此，几乎一切样本函数有断点，如上所述，后者是跳跃点（参看 §3.2 中的定义）. 实际上

$$\begin{aligned}&P(x_t(\omega)\text{在}[0,a]\text{中连续})\\&=P(x_a(\omega)=x_0(\omega))=\mathrm{e}^{-\lambda a}\to 0\quad(a\to+\infty).\end{aligned}$$

故令 $A_\infty=(x_t(\omega)\text{在}[0,+\infty)\text{连续})$，$A_a=(x_t(\omega)\text{在}[0,a]\text{连续})$，则因 $A_b\subset A_a\ (a\leqslant b)$，故

$$P(A_\infty)=P\left(\bigcap_{n=1}^{+\infty}A_n\right)=\lim_{n\to+\infty}P(A_n)=\lim_{n\to+\infty}\mathrm{e}^{-\lambda n}=0.$$

第四，对几乎一切样本函数，在每一跳跃点的跃度(即左右极限的差的绝对值)为 1. 实际上，若在$[0,a]$中，有一跃度大于 1，则必

$$\max_{0<j<n}\left[x\left(\frac{j+1}{n}a\right)-x\left(\frac{j-1}{n}a\right)\right]>1\quad(n\geqslant 1).$$

但此事件的概率不超过

$$\begin{aligned}&\sum_{j=1}^{n-1}P\left(x\left(\frac{j+1}{n}a\right)-x\left(\frac{j-1}{n}a\right)>1\right)\\&=(n-1)\left(1-\mathrm{e}^{-\frac{2\lambda a}{n}}-\mathrm{e}^{-\frac{2\lambda a}{n}}\cdot\frac{2\lambda a}{n}\right)\to 0\quad(n\to+\infty).\end{aligned}$$

故在$[0,a]$中存在跃度大于 1 的概率为 0. 然后利用上段中同样方法即得所欲证.

第五，在任一固定点 $t_0\geqslant 0$ 上，几乎一切样本函数都是连续的. 实际上，如 $t_0>0$

$$P(x(t_0+\varepsilon,\omega)-x(t_0-\varepsilon,\omega)>0)=1-\mathrm{e}^{-2\lambda\varepsilon}\to 0\quad(\varepsilon\to 0),$$

$$P(x(\varepsilon,\omega)-x(0,\omega)>0)=1-\mathrm{e}^{-\lambda\varepsilon}\to 0\quad(\varepsilon\to 0).$$

然后利用第三段中同样方法.

注意性质第三、性质第五不是矛盾的. 第三表示，存在 ω 集 A，$P(A)=1$，使对任意的 $\omega\in A$，样本函数 $x(t)(=x_t(\omega))$不是 t 的连续函数. 而第五表示，对任意固定的 t_0，存在 ω 集 B_{t_0}，$P(B_{t_0})=1$，使$\omega\in B_{t_0}$时，样本函数 $x(t)(=x_t(\omega))$在固定点 t_0 是连续的. 换言之，虽然几乎一切样本函数都不是连续的，然而它的

断点却是“流动的”. 这引导出下列一般的概念：

设$\{x_t(\omega), t\in T\}$为任意的随机过程，$t_0\in T$. 如果存在序列$s_n\rightarrow t_0$，使

$$P(\lim_{n\rightarrow+\infty} x_{s_n}(\omega)=x_{t_0}(\omega))<1$$

时，就称 t_0 为过程的**固定断点**，不是固定断点的断点称为**流动断点**.

第三、第五可改述为：对可分泊松过程，以概率 1 存在流动断点，但任何 $t_0(\geqslant 0)$都不是固定断点.

既然几乎一切样本函数都是阶梯函数，它们的跳跃点可按大小排列成

$$\tau_1(\omega)<\tau_2(\omega)<\cdots$$

在任意有穷区间中，只可能有有穷多个τ_i 的概率为 1. 每一$\tau_i(\omega)$以概率 1 有定义. 由阶梯函数的定义，$x(\tau_i)$等于 $x(\tau_i+0)$或$x(\tau_i-0)$. 由于τ_i 不是固定断点，对任一非负常数 t_0，$P(\tau_i=t_0)=0$，故不影响过程的有穷维分布，可设$x(\tau_i,\omega)=x(\tau_i+0,\omega)$. 经过这样修改后，此可分泊松过程的几乎一切样本函数都是右连续的阶梯函数，取非负整数值，而且 $x(\tau_i)-x(\tau_i-0)=1$. 下面绘出一个典型的样本函数的图 3-1(其中设 $x(0)=0$).

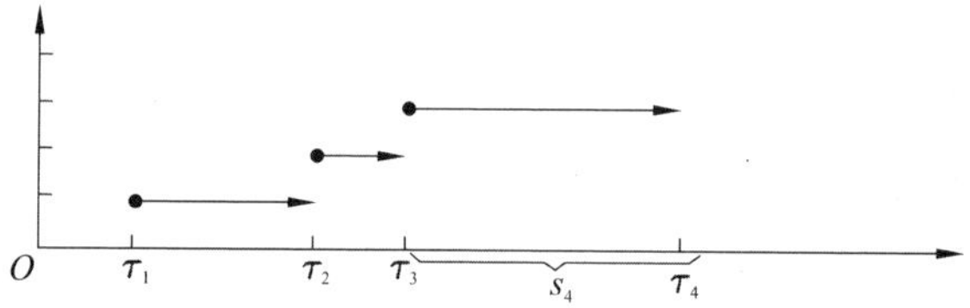

图 3-1

第六，现在考虑随机变量列$\{s_n(\omega)\}$，这里

$$s_n(\omega)=\tau_n(\omega)-\tau_{n-1}(\omega)\quad(\tau_0(\omega)\equiv 0).$$

试证$\{s_n(\omega)\}$为独立同分布的，共同的分布函数为

$$F(y)=\begin{cases}0, & y<0,\\ 1-\mathrm{e}^{-\lambda y}, & y\geqslant 0.\end{cases}$$

实际上，若 $y_1\geqslant 0$，则

$$P(s_1(\omega)\leqslant y_1)=P(x(y_1,\omega)-x(0,\omega)\geqslant 1)=1-\mathrm{e}^{-\lambda y_1};$$

若 $y_1<0$，则因 $s_1(\omega)$ 非负，故 $P(s_1(\omega)\leqslant y_1)=0$.

以下证独立同分布. 为了使记号简单起见，只证 $s_1(\omega)$ 与 $s_2(\omega)$ 独立，有相同分布函数为 $F(y)$. 对有穷多个 $s_1(\omega)$，$s_2(\omega)$，…，$s_n(\omega)$ 的证明类似. 对任意 $n>1$，如 $y_1>0$，$y_2>0$，有

$$\begin{aligned}P(s_1(\omega)\leqslant y_1,s_2(\omega)\leqslant y_2)\leqslant &\sum_{j=0}^{n-1}P\Big[x\Big(\frac{jy_1}{n},\omega\Big)-x(0,\omega)=0,\\ &x\Big(\frac{j+1}{n}y_1,\omega\Big)-x\Big(\frac{j}{n}y_1,\omega\Big)=1,\\ &x\Big(\frac{j+1}{n}y_1+y_2,\omega\Big)-x\Big(\frac{j+1}{n}y_1,\omega\Big)\geqslant 1\Big]+\\ &\sum_{j=0}^{n-1}P\Big[x\Big(\frac{jy_1}{n},\omega\Big)-x(0,\omega)=0,\\ &x\Big(\frac{j+1}{n}y_1,\omega\Big)-x\Big(\frac{jy_1}{n},\omega\Big)\geqslant 2\Big].\end{aligned}$$

根据增量独立的假定及(4)右方第二项为

$$\begin{aligned}&\sum_{j=0}^{n-1}\mathrm{e}^{-\frac{\lambda jy_1}{n}}\Big(1-\mathrm{e}^{-\frac{\lambda y_1}{n}}-\mathrm{e}^{-\frac{\lambda y_1}{n}}\frac{\lambda y_1}{n}\Big)\\ =&\frac{1-\mathrm{e}^{-\lambda y_1}}{1-\mathrm{e}^{-\frac{\lambda y_1}{n}}}O\Big(\frac{1}{n^2}\Big)=o\Big(\frac{1}{n}\Big),\quad n\to+\infty,\end{aligned}$$

而第一项为

$$\sum_{j=0}^{n-1}\mathrm{e}^{-\frac{\lambda jy_1}{n}-\frac{\lambda y_1}{n}}\Big(\frac{\lambda}{n}y_1\Big)(1-\mathrm{e}^{-\lambda y_2})\to(1-\mathrm{e}^{-\lambda y_1})(1-\mathrm{e}^{-\lambda y_2}),$$

$$n\to+\infty.$$

故得

$$P(s_1(\omega)\leqslant y_1,s_2(\omega)\leqslant y_2)\leqslant(1-\mathrm{e}^{-\lambda y_1})(1-\mathrm{e}^{-\lambda y_2}).\tag{5}$$

另一方面，(5)中左方值不小于

$$\sum_{j=0}^{n-1} P\Big[x\Big(\frac{jy_1}{n},\omega\Big)-x(0,\omega)=0,$$

$$x\Big(\frac{j+1}{n}y_1,\omega\Big)-x\Big(\frac{jy_1}{n},\omega\Big)=1,$$

$$x\Big(\frac{jy_1}{n}+y_2,\omega\Big)-x\Big(\frac{j+1}{n}y_1,\omega\Big)\geqslant 1\Big]$$

$$=\sum_{j=0}^{n-1} \mathrm{e}^{-\frac{\lambda j y_1}{n}}\frac{\lambda y_1}{n}\mathrm{e}^{-\frac{\lambda y_1}{n}}\Big(1-\mathrm{e}^{-\lambda\left[y_2-\frac{y_1}{n}\right]}\Big)\to$$

$$(1-\mathrm{e}^{-\lambda y_1})(1-\mathrm{e}^{-\lambda y_2}),\quad n\to+\infty.$$

故论断得以证明.

既然 $P(s_i(\omega)<+\infty)=1$，故

$$P(\tau_n(\omega)<+\infty)=P\Big(\sum_{i=1}^{n} s_i(\omega)<+\infty\Big)=1,$$

可见每 $\tau_n(\omega)$以概率 1 有穷. 根据阶梯函数的定义，得

$$P(\lim_{n\to+\infty}\tau_n(\omega)=+\infty)=1.$$

第七，由上已知，泊松过程的一个修正是$\{x_t(\omega),t\geqslant 0\}$，它的样本函数以概率 1 右连续. 换句话说，存在 A，$P(A)=1$，使对任意固定的 ω，$x_t(\omega)(t\geqslant 0)$是 t 的右连续函数. 仿照(2)取其另一修正$\{\bar{x}_t(\omega),t\geqslant 0\}$，由 § 3.3 引理 1 知后者强可测.

但也可用 § 1.1 引理 3 中所述清洗基本事件空间的办法：令 $\widetilde{\Omega}=A$，$\widetilde{\mathcal{F}}=(B)$，这里 $B=\widetilde{\Omega}C(C\in\mathcal{F})$，$\widetilde{P}(B)=P(C)$；$\widetilde{x}_t(\omega)=x_t(\omega)$，$t\in[0,+\infty)$，于是$\{\widetilde{x}_t(\omega),t\geqslant 0\}$是定义在$(\widetilde{\Omega},\widetilde{\mathcal{F}},\widetilde{P})$上的泊松过程，它还是右连续的.

第八，泊松过程产生的实际背景如下：从时刻 $t=0$ 起开始观察某片星空，如在时刻 t_0 上发现有一流星，就说在 $t=t_0$ 时出现了一个事件，随着流星的陆续流过，就得到一个事件流，诸事件鱼贯地出现. 以 x_t 表在$(0,t]$时间内总共出现事件的个数，亦即出

现流星的个数. 于是得到$\{x_t, t\geqslant 0\}$. 对此事件流，自然合理地假定：

(i) 在互不相交的时间区间内，各自出现的事件个数是相互独立的. 亦即，严格地说，$\{x_t, t\geqslant 0\}$有独立增量.

(ii) 在长为 t 的区间$(a,a+t]$中，出现 k 个事件的概率 $v_k(t)$ 只与 t 有关而不依赖于 a，$v_0(t)$不恒等于 1.

(iii) 在有穷区间$(a,a+t]$中只出现有穷多个事件，即

$$\sum_{k=0}^{+\infty} v_k(t) = 1.$$

(iv) 在$(a,a+t]$中出现两个或更多事件的概率 $\psi(t)$（$=1-v_0(t)-v_1(t)$）关于 t 是高级无穷小，即

$$\lim_{t\to 0}\frac{\psi(t)}{t}=0.$$

在这些假定下，试证$\{x_t, t\geqslant 0\}$是泊松过程. 为此，只要证(4)成立.

令 $v_i(t-s)=P(x_t-x_s=i)$，由(i)(ii)

$$v_0(1)=\left[v_0\left(\frac{1}{n}\right)\right]^n.$$

设 $v_0(1)=\theta$，则 $v_0\left(\frac{1}{n}\right)=\theta^{\frac{1}{n}}$. 对任意给定的 t，决定 k，使 $\frac{k-1}{n}<t\leqslant\frac{k}{n}$. 由于 $v_0(t)$是 t 的不增函数，有

$$\theta^{\frac{k-1}{n}}=v_0\left(\frac{k-1}{n}\right)\geqslant v_0(t)\geqslant v_0\left(\frac{k}{n}\right)=\theta^{\frac{k}{n}}.$$

令 $n\to+\infty$，由 k 的定义（k 是 n 的函数）得 $\frac{k}{n}\to t$，$\frac{k-1}{n}\to t$，从而由上式得

$$v_0(t)=\theta^t,\quad t>0, \tag{6}$$

其中 $0\leqslant\theta=v_0(1)\leqslant 1$. 若 $\theta=0$，则 $v_0(t)=0$ 对任意 $t>0$ 成立，由

(i)可推知以概率 1 在任意在穷区间内会出现无穷多个事件，此与假设(iii)矛盾；若 $\theta=1$，则在任意区间内不出现事件的概率为 1，此与(ii)矛盾．故不需考虑 $\theta=0$ 或 1 的情况．于是可设 $\theta=\mathrm{e}^{-\lambda}$，这里 λ 是某正常数．故由(6)得

$$v_0(t)=\mathrm{e}^{-\lambda t}. \tag{7}$$

下面计算 $v_k(t)$，它是在 $(a,a+t]$ 中出现 k 个事件的概率．由(ii)，不妨取 $a=0$．将 $(0,t]$ 分成 n 个等长的子区间，$n>k$．令 A_1 表事件："在某 k 个子区间内，各恰好出现一个事件，而在其他 $n-k$ 个子区间内不出现事件"；A_2 表"至少有一个子区间内出现两个或两个以上事件"．于是

$$v_k(t)=P(A_1)+P(A_2;\text{在}(0,t]\text{中出现 } k \text{ 个事件}). \tag{8}$$

既然

$$P(A_1)=\mathrm{C}_n^k[v_1(\delta)]^k[v_0(\delta)]^{n-k},$$

其中 $\delta=\dfrac{t}{n}$，而且由(7)，(iv)当 $n\to+\infty$ 因而 $\delta\to 0$ 时

$$\begin{aligned}
[v_0(\delta)]^{n-k}&=\mathrm{e}^{-\lambda\delta(n-k)}=\mathrm{e}^{-\lambda t}\mathrm{e}^{k\lambda\delta}=\mathrm{e}^{-\lambda t}[1+o(1)],\\
[v_1(\delta)]^k&=[1-\mathrm{e}^{-\lambda\delta}-\psi(\delta)]^k=[1-\mathrm{e}^{-\lambda\delta}+o(\delta)]^k\\
&=(\lambda\delta)^k[1+o(1)]=\frac{(\lambda t)^k}{n^k}[1+o(1)],
\end{aligned}$$

故

$$\begin{aligned}
P(A_1)=\mathrm{e}^{-\lambda t}\frac{(\lambda t)^k}{k!}\ \frac{n(n-1)\cdots(n-k+1)}{n^k}.\\
[1+o(1)]\to\mathrm{e}^{-\lambda t}\frac{(\lambda t)^k}{k!},\quad n\to+\infty.
\end{aligned} \tag{9}$$

其次，(8)中右方第二个概率显然不大于 $P(A_2)$．既然在任一固定的子区间出现两个或两个以上事件的概率为 $\psi(\delta)$，由(iv)

$$P(A_2)\leqslant n\psi(\delta)=t\cdot\frac{\psi(\delta)}{\delta}\to 0,\quad n\to+\infty.$$

由此及(8)(9)得证(4)式，即

$$v_k(t)=P(x_{a+t}-x_a=k)=\mathrm{e}^{-\lambda t}\frac{(\lambda t)^k}{k!},\quad k\in\mathbf{N}.$$

(三)

作为第三例,试研究可分半鞅$\{x_t,t\in[0,+\infty)\}$的样本函数的性质.为此,先证明与§1.4 引理 4 平行的一结果:

引理 1　设$\{x_1,x_2,\cdots,y\}$是半鞅,则

$$CP(\inf_n x_n<C)\geqslant Ex_1-\int_{(\inf\limits_n x_n\geqslant C)}yP(\mathrm{d}\omega)\geqslant Ex_1-E|y|.$$

证　令 $D_1=(\omega:x_1(\omega)<C)$, $D_k=(x_k<C,\min\limits_{j<k}x_j\geqslant C)$, $k>1$, $B_n=(\min\limits_{1\leqslant k\leqslant n}x_k<C)$,因而 $B_n=\bigcup\limits_{k=1}^{n}D_k$. 注意,为证引理的结论,只要证明

$$\int_{\overline{D}_1}x_1P(\mathrm{d}\omega)\leqslant\int_{\overline{B}_n}x_nP(\mathrm{d}\omega)+CP(B_n\overline{D}_1),\tag{10}$$

其中 $\overline{A}=\Omega\backslash A$. 实际上,因为 $B_n=D_1\cup B_n\overline{D}_1$,故由

$$\int_{D_1}x_1P(\mathrm{d}\omega)\leqslant CP(D_1),$$

(10)及半鞅性得

$$\begin{aligned}Ex_1&=\int_{\overline{D}_1}x_1P(\mathrm{d}\omega)+\int_{D_1}x_1P(\mathrm{d}\omega)\\&\leqslant\int_{\overline{B}_n}x_nP(\mathrm{d}\omega)+CP(B_n\overline{D}_1)+CP(D_1)\\&\leqslant\int_{\overline{B}_n}yP(\mathrm{d}\omega)+CP(B_n),\end{aligned}$$

再令 $n\to+\infty$,即得引理结论.

当 $n=1$ 时,(10)显然正确.设(10)对 n 正确,则因

$$\overline{B}_n=\overline{B}_{n+1}\cup\overline{B}_nD_{n+1},$$

利用半鞅性得

$$\int_{\overline{B}_n}x_nP(\mathrm{d}\omega)\leqslant\int_{\overline{B}_n}x_{n+1}P(\mathrm{d}\omega)$$

$$= \int_{\overline{B}_{n+1}} x_{n+1} P(\mathrm{d}\omega) + \int_{\overline{B}_n D_{n+1}} x_{n+1} P(\mathrm{d}\omega)$$

$$\leqslant \int_{\overline{B}_{n+1}} x_{n+1} P(\mathrm{d}\omega) + CP(\overline{B}_n D_{n+1}).$$

因而由 $B_n\overline{D}_1 \cup \overline{B}_n D_{n+1} \subset B_{n+1}\overline{D}_1$ 得

$$\int_{\overline{D}_1} x_1 P(\mathrm{d}\omega) \leqslant \int_{\overline{B}_n} x_n P(\mathrm{d}\omega) + CP(B_n\overline{D}_1)$$

$$\leqslant \int_{\overline{B}_{n+1}} x_{n+1} P(\mathrm{d}\omega) + CP(B_n\overline{D}_1) + CP(\overline{B}_n D_{n+1})$$

$$\leqslant \int_{\overline{B}_{n+1}} x_{n+1} P(\mathrm{d}\omega) + CP(B_{n+1}\overline{D}_1),$$

此得证(10)对 $n+1$ 也成立. ■

今设$\{x_t, t\in[0,+\infty)\}$为可分半鞅. 任意固定 $d>0$. 以 R 表可分集，由 § 1.4引理 4 及可分性得

$$P(\sup_{t\in[0,d]} x_t \geqslant C) = P(\sup_{t\in R[0,d]} x_t \geqslant C) \leqslant \frac{E|x_d|}{C}.$$

记$(\sup\limits_{t\in[0,d]} x_t \geqslant C) = M_C$，显然 $M_1 \supset M_2 \supset \cdots$，令 $M = \bigcap\limits_n M_n$，则 $\overline{M} = (\sup\limits_{t\in[0,d]} x_t < +\infty)$，而上式表示 $P(\overline{M})=1$.

同样，利用引理 1 即得 $P(\inf\limits_{t\in[0,d]} x_t > -\infty)=1$. 综合此两结果并注意 $d>0$ 的任意性，便得证：**可分半鞅在$[0,+\infty)$的每个有穷区间上有界的概率为 1.**

进一步，我们证明：**可分半鞅的几乎一切样本函数在任一 $t\geqslant 0$ 上有有穷的左、右极限**（当然，在 $t=0$ 只考虑右极限）；这句话的精确含义是说：存在可测集 A，$P(A)=1$，当任意固定 $\omega\in A$ 时，样本函数 $x(t,\omega)$在任一点 $t\geqslant 0$ 上的左、右极限都存在而且有穷.

为证此，将 R 中的点排成$\{t_j\}$. 考虑$[0,d]$. 把点 $0,d$ 以及 R 中前 n 个并且含于$[0,d]$中的点按大小排成 $t_1^{(n)} < t_2^{(n)} < \cdots$，它们的个数不超过 $n+2$. 固定一对实数 $r_1 < r_2$，以 $H_n(\omega)$表 $x_{t_1^{(n)}}(\omega)$，$x_{t_2^{(n)}}(\omega)$，…通过$[r_1, r_2]$的次数（见 § 1.4），根据 § 1.4 引理 3

$$EH_n \leqslant \frac{E|x_d|+|r_1|}{r_2-r_1}.$$

因此，如果令 $M_{nk}=(\omega: H_n(\omega)\geqslant k)$，那么由切比雪夫不等式①，得

$$P(M_{nk}) \leqslant \frac{E|x_d|+|r_1|}{k(r_2-r_1)}, \quad k\geqslant 1, \tag{11}$$

由于 $M_{nk}\subset M_{n+1\,k}$，$\bigcup\limits_n M_{nk}=\lim\limits_{n\to+\infty} M_{nk}$，并注意上式右方与 n 无关，故

$$P\left(\bigcup_n M_{nk}\right)=\lim_{n\to+\infty} P(M_{nk}) \leqslant \frac{E|x_d|+|r_1|}{k(r_2-r_1)}. \tag{12}$$

以 N_1 表可分性定义中的例外集，$P(N_1)=0$. 固定 $\omega \overline{\in} N_1$ 而考虑 ω 所对应的样本函数 $x(t)$. 假定 $x(t)$在$[0,d]$的某一点 s 没有左或右极限，则必存在一对 $r_1<r_2$，使②

$$\overline{\lim_{t\to s-0}}\, x(t)>r_2>r_1>\underline{\lim_{t\to s-0}}\, x(t),\ t\in[0,d], \tag{13}$$

或者

$$\overline{\lim_{t\to s+0}}\, x(t)>r_2>r_1>\underline{\lim_{t\to s+0}}\, x(t),\ t\in[0,d], \tag{14}$$

特别，当 t 只沿$\{t_j\}$中的点而趋于 s 时，上述不等式也应当成立. 这样便得知$x(t_1^{(n)})$，$x(t_2^{(n)})$，…通过$[r_1,r_2]$的次数当 $n\to+\infty$时应趋于 $+\infty$. 因此，若以 M 表所有这种 ω 的集，它所对应的样本函数具有性质(13)或(14)，则必

$$M\subset \bigcup_n M_{nk}, \quad k\in \mathbf{N}^*. \tag{15}$$

由于(12)(15)右方的集对 k 的交集是零测集，这交集由定义依赖于 r_1，r_2 与 d，故应记为 $N(r_1,r_2,d)$. 令

$$N_2=\bigcup_{r_1,r_2,d} N(r_1,r_2,d),$$

其中求和号对一切有理数 r_1，r_2，$r_1<r_2$ 以及 $d\in\mathbf{N}^*$ 进行. 显然

---

① 见[1]第5章.

② $t\to s-0$ 或 $t\to s-$ 表 $t<s$，$t\to s$；$t\to s+0$ 或 $t\to s+$ 表 $t>s$，$t\to s$.

$$P(N_2)=0.$$

根据上一段关于有界性的讨论，知存在零测集 N_3，当 $\omega \overline{\in} N_3$ 时，它所对应的样本函数在任一有穷 t 区间都是有界的. 因此，如果 $\omega \overline{\in} N=N_1 \cup N_2 \cup N_3$，那么由上面的讨论，可见此 ω 所对应的样本函数在任一点 $t \geqslant 0$ 上有有穷的左、右极限，取 $A=\Omega \setminus N$，便得到所需要的结论.

§3.5　补充与习题

1. 可分性的理论由杜布(J. L. Doob)所建立，它的目的是为了克服具有连续参数的随机过程时所发生的困难. 注意如参数集 T 是可列集时，此随机过程显然是可分的，只要取 T 为可分集 R 就行了. 我们所用的叙述方法与杜布原作稍许不同，其好处在于形象易懂. §3.1 定理 3 说明我们的定义与杜布的"关于闭集可分"的定义等价.

2. 设 $\{x_t(\omega), t\in T\}$ 关于 R 可分，试证

(i) $P(\omega$: 对一切 $t\in T$, $\varliminf\limits_{\substack{r\to t\\ r\in R}} x_r(\omega)\leqslant x_t(\omega)\leqslant \varlimsup\limits_{\substack{r\to t\\ r\in R}} x_r(\omega))=1$.

(ii) $(\omega: x_t(\omega)$ 在 T 上有界$)\in\mathcal{F}$.

3. 试造一过程 $\{x_t(\omega), t\in[0,1]\}$，使对每一 $t\in[0,1]$，有 $P(x_t(\omega)=0)=1$，然而 $P(x_t(\omega)=0$，对一切 $t\in[0,1])=0$.

提示　令 $\Omega=[0,1]$，$\mathcal{F}$ 为 $[0,1]$ 中一切波莱尔集，P 为勒贝格测度. 定义 $x_t(\omega)=0$，如 $\omega\neq t$；$=1$，如 $\omega=t$. 注意此过程不是可分的，若取其可分修正 $\{\widetilde{x}_t(\omega), t\in[0,1]\}$，则可使

$$P(\widetilde{x}_t(\omega)=0 \text{ 对一切 } t\in[0,1])=1.$$

4. 若过程 $\{x_t(\omega), t\in T\}$ 关于 R 可分，又 $T\supset S\supset R$，则它关于 S 也可分.

5. 设 $\{x_t(\omega), t\in[a,b]\}$ 关于 R 可分，试证 ω-集

$$(\omega: x_t(\omega)\text{ 在 }[a,b]\text{ 上均匀连续})\in\mathcal{F}.$$

提示　考虑 ω-集 $\bigcap\limits_{n}\bigcup\limits_{m}\bigcap\limits_{\substack{|r_1-r_2|<\frac{1}{m}\\ r_1,r_2\in R}}\left(|x_{r_1}(\omega)-x_{r_2}(\omega)|<\dfrac{1}{n}\right)$.

6. §3.2 定理 2 属于柯尔莫哥洛夫条件(8)虽非必要，但已不能

本质地改进，即其中 $1+\varepsilon$ 不能换为 1. 例：考虑题 3 提示中的概率空间 $(\Omega,\mathcal{F},P)$，定义

$$x_t(\omega)=\begin{cases}1, & \omega<t;\\ 0, & \omega\geqslant t,\end{cases}$$

则 $\{x_t(\omega),t\in[0,1]\}$ 是可分过程. 试证对任一 $\alpha>0$，有

$$E\{|x_t(\omega)-x_{t+\Delta}(\omega)|^{\alpha}\}=|\Delta|,$$

然而其样本函数以概率 1 不连续.

关于这方面的进一步结果见本章末文献 2.

7. 设 $P(x(0,\omega)=0)=1$. 试分别计算维纳过程与泊松过程的有穷维联合分布. 对泊松过程，证明 $\lambda=\dfrac{1}{E_{s_n}}$，它还等于在 $(a,a+1]$ 中，出现事件个数的平均值.

提示 利用增量的独立性. $\sum\limits_{k=0}^{+\infty}kv_k(t)=\lambda t$.

8. 设 $x(\omega),y_1(\omega),y_2(\omega),\cdots$ 为一列独立随机变量，$x(\omega)$ 有参数为 λ 的泊松分布，$\{y_n(\omega)\}$ 有相同的在 $[0,1]$ 上均匀地分布. 定义

$$x_t(\omega)=\sum_{i=1}^{x(\omega)}\chi_{[0,t]}(y_i(\omega)),$$

其中 $\chi_{[0,t]}$ 是 $[0,t]$ 的示性函数，即 $\chi_{[0,t]}(z)=1$，如 $z\in[0,t]$，否则 $=0$. 试证 $\{x_t(\omega),0\leqslant t\leqslant 1\}$ 是泊松过程.

提示 对 $0=t_0<t_1<\cdots<t_n=1$，有

$$\begin{aligned}&P(x_{t_i}-x_{t_{i-1}}=k_i,i=1,2,\cdots,n)\\&=\mathrm{e}^{-\lambda}\frac{\lambda^k}{k!}\cdot\frac{k!}{k_1!k_2!\cdots k_n!}\prod_{i=1}^{n}(t_i-t_{i-1})^{k_i}\left(k=\sum_{i=1}^{n}k_i\right)\\&=\prod_{i=1}^{n}\mathrm{e}^{-\lambda(t_i-t_{i-1})}\frac{[\lambda(t_i-t_{i-1})]^{k_i}}{k!}.\end{aligned}$$

9. 试证任一形如 $\left[\dfrac{k_1}{2^{l_1}},\dfrac{k_2}{2^{l_2}}\right]$ 的（l_1,l_2,k_1,k_2 都是整数，$l_1\geqslant 1$，$l_2\geqslant$

1)长度不超过 $\frac{1}{2}$ 的闭区间都可表为若干个互邻的形如 $\left[\frac{\tau}{2^m},\frac{\tau+1}{2^m}\right]$ 的闭区间的和，其中 m,τ 都是整数，$m\geqslant 1$，而且具有固定的 m 的闭区间在此和中出现的次数不多于 2. 其实还有 $m\leqslant\max\{l_1,l_2\}$.

解　设 $\frac{k_i}{2^{l_i}}$ 为既约分数. 将一切形如 $\left[\frac{k_1}{2^{l_1}},\frac{k_2}{2^{l_2}}\right]$ 的区间按 $l_1+l_2=n$ 分类($n=2,3,\cdots$)，用归纳法证：若 $n=2$，则由于长度不超过$\frac{1}{2}$而区间只能有形状为$\left[\frac{k}{2},\frac{k+1}{2}\right]$，故结论正确. 今设结论对 $n\leqslant n_0$ 正确. 考虑$\left[\frac{k_1}{2^{l_1}},\frac{k_2}{2^{l_2}}\right]$，$l_1+l_2=n_0+1$，先设 $l_1\neq l_2$，$l_1>l_2\geqslant 1$. 由$\frac{k_1}{2^{l_1}}$的既约性它必有形为$\frac{2k'-1}{2^{l_1}}$. 显然此时区间长不小于$\frac{1}{2^{l_1}}$，故 $2\frac{k'}{2^{l_1}}\leqslant\frac{k_2}{2^{l_2}}$. 若等号成立则结论得证；否则必有

$$\left[\frac{k_1}{2^{l_1}},\frac{k_2}{2^{l_2}}\right]=\left[\frac{2k'-1}{2^{l_1}},\frac{2k'}{2^{l_1}}\right]\cup\left[\frac{k'}{2^{l_1-1}},\frac{k_2}{2^{l_2}}\right],$$

化$\frac{k'}{2^{l_1-1}}$为既约形式$\frac{k''}{2^l}$，$l\leqslant l_1-1$，则 $l+l_2\leqslant n_0$. 由归纳前提，$\left[\frac{k''}{2^l},\frac{k_2}{2^{l_2}}\right]$可按结论中的要求分解为$\left[\frac{\tau}{2^m},\frac{\tau+1}{2^m}\right]$的和. 因一切 $m\leqslant\max\{l,l_2\}<l_1$，故 l_1 只出现一次而结论得证. 对 $l_2>l_1\geqslant 1$ 或 $l_1=l_2$ 的情况，证明类似(赵忠信证). ■

附记　过程可分性的理论由杜布建立，原始的叙述见[16]，那里的内容较丰富，但也较难懂，最初的文献也可从该书索引中找到. 我们所以假定概率 P 的完全性正是为了便于叙述和运

用可分性.

利用柯尔莫哥洛夫关于过程连续性的定理（§3.2 定理2），杜布鲁申（Добрушин）找到了使可分过程的样本函数以概率1无第一类断点的充分条件，由此并得到可分鞅的样本函数以概率1连续的充分条件. 见本章末参考文献[1].

维纳过程的另一重要性质是：几乎一切样本函数都非有界变差函数. 证明可见书末《参考书目》中[16]§8.2.

参考文献

[1] Добрушин Р Л. Условие непрерывности выборочных функций Мартингала. Теория Вероятностей и её Применения, 1958, 3(1): 97-98.

[2] Серегин Л В. Условия непрерывности вероятностных процессов. Теория Вероятностей и её Применения, 1961, 6(1): 3-30.

第 4 章　马尔可夫过程的一般理论

§4.1　马尔可夫性

(一)

马氏链的一般化是马尔可夫过程.

定义 1　设 $\{x_t(\omega), t\in T\}$ ($T\subset\mathbf{R}$) 为定义在概率空间 $(\Omega, \mathcal{F}, P)$ 而取值于可测空间 $(E, \mathcal{B})$ 的随机过程. 如果对任意有穷多个[①] $t_1<t_2<\cdots<t_n$, $t_i\in T$, 任意 $A\in\mathcal{B}$, 以概率 1 有

$$P(x_{t_n}\in A\mid x_{t_1}, x_{t_2}, \cdots, x_{t_{n-1}})=P(x_{t_n}\in A\mid x_{t_{n-1}}), \qquad (1)$$

那么称此过程为**马尔可夫过程**(简称**马氏过程**), 而性质(1)称为**马尔可夫性**(简称**马氏性**).

马氏性有许多种表面上不同而实际等价的形式. 表面看来, 含义最少的一种是(1), 含义最多的一种是下面的(3), 处于中间地位的各种将陆续出现在下列定理 1 的证明过程中, 最终总结见系 1.

引入记号

---

① 由此可见, 在马氏过程定义中, 参数集 T 应是序集.

$$\begin{cases}\mathcal{N}_t^s=\mathcal{F}\{x_u, s\leqslant u\leqslant t, u\in T\},\\ \mathcal{N}_t=\mathcal{F}\{x_u, \quad u\leqslant t, u\in T\},\\ \mathcal{N}^t=\mathcal{F}\{x_u, \quad u\geqslant t, u\in T\}.\end{cases}\tag{2}$$

它们的直观意义见§3.3.

定理1 马氏性(1)等价于下列性质：对任意固定的$t\in T$，如果函数$\xi(\omega)$为$\mathcal{N}^t$可测，并且[①] $E|\xi|<+\infty$，那么以概率1有

$$E(\xi|\mathcal{N}_t)=E(\xi|x_t).\tag{3}$$

证　充分性 设(3)成立. 令$t=t_{n-1}$，$\xi(\omega)=\chi_{(x_{t_n}\in A)}(\omega)$，这里$\chi_C$表集$C$的示性函数. 由(3)，

$$P(x_{t_n}\in A|\mathcal{N}_{t_{n-1}})=P(x_{t_n}\in A|x_{t_{n-1}})\quad \text{a.s.}.$$

此式两边取$E(\text{——}|x_{t_1},x_{t_2},\cdots,x_{t_{n-1}})$后，由§1.3 viii)即得(1).

必要性 设(1)成立而欲证(3). 分四步来证.

(i) 对任意$u\geqslant t$，

$$P(x_u\in A|\mathcal{N}_t)=P(x_u\in A|x_t)\quad \text{a.s.}.\tag{4}$$

实际上，先考虑$u=t$的情形. 由§1.3条件期望的性质vii)，易见在集$(x_t\overline{\in}A)$上，(4)式中两方值都几乎处处等于0，而在$(x_t\in A)$上，两值都几乎处处等于1. 故(4)成立.

其次设$u>t$. 显然$P(x_u\in A|x_t)$为$\mathcal{N}_t$可测，故只要证对任意$B\in\mathcal{N}_t$，有

$$P(B,x_u\in A)=\int_B P(x_u\in A|x_t)P(\mathrm{d}\omega).\tag{5}$$

令$\Lambda=\{B: B\in\mathcal{F};(5)\text{成立}\}$，则$\Lambda$是一$\lambda$-系. 但当

$$B=(x_{t_i}\in A_i, i=1,2,\cdots,n-1, t_i\leqslant t)\tag{6}$$

时，由(1)知(5)正确. 故Λ包含一切(6)形的集. 但(6)形集构成一产生$\mathcal{N}_t$的π-系，故由本套书第7卷附篇引理3，即得$\Lambda\supset\mathcal{N}_t$.

① 如$E|\xi|<+\infty$，称$\xi(\omega)$可积.

(ii) 对任意 $u\geqslant t$,设 $\xi(\omega)$ 为关于 $\mathcal{F}\{x_u\}$(单个随机变量 x_u 产生的 σ 代数)可测函数,$E|\xi|<+\infty$,试证

$$E(\xi|\mathcal{N}_t)=E(\xi|x_t)\quad \text{a.s.}. \tag{7}$$

实际上,令

$$\mathcal{L}=\{\text{全体可积函数 }\xi(\omega)\},$$
$$L=\{\text{使(7)成立的全体 }\xi(\omega)\}.$$

易见 L 是一$\mathcal{L}$-系. 由(i) L 包含集$(x_u\in A)(A\in\mathcal{B})$的示性函数,而后诸集构成产生 σ 代数$\mathcal{F}\{x_u\}$的 π-系. 由本套书第 7 卷附篇引理 4,L 包含一切$\mathcal{F}\{x_u\}$可测的可积函数.

(iii) 试证对任意有穷多个 $t\leqslant u_1<u_2<\cdots<u_m$,$u_i\in T$,$A_i\in\mathcal{B}$,有

$$\begin{aligned}&P(x_{u_i}\in A_i,i=1,2,\cdots,m|\mathcal{N}_t)\\&\quad=P(x_{u_i}\in A_i,i=1,2,\cdots,m|x_t)\quad \text{a.s.}.\end{aligned} \tag{8}$$

实际上,若 $m=1$,则(8)化为(4). 下面用归纳法. 简记 $B_1=(x_{u_1}\in A_1)$,$B_2=(x_{u_2}\in A_2,x_{u_3}\in A_3,\cdots,x_{u_m}\in A_m)$,$B=B_1B_2$. 由§1.3 viii)及 vi)

$$\begin{aligned}P(B|\mathcal{N}_t)&=E(\chi_{B_1}\chi_{B_2}|\mathcal{N}_t)=E[E(\chi_{B_1}\chi_{B_2}|\mathcal{N}_{u_1})|\mathcal{N}_t]\\&=E[\chi_{B_1}E(\chi_{B_2}|\mathcal{N}_{u_1})|\mathcal{N}_t]\\&=E[\chi_{B_1}P(B_2|\mathcal{N}_{u_1})|\mathcal{N}_t]\quad \text{a.s.},\end{aligned} \tag{9}$$

由归纳法假定:"(8)对 $m-1$ 个事件正确",故

$$P(B_2|\mathcal{N}_{u_1})=P(B_2|x_{u_1})\quad \text{a.s.}.$$

代入(9),得知以概率 1 有

$$P(B|\mathcal{N}_t)=E[\chi_{A_1}(x_{u_1})P(B_2|x_{u_1})|\mathcal{N}_t].$$

但$\chi_{A_1}(x_{u_1})P(B_2|x_{u_1})$是$\mathcal{F}\{x_{u_1}\}$可测的可积函数,由(ii)即得

$$P(B|\mathcal{N}_t)=E[\chi_{A_1}(x_{u_1})P(B_2|x_{u_1})|x_t].\quad \text{a.s.} \tag{10}$$

另一方面,由§1.3 viii)及 vi)及归纳法假定,得

$$P(B|x_t)=E[P(B_1B_2|\mathcal{N}_{u_1})|x_t]=E[\chi_{B_1}P(B_2|\mathcal{N}_{u_1})|x_t]$$
$$=E[\chi_{A_1}(x_{u_1})P(B_2|x_{u_1})|x_t]\quad \text{a.s.}. \tag{11}$$

综合(10)(11)即得(8).

(iv) 今可证(3). 令$\mathcal{L}=\{$全体可积函数$\xi(\omega)\}$，$L=\{$全体使(3)成立的$\xi(\omega)\}$. 由(iii)，L包含全体形为$B=\{x(u_i)\in A_i,i=1,2,\cdots,m,u_i\geqslant t\}$和$\omega$-集的示性函数，而全体有这种形状的集构成产生$\sigma$代数$\mathcal{N}^t$的$\pi$-系. 故由本套书第7卷附篇引理4，$L$包含全体$\mathcal{N}^t$可测而且可积的函数$\xi(\omega)$. ■

系1 性质(1)(4)(7)(8)(3)及下列的(12)(13)都是相互等价的. 对任意$B\in\mathcal{N}^t$，$t\in T$，有

$$P(B|\mathcal{N}_t)=P(B|x_t)\quad \text{a.s.}. \tag{12}$$

设$T=[0,+\infty)$，对任意定义在E^T上的$\mathcal{B}^T$可测函数①$f(e(\cdot))$及$t\in T$，若$E|f(x(t+\cdot,\omega))|<+\infty$，则

$$E[f(x(t+\cdot,\omega))|\mathcal{N}_t]$$
$$=E[f(x(t+\cdot,\omega))|x_t]\quad \text{a.s.}. \tag{13}$$

证 在(12)中令$B=(x_u\in A)$即得(4)；在(3)中令$\xi=\chi_B$即得(12). 由本套书第7卷附篇引理10得(13)与(3)的等价性. ■

这些性质中的任何一个以后都叫马氏性. 一般，为要证明某过程为马氏过程，就用(1)；而在由马氏性以导出其他结果时，则用(3)或(13).

下面的系2常常有用.

系2 (i) 若$A\in\mathcal{N}_t$，$B\in\mathcal{N}^t$，$t\in T$，则

$$P(AB)=\int_A P(B|x(t))P(\mathrm{d}\omega). \tag{14}$$

(ii) 若$\xi(\omega)$为$\mathcal{N}_t$可测，$\eta(\omega)$为$\mathcal{N}^t$可测，η及$\xi\eta$均可积，则

① 记号意义参看本套书第7卷附篇(七)段.

$$E\xi\eta=E[\xi E(\eta|x(t))]. \tag{15}$$

证 由(12)及条件概率的定义立得(14). 由(3)得

$$E\xi\eta=E[E(\xi\eta|\mathcal{N}_t)]=E[\xi E(\eta|\mathcal{N}_t)]=E[\xi E(\eta|x(t))].$$ ■

(二)

现在叙述与马氏性等价的另一性质:"在已知'现在'的条件下,'将来'与'过去'是独立的". 这一直观上明显的性质的严格叙述包含在下列定理2中.

定理2 为使$\{x_t(\omega),t\in T\}$是马氏过程,充分必要条件是:对任意有穷多个值$s_1<s_2<\cdots<s_m<t<t_1<t_2<\cdots<t_n$, s_i, t, $t_i\in T$,及$A_j\in\mathcal{B}$, $B_k\in\mathcal{B}$, $j=1,2,\cdots,m$; $k=1,2,\cdots,n$,以概率1有①

$$\begin{aligned}&P\{x_{s_j}\in A_j,j=1,2,\cdots,m;x_{t_k}\in B_k,k=1,2,\cdots,n|x_t\}\\&\quad=P\{x_{s_j}\in A_j,j=1,2,\cdots,m|x_t\}\cdot\\&\qquad P\{x_{t_k}\in B_k,k=1,2,\cdots,n|x_t\}.\end{aligned} \tag{16}$$

证 **必要性** 设(1)成立而欲证(16). 记

$$A=(x_{s_j}\in A_j,j=1,2,\cdots,m);$$

$$B=(x_{t_k}\in B_k,k=1,2,\cdots,n).$$

由于$E(\chi_B|x_t)$为$\mathcal{F}\{x_t\}$可测,由§1.3 vi)及(3)得

$$\begin{aligned}E(\chi_A|x_t)E(\chi_B|x_t)&=E[\chi_A E(\chi_B|x_t)|x_t]\\&=E[\chi_A E(\chi_B|\mathcal{N}_t)|x_t]\\&=E[E(\chi_A\chi_B|\mathcal{N}_t)|x_t]\\&=E(\chi_A\chi_B|x_t)\quad \text{a.s.},\end{aligned}$$

其中第三个等号成立是因χ_A为$\mathcal{N}_t$可测及§1.3 vi),最后一等号是由于§1.3 viii). 故得证(16).

---

① 下式的一般化见§4.5第1题(ii).

充分性 设

$$E(\chi_A|x_t)E(\chi_B|x_t)=E(\chi_A\chi_B|x_t) \quad \text{a.s.}. \tag{17}$$

于是以概率1有

$$E(\chi_A\chi_B|x_t)=E(\chi_A|x_t)(\chi_B|x_t)=E[\chi_A E(\chi_B|x_t)|x_t],$$

由条件数学期望的定义，可见对任意 $C\in\mathcal{B}$，有

$$\int_{(x_t\in C)}\chi_A\chi_B P(\mathrm{d}\omega)=\int_{(x_t\in C)}\chi_A E(\chi_B|x_t)P(\mathrm{d}\omega),$$

亦即

$$\int_{A\cap(x_t\in C)}\chi_B P(\mathrm{d}\omega)=\int_{A\cap(x_t\in C)}E(\chi_B|x_t)P(\mathrm{d}\omega). \tag{18}$$

令使等式

$$\int_M\chi_B P(\mathrm{d}\omega)=\int_M E(\chi_B|x_t)P(\mathrm{d}\omega). \tag{19}$$

成立的全体可测集 M 所成的集为 Λ，则 Λ 是一 λ-系，由(18)，Λ 包含 $A\cap(x_t\in C)$，即含一切形为

$$(x_{s_k}\in A_k, k=1,2,\cdots,m, x_t\in C)$$

的集，而后诸集构成产生 σ 代数 $\mathcal{F}\{x_{s_1},x_{s_2},\cdots,x_{s_m},x_t\}$ 的 π-系，故 $\Lambda\supset\mathcal{F}\{x_{s_1},x_{s_2},\cdots,x_{s_m},x_t\}$. 从而得证(19)对 $\mathcal{F}\{x_{s_1},x_{s_2},\cdots,x_{s_m},x_t\}$ 中一切集成立，故

$$E(\chi_B|x_{s_1},x_{s_2},\cdots,x_{s_m},x_t)=E(\chi_B|x_t) \quad \text{a.s.}$$

或

$$P(x_{t_k}\in B_k,k=1,2,\cdots,n|x_{s_1},x_{s_2},\cdots,x_{s_m},x_t)$$
$$=P(x_{t_k}\in B_k,k=1,2,\cdots,n|x_t) \quad \text{a.s.}. \tag{20}$$

令 $n=1$ 即得(1). ■

定理2中所述的性质虽然与马氏性等价，但它却有独到的优点. 因为在它的陈述中，"将来"与"过去"完全处于对称(关于"现在")的地位. 所以此性质不依于 T 中正向的选择. 由定理2直接推出

系 3　若$\{x_t(\omega),t\in T\}$是马氏过程，则$\{x_t(\omega),t\in \widetilde{T}\}$也是马氏过程，$\widetilde{T}$是 T 的反序集①.

证　若$\{x_t(\omega),t\in T\}$是马氏过程，则(16)成立，像从(16)推出(20)一样，从(16)可推出

$$\begin{aligned}&P(x_{s_j}\in A_j,j=1,2,\cdots,m\mid x_t,x_{t_1},x_{t_2},\cdots,x_{t_n})\\ =&P(x_{s_j}\in A_j,j=1,2,\cdots,m\mid x_t)\quad \text{a.s..}\end{aligned}\tag{21}$$

这表示将 T 反序后，随机变量族$\{x_t,t\in \widetilde{T}\}$也是马氏过程. ■

(三)

例 1　设 $E=\mathbf{N}$，$\mathcal{B}$为 E 中一切子集所成 σ 代数，$T=\mathbf{N}$. 此时§2.1 定义 1 与本节定义 1 等价，故马氏链是一马氏过程. 实际上，设§2.1(2)正确. 为证(1)成立，只要证对任意集② $B\in\mathcal{F}(x_{t_1},x_{t_2},\cdots,x_{t_{n-1}})$，$P(B)>0$，有

$$\int_B P(x_{t_n}=i\mid x_{t_{n-1}})P(\mathrm{d}\omega)=P(B,x_{t_n}=i).\tag{22}$$

利用 λ-系方法，只要证上式对

$$B=(x_{t_1}=i_1,x_{t_2}=i_2,\cdots,x_{t_{n-1}}=i_{n-1})$$

正确. 由于 $P(x_{t_n}=i\mid x_{t_{n-1}})$只是 $x_{t_{n-1}}$ 的函数，在这样的 B 上，它的值为$P(x_{t_n}=i\mid x_{t_{n-1}}=i_{n-1})$，故(22)化为

$$\begin{aligned}&P(x_{t_n}=i\mid x_{t_{n-1}}=i_{n-1})P(x_{t_1}=i_1,x_{t_2}=i_2,\cdots,x_{t_{n-1}}=i_{n-1})\\ =&P(x_{t_1}=i_1,x_{t_2}=i_2,\cdots,x_{t_{n-1}}=i_{n-1},x_{t_n}=i).\end{aligned}\tag{23}$$

而这式由§2.1(2)是正确的. 逆转以上各步，便可自(1)证明§2.1(2).

例 2　设$\{y_n(\omega)\}$($n\geqslant 0$ 整数)为独立随机变量列，$(E,\mathcal{B})$为$(\mathbf{R},\mathcal{B}_1)$，或者$\boldsymbol{E}=\boldsymbol{F}$，$\boldsymbol{F}$ 是 $\mathbf{R}$ 中任一波莱尔可测子集，而$\mathcal{B}=F\mathcal{B}_1$，即$\mathcal{B}$是 F 中全体波莱尔可测子集所成的 σ 代数. 于是$\{y_n\}$是马氏

---

① T 与 $\widetilde{T}$ 有相同的点，但在 $\widetilde{T}$ 中的序是自然序的反序，如称 a 在 b 之前，如 $a\geqslant b$.

② 若 $P(B)=0$，则(22)自动成立.

过程. 实际上，这时只要证明：对任意$\lambda\in\mathbf{R}$，

$$P(y_t\leqslant\lambda\mid y_0,y_1,\cdots,y_s)=P(y_t\leqslant\lambda\mid y_s)\quad \text{a.s.}\quad (t>s).\tag{24}$$

令$A=(y_0\leqslant\lambda_0,y_1\leqslant\lambda_1,\cdots,y_s\leqslant\lambda_s)$，这里$\lambda_i\in\mathbf{R}$. 由独立性

$$P(y_t\leqslant\lambda,A)=P(y_t\leqslant\lambda)P(A)=\int_A P(y_t\leqslant\lambda)P(\mathrm{d}\omega).$$

利用λ-系方法，可见上式对一切$A\in\mathcal{F}(y_0,y_1,\cdots,y_s)$成立，故得证

$$P(y_t\leqslant\lambda\mid y_0,y_1,\cdots,y_s)=P(y_t\leqslant\lambda)\quad \text{a.s.};$$

同样可证

$$P(y_t\leqslant\lambda\mid y_s)=P(y_t\leqslant\lambda)\quad \text{a.s.}.$$

于是(24)正确.

例 3　同例2假定，并令$x_n=\sum\limits_{i=0}^{n}y_i$，则$\{x_n\}(n\geqslant 0)$也是马氏过程. 为证此，令$F_{mn}$为

$$x_n-x_m=\sum_{i=m+1}^{n}y_i$$

的分布函数. 试证对$t>s$，有

$$\begin{aligned}P(x_t\leqslant\lambda\mid x_0,x_1,\cdots,x_s)&=F_{st}(\lambda-x_s)\\&=P(x_t\leqslant\lambda\mid x_s)\quad \text{a.s.}.\end{aligned}\tag{25}$$

只要证第一等式，因第二等式的证明完全类似. 任意取

$$B\in\mathcal{F}(x_0,x_1,\cdots,x_s),$$

要证的是

$$\int_B F_{st}(\lambda-x_s)P(\mathrm{d}\omega)=P(B,x_t\leqslant\lambda).\tag{26}$$

首先注意，$\mathcal{F}(x_0,x_1,\cdots,x_s)=\mathcal{F}(y_0,y_1,\cdots,y_s)$，故由$\lambda$-系方法，只需证

$$\begin{aligned}&\int_{(y_0\leqslant\lambda_0,y_1\leqslant\lambda_1,\cdots,y_s\leqslant\lambda_s)}F_{st}(\lambda-x_s)P(\mathrm{d}\omega)\\&=P(y_0\leqslant\lambda_0,y_1\leqslant\lambda_1,\cdots,y_s\leqslant\lambda_s,x_t\leqslant\lambda).\end{aligned}\tag{27}$$

简记 $F_{i-1,i}$，F_{st} 为 F_i，F_{s+1}，它们分别是 y_i 及 $\sum_{j=s+1}^{t} y_j$ 的分布函数. 由假定，$y_0, y_1, \cdots, y_s, \sum_{j=s+1}^{t} y_j$ 是相互独立的. 特别，$y_0, y_1, \cdots, y_s$ 的联合分布函数

$$F_{y_0,y_1,\cdots,y_s}(\eta_0,\eta_1,\cdots,\eta_s)=\prod_{j=0}^{s} F_j(\eta_j),\quad \eta_j\in\mathbf{R}.$$

利用积分变换定理，得(27) 的左方值等于

$$\int_{-\infty}^{\lambda_0}\cdots\int_{-\infty}^{\lambda_s} F_{s+1}\left(\lambda-\sum_{j=0}^{s}\eta_j\right)F_{y_0,y_1,\cdots,y_s}(\mathrm{d}\eta_0,\mathrm{d}\eta_1,\cdots,\mathrm{d}\eta_s)$$

$$\int_{-\infty}^{\lambda_0} F_0(\mathrm{d}\eta_0)\cdots\int_{-\infty}^{\lambda_s} F_{s+1}\left(\lambda-\sum_{j=0}^{s}\eta_j\right)F_s(\mathrm{d}\eta_s);$$

而右方值由 § 1.1 引理 1 也等于上值. 于是(27)因而(26)得以证明.（$\{x_n\}$是马氏过程的另一证明见 § 4.5,12 题.）

例 4　设 $\{x_t(\omega), t\in T\}$ 为独立增量过程，即对任意 $t_i\in T$，$t_0<t_1<\cdots<t_n$

$$x_{t_1}-x_{t_0},\cdots,x_{t_n}-x_{t_{n-1}}$$

是独立随机变量；如果将此条件加强为

$$x_{t_0},x_{t_1}-x_{t_0},\cdots,x_{t_n}-x_{t_{n-1}}$$

是独立的(例如，当 T 有最左点 s，而 $P(x_s=0)=1$ 时，此条件满足)，那么$\{x_t(\omega), t\in T\}$也是马氏过程. 这里关于相空间的假定仍同例 2.

实际上，令 $y_0=x_{t_0}$，$y_1=x_{t_1}-x_{t_0}$，$\cdots$，$y_s=x_{t_s}-x_{t_{s-1}}$，$y_{s+1}=x_t-x_{t_s}$，则 $y_0, y_1, \cdots, y_{s+1}$ 是独立随机变量，而 $x_{t_0}=y_0$，$x_{t_1}=y_0+y_1$，$\cdots$，$x_{t_s}=\sum_{i=0}^{s} y_i$，$x_t=\sum_{i=0}^{s+1} y_i$ 是独立随机变量的和，故由例 3，知对 $t>t_s$，

$$P(x_t\leqslant\lambda\,|\,x_{t_0},x_{t_1},\cdots,x_{t_s})=P(x_s\leqslant\lambda\,|\,x_{t_s})\quad \text{a.s.}.\qquad(28)$$

特别地，可见当开始分布集中在 0 时，泊松过程与维纳过程都是马氏过程.

§4.2 转移函数，强马尔可夫性

（一）

设 T 为 $\mathbf{R}$ 中的子集，$(E,\mathcal{B})$ 为可测空间，一切单点集 $\{x\}\in\mathcal{B}$.

定义 1 四元函数 $p(s,x;t,\Gamma)(s,t\in T,s\leqslant t,x\in E,\Gamma\in\mathcal{B})$ 称为 **转移函数**，如果

(i) 对固定的 s,x,t，它关于 Γ 是 $\mathcal{B}$ 上的概率测度；

(ii) 对固定的 s,t,Γ，它关于 x 是 $\mathcal{B}$-可测函数；

(iii) $p(s,x;s,\{x\})=1$；

(iv) 柯尔莫哥洛夫-查普曼方程成立：对任意 $s\leqslant t\leqslant u,s,t,u\in T$，有

$$p(s,x;u,\Gamma)=\int_E p(s,x;t,\mathrm{d}y)p(t,y;u,\Gamma). \tag{1}$$

定义 2 称转移函数 $p(s,x;t,\Gamma)$ 为**齐次的**，如果

$$p(s,x;u,\Gamma)=p(t-s,x,\Gamma), \tag{2}$$

即当 x,Γ 固定时，它只依赖于 $t-s$.

例 1 设 $E=\mathbf{N}$，$\mathcal{B}$ 为 E 的一切子集所成的 σ 代数. 这里的 E 中的元习惯上记为 $i,j,k,\cdots$ 如 §2.1. 设已给一列随机矩阵 $\{{}_m\boldsymbol{P}\},m\in\mathbf{N}^*$. ${}_m\boldsymbol{P}=({}_mp_{ij})(i,j\in E)$ 仿 §2.1，定义

$${}_mp_{ij}^{(k+1)}=\sum_{j_1,j_2,\cdots,j_k}{}_mp_{ij_1}\cdot{}_{m+1}p_{j_1j_2}\cdot\cdots\cdot{}_{m+k}p_{j_kj},\quad k\geqslant 0, \tag{3}$$

并令 $T=\mathbf{N}$ 及

$$p(s,i;t,\Gamma)=\begin{cases}\sum\limits_{j\in\Gamma}{}_sp_{ij}^{(t-s)}, & t>s,\\ \delta_\Gamma(i), & t=s,\end{cases} \tag{4}$$

这里 $\delta_\Gamma(i)=1$ 或 0，视 $i\in\Gamma$ 或 $i\overline{\in}\Gamma$ 而定. 易见

$$ {}_{m}p_{ij}^{(k)} \geqslant 0, \ \sum_{j} {}_{m}p_{ij}^{(k)} = 1. \tag{5}$$

这可由${}_m\boldsymbol{P}$是随机矩阵的假定直接推得. 又由(3)

$$ {}_{m}p_{ij}^{(k+l)} = \sum_{r} {}_{m}p_{ir}^{(k)} \cdot {}_{m+k}p_{rj}^{(l)}.$$

对 $j\in\Gamma$ 求和,改写 m 为 s 后,利用(4)即得

$$\begin{aligned} & p(s,i;m+k+l,\Gamma) \\ = & \sum_{r} p(s,i;m+k,r)p(m+k,r;m+k+l,\Gamma). \end{aligned}$$

记 $t=m+k$, $u=m+k+l$,可改写上式为

$$p(s,i;u,\Gamma) = \sum_{r} p(s,i;t,r)p(t,r;u,\Gamma),$$

这就是(1).

如果补设${}_m\boldsymbol{P}$与 m 无关,即${}_mp_{ij}=p_{ij}$不依赖于 m,由(3)(4)立知 $p(s,i;t,\Gamma)=p(t-s,i,\Gamma)$是齐次的.

在这例中,我们利用了“一切正整数是 1 的倍数”这一特点,由已给的一步转移函数,即$\{{}_mp_{ij}\}$,造出了 $p(s,i;u,\Gamma)$.

例 2　$(E,\mathcal{B})$同上例,但 $T=[0,+\infty)$. 设已给一族函数 $p_{ij}(s,t)$, $i,j\in\mathbf{N}^*$, $0\leqslant s\leqslant t$,满足

(i) $0\leqslant p_{ij}(s,t)$;

(ii) $\sum\limits_{j=0}^{+\infty} p_{ij}(s,t) = 1$;

(iii) $p_{ij}(s,s)=\delta_{ij}$, $\delta_{ii}=1$; $\delta_{ij}=0, i\neq j$;

(iv) 对 $0\leqslant s\leqslant t\leqslant u$,有

$$p_{ij}(s,u) = \sum_{k} p_{ik}(s,t)p_{kj}(t,u),$$

则易见

$$p(s,i;t,\Gamma) = \begin{cases} \sum\limits_{j\in\Gamma} p_{ij}(s,t), & t > s, \\ \delta_{\Gamma}(i), & t = s \end{cases} \tag{6}$$

也是一转移函数. 当且仅当 $p_{ij}(s,t)=p_{ij}(t-s)$时,它是齐次的.

特别，如

$$p_{ij}(t)=\begin{cases}\mathrm{e}^{-\lambda t}\cdot\dfrac{(\lambda t)^{j-i}}{(j-i)!}, & t>0,j\geqslant i,\\ 0, & j<i,\\ \delta_{ij}, & t=0\end{cases} \tag{7}$$

所产生的转移函数叫**泊松转移函数**.

例 3 设 $(E,\mathcal{B})=(\mathbf{R},\mathcal{B}_1)$，$T=[0,+\infty)$，则

$$p(s,x;t,\Gamma)$$

$$=\begin{cases}\dfrac{1}{\sigma\sqrt{2\pi(t-s)}}\displaystyle\int_\Gamma\exp\left[-\dfrac{(y-x)^2}{2\sigma^2(t-s)}\right]\mathrm{d}y, & 0\leqslant s<t;\\ \delta_\Gamma(x), & s=t\end{cases} \tag{8}$$

(σ 为正常数)是一转移函数，称为**维纳转移函数**. 实际上，A,B,C 显然满足，只要验证 (1)就可. 若 $s=t$ 或 $t=u$，由(8)知两边均等于 $p(s,x;u,\Gamma)$；若$s=u$，则当 $x\in\Gamma$ 时，两边均等于 1，当 $s\overline{\in}\Gamma$ 时，两边均等于 0；最后，若 $0\leqslant s<t<u$，以(8)代入(1)后，(1)右方等于 $\xi_1+\xi_2\in\Gamma$ 的概率，ξ_1,ξ_2 是相互独立的随机变量，分别有分布为 $N(x,\sigma\sqrt{t-s})$及 $N(0,\sigma\sqrt{u-t})$，由正态分布的性质知$\xi_1+\xi_2$ 的分布为 $N(x,\sigma\sqrt{u-t})$，故(1)右方值为

$$\frac{1}{\sigma\sqrt{2\pi(u-s)}}\int_\Gamma\exp\left[-\frac{(y-x)^2}{2\sigma^2(u-s)}\right]\mathrm{d}y=p(s,x;u,\Gamma).$$

(二)

上节(1)式表示，过程的马尔可夫性是通过条件概率表达的，这种表达的方式和许多其他的过程例如独立随机过程不同，那里条件加在过程的联合分布上.

过程的有穷维分布满足什么条件，才能保证它所决定的过程是马氏的?

在马氏链情况已有答案，那就是：若联合分布由 §2.1(12)式给出，则过程是马氏链.

这个结果的一般化是下面的定理 1：

定理 1　设$\{x_t(\omega),t\in T\}$为定义在$(\Omega,\mathcal{F},P)$上而取值于$(E,\mathcal{B})$中的随机过程，如果存在转移函数 $p(s,x;t,\Gamma)$，$s,t\in T$，$s\leqslant t$，$x\in E$，$\Gamma\in\mathcal{B}$，使对任意有穷多个 $t_i\in T$，$t_0<t_1<\cdots<t_n$，$\Gamma_i\in\mathcal{B}$，有①

$$P(x(t_0)\in\Gamma_0,x(t_1)\in\Gamma_1,x(t_2)\in\Gamma_2,\cdots,x(t_n)\in\Gamma_n)$$
$$=\int_{\Gamma_0}P_{t_0}(\mathrm{d}\xi_0)\int_{\Gamma_1}p(t_0,\xi_0;t_1,\mathrm{d}\xi_1)\int_{\Gamma_2}p(t_1,\xi_1;t_2,\mathrm{d}\xi_2)\cdots$$
$$\int_{\Gamma_n}p(t_{n-1},\xi_{n-1};t_n,\mathrm{d}\xi_n),\tag{9}$$

那么$\{x_t(\omega),t\in T\}$是马氏过程. 这里 $P_t(A)=P(x_t\in A)$，$A\in\mathcal{B}$.

这时称 $p(s,x;t,\Gamma)$为过程的**转移概率**或**转移函数**.

证　需要证的是：对任意 $A\in\mathcal{B}$，有

$$P(x_{t_n}(\omega)\in A\,|\,x_{t_0},x_{t_1},\cdots,x_{t_{n-1}})$$
$$=P(x_{t_n}(\omega)\in A\,|\,x_{t_{n-1}})\quad(\text{a.s.}).\tag{10}$$

显然 $P(x_{t_n}\in A\,|\,x_{t_{n-1}})$为$\mathcal{F}(x_{t_0},x_{t_1},\cdots,x_{t_{n-1}})$可测，故只要证对任意 $B\in\mathcal{F}(x_{t_0},x_{t_1},\cdots,x_{t_{n-1}})$，有

$$P(B,x_{t_n}\in A)=\int_B P(x_{t_n}\in A\,|\,x_{t_{n-1}})P(\mathrm{d}\omega).\tag{11}$$

为证此，先证一事实：以概率 1 有

$$P(x_{t_n}\in A\,|\,x_{t_{n-1}})=p(t_{n-1},x_{n-1};t_n,A).\tag{12}$$

实际上，由(B)知 $p(t_{n-1},x_{t_{n-1}};t_n,A)$为 $\mathcal{F}\{x_{t_{n-1}}\}$可测；其次，对任意 $C\in\mathcal{B}$，由积分变换定理及(9)得

$$\int_{x_{t_{n-1}}\in C}p(t_{n-1},x_{t_{n-1}};t_n,A)P(\mathrm{d}\omega)$$

① (9)中的积分从最后一积分积起，消去 ξ_n 后，作为 ξ_{n-1}的函数，再计算倒数第二积分……此时要用到“$\int_\Gamma p(s,\xi;t,\mathrm{d}\eta)P(t,\eta;u,A)$ 是 ξ的可测函数”这一事实，见本套书第 7 卷附篇引理 7.

$$=\int_C p(t_{n-1},x;t_n,A)P_{t_{n-1}}(\mathrm{d}x)=P(x_{t_{n-1}}\in C,x_{t_n}\in A),$$

故得证(12). 从而为证(11)只要证

$$P(B,x_{t_n}\in A)=\int_B p(t_{n-1},x_{t_{n-1}};t_n,A)P(\mathrm{d}\omega). \tag{13}$$

以 Λ 表使(13)成立的全体可测 ω-集 B 的类，易见 Λ 是一 λ-系. 实际上，附篇中 λ-系的条件(ii)，(iii)，(iv)显然满足；又由(9)

$$\int_\Omega p(t_{n-1},x_{t_{n-1}};t_n,A)P(\mathrm{d}\omega)=\int_E p(t_{n-1},x;t_n,A)P_{t_{n-1}}(\mathrm{d}x)$$

$$=P(x_{t_n}\in A)=P(\Omega,x_{t_n}\in A),$$

此表 $\Omega\in\Lambda$，从而 Λ 是一 λ-系. 因此，若能证(13)对 ω-集

$$(x_{t_i}\in A_i,i=0,1,\cdots,n-1)$$

成立，则因这种形状的集构成一 π-系，故由本套书第 7 卷附篇引理 3 即知

$$\Lambda\supset\mathscr{F}(x_{t_0},x_{t_1},\cdots,x_{t_{n-1}}).$$

以此 ω-集代入(13)右方中的 B，利用积分变换得右方值为

$$\int_{(x_{t_0}\in A_0,\cdots,x_{t_{n-1}}\in A_{n-1})} p(t_{n-1},x_{t_{n-1}};t_n,A)P(\mathrm{d}\omega)$$

$$=\int_{A_{n-1}} p(t_{n-1},\xi_{n-1};t_n,A)\widetilde{P}(\mathrm{d}\xi_{n-1}), \tag{14}$$

这里 $\widetilde{P}(\Gamma)=P(x_{t_0}\in A_0,\cdots,x_{t_{n-2}}\in A_{n-2},x_{t_{n-1}}\in\Gamma)$ 是$\mathscr{B}$上的测度，由(9)

$$\widetilde{P}(\Gamma)=\int_{A_0}P_{t_0}(\mathrm{d}\xi_0)\int_{A_1}p(t_0,\xi_0;t_1,\mathrm{d}\xi_1)$$

$$\cdots\int_{A_{n-2}}p(t_{n-3},\xi_{n-3};t_{n-2},\mathrm{d}\xi_{n-2})p(t_{n-2},\xi_{n-2};t_{n-1},\Gamma). \tag{15}$$

令 $\mu(\Gamma)=\int_{A_0}P_{t_0}(\mathrm{d}\xi_0)\int_{A_1}p(t_0,\xi_0;t_1,\mathrm{d}\xi_1)\cdots\int_{A_{n-3}}p(t_{n-4},\xi_{n-4};t_{n-3},\mathrm{d}\xi_{n-3})p(t_{n-3},\xi_{n-3};t_{n-2},\Gamma)$，则由本套书第7卷附篇引理9，(15)化为

$$\widetilde{P}(\Gamma)=\int_{A_{n-2}}\mu(\mathrm{d}\xi_{n-2})p(t_{n-2},\xi_{n-2};t_{n-1},\Gamma), \tag{16}$$

这式与(14)结合后,可见(13)右方值为

$$\int_{A_{n-1}} p(t_{n-1},\xi_{n-1};t_n,A)\int_{A_{n-2}} \mu(\mathrm{d}\xi_{n-2})p(t_{n-2},\xi_{n-2};t_{n-1},\mathrm{d}\xi_{n-1}),$$

再由本套书第7卷附篇引理9,此值等于

$$\int_{A_{n-2}} \mu(\mathrm{d}\xi_{n-2})\int_{A_{n-1}} p(t_{n-2},\xi_{n-2};t_{n-1},\mathrm{d}\xi_{n-1})p(t_{n-1},\xi_{n-1};t_n,A),$$

根据(9),上值等于 $P(x_{t_0}\in A_0,\cdots,x_{t_{n-1}}\in A_{n-1},x_{t_n}\in A)$. ■

注1 由(12)(13)知(10)中双方值都等于

$$p(t_{n-1},x_{t_{n-1}};t_n,A)\quad \text{a.s.}.$$

我们称满足定理1中条件(9)的马氏过程为**规则马氏过程**[①].

规则马氏过程是否存在?我们对 $E=\mathbf{R},\mathcal{B}=\mathcal{B}_1$ 时来证明下面的定理:

定理2(存在定理)[②] 设已给具有首元 t_0 的参数集 T,又已给 $(E,\mathcal{B})=(\mathbf{R},\mathcal{B}_1)$ 上的转移函数 $p(s,x;t,\Gamma)$ 及概率测度 $P_{t_0}(\Gamma)$ $(\Gamma\in\mathcal{B})$. 于是必存在概率空间 $(\Omega,\mathcal{F},P)$ 及定义于其上的规则马氏过程 $\{x_t(\omega),t\in T\}$,它的转移概率为 $p(s,x;t,\Gamma)$,而开始分布为 $P_{t_0}(\Gamma)$,即 $P(x_{t_0}\in\Gamma)=P_{t_0}(\Gamma)$.

证 令 $\Omega=E^T$,因而 $\omega=e(\cdot)$,它是定义在 T 上而取值于 E 中的抽象函数;$\mathcal{F}=\mathcal{B}^T$,即 $\mathcal{F}=\mathcal{F}\{W_n\}$,而 W_n 表任一有穷维柱集

$$W_n=\{e(\cdot):e(t_0)\in\Gamma_0,e(t_1)\in\Gamma_1,\cdots,e(t_n)\in\Gamma_n\},$$

其中 $t_0<t_1<t_2<\cdots<t_n,t_i\in T,\Gamma_i\in\mathcal{B}$;又令

$$x_t(\omega)=e(t),\ t\in T,\ 如\ \omega=e(\cdot);$$

最后,对 W_n,定义 $P(W_n)=P_{t_1,t_2,\cdots,t_n}(\Gamma_1,\Gamma_2,\cdots,\Gamma_n)$ 为(9)右方的值,由转移函数的性质,易见 $\{P_{t_1,t_2,\cdots,t_n}(\Gamma_1,\Gamma_2,\cdots,\Gamma_n)\}$ 满足相容性条件,故由本套书第7卷附篇定理4,存在唯一概率测度 $P(B)$,

---

① 等价的定义见§4.5第14题.

② 参看§2.1定理1.

$B\in\mathcal{F}$，它在 W_n 上的值与 $P_{t_1,t_2,\cdots,t_n}(\Gamma_1,\Gamma_2,\cdots,\Gamma_n)$ 重合. 这样造出的$(\Omega,\mathcal{F},P)$和过程$\{x_t(\omega),t\in T\}$显然满足定理的要求. ■

注 2 由于本套书第 7 卷附篇定理 4 对 σ-紧距离可测空间正确，故上面的定理 2 当$(E,\mathcal{B})$为 σ-紧距离可测空间时也正确. 如果 T 为非负整数集，那么定理 2 对任意可测空间$(E,\mathcal{B})$都正确，证明仍如上，只是要以本套书第 7 卷附篇中的图尔恰（Tulcea）定理代替本套书第 7 卷附篇定理 4.

在马氏链的研究中我们已经看到，起重要作用的常常不是概率 P，而是转移概率

$$ {}_m p_{ij}^{(n)}=P(x_{m+n}=j\mid x_m=i), $$

或者更一般地，$P(x_{m+n_1}=j_1,x_{m+n_2}=j_2,\cdots,x_{m+n_k}=j_k\mid x_m=i)$等，这里$(x_{m+n_1}=j_1,x_{m+n_2}=j_2,\cdots,x_{m+n_k}=j_k)\in\mathcal{F}\{x_l,l\geqslant m\}$. 这样的事实启发我们应该怎样去考虑一般情况. 首先注意，如果

$$ m<m_1<m_2<\cdots<m_k, $$

对马氏链有

$$ P(x_{m_1}\in\Gamma_1,x_{m_2}\in\Gamma_2,\cdots,x_{m_k}\in\Gamma_k\mid x_m=i) $$
$$ =\sum_{j_1\in\Gamma_1}\sum_{j_2\in\Gamma_2}\cdots\sum_{j_k\in\Gamma_k}{}_m p_{ij_1}^{(m_1-m)}\,{}_{m_1}p_{j_1j_2}^{(m_2-m_1)}\cdots{}_{m_{k-1}}p_{j_{k-1}j_k}^{(m_k-m_{k-1})}. \qquad (16_1) $$

上式左方只是当 $P(x_m=i)>0$ 才有意义，然而右方值却总是有意义的，我们把右方的值简写为 $P_{m,i}(x_{m_1}\in\Gamma_1,x_{m_2}\in\Gamma_2,\cdots,x_{m_k}\in\Gamma_k)$，可把它理解为：在“质点于 m 时自 i 出发”的条件下，事件$(x_{m_1}\in\Gamma_1,x_{m_2}\in\Gamma_2,\cdots,x_{m_k}\in\Gamma_k)$的（条件）概率. 注意 $m_i>m$.

一般地，考虑规则马氏过程$\{x_t(\omega),t\in T\}$及任一对(s,x)，$s\in T,x\in E$，我们自然希望能类似地定义在“质点于 s 时自 x 出发”的条件下，属于将来的事件 A（即$\mathcal{N}^s$ 中的集 A）的（条件）概率 $P_{s,x}(A)$. 当 A 为$\mathcal{N}^s$ 中的柱集时，受(16_1)的启发，应定义

$$ P_{s,x}(x(t_i,\omega)\in\Gamma_i,i=1,2,\cdots,n) $$

$$=\int_{\Gamma_1} p(s,x;t_1,\mathrm{d}\xi_1)\int_{\Gamma_2} p(t_1,\xi_1;t_2,\mathrm{d}\xi_2)\cdots\int_{\Gamma_n} p(t_{n-1},\xi_{n-1};t_n,\mathrm{d}\xi_n),\tag{17}$$

其中 $s\leqslant t_1<t_2<\cdots<t_n$，$t_i\in T$，$\Gamma_i\in\mathcal{B}$均任意. 容易设想，如果(17)中的，只在柱集上有定义的集函数 $P_{s,x}$，能唯一地扩大定义域到全$\mathcal{N}^s$，那么我们所想定义的 $P_{s,x}(A)(A\in\mathcal{N}^s)$便完全确定. 可惜，在一般情形，这种扩张没有根据，因而只得把它当作条件来引进.

称规则马氏过程$\{x_t(\omega),t\in T\}$为 **标准的**[①]，如果由(17)式定义的集函数 $P_{s,x}$可唯一地扩大定义域到$\mathcal{N}^s$ 上而成为概率测度，记后者为 $P_{s,x}(A)$，$A\in\mathcal{N}^s$(一切 $s\in T$，$x\in E$). 称标准马氏过程为 **齐次的**，如果(2)式成立.

由附篇定理 4，知对定理 2 中所造出的过程(注意对此过程，Ω 重合于全体样本函数的集合)，由(17)所定义的 $P_{s,x}$ 可唯一扩大定义域到$\mathcal{N}^s$ 上而成为概率测度，故此过程是标准马氏过程. 类似地，由注 2 可见，对任意 σ-紧距离空间$(E,\mathcal{B})$上已给的转移函数 $p(s,x;t,\Gamma)$，必存在标准马氏过程，它的转移概率重合于已给的 $p(s,x;t,\Gamma)$.

本书以后无特别声明时，**所考虑的马氏过程永远假定为标准马氏过程，不再一一申述.**

试考察概率 $P_{s,x}(A)(A\in\mathcal{N}^s)$的性质.

首先，它可以看成 $p(s,x;t,\Gamma)$的延续，因为由(17)有

$$P_{s,x}(x(t,\omega)\in\Gamma)=p(s,x;t,\Gamma)(s\leqslant t).\tag{18}$$

特别，在上式中令 $\Gamma=\{x\}$，$t=s$，得

$$P_{s,x}(x(s,\omega)=x)=p(s,x;s,\{x\})=1,\tag{19}$$

① 参看 § 4.5 末附记.

换言之，测度 $P_{s,x}$ 集中在 ω-集 $(x(s,\omega)=x)$ 上.

其次，由(12)及(18)得

$$P(x(t,\omega)\in A\mid x(s))=P_{s,x(s)}(x(t,\omega)\in A)\quad \text{a.s.}. \tag{20}$$

作为(20)的一般化，试证

引理1 若 $\xi(\omega)$ 为 $\mathcal{N}^s$ 可测的有界函数，则

$$E(\xi\mid x(s))=E_{s,x(s)}\xi\quad \text{a.s.}, \tag{21}$$

其中 $E_{s,x(s)}\xi=[E_{s,y}\xi]_{y=x(s)}$，即以 $x(s,\omega)$ 代入 $E_{s,y}\xi$ 中的 y 而得的 ω 的函数.

证 试证当 $\xi(\omega)$ 为 ω-集

$$B=(x_{t_1}\in\Gamma_1,x_{t_2}\in\Gamma_2,\cdots,x_{t_n}\in\Gamma_n) \tag{22}$$

的示性函数时，(21)成立，这里 $s\leqslant t_1<t_2<\cdots<t_n$. 对这样的 $\xi(\omega)$，(21)化为

$$\begin{aligned}&P(x_{t_1}\in\Gamma_1,x_{t_2}\in\Gamma_2,\cdots,x_{t_n}\in\Gamma_n\mid x_s)\\&=P_{s,x(s)}(x_{t_1}\in\Gamma_1,x_{t_2}\in\Gamma_2,\cdots,x_{t_n}\in\Gamma_n)\quad \text{a.s.}.\end{aligned} \tag{23}$$

先设 $s<t_1$. 由(17)及本套书第7卷附篇引理7、引理6知，(23)右方项为 $\mathcal{F}\{x_s\}$ 可测. 其次，对任意 $\Gamma_0\in\mathcal{B}$

$$\begin{aligned}&\int_{(x(s)\in\Gamma_0)}P_{s,x(s)}(x_{t_1}\in\Gamma_1,x_{t_2}\in\Gamma_2,\cdots,x_{t_n}\in\Gamma_n)P(\mathrm{d}\omega)\\&=\int_{(x(s)\in\Gamma_0)}\left[\int_{\Gamma_1}p(s,x(s);t_1,\mathrm{d}\xi_1)\cdots\int_{\Gamma_n}p(t_{n-1},\xi_{n-1};t_n,\mathrm{d}\xi_n)\right]P(\mathrm{d}\omega)\\&=\int_{\Gamma_0}\left[\int_{\Gamma_1}p(s,\xi_0;t_1,\mathrm{d}\xi_1)\cdots\int_{\Gamma_n}p(t_{n-1},\xi_{n-1};t_n,\mathrm{d}\xi_n)\right]P_s(\mathrm{d}\xi_0).\end{aligned} \tag{24}$$

由(9)，此式右方值等于 $P(x_s\in\Gamma_0,x_{t_1}\in\Gamma_1,x_{t_2}\in\Gamma_2,\cdots,x_{t_n}\in\Gamma_n)$，故当 $s<t_1$ 时得证(23). 若 $s=t_1$，则在 $(x_s\overline{\in}\Gamma_1)$ 上，由条件概率的性质，(23)左方几乎处处为0；注意(23)右方不超过 $P_{s,x(s)}(x_s\in\Gamma_1)$，由(19)知它也等于0，故在 $(x_s\overline{\in}\Gamma_1)$ 上(23)成立；在 $(x_s\in\Gamma_1)$ 上，由类似理由(23)化为

$$P(x_{t_2}\in\Gamma_2,x_{t_3}\in\Gamma_3,\cdots,x_{t_n}\in\Gamma_n|x_s)$$
$$=P_{s,x(s)}(x_{t_2}\in\Gamma_2,x_{t_3}\in\Gamma_3,\cdots,x_{t_n}\in\Gamma_n)\quad\text{a.s.}.\tag{25}$$

其中 $s<t_2$，故化为前一情形(只要以$(x_s\in\Gamma_1)$代 Ω 而考虑). 故得证(23). 令

$$\mathcal{L}=\{全体有界函数\ \xi(\omega)\},$$
$$L=\{使(21)成立的全体\mathcal{N}^s\ 可测函数\},$$

利用$\mathcal{L}$-系方法，即知引理正确. ■

定理 3　设$\{x_t(\omega),t\in T\}$为马氏过程，$t_1<t_2<\cdots<t_n,t_i\in T$，则

$$P(x_{t_n}\in A|x_{t_1},x_{t_2},\cdots,x_{t_{n-1}})=P_{t_{n-1},x_{t_{n-1}}}(x_{t_n}\in A)\quad\text{a.s.};\tag{26}$$

又若 $\xi(\omega)$为$\mathcal{N}^t$ 可测的有界函数，则

$$E(\xi|\mathcal{N}_t)=E_{t,x_t}\xi\quad\text{a.s.}.\tag{27}$$

如果 $T=[0,+\infty)$，f 为$\mathcal{B}^T$ 可测的有界函数，那么

$$E[f(x(t+\cdot,\omega))|\mathcal{N}_t]=E_{t,x_t}f(x(t+\cdot,\omega))\quad\text{a.s.};\tag{28}$$

特别，如果此过程是齐次的，那么

$$E_{t,x}f(x(t+\cdot,\omega))=E_{0,x}f(x(\cdot,\omega)),\quad t\geqslant0,x\in E,\tag{29}$$
$$E[f(x(t+\cdot,\omega))|\mathcal{N}_t]=E_{0,x_t}f(x(\cdot,\omega))\quad\text{a.s.}.\tag{30}$$

证　由上节(1)(3)(13)及本节(20)(21)得(26)～(28).

当 f 为集$(e(\cdot):e(t_i)\in\Gamma_i,i=1,2,\cdots,n)(t_i>0)$的示性函数时，由(17)及(2)，知(29)正确. 然后令

$$\mathcal{L}=\{全体有界函数\ f(e(\cdot))\},$$
$$L=\{使(29)成立的全体\mathcal{B}^T\ 可测函数\ f\},$$

用$\mathcal{L}$-系方法即得(29). 综合(28)(29)，得证(30). ■

注意　(26)～(28)及(30)中 a.s.是对测度 P 而言的，故为明确起见，最好记成(P a.s.). 用同样的方法，对马氏过程，容易证明：对任意 $s\leqslant t_1<t_2<\cdots<t_{n-1}<t_n,s,t_i\in T,x\in E,A\in\mathcal{B}$，有

$$
\begin{aligned}
&P_{s,x}(x_{t_n}\in A\mid x_{t_1},x_{t_2},\cdots,x_{t_{n-1}})\\
&=P_{t_{n-1},x_{t_{n-1}}}(x_{t_n}\in A)\quad P_{s,x}\ \text{a.s.}.
\end{aligned}
$$

关于(27)(28)(30)也如此. §4.1 系 2 也有相应的形式，例如那里的(ii)应改成

设 $s\leqslant t,s,t\in T,\xi(\omega)$为$\mathcal{N}_t^s$可测，$\eta(\omega)$为$\mathcal{N}^t$可则，又$\eta(\omega)$及$\xi\eta$为$P_{s,x}$可积，则

$$
E_{s,x}\xi\eta=E_{s,x}[\xi E_{t,x_t}\eta]. \tag{30_1}
$$

（三）

在研究马氏过程样本函数的性质时，常常需要一种比马氏性更强的性质，即所谓强马氏性. 原来，在马氏性的定义中，“现在”是指固定的时刻 t，t 是与 ω 无关的常数. 但许多问题中，却要求把“现在”理解为某一随机的时刻$\tau(\omega)$，它随 ω 不同而可取不同的值.

例如，对马氏链$\{x_n(\omega)\}$，固定状态 k，定义

$$
\tau(\omega)=\inf(n:x_n(\omega)=k)),
$$

亦即$\tau(\omega)$是初次到达 k 的时刻，它是随机变量. 试问：在已知“现在 $x_\tau(\omega)(=k)$”的条件下，“将来”(即初次到达 k 以后的运动进程)是否也不依赖于“过去”(即初次到达 k 以前的运动进程)呢？

一般情形，我们把问题形式地(暂时没有精确的内容)提为：对马氏过程$\{x(t,\omega),t\in T\}$，扩充了的(28)式

$$
\begin{aligned}
&E[f(x(\tau+\cdot,\omega))\mid\mathcal{N}_\tau]\\
&=E_{\tau,x_\tau}f(x(\tau+\cdot,\omega))\quad \text{a.s.}
\end{aligned} \tag{31}
$$

是否成立？

相当长一段时期中，不少人认为(31)是(28)的必然推论. 直到 1956 年左右，有人找到了反例. 这问题才引起广泛注意. 最早认为(31)需要认真证明的是杜布(1945).

为了使(31)有精确的数学意义，看看要做些什么工作.

第一，$\tau(\omega)$不能过于任意. 以下我们只限于考虑所谓“不依赖于将来”的随机变量.

第二，σ代数$\mathcal{N}_\tau$应如何定义？回忆在(3)或(28)中，

$$\mathcal{N}_t=\mathcal{F}\{x_u,u\leqslant t\},$$

直观地说，$\mathcal{N}_t$是在时刻t以前(包含t)质点运动中所发生的事件的集. 因此，自然地$\mathcal{N}_\tau$也应该是在时刻τ及其以前质点运动中所发生的事件的集. 然而这里$\tau(\omega)$是随机变量，故如何定义$\mathcal{N}_\tau$是一个新问题.

第三，(31)中隐含着许多可测性问题，例如要求$f(x(\tau+\cdot,\omega))$是随机变量，要求$E_{\tau,x_\tau}f(x(\tau+\cdot,\omega))$关于$\mathcal{N}_\tau$可测等.

这些直观上的考虑引出下列正式定义：

设$\{x_t(\omega),t\in T\}$为取值于$(E,\mathcal{B})$的任意过程(不必是马氏过程)，为确定计，设$T=[0,+\infty)$. 对其他的$T\subset\mathbf{R}$，不难类似考虑.

称随机变量$\tau(\omega)$关于此过程为**不依赖于将来的**，如果它取值于$\overline{T}=[0,+\infty]$，并且对任意常数$s\in T$，有

$$(\omega:\tau(\omega)\leqslant s)\in\mathcal{N}_s. \tag{32}$$

令$\Omega_\tau=(\omega:\tau(\omega)<+\infty)$，考虑$\Omega_\tau$中的$\sigma$代数$\mathcal{N}_\tau$，它由如下的$\omega$-集$A$构成：

$$A\subset\Omega_\tau;$$

而且对任意$s\in T$，有[①]

$$A\cap(\omega:\tau(\omega)\leqslant s)\in\mathcal{N}_s. \tag{33}$$

上述定义的直观意义是：(32)表示，为了断定$\tau(\omega)$是否大于s，只要知道质点在时间$[0,s]$中如何运动就够了，与s以后(将来)如何运动无关. (33)则表示：当$\tau(\omega)\leqslant s$而考虑A时，或者说，在$(\tau(\omega)\leqslant s)$上考虑$A$时，它属于$\mathcal{N}_s$；换句话说，若已知$\tau\leqslant s$，则$A$

---

① 在(33)中令$s\to+\infty$，可见$\mathcal{N}_\tau\subset\mathcal{N}_{+\infty}\subset\mathcal{F}$.

只依赖于$[0,s]$中运动的进程.

显然，如$\tau(\omega)\equiv t$常数，$\tau(\omega)$满足(32).

现在可以定义强马氏过程.为了不过多地讨论这个问题，只考虑齐次情形，这样并不会影响对问题本质的理解.回忆§3.3(二)中强可测过程的定义后，我们有

定义3 称齐次马氏过程$\{x_t(\omega),t\in T\}$为强马氏过程，如果

(i) 它是强可测过程；

(ii) 对任意不依赖于将来的随机变量$\tau(\omega)$，任意$\mathcal{B}^T$可测的有界函数f，有[①]

$$E[f(x(\tau+\cdot,\omega))\mid\mathcal{N}_\tau]=E_{0,x(\tau)}f(x(\cdot,\omega))(\Omega_\tau,P). \quad (34)$$

其中(Ω_τ,P)表示对$\Omega_\tau\backslash\mathcal{N}$中一切的$\omega$，上式成立，而$P(\mathcal{N})=0,\mathcal{N}\subset\Omega_\tau$.

显然，(30)是(34)当$\tau(\omega)\equiv t$时的特殊情形.

条件(i)的引进是为了保证下列各种可测性成立.先证明$f(x(\cdot,\omega))$是随机变量，这由f是$\mathcal{B}^T$可测的假定及本套书第7卷附篇引理10推出.其次有

引理2 设$\{x_t(\omega),t\in T\}$为任意强可测过程，$\tau(\omega)$是不依赖于将来的随机变量.于是$x(\tau(\omega),\omega)$是$(\Omega_\tau,\mathcal{N}_\tau)$到$(E,\mathcal{B})$的可测变换.

证 由$\mathcal{N}_\tau$的定义，要证明的是：对任意$B\in\mathcal{B}$，有

$$(x(\tau(\omega),\omega)\in B)(\tau(\omega)\leqslant t)\in\mathcal{N}_t.$$

记$C_t=(\tau(\omega)\leqslant t)$，这等于要证：在$C_t$上

$$x(\tau(\omega),\omega)\text{为}(C_t,\mathcal{N}_t)\to(E,\mathcal{B})\text{可测}. \quad (35)$$

但因$\tau(\omega)$不依赖于将来，故在C_t上

$$\tau(\omega)\text{为}(C_t,\mathcal{N}_t)\to([0,t],\mathcal{B}_t)\text{可测},$$

---

① 对照§4.2(29).

这里$\mathcal{B}_t$ 表$[0,t]$中全体波莱尔子集所成 σ 代数. 故由本套书第 7 卷附篇引理 2,在 C_t 上

$$(\tau(\omega),\omega)\text{为}(C_t,\mathcal{N}_t)\to([0,t]\times\Omega,\mathcal{B}_t\times\mathcal{N}_t)\text{可测}.$$

既然过程是强可测的,故在$[0,t]\times\Omega$ 上

$$x(t,\omega)\text{为}([0,t]\times\Omega,\mathcal{B}_t\times\mathcal{N}_t)\to(E,\mathcal{B})\text{可测}.$$

综合最后两结果,利用复合可测变换的可测性,即知在 C_t 上,(35)成立. ■

设 t 为非负固定常数,对 $\tau+t$ 用引理 2,可见 $x(\tau(\omega)+t,\omega)$ 是$(\Omega_\tau,\mathcal{N}_{\tau+t})$到$(E,\mathcal{B})$的可测变换. 故对每一 $A\in\mathcal{B}$,有

$$(\omega:x(\tau(\omega)+t,\omega)\in A)\in\mathcal{N}_{+\infty}\subset\mathcal{F}.$$

第四,试证在 Ω_τ 上,$f(x(\tau+\cdot,\omega))$也是可测的. 实际上,要证的是:对任意 $a\in\mathbf{R}$,有

$$\Omega_\tau\cap(f(x(\tau+\cdot,\omega))\leqslant a)\in\mathcal{F},$$

若令 $f^{-1}(a)=(e(\cdot):f(e(\cdot))\leqslant a)$,则上式可写为

$$\Omega_\tau\cap(x(\tau+\cdot,\omega)\in f^{-1}(a))\in\mathcal{F}. \tag{36}$$

令 $\Lambda=\{B:B\subset E^{\mathrm{T}},\Omega_\tau\cap(x(\tau+\cdot,\omega)\in B)\in\mathcal{F}\}$,则 Λ 是 E^{T} 中的 σ 代数. 如果

$$B=(e(\cdot):e(t_1)\in A_1,e(t_2)\in A_2,\cdots,e(t_n)\in A_n)(A_i\in\mathcal{B}), \tag{37}$$

那么

$$\begin{aligned}&\Omega_\tau\cap(x(\tau+\cdot)\in B)\\&=\Omega_\tau\cap(x(\tau+t_1)\in A_1,x(\tau+t_2)\in A_2,\cdots,x(\tau+t_n)\in A_n),\end{aligned}$$

如上所述,$(x(\tau+t_i)\in A_i)\in\mathcal{F}$,故上式左方集属于$\mathcal{F}$. 这表示 Λ 包含柱集(37),从而也包含$\mathcal{B}^{\mathrm{T}}$. 既然 $f^{-1}(a)\in\mathcal{B}^{\mathrm{T}}$,故(36)成立.

有了这些准备后,现在问:

什么样的过程是强马氏过程?

本节以下设相空间为距离可测空间$(E,\rho,\mathcal{B})$,$\mathcal{B}$为全体开集所产生的 σ 代数(其实下面的定义 4 适用于拓扑可测空间).

定义 4 称齐次转移函数 $p(t,x,\Gamma)(x\in E,\Gamma\in\mathcal{B})$ 为**费勒函数**，如对任意实值函数 $f(x)\in C$，有

$$T_t f(x)=\int_E f(y)p(t,x,\mathrm{d}y)\in C,\quad t\geqslant 0,\tag{38}$$

这里 C 表 E 上有界连续函数全体.

称齐次马氏过程为**费勒过程**，如果它的转移概率是费勒函数.

换言之，利用 $p(t,x,\Gamma)$，对每 $t\geqslant 0$，在 C 上定义一个线性变换 T_t 如(38). 如果每个 T_t 都保留 C 不变，就称 $p(t,x,\Gamma)$ 为费勒函数. 注意到 $T_t f(x)=E_{0,x}f(x(t,\omega))$，就会发现费勒过程具有一定意义上的运动稳定性：如果在 $t=0$ 时，开始位置相差甚微 $(x_n\to x)$，那么在时刻 t，平均值 $E_{0,x}f(x(t,\omega))$ 也相差甚微 $(E_{0,x_n}f(x(t,\omega))\to E_{0,x}f(x(t,\omega)))$.

为了回答上述问题，还需要一个引理：

引理 3 对任意马氏过程 $\{x_t(\omega),t\in T\}$（未必是齐次过程），任意固定的 $A\in\mathcal{N}^s$，$s\in T$，$P_{s,x}(A)$ 是 x 的 $\mathcal{B}$ 可测函数.

证 当 A 为 $\mathcal{N}^s$ 中柱集

$$(x(t_1)\in\Gamma_1,x(t_2)\in\Gamma_2,\cdots,x(t_n)\in\Gamma_n)$$

$(s\leqslant t_1<t_2<\cdots<t_m,\Gamma_i\in\mathcal{B})$ 时，由本套书第 7 卷附篇引理 7 及本节(17)，应用归纳法后可见结论正确.

令

$$\Lambda=\{A:A\in\mathcal{N}^s,P_{s,x}(A)\text{关于 }x\text{ 为}\mathcal{B}\text{可测}\},$$

则 Λ 是一 λ-系，既然 Λ 包含诸柱集，它们是产生 $\mathcal{N}^s$ 的 π-系，故由本套书第 7 卷附篇引理 3，知 $\Lambda\supset\mathcal{N}^s$. ■

定理 4 右连续费勒过程是强马氏过程.

证 定义 3 条件(i)由 §3.3 引理 1 得到. 只要证(34). 先证当 f 具有形状

$$f(e(\cdot))=f_1(e_{u_1})f_2(e_{u_2})\cdots f_m(e_{u_m})$$

$$(0\leqslant u_1<u_2<\cdots<u_m) \tag{39}$$

时，(34)成立，这里 $e_{u_i}=e(u_i)$ 是 $e(\cdot)$ 在定点 u_i 上的值，而每 f_i 是 E 上的有界连续函数. 因此，这时 f 只依赖 $e(\cdot)$ 在有穷多个坐标上的值. 为了使记号简单，只对 $m=2$ 时证明，因为对一般的 m 证明类似. 任取 $a<b$, $0<b<+\infty$. 令

$$a_{ni}=a+\frac{i}{n}(b-a),$$

$$\tau_n(\omega)=\begin{cases}a_{ni}, & a_{ni-1}<\tau(\omega)\leqslant a_{ni}, \quad i=1,2,\cdots,n,\\ +\infty, & b<\tau(\omega).\end{cases}$$

对任意 $A\in\mathcal{N}_\tau$，有

$$\int_{A(a<\tau\leqslant b)} f_1(x_{\tau_n+u_1})f_2(x_{\tau_n+u_2})P(\mathrm{d}\omega)$$

$$=\sum_{i=1}^{n}\int_{A(a_{n\,i-1}<\tau\leqslant a_{n\,i})} f_1(x_{a_{n\,i}+u_1})f_2(x_{a_{n\,i}+u_2})P(\mathrm{d}\omega),$$

因为 $A(a_{n\,i-1}<\tau\leqslant a_{n\,i})=A(\tau\leqslant a_{n\,i})\backslash A(\tau\leqslant a_{n\,i-1})\in\mathcal{N}_{a_{n\,i}}$，故由条件数学期望定义，上式右方值

$$=\sum_{i=1}^{n}\int_{A(a_{n\,i-1}<\tau\leqslant a_{n\,i})} E[f_1(x_{a_{n\,i}+u_1})f_2(x_{a_{n\,i}+u_2})\,|\,\mathcal{N}_{a_{n\,i}}]P(\mathrm{d}\omega),$$

根据马尔可夫性(30)

$$=\sum_{i=1}^{n}\int_{A(a_{n\,i-1}<\tau\leqslant a_{n\,i})} E_{0,\,x(a_{n\,i})}f_1(x_{u_1})f_2(x_{u_2})P(\mathrm{d}\omega)$$

$$=\int_{A(a<\tau\leqslant b)} E_{0,\,x(\tau_n)}f_1(x_{u_1})f_2(x_{u_2})P(\mathrm{d}\omega) \tag{40}$$

当 $n\to+\infty$ 时，在 $(a<\tau\leqslant b)$ 上，$\tau_n\geqslant\tau$，$\tau_n\to\tau$，故由右连续性假定，得 $x(\tau_n+u)\to x(\tau+u)$. 既然 f_1，f_2 有界而且连续，故(40)中最左端项当 $n\to+\infty$ 时趋于

$$\int_{A(a<\tau\leqslant b)} f_1(x_{\tau+u_1})f_2(x_{\tau+u_2})P(\mathrm{d}\omega). \tag{41}$$

试证(40)中最右端项趋于

$$\int_{A(a<\tau\leqslant b)} E_{0,\,x(\tau)} f_1(x_{u_1}) f_2(x_{u_2}) P(\mathrm{d}\omega). \tag{42}$$

为此只要证明 $E_{0,\,x} f_1(x_{u_1}) f_2(x_{u_2})$ 是 x 的有界连续函数①. 由 (30_1)及(29)得

$$E_{0,\,x} f_1(x_{u_1}) f_2(x_{u_2}) = E_{0,\,x} f_1(x_{u_1}) E_{u_1,\,x(u_1)} f_2(x_{u_2})$$
$$= E_{0,\,x} f_1(x_{u_1}) E_{0,\,x(u_1)} f_2(x_{u_2-u_1}) = E_{0,\,x} F(x_{u_1}),$$

其中 $F(y)=f_1(y)E_{0,\,y}f_2(x_{u_2-u_1})$，由费勒性它是两个自变量为 y 的有界连续函数的积，故也是有界连续的；再用一次费勒性知 $E_{0,\,x}F(x_{u_1})$也是 x 的有界连续函数. 这样便证明了(40)中最右端趋于(42)中值，从而(41)(42)中两值相等. 于其中令 $a<0$ 任意，$b\to+\infty$即得等式

$$\int_A f_1(x_{\tau+u_1}) f_2(x_{\tau+u_2}) P(\mathrm{d}\omega)$$
$$= \int_A E_{0,\,x(\tau)} f_1(x_{u_1}) f_2(x_{u_2}) P(\mathrm{d}\omega).$$

为了完成(34)对(39)中的 f 正确的证明，根据条件数学期望定义的要求，还要证明(34)右方项

$$E_{0,\,x(\tau)} f_1(x_{u_1}) f_2(x_{u_2}) = \int_\Omega f_1(x_{u_1}) f_2(x_{u_2}) P_{0,\,x(\tau)}(\mathrm{d}\omega) \tag{43}$$

是$\mathcal{N}_\tau$可测函数. 由引理 3 及本套书第 7 卷附篇引理 7，知

$$G(y) = \int_\Omega f_1(x_{u_1}) f_2(x_{u_2}) P_{0,\,y}(\mathrm{d}\omega)$$

是 y 的$\mathcal{B}$可测函数；再根据引理 2，$x(\tau)$是$(\Omega_\tau,\mathcal{N}_\tau)$到$(E,\mathcal{B})$的可测变换，故由(43)

① 用归纳法可证对一般的 m，$E_{0,\,x} f_1(x_{u_1}) f_2(x_{u_2})\cdots f_m(x_{u_m})$是 x 的连续函数. 实际上，当 $m=1$ 时，由费勒性，此正确. 设结论对 $m-1$ 成立，则因

$$E_{0,\,x} f_1(x_{u_1}) f_2(x_{u_2})\cdots f_m(x_{u_m}) = E_{0,\,x} G(x_{u_1}),$$

其中 $G(y)=f_1(y)\cdot E_{0,\,y} f_2(x_{u_2-u_1}) f_3(x_{u_3-u_1})\cdots f_m(x_{u_m-u_1})$，由归纳法前提，并再用一次费勒性，即得证对 m 结论也对.

$$G(x(\tau))=E_{0,x(\tau)}f_1(x_{u_1})f_2(x_{u_2})$$

是$\mathcal{N}_\tau$可测函数.

这样,我们便证明了(34)对(39)中的 f 正确,即

$$E[f_1(x_{\tau+u_1})f_2(x_{\tau+u_2})\cdots f_m(x_\tau+u_m)|\mathcal{N}_\tau]$$
$$=E_{0,x_\tau}f_1(x_{u_1})f_2(x_{u_2})\cdots f_m(x_{u_m})(\Omega_\tau,P) \tag{44}$$

固定 $f_2,f_3,\cdots,f_m$ 为任意有界连续函数,而令

$\mathcal{L}=$(全体有界函数 f_1),

$L=$(全体使(44)正确的$\mathcal{B}$可测函数 f_1),

则 L 是一$\mathcal{L}$-系,由本套书第 7 卷附篇引理 8,可见(44)当 f_1 为有界可测函数,而 $f_2,f_3,\cdots,f_m$ 为有界连续函数时正确. 今固定 f_1 为任意有界可测函数,$f_3,f_4,\cdots,f_m$ 为任意有界连续函数,将此方法运用于 f_2,可见(44)对有界可测的 f_1,f_2,有界连续的 f_3,$f_4,\cdots,f_m$ 正确. 共重复 m 次后,即得证(44)对有界$\mathcal{B}$可测函数 $f_1,f_2,\cdots,f_m$ 正确.

特别,考虑$\mathcal{B}^T$ 中柱集

$$W_m=(e(\cdot):e(u_i)\in B_i,i=1,2,\cdots,m),\quad B_i\in\mathcal{B} \tag{45}$$

的示性函数$\chi_{W_n}(e(\cdot))$,它可表示成

$$\chi_{W_n}(e(\cdot))=\chi_{B_1}(e_{u_1})\chi_{B_2}(e_{u_2})\cdots\chi_{B_m}(e_{u_m}),$$

即 m 个有界$\mathcal{B}$可测函数之积,如上所证,(34)对这种函数正确. 令

$\mathcal{L}=\{$全体有界函数 $f(e(\cdot))\}$,

$L=\{$全体使(34)正确的$\mathcal{B}^T$ 可测函数 $f(e(\cdot))\}$,

则 L 是一$\mathcal{L}$-系而且$\chi_{W_m}(e(\cdot))\in L$. 既然诸 W_m 构成产生$\mathcal{B}^T$ 的 π-系,故由本套书第 7 卷附篇引理 4,L 包含一切有界$\mathcal{B}^T$ 可测函数 $f(e(\cdot))$. ■

注　定理证明中积累了不少技巧,它们有方法论的意义,同时也是常用的重要方法.

(i) 将随机变量 $\tau(\omega)$"离散化"为 $\tau_n(\omega)$,对 $\tau_n(\omega)$ 用马氏性,然后利用极限过渡以证明对 $\tau(\omega)$ 的强马氏性;

(ii) 为了证明某性质对最一般形式的函数(泛函) $f(e(\cdot))$ 正确,可化为对形如(39)的简单函数来证明,然后利用传统的方法($\mathcal{L}$-系或λ-系方法)以过渡到 $f(e(\cdot))$.

(iii) 函数可测性的证明方法是很重要的.过程论中常常碰到许多可测性问题,这是柯尔莫哥洛夫公理结构的副产品.不证明某些函数或集的可测性便无法运用测度论,而可测性的证明又不常常都是容易的.因此必须大量使用并掌握这种证明方法.

最后,我们指出,与定理3后的注意相应地,对右连续费勒过程,和(34)相当的下式正确:

$$\begin{aligned}&E_{0,x}[f(x(\tau+\cdot,\omega))\mid\mathcal{N}_\tau]\\&=E_{0,x(\tau)}f(x(\cdot,\omega))(\Omega_\tau,P_{0,x}).\end{aligned}\tag{46}$$

§4.3　马氏过程与半群理论

到现在我们已将马氏性和强马氏性叙述清楚，所用的工具是测度论的一般知识. 下面两节却几乎完全不用测度论而只依赖于简单的数学分析与泛函分析的知识. 这种情况不是偶然的.

回忆初等概率论中也有类似情况：在证明加强大数定理时，需要测度论；但讲中心极限定理时，却只用到数学分析，例如特征函数的一些性质等.

原来，在过程论中，基本上有两种类型的问题：一种是研究过程本身 $\{x(t,\omega),t\in T\}$，例如它的样本函数等，这时工作多在 Ω 上进行，工具主要是测度论，利用它可以把对过程轨道的观察所引起的思想严格化. 一种是研究过程的某种重要特征，如马氏过程的转移概率，独立随机变量列的分布函数列或特征函数列，以及以后要讲的弱平稳过程的相关函数或谱函数等，这时工作多在相空间 E 或实数、复数空间中进行，工具主要是分析的.

现在运用泛函分析中半群理论来研究马氏过程.

(一)　预备知识

设 $(E,\rho,\mathcal{B})$ 为距离可测空间，$\mathcal{B}$ 为含一切开集的最小 σ 代数. 定义在 E 上的全体有界 $\mathcal{B}$ 可测实值函数 $f(x)$ 构成一巴拿赫（Banach）空间，记为 $B=\{f(x)\}$，f 的范数定义为

$$\| f \| =\sup_{x\in E}| f(x) |. \tag{1}$$

在 B 中可以定义强与弱两种收敛性：

设 $f_n(x)\in B$，$f(x)\in B$，如果 $\| f_n-f \| \to 0$，就说 $\{f_n\}$ **强收敛**于 $f(x)$，并记成 $\operatorname{s}\lim\limits_{n\to+\infty} f_n=f$；

如果 $f_n(x)\in B$，$f(x)\in B$，而且 $\| f_n \|$ 有界，又对每个 $x\in$

E,有 $f_n(x)\to f(x)$,就说$\{f_n\}$**弱收敛**于 f,并记成

$$\mathrm{w}\lim_{n\to+\infty} f_n(x)=f(x).$$

显然,若 $\mathrm{s}\lim\limits_{n\to+\infty} f_n(x)=f(x)$,则必 $\mathrm{w}\lim\limits_{n\to+\infty} f_n(x)=f(x)$.

今设对每 $t\in\Delta=[a,b]$,有一 $f_t(=f_t(x))\in B$ 与之对应,称 $f_t(t\in\Delta)$在**点 $t_0\in\Delta$ 强连续或强可导**,如果

$$\mathrm{s}\lim_{t\to t_0} f_t=f_{t_0}, \tag{2}$$

或存在强极限①

$$\mathrm{s}\lim_{h\to 0}\frac{f_{t_0+h}-f_{t_0}}{h}\in B; \tag{3}$$

如果 f_t 在每一点 $t_0\in\Delta$ 都强连续或强可导,就说 f_t **在 Δ 上强连续或强可导**. 如果对 Δ 的任意分割 $a=t_0<t_1<\cdots<t_n=b$, $\delta=\max\limits_{1\leqslant k\leqslant n}|t_k-t_{k-1}|$,存在下列极限,就称 f_t 在 Δ 上**强可积**,

$$\mathrm{s}\lim_{\delta\to 0}\sum_{k=1}^{n} f_{t_k}\cdot(t_k-t_{k-1})\in B; \tag{4}$$

并记右方极限为 $\int_\Delta f_t\mathrm{d}t$ 或$\int_a^b f_t\mathrm{d}t$. 如果存在极限 $\mathrm{s}\lim\limits_{b\to+\infty}\int_a^b f_t\mathrm{d}t$,那么称 f_t **在$[a,+\infty)$强可积**,并记此极限为$\int_a^{+\infty} f_t\mathrm{d}t$.

利用弱收敛性可类似地定义**弱连续,弱可导与弱可积**.

试举出积分的若干性质:

(i) 设 f_t 在 Δ 上强连续. 若 Δ 有界,则 f_t 在 Δ 上强可积;如果 Δ 无界,为使 f_t 在 Δ 上强可积,只要存在一非负,在 Δ 上可积函数 $g(t)$,使 $\|f_t\|\leqslant g(t)$. 在任一情况下

$$\left\|\int_\Delta f_t\mathrm{d}t\right\|\leqslant\int_\Delta\|f_t\|\mathrm{d}t. \tag{5}$$

(ii) 若 f_t 为强可积,T 为 B 中有界线性算子,则 Tf_t 也强可

---

① 在强收敛下,极限必属于 B,此因 B 为巴拿赫空间,关于此收敛完备. 故(3)中属于 B 的要求必然满足,但对弱收敛则是一条件.

积，并且

$$\int_a^b Tf_t\mathrm{d}t = T\left(\int_a^b f_t\mathrm{d}t\right). \tag{6}$$

(iii) 若 f_t 在 $[a,a+h]$ 上强可积，而且在点 a 强连续，则

$$\mathrm{s}\lim_{h\to 0}\frac{1}{h}\int_a^{a+h} f_t\mathrm{d}t = f_a. \tag{7}$$

以上性质可仿普通积分论证明，或参考关于泛函分析的书[①].

(iv) 设 $f_t(x)(t\in\Delta, x\in E)$ 为 (t,x) 的 $\mathcal{B}_1\times\mathcal{B}$（$\mathcal{B}_1$ 为 Δ 中全体波莱尔子集所成 σ 代数）可测函数，又 $\|f_t\|<c(t)$，其中 $c(t)$ 为 Δ 上可积函数，则普通积分

$$g(x) = \int_\Delta f_t(x)\mathrm{d}t \tag{8}$$

存在，而且 $g(x)$ 是有界可测函数；又

$$\|g(x)\| \leqslant \int_\Delta c(t)\mathrm{d}t. \tag{9}$$

如果 φ 是 $\mathcal{B}$ 上任一有穷测度，那么由富比尼定理，

$$\begin{aligned}\int_E g(x)\varphi(\mathrm{d}x) &= \int_E\int_\Delta f_t(x)\mathrm{d}t\varphi(\mathrm{d}x)\\ &= \int_\Delta\left[\int_E f_t(x)\varphi(\mathrm{d}x)\right]\mathrm{d}t.\end{aligned} \tag{10}$$

(v) 若 $\mathrm{w}\lim\limits_{t\to a+} f_t = f$，则

$$\mathrm{w}\lim_{h\to 0+}\frac{1}{h}\int_a^{a+h} f_t\mathrm{d}t = f. \tag{11}$$

(vi) 设 f_t 在有界的 $\Delta=[a,b]$ 上有强连续的强导数 f_t'，则

$$\int_a^b f_t'\mathrm{d}t = f_b - f_a.$$

设已给齐次转移函数 $p(t,x,\Gamma)(t\geqslant 0, x\in E, \Gamma\in\mathcal{B})$. 在 B 上，对每 $t\geqslant 0$，可定义一有界线性算子 T_t：

$$T_tf(x) = \int_E f(y)p(t,x,\mathrm{d}y),\quad f\in B. \tag{12}$$

---

① 例如，关肇直. 泛函分析讲义. 北京：高等教育出版社，1958，第2章§6.

根据转移函数的性质（§4.2）及本套书第7卷附篇引理9，立知 $T_t(t\geqslant 0)$ 构成 B 上一个压缩算子半群，即

$$T_{s+t}=T_sT_t=T_tT_s,\quad \text{半群性},s\geqslant 0,t\geqslant 0. \tag{13}$$

$$\|T_tf\|\leqslant\|f\|,\quad \text{压缩性}. \tag{14}$$

于是由已给的 $p(t,x,\Gamma)$ 得到 B 上一算子半群. 还可另造一半群 $V_t(t\geqslant 0)$ 如下：

以 L 表定义在 $\mathcal{B}$ 上全体具有有界变差的完全可加集函数 $\varphi(\Gamma)(\Gamma\in\mathcal{B})$ 的全体，定义 φ 的范数为 φ 的全变差，即

$$\|\varphi\|=\varphi(E^+)-\varphi(E^-),$$

$E^+\cup E^-=E$ 为 E 关于 φ 的任一哈恩（Hahn）展开，则 L 也构成一巴拿赫空间. 对每 $t\geqslant 0$，在 L 上定义一有界线性算子 V_t：

$$V_t\varphi(\Gamma)=\int_E p(t,x,\Gamma)\varphi(\mathrm{d}x), \tag{15}$$

于是 $V_t(t\geqslant 0)$ 是 L 上一个压缩算子半群.

若已知 T_t 或 $V_t(t\geqslant 0)$，则只要在(12)或(15)中令 $f(y)=\chi_\Gamma(y)$ 或令 $\varphi(\Gamma)=I(x,\Gamma)$（即当 $x\in\Gamma$ 时 $\varphi(\Gamma)=1$，否则等于 0），就可得到 $p(t,x,\Gamma)$. 故转移函数为其任一半群 T_t 或 $V_t(t\geqslant 0)$ 所决定.

B 可看成为 L 上线性泛函的空间：

$$(f,\varphi)=\int_E f(x)\varphi(\mathrm{d}x),\quad f\in B,\varphi\in L, \tag{16}$$

而且 $(T_tf,\varphi)=(f,V_t\varphi)$，故 T_t,V_t 共轭.

以下研究 $T_t(t\geqslant 0)$.

称 $p(t,x,\Gamma)$ 为**随机连续**的，如对任一 $x\in E$，任一含 x 的开集 G，有

$$\lim_{t\to 0+}p(t,x,G)=1. \tag{17}$$

关于 $p(t,x,\Gamma)$ 与 $T_t(t\geqslant 0)$ 的“连续性”间，有

定理1 以下两个条件等价：

(i) $p(t,x,\Gamma)$随机连续；

(ii) 对任意连续函数 $f(x)\in B$，有

$$\mathrm{w}\lim_{t\to 0+} T_t f = f. \tag{18}$$

证　由 $\| T_t f \| \leqslant \| f \|$，知 $\| T_t f \|$ 有界.

(i)⇒(ii).

$$\begin{aligned} &| T_t f(x) - f(x) | \\ \leqslant & \int_G p(t,x,\mathrm{d}y) \mid f(y) - f(x) \mid + \mid f(x) \mid \mid p(t,x,G) - 1 \mid + \\ & \int_{\overline{G}} p(t,x,\mathrm{d}y) \mid f(y) \mid \\ \leqslant & \sup_{y\in G} \mid f(y) - f(x) \mid + 2 \| f \| (1 - p(t,x,G)), \end{aligned}$$

由 $f(y)$的连续性及(17)，取 G 充分小，右方即可小于任意指定的 ε.

(ii)⇒(i).　设 $x\in G$，取连续函数

$$\varphi(y) = \rho(y,\overline{G}) = \inf_{z\in\overline{G}} \rho(y,z),$$

令

$$f(y) = \begin{cases} 1, & \varphi(y) \geqslant \varphi(x), \\ \dfrac{\varphi(y)}{\varphi(x)}, & 0 < \varphi(y) < \varphi(x), \\ 0, & \varphi(y) = 0. \end{cases}$$

于是 $f\in B$ 连续，由于 $0\leqslant f(y)\leqslant 1$，而且 $f(y)=0, y\in\overline{G}$，故

$$f(x) - T_t f(x) = 1 - \int_E p(t,x,\mathrm{d}y) f(y) \geqslant 1 - p(t,x,G),$$

即得(i).　■

(二)　强收敛性

令

$$B_0 = \{ f : f\in B ; \mathrm{s}\lim_{t\to 0+} T_t f = f \}, \tag{19}$$

$$D_A = \{ f : f\in B ; 存在\ \mathrm{s}\lim_{h\to 0+} \frac{T_h f - f}{h} = g\in B \}. \tag{20}$$

简记 $s\lim\limits_{h\to 0+}\dfrac{T_hf-f}{h}=g$ 为

$$Af=g. \tag{21}$$

称 A 为半群 $T_t(t\geqslant 0)$ 的（强）**无穷小算子**，D_A 称为 A 的**定义域**. A 是线性算子，但未必有界.

其次，对每 $\lambda>0$，作线性算子

$$R_\lambda f=\int_0^{+\infty}\mathrm{e}^{-\lambda t}T_tf\,\mathrm{d}t,\quad f\in B_0. \tag{22}$$

在这一段中，收敛都用强收敛，我们证明，此算子对 $f\in B_0$ 有定义，而且是有界的，称为**预解算子**. 事实上，先证对每 $f\in B_0$，T_tf 在 $t\geqslant 0$ 上强连续，此因若 $t\geqslant t_0$，则

$$\|T_tf-T_{t_0}f\|=\|T_{t_0}(T_{t-t_0}f-f)\|\leqslant\|T_{t-t_0}f-f\|\to 0,$$

若 $t\leqslant t_0$，则

$$\|T_tf-T_{t_0}f\|=\|T_t(f-T_{t_0-t}f)\|\leqslant\|f-T_{t_0-t}f\|\to 0.$$

既然 $\|\mathrm{e}^{-\lambda t}T_tf\|\leqslant \mathrm{e}^{-\lambda t}\|f\|$，故由上述的积分性质1，即知 $R_\lambda f$ 存在. 有界性则由下式推出：

$$\|R_\lambda f\|\leqslant\int_0^{+\infty}\mathrm{e}^{-\lambda t}\|f\|\,\mathrm{d}t=\frac{\|f\|}{\lambda}. \tag{23}$$

由于半群性(13)，为决定整个半群 $T_t(t\geqslant 0)$，只要知道 $T_t(0\leqslant t\leqslant h)$ 就够了，$h>0$ 任意. 知道了后者，自然也决定了 A. 因此算子 A 是此半群的无穷小特征. 试问

(i) 无穷小算子 A 是否也决定 $T_t(t\geqslant 0)$ 本身，换言之，如两半群 T_t，$T_t'(t\geqslant 0)$ 有相同的无穷小算子，是否此两半群相同（即 $T_tf(x)=T_t'f(x)$ 对一切 $f\in B$ 成立）？因之产生此两半群的两转移函数相同？

(ii) 什么样的算子 A 可以作为某半群 $T_t(t\geqslant 0)$ 的无穷小算子？已知 A 如何造 T_t，$t\geqslant 0$？

本节中只研究前一问题. 后面的问题即(ii)，留待下节考虑.

为此先须研究 $T_t(t\geqslant 0)$，A，$R_\lambda(\lambda>0)$ 间的关系，结果发现，R_λ 是一重要工具.

引理 1　(关于 D_A 及 B_0 的性质).

(i) D_A 与 B_0 是线性集①，$D_A\subset B_0$；

(ii) 对任意 $f\in B_0$，$T_t f$ 在 $t\geqslant 0$ 上强连续，因而半群 T_t，$t\geqslant 0$ 保留 B_0 不变②；

(iii) B_0 是闭集，D_A 在 B_0 中稠密；

(iv) $A(D_A)\subset B_0$，即若 $f\in D_A$，则 $Af\in B_0$.

证　(i)由 D_A 与 B_0 的定义显然. (ii)在上面已证明. (iii)先证 B_0 的闭性. 设 $f_n\in B_0$，$\mathrm{s}\lim\limits_{n\to+\infty} f_n=f$，由压缩性

$$\|T_t f-f\|\leqslant\|T_t f-T_t f_n\|+\|T_t f_n-f_n\|+\|f_n-f\|$$
$$\leqslant 2\|f-f_n\|+\|T_t f_n-f_n\|,$$

取某一相当大的 n，使 $\|f-f_n\|<\dfrac{\varepsilon}{3}$，对此固定的 n，由于 $f_n\in B_0$，存在 $\delta>0$，使 $t<\delta$ 时，$\|T_t f_n-f_n\|<\dfrac{\varepsilon}{3}$. 故 $f\in B_0$. 其次证稠性. 设 $f\in B_0$，由(ii)及积分性质(i)，存在

$$g_{a,b}=\int_a^b T_t f\,\mathrm{d}t\quad(0\leqslant a<b<+\infty).$$

由积分性质(ii)

$$T_h g_{a,b}=\int_a^b T_{t+h} f\,\mathrm{d}t=\int_{a+h}^{b+h} T_t f\,\mathrm{d}t=g_{a,b}+\int_b^{b+h} T_t f\,\mathrm{d}t-\int_a^{a+h} T_t f\,\mathrm{d}t.$$

由积分性质(iii)

$$\mathrm{s}\lim_{h\to 0+}\frac{T_h g_{a,b}-g_{a,b}}{h}=\mathrm{s}\lim_{h\to 0+}\left(\frac{1}{h}\cdot\int_b^{b+h} T_t f\,\mathrm{d}t-\frac{1}{h}\int_a^{a+h} T_t f\,\mathrm{d}t\right)$$
$$=T_b f-T_a f,$$

① 称集 $G\subset B$ 为线性集，若 $f\in G$，$g\in G$，则 $\alpha f+\beta g\in G$　($\alpha\in\mathbf{R}$，$\beta\in\mathbf{R}$).

② 即指对任意 $t_0\geqslant 0$，$f\in B_0$，有 $T_{t_0} f\in B_0$.

因此 $g_{a,b}\in D_A$. 再由积分性质(iii)

$$\mathrm{s}\lim_{b\to 0+}\frac{g_{0,b}}{b}=\mathrm{s}\lim_{b\to 0+}\frac{\int_0^b T_t f\,\mathrm{d}t}{b}=f.$$

(iv) 如 $f\in D_A\subset B_0$，由(ii) $T_h f\in B_0$，既然 B_0 是线性闭集，故

$$Af=\mathrm{s}\lim_{h\to 0+}\frac{T_h f-f}{h}\in B_0.$$ ■

引理 2 若 $f\in D_A$，则强导数 $\frac{\mathrm{d}T_t f}{\mathrm{d}t}$ 存在而且强连续，又

$$\frac{\mathrm{d}T_t f}{\mathrm{d}t}=AT_t f=T_t A f, \tag{24}$$

$$T_t f-f=\int_0^t T_s A f\,\mathrm{d}s. \tag{25}$$

证 如 $f\in D_A$，得

$$\left\|T_t\frac{T_h f-f}{h}-T_t A f\right\|\leqslant\left\|\frac{T_h f-f}{h}-Af\right\|\to 0\quad(h\to 0+),$$

这表示：

i) 存在 $\mathrm{s}\lim\limits_{h\to 0+}\frac{T_{t+h}f-T_t f}{h}=\frac{\mathrm{d}^+T_t f}{\mathrm{d}t}$；

ii) $T_t f\in D_A$ 而且 $\frac{\mathrm{d}^+T_t f}{\mathrm{d}t}=T_t A f=AT_t f$（后一等式是由于 $\frac{\mathrm{d}^+T_t f}{\mathrm{d}t}=\mathrm{s}\lim\limits_{h\to 0+}\frac{T_h(T_t f)-T_t f}{h}=AT_t f$）.

故若能证 $\frac{\mathrm{d}^-T_t f}{\mathrm{d}t}=\frac{\mathrm{d}^+T_t f}{\mathrm{d}t}$，则得证(24). 对 $h>0$ 有

$$\begin{aligned}\left\|\frac{T_t f-T_{t-h}f}{h}-T_t A f\right\|&\leqslant\left\|T_{t-h}\left(\frac{T_h f-f}{h}-Af\right)\right\|+\\&\quad\|T_{t-h}(Af-T_h A f)\|\\&\leqslant\left\|\frac{T_h f-f}{h}-Af\right\|+\|Af-T_h A f\|\to 0(h\to 0+,\text{由(iv)}).\end{aligned}$$

因此

$$\frac{\mathrm{d}^- T_t f}{\mathrm{d}t} = \mathrm{s}\lim_{h\to 0+}\frac{T_t f - T_{t-h} f}{h} = T_t A f = \frac{\mathrm{d}^+ T_t f}{\mathrm{d}t}.$$

最后,由引理 1 (iv)及(ii),$T_t A f\left(因之\dfrac{\mathrm{d}T_t f}{\mathrm{d}t}\right)$对 t 强连续,自 0 到 t 积分(24),由积分性质(vi),即得(25). ■

以 I 表恒等算子,即 $If=f(f\in B)$. R_λ 的作用在于

定理 2　$R_\lambda=(\lambda I-A)^{-1}$.

证　先证 $\lambda I-A$ 有逆算子$(\lambda I-A)^{-1}$,而且后者与 R_λ 有相同的定义域 B_0. 由于 $\lambda I-A$ 的定义域为 D_A,故只要证 $\lambda I-A$ 将 D_A 一一地变到 B_0 上. 由引理 1(iv),$A(D_A)\subset B_0$,既然 B_0 是线性集,$(\lambda-A)(D_A)\subset B_0$. 今任取 $f\in B_0$. 令 $F=R_\lambda f$. 由(6)

$$\begin{aligned}T_h F &= T_h\left(\int_0^{+\infty}\mathrm{e}^{-\lambda t}T_t f\,\mathrm{d}t\right)=\int_0^{+\infty}\mathrm{e}^{-\lambda t}T_{t+h}f\,\mathrm{d}t=\int_h^{+\infty}\mathrm{e}^{-\lambda(t-h)}T_t f\,\mathrm{d}t\\&=\mathrm{e}^{\lambda h}\int_h^{+\infty}\mathrm{e}^{-\lambda t}T_t f\,\mathrm{d}t=\mathrm{e}^{\lambda h}\left(F-\int_0^h\mathrm{e}^{-\lambda t}T_t f\,\mathrm{d}t\right),\end{aligned}$$

从而

$$\frac{T_h F-F}{h}=\frac{\mathrm{e}^{\lambda h}-1}{h}F-\frac{\mathrm{e}^{\lambda h}}{h}\int_0^h\mathrm{e}^{-\lambda t}T_t f\,\mathrm{d}t.$$

令 $h\to 0+$取强极限,利用引理 1(ii)与(7)得

$$AF=\lambda F-f, \tag{26}$$

故 $F\in D_A$. 改写(26)为

$$(\lambda I-A)F=f. \tag{27}$$

这说明对每 $f\in B_0$,存在 $F\in D_A$,满足(27). 换言之,得证

$$(\lambda I-A)(D_A)=B_0.$$

为证一一性,设有两个 $F_1\in D_A$,$F_2\in D_A$,满足$(\lambda I-A)F_1=(\lambda I-A)F_2$,则 $g=F_1-F_2\in D_A$ 满足

$$Ag=\lambda g. \tag{28}$$

由(24)中后一式及(28),$\dfrac{\mathrm{d}T_t g}{\mathrm{d}t}=\lambda T_t g$,或$\dfrac{\mathrm{d}(\mathrm{e}^{-\lambda t}T_t g)}{\mathrm{d}t}=0$. 对每个

固定的$x\in E$,上式是关于t的常微分方程,其解为

$$e^{-\lambda t}T_t g=c. \tag{29}$$

因为$g\in D_A\subset B_0$,$\mathrm{s}\lim\limits_{t\to 0+}T_t g=g$,故如在上式中令$t\to 0+$,即得$c=g$.以之代入(29),得

$$e^{-\lambda t}T_t g=g. \tag{30}$$

由压缩性,$\|g\|\leqslant e^{-\lambda t}\|g\|$,令$t\to+\infty$得$\|g\|=0$,即$F_1=F_2$.故得证一一性.

剩下要证对每$f\in B_0$,$R_\lambda f=(\lambda I-A)^{-1}f$,即$(\lambda I-A)R_\lambda f=f$.而这已由(27)证明. ■

以下定理说明,一般地无穷小算子不能唯一决定半群,并说明只能决定到一定程度.

定理3 若两半群T_t与$T'_t(t\geqslant 0)$有相同的无穷小算子①,则它们有相同的B_0,而且对任意$f\in B_0$,$T_t f=T'_t f(t\geqslant 0)$.

证 由引理1(iii),得证前一结论.由定理2,半群T_t与T'_t有相同的预解算子,换言之,对任意$f\in B_0$,$x\in E$,有

$$\int_0^{+\infty}e^{-\lambda t}T_t f(x)\mathrm{d}t=\int_0^{+\infty}e^{-\lambda t}T'_t f(x)\mathrm{d}t(\lambda>0), \tag{31}$$

由引理1,$T_t f(x)$,$T'_t f(x)$关于$t\geqslant 0$连续,故由拉普拉斯变换的唯一性定理(见§4.5第3题),$T_t f(x)=T'_t f(x)$. ■

由此可见,如$f\in D_A\subset B_0$,$T_t f$为A所唯一决定.如何由A以求出此$T_t f$?有

定理4 设$f\in D_A$,则函数$u_t=T_t f$是方程

$$\frac{\mathrm{d}u_t}{\mathrm{d}t}=Au_t \tag{32}$$

在下列条件下的唯一解:

(i) u_t强可导,而且导数为强连续;

---

① 就是说:首先,$D_A=D_{A'}$,其次,对任意$f\in D_A$,$Af=A'f$.

(ii) $\| u_t \| \leqslant c\mathrm{e}^{kt}$ (c, k 为两常数)；

(iii) $u_0 = \mathrm{s} \lim\limits_{t \to 0+} u_t = f$.

证　由引理 2，知 $T_t f$ 满足(32)及(i). 又因 $\| T_t f \| \leqslant \| f \|$，故若取 $c = \| f \|$，$k=0$，则 $T_t f$ 满足(ii). 由于 $f \in D_A \subset B_0$，故 $\mathrm{s} \lim\limits_{t \to 0+} T_t f = f$.

反之，设 u_t 为任一满足(i)(ii)与 $\mathrm{s} \lim\limits_{t \to 0+} u_t = 0$ 的(32)的解，试证 $u_t = 0$.

令 $v_t = \mathrm{e}^{-\lambda t} u_t (\lambda > k)$. 由(32)

$$\frac{\mathrm{d}v_t}{\mathrm{d}t} = -\lambda \mathrm{e}^{-\lambda t} u_t + \mathrm{e}^{-\lambda t} \frac{\mathrm{d}u_t}{\mathrm{d}t} = -\lambda v_t + A v_t = -(\lambda I - A) v_t,$$

因而

$$-v_t = R_\lambda \left(\frac{\mathrm{d}v_t}{\mathrm{d}t} \right).$$

由(i)，$\frac{\mathrm{d}v_t}{\mathrm{d}t}$强连续，既然 R_λ 有界，故由(6)

$$\int_0^t v_s \mathrm{d}s = -R_\lambda \int_0^t \frac{\mathrm{d}v_s}{\mathrm{d}s} \mathrm{d}s = -R_\lambda (v_t - v_0) = -R_\lambda v_t$$

(因 $u_0 = \mathrm{s} \lim\limits_{t \to 0+} u_t = 0$). 由(ii)，当 $t \to +\infty$ 时

$$\| v_t \| = \| \mathrm{e}^{-\lambda t} u_t \| \leqslant c\mathrm{e}^{(k-\lambda)t} \to 0.$$

故 $\| R_{\lambda v_t} \| \leqslant \| R_\lambda \| \cdot \| v_t \| \to 0$，从而只要 $\lambda > k$，便有

$$\int_0^\infty \mathrm{e}^{-\lambda t} u_t \mathrm{d}t = \int_0^\infty v_t \mathrm{d}t = 0.$$

由此及上述唯一性定理推出 $u_t = 0$.　■

(三)　弱收敛性

以弱收敛代替强收敛，可得与上段平行的几乎类似的结果. 令

$$\widetilde{B}_0 = \{ f : f \in B; \mathrm{w} \lim_{t \to 0+} T_t f = f \}, \tag{33}$$

$$D_{\widetilde{A}} = \{ f : f \in \widetilde{B}_0; \text{存在 } \mathrm{w} \lim_{h \to 0+} \frac{T_h f - f}{h} = g \in \widetilde{B}_0 \}. \tag{34}$$

简记 $\mathrm{w}\lim\limits_{h\to 0+}\dfrac{T_h f-f}{h}=g$ 为

$$\widetilde{A}f=g.$$

称 $\widetilde{A}$ 为半群 $T_t(t\geqslant 0)$ 的弱无穷小算子，其定义域为 $D_{\widetilde{A}}$. $\widetilde{A}$ 是线性算子，但未必有界.

其次，对每 $\lambda>0$，作线性算子

$$\widetilde{R}_\lambda f=\int_0^{+\infty}\mathrm{e}^{-\lambda t}T_t f\mathrm{d}t\quad (f\in\widetilde{B}_0).$$

在这一段中，收敛都用弱收敛. 我们证明，此算子对 $f\in\widetilde{B}_0$ 有定义，而且 $\widetilde{R}_\lambda f\in B$. 实际上，在下面的引理 3 (ii′) 中，将证明 $T_t f(x)$ 是 $t\geqslant 0$ 的右连续函数，既然 $T_t f(x)=\int_E p(t,x,\mathrm{d}y)f(y)$ 对固定的 t 是 x 的 $\mathcal{B}$ 可测函数（见本套书第 7 卷附篇引理 7），因而由 §3.3 引理 1，$T_t f(x)$（因之 $\mathrm{e}^{-\lambda t}T_t f(x)$）是 (t,x) 的可测函数. 又因 $\|\mathrm{e}^{-\lambda t}T_t f\|\leqslant\|f\|\mathrm{e}^{-\lambda t}$，故积分 $\int_0^{+\infty}\mathrm{e}^{-\lambda t}T_t f\mathrm{d}t$ 存在而且是 x 的有界 $\mathcal{B}$ 可测函数，从而 $\widetilde{R}_\lambda f\in B$.

引理 3

(i′) $D_A\subset D_{\widetilde{A}}\subset B_0\subset\widetilde{B}_0$；

(ii′) 对任意 $f\in\widetilde{B}_0$，$T_t f$ 在 $t\geqslant 0$ 上弱右连续，因而半群 T_t $(t\geqslant 0)$ 保留 $\widetilde{B}_0$ 不变①.

(iii′) $D_A, D_{\widetilde{A}}, B_0, \widetilde{B}_0$ 有相同的弱闭包②，记为 B_1.

(iv′) $\widetilde{A}(D_{\widetilde{A}})\subset\widetilde{B}_0$.

证 (i′) 只要证 $D_{\widetilde{A}}\subset B_0$，其余都显然，如 $f\in D_{\widetilde{A}}$，由弱收敛定义，$\left\|\dfrac{T_t f-f}{t}\right\|$ 有界，故当 $t\to 0$ 时，$\|T_t f-f\|\to 0$，此即表 $f\in B_0$.

---

① 由弱右连续性推知：对固定的 $x\in E$ 及 $f\in\widetilde{B}_0$，$T_t f(x)$ 是 $t\geqslant 0$ 的右连续函数.

② 集 M 的弱（强）闭包是含 M 的最小闭集，收敛性用弱（强）收敛.

(ii′) 首先注意，如 $\mathrm{w}\lim_{n\to+\infty} f_n=f$，由控制收敛定理，有

$$T_t[\mathrm{w}\lim_{n\to+\infty} f_n]=\mathrm{w}\lim_{n\to+\infty} T_t f_n. \tag{35}$$

故对任意固定的 $t_0\geqslant 0$，若 $f\in\widetilde{B}_0$，则

$$\mathrm{w}\lim_{h\to 0+} T_{t_0+h}f=\mathrm{w}\lim_{h\to 0+} T_{t_0}T_h f=T_{t_0}[\mathrm{w}\lim_{h\to 0+} T_h f]=T_{t_0}f.$$

(iii′) 由引理 1(iii)，B_0 是 D_A 的强闭包，故 D_A 的弱闭包包含 B_0，由 $D_A\subset D_{\widetilde{A}}\subset B_0$，知此三集有相同的弱闭包. 若能证 $D_{\widetilde{A}}$ 在弱收敛意义下稠于 $\widetilde{B}_0$，则得证结论. 为此，注意 $f\in\widetilde{B}_0$ 时，像证明 $\widetilde{R}_\lambda f\in B$ 一样，可证在弱收敛下

$$g_{a,b}=\int_a^b T_t f\,\mathrm{d}t\ (0\leqslant a<b<+\infty)$$

也属于 B. 然后只要仿照引理 1 中 D_A 稠于 B_0 的证明即可.（唯一差别是：这里的 $T_h g_{a,b}=\int_a^b T_{t+h}f\,\mathrm{d}t$ 不是由积分性质(ii) 推出，而是由积分性质(iv) 推出.）

(iv′) 由(34)中 $g\in\widetilde{B}_0$ 的假定即得 $\widetilde{A}(D_{\widetilde{A}})\subset\widetilde{B}_0$. ■

引理 4　若 $f\in D_{\widetilde{A}}$，则弱右导数 $\dfrac{\mathrm{d}^+T_tf}{\mathrm{d}t}$ 存在而且弱右连续，又

$$\frac{\mathrm{d}^+T_tf}{\mathrm{d}t}=\widetilde{A}T_tf=T_t\widetilde{A}f, \tag{36}$$

$$T_tf-f=\int_0^t T_s\widetilde{A}f\,\mathrm{d}s. \tag{37}$$

证　与引理 2 之证明类似. ■

定理 5　$\widetilde{R}_\lambda=(\lambda I-\widetilde{A})^{-1}$.

证　将定理 2 的证明几乎逐字地重复到(28). 由(36)及(28)，得

$$\frac{\mathrm{d}^+T_tf}{\mathrm{d}t}=T_t\widetilde{A}g=\lambda T_tg$$

或 $\dfrac{\mathrm{d}^+(\mathrm{e}^{-\lambda t}T_tg)}{\mathrm{d}t}=0$. 既然 $g\in D_{\widetilde{A}}\subset B_0$，函数 $\mathrm{e}^{-\lambda t}T_tg$ 连续，故根据

数学分析中关于右导数的一结果(见§4.5,第13题),由上式可得(30).以下再逐字重复即可. ■

定理3的强化是下面的

定理6 若两半群 T_t 与 $T'_t(t\geqslant 0)$ 的强或弱无穷小算子一致,则它们有相同的 B_1,而且对一切 $f\in B_1$,有

$$T_t f=T'_t f. \tag{38}$$

证 第一结论由引理3(iii′)推得.如两者的强无穷小算子相同,由定理3,(38)对一切 $f\in B_0$ 成立.根据(35),可见 B 中使(38)成立的全体 f 所成的集 F 关于弱收敛封闭,既然 $B_0\subset F$,故 B_0 的弱闭包 $B_1\subset F$.

如两者有相同的弱无穷小算子,由定理5,

$$\int_0^{+\infty}\mathrm{e}^{-\lambda t}T_t f\,\mathrm{d}t=\int_0^{+\infty}\mathrm{e}^{-\lambda t}T'_t f\,\mathrm{d}t$$

对一切 $f\in B_0\cap B'_0$ 成立.但当 $f\in B_0\cap B'_0$ 时,$T_t f$ 与 $T'_t f$ 对 t 连续,由拉普拉斯变换唯一性定理,(38)对一切 $f\in B_0\cap B'_0\supset D_{\tilde{A}}=D_{\tilde{A}'}$ 成立.再用引理3(iii′)及(35),即知(38)对 $f\in B_1$ 成立. ■

为了叙述与定理4平行的定理,需要对 $p(t,x,\Gamma)$ 补加一条件

(E):对任意固定的 $\Gamma\in\mathcal{B}$,$p(t,x,\Gamma)$关于(t,x)为$\mathcal{B}_1\times\mathcal{B}$可测函数,$\mathcal{B}_1$ 为$[0,+\infty)$中全体波莱尔子集所成 σ 代数.

由此条件易见:若 $g_t(x)$当 $t\geqslant 0$ 固定时属于 B,当 x 固定时,对 t 右连续,又在任一有界区间$[a,b]$内,$\|g_t\|$ 有界,则在弱收敛下,$\int_a^b g_t(x)\mathrm{d}t\in B$,而且$\int_0^{+\infty}\mathrm{e}^{-\lambda s}T_s\,g_t(x)\mathrm{d}s\in B\ (\lambda>0)$.

实际上,对每固定的 $x\in E$,由右连续性及有界性,显然存在$\int_a^b g_t(x)\mathrm{d}t$.既然$g_t(x)$ 对 x 为$\mathcal{B}$可测,对 t 右连续,故关于(t,x) 可测.由本套书第7卷附篇引理7,$\int_a^b g_t(x)\mathrm{d}t\in B$.其次,对任意 $\varepsilon>0$,存

在 N,使 $d>N$ 时,$\int_d^{+\infty}\mathrm{e}^{-\lambda t}\mathrm{d}t<\frac{\varepsilon}{\|g_t\|}$,故当 $N_2>N_1>N$ 时

$$\left\|\int_0^{N_2}\mathrm{e}^{-\lambda s}T_s g_t\mathrm{d}s-\int_0^{N_1}\mathrm{e}^{-\lambda s}T_s g_t\mathrm{d}s\right\|\leqslant\|g_t\|\cdot\int_{N_1}^{N_2}\mathrm{e}^{-\lambda t}\mathrm{d}t<\varepsilon,$$

故存在$\int_0^{+\infty}\mathrm{e}^{-\lambda s}T_s g_t(x)\mathrm{d}s$. 用本套书第 7 卷附篇引理 7 两次,知后者属于 B.

定理 7　设(E)成立,若 $f\in D_{\widetilde{A}}$,则函数 $u_t=T_t f$ 是方程

$$\frac{\mathrm{d}^+u_t}{\mathrm{d}t}=\widetilde{A}u_t \tag{39}$$

在下列条件下的唯一解:

(i) u_t 弱连续;$\frac{\mathrm{d}^+u_t}{\mathrm{d}t}$弱右连续;$\left\|\frac{\mathrm{d}^+u_t}{\mathrm{d}t}\right\|$在任一有界区间内有界.

(ii) $\|u_t\|<C\mathrm{e}^{kt}$(C,k 为两常数).

(iii) $u_0=\mathrm{w}\lim\limits_{t\to0+}u_t=f$.

证　由 $D_{\widetilde{A}}\subset B_0$ 及引理 1(ii),$T_t f$ 弱(甚至强)连续. 由(34)知 $\widetilde{A}f\in\widetilde{B}_0$,根据(36)及引理 3(ii′)知$\frac{\mathrm{d}^+u_t}{\mathrm{d}t}$弱右连续,有界性由(36)后式可见. (ii)(iii)显然.

今设(39)之解 u_t 满足(i)(ii)及 $\mathrm{w}\lim\limits_{t\to0_+}u_t=0$,试证 $u_t=0$. 仿定理 4 之证,$v_t=\mathrm{e}^{-\lambda t}u_t$ 满足

$$v_t=-\widetilde{R}_\lambda\left(\frac{\mathrm{d}^+v_t}{\mathrm{d}t}\right)=-\int_0^{+\infty}\mathrm{e}^{-\lambda s}T_s\left(\frac{\mathrm{d}^+v_t}{\mathrm{d}t}\right)\mathrm{d}s,$$

$$\int_0^t v_r\mathrm{d}r=-\int_0^t\left[\int_0^{+\infty}\mathrm{e}^{-\lambda s}T_s\left(\frac{\mathrm{d}^+v_r}{\mathrm{d}r}\right)\mathrm{d}s\right]\mathrm{d}r.$$

函数 $T_s v_r(x)=\mathrm{e}^{-\lambda r}T_s u_r(x)$对 s 连续(因 $u_r\in D_{\widetilde{A}}$),对 r 连续(由

(i)及积分控制收敛定理)，故它关于(s,r)可测[①]. 既然

$$T_s\left(\frac{\mathrm{d}^+ v_r}{\mathrm{d}r}\right)(x)=\frac{\mathrm{d}^+}{\mathrm{d}r}[T_s v_r(x)]$$

是可测函数列的极限(可换序是由于(35))，$\mathrm{e}^{-\lambda s}T_s\left(\frac{\mathrm{d}^+ v_r}{\mathrm{d}r}\right)$为$(s,r)$可测. 运用富比尼定理，我们可以改变积分次序，再注意

$$T_h\left(\int_\Delta f_t\mathrm{d}t\right)=\int_\Delta T_h f_t\mathrm{d}t \tag{40}$$

(于(10)中令$\varphi(\Gamma)=p(h,y,\Gamma)$即得上式)，有

$$\int_0^t v_r\mathrm{d}r=-\int_0^{+\infty}\left(\mathrm{e}^{-\lambda s}T_s\int_0^t\frac{\mathrm{d}^+ v_r}{\mathrm{d}r}\mathrm{d}r\right)\mathrm{d}s. \tag{41}$$

函数$v_t-\int_0^t\frac{\mathrm{d}^+ v_r}{\mathrm{d}r}\mathrm{d}r$连续，右导数等于0，故此函数等于常数. 但当$t=0$时，它等于0，故

$$\int_0^t\frac{\mathrm{d}^+ v_r}{\mathrm{d}r}\mathrm{d}r=v_t. \tag{42}$$

以(42)代入(41)，得

$$\int_0^t v_r\mathrm{d}r=-\widetilde{R}_\lambda v_t.$$

然后重复定理4以下的证明即可. ■

(四)

现在来叙述唯一性定理，它说明何时半群(因之转移函数)被它的强无穷小算子A或弱无穷小算子$\widetilde{A}$所唯一决定. 定理6提供了解决这问题的初步形式：在B_1上半群既为A也为$\widetilde{A}$所唯一决定. 因此，如果$B_1=B$，那么唯一性成立. 注意B_1依赖于$T_t,t\geqslant 0$，而且一般地$B_1\subset B$. 故为使$B_1=B$，必须此半群(或相应地，$p(t,x,\Gamma)$)具有某种"较好"的性质. 这性质在以下定理中叙述.

如$p(t,x,\Gamma)$的半群$T_t,t\geqslant 0$的无穷小算子为A，就说$p(x,$

① 仿§3.3引理1证明.

t,Γ)的无穷小算子为 A. 对 $\widetilde{A}$ 也如此.

以下仍以 C 表 E 上全体有界连续函数所成的集.

定理 8(唯一性定理)

(i) 若 $T_t(t\geqslant 0)$ 的 $\widetilde{B}_0$ 包含 C,则此半群既为 A,也为 $\widetilde{A}$ 所唯一决定;

(ii) 若转移函数 $p(t,x,\Gamma)$ 随机连续,则它既为其强无穷小算子 A,也为其弱无穷小算子 $\widetilde{A}$ 所唯一决定.

证　取$\mathcal{L}=B$. 设两半群 $T_t,T_t'(t\geqslant 0)$ 有相同的 A(或 $\widetilde{A}$),因之有相同的 B_1,又设各自的 $\widetilde{B}_0\supset C,\widetilde{B}_0'\supset C$. 令

$$L=\{f:f\in B;T_tf=T_t'f\},$$

由(35)知 L 是$\mathcal{L}$-系. 由假定及定理 6,$C\subset\widetilde{B}_0\cap\widetilde{B}_0'\subset B_1\subset L$,根据本套书第 7 卷附篇引理 8,$B\subset L$,此得证(i). (ii)则由定理 1 推出. ■

现在特别地研究费勒函数. 回忆它的定义:转移函数 $p(t,x,\Gamma)$所产生的半群 $T_t(t\geqslant 0)$如保留 C 不变,即若 $f\in C$ 则 $T_tf\in C$ 时,就称 $p(t,x,\Gamma)$为费勒转移函数.

空间 B 是对任一转移函数不变的,故一般地在 B 中考虑它的算子半群;现在既然 C 是 B 的子巴拿赫空间,它又对费勒函数不变,我们自然愿意只在 C 中研究它所对应的半群. 试问与定理 8 相当的结果此时成立否?

令 $C_0=CB_0,\widetilde{C}_0=C\widetilde{B}_0,C_1$ 表 $\widetilde{C}_0$ 在 B 中的弱闭包,并仿照(20)(21)(34)等以定义限制在 C 中的无穷小算子 A_C 与 $\widetilde{A}_C$(只要在(20)(34)中补加条件 $f\in C,g\in C$),它们的定义域分别记为 D_{A_C} 与 $D_{\widetilde{A}_C}$.

定理 9　随机连续的费勒函数既由其 A_C,也由其 $\widetilde{A}_C$ 唯一决定;又 $C=\widetilde{C}_0$.

证　逐步检查定理 6 的证明,可见定理 6 可用于 A_C 与 $\widetilde{A}_C$,

因而此两算子中任一个足以在 C_1 中决定 $T_t(t\geqslant 0)$. 由定理 1, $C\subseteq\widetilde{B}_0$, 故 $C=\widetilde{C}_0\subset C_1$. 像定理 8 的证明一样地定义$\mathcal{L}$与 L, 则 $L\supset C_1\supset C$, 故由本套书第 7 卷附篇引理 8 得 $L\supset B$. ■

为证定理 10, 要先证一引理, 此引理给出 $f\in B_0$ 的充分条件.

引理 5[①] 设 $f\in B$ 为某一元, 若对 B 上任一线性连续泛函 l, 数值函数 $l(T_tf)$ 对 $t>0$ 右连续, 则 T_tf 对 $t>0$ 右强连续（即对每 $t>0$, $T_tf\in B_0$）. 此外, 若对每 l 尚有

$$\lim_{t\to 0+} l(T_tf)=l(f), \tag{43}$$

则 $f\in B_0$.

证 令 $B'=(g:g$ 是 f 及 T_rf 的有理系数的线性组合, $r>0$ 为有理数$)$的强闭包. 设对某 $t>0$, $T_tf\,\overline{\in}\,B'$, 则由巴拿赫-哈恩定理[②], 可造 B 上一线性连续泛函 l, 使

$$l(T_tf)=1,\quad l(g)=0,\quad 一切\, g\in B',$$

但这与 $0=\lim\limits_{r\to t+} l(T_rf)=l(T_tf)=1$ 矛盾, 故 $T_tf\in B'(t>0)$.

既然 B'关于 T_t 不变, 故可只在此子空间上考虑此半群, 显然 B'为可分的. 设 l 为 B'上任一线性连续泛函, 因 $l(T_tf)$右连续, 故可测. 根据邓福德(Dunford)定理[③], 可见 T_tf 对 $t>0$ 右强连续, 即 $T_tf\in B_0$.

如果说 $f\,\overline{\in}\,B_0$, 那么由巴拿赫-哈恩定理, 存在线性连续泛函 l, 使 $l(f)=1$, $l(g)=0$(一切 $g\in B_0$). 由此(43)不可能. 故 $f\in B_0$. ■

---

① 其实此引理对一般的巴拿赫空间 B 正确.

② 见 Люстерник Л А и, Соболев В И. 杨从仁, 译. 泛函数分析概要. 北京: 科学出版社, 1964(第 2 次印刷), 第 169 页.

③ 关肇直. 泛函分析讲义. 北京: 高等教育出版社, 1958, 第 482 页, 定理 2. 巴拿赫-哈恩定理见第 82 页, 系 2.

定理 10　当相空间 E 为紧距离空间时，为使费勒函数随机连续，必需且只需

$$C_0=\widetilde{C}_0=C;\quad A_C=\widetilde{A}_C.$$

证　由随机连续性与定理 1，对任意 $f\in C$ 有

$$\mathrm{w}\lim_{h\to 0+}T_hf=f.$$

由引理 3(ii′)，对任意 $t\geqslant 0$

$$\mathrm{w}\lim_{h\to 0+}T_{t+h}f=T_tf. \tag{44}$$

其次，由 E 的紧性，C 上任一线性连续泛函 l 可表为①

$$l(f)=\int_E f(y)\varphi(\mathrm{d}y), \tag{45}$$

这里 φ 是 $\mathcal{B}$ 上的广义测度. 由(44)(45)知，对任一 l，$l(T_tf)$ 是 t 的右连续函数，而且 $l(T_tf)\to l(f)(t\to 0+)$. 故由引理 5②，$f\in C_0$，即 $C\subset C_0$，但 $C_0\subset\widetilde{C}_0\subset C$，故 $C_0=\widetilde{C}_0=C$. 既然 $\widetilde{R}_\lambda$，R_λ 一一地将 $\widetilde{C}_0$，C_0 分别变到 $D_{\widetilde{A}_C}$ 及 D_{A_C} 上. 而且③ $R_\lambda\subset\widetilde{R}_\lambda$，故由 $C_0=\widetilde{C}_0$ 得 $D_{\widetilde{A}_C}=D_{A_C}$ 及 $\widetilde{A}_C=A_C$.

反之，若 $C=C_0(=CB_0)$，则 $C\subset B_0$，故(18)满足，由定理 1 即得 $p(t,x,\Gamma)$ 的随机连续性. ■

定理(10)表明，当相空间为紧距离可测空间$(E,\rho,\mathcal{B})$时，对随机连续的费勒函数，半群理论取完满的形式. 这时由于强、弱无穷小算子一致，我们只要考虑一种收敛性，例如强收敛性就够了.

---

① 证明见参考书[20]§56.

② 把那里的 B 看作 C，B_0 看作 C_0.

③ 设 A,B 为两算子，若定义域 $D_A\subset D_B$，而且 $f\in D_A$，有 $Af=Bf$，则记 $A\subset B$.

§4.4 马氏过程与半群理论(续)

这一节中主要研究上节(二)中提了的问题(ii)：什么样的算子 A 可以作为某半群 $T_t(t\geqslant 0)$ 的无穷小算子？已知 A 如何造 T_t，$t\geqslant 0$？为了解决这些问题，我们先略述泛函分析中关于一般的线性算子的半群理论，特别是希尔-吉田耕作(Hille-Yosida)定理.

设 B 为任意的巴拿赫空间，其中的点记作 f，f 的范记为 $\|f\|$. 把 B 中的元变到 B 中的变换 T 称为**有界线性算子**①，如果

(i) 由 $\|f_n-f\|\to 0$ 可得 $\|Tf_n-Tf\|\to 0$ $(n\to+\infty)$；

(ii) 对任意数 α, β, $f\in B$, $g\in B$，有

$$T(\alpha f+\beta g)=\alpha Tf+\beta Tg.$$

今设对每一 $t\geqslant 0$，存在一个有界线性算子 T_t，称此族算子 $T_t(t\geqslant 0)$ 构成一个**压缩的有界线性算子半群**，简称为**压缩半群**②，如果满足条件

$$T_{s+t}=T_sT_t\quad(s\geqslant 0,t\geqslant 0),\tag{1}$$

$$\|T_tf\|\leqslant\|f\|\ (f\in B),\tag{2}$$

分别称为(1)(2)**半群性与压缩性**.

上节中，我们考虑了一个特殊的巴拿赫空间 B，B 中的元 $f(=f(x))$ 是距离可测空间 $(E,\rho,\mathcal{B})$ 上的有界 $\mathcal{B}$ 可测函数，$\|f\|=\sup\limits_{x\in E}|f(x)|$，并详细地研究了一个特殊的压缩半群 $T_t(t\geqslant 0)$

$$T_tf(x)=\int_E p(t,x,\mathrm{d}y)f(y).\tag{3}$$

---

① T 的定义域也可以只是 B 的某一子空间 D，此时只要求 1,2 对 D 中的 f_n，f，g 成立.

② 若 $T_t(t\geqslant 0)$ 只具有性质(i)，则称为半群.

以后称由(3)定义的压缩半群为**由转移函数 $p(t,x,\Gamma)$ 产生的压缩半群**，或简称为 $p(t,x,\Gamma)$-**半群**.

上节中引进的许多基本概念自然可移植于一般情形，而且其中绝大部分(关于强收敛)的概念不需任何改变.

称 $\{f_n\}\subset B$ **强收敛**于 f，(f 必定属于 B)，如果 $\| f_n-f \| \to 0$，并记成 $\mathrm{s}\lim\limits_{n\to+\infty} f_n=f$. 由此便可像上节完全一样地定义 f_t($t\in\Delta=[a,b]$) 在 Δ 上强连续，强可导，强可积，而且上节中关于积分的性质(i)～(iii)完全保留.

考虑抽象巴拿赫空间 B 上任一压缩半群 $T_t(t\geqslant 0)$. 利用强收敛性，与上节(19)～(22)完全一样地定义 B_0，D_A，A 及 R_λ，并称 A 为 $T_t(t\geqslant 0)$的**强无穷小算子**，D_A 为其定义域，称$R_\lambda(\lambda>0)$为**预解算子**.

至于弱收敛性的一般化则涉及共轭空间的观念，需要更多的泛函分析知识. 好在以下我们不用弱收敛，故不拟引进. 因此，以下“强收敛”“强无穷小算子”等中的“强”字省去.

上节第(二)段中一切结论和证明①对一般的巴拿赫空间 B 及压缩半群都正确，因为那里一点也没有用到 B 及压缩半群的特殊性. 特别，以下引理正确：

引理 1　设 B 为任意巴拿赫空间，$T_t(t\geqslant 0)$是其上的任意压缩半群，A 为它的无穷小算子，则

(i) A 的定义域 D_A 在 B_0 中处处稠密(在强收敛下)；

(ii) 对任意$g\in B_0$ 及 $\lambda>0$，以下方程有解 $f\in D_A$：

$$\lambda f-Af=g;\tag{4}$$

(iii) 对任意 $f\in D_A$ 及 $\lambda>0$，$\| \lambda f-Af \| \geqslant\lambda \| f \|$.

---

① 唯一需要修改的上节定理 3 的证明，因为上节(31)中用到了 $f=f(x)$这一特殊性. 修改见下面的引理 2.

证 由上节引理 1(iii)及(27)得(i)(ii). 对 $f\in D_A$，令 $\lambda f-Af=g$，由上节定理 2，$R_\lambda g=f$，$g\in B_0$. 再由上节(23)，$\|R_\lambda g\|\leqslant\frac{\|g\|}{\lambda}$，此即 $\|\lambda f-Af\|\geqslant\lambda\|f\|$. ■

引理 2 若任两压缩半群 T_t 与 $T'_t(t\geqslant0)$ 有相同的无穷小算子，则它们有相同的 B_0，而且对任意 $f\in B_0$，$T_tf=T'_tf(t\geqslant0)$.

证 同上节定理 3 证明中的推理，由假设，知 T_t 与 $T'_t(t\geqslant0)$ 有相同的 B_0 及相同的预解算子. 故对任意 $f\in B_0$，$\lambda>0$，有

$$\int_0^{+\infty}\mathrm{e}^{-\lambda t}T_tf\mathrm{d}t=\int_0^{+\infty}\mathrm{e}^{-\lambda t}T'_tf\mathrm{d}t$$

或者

$$\int_0^{+\infty}\mathrm{e}^{-\lambda t}(T_tf-T'_tf)\mathrm{d}t=0.$$

由积分的性质(ii)（见上节）[①]，对 B 上任一有界线性泛函 $l(g)$ $(g\in B)$，自上式得

$$\int_0^{+\infty}\mathrm{e}^{-\lambda t}l(T_tf-T'_tf)\mathrm{d}t=0.$$

因 $f\in B_0$，$l(T_tf-T'_tf)$是 t 的有界连续函数. 由拉普拉斯变换唯一性定理知$l(T_tf-T'_tf)=0$，但若在巴拿赫空间某一元上一切有界线性泛函的值都等于 0，则此元为 0，即零元（巴拿赫-哈恩定理）. 故 $T_tf=T'_tf(t\geqslant0)$. ■

为了便于理解希尔-吉田耕作定理，考虑下面的

例 巴拿赫空间 E 中全体有界线性算子构成一集 $\mathfrak{A}$. 对 $\mathfrak{A}$ 中元 Q，引进范

$$\|Q\|=\sup\frac{\|Qf\|}{\|f\|}\tag{5}$$

---

① 此性质对无穷积分区间也成立，见关肇直. 泛函分析讲义. 北京：高等教育出版社，1958，第 192 页定理 4.

后，泛函分析中证明了，关于普通的算子加法和对数的乘法运算，$\mathfrak{A}$ 构成一巴拿赫空间[①].

今固定任一 $A\in\mathfrak{A}$，证诸算子 $e^{tA}(t\geqslant 0)$，构成一半群，即满足(1).

首先说明 e^{tA} 的定义. 这要从算子的无穷级数讲起. 设有一列 $\{Q_n\}\subset\mathfrak{A}$，$\sum\limits_{n=0}^{+\infty}\|Q_n\|<+\infty$. 由于 $\mathfrak{A}$ 为巴拿赫空间，必存在 $Q\in\mathfrak{A}$，使 $\left\|Q-\sum\limits_{m=0}^{n}Q_m\right\|\to 0,\ n\to+\infty$. 定义 Q 为 $\sum\limits_{n=0}^{+\infty}Q_n$. 这样，由于 $\sum\limits_{n=0}^{+\infty}\left\|\dfrac{A^n}{n!}\right\|\leqslant\sum\limits_{n=0}^{+\infty}\dfrac{\|A\|^n}{n!}<+\infty$，故可定义

$$e^{tA}=\begin{cases}\sum\limits_{n=0}^{+\infty}\dfrac{(tA)^n}{n!}, & t>0,\\ I, & t=0.\end{cases}$$

由此定义，可见若 $A\in\mathfrak{A}$，$B\in\mathfrak{A}$，且 $AB=BA$，则由逐项相乘，得

$$e^Ae^B=e^{A+B}. \tag{6}$$

由(6)推出 $e^{(s+t)A}=e^{sA}e^{tA}$，故 $e^{tA}(t\geqslant 0)$构成一半群. 其次，因

$$\|e^{tA}-I-tA\|\leqslant\sum_{n\geqslant 2}\frac{\|A\|^n}{n!}t^n=e^{t\|A\|}-I-t\|A\|,$$

故得

$$\left\|\frac{e^{tA}-I}{t}-A\right\|\to 0,\quad t\to 0+, \tag{7}$$

这表示半群 $e^{tA}(t\geqslant 0)$ 的无穷小算子是 A. 由此可见，如已给定义在 E 上的有界线性算子 A，我们很容易地就可造出以 A 为无穷小算子的半群. 然而，当 A 不是有界算子时，情况就复杂得多.

引理 3　若 $A\in\mathfrak{A}$，$D\in\mathfrak{A}$，$AD=DA$，而且对任意 $t\geqslant 0$，$\|e^{tA}\|\leqslant 1$，$\|e^{tD}\|\leqslant 1$，则

$$\|e^{tA}-e^{tD}\|\leqslant t\|A-D\|. \tag{8}$$

---

① 关肇直. 泛函分析讲义. 北京：高等教育出版社，1958，第 69 页.

证 我们有

$$e^{tA}-e^{tD}=\sum_{k=1}^{n}e^{\frac{k-1}{n}tA}e^{\frac{n-k}{n}tD}\left(e^{\frac{t}{n}A}-e^{\frac{t}{n}D}\right),$$

$$\| e^{tA}-e^{tD} \| \leqslant n\left\| e^{\frac{t}{n}A}-e^{\frac{t}{n}D}\right\|. \tag{9}$$

由(7)，当 $n\to+\infty$ 时

$$\frac{e^{\frac{t}{n}A}-I}{\frac{t}{n}}\to A,\quad \frac{e^{\frac{t}{n}D}-I}{\frac{t}{n}}\to D,$$

故 $n\left(e^{\frac{t}{n}A}-e^{\frac{t}{n}D}\right)\to t(A-D)\ (n\to+\infty)$. 由此及(9)即得(8). ■

设 $T_t(t\geqslant 0)$ 为巴拿赫空间 B 中的线性算子半群，如果它的 $B_0=B$，即对任意 $f\in B$，有

$$\text{s}\lim_{t\to 0+}T_tf=f$$

时，称此半群为**连续的**，或**在 B 中为连续的**.

定理 1(希尔-吉田耕作) 设 B 为任一巴拿赫空间，A 为 B 中的线性算子. 为使 A 为某个连续的压缩半群 $T_t(t\geqslant 0)$ 的无穷小算子，必须而且只需引理 1 中三条件(i)～(iii)满足[①].

证 **必要性**已在引理 1 中证明，由假设，此时 $B=B_0$. **充分性**之证明较长：造一族有界线性算子 A_λ 逼近于 A：$\text{s}\lim\limits_{\lambda\to+\infty}A_\lambda f=Af\ (f\in D_A)$；造半群 $T_t^\lambda=e^{tA_\lambda}$，并证明对每 $f\in B$，存在极限 $T_tf=\text{s}\lim\limits_{\lambda\to+\infty}T_t^\lambda f$，而且此 $T_t(t\geqslant 0)$ 即所求之半群. 下面详细证明.

(i) 造有界线性算子 A_λ.

以 $R_\lambda g$ 表方程(4)的解，因为如果 $\lambda f-Af=0$，那么由引理 1 (iii)，$f=0$，故此解唯一. 显然 R_λ 是定义在 B 上的线性算子. 由引理 1 (iii)

---

① 仔细考虑下列证明，可见实际上只需引理 1 中(i)以及对某一列 $\lambda_n\to+\infty$，(ii)(iii)成立，即可证充分性.

$$\| R_\lambda g \| \leqslant \frac{1}{\lambda} \| g \| . \tag{10}$$

故 R_λ 是有界算子. 由 $R_\lambda g$的定义知

$$\lambda R_\lambda g - AR_\lambda g = g, \quad g \in B, \tag{11}$$

$$\lambda R_\lambda f - R_\lambda A f = f, \quad f \in D_A. \tag{12}$$

由此知若 $f \in D_A$,则

$$R_\lambda A f = AR_\lambda f. \tag{13}$$

由(11)～(13)得

$$\begin{aligned} \lambda R_\lambda R_\mu g &= AR_\lambda R_\mu g + R_\mu g = R_\lambda AR_\mu g + R_u g \\ &= R_\lambda(\mu R_\mu g - g) + R_\mu g, \end{aligned}$$

从而

$$R_\lambda R_\mu = \frac{R_\mu - R_\lambda}{\lambda - \mu},$$

故

$$R_\lambda R_\mu = R_\mu R_\lambda. \tag{14}$$

今证对任意 $f \in B$,有

$$\mathrm{s} \lim_{\lambda \to +\infty} \lambda R_\lambda f = f. \tag{15}$$

若 $f \in D_A$,则由(12)(10)得

$$\| \lambda R_\lambda f - f \| = \| R_\lambda A f \| \leqslant \frac{\| Af \|}{\lambda}; \tag{16}$$

如 $f \in B$,由引理 1 (i),对任意 $\varepsilon > 0$,存在 $f_1 \in D_A$,使 $\| f - f_1 \| < \frac{\varepsilon}{3}$. 利用(10)及(16),对 $\lambda > 3 \frac{\| Af_1 \|}{\varepsilon}$,有

$$\begin{aligned} \| \lambda R_\lambda f - f \| &\leqslant \| \lambda R_\lambda (f - f_1) \| + \| \lambda R_1 f_1 - f_1 \| + \| f_1 - f \| \\ &\leqslant \| f - f_1 \| + \frac{\| Af_1 \|}{\lambda} + \| f - f_1 \| < \varepsilon, \end{aligned}$$

此得证(15). 今令

$$A_\lambda = \lambda AR_\lambda, \tag{17}$$

由(11)

$$A_{\lambda}=\lambda(\lambda R_{\lambda}-I), \tag{18}$$

故 A_{λ} 是定义在 B 上的线性算子. 由(10)

$$\| A_{\lambda}f \| \leqslant 2\lambda \| f \|. \tag{19}$$

由此知 A_{λ} 为有界算子. 由(18)及(14)

$$A_{\lambda}A_{\mu}=A_{\mu}A_{\lambda}. \tag{20}$$

对 $f\in D_{A}$，由(17)(13)得 $A_{\lambda}f=\lambda R_{\lambda}Af$，由(15)

$$\mathrm{s}\lim_{\lambda\to+\infty} A_{\lambda}f=Af. \tag{21}$$

(ii) 造半群 $T_{t}(t\geqslant 0)$.

由上面的例，知 A_{λ} 产生半群

$$T_{t}^{\lambda}=\mathrm{e}^{tA_{\lambda}}. \tag{22}$$

由(18)及(6)

$$T_{t}^{\lambda}=\mathrm{e}^{\lambda t(\lambda R_{\lambda}-I)}=\mathrm{e}^{-t\lambda}\mathrm{e}^{t\lambda^{2}R_{\lambda}}. \tag{23}$$

由(10)及显而易见的公式 $\| \mathrm{e}^{Q} \| \leqslant \mathrm{e}^{\| Q \|}$ $(Q\in\mathfrak{A})$得

$$\| T_{t}^{\lambda} \| = \| \mathrm{e}^{-t\lambda}\mathrm{e}^{t\lambda^{2}R_{\lambda}} \| \leqslant \mathrm{e}^{-t\lambda}\mathrm{e}^{t\lambda^{2}\| R_{\lambda} \|} \leqslant 1 \tag{24}$$

由(22)及引理 3 得

$$\| T_{t}^{\lambda}f-T_{t}^{\mu}f \| = \| \mathrm{e}^{tA_{\lambda}}f-\mathrm{e}^{tA_{\mu}}f \| \leqslant t \| A_{\lambda}f-A_{\mu}f \|. \tag{25}$$

根据此式及(21)，可见若 $f\in D_{A}$，则存在极限

$$\mathrm{s}\lim_{\lambda\to+\infty} T_{t}^{\lambda}f=T_{t}f, \tag{26}$$

并且此收敛对每个有穷区间中的 t 是均匀的. 现在证明 $T_{t}(t\geqslant 0)$ 产生连续的压缩半群. 由(24)

$$\| T_{t}f \| \leqslant \| f \| \ (f\in D_{A}). \tag{27}$$

由此及引理 1 (i)可拓展 T_{t} 的定义域为全 B，使 T_{t} 在 B 上为一线性有界算子并且满足(26)(27). 既然对任意 $\lambda>0$，$T_{s}^{\lambda}T_{t}^{\lambda}f=T_{s+t}^{\lambda}f$，故 $T_{s}T_{t}f=T_{s+t}f$，从而 $T_{t}(t\geqslant 0)$ 是一压缩半群. 剩下要证此半群的连续性. 显然 $T_{0}=I$. 由

$$\| T_{t}f-f \| \leqslant \| T_{t}f-T_{t}^{\lambda}f \| + \| T_{t}^{\lambda}f-f \|,$$

对任意 $\varepsilon>0$，由上述收敛均匀性，可取 λ 相当大，使右方第一项对

一切 $0\leqslant t\leqslant 1$ 均小于 $\frac{\varepsilon}{2}$. 第二项则由引理 3 及(19)不超过 $t\|A_\lambda f\|\leqslant 2\lambda_t\|f\|$. 故可选 δ, $1>\delta>0$, 使 $t<\delta$ 时,第二项小于 $\frac{\varepsilon}{2}$ 而 $\|T_tf-f\|<\varepsilon$.

(iii) 证明 $T_t(t\geqslant 0)$ 的无穷小算子 $A_1=A$.

因为 A_λ 是 $T_t^\lambda(t\geqslant 0)$ 的无穷小算子,由上节(25)

$$T_t^\lambda f-f=\int_0^t T_s^\lambda A_\lambda f\,\mathrm{d}s. \tag{28}$$

若 $f\in D_A$, 则由(24)

$$\begin{aligned}\|T_sAf-T_s^\lambda A_\lambda f\| &\leqslant \|T_sAf-T_s^\lambda Af\|+\|T_s^\lambda Af-T_s^\lambda A_\lambda f\|\\ &\leqslant \|T_sAf-T_s^\lambda Af\|+\|Af-A_\lambda f\|,\end{aligned}$$

故当 $\lambda\to+\infty$ 时, $T_s^\lambda A_\lambda f$ 关于 $s\in[0,t]$ 均匀地强收敛于 T_sAf. 于是由(28)得

$$T_tf-f=\int_0^t T_sAf\,\mathrm{d}s.$$

由 $T_t(t\geqslant 0)$ 的连续性及上节(7)

$$\mathrm{s}\lim_{t\to 0+}\frac{T_tf-f}{t}=\mathrm{s}\lim_{t\to 0+}\frac{1}{t}\int_0^t T_sAf\,\mathrm{d}s=Af.$$

从而得证 $D_A\subset D_{A_1}$ 而且 $A_1f=Af$ $(f\in D_A)$. 剩下只要证 $D_{A_1}\subset D_A$. 任取 $f\in D_{A_1}$, 令 $g=\lambda f-A_1f$. 由引理 1 (ii), 可考虑方程 $\lambda_\varphi-A_\varphi=g$ 的解 $\varphi\in D_A$. 由刚才所证 $A_\varphi=A_1\varphi$, 故 φ 也满足方程 $\lambda_\varphi-A_1\varphi=g$. 既然后者对任一 g 只有一个解,故 $f=\varphi\in D_A$. ■

称定理 1 中的 $T_t(t\geqslant 0)$ 为 A **所产生的半群**.

系 1　设 H 为 B 的闭子集,使若 $f_1, f_2\in H$, 则对任意 $c_1\geqslant 0$, $c_2\geqslant 0$, 有 $c_1f_1+c_2f_2\in H$. 如果由 $\lambda f-Af\in H$ 可推得 $f\in H$, 那么由 A 所产生的半群 $T_t(t\geqslant 0)$ 保留 H 不变.

证　既然由 $\lambda f-Af\in H$ 可得 $f\in H$, 故 $R_\lambda H\subset H$ (即表 $R_\lambda g\in H$ 对每 $g\in H$ 成立). 由(23) $T_t^\lambda H\subset H$, 再由(26),

$T_t H \subset H$. ■

称算子 A 为算子 G 的**压缩**，如 $D_A \subset D_G$，而且对 $f \in D_A$，有 $Af=Gf$；此时记 $A \subseteq G$.

定理 2 设 (E,ρ) 为紧距离空间，C 为 (E,ρ) 上全体连续函数所成的空间. 为使 C 中的线性算子 A 是某个随机连续费勒函数的无穷小算子的压缩，充分必要条件是：

(i) A 的定义域 D_A 稠于 C；

(ii) 对每 $g \in C$，下列方程有解① $f \in D_A$

$$\lambda f - Af = g \quad (\lambda > 0);$$

(iii) 若 $f \in D_A$，$f(x_0) \geqslant f(x)$（一切 $x \in E$），则 $Af(x_0) \leqslant 0$；

(iv) $I \in D_A$ 而且 $AI=0$.

证 必要性 设 A 是某随机连续费勒函数的无穷小算子在 C 中的压缩，由假设及上节定理 10，$C_0=C$. 既然 D_A 在 $C_0(\subset B_0)$ 中稠密，故得(i)由上节(27)得(ii)又因

$$Af(x_0) = \mathrm{s}\lim_{t \to 0+} \frac{\int_E p(t,x_0,\mathrm{d}y)[f(y)-f(x_0)]}{t}, \tag{29}$$

可见(iii)及(iv)成立.

充分性 先自(i)～(iv)证明引理 1 中的(i)(ii)(iii)成立.

任取 $f \in D_A$，试证引理 1 中(iii)正确，有三种情形：如果对一切 $x \in E$，$f(x) \geqslant 0$，由(iii)得

$$\lambda f(x_0) - Af(x_0) \geqslant \lambda f(x_0) = \max_x \lambda f(x), \tag{30}$$

那么

$$\max_x [\lambda f(x) - Af(x)] \geqslant \max_x \lambda f(x); \tag{31}$$

如果对一切 $x \in E$，$f(x) \leqslant 0$，那么对 $-f(x)$ 可用(31)，故

$$\min_x [\lambda f(x) - Af(x)] \leqslant \min_x \lambda f(x); \tag{32}$$

① 实际上只需对一列 $\lambda_n \to +\infty$，以下方程有解 $f \in D_A$，即可证充分性.

如果 $f(x)$既取正值，又取负值，那么 $f(x_0)\geqslant 0$. 由(iii)，(30)成立，故(31)也成立. 对 $-f(x)$同样讨论知(32)也满足. 因此，不论在哪种情况，总使引理 1 中(iii)成立. 由于在目前情况，条件引理 1 中(i)(ii)与定理 2 证明中的(i)(ii)重合，(视 C 为那里的 B)，故由定理 1，A 是某个在 C 中连续的压缩半群 $T_t(t\geqslant 0)$的无穷小算子.

以 H 表 C 中全体非负函数之集. 由上可见，若 $f\in H$，则(32)满足，故$\lambda f-Af\in H$. 由系 1，知 $T_t(t\geqslant 0)$保留 H 不变.

对固定的 t 及 x，$T_tf(x)$ 是 C 上的线性泛函，在 H 上取非负值. 由线性泛函的表现定理，知

$$T_tf(x)=\int_E p(t,x,\mathrm{d}y)f(y), \tag{33}$$

其中 $p(t,x,\Gamma)$ 当 t，x 固定时是$\mathcal{B}$上的测度. 由 $\|T_tf\|\leqslant\|f\|$ 知 $p(t,x,E)\leqslant 1$. 由半群 $T_t(t\geqslant 0)$的连续性知 $p(0,x,E-\{x\})=0$. 故为证 $p(t,x,\Gamma)$是转移函数，只需证明 $p(t,x,\Gamma)$对 x 的 $\mathcal{B}$ 可测性，$p(t,x,E)=1$ 及柯尔莫哥洛夫-查普曼方程成立.

以 L 表如下函数 f 的集：

(i) 对任意固定 $t\geqslant 0$，$\int_E p(t,x,\mathrm{d}y)f(y)$ 是 x 的$\mathcal{B}$可测函数；

(ii) 对任意固定 s，$t\geqslant 0$，$x\in E$，

$$\int_E\left[p(s,x,\mathrm{d}y)\int_E p(t,y,\mathrm{d}z)f(z)\right]=\int_E p(s+t,x,\mathrm{d}z)f(z).$$

又令 $\mathcal{L}=B$ (有界可测函数集)，则 L 是一$\mathcal{L}$-系. 由 $T_t(t\geqslant 0)$的性质知$L\supset C$，由本套书第 7 卷附篇引理 8，$L=B$. 令 $f(x)=\chi_\Gamma(x)$，即得证$p(t,x,\Gamma)$对 x 为 $\mathcal{B}$ 可测且满足上述方程. 由定理 2 中(iv) 及上节 (25) $T_tI-I=\int_0^t T_sAI\,\mathrm{d}s=0$，得 $p(t,x,E)=1$. 故得证 $p(t,x,\Gamma)$ 是齐次转移函数，它由(33) 所产生的半群保留 C 不变，故是费勒函数，它的无穷小算子在 C 中的压缩显然是 A.

既然 $C\subset B_0$，由上节定理 1，$p(t,x,\Gamma)$ 随机连续. ■

§4.5 补充与习题

1. 试证马氏性等价于下列任一条件：

(i) 对任意 $s\leqslant t\leqslant u$, s, t, $u\in T$, $A\in\mathcal{B}$

$$P(x_u\in A\mid\mathcal{N}_t^s)=P(x_u\in A\mid x_t)\quad \text{a.s.},$$

(ii) 对任意 $t\in T$,如 $\xi(\omega)$为$\mathcal{N}_t$ 可测，$\eta(\omega)$为$\mathcal{N}^t$ 可测，$E|\xi|<+\infty$, $E|\eta|<+\infty$, $E|\varepsilon\eta|<+\infty$,则

$$E(\xi\eta\mid x_t)=E(\xi\mid x_t)E(\eta\mid x_t)\quad \text{a.s.}.$$

提示 利用条件期望的性质 vi)与 viii)等. 例如,由马氏性可得

$$E(\xi\mid x_t)E(\eta\mid x_t)=E[\xi E(\eta\mid x_t)]=E[\xi E(\eta\mid\mathcal{N}_t)\mid x_t]$$
$$=E[E(\xi\eta\mid\mathcal{N}_t)\mid x_t]=E(\xi\eta\mid x_t)\quad \text{a.s.}.$$

2. 称四元函数 $p(s,x;t,A)$为 **广转移函数**($s\leqslant t,s,t\in T,A\in\mathcal{B}$),如果它满足转移函数定义中的条件(ii)(iv)及下列

(i′) 对固定的 s,x,t,它关于 A 是 $\mathcal{B}$ 上的测度,而且

$$p(s,x;t,,E)\leqslant 1,$$

(iii′) $p(s,x;s,E-\{x\})=0.$

广转移函数经扩大相空间 $(E,\mathcal{B})$ 后,可化为转移函数. 为此,任取一不属于 E 的点 a,令 $\widetilde{E}=E\cup\{a\}$. 定义 $\widetilde{E}$ 中 σ 代数 $\widetilde{\mathcal{B}}$:对 $\widetilde{E}$ 中子集 A,若 $AE\in\mathcal{B}$,则令 $A\in\widetilde{\mathcal{B}}$. 于是得一扩大的可测空间 $(\widetilde{E},\widetilde{\mathcal{B}})$. 其中定义函数

$$\widetilde{p}(s,x;t,\Gamma)=\begin{cases}p(s,x;t,\Gamma E)+\chi_\Gamma(a)[1-p(s,x;t,E)], & x\neq a,\\ \chi_\Gamma(a), & x=a.\end{cases}$$

易见 $\widetilde{p}(s,x;t,\Gamma)$ 满足转移函数定义中的条件(i)～(iv),因而是 $(\widetilde{E},\widetilde{\mathcal{B}})$ 上的转移函数. 若 $T=[0,+\infty)$,则必存在以 $\widetilde{p}(s,x;$

t,Γ) 为转移概率的马氏过程 $x(t,\omega)$, $t\geqslant 0$.

广转移函数可直观地如下解释:对任意的 $x\in E$, $A\in\mathcal{B}$, $p(s,x;t,A)$ 为沿上述 $x(t,\omega)$ $(t\geqslant 0)$ 的轨道而运动的质点,于 s 时位于 x 的条件下,直到时刻 t 以前未到过 a,并于 t 时位于 A 中的概率. 若质点一旦到达 a,则以后永远停留于 a. 因此,初次到达 a 的时刻 $\zeta(\omega)$ 可看成为随机运动的停止时间.

考虑到运动的一般停止时间,同时将"过去"的概念一般化(即将 σ 代数 $\mathcal{N}_t$)换为满足某些条件的 σ 代数 $\mathcal{M}_t$,便产生一般的规则马氏过程的定义. 详见邓肯(E. B. Дынкин)的书[5],第 2 章.

3. 正文中用到下列拉普拉斯变换的唯一性定理.

定理 设 $\varphi(t)$ $(t\geqslant 0)$ 为有界连续函数,而且对一切 $\lambda>0$,有

$$\int_0^{+\infty} \mathrm{e}^{-\lambda t}\varphi(t)\,\mathrm{d}t = 0.$$

于是 $\varphi(t)\equiv 0$,一切 $t\geqslant 0$.

证 由上式得 $\int_0^{+\infty} \mathrm{e}^{-nt}\varphi(t)\,\mathrm{d}t = 0$, $n\in\mathbf{N}^*$. 令 $z=\mathrm{e}^{-t}$ 得

$$\int_0^1 z^{n-1}\psi(z)\,\mathrm{d}z = 0, n\in\mathbf{N}^*, \tag{1}$$

其中 $\psi(z)=\varphi(-\ln z)$ $(0<z\leqslant 1)$. 函数

$$\psi_n(z)=\begin{cases}\psi(z), & 1\geqslant z\geqslant \dfrac{1}{n},\\ \psi\left(\dfrac{1}{n}\right), & \dfrac{1}{n}\geqslant z\geqslant 0\end{cases}$$

在 $[0,1]$ 上连续. 按魏尔施特拉斯(Weierstrass) 定理,存在多项式 $p_n(z)$,使 $\sup\limits_{0\leqslant z\leqslant 1} |p_n(z)-\psi_n(z)|<\dfrac{1}{n}$. 易见当 $n\to+\infty$ 时, $p_n(z)\to\psi(z)$ $(z\in(0,1])$,而且一切 $p_n(z)$ 在 $[0,1]$ 上均匀有界. 由(1), $\int_0^1 p_n(z)\psi(z)\,\mathrm{d}z=0$. 令 $n\to+\infty$,即得 $\int_0^1\psi(z)^2\,\mathrm{d}z=0$. 故对一切 $z\in(0,1]$, $\psi(z)=0$,于是对一切 t, $0\leqslant t<+\infty$,

$\varphi(t)\equiv 0$. ■

4. 试证齐次马氏过程$\{x_t(\omega),t\in T\}$的参数集 T 如果是可列集，那么它是强马氏过程.

提示 此时不依赖于将来的随机变量最多只能取可列个不同的值，故证明与 §4.2(40) 之证完全类似.

5. 设τ是不依赖于将来的随机变量. 若$\tau'\geqslant\tau$而且$\tau'(\omega)=f(\tau(\omega))$，$f(x)$是某波莱尔可测函数，则$\tau'$也不依赖于将来.

提示 $(\omega:f(\tau(\omega))\leqslant s)=(\omega:\tau(\omega)\leqslant s,f(\tau(\omega))\leqslant s)=(\omega:\tau(\omega)\in f^{-1}(s)\cap[0,s])$，其中$f^{-1}(s)=(x:f(x)\leqslant s)\in\mathcal{B}_1$. 故$(\omega:f(\tau(\omega))\leqslant s)\in\mathcal{N}_s$.

6. 设$E=\{0,1,2,\cdots,n\}$为只含$n+1$个点之集，$\mathcal{B}$为E中一切子集所成σ代数，$\rho(i,j)=0,\ i=j;\ =1,\ i\neq j$，因而每一集都是开集. 设$\{p_{ij}(t)\}$为$E$上的转移函数，而且满足条件

$$p_{ij}(t)\rightarrow p_{ij}(0)=\delta_{ij}\ (t\rightarrow 0+). \tag{2}$$

在条件(2)下，以后可以证明[①]，存在极限

$$q_{ij}=\lim_{t\to 0+}\frac{p_{ij}(t)-\delta_{ij}}{t}, \tag{3}$$

而且

$$q_{ij}\geqslant 0\ (i\neq j);\ \sum_{j=0}^{n}q_{ij}=0. \tag{4}$$

在上述条件下，试证：

(i) $B=C$，$B=\{\boldsymbol{f}\}$，$\boldsymbol{f}=(f_0,f_1,\cdots,f_n)$为$n+1$维实向量；因而转移函数是费勒的；

(ii) $D_A=C$，而且A重合于矩阵算子$\boldsymbol{Q}=(q_{ij})$.

(iii) 此半群为A唯一决定；又$A=\widetilde{A}$.

(iv) 反之，设已给矩阵$\boldsymbol{Q}$，满足(4)，则它必是某个随机连续的

---

① 见 §6.1 定理 1 及定理 2.

转移函数的无穷小算子.

提示　(i)～(iii) 均易证明. 为证(iv)要用§4.4 定理 2. 那里的条件(i)(iv)显然满足. 为证§4.4 定理 2 的条件(iii),设向量 $\boldsymbol{f}$ 的最大分量为 f_{i_0},则

$$Af(i_0)=q_{i_0i_0}f_{i_0}+\sum_{j\neq i_0}q_{i_0j}f_j\leqslant q_{i_0i_0}f_{i_0}+f_{i_0}\sum_{j\neq i_0}q_{i_0j}=0.$$

为证§4.4 定理 2 的条件(ii),利用其下的注. 当 $\lambda>\|\boldsymbol{Q}\|$,解为

$$\boldsymbol{f}=\lambda^{-1}\left[\sum_{n=0}^{+\infty}\left(\frac{\boldsymbol{Q}}{\lambda}\right)^n\right]g.$$

7. 重复上题 6 中的叙述到(3)式,只是 E 改为 $\mathbf{N}$. 此外我们还假定

$$\sum_{i\neq j}q_{ij}=-q_{ii}<+\infty;\tag{5}$$

但

$$q_{ij}\geqslant 0\quad(i\neq j)\tag{6}$$

则是必然的. 这时由于空间缺乏紧性而使问题复杂化. 一般地 $D_A=B$ 不成立. 试证若 $\boldsymbol{f}\in D_A$,则 $\boldsymbol{Af}=\boldsymbol{Qf}$;对 $\boldsymbol{f}\in D_{\tilde{A}}$ 亦如此.

提示　以 F 表只有有穷多个分量不为 $\mathbf{0}$ 的向量 $\boldsymbol{f}$ 的集,则 $F\subset D_{\tilde{A}}$. 特别考虑 j-单位向量 $\boldsymbol{f}^{(j)}$,它的第 j 个分量为 1,其他分量为 0, $j\in\mathbf{N}$.

8. 如果转移函数具有形状

$$p(t,x,A)=\int_A\tilde{p}(t,x,y)\mu(\mathrm{d}y),\tag{7}$$

其中 $\tilde{p}(t,x,y)$是(x,y)的 $\mathcal{B}\times\mathcal{B}$ 可测函数,而 $\mu(A)$是 $\mathcal{B}$ 上的有穷测度,又设 $p(t,x,A)$对 (t,x) 可测,那么对$g\in B_0$,有

$$R_\lambda g(x)=\int_E q_\lambda(x,y)g(y)\mu(\mathrm{d}y),\tag{8}$$

其中

$$q_\lambda(x,y)=\int_0^{+\infty}\mathrm{e}^{-\lambda t}\tilde{p}(t,x,y)\mathrm{d}t.\tag{9}$$

提示　利用$R_\lambda g(x)=\int_0^{+\infty}e^{-\lambda t}\left[\int_E p(t,x,dy)g(y)\right]dt$,改变积分次序.

9. 对 Wiener 转移函数

$$p(t,x,A)=\frac{1}{\sqrt{2\pi t}}\int_A e^{-\frac{(x-y)^2}{2t}}dy, \tag{10}$$

试证：(i) $B_0\subseteq C$;

(ii) $Af(x)=\frac{1}{2}f''(x)$, $D_A=(f:f\in C^0, f''\in C^0)$,其中$C^0$表全体有界均匀连续函数的集.

(iii) $p(t,x,A)$是费勒转移函数；$\widetilde{A}_C f=\frac{1}{2}f''$,而且

$$D_{\widetilde{A}_C}=\{f:f\in C, f''\in C\}.$$

解　$q_\lambda(x,y)=\int_0^{+\infty}\frac{1}{\sqrt{2\pi t}}e^{-\frac{(x-y)^2}{2t}}e^{-\lambda t}dt=\frac{1}{\sqrt{2\lambda}}e^{-|y-x|\sqrt{2\lambda}}$,

$$R_\lambda g(x)=\frac{1}{\sqrt{2\lambda}}\left[e^{-x\sqrt{2\lambda}}\int_{-\infty}^x e^{y\sqrt{2\lambda}}g(y)dy+\right.$$

$$\left.e^{x\sqrt{2\lambda}}\int_x^{+\infty}e^{-y\sqrt{2\lambda}}g(y)dy\right], \tag{11}$$

由此知$R_\lambda B\subset C$, $D_A=R_\lambda B_0\subset C$. 由§4.3 引理1(iii)及$C$的闭性知$B_0\subseteq C$. 如$g\in C$,由计算可知函数$f=R_\lambda g$二次可导而且

$$f'(x)=-e^{-x\sqrt{2\lambda}}\int_{-\infty}^x e^{y\sqrt{2\lambda}}g(y)dy+$$

$$e^{x\sqrt{2\lambda}}\int_x^{+\infty}e^{-y\sqrt{2\lambda}}g(y)dy. \tag{12}$$

$$\frac{1}{2}f''(x)=\lambda f(x)-g(x), \tag{13}$$

由此及§4.3 定理2知若$f\in D_A$,则

$$Af(x)=\frac{1}{2}f''(x). \tag{14}$$

由(12)知若$f\in D_A$,则$f'(x)\in C$,故$f\in C^0$. 根据§4.3 引理1

(iii) $B_0 \subset C^0$，再由此引理(iv)，$Af \in B_0 \subset C^0$. 于是由(14)知 $f'' \in C^0$. 反之，若 $f \in C^0$，$f'' \in C^0$，则

$$\begin{aligned}
&\frac{T_t f(x)-f(x)}{t}-\frac{1}{2}f''(x)\\
&=\int_{-\infty}^{+\infty}\frac{1}{\sqrt{2\pi t}}\mathrm{e}^{-\frac{z^2}{2t}}\Big[f(z+x)-f(x)-\\
&\quad zf'(x)-\frac{1}{2}z^2f''(x)\Big]\frac{\mathrm{d}z}{t}\\
&=\int_{-\infty}^{+\infty}\frac{1}{t\sqrt{2\pi t}}[f''(x+\theta z)-f''(x)]\frac{z^2}{2}\mathrm{e}^{-\frac{z^2}{2t}}\mathrm{d}z\\
&=\int_{-\infty}^{+\infty}\frac{u^2}{2\sqrt{2\pi}}\mathrm{e}^{-\frac{u^2}{2}}[f''(x+\theta u\sqrt{t})-f''(x)]\mathrm{d}u\quad\left(u=\frac{z}{\sqrt{t}}\right).
\end{aligned}\tag{15}$$

从而 $\lim\limits_{t\to 0+}\left\|\frac{T_t f-f}{t}-\frac{1}{2}f''\right\|=0$. 此得证(ii).

记 $K_t(x)=\frac{1}{\sqrt{2\pi t}}\mathrm{e}^{-\frac{x^2}{2t}}$，对 $x_0\in\mathbf{R}$ 及 $f\in C$

$$\begin{aligned}
&\int_E f(y)K_t(y-x)\mathrm{d}y=\int_E f(y+x)K_t(y)\mathrm{d}y\\
&\to\int_E f(y+x_0)K_t(y)\mathrm{d}y=\int_E f(y)K_t(y-x_0)\mathrm{d}y\quad(x\to x_0).
\end{aligned}$$

故得证费勒性. 试求 $\widetilde{A}_C$ 及 $D_{\widetilde{A}_C}$. 由 § 4.3 定理 9，$C=\widetilde{C}_0$，故 $D_{\widetilde{A}_C}=\widetilde{R}_\lambda C$. 由上述可知此集中任一函数 $f=\widetilde{R}_\lambda g(g\in C)$ 二次可导而且导数由(13)给出. 将(13)与 $\widetilde{A}f=\lambda f-g$ 对比，知若 $f\in D_{\widetilde{A}_C}$，则 $\widetilde{A}_C f=\frac{1}{2}f''$，故 $f''\in C$. 反之，如 $f\in C$，$f''\in C$，由(15)易见 $f\in D_{\widetilde{A}_C}$. ■

10. 对泊松转移函数

$$p_{ij}(t)=\begin{cases}\mathrm{e}^{-\lambda t}\dfrac{(\lambda t)^{j-i}}{(j-i)!}, & j\geqslant i,\\ 0, & j<i,\end{cases}\tag{16}$$

试证 $D_A=B$，$\widetilde{\mathbf{A}}=\mathbf{A}$. 又 $\mathbf{A}=\boldsymbol{Q}=\begin{pmatrix}-\lambda & \lambda & & 0\\ & -\lambda & \lambda & \\ 0 & & \ddots & \ddots\end{pmatrix}$.

提示 参看第 7 题并利用(16).

11. 试证若随机过程 $\{x_t(\omega),t\geqslant 0\}$ 满足

$$P(x(t,\omega)=vt)=1\ (t\in[0,+\infty),v\geqslant 0),\qquad (17)$$

则它是齐次马氏过程. 求出它的转移函数，A，$\widetilde{A}$ 的表达式及 D_A，$D_{\widetilde{A}}$.

解 造转移函数

$$p(s,x;t,A)=\chi_A(x+(t-s)v).$$

显然这是齐次转移函数，令 $p(t,x,A)=\chi_A(x+vt)$，则

$$\begin{aligned}&P(x_{t_1}=vt_1,x_{t_2}=vt_2,\cdots,x_{t_n}=v_{t_n})\\&=p(t_1,0,\{vt_1\})\cdot p((t_2-t_1),vt_1,\{vt_2\})\cdots\\&\quad p((t_n-t_{n-1}),vt_{n-1},\{vt_n\}).\end{aligned}$$

由此即知 $\{x_t(\omega),t\geqslant 0\}$ 是齐次马氏过程. 直观上说，它描写速度为 v 的决定性运动.

由于 $T_t g(x)=g(x+vt)$，若 $v=0$，则 $T_t g(x)=g(x)$ 而问题是平凡的. 故以下设 $v>0$，易得

$$R_\lambda g(x)=\int_0^{+\infty}\mathrm{e}^{-\lambda t}T_t g(x)\mathrm{d}t=\frac{1}{v}\mathrm{e}^{\frac{\lambda}{v}x}\int_x^{+\infty}g(y)\mathrm{e}^{-\frac{\lambda}{v}y}\mathrm{d}y.\qquad (18)$$

由此可证 $Af(x)=vf'(x)$；$D_A=(f:f\in C^0,f'\in C^0)$，$C^0$ 表全体有界均匀连续函数集.

实际上，由(18)知 $R_\lambda(B)\subset C$，故 $D_A=R_\lambda(B_0)\subset C$，由 D_A 在 B_0 之稠性得 $B_0\subset C$. 其次，如 $g\in C$，由(18)知函数 $f(x)=R_\lambda g(x)$ 可导而且

$$vf'(x)=\lambda f(x)-g(x)\in C.\qquad (19)$$

故若 $f\in D_A$，则

$$Af=\lambda f-g=vf'. \tag{20}$$

为求 D_A,由(19)(20)已知当 $f\in D_A$ 时,$f'\in C$,故 $f\in C^0$ 从而由 D_A 在 B_0 之稠性 $B_0\subset C^0$. 于是 $Af\in B_0\subset C^0$,由(20)得 $f'\in C^0$. 今设 $f\in C^0$,$f'\in C^0$. 于是

$$\frac{T_t f-f}{t}-vf'=\frac{f(x+vt)-f(x)}{t}-vf'(x)$$
$$=vf'(x+\theta vt)-vf'(x),\quad 0\leqslant\theta\leqslant 1.$$

从而

$$\left\|\frac{T_t f-f}{t}-vf'\right\|\leqslant\sup_{0\leqslant h\leqslant vt}v|f'(x+h)-f'(x)|\to 0.$$

类似可证

$$\widetilde{A}f(x)=vf^{+}(x)\quad(f\in D_{\widetilde{A}}).$$

$$D_{\widetilde{A}}=(f:f\in C,f\text{ 有有界的右连续的右导数}).$$

实际上,由 $T_t g(x)=g(x+vt)$ 易见 $\widetilde{B}_0=C'\equiv(f:f$ 有界右连续). 由(18),若$g\in C'$,则 $f=R_\lambda g$有右导数而且

$$vf^{+}(x)=\lambda f(x)-g(x)\quad(f^{+}\text{ 表右导数}).$$

故 $\widetilde{A}f(x)=vf^{+}(x)(f\in D_{\widetilde{A}})$. 若 $f\in D_{\widetilde{A}}$,则由 $D_{\widetilde{A}}\subset B_0$ 得 $f\in C$. 再者$\widetilde{A}f\in\widetilde{B}_0$,故由上式 $f^{+}\in C'$. 反之,若 $f\in C$, $f^{+}\in C'$,则

$$\frac{T_t f(x)-f(x)}{t}=\frac{f(x+vt)-f(x)}{t}\to vf^{+}(x),$$

利用下列事实:若函数 $F(t)$在$[a,b]$连续,而且右导数 $F^{+}(t)$存在并界于两常数 c_1, c_2 之间,则

$$c_1\leqslant\frac{F(b)-F(a)}{b-a}\leqslant c_2.$$

由此知当 $t\downarrow 0$ 时,$\left\|\dfrac{T_t f-f}{t}\right\|$ 有界,因而

$$\frac{T_t f-f}{t}\xrightarrow{w}vf^{+}.\quad\blacksquare$$

12. §4.1 例 2、例 3 的一般化如下：

设$\{x_t(\omega),t\in T\}$为随机过程，相空间为$(E,\mathcal{B})$. 如对任一对 s, $t\in T$, $s<t$，有

$$x_t(\omega)=f(x_s(\omega),Y(\omega)),$$

其中 f 为 $\mathcal{B}\times\mathcal{B}-\mathcal{B}$ 可测函数，$Y(\omega)$（与 s,t 有关）为与$\{x_u(\omega),u\in T,u\leqslant s\}$独立的随机变量. 于是$\{x_t(\omega),t\in T\}$是马氏过程.

证 任取 $s_1<s_2<\cdots<s_n<s$, $s_i\in T$，只要证

$$\begin{aligned}&P(f(x_s,Y)\in A,B)\\&=\int_B P(f(x_s,Y)\in A\mid x_s)P(\mathrm{d}\omega),\end{aligned}\tag{21}$$

对任意 $A\in\mathcal{B}$ 及 $B\in\mathcal{F}\{x_{s_1},x_{s_2},\cdots,x_{s_n},x_s\}$成立. 因 $f^{-1}(A)\equiv\{(x,y):f(x,y)\in A\}\in\mathcal{B}\times\mathcal{B}$，故只要证对任意 $\Pi\in\mathcal{B}\times\mathcal{B}$，有

$$P((x_s,Y)\in\Pi,B)=\int_B P((x_s,Y)\in\Pi\mid x_s)P(\mathrm{d}\omega).\tag{22}$$

先考虑形为 $A_1\times A_2$ 的 Π，利用 Y 对 x_s 的独立性，上式化为

$$\begin{aligned}&P(x_s\in A_1,Y\in A_2,B)\\&=\int_B P(Y\in A_2)\chi_{(x_s\in A_1)}P(\mathrm{d}\omega),\end{aligned}\tag{23}$$

如 $B=(x_{s_1}\in C_1,x_{s_2}\in C_2,\cdots,x_{s_n}\in C_n,x_s\in C)$，由假设中 Y 的独立性，知(22)的确成立，利用 λ- 系方法，即知(22)对一切 $B\in\mathcal{F}\{x_{s_1},x_{s_2},\cdots,x_{s_n},x_s\}$成立. 再用一次 λ- 系方法，便得证(21)（利用此题，容易重新证明§4.1 例 2 与例 3). ■

注 此题还可如下一般化：如对任一对 s, $t\in T$, $s<t$，有

$$x_t(\omega)=f(x_s(\omega),y_1(\omega),y_2(\omega),\cdots),$$

其中 f 为$\mathcal{B}^\infty-\mathcal{B}$可测函数，$y_i(\omega)(i\in\mathbf{N}^*)$是与$\{x_u(\omega),u\in T,u\leqslant s\}$独立的随机变量，则$\{x_t(\omega),t\in T\}$是马氏过程.

证明除记号上的改变外，其他完全一样.

13. 设对 $t\geqslant 0$，函数 $F(t)$ 连续而且有连续的右导数 $\frac{\mathrm{d}^+F(t)}{\mathrm{d}t}$，则导数 $\frac{\mathrm{d}F(t)}{\mathrm{d}t}$ 存在，又 $\frac{\mathrm{d}F(t)}{\mathrm{d}t}=\frac{\mathrm{d}^+F(t)}{\mathrm{d}t}$.

实际上，令 $h(t)=\int_0^t\frac{\mathrm{d}^+F(s)}{\mathrm{d}s}\mathrm{d}s$，则 $\frac{\mathrm{d}h(t)}{\mathrm{d}t}=\frac{\mathrm{d}^+F(t)}{\mathrm{d}t}$，于是结论由下列事实推出：连续函数 $F(t)-h(t)$ 的右导数如为 0，则它必是常数因而有恒等于 0 的导数. 此事实的证明可仿 §5.2 引理 8.

14. 设 $\{x_t(\omega),t\in T\}$ 是定义在 $(\Omega,\mathcal{F},P)$ 上而取值于可测空间 $(E,\mathcal{B})$ 中的随机过程，试证它是规则马氏过程的充分必要条件是：存在 $(E,\mathcal{B})$ 中的转移函数 $p(s,x;t,\Gamma)$，使对任意 $s\in T$，$t\in T$，$s<t$，任意 $\Gamma\in\mathcal{B}$，有

$$P(x_t\in\Gamma\mid\mathcal{N}_s)=p(s,x_s;t,\Gamma),(P\text{-a. s.}).\tag{24}$$

证　需要证明(24)与 §4.2(9) 等价. 设 §4.2(9) 成立，由 §4.2 中(10)，(12)易得上面的(24). 反之，设(24)正确，因而对任意 $A\in\mathcal{N}_s$，有

$$P(A,x_t\in\Gamma)=\int_A p(s,x_s;t,\Gamma)P(\mathrm{d}\omega).\tag{25}$$

今取 $s=t_0$，$t=t_1$，$A=(x_{t_0}\in\Gamma_0)$，$\Gamma=\Gamma_1$，由(25)及积分变换定理，得

$$\begin{aligned}P(x_{t_0}\in\Gamma_0,x_{t_1}\in\Gamma_1)&=\int_{(x_{t_0}\in\Gamma_0)}p(t_0,x_{t_0};t_1,\Gamma_1)P(\mathrm{d}\omega)\\&=\int_{\Gamma_0}p(t_0,\xi_0;t_1,\Gamma_1)P_{t_0}(\mathrm{d}\xi_0),\end{aligned}$$

其中 $P_{t_0}(\Gamma)=P(x_{t_0}\in\Gamma)$，故(9)式当 $n=1$ 成立. 今设(9)式对正整数 n 成立，在(25)中取 $A=(x_{t_0}\in\Gamma_0,x_{t_1}\in\Gamma_1,\cdots,x_{t_n}\in\Gamma_n)$，$s=t_n$，$t=t_{n+1}$，$\Gamma=\Gamma_{n+1}$，得

$$P(x_{t_0}\in\Gamma_0,x_{t_1}\in\Gamma_1,\cdots,x_{t_n}\in\Gamma_n,x_{t_{n+1}}\in\Gamma_{n+1})$$

$$= \int_{(x_{t_0} \in \Gamma_0, x_{t_1} \in \Gamma_1, \cdots, x_{t_n} \in \Gamma_n)} p(t_n, x_{t_n}; t_{n+1}, \Gamma_{n+1}) P(\mathrm{d}\omega)$$

$$= \int_{\Gamma_n} p(t_n, \xi_n; t_{n+1}, \Gamma_{n+1}) P_{t_n}(\mathrm{d}\xi_n), \tag{26}$$

其中

$$P_{t_n}(\Gamma) = P(x_{t_0} \in \Gamma_0, x_{t_1} \in \Gamma_1, \cdots, x_{t_n} \in \Gamma).$$

利用归纳法前提：(9)式对 n 成立，得

$$P_{t_n}(\Gamma)$$

$$= \int_{\Gamma_0} P_{t_0}(\mathrm{d}\xi_0) \int_{\Gamma_1} p(t_0, \xi_0; t_1, \mathrm{d}\xi_1) \cdots \int_{\Gamma} p(t_{n-1}, \xi_{n-1}; t_n, \mathrm{d}\xi_n),$$

以此代入(26)，并用本套书第7卷附篇引理9改变积分次序后，即得证(9)式对 $n+1$ 成立. ■

附记 马氏过程有许多种不同的定义，其中重要的三种分别见书末参考书目中[16][3][5]. 本书§4.1，§4.2把这三种定义联系起来，以便于了解其间关系和阅读专著，得到了“马氏过程”“规则马氏过程”“标准马氏过程”三个概念，它们分别相当于[16][3][5]中的三种“马氏过程”的定义(参看§4.5第14题). §4.2中强马氏过程的定义属于邓肯与尤什凯维奇(Юшкевич). 叙述的方式采自[3]，一般的(未必齐次)马氏过程的强马氏性的研究见[5]第5章及其所引文献. 马氏过程与半群理论的更一般叙述见[21]及[6]. 对于标准马氏过程，重要的是测度 $P_{s,x}$ 而非原来的测度 P，因而有些作者的马氏过程定义中(例如[5])，干脆不引进 P 而直接从给定的 $P_{s,x}$ 出发. 当今一重要研究方向是多参数马氏过程，其中“时间”t 是多维的，例如多参数布朗运动与多参数奥恩斯坦-乌伦贝克(Ornstein-Uhlenbeck)过程，参见下面参考文献[9]～[12].

参考文献

[1] 王梓坤. 马尔可夫过程的 0-1 律. 数学学报,1965,15(3):342-353.

[2] 邓永录. 一类拓扑可测空间. 中山大学学报(自然科学版),1963,(1-2):21-27.

[3] 司徒荣. $\check{C}^J$, $\hat{C}^J$ 函数类与强马氏过程. 中山大学学报(自然科学版),1964,(2):137-152.

[4] 郑曾同. 测度的弱收敛与强马氏过程. 数学学报,1961,11(2):126-132.

[5] 梁之舜. Об условных марковских продессах. Теория Вероятностей и её Применения,1960,5(2):227-228.

[6] 梁之舜. Инвариантность строго марковского свойства при преобразовахия Дынкина. Теория Вероятностей и её Применения,1961,6(2):228-231.

[7] 梁之舜. Интегралъное представление одного класса эксцессивных случайных величи. Вестник Московского Университета,Серии,1961,1:36-37.

[8] 戴永隆. 关于马氏过程定义的几点注记. 中山大学学报(自然科学版),1963,(1-2):12-20.

[9] 施仁杰. 多指标随机过程. 西安电子科技大学学报,1988,15(3):112-120.

[10] 王梓坤. 两参数正态过程的马尔可夫性. 科学通报,1992,37(15):1 345-1 347.

[11] Wang Zikun(王梓坤). Two-parameter Ornstein-Uhlenbeck processes. Acta Mathematica Scientia,1984,4(1):1-12.

[12] Wang Zikun(王梓坤). Transition probabilities and predication for two-parameter Ornstein Uhlenbeck processes. Chinese Science Bulletin, 1988,33(1):5-9.

第 5 章　连续型马尔可夫过程

§5.1　右连续费勒过程的广无穷小算子

上章中已证明右连续费勒过程是强马氏过程. 试进一步研究这类过程. 从方法上看，§5.1 与 §5.2 中所用的是 §4.3 中所述两种方法的联合运用. 本节中设相空间$(E,\mathcal{B})$为距离可测空间，$T=[0,+\infty)$，过程是齐次的，并简写 $P_{0,x}$ 及 $E_{0,x}$ 为 P_x 及 E_x.

（一）　右连续马氏过程

引理 1　右连续马氏过程$\{x(t,\omega),t\geqslant 0\}$的转移函数是随机连续的.

证　任取 $x\in E$ 及含 x 的开集 G，设 $h_n>0$，$h_n\to 0$，由右连续性有

$$\bigcap_{m=1}^{+\infty}\bigcup_{n=m}^{+\infty}\{x(0,\omega)=x,x(h_n,\omega)\in\bar{G}\}=\varnothing,$$

$$\begin{aligned}p(h_m,x,\bar{G})&=P_x(x(0,\omega)=x,x(h_m,\omega)\overline{\in}G)\\&\leqslant P_x(\bigcup_{n=m}^{+\infty}[x(0,\omega)=x,x(h_n,\omega)\overline{\in}G])\to 0,\quad m\to+\infty,\end{aligned}$$

因此

$$\lim_{h\to 0}p(h,x,G)=1.\quad\blacksquare$$

由§4.3定理8,已知右连续马氏过程的转移概率既为其强也为其弱无穷小算子 A 与 $\widetilde{A}$ 所唯一决定.回忆若 $f\in D_{\widetilde{A}}$,则

$$\begin{aligned}\widetilde{A}f(x) &= \mathrm{w}\lim_{t\to 0}\frac{T_t f(x)-f(x)}{t}\\ &= \mathrm{w}\lim_{t\to 0}\frac{1}{t}\left[\int_E p(t,x,\mathrm{d}y)f(y)-f(x)\right]\\ &= \mathrm{w}\lim_{t\to 0}\frac{E_x f(x(t))-f(x)}{t},\quad t>0.\end{aligned}$$

下面证明,对右连续强马氏过程,上式中的 t 可换为不依赖于将来的随机变量(也称这类变量为**马氏时间**)τ_U,(详见下面的定理2),在某些情形下,常常有利于计算 $\widetilde{A}f(x)$.为此,先证定理1,它类似于微积分学中的基本定理,也是沟通上述两种方法的桥梁.

定理 1　设$\{x(t,\omega),t\geqslant 0\}$是强马氏过程,$\tau(\omega)$为马氏时间,$E_x\,\tau<+\infty$,则对 $f\in D_{\widetilde{A}}$,有

$$E_x f[x(\tau)]-f(x)=E_x\int_0^T \widetilde{\boldsymbol{A}}f(x(t))\mathrm{d}t. \tag{1}$$

证　令 $\boldsymbol{h}_\lambda=\lambda\boldsymbol{f}-\widetilde{\boldsymbol{A}}\boldsymbol{f}$, $\lambda>0$.由§4.3定理5,在 $\widetilde{B_0}$ 上,$\widetilde{R_\lambda}$ 重合于$(\lambda\boldsymbol{I}-\widetilde{\boldsymbol{A}})^{-1}$,因 $\boldsymbol{h}_\lambda\in\widetilde{B_0}$,故

$$f=(\lambda\boldsymbol{I}-\widetilde{\boldsymbol{A}})^{-1}\boldsymbol{h}_\lambda=\widetilde{\boldsymbol{R}_\lambda}\boldsymbol{h}_\lambda,$$

亦即

$$\begin{aligned}f(x) &= \int_0^{+\infty}\int_\Omega \mathrm{e}^{-\lambda t}\boldsymbol{h}_\lambda(x(t,\omega))P_x(\mathrm{d}\omega)\mathrm{d}t\\ &= \int_\Omega\int_0^{+\infty}\mathrm{e}^{-\lambda t}\boldsymbol{h}_\lambda(x(t,\omega))\mathrm{d}tP_x(\mathrm{d}\omega)\\ &= E_x\int_0^{+\infty}\mathrm{e}^{-\lambda t}\boldsymbol{h}_\lambda(x(t))\mathrm{d}t.\end{aligned} \tag{2}$$

这里积分可改变次序是因为被积函数可测,而且绝对可积(注意$\{x(t,\omega),t\geqslant 0\}$强可测;又 $h_\lambda\in\widetilde{B_0}\subset B$,故有界).因此

$$f(x)=E_x\int_0^{\tau}\mathrm{e}^{-\lambda t}h_\lambda(x(t))\mathrm{d}t+E_x\int_{\tau}^{+\infty}\mathrm{e}^{-\lambda t}h_\lambda(x(t))\mathrm{d}t. \tag{3}$$

但后一积分经改变自变量后得

$$\begin{aligned}&E_x\int_{\tau}^{+\infty}\mathrm{e}^{-\lambda t}h_\lambda(x(t))\mathrm{d}t\\&=E_x\mathrm{e}^{-\lambda\tau}\int_0^{+\infty}\mathrm{e}^{-\lambda s}h_\lambda(x(s+\tau))\mathrm{d}s\\&=E_x\left\{E_x\left[\mathrm{e}^{-\lambda\tau}\int_0^{+\infty}\mathrm{e}^{-\lambda s}h_\lambda(x(s+\tau))\mathrm{d}s\,|\,\mathcal{N}_\tau\right]\right\},\end{aligned} \tag{4}$$

因 $\mathrm{e}^{-\lambda\tau}$ 关于 $\mathcal{N}_\tau^0$ 可测，并由强马氏性得上式

$$\begin{aligned}&=E_x\left\{\mathrm{e}^{-\lambda\tau}E_x\left[\int_0^{+\infty}\mathrm{e}^{-\lambda s}h_\lambda(x(s+\tau))\mathrm{d}s\,|\,\mathcal{N}_\tau\right]\right\}\\&=E_x\left[\mathrm{e}^{-\lambda\tau}E_{x(\tau)}\int_0^{+\infty}\mathrm{e}^{-\lambda s}h_\lambda(x(s))\mathrm{d}s\right]=E_x\mathrm{e}^{-\lambda\tau}f(x(\tau)).\end{aligned} \tag{5}$$

综合(3)～(5)得

$$E_x\mathrm{e}^{-\lambda\tau}f(x(\tau))-f(x)=-E_x\int_0^{\tau}\mathrm{e}^{-\lambda t}h_\lambda(x(t))\mathrm{d}t. \tag{6}$$

令 $\lambda\to0+$，由 f 的有界性

$$E_x\mathrm{e}^{-\lambda\tau}f(x(\tau))\to E_xf(x(\tau)),$$

又因

$$\begin{aligned}&E_x\int_0^{\tau}\mathrm{e}^{-\lambda t}h_\lambda(x(t))\mathrm{d}t\\&=E_x\int_0^{\tau}\mathrm{e}^{-\lambda t}\lambda f(x(t))\mathrm{d}t-E_x\int_0^{\tau}\mathrm{e}^{-\lambda t}\widetilde{A}f(x(t))\mathrm{d}t;\end{aligned}$$

因 $\widetilde{A}f(x)$ 有界，右方后一项趋于 $E_x\int_0^{\tau}\widetilde{A}f(x(t))\mathrm{d}t$，而前一项的绝对值则不超过 $cE_x(1-\mathrm{e}^{-\lambda\tau})\leqslant c\lambda E_x\tau\to0$，这里 $c=\|f\|$. 故由(6)，得

$$E_xf(x(\tau))-f(x)=E_x\int_0^{\tau}\widetilde{A}f(x(t))\mathrm{d}t. \quad ■$$

今设 U 为 E 中任一开集，以 $\rho(x,y)$ 表点 $x,y\in E$ 间的距离，

$X_v^u(\omega)$表 E 中子集$(x(s,\omega),u\leqslant s\leqslant v)$，此集与 ω 有关，当 $\omega\in\Omega$ 固定时，它是样本函数自 u 到 v 所经的状态. 定义

$$\tau_U(\omega)=\inf(t:\rho(X_t^0(\omega),E\backslash U)=0). \tag{7}$$

若上式等号右边括号中集为空集，则令 $\tau_U(\omega)=+\infty$.

试证 $\tau_U(\omega)$ 为马氏时间，令

$$U_n=\left(x:x\in E,\rho(x,E\backslash U)<\frac{1}{n}\right),$$

则 $U_n\downarrow E\backslash U$，以 r 表有理数，由过程的右连续性有①

$$(\tau_U(\omega)\leqslant t)=\left[\bigcap_{n=1}^{+\infty}\bigcup_{r<t}(x(r,\omega)\in U_n)\right]\bigcup(x(t,\omega)\in E\backslash U)\in\mathcal{N}_t.$$

注意，若过程连续而且 $0<\tau_U<+\infty$，则 τ_U 是初次到达 $E\backslash U$ 的时刻，而且

$$x(\tau_U)\in\overline{U}\bigcap(E\backslash U),$$

即 $x(\tau_U)$在 U 的边界上($\overline{U}$ 表 U 的闭包).

实际上，由(7)可见：对固定的 ω，取 ε，使 $\tau_U\geqslant\varepsilon>0$，有

$$\rho(X_{\tau_U-\varepsilon}^0,E\backslash U)>0,$$

故 $x(\tau_U-\varepsilon)\overline{\in}E\backslash U$，或 $x(\tau_U-\varepsilon)\in U$，令 $\varepsilon\to0$ 并由过程的连续

---

① 称证左方集含右方集：若 $x_t\in E\backslash U$，则 $\rho(x_t,E\backslash U)=0$，故 $\rho(X_t^0,E\backslash U)=0$ 而 $\tau_U(\omega)\leqslant t$. 若 $\omega\in\bigcap\limits_{n=1}^{+\infty}\bigcup\limits_{r<t}(x_r\in U_n)$，则对每 n，存在 $r_n<t$，使 $x(r_n)\in U_n$，令 $s=\sup r_n\leqslant t$，则 $\rho(X_s^0,E\backslash U)\leqslant\rho(X_{r_n}^0,E\backslash U)\leqslant\rho(X_{r_n},E\backslash U)<\dfrac{1}{n}$，故 $\rho(X_s^0,E\backslash U)=0$，$\tau_U\leqslant s\leqslant t$. 次证右方集含左方集：注意若 $\tau_U(\omega)<+\infty$，则必存在 t_n(可能都相等)$\to\tau_U$，使 $\rho(X_{t_n},E\backslash U)\to0$，$n\to+\infty$. 故若 $\tau_U<t$，则必存在 $t_n<t$，使 $x_{t_n}\in U_n$. 由右连续性及 U_n 的开性，可取有理数 $r_n<t$，使 $x_{r_n}\in U_n$，$n\in\mathbf{N}^*$，故此 $\omega\in\bigcap\limits_{n=1}^{+\infty}\bigcup\limits_{r<t}(x(r,\omega)\in U_n)\subset$右方集. 若 $\tau_U(\omega)=t$，则或 $x_t\in E\backslash U$；或 $x_t\in U$，此时由于 x_t 对 t 右连续，U 又开，必存在 $a>0$，使 $x_{t+\varepsilon}\in U$ 对一切 $0\leqslant\varepsilon<a$ 成立. 故由上述注意，对此 ω，存在有理数 $r_n<t$，使$\rho(x_{r_n}(\omega),E\backslash U)<\dfrac{1}{n}$，$x_{r_n}(\omega)\in U_n$，$n\in\mathbf{N}^*$.

性得

$$x(\tau_U)\in\overline{U}.$$

另一方面，由于两集间的距离随着集的扩大而不增加，故对任意 $\varepsilon>0$，有 $\rho(X^0_{\tau_U+\varepsilon},E\backslash U)=0$. 于是存在 ε_n，使

$$\rho(x(\tau_U+\varepsilon_n),E\backslash U)<\frac{1}{n},\tag{8}$$

而且可选 ε_n 使 $\varepsilon_n<\frac{1}{n}$. 不妨设 $\varepsilon_n\to a(\leqslant 0)$，（否则取 $\{\varepsilon_n\}$ 的某子列），如果说 $a<0$，那么由(8)及过程的连续性得 $\rho(x(\tau_U+a),E\backslash U)=0$，这与 τ_U 的定义(7)矛盾，故 $a=0$ 而有 $\rho(x(\tau_U),E\backslash U)=0$. 由于 $E\backslash U$ 是闭集，故 $x(\tau_U)\in E\backslash U$.

综合上述，得 $x(\tau_U)\in\overline{U}\cap(E\backslash U)$.

定理 2 设 $\widetilde{A}$ 为右连续强马氏过程 $\{x(t,\omega),t\geqslant 0\}$ 的弱无穷小算子. 若 $\widetilde{A}f(x)$ 在点 x 连续并且对 x 的某一邻域 U_0，有 $E_x\,\tau_{U_0}<+\infty$，则

$$\widetilde{A}f(x)=\lim_{\mathrm{d}(U)\to 0}\frac{E_xf(x(\tau_U))-f(x)}{E_x\,\tau_U},\tag{9}$$

这里 $\mathrm{d}(U)$ 表 U 的直径，即 $\mathrm{d}(U)=\sup\limits_{x,y\in U}\rho(x,y)$.

证 若 $U\subseteq U_0$，则 $\tau_U\leqslant\tau_{U_0}$，$E_x\,\tau_U\leqslant E_x\,\tau_{U_0}<+\infty$. 既然 τ_U 为马氏时间，故对 τ_U 可用定理 1. 设 $g(x)=\widetilde{A}f(x)$ 在点 x 连续，于是对每 $\varepsilon>0$，存在 x 的邻域 $U\subset U_0$，使

$$|g(y)-g(x)|<\varepsilon\quad(\text{一切 }y\in U),$$

故对一切 $t<\tau_U$ 有

$$|g(x(t))-g(x)|<\varepsilon.$$

从而(1)中右方项 $E_x\int_0^{\tau_U}g(x(t))\mathrm{d}t$ 与 $g(x)E_x\,\tau_U$ 的差的绝对值

$$\left|E_x\int_0^{\tau_U}[g(x(t))-g(x)]\mathrm{d}t\right|<\varepsilon E_x\,\tau_U,$$

或

$$\left|E_x\int_0^{\tau_U} g(x(t))\mathrm{d}t - g(x)E_x\,\tau_U\right| < \varepsilon E_x\,\tau_U.$$

由(1)即得

$$\left|\frac{E_x f(x(\tau_U)) - f(x)}{E_x\,\tau_U} - \widetilde{A}f(x)\right| < \varepsilon.\quad ■$$

称过程 $X_T=\{x_t(\omega),t\geqslant 0\}$ 的 $s(\geqslant 0)$ **推移**为过程 $X_{s+T}=\{x_{s+t}(\omega),t\geqslant 0\}$；如 g 为某定义在 $E^{[0,+\infty)}$ 上的 $\mathcal{B}^{[0,+\infty)}$ 可测函数，$\xi(\omega)=g(X_T)$，称随机变量 $\xi(\omega)$ 的 s 推移为 $\theta_s\xi(\omega)=g(X_{s+T})$；若 $B\in\mathcal{F}\{x_t(\omega),t\geqslant 0\}$，则称集 B 的 s 推移为集 $\theta_s B$，$\theta_s B$ 由下式定义，$\chi_{\theta_s B}=\theta_s\,\chi_B$. 在这些定义中，$s(\geqslant 0)$ 可以是固定的数，也可以是任意非负的随机变量. 在后一情形 $\theta_s\xi(\omega)$ 只定义在 $\Omega_s=(\omega:s(\omega)<+\infty)$ 上.

系 1　在定理 2 的条件下，有

$$\widetilde{A}f(x) = -\lim_{\mathrm{d}(U)\to 0}\frac{E_x f(x(\tau_U)) - f(x)}{E_x m(x(\tau_U)) - m(x)}$$

$$= -\lim_{\mathrm{d}(U)\to 0}\frac{\int_E [f(y)-f(x)]\pi_U(x,\mathrm{d}y)}{\int_E [m(y)-m(x)]\pi_U(x,\mathrm{d}y)}. \tag{10}$$

这里

$$m(x)=E_x\,\tau_{U_0},\quad \pi_U(x,\Gamma)=P_x(x(\tau_U)\in\Gamma).$$

证　若 $U\subset U_0$ 则由强马氏性

$$\begin{aligned} m(x) &= E_x(\tau_U+\tau_{U_0}-\tau_U)=E_x\,\tau_U+E_x(\tau_{U_0}-\tau_U)\\ &= E_x\,\tau_U+E_x\theta_{\tau_U}(\tau_{U_0})\\ &= E_x\,\tau_U+E_x\{E_x[\theta_{\tau_U}(\tau_{U_0})\mid\mathcal{N}_{\tau_U}]\}\\ &= E_x\,\tau_U+E_xE_{x(\tau_U)}\tau_{U_0}\\ &= E_x\,\tau_U+E_x m(x(\tau_U)), \end{aligned}\tag{10_1}$$

以此代入(9)即得(10)中前一等式. 再利用积分变换便得后一等式. ■

（二） 右连续费勒过程

为使等式(9)成立，先决条件是 $E_x\tau_{U_0}<+\infty$，试问何时此条件满足？解决此问题后，我们对右连续费勒过程定义广无穷小算子 $\mathfrak{A}$.

引理 2 设 $\{x(t,\omega)(t\geqslant 0)\}$ 为费勒过程，又设对某 $x\in E$，$t>0$ 及某开集 V，有 $P_x(x(t)\in V)=\alpha>0$，则存在点 x 的邻域 U，使

$P_y(x(t)\in V)>\frac{\alpha}{2}\quad(y\in U)$.

证 令 $V_n=\left(x:x\in E,\rho(x,E\backslash V)\geqslant\frac{1}{n}\right)$. 于是 $V_n\uparrow V$. 故 $P_x(x(t)\in V_n)\uparrow P_x(x(t)\in V)=\alpha$. 取 n_0，使 $P_x(x(t)\in V_{n_0})>\frac{3}{4}\alpha$. 定义有界连续函数

$$f(y)=\begin{cases}n_0\rho(y,E\backslash V), & y\overline{\in}V_{n_0},\\ 1, & y\in V_{n_0},\end{cases}$$

由费勒性，函数 $g(y)=E_yf(x(t))$ 连续，故存在点 x 的邻域 U，使对 $y\in U$，有 $g(y)>g(x)-\frac{\alpha}{4}$. 又因

$$g(y)\int_{E\backslash V}p(t,y,\mathrm{d}z)f(z)+\int_V p(t,y,\mathrm{d}z)f(z)$$
$$\leqslant p(t,y,V)=P_y(x(t)\in V),$$
$$g(x)\geqslant\int_{V_{n_0}}f(z)p(t,x,\mathrm{d}z)=P_x(x(t)\in V_{n_0})>\frac{3}{4}\alpha,$$

故

$$P_y(x(t)\in V)\geqslant g(y)>g(x)-\frac{\alpha}{4}>\frac{3}{4}\alpha-\frac{\alpha}{4}=\frac{\alpha}{2}.\quad\blacksquare$$

称点 $x\in E$ 为过程的**套点**，如对任一 $t\geqslant 0$，有 $P_x(x(t)=x)=1$. 若过程可分(特别，如过程右连续)，则由

$$P_x(x(r)=x,\text{一切可分集中的 }r)=1$$

得

$$P_x(x(t)=x,\text{一切 } t\geqslant 0)=1. \tag{11}$$

注意在套点 x 上

$$T_t f(x)=E_x f(x(t))=f(x), \tag{12}$$

故对任意 $f\in D_{\widetilde{A}}$,有

$$\widetilde{A}f(x)=0. \tag{13}$$

若 x 不是套点,则有

引理3 设 x 不是右连续费勒过程$\{x(t,\omega),t\geqslant 0\}$的套点,则存在 x 的邻域 U,使

$$m(y)=E_y\tau_U<+\infty,\quad \text{一切 } y\in U.$$

证 因 x 不是套点,故存在开集 V,使 $\rho(x,V)>0$,而且对某 t,$P_x(x(t)\in V)=\alpha>0$. 由引理2,存在点 x 的邻域 U,使对一切 $y\in U$,有

$$P_y(x(t)\in V)>\frac{\alpha}{2}.$$

选 U 使 $U\cap V=\varnothing$,则对一切 $y\in U$,有

$$P_y(\tau_U>t)<P_y(x(t)\overline{\in}V)<1-\frac{\alpha}{2},$$

由此可证,对一切 $y\in U$,有 $E_y\tau_U<+\infty$.

实际上,令 $A_s=\{\tau_U>s\}\in\mathcal{N}_s$,则

$$\begin{aligned}P_y(A_{s+t})&=P_y(A_s\theta_sA_t)=\int_{A_s}P_y(\theta_sA_t\mid\mathcal{N}_s)P_y(\mathrm{d}\omega)\\&=\int_{A_s}P_{x(s)}(A_t)P_y(\mathrm{d}\omega).\end{aligned} \tag{14}$$

但当 $\omega\in A_s$ 时,$x(s)\in U$,故由上述

$$P_{x(s)}(A_t)=P_{x(s)}(\tau_U>t)<1-\frac{\alpha}{2},$$

代入(14)即得

$$P_y(A_{s+t})<\left(1-\frac{\alpha}{2}\right)P_y(A_s).$$

由此立得 $P_y(A_{nt})<\left(1-\frac{\alpha}{2}\right)^n$ 而有

$$\begin{aligned} E_y\,\tau_U &= \int_0^{+\infty} P_y(\tau_U > s)\mathrm{d}s \\ &= \sum_{n=0}^{+\infty}\int_{nt}^{(n+1)t} P_y(\tau_U > s)\mathrm{d}s < t\sum_{n=0}^{+\infty} P_y(\tau_U > nt) \\ &= t\sum_{n=0}^{+\infty} P_y(A_{nt}) < t\sum_{n=0}^{+\infty}\left(1-\frac{\alpha}{2}\right)^n = \frac{2t}{\alpha}. \quad \blacksquare \end{aligned} \tag{15}$$

由引理 3 及(9)，对右连续费勒过程$\{x(t,\omega),t\geqslant 0\}$，如下定义它的**广无穷小算子** $\mathfrak{A}$：

$$\mathfrak{A}f(x)=\begin{cases} \lim\limits_{\mathrm{d}(U)\to 0}\dfrac{E_x f(x(\tau_U))-f(x)}{E_x\,\tau_U}, & x\ \text{非套点}, \\ 0, & x\ \text{是套点}, \end{cases} \tag{16}$$

其定义域为

$$D_{\mathfrak{A}}=(f:f\in C,\text{存在极限}\ \mathfrak{A}f\in C), \tag{17}$$

这里 C 为 E 上全体有界连续函数.

如 § 4. 3 所述，对费勒过程自然只在 C 中考虑它的弱及强无穷小算子 $\widetilde{A}_C$ 及 A_C. 为简单计，以下简写 $\widetilde{A}_C$，A_C 为 $\widetilde{A}$ 及 A.

定理 3　对右连续费勒过程，有

$$A\subseteq\widetilde{A}\subseteq\mathfrak{A};$$

如果相空间 E 是紧距离空间，那么

$$A=\widetilde{A}=\mathfrak{A}.$$

证　由 § 4. 3 $A\subseteq\widetilde{A}$. 试证 $\widetilde{A}\subseteq\mathfrak{A}$. 设 $f\in D_{\widetilde{A}}$，若 x 是套点，则(16)(13)，$\mathfrak{A}f(x)=\widetilde{A}f(x)=0$. 如 x 不是套点，由引理 3，存在 x 的邻域 U_0，使 $E_x\,\tau_{U_0}<+\infty$. 根据定理 2，$\mathfrak{A}f(x)=\widetilde{A}f(x)$.

今设 E 为紧距离空间，按 § 4. 3 定理 10，$\widetilde{A}=A$，$\widetilde{C}_0=C_0=C$. 既然刚才证明了 $\widetilde{A}\subseteq\mathfrak{A}$，故只要证 $D_{\mathfrak{A}}\subseteq D_{\widetilde{A}}$.

取 $f\in D_{\mathfrak{A}}$，令 $h=f-\mathfrak{A}f$. 由(17)，$h\in C=\widetilde{C}_0$，故存在 $\tilde{f}\in$

$D_{\widetilde{A}}$，使 $\widetilde{f}-\widetilde{A}\,\widetilde{f}=h$，而且

$$\widetilde{f}=\mathbf{R}h=\int_0^{+\infty}\mathrm{e}^{-t}T_t h\,\mathrm{d}t$$

(见§4.3定理5). 因为 $\widetilde{A}\subseteq\mathfrak{A}$，得 $\widetilde{f}-\mathfrak{A}\,\widetilde{f}=h$，所以 $\varphi=f-\widetilde{f}$ 应满足方程

$$\mathfrak{A}\varphi=\varphi. \tag{18}$$

由于 E 的紧性及 φ 的连续性，$\varphi(x)$ 在某一点 $x_0\in E$ 上取极大值. 由(16)可见 $\mathfrak{A}\varphi(x_0)\leqslant 0$. 由(18)，$\varphi(x_0)\leqslant 0$. 这表示对一切 $x\in E$，$\varphi(x)\leqslant 0$. 同样，φ 在某点 $x'\in E$ 上取极小值，$\varphi(x')=\mathfrak{A}\varphi(x')\geqslant 0$，$\varphi(x)\geqslant 0\,(x\in E)$. 综合上述可见 $\varphi(x)\equiv 0$. 于是 $f=\widetilde{f}\in D_{\widetilde{A}}$. ■

一种重要的右连续费勒过程是连续费勒过程 $x(t,\omega)$，$t\geqslant 0$. 这时对任一 $x\in U$，以 P_x 一概率1，$x(\tau_U)$ 属于 U 的边界 $U'=\overline{U}\cap(E\backslash U)$，因此，(10)中的积分区域 E 可换为 U'. 设 x 不是过程的套点，改写(16)中前一式为

$$\mathfrak{A}f(x)=\lim_{\mathrm{d}(U)\to 0}\frac{\displaystyle\int_{U'}[f(y)-f(x)]\Pi_U(x,\mathrm{d}y)}{C_U(x)}, \tag{19}$$

其中 $\Pi_U(x,\Gamma)=P_x(x(\tau_U)\in\Gamma)$，$C_U(x)=E_x\,\tau_U$. 由系1，上式可改写为

$$\mathfrak{A}f(x)=-\lim_{\mathrm{d}(U)\to 0}\frac{\displaystyle\int_{U'}[f(y)-f(x)]\Pi_U(x,\mathrm{d}y)}{\displaystyle\int_{U'}[m(y)-m(x)]\Pi_U(x,\mathrm{d}y)}. \tag{20}$$

由(20)及(16)后一式可见对连续费勒过程，广无穷小算子 $\mathfrak{A}$ 有下列性质：

(i) **局部性**　若在某点 x_0 的邻域中，$f_1(x)=f_2(x)$，则 $\mathfrak{A}f_1(x_0)=\mathfrak{A}f_2(x_0)$；换言之，$\mathfrak{A}f(x_0)$ 的值只依赖于 $f(x)$ 在 x_0 的任一邻域中的值.

(ii) **线性**　对实数 α,β，有

$$\mathfrak{A}(\alpha f(x)+\beta g(x))=\alpha\mathfrak{A}f(x)+\beta\mathfrak{A}g(x).$$

(iii) **非负定性**　若 $f(X)$ 在 x_0 达到相对极小，即对 x_0 的某一邻域 U，有 $f(x)\geqslant f(x_0)$，$x\in U$，则

$$\mathfrak{A}f(x_0)\geqslant 0.$$

(iv) **椭圆性**　根据下列定理，可认为 $\mathfrak{A}$ 是广义二级椭圆型微分算子的一般化：

定理 4　设连续费勒过程的广无穷小算子 $\mathfrak{A}$ 在点 x_0 的某邻域对连续函数 $\varphi_i(i=1,2,\cdots,n)$ 及 $\varphi_i\varphi_j(i,j=1,2,\cdots,n)$ 有定义，又设 $F(y_1,y_2,\cdots,y_n)$ 为任一 n 元函数，在点 $(\varphi_1(x_0),\varphi_2(x_0),\cdots,\varphi_n(x_0))$ 的某邻域中二次连续可微. 于是在点 x_0 上，$\mathfrak{A}$ 对函数 $F(\varphi_1,\varphi_2,\cdots,\varphi_n)$ 有定义，并且

$$\mathfrak{A}F(\varphi_1,\varphi_2,\cdots,\varphi_n)=\sum_{i=1}^{n}a_i\frac{\partial F}{\partial\varphi_i}+\frac{1}{2}\sum_{i,j=1}^{n}b_{ij}\frac{\partial^2 F}{\partial\varphi_i\partial\varphi_j},\tag{21}$$

这里 $a_i=\mathfrak{A}(\varphi_i-\varphi_i^{(0)})$，$b_{ij}=\mathfrak{A}(\varphi_i-\varphi_i^{(0)})(\varphi_j-\varphi_j^{(0)})$，$[\varphi_i=\varphi_i(x),\ \varphi_i^{(0)}=\varphi_i(x_0)]$，而

$$\left.\begin{aligned}\frac{\partial F}{\partial\varphi_i}&=\left.\frac{\partial F}{\partial y_i}\right|_{y_i=\varphi_i(x_0)}\\ \frac{\partial^2 F}{\partial\varphi_i\partial\varphi_j}&=\left.\frac{\partial^2 F}{\partial y_i\partial y_j}\right|_{\substack{y_i=\varphi_i(x_0)\\ y_j=\varphi_j(x_0)}}\end{aligned}\right\}\quad(i=1,2,\cdots,n).$$

又 (b_{ij}) 是一非负定矩阵.

证　由泰勒展开式有

$$\begin{aligned}&F(\varphi_1,\varphi_2,\cdots,\varphi_n)-F(\varphi_1^{(0)},\varphi_2^{(0)},\cdots,\varphi_n^{(0)})\\ =&\sum\frac{\partial F}{\partial\varphi_i}\Delta_i+\frac{1}{2}\sum_{i,j}\frac{\partial^2 F}{\partial\varphi_i\partial\varphi_j}(1+\varepsilon_{ij})\Delta_i\Delta_j,\end{aligned}\tag{22}$$

其中 $\Delta_i=\varphi_i-\varphi_i^{(0)}$，导数均如上述，取于点 $(\varphi_1^{(0)},\varphi_2^{(0)},\cdots,\varphi_n^{(0)})$ 上，并且当 $\varphi_i\to\varphi_i^{(0)}$（因而当 $x\to x_0$ 时），$\varepsilon_{ij}=\varepsilon_{ij}(\varphi_1,\varphi_2,\cdots,\varphi_n)\to 0$. 以此代入(19)，得

$$\mathfrak{A}F(\varphi_1,\varphi_2,\cdots,\varphi_n)=\lim_{d(U)\to 0}\left[\sum_i\frac{\partial F}{\partial\varphi_i}\frac{\int_{U'}\Delta_i\Pi_U(x_0,dx)}{C_U(x_0)}+\right.$$

$$\frac{1}{2}\sum_{i,j}\frac{\partial^2 F}{\partial\varphi_i\partial\varphi_j}\frac{\int_{U'}\Delta_i\Delta_j\Pi_U(x_0,dx)}{C_U(x_0)}+$$

$$\left.\frac{1}{2}\sum_{i,j}\frac{\partial^2 F}{\partial\varphi_i\partial\varphi_j}\frac{\int_{U'}\varepsilon_{ij}\Delta_i\Delta_j\Pi_U(x_0,dx)}{C_U(x_0)}\right].$$

根据定理条件,第一、第二项分别趋于 $\sum_i\frac{\partial F}{\partial\varphi_i}a_i$ 及 $\frac{1}{2}\sum_{i,j}\frac{\partial^2 F}{\partial\varphi_i\partial\varphi_j}b_{ij}$;第三项则趋于 0. 事实上

$$\left|\frac{1}{C_U(x_0)}\int_{U'}\varepsilon_{ij}\Delta_i\Delta_j\Pi_U(x_0,dx)\right|$$

$$\leqslant\sup_{x\in U'}|\varepsilon_{ij}|\sqrt{\frac{1}{C_U(x_0)}\int_{U'}\Delta_i^2\Pi_U(x_0,dx)}\times$$

$$\sqrt{\frac{1}{C_U(x_0)}\int_{U'}\Delta_j^2\Pi_U(x_0,dx)},$$

右方第一项趋于 0,而后两项由于假设是有界的.

最后 $\sum_{i,j}b_{ij}\lambda_i\lambda_j=\mathfrak{A}h(x_0)$,其中

$$h(x)=\left[\sum_{i=1}^n\lambda_i(\varphi_i(x)-\varphi_i(x_0))\right]^2.$$

既然 $h(x)$在 x_0 达到相对极小,故由性质(iii)即得

$$\sum_{i,j}b_{ij}\lambda_i\lambda_j\geqslant 0.\quad\blacksquare$$

§5.2 一维连续费勒过程

（一）

设集 E 为 $\mathbf{R}$ 中某区间(闭或开、有界或无界)，$\{x(t,\omega),t\geqslant 0\}$是以 E 为相空间的连续费勒过程. 关于此过程，点$x_0\in E$ 称为**向右**(或**向左**)点，如对某 $t>0$，$P_{x_0}(x(t)>x_0)>0$(或$P_{x_0}(x(t)<x_0)>0$). E 中的点可分成四类：

纯向右点：向右而不向左；

纯向左点：向左而不向右；

正则点：既向右又向左；

套点：既不向右又不向左.

我们的目的是研究 $\mathfrak{A}f$ 在各类点上的表现.

若 x 是套点，则如上节所述

$$\mathfrak{A}f(x)=0. \tag{1}$$

如果 x_0 不是套点，那么根据上节引理 3，存在 x_0 的邻域 U_0，使 $m(x)=E_x\tau_{U_0}<+\infty(x\in U_0)$. 由于 E 的一维性及上节(20)，得知

$$\mathfrak{A}f(x)=-\lim_{\substack{x_1\uparrow x\\ x_2\downarrow x}}\frac{p_2[f(x_2)-f(x)]+p_1[f(x_1)-f(x)]}{p_2[m(x_2)-m(x)]+p_1[m(x_1)-m(x)]} \tag{2}$$

对 $x\in U_0$ 成立，其中

$$p_i=P_x(x(\tau_U)=x_i)=\Pi_U(x,x_i),\ i=1,2$$

$$x\in U=(x_1,x_2).$$

因此，若 x 为纯向右点，则 $p_1=0$，$p_2=1$，(2)化为

$$\mathfrak{A}f(x)=-\lim_{x_2\downarrow x}\frac{f(x_2)-f(x)}{m(x_2)-m(x)}=-D_m^+f(x); \tag{3}$$

同样，若 x 为纯向左点，则 $p_1=1$，$p_2=0$，(2)化为

$$\mathfrak{A}f(x)=-\lim_{x_1\uparrow x}\frac{f(x_1)-f(x)}{m(x_1)-m(x)}=-D_m^- f(x). \tag{4}$$

换言之,在纯向右(左)点上,$\mathfrak{A}f(x)$是 f 关于 m 的一级右(左)导数的负数.

(二)

剩下来只要求出 $\mathfrak{A}f$ 在正则点 x 上的表现.为此要作相当多的准备工作,这些工作也有独立的意义.

定义函数

$$\tau_a(\omega)=\begin{cases}\inf(t:x(t,\omega)=a), & \text{右方集不空},\\ +\infty, & \text{其他情况},\end{cases} \tag{5}$$

试证它是一随机变量.因为,只要注意

$$\tau_a(\omega)=\begin{cases}\tau_{(-\infty,a)}(\omega), & x(0,\omega)<a,\\ \tau_{(a,\infty)}(\omega), & x(0,\omega)>a,\\ 0, & x(0,\omega)=a.\end{cases}$$

即得

$$(\tau_a\leqslant c)=(x(0)<a,\tau_{(-\infty,a)}\leqslant c)\cup(x(0)>a,\tau_{(a,+\infty)}\leqslant c)\cup W_a, \tag{6}$$

其中 $W_a=(x(0)=a)$或空集,视 $0\leqslant c$ 或 $0>c$ 而定,故$(\tau_a\leqslant c)$可测.

再令

$$\begin{cases}p(x,a)=P_x(\tau_a<+\infty),\\ p(x,a,b)=P_x(\tau_a<\tau_b),\end{cases} \tag{7}$$

因此 $p(x,a)$是自 x 出发,终于要到达 a 的概率,而 $p(x,a,b)$是自 x 出发,在到达 b 以前先到达 a 的概率.

引理1 若 $a<x<y<b$ 或 $a>x>y>b$,则

$$p(y,a)=p(y,x)p(x,a), \tag{8}$$

$$p(y,a,b)=p(y,x,b)p(x,a,b). \tag{9}$$

证 由$(x(0)=y,\tau_a<+\infty)=(x(0)=y,\tau_x<+\infty)\cap\theta_{\tau_x}(\tau_a<+\infty)$，得

$$\begin{aligned}p_y(\tau_a<+\infty)&=P_y(x(0)=y,\tau_a<+\infty)\\&=P_y(\tau_x<+\infty,\theta_{\tau_x}(\tau_a<+\infty))\\&=\int_{(\tau_x<+\infty)}P_y(\theta_{\tau_x}(\tau_a<+\infty)|\mathcal{N}_{\tau_x})P_y(\mathrm{d}\omega)\\&=\int_{(\tau_x<+\infty)}P_{x(\tau_x)}(\tau_a<+\infty)P_y(\mathrm{d}\omega),\end{aligned}$$

但因 $x(\tau_x)=x$，故右方化为 $P_y(\tau_x<+\infty)\cdot P_x(\tau_a<+\infty)$，得证(8).

同样，由

$$\{x(0)=y,\tau_a<\tau_b\}=\{x(0)=y,\tau_x<\tau_b\}\cap\theta_{\tau_x}(\tau_a<\tau_b)$$

仿上对 τ_x 用强马氏性便得证(9)，这时会碰到的新问题只是要证$(\tau_x<\tau_b)\in\mathcal{N}_{\tau_x}$，此事实由

$$\begin{aligned}(\tau_x<\tau_b)(\tau_x\leqslant c)=(&\text{存在 } u\leqslant c,\text{使 } x(u)=x;\\&\text{并对一切 } v<u \text{ 有 } x(v)\neq b)\in\mathcal{N}_c\end{aligned}$$

可见是正确的. ■

引理 2 若 $p(a,b)>0$，则对一切 $x\in(a,b)$，有 $E_x\tau_{(a,b)}<+\infty$.

证 由$(x(0)=a,\tau_b\leqslant t)\subseteq(x(0)=a,\tau_x\leqslant t,\theta_{\tau_x}\tau_b\leqslant t)$得

$$\begin{aligned}P_a(\tau_b\leqslant t)&\leqslant P_a(\tau_x\leqslant t,\theta_{\tau_x}\tau_b\leqslant t)\\&=\int_{(\tau_x\leqslant t)}P_a(\theta_{\tau_x}\tau_b\leqslant t|\mathcal{N}_{\tau_x})P_a(\mathrm{d}\omega)\\&=P_x(\tau_b\leqslant t)P_a(\tau_x\leqslant t),\end{aligned}$$

故

$$P_a(\tau_b\leqslant t)\leqslant P_x(\tau_b\leqslant t),$$

即

$$P_a(\tau_b>t)\geqslant P_x(\tau_b>t).$$

既然在 $x(0,\omega)=x\in(a,b)$ 时，$\tau_{(a,b)}=\min(\tau_a,\tau_b)\leqslant\tau_b$，故

$$P_x(\tau_{(a,b)}>t)\leqslant P_x(\tau_b>t)\leqslant P_a(\tau_b>t).$$

由假设得

$$\lim_{t\to+\infty}P_a(\tau_b>t)=P_a(\tau_b=+\infty)=1-p(a,b)<1,$$

因此必有某 t 使 $P_a(\tau_b>t)=1-\alpha<1$，从而对一切 $x\in(a,b)$ 有 $P_x(\tau_{(a,b)}>t)\leqslant 1-\alpha$. 然后仿上节引理 3 之证即得

$$E_x\,\tau_{(a,b)}\leqslant\frac{t}{\alpha}<+\infty,\ x\in(a,b).\quad ■$$

引理 3　若 $a<x<b$ 或 $a>x>b$，而且 $p(x,a,b)=0$，则 $p(x,a)=0$.

证　为确定计，设 $a<x<b$. 令

$$\Gamma_1=\left(z:z<a+\frac{x-a}{3}\right),\ \Gamma_2=\left(z:z>b-\frac{b-x}{3}\right).$$

称轨道 $x(t)$ 在 T 以前从 Γ_2 到达 Γ_1 n 次，如存在 $2n$ 个点 $0\leqslant s_1<t_1<s_2<t_2<\cdots<s_n<t_n\leqslant T$，使

$$x(s_i)\in\Gamma_2,\ x(t_i)\in\Gamma_1\quad(i=1,2,\cdots,n),$$

但不存在 $2(n+1)$ 个如是的点. 令

$$A=(\omega:x(0,\omega)=x,\tau_a(\omega)<+\infty),$$

$$A_n=(\omega:\omega\in A,\text{在 }\tau_a(\omega)\text{ 以前},x(t,\omega)\text{ 从 }\Gamma_2\text{ 到达 }\Gamma_1\,n\text{ 次}),$$

$$\tau^{(n)}(\omega)=\inf(T:x(T,\omega)=x,\text{在 }T\text{ 以前},\text{存在 }2n-1\text{ 个点}$$
$$0\leqslant s_1<t_1<s_2<t_2<\cdots<s_n,\text{使 }x(s_i)\in\Gamma_2,\ x(t_i)\in\Gamma_1,$$
$$\text{但不存在更多的如是的点})$$

(若上式右方集空，则令 $\tau^{(n)}(\omega)=+\infty$). 注意

$$A=\bigcup_{n=0}^{+\infty}A_n,\ A_n\subset\theta_{\tau(n)}A_0.$$

易见 $\tau^{(n)}(\omega)$ 是不依赖于将来的随机变量，又 $x(\tau^{(n)})=x$，故回忆 $\Omega_\tau=(\tau<+\infty)$，便得

$$P_x(\theta_{\tau^{(n)}}A_0)=P_x(\Omega_{\tau^{(n)}}\theta_{\tau^{(n)}}A_0)$$

$$=\int_{\Omega_{\tau^{(n)}}} P_x(\theta_{\tau^{(n)}} A_0 \mid \mathcal{N}_{\tau^{(n)}}) P_x(\mathrm{d}\omega)$$

$$=P_x(A_0)P_x(\Omega_{\tau^{(n)}}).$$

但根据假设 $p(x,a,b)=0$，故 $P_x=(A_0)=0$，于是

$$P(A_n)\leqslant P_x(\theta_{\tau^{(n)}} A_0)=0,$$

$$P(A)=\sum_n P(A_n)=0. \quad \blacksquare$$

引理 4 设 $p(a,b)>0$. 若 $a<b$，则 $\lim\limits_{x\to b-0} p(x,b,a)=1$；若$a>b$，则 $\lim\limits_{x\to b+0} p(x,b,a)=1$.

证 为确定计，设 $a<b$，又 $a<x<x_1<x_2<\cdots<b$，$x_n\to b$. 若 $x(0,\omega)=x$，则

$$\tau_{x_1}<\tau_{x_2}<\cdots<\tau_{x_n}<\tau_b. \tag{10}$$

设 $A=(\tau_b<\tau_a)$，$A_n=(\tau_{x_n}<\tau_a)$. 显然 $A\subseteq\bigcap\limits_{n=1}^{+\infty}A_n$. 今设 $\omega\in\left(\bigcap\limits_{n=1}^{+\infty}A_n\right)\Big\backslash A$，则 $x(t,\omega)\neq a$ 对一切 $t\leqslant\tau_{x_n}(\omega)$ $(n\geqslant 1)$ 成立，因 $x(\tau_{x_n})=x_n$，故 $x(t,\omega)\neq a$ 对一切 $t\leqslant\tau(\omega)=\lim\limits_{n\to+\infty}\tau_{x_n}(\omega)$也成立. 若说$\tau(\omega)<+\infty$，则由过程的连续性及$x(\tau_{x_n})=x_n$，将有 $x(\tau)=b$，此表 $\omega\in A$ 而与 $\omega\overline{\in}A$ 矛盾. 从而 $\tau(\omega)=+\infty$. 由于 $\omega\in A_n$（一切 n），故 $\tau_a(\omega)\geqslant\tau(\omega)=+\infty$，并且由(10)还有 $\tau_b(\omega)=+\infty$. 由此得

$$\tau_{(a,b)}(\omega)=\min(\tau_a,\tau_b)=+\infty.$$

然而由引理 2，$P_x(\tau_{(a,b)}(\omega)=+\infty)=0$，结合上述便得 $P_x\left(\left(\bigcap\limits_{n=1}^{+\infty}A_n\right)\Big\backslash A\right)=0$，或 $P_x(A)=\lim\limits_{n\to+\infty}P_x(A_n)$，亦即

$$p(x,x_n,a)\to p(x,b,a). \tag{11}$$

由(9)

$$p(x,b,a)=p(x,x_n,a)p(x_n,b,a). \tag{11_1}$$

既然由引理 3 可得 $p(x,b,a)>0$（否则 $p(x,b)=0$，于是 $p(a,b)=$

$p(a,x)p(x,b)=0$). 由此及(11)(11_1)得 $p(x_n,b,a)\to 1$. ■

引理 5　设 $a<b$. 若 $p(a,b)>0$,则$[a,b)$中一切点都是向右点;反之,若$[a,b]$中一切点都是向右点,则 $p(a,b)>0$.

证　先证一简单事实:x_0 不是向右点的充分必要条件是:对一切 $x>x_0$($p(x_0,x)=0$).

实际上,若 x_0 不是向右点,则对任一固定的 $t\geqslant 0$,$P_{x_0}(x(t)>x_0)=0$. 由过程的连续性,对任一 $x>x_0$,取 $\varepsilon=\dfrac{x-x_0}{2}$,得

$$\begin{aligned}p(x_0,x)&\leqslant P_{x_0}(\text{存在有理数 } r,\text{使 } x(r)>x_0+\varepsilon)\\&\leqslant \sum_r P_{x_0}(x(r)>x_0)=0.\end{aligned}$$

反之,若对某 $t>0$,有 $P_{x_0}(x(t)>x_0)>0$,则因

$$\lim_{n\to+\infty}P_{x_0}\left(x(t)>x_0+\frac{1}{n}\right)=P_{x_0}(x(t)>x_0)>0,$$

故存在 n_0,使$P_{x_0}\left(x(t)>x_0+\dfrac{1}{n_0}\right)>0$. 令 $x=x_0+\dfrac{1}{n_0}$,即得

$$p(x_0,x)\geqslant P_{x_0}\left(x(t)>x_0+\frac{1}{n_0}\right)>0.$$

今证引理第一部分. 如若不然,存在 $x_0\in[a,b)$,x_0 不是向右点. 于是$p(a,b)=p(a,x_0)\times p(x_0,b)=0$,与假设矛盾.

下证第二部分,先注意若 x_0 为向右点,则存在 $x_1<x_0<x_2$,使 $p(x_1,x_2)>0$. 实际上,由定义存在某 t,使 $P_{x_0}(x(t)>x_0)>0$. 故如上证,存在点 $x_2>x_0$,使 $P_{x_0}(x(t)>x_2)>0$. 由上节引理 2,存在 $\varepsilon>0$,使对一切 $x\in(x_0-\varepsilon,x_0+\varepsilon)$,有 $P_x(x(t)>x_2)>0$. 今任选点 $x_1\in(x_0-\varepsilon,x_0)$,得 $p(x_1,x_2)>0$.

若$[a,b]$中一切点都向右,则对每一 $x_0\in[a,b]$,存在(x_1,x_2)包含 x_0,而且 $p(x_1,x_2)>0$. 由这些区间中可挑选有穷多个$(x_1^{(i)},x_2^{(i)})$($i=1,2,\cdots,n$)掩盖$[a,b]$既然 $p(x_1^{(i)},x_2^{(i)})>0$,故由(8)即得所欲证. ■

我们说**过程 $x(t,\omega)$ 在 $[a,b]$ 上是正则的**，如果 $p(a,b)>0$，$p(b,a)>0$. 由引理5，为此必须 (a,b) 中一切点都是正则点；只需 $[a,b]$ 中一切点都是正则点.

引理6 若连续费勒过程在 $[a,b]$ 上是正则的，则函数 $p(x)=p(x,b,a)$ 连续，单调上升，而且

$$\lim_{x\to a+0} p(x)=0,\quad \lim_{x\to b-0} p(x)=1; \tag{12}$$

又对于任意 $a<x_1<x<x_2<b$，有

$$p(x,x_1,x_2)=\frac{p(x_2)-p(x)}{p(x_2)-p(x_1)}. \tag{13}$$

证 设 $a<x<y<b$. 由(9)

$$p(x,b,a)=p(x,y,a)p(y,b,a), \tag{14}$$

即

$$p(x)=p(x,y,a)p(y), \tag{15}$$

故 $p(x)\leqslant p(y)$. 今证 $p(x)<p(y)$. 否则若说 $p(x)=p(y)$，则必须或者 $p(x,y,a)=1$，或者 $p(x)=p(x,b,a)=0$. 在前一情形，由引理2得 $p(x,a,y)=1-p(x,y,a)=0$，由引理3得 $p(x,a)=0$，故 $p(b,a)=p(b,x)p(x,a)=0$，与假设矛盾. 在后一情形，仍由引理3得 $p(x,b)=0$，故 $p(a,b)=p(a,x)p(x,b)=0$，也与假设矛盾.

(12)则由引理4推出（为证(12)中第一式，只要对 $p(x,a,b)=1-p(x,b,a)$ 用引理4).

其次，再由引理4，$\lim\limits_{x\to y-0} p(x,y,a)=1\ (a<x<y)$. 由(15)得 $\lim\limits_{x\to y-0} p(x)=p(y)$，从而得证 $p(x)$ 的左连续性，类似地，令 $a<x<y<b$，由

$$p(y,a,b)=p(y,x,b)p(x,a,b),$$

得 $\lim\limits_{y\to x+0} p(y,a,b)=p(x,a,b)=1-p(x)$，故 $1-p(x)$，因之 $p(x)$ 是右连续函数. 这样便证明了 $p(x)$ 的连续性.

最后，根据(9)

$$p(x,x_1,x_2)=\frac{p(x,a,x_2)}{p(x_1,a,x_2)}=\frac{1-p(x,x_2,a)}{1-p(x_1,x_2,a)};\qquad(16)$$

另一方面由(15)

$$p(x,x_2,a)=\frac{p(x)}{p(x_2)},\quad p(x_1,x_2,a)=\frac{p(x_1)}{p(x_2)},\qquad(17)$$

由(16)(17)即得(13). ■

现在已可求出 $\mathfrak{A}$ 在正则线段$[a,b]$的内点 x 上的表达式. 取 $x\in(x_1,x_2)\subset[a,b]$,用 $p(x,x_1,x_2)$及 $1-p(x,x_1,x_2)$代替(2)中的 p_1,p_2,并利用(13),即得

$$\mathfrak{A}f(x)=-\lim_{\substack{x_1\to x-0\\x_2\to x+0}}\frac{\dfrac{f(x_2)-f(x)}{p(x_2)-p(x)}-\dfrac{f(x_1)-f(x)}{p(x_1)-p(x)}}{\dfrac{m(x_2)-m(x)}{p(x_2)-p(x)}-\dfrac{m(x_1)-m(x)}{p(x_1)-p(x)}}.\qquad(18)$$

(18)右方可以简化. 下面证明,右方极限是 f 关于两单调函数的广义二级导数. 为此需要下面的.

引理 7　设 $x(t)$为连续费勒过程,在$[a,b]$正则,并设$p(x)=p(x,b,a)$,$m(x)=E_x\,\tau_{(a,b)}$. 于是 $m(x)$在(a,b)上连续,右导数

$$D_p^+m(x)=\lim_{y\to x+0}\frac{m(y)-m(x)}{p(y)-p(x)}$$

对任意 $x\in(a,b)$存在,右连续而且单调下降;左导数

$$D_p^-m(x)=\lim_{y\to x-0}\frac{m(y)-m(x)}{p(y)-p(x)}$$

对任意 $x\in(a,b)$存在,左连续而且单调下降.

对每 $x\in(a,b)$,若至少有一函数 $D_p^+m(x)$或 $D_p^-m(x)$连续,则 $D_p^+m(x)=D_p^-m(x)$.

证　由引理 6,$p(x)$有反函数为 $q(z)$,即方程 $z=p(x)$有唯一解为$x=q(z)$. 令 $\widetilde{m}(z)=-m[q(z)]$. 取 $0\leqslant z_1<z<z_2\leqslant1$,并令 $x_1=q(z_1)$, $x=q(z)$,$x_2=q(z_2)$. 于是 $a\leqslant x_1<x<x_2\leqslant b$. 根据上节,$(10_1)$,得

$$m(x)-p(x,x_1,x_2)m(x_1)-p(x,x_2,x_1)m(x_2)$$
$$=E_x\,\tau_{(x_1,x_2)}>0, \tag{18$_1$}$$

由(13)得

$$m(x)>\frac{p(x_2)-p(x)}{p(x_2)-p(x_1)}m(x_1)+\frac{p(x)-p(x_1)}{p(x_2)-p(x_1)}m(x_2).$$

以上述 x_1,x,x_2 的值代入，得

$$\widetilde{m}(z)<\frac{z_2-z}{z_2-z_1}\widetilde{m}(z_1)+\frac{z-z_1}{z_2-z_1}\widetilde{m}(z_2).$$

因而函数 $\widetilde{m}(z)$在$[0,1]$上为凸函数，非正（见上面 $\widetilde{m}(z)$的定义），故有上界. 由不等式论知①，这样的函数在$(0,1)$连续，左、右导数处处存在，它们是单调上升函数；而且只要有一个导数在点 x 连续，那么两个导数便在此 x 上相等；此外，$D_z^-\widetilde{m}(z)$左连续而 $D_z^+\widetilde{m}(z)$右连续.

为了完成引理的证明，只要把反函数还原，得 $m(x)=-\widetilde{m}[p(x)]$，并注意

$$D_p^+m(x)=-D_z^+\widetilde{m}(z),\quad D_p^-m(x)=-D_z^-\widetilde{m}(z)$$

即可. ■

现在可得到最后的结果.

定理 1 设 $x(t)$为连续费勒过程，在$[a,b]$正则. 令

$$p(x)=p(x,b,a),\quad m(x)=E_x\,\tau_{(a,b)},$$
$$n_+(x)=-D_p^+m(x),\quad n_-(x)=-D_p^-m(x).$$

若 $f\in D_{\mathfrak{A}}$，则对任意 $x\in(a,b)$，$D_p^+f(x)$存在而且右连续，$D_p^-f(x)$存在而且左连续；此外，若在点 x 上有 $n_+(x)=n_-(x)$，则 $D_p^+f(x)=D_p^-f(x)$. 在(a,b)中

$$\mathfrak{A}f(x)=D_{n_-}^+D_p^-f(x)=D_{n_+}^-D_p^+f(x). \tag{19}$$

---

① 见 Hardy，Littlewood，Pólya. Inequalities. Cambridge：Cambridge University Press，1934，§3.18.

证 由(18)及引理 7

$$\lim_{\substack{x_1 \to x-0 \\ x_2 \to x+0}} \left[\frac{f(x_2)-f(x)}{p(x_2)-p(x)} - \frac{f(x_1)-f(x)}{p(x_1)-p(x)} \right]$$

$$=[n_+(x)-n_-(x)]\mathfrak{A}f(x), \tag{20}$$

故 $\lim\limits_{x_2 \to x+0} \dfrac{f(x_2)-f(x)}{p(x_2)-p(x)}$ 及 $\lim\limits_{x_1 \to x-0} \dfrac{f(x_1)-f(x)}{p(x_1)-p(x)}$ 存在，分别记为 $D_p^+ f(x)$ 及 $D_p^- f(x)$，它们在 $x \in (y: n_+(y)=n_-(y))$ 上相等. 造两连续函数

$$\begin{cases} F(y)=f(y)-f(x)-D_p^- f(x)[p(y)-p(x)], \\ G(y)=-m(y)+m(y)-n_-(x)[p(y)-p(x)]. \end{cases} \tag{21}$$

显然 $G(x)=0$. 又对 $y>x$，由引理 7 得

$$\begin{cases} D_p^- G(y)=n_-(y)-n_-(x)>0, \\ D_p^+ G(y)=n_+(y)-n_-(x)>0, \end{cases} \tag{22}$$

故 $G(y)>0$.

在(18)中，令 $x_1 \to x-0$ 得

$$\mathfrak{A}f(x)=\lim_{y \to x+0} \frac{F(y)}{G(y)}. \tag{23}$$

如果对上式能用洛必达求极限的方法，即如能证

$$\lim_{y \to x+0} \frac{D_p^+ F(y)}{D_p^+ G(y)} = \lim_{y \to x+0} \frac{F(y)}{G(y)} = \lim_{y \to x+0} \frac{D_p^- F(y)}{D_p^- G(y)}, \tag{24}$$

那么由(23)(21)得

$$\mathfrak{A}f(x)=\lim_{y \to x+0} \frac{D_p^+ f(y)-D_p^- f(x)}{n_+(y)-n_-(x)}$$

$$=\lim_{y \to x+0} \frac{D_p^- f(y)-D_p^- f(x)}{n_-(y)-n_-(x)}, \tag{25}$$

于是得到(19)中前一等式. 其次，由于 n_+ 的右连续性，由(25)得

$$D_p^+ f(x+0)-D_p^- f(x)=[n_+(x)-n_-(x)]\mathfrak{A}f(x).$$

将此式与(20)比较，得 $D_p^+ f(x+0)=D_p^+ f(x)$，故知 $D_p^+ f(x)$ 右连续.

为证(24)，设$\lim\limits_{y\to x+0}\dfrac{D_p^+F(y)}{D_p^+G(y)}$不存在而有

$$\varliminf_{y\to x+0}\frac{D_p^+F(y)}{D_p^+G(y)}<c<\varlimsup_{y\to x+0}\frac{D_p^+F(y)}{D_p^+G(y)}. \tag{26}$$

令 $\varphi(y)=F(y)-cG(y)$，由(18)可见

$$\mathfrak{A}p(x)=0,\quad \mathfrak{A}m(x)=-1,\quad \mathfrak{A}K=0 \tag{27}$$

(K 表恒等于常数 K 的函数)，故由(21)得

$$\mathfrak{A}\varphi=\mathfrak{A}f+c.$$

其次，根据(26)，可见对任意 $x_2>x$，函数 $D_p^+\varphi=D_p^+F-cD_p^+G$ 在(x,x_2)中要改变符号. 故存在 $y_n\to x+0$，$y_n'\to x+0$，使在 y_n 上，$\varphi(y)$达到相对极大，而在 y_n' 上 $\varphi(y)$达到相对极小. 由上节所述非负定性得 $\mathfrak{A}\varphi(y_n)\leqslant 0$，$\mathfrak{A}\varphi(y_n')\geqslant 0$，从而 $\mathfrak{A}f(y_n)\leqslant -c$，$\mathfrak{A}f(y_n')\geqslant -c$，故 $\mathfrak{A}f(x)=-c$. 最后一式应对任一满足(26)的 c 成立，这显然不可能. 于是得证极限

$$\lim_{y\to x+0}\frac{D_p^+F(y)}{D_p^+G(y)}=\lim_{y\to x+0}\frac{D_p^+f(y)-D_p^-f(x)}{n_+(y)-n_-(x)} \tag{28}$$

存在；类似地可证极限

$$\lim_{y\to x+0}\frac{D_p^-F(y)}{D_p^-G(y)}=\lim_{y\to x+0}\frac{D_p^-f(y)-D_p^-f(x)}{n_-(y)-n_-(x)} \tag{29}$$

存在. 以 N 表 $n_+(x)$的连续点 x 的集，既然在处处稠密集 N 上，$D_p^-f(y)=D_p^+f(y)$，$n_+(y)=n_-(y)$，故自 N 中取一列 $y_n\to x+0$，即知极限(28)与(29)相等. 为求出此公共极限值，令

$$\psi(y)=F(y)G(x_2)-G(y)F(x_2)\ (x\leqslant y\leqslant x_2).$$

由(21)，$\psi(x)=\psi(x_2)=0$，故 $\psi(y)$在$[x,x_2]$的某一内点 y' 上实现极大或极小. 在第一种情况下，$D_p^-\psi(y')\geqslant 0\geqslant D_p^+\psi(y')$，从而由(22)

$$\frac{D_p^+F(y')}{D_p^+G(y')}\leqslant\frac{F(x_2)}{G(x_2)}\leqslant\frac{D_p^-F(y')}{D_p^-G(y')}.$$

在第二种情况下，不等式反向. 但上面已证明上式两端当 $x_2\to$

$x+0$ 因而 $y'\to x+0$ 时趋于同一极限,而中间项则因(23)而趋于 $\mathfrak{A}f(x)$,由此及(21)即得证(24).

于是(19)前一等式及 $D_p^+ f(x)$ 的右连续性完全得以证明.

类似地,代替(21)而引进

$$\bar{F}(y)=f(y)-f(x)-D_p^+ f(x)[p(y)-p(x)],$$

$$\bar{G}(y)=-m(y)+m(x)-n_+(x)[p(y)-p(x)],$$

同样可证明(19)后一等式及 $D_p^- f(x)$ 的左连续性. ■

表达式(19)可以改进,为此,我们先证明两个引理.

引理 8　设在区间 (a_1,a_2) 中,函数 $F(x)$ 右连续,$v(x)$ 上升而且右连续. 若对一切 $x\in(a_1,a_2)$, $D_v^- F(x)\geqslant 0$,则 $F(x)$ 在 (a_1,a_2) 中不下降. 若对一切 $x\in(a_1,a_2)$ 有 $D_v^- F(x)=0$,则在 (a_1,a_2) 上,$F(x)$ 取常数值.

证　先设对一切 $x\in(a_1,a_2)$,有 $D_v^- F(x)>0$. 取 $a_1<a<b<a_2$,并令

$$c=\inf(x:a<x<b;F(x)\leqslant F(b)).$$

如果说 $c>a$,那么由 F 的右连续性有 $F(c)\leqslant F(b)$. 但当 $y\uparrow c$ 时,$\dfrac{F(y)-F(c)}{v(y)-v(c)}\to D_v^- F(c)>0$. 由引及 v 的上升性,存在 $\delta>0$,使对一切 $y\in(c,-\delta,c)$ 有 $F(y)<F(c)\leqslant F(b)$,这与 c 的定义矛盾. 因此 $F(a)\leqslant F(b)$,而 F 不下降.

今设对一切 $x\in(a_1,a_2)$, $D_v^- F(x)\geqslant 0$. 对 $\varepsilon>0$,定义 $F_\varepsilon(x)=F(x)+\varepsilon v(x)$,于是 $D_v^- F_\varepsilon(x)=D_v^- F(x)+\varepsilon>0$. 如上所证,$F_\varepsilon(a)\leqslant F_\varepsilon(b)$. 令 $\varepsilon\to 0$,得 $F(a)\leqslant F(b)$.

第二结论由第一结论推出. ■

引理 9　在 (a_1,a_2) 中,设函数 $f(x)$ 连续,$v(x)$ 及 $F(x)$ 右连续,又设 $v(x)$ 上升,则以下三式

$$f(x)=D_v^- F(x),\quad 对一切\ x\in(a_1,a_2), \tag{30}$$

$$f(x)=D_v F(x),\quad 对一切\ x\in(a_1,a_2), \tag{31}$$

$$\int_{(a,b]} f(x)\mathrm{d}v(x) = F(b) - F(a), \quad \text{对一切 } a_1<a<b<a_2 \tag{32}$$

相互等价.

证 像普通数学分析中证法一样，由(32)可推出(31)，从而(30). 故只要证自(30)可得(32). 取 $\alpha\in(a_1,a_2)$而令

$$G(x) = \int_{(\alpha,x]} f(y)\mathrm{d}v(y), \quad a_1 < x < a_2.$$

如刚才所证，$D_v^- G(x)=f(x)=D_v^- F(x)$ 对一切 $x\in(a_1,a_2)$成立，故$D_v^-[G(x)-F(x)]=0$. 显然 $G(x)-F(x)$右连续，故由引理 8，$G(x)-F(x)$等于常数，从而得证(32). ■

现在简写(19)中的 $n_+(x)$为 $n(x)$，由引理 9 得

$$\mathfrak{A}f(x)=D_nD_p^+f(x). \tag{33}$$

如果注意除在 $n(x)$的断点(其数可列)上外，$D_p^+f(x)=D_pf(x)$，那么(33)还可写为

$$\mathfrak{A}f(x)=D_nD_pf(x), \tag{34}$$

其中如 x 是 $n(x)$的断点，$D_pf(x)$由右连续性补定义.

(三)

定理 1 中考虑的是闭区间，现在来研究开区间情形. 由正则点的定义，可见全体正则点集是开集. 根据开集的构造理论，此集可分解为互不相交的区间的和，称它们为**正则区间**. 我们的目的是在这些区间上来研究过程.

为此先注意分析数学中的一结果：设在区间(a_1,a_2)中，函数$F(x)$连续，$v(x)$连续而且上升，又 $f(x)$右连续而且有界. 于是两关系式

$$f(x)=D_v^+F(x), \quad \text{对一切 } x\in(a_1,a_2), \tag{35}$$

$$\int_{\alpha_1}^{\alpha_2} f(x)\mathrm{d}v(x) = F(\alpha_2) - F(\alpha_1),$$
$$\text{对一切 } a_1<\alpha_1<\alpha_2<a_2 \tag{36}$$

是等价的. 事实上,由(36)显然得(35);而自(35)推出(36)则只要利用勒贝格定理.

定理 2　设(a_1,a_2)是正则区间. 则必存在上升函数 $u(x)$ 与 $v(x)$,使

(i) $u(x)$连续; $v(x)$右连续;

(ii) 对任意 $a_1<x_1<x_2<a_2$,有

$$p(x,x_2,x_1)=\frac{u(x)-u(x_1)}{u(x_2)-u(x_1)}, \tag{37}$$

$$\begin{aligned}&m(x,x_1,x_2)\\=&\frac{u(x)-u(x_1)}{u(x_2)-u(x_1)}[\omega(x_1)-\omega(x_2)]-[\omega(x_1)-\omega(x)],\end{aligned} \tag{38}$$

其中 $m(x,x_1,x_2)=E_x\,\tau_{(x_1,x_2)}$ 而

$$\omega(x)=\int_\alpha^x v(y)\mathrm{d}u(y),\quad a_1<\alpha<a_2; \tag{39}$$

(iii) 对任意函数 $f\in D_{\mathfrak{A}}$,有

$$\mathfrak{A}f(x)=D_vD_uf(x), \tag{40}$$

这里 $D_uf(x)$在无定义的点上按右连续性补定义.

证　考虑两点列 $\alpha_n\downarrow a_1$, $\beta_n\uparrow a_2$. 记

$$\Delta_k=(\alpha_k,\beta_k),\quad p_k(x)=p(x,\beta_k,\alpha_k),$$

$$m_k(x)=m(x,\alpha_k,\beta_k),\quad n_k(x)=-D_{p_k}m_k(x).$$

由(13)及(18_1)得

$$p_k(x)=\frac{p_{k+1}(x)-p_{k+1}(\alpha_k)}{p_{k+1}(\beta_x)-p_{k+1}(\alpha_k)}, \tag{41}$$

$$m_k(x)=m_{k+1}(x)-p_k(x)m_{k+1}(\beta_k)-[1-p_k(x)]m_{k+1}(\alpha_k). \tag{42}$$

由此两式立得

$$p_{k+1}(x)=c_kp_k(x)+d_k, \tag{43}$$

$$n_{k+1}(x)=\frac{1}{c_k}n_k(x)+e_k, \tag{44}$$

其中

$$c_k=p_{k+1}(\beta_k)-p_{k+1}(\alpha_k)>0,\quad d_k=p_{k+1}(\alpha_k),$$

$$e_k=\frac{m_{k+1}(\beta_k)-m_{k+1}(\alpha_k)}{p_{k+1}(\beta_k)-p_{k+1}(\alpha_k)}.$$

对 $x\in\Delta_k$，令

$$u(x)=\frac{p_k(x)-p_k(\alpha_1)}{p_k(\beta_1)-p_k(\alpha_1)},\tag{45}$$

$$v(x)=[n_k(x)-n_k(\alpha_1)][p_k(\beta_1)-p_k(\alpha_1)].\tag{46}$$

由(41)可见 $u(x)$ 不依赖于 k；再由(44)及(41)知 $v(x)$ 也不依赖于 k. 显然，$u(x)$ 及 $v(x)$ 都上升而且满足(i)(iii). 剩下要验证(ii). 根据定理前的注意事项，并利用(46)，得

$$\begin{aligned}\omega(x)&=\int_{\alpha_1}^{x}v(y)\mathrm{d}u(y)=\int_{\alpha_1}^{x}[n_k(y)-n_k(\alpha_1)]\mathrm{d}p_k(x)\\&=m_k(x)-m_k(\alpha_1)-n_k(\alpha_1)[p_k(x)-p_k(\alpha_1)].\end{aligned}\tag{47}$$

对任意 $a_1<x_1<x_2<a_2$，可找到 $\Delta_k\supset(x_1,x_2)$. 类似于(41)(42)，得

$$p(x,x_2,x_1)=cp_k(x)+d,\tag{48}$$

$$m(x,x_1,x_2)=m_k(x)+qp_k(x)+l,\tag{49}$$

其中 c,d,q,l 为常数. 比较(48)(45)及(49)(45)(47)，即得

$$p(x,x_2,x_1)=c'u(x)+d',$$

$$m(x,x_1,x_2)=\omega(x)+k'u(x)+l'.$$

根据条件 $p(x_1,x_2,x_1)=0$，$p(x_2,x_2,x_1)=1$ 及 $m(x_1,x_1,x_2)=0$，$m=(x_2,x_1,x_2)=0$ 以定出常数 c',d',k',l'后，即得(37)(38). ■

注 不难验证，如 $\tilde{u}(x)$，$\tilde{v}(x)$ 为另一对满足定理中条件的函数，则必$\tilde{u}(x)=cu(x)+d$，$\tilde{v}(x)=\dfrac{1}{c}v(x)+e$，其中 c,d,e 为某些常数.

实际上，由(37)得

$$\frac{u(x)-u(x_1)}{u(x_2)-u(x_1)}=\frac{\tilde{u}(x)-\tilde{u}(x_1)}{\tilde{u}(x_2)-\tilde{u}(x_1)},$$

故 $\tilde{u}(x)=cu(x)+d$, $c>0$. 其次，固定一如此的 $\tilde{u}(x)$ 而设 $\tilde{\omega}(x)$ 满足(38)，则得

$$\frac{u(x)-u(x_1)}{u(x_2)-u(x_1)}[\omega(x_1)-\omega(x_2)]-[\omega(x_1)-\omega(x)]$$

$$=\frac{\tilde{u}(x)-\tilde{u}(x_1)}{\tilde{u}(x_2)-\tilde{u}(x_1)}[\tilde{\omega}(x_1)-\tilde{\omega}(x_2)]-[\tilde{\omega}(x_1)-\tilde{\omega}(x)],$$

利用 $u(x)$, $\tilde{u}(x)$间的线性关系，化简此式即得

$$\tilde{\omega}(x)=\omega(x)+fu(x)+g,$$

f,g为常数. 以(39) 及 $\tilde{\omega}(x)=\int_\beta^x\tilde{v}(y)\mathrm{d}\tilde{u}(y)$ 代入上式，即得

$$\tilde{v}(x)=\frac{1}{c}v(x)+e.$$

§5.3 样本函数的连续性条件

（一）

在§3.2中，对一般过程叙述了保证样本函数以概率1连续的充分条件.对马氏过程，属于这一类的结果有下列邓肯-凯尼(Дынкин-Kinney)定理，它不能自§3.2中的定理推出.这里条件加在转移概率上.

设相空间为$(E,\mathcal{B}_1)$，E为$\mathbf{R}$中某波莱尔集，$\mathcal{B}_1$为E中波莱尔子集全体，为符号简单计，只考虑$E=\mathbf{R}$.其余情况类似.对每$x\in E$，引入记号

$$U_\varepsilon(x)=(x-\varepsilon,x+\varepsilon),\quad V_\varepsilon(x)=E\backslash U_\varepsilon(x).$$

设$p(s,x:t,A)$为马氏过程(不必限定齐次)$\{x_t(\omega),t\in T\}$的转移概率，这里T是任一有界或无界区间.此转移概率在$\mathcal{N}^s$上产生的概率测度仍如前记为$P_{s,x}(A)$，$A\in\mathcal{N}^s$.对任意$\varepsilon>0$，$h>0$，令

$$\varphi_\varepsilon(h)=\sup_{\substack{x\in E;s\in T,s+\Delta s\in T;\\0\leqslant\Delta s\leqslant h}}p(s,x;s+\Delta s,V_\varepsilon(x)).\tag{1}$$

粗略地说，“$\varphi_\varepsilon(h)$甚小”表示：在甚短($\leqslant h$)的时间中，质点位移很大($\geqslant\varepsilon$)的概率关于x及s均匀地小.

自然想到，当$\varphi_\varepsilon(h)$小到足够的程度时，样本函数由于在短时间内不可能有很大振幅而成为连续函数.这思想的精确化是下面的.

定理1(邓肯-凯尼) 设马氏过程$\{x_t(\omega),t\in T\}$可分，而且对任意$\varepsilon>0$

$$\lim_{h\to0}\frac{\varphi_\varepsilon(h)}{h}=0,\tag{2}$$

则样本函数在T上以概率1连续.

证　如§3.2所述，只要对有界的 $T=[a,b]$ 证明. 注意，若(2)对 T 成立，则对 $\widetilde{T}\subset T$ 也成立. 以下以 R 表可分集.

对正数 ε，以 A_ε 表事件：

$$A_\varepsilon=(\omega:\text{对任意 }\delta>0\text{，存在 }p\in R,q\in R,$$
$$\text{使 }|p-q|<\delta,|x_p(\omega)-x_q(\omega)|>\varepsilon).$$

显然 $A_{\frac{1}{n}}\subset A_{\frac{1}{n+1}}$，而且事件 $\bigcup_n A_{\frac{1}{n}}$ 重合于事件

$$D=(\omega:x_t(\omega)\text{在 }R\text{ 上非均匀连续}).$$

因此，只要证对任意固定的 $\varepsilon>0$

$$P(A_\varepsilon)=0 \tag{3}$$

(参看§3.2(7)及其下一段话).

引进下列随机变量：对有穷或可列集 $M\subset T$，定义

$$W(M)=\sup_{s\in M,t\in M}|x_s-x_t|; \tag{4}$$

对任意的区间 $\Delta\subset T$，令

$$W_M(\Delta)=W(M\cap\Delta);$$

对任意的定数 $\delta>0$，定义

$$W_M(\delta)=\sup_{\substack{\Delta\subset T\\|\Delta|<\delta}}W_M(\Delta), \tag{5}$$

其中 $|\Delta|$ 表 Δ 之长. 注意，(5)式右方参与取上确界的随机变量不多于可列多个，故 $W_M(\delta)$ 也是一随机变量. 显然，事件 $\{W_M(\delta)>\varepsilon\}$ 重合于事件“存在 $p\in M$，$q\in M$，使 $|p-q|<\delta$ 而且 $|x_p(\omega)-x_q(\omega)|>\varepsilon$”. 故

$$A_\varepsilon=\bigcap_\delta\{W_R(\delta)>\varepsilon\}. \tag{6}$$

注意　右方括号中事件随 $\delta\downarrow 0$ 而下降，故右方诸事件之交确是一事件. 如果能证明

$$P(W_R(\delta)\geqslant\varepsilon)\leqslant\frac{2|T|}{\delta}\varphi_{\varepsilon/4}(2\delta), \tag{7}$$

那么由(6)及(2)

$$P(A_\varepsilon)\leqslant P(W_R(\delta)\geqslant\varepsilon)\to 0\quad(\delta\to 0),$$

即 $P(A_\varepsilon)=0$ 而定理得证. 因之问题归结为证明(7).

分成三步：

(i) 先证不等式：对任何有穷集 $\Gamma\subset T$ 及任一区间 $\Delta\subset T$，则

$$P(W_\Gamma(\Delta)\geqslant\varepsilon)\leqslant 2\varphi_{\frac{\varepsilon}{4}}(|\Delta|).\tag{8}$$

把集 $\Gamma\cap\Delta$ 的点排成上升列 $t_0<t_1<\cdots<t_n$. 显然有

$$\left\{|x_{t_i}-x_{t_0}|<\frac{\varepsilon}{2},i=1,2,\cdots,n\right\}$$

$$\subset\{|x_{t_i}-x_{t_j}|<\varepsilon,i,j=0,1,\cdots,n\}=\{W_\Gamma(\Delta)<\varepsilon\};$$

$$P\left(|x_{t_i}-x_{t_0}|<\frac{\varepsilon}{2},i=1,2,\cdots,n\right)\leqslant P(W_\Gamma(\Delta)<\varepsilon).\tag{9}$$

令 $P_{t_0}(A)=P(x_{t_0}\in A)\ (A\in\mathcal{B}_1)$. 若能证明对任意 $x\in\mathbf{R}$，有

$$f(x)=P_{t_0,x}\left(|x_{t_i}-x|<\frac{\varepsilon}{2},i=1,2,\cdots,n\right)$$

$$\geqslant 1-2\varphi_{\frac{\varepsilon}{4}}(|\Delta|),\tag{10}$$

则由(9)(10)立得

$$P(W_\Gamma(\Delta)<\varepsilon)\geqslant\int_E f(x)P_{t_0}(\mathrm{d}x)\geqslant 1-2\varphi_{\frac{\varepsilon}{4}}(|\Delta|),$$

此即(8). 故只要证(10). 由于

$$\left\{|x_{t_n}-x|<\frac{\varepsilon}{4}\right\}\subset\left\{|x_{t_i}-x|<\frac{\varepsilon}{2},i=1,2,\cdots,n\right\}$$

$$\cup\bigcup_{r=1}^{n-1}\left\{|x_{t_i}-x|<\frac{\varepsilon}{2},i=1,2,\cdots,r-1;|x_{t_r}-x|\geqslant\frac{\varepsilon}{2},\right.$$

$$\left.|x_{t_n}-x|<\frac{\varepsilon}{4}\right\},\tag{11}$$

故

$$P_{t_0,x}\left(x_{t_n}\in U_x\left(\frac{\varepsilon}{4}\right)\right)\leqslant f(x)+\sum_{r=1}^{n-1}P_{t_0,x}\left\{|x_{t_i}-x|<\frac{\varepsilon}{2},\right.$$

$$i=1,2,\cdots,r-1;\ |x_{t_r}-x|\geqslant\frac{\varepsilon}{2},$$

$$\left.|x_{t_n}-x|<\frac{\varepsilon}{4}\right\}$$

$$= f(x) + \sum_{r=1}^{n-1} P_{t_0,x}(B_r, \Delta_{t_n}), \tag{12}$$

其中 $B_r = \left\{ |x_{t_i} - x| < \frac{\varepsilon}{2}, i=1,2,\cdots,r-1; |x_{t_r} - x| \geqslant \frac{\varepsilon}{2} \right\} \in \mathcal{N}_{t_r}$，而 $\Delta_{t_n} = \left\{ x_{t_n} \in U_x\left(\frac{\varepsilon}{4}\right) \right\} \in \mathcal{N}^{t_r}$. 由马氏性得

$$P_{t_0,x}(B_r, \Delta_{t_n}) = \int_{B_r} P_{t_r, x_{t_r}}(\Delta_{t_n}) P_{t_0,x}(\mathrm{d}\omega). \tag{13}$$

注意 对任意满足 $|x-y| \geqslant \frac{\varepsilon}{2}$ 的 $y \in E$，由于 $U_x\left(\frac{\varepsilon}{4}\right) \cap U_y\left(\frac{\varepsilon}{4}\right) = \varnothing$ 以及 $|t_r - t_n| \leqslant |\Delta|$，有

$$P_{t_r,y}(\Delta_{t_n}) \leqslant P_{t_r,y}\left(x_{t_n} \in V_y\left(\frac{\varepsilon}{4}\right) \right) \leqslant \varphi_{\frac{\varepsilon}{4}}(|\Delta|).$$

代入上式得

$$P_{t_0,x}(B_r, \Delta_{t_n}) \leqslant \varphi_{\frac{\varepsilon}{4}}(|\Delta|) P_{t_0,x}(B_r), \tag{14}$$

将此式与(12)结合，并注意诸 B_r 不相交，即得

$$P_{t_0,x}\left(x_{t_n} \in U_x\left(\frac{\varepsilon}{4}\right) \right) \leqslant f(x) + \varphi_{\frac{\varepsilon}{4}}(|\Delta|).$$

另一方面，因 $|t_0 - t_n| \leqslant |\Delta|$，由 $\varphi_{\frac{\varepsilon}{4}}(|\Delta|)$ 的定义应有

$$P_{t_0,x}\left(x_{t_n} \in U_x\left(\frac{\varepsilon}{4}\right) \right) \geqslant 1 - \varphi_{\frac{\varepsilon}{4}}(|\Delta|),$$

综合上两式即得(10).

(ii) 今由(8)以证对任一有穷集 Γ 及任意 $\delta > 0$，有

$$P(W_\Gamma(\delta) \geqslant \varepsilon) \leqslant \frac{2|T|}{\delta} \varphi_{\frac{\varepsilon}{4}}(2\delta). \tag{15}$$

在 $T=[a,b]$ 中，选点 $s_0 < s_1 < \cdots < s_m$，使 $s_0 = a$，$s_{i+1} - s_i = \delta$，$b - s_m < \delta$，则 $m\delta < |T|$，$m < \frac{|T|}{\delta}$. 令 $\Delta_i = [s_i, s_{i+2}]$，$i = 0, 1, \cdots, m-2$，$\Delta_{m-1} = [s_{m-1}, b]$，则对任一区间 $\widetilde{\Delta} \subset T$，$|\widetilde{\Delta}| \leqslant \delta$，总存在某 Δ_i，使 $\widetilde{\Delta} \subset \Delta_i$，故

$$W_\Gamma(\widetilde{\Delta})\leqslant W_\Gamma(\Delta_i)\leqslant \max_{j=1,2,\cdots,m-1} W_\Gamma(\Delta_j).$$

根据定义(5)得

$$W_\Gamma(\delta)\leqslant \max_{j=1,2,\cdots,m-1} W_\Gamma(\Delta_j).$$

由(8)得

$$P(W_\Gamma(\delta)\geqslant\varepsilon)\leqslant P(\max_{j=1,2,\cdots,m-1} W_\Gamma(\Delta_j)\geqslant\varepsilon)$$

$$\leqslant \sum_{j=1}^{m-1} P(W_\Gamma(\Delta_j)\geqslant\varepsilon)\leqslant 2m\varphi_{\frac{\varepsilon}{4}}(|\Delta_j|)\leqslant \frac{2|T|}{\delta}\varphi_{\frac{\varepsilon}{4}}(2\delta).$$

此即欲证的(15).

(iii) 今将可分集 R 的中的点编号，以 Γ_n 记前 n 个点所成的集，因

$$W_{\Gamma_n}(\delta)=\sup_{\substack{t\in\Gamma_n,s\in\Gamma_n,\\ |s-t|<\delta}} |x_s-x_t|,$$

故 $W_{\Gamma_n}(\delta)\uparrow W_R(\delta)$. 由(15)得

$$P(W_R(\delta)\geqslant\varepsilon)\leqslant\frac{2|T|}{\delta}\varphi_{\frac{\varepsilon}{4}}(2\delta)$$

此即(7). ■

这证明的方法也是典型的：为了证明以概率 1 具有某性质(iii)，令 A 为具此性质的 ω 的集，将 $\overline{A}$ 表为一列事件 A_n 的和或极限，而 A_n 的概率容易算出或估计出来，然后只要证

$$P(A_n)=0 \text{ 或 } P(A_n)\to 0.$$

(二)

以上定理给出样本函数以概率 1 连续的充分条件. 现在来看反面的问题：如马氏过程的样本函数都是连续的，它的转移概率会有什么性质？下面只讨论齐次情况，回答这问题的是 Ray 定理.

先把连续性条件如下弱化：设 $V=(v_1,v_2)\subset E$，称过程 $\{x_t(\omega),t\geqslant 0\}$ **在 V 中连续**，如对任一 $x\in V$，有

$$P_x(x_t(\omega)\text{对 } t\in[0,\tau_V(\omega)]\text{连续})=1, \tag{16}$$

这里 P_x 表测度 $P_{0,x}$，$\tau_V(\omega)$如§5.1定义. 显然，若$\{x_t(\omega),t\geqslant 0\}$是连续过程，则它在任意 $V(\subset E)$中连续.

连续性条件如上弱化有时是很重要的，因为可能存在这样的过程，当它的样本函数未离开某 V 前是连续的，但当它到达边界点 v_1 或 v_2 后，连续性就被破坏.

自然想到，若过程在 V 中连续，则自 $x\in V$ 出发，在很短时间内跑出 V 的概率应该很小. 这思想的精确化就是下面的

定理 2(瑞(Ray))　设$\{x(t,\omega),t\geqslant 0\}$是右连续强马氏过程，在 V 中连续，则对任意 $x\in U=(u_1,u_2)\subset V$，有

$$p(t,x,E\backslash U)=o(t). \tag{17}$$

证　如说不然，必存在一列 $t_n\downarrow 0$, $c>0$，使

$$p(t_n,x,E\backslash U)>2ct_n.$$

定义

$$\tau_1(\omega)=\begin{cases}\tau_U(\omega), & x(\tau_U,\omega)=u_1,\\ +\infty & \text{其他情形(即 } x(\tau_U,\omega)=u_2 \text{ 或 } \tau_U=+\infty\text{)};\end{cases}$$

类似定义 $\tau_2(\omega)$. 于是 $\tau_1(\omega)$，$\tau_2(\omega)$都是不依赖于将来的随机变量. 实际上，由于 τ_U 不依赖于将来以及$(x(\tau_U)=u_1)\in\mathcal{N}_{\tau_U}$，即得

$$(\tau_1(\omega)\leqslant\varepsilon)=(\tau_U(\omega)\leqslant\varepsilon)\cap(x(\tau_U)=u_1)\in\mathcal{N}_s.$$

其次，显然有

$$P_x(\tau_1\leqslant t_n)+P_x(\tau_2\leqslant t_n)\geqslant P_x(x(t_n)\in E\backslash U)>2ct_n,$$

故左方两项中至少有一项，例如第二项，对某一子列$\{t_n'\}\downarrow 0$(仍记此子列为$\{t_n\}$)，使

$$P_x(\tau_2\leqslant t_n)>ct_n \quad (c>0,t_n\downarrow 0). \tag{18}$$

下面将因此式而产生矛盾. 分三步:

首先，由过程的连续性及强马氏性，易见对任何 $y\in[x,u_2)$，有

$$P_y(\tau_2\leqslant t_n)>ct_n \quad (c>0,t_n\downarrow 0). \tag{19}$$

此直观上由(18)而显然的结果可如下证明:像定义 τ_2 一样，用

(u_1,y)代替上面的U后，可定义$\tau_{2,y}$. 我们有

$$\begin{aligned}P_x(\tau_2\leqslant t_n)&\leqslant P_x(\theta_{\tau_{2,y}}(\tau_2\leqslant t_n),\tau_{2,y}\leqslant t_n)\\&=\int_{(\tau_{2,y}\leqslant t_n)}P_x(\theta_{\tau_{2,y}}(\tau_2\leqslant t_n)\mid\mathcal{N}_{\tau_{2,y}})P_x(\mathrm{d}\omega)\\&=\int_{(\tau_{2,y}\leqslant t_n)}P_y(\tau_2\leqslant t)P_x(\mathrm{d}\omega)\\&\leqslant P_y(\tau_2\leqslant t_n),\end{aligned}\tag{20}$$

其中倒数第二项中用了在$(\tau_{2,y}\leqslant t_n)$上，$x(\tau_{2,y})=y$这一事实.

其次，定义新过程

$$y(t,\omega)=\begin{cases}x(t,\omega), & t<\tau_U(\omega),\\x(\tau_U,\omega), & t\geqslant\tau_U(\omega),\end{cases}$$

换言之，将u_1,u_2变成吸引点后，$\{x(t,\omega),t\geqslant0\}$便变成$\{y(t,\omega),t\geqslant0\}$. 显然$y(t,\omega)$的样本函数以$P_x^-$概率1$(x\in U)$连续于$t\geqslant0$，而且界于$[u_1,u_2]$中. 令$\varepsilon=\dfrac{u_2-x}{4}>0$，$a=x+2\varepsilon$，则

$$\begin{aligned}&\lim_{n\to+\infty}P_a\left(|y(t,\omega)-a|<\varepsilon,\text{一切 }t\in\left[0,\frac{1}{n}\right]\right)\\&=P_a\left(\bigcup_n\left\{|y(t,\omega)-a|<\varepsilon,\text{一切 }t\in\left[0,\frac{1}{n}\right]\right\}\right)=1,\end{aligned}$$

故当s充分小时，有

$$P_a(a-\varepsilon<y(t,\omega)<a+\varepsilon,\text{一切 }t\in[0,s])>\frac{1}{2}.\tag{21}$$

类似地，利用$y(t,\omega)$在$t\in[0,s]$中的概率1一致连续性，得

$$\begin{aligned}\alpha_n=P_a\Big(&\text{对某一 }k\leqslant\left[\frac{s}{t_n}\right],y=((k-1)t_n)<a+\varepsilon,\\&y(kt_n)=u_2\Big)\to0\quad(n\to+\infty).\end{aligned}\tag{22}$$

最后，利用下式中涉及的诸事件的互不相交性及α_n的定义，易见

$$\alpha_n\geqslant\sum_{k=1}^{\left[\frac{s}{t_n}\right]}P_a(a-\varepsilon<y(t)<a+\varepsilon\text{ 对一切 }t\in[0,(k-1)t_n]$$

成立，而且 $y(kt_n)=u_2$)

$$=\sum_{k=1}^{\left[\frac{s}{t_n}\right]}P_a(a-\varepsilon<x(t)<a+\varepsilon \text{ 对一切 } t\in[0,(k-1)t_n]$$

成立，而且存在 $s\in[(k-1)t_n,kt_n]$，使 $x(s)=u_2$).

简记最后括号中前一事件为 $A_{(k-1)t_n}$，后一事件为 $B_{kt_n}^{(k-1)t_n}$，则上式右方项

$$=\sum_{k=1}^{\left[\frac{s}{t_n}\right]}\int_{A_{(k-1)t_n}}P_a(B_{kt_n}^{(k-1)t_n}\mid\mathcal{N}_{(k-1)t_n})P_a(\mathrm{d}\omega)$$

$$=\sum_{k=1}^{\left[\frac{s}{t_n}\right]}\int_{A_{(k-1)t_n}}P_{x((k-1)t_n)}(B_{t_n}^0)P_a(\mathrm{d}\omega).$$

但当 $\omega\in A_{(k-1)t_n}$ 时，$x((k-1)t_n,\omega)\in(a-\varepsilon,a+\varepsilon)\subset(x,u_2)$，由(19)，得被积函数

$$P_{x((k-1)t_n)}(B_{t_n}^0)=P_{x((k-1)t_n)}(\tau_2\leqslant t_n)>ct_n.$$

以之代入上式，并利用(21) 即得

$$\alpha_n\geqslant\sum_{k=1}^{\left[\frac{s}{t_n}\right]}ct_nP_a(A_{(k-1)t_n})\geqslant\frac{1}{2}ct_n\left[\frac{s}{t_n}\right]\to\frac{1}{2}ct,$$

这与(22)矛盾. ■

定理 2 的结果可以加强. 令

$Q(t,x,E\backslash U)=P_x(\tau_U\leqslant t)=P_x($存在 $s\in[0,t]$，使 $x(s)\in E\backslash U)$.

系 1　在定理 2 条件下

$$Q(t,x,E\backslash U)=o(t). \tag{23}$$

证　由于定理 2 中的矛盾自(18)推出，故

$$P_x(\tau_2\leqslant t)=o(t).$$

对 τ_1 同样也有 $P_x(\tau_1\leqslant t)=o(t)$. 因此

$$Q(t,x,E\backslash U)=\sum_{i=1}^{2}P_x(\tau_i\leqslant t)=o(t).\quad ■$$

(三)

利用瑞定理，不难计算一类重要过程的无穷小算子. 设

$\{x(t,\omega),t\geqslant 0\}$是$E=(a_1,a_2)$上的连续费勒过程.由瑞定理,对任意$\varepsilon>0$,任意$x\in E$,有

$$P_x(|x(t,\omega)-x|>\varepsilon)=o(t). \tag{24}$$

如果这过程满足条件:对某$\varepsilon>0$,存在两极限

$$a(x)=\lim_{t\to 0_+}\frac{1}{t}\int_{|x(t,\omega)-x|<\varepsilon}(x(t,\omega)-x)P_x(\mathrm{d}\omega), \tag{25}$$

$$b(x)=\lim_{t\to 0_+}\frac{1}{t}\int_{|x(t,\omega)-x|<\varepsilon}(x(t,\omega)-x)^2P_x(\mathrm{d}\omega), \tag{26}$$

而且$a(x)$,$b(x)$是E上的连续函数时,就称此过程为**古典连续过程**.它是最早被研究的过程类中的一种.

首先注意,在条件(24)下,(25)(26)中的极限值不依赖于$\varepsilon>0$.实际上,简记$M_\varepsilon=(|x(t,\omega)-x|<\varepsilon)$,对$\varepsilon_2>\varepsilon_1$,记$M_{\varepsilon_1,\varepsilon_2}=M_{\varepsilon_2}-M_{\varepsilon_1}=(\varepsilon_1\leqslant|x(t,\omega)-x|<\varepsilon_2)$,则

$$\begin{aligned}&\left|\frac{1}{t}\left[\int_{M_{\varepsilon_1,\varepsilon_2}}(x(t,\omega)-x)P_x(\mathrm{d}\omega)\right]\right|\\&\leqslant\frac{1}{t}\cdot\varepsilon_2\int_{\overline{M}_{\varepsilon_1}}P_x(\mathrm{d}\omega)\\&=P_x(|x(t,\omega)-x|\geqslant\varepsilon_1)\cdot\frac{\varepsilon_2}{t}\to 0\quad(t\to 0_+),\end{aligned}$$

故$a(x)$与$\varepsilon>0$无关;对$b(x)$同样可证明此结论.

其次,利用转移概率,可把(25)(26)写为

$$a(x)=\lim_{t\to 0_+}\frac{1}{t}\int_{|y-x|<\varepsilon}(y-x)p(t,x,\mathrm{d}y), \tag{27}$$

$$b(x)=\lim_{t\to 0_+}\frac{1}{t}\int_{|y-x|<\varepsilon}(y-x)^2p(t,x,\mathrm{d}y). \tag{28}$$

条件(25)(26)的概率意义不很明显,然而,如果我们对过程补加一条件(S):

(S):对任意$\varepsilon>0$,

$$\lim_{t\to 0_+}\frac{1}{t}\int_{|x(t,\omega)-x|\geqslant\varepsilon}(x(t,\omega)-x)^2P_x(\mathrm{d}\omega)=0, \tag{29}$$

那么(25)(26)的概率意义就很清楚,因为这时

$$a(x)=\lim_{t\to 0_+}\frac{E_x[x(t,\omega)-x]}{t},\tag{30}$$

$$b(x)=\lim_{t\to 0_+}\frac{E_x[x(t,\omega)-x]^2}{t},\tag{31}$$

实际上,利用(29),由(26)立得(31). 又由(29),得

$$\left|\frac{1}{t}\int_{|x(t,\omega)-x|\geqslant\varepsilon}(x(t,\omega)-x)P_x(\mathrm{d}x)\right|$$

$$\leqslant\frac{1}{t\varepsilon}\int_{|x(t,\omega)-x|\geqslant\varepsilon}(x(t,\omega)-x)^2P_x(\mathrm{d}\omega)\to 0\quad(t\to 0+),\tag{32}$$

由此式及(25)立得(30).

然后,以后无特别声明时,并不假定(S)成立.

定理 3 设 f 是有界二次连续可导函数,则 $f\in D_{\tilde{A}}$ 而且

$$\tilde{A}f(x)=\left[a(x)\frac{\mathrm{d}}{\mathrm{d}x}+\frac{b(x)}{2}\frac{\mathrm{d}^2}{\mathrm{d}x^2}\right]f(x)\quad(x\in E).\tag{33}$$

若点 $x\in(a_1,a_2)$,又 $b(x)>0$,则在此点上

$$\tilde{A}f(x)=D_vD_uf(x),\tag{34}$$

其中

$$v(x)=\int_c^x\frac{2}{b(y)}\mathrm{e}^{B(y)}\mathrm{d}y,u(x)=\int_c^x\mathrm{e}^{-B(y)}\mathrm{d}y,$$

$$B(y)=\int_c^y\frac{2a(z)}{b(z)}\mathrm{d}z,$$

这些积分的下限 c 可取为小于上限的任何常数①.

证 令 $c=\sup_x|f(x)|$,由(24)

$$\left|\frac{1}{t}\int_{|y-x|\geqslant\varepsilon}f(y)p(t,x,\mathrm{d}y)\right|\leqslant c\cdot\frac{P_x(|x(t,\omega)-x|\geqslant\varepsilon)}{t}\to 0,$$

故

---

① 当然,应使 $b(z)$ 在此积分区间中大于 0,由 $b(x)>0$ 及 $b(z)$ 的连续性总是可能选到这种区间的.

$$\widetilde{A}f(x)=\lim_{t\to 0+}\frac{1}{t}\left[\int_{|y-x|<\varepsilon}f(y)p(t,x,\mathrm{d}y)-f(x)\right].\qquad(35)$$

对固定的 x 及 $\delta>0$，存在 $\varepsilon>0$，使 $|y-x|<\varepsilon$ 时有

$$f(y)-f(x)=f'(x)(y-x)+\frac{f''(x)\pm\delta_1}{2}(y-x)^2,$$

其中 $0\leqslant\delta_1=\delta_1(y)\leqslant\delta$. 因而

$$\begin{aligned}&\int_{|y-x|<\varepsilon}f(y)p(t,x,\mathrm{d}y)-f(x)\\&=\int_{|y-x|<\varepsilon}[f(y)-f(x)]p(t,x,\mathrm{d}y)+o(t)\\&\leqslant f'(x)\int_{|y-x|<\varepsilon}(y-x)p(t,x,\mathrm{d}y)+\\&\quad\frac{f''(x)+\delta}{2}\int_{|y-x|<\varepsilon}(y-x)^2p(t,x,\mathrm{d}y)+o(t).\end{aligned}\qquad(36)$$

以 t 除两边，令 $t\to 0+$，并利用(27)(28)得

$$\begin{aligned}&\overline{\lim_{t\to 0+}}\frac{1}{t}\left[\int_{|y-x|<\varepsilon}f(y)p(t,x,\mathrm{d}y)-f(x)\right]\\&\leqslant a(x)f'(x)+\frac{b(x)}{2}f''(x)+\frac{b(x)}{2}\delta.\end{aligned}\qquad(37)$$

因为上式左方值与 ε 无关，故右方的 δ 可任意小，从而上面的上极限不超过 $a(x)f'(x)+\frac{b(x)}{2}f''(x)$. 类似地取下极限并把(36)(37)中的 $\leqslant$ 换成 $\geqslant$，把 δ 换成 $-\delta$，可见下极限不小于 $a(x)f'(x)+\frac{b(x)}{2}f''(x)$. 故由(35)便得证(33).

如 $x\in(a_1,a_2)$，$b(x)>0$，由连续性，$b(y)$ 在 x 的某邻域中大于0，于是

$$a(x)f'(x)+\frac{b(x)}{2}f''(x)=\frac{b}{2}\mathrm{e}^{-B}\left(\mathrm{e}^{B}\frac{2a}{b}f'+\mathrm{e}^{B}f''\right)(x)$$

$$=\frac{b}{2}\mathrm{e}^{-B}(\mathrm{e}^{B}f')'(x)=\frac{1}{\frac{2}{b}\mathrm{e}^{B}}\cdot\frac{\mathrm{d}}{\mathrm{d}x}\left(\frac{1}{\mathrm{e}^{-B}}\frac{\mathrm{d}}{\mathrm{d}x}\right)f(x)=\frac{\mathrm{d}}{\mathrm{d}v}\frac{\mathrm{d}}{\mathrm{d}u}f(x),$$

这就得证(34). ■

§5.4　补充与习题

1. 考虑过程$\{x_t(\omega),t\geqslant 0\}$，满足

$$P(x(t,\omega)=vt)=1,\quad v\text{ 为任意常数},$$

试证它是费勒过程，并且存在等价的连续过程. 故不妨设$\{x_t(\omega),t\geqslant 0\}$是一维连续费勒过程. 试研究相空间中点的分类，并求 $\mathfrak{A}f(x)$，$f\in D_{\mathfrak{A}}$.

提示　$p(t,x,A)=\chi_A(x+vt)$. 一切点同类，是套点，纯向右或纯向左，视$v=0$，$v>0$ 或 $v<0$ 而定.

2. 设$\{x_t(\omega),t\geqslant 0\}$为一维连续费勒过程，$[b_1,b_2]$含于某正则区间而$(a_1,a_2)\subset(b_1,b_2)$. 于是对 $x\in[a_1,a_2]$有 $p(x,b_2,b_1)=p(x,a_2,a_1)p(a_2,b_2,b_1)+p(x,a_1,a_2)p(a_1,b_2,b_1)$.

提示　对 $\tau_{(a_1,a_2)}$ 用强马氏性. 关于 $E\,\tau_{(a_1,a_2)}$ 也有类似公式，见§5.2(18_1).

3. 试证对维纳过程，一切点都是正则的. 对古典连续过程，若$b(x)>0$，则 x 是正则点.

附记　§5.2 的结果属于费勒与邓肯. 先是，费勒于1954～1955年用纯分析的方法得到这些结果；后来邓肯于 1956 年主要依靠对样本函数性质的研究，重新得到它们，并说明了 D_vD_u 中 v，u 的概率意义. 这种方法对多维或一般空间也有一定效果，详见§5.1. 进一步的研究见以下邓肯论文[3]及此论文中所列的参考文献[2][23][30][70][71][76]与[77]. 关于样本函数性质的进一步研究，例如何时以概率 1 无第二类断点等，可见那里的[35][82].

参考文献

[1] 王梓坤.扩散过程在随机时间替换下的不变性.南开大学学报(自然科学版),1964,5(5):1-8.

[2] 施仁杰.马尔可夫过程对于随机时间替换的不变性.南开大学学报(自然科学版),1964,5(5):199-204.

[3] Дынкин Е Б. Марковский процессы и связанные с ними задачи анализа. Успехи Математических Наук,1960,15(2):3-24.

[4] 王梓坤,张新生,李占柄.一致椭圆扩散的一个比较定理及其应用.中国科学,1993,23A(11):1 121-1 129.

第 6 章　间断型马尔可夫过程

§6.1　转移概率的可微性

（一）

上章中我们主要研究的是连续型马氏过程，它们的样本函数是连续函数；本章中则研究另一类重要的马氏过程，它们的样本函数几乎都是不连续的. 像上章一样，我们仍然集中力量于齐次马氏过程.

本章中恒设 E 为某个一维波莱尔可测集①，$\mathcal{B}$ 是 E 中全体波莱尔子集所成 σ 代数，x 表 E 中的点，$\{x\}$ 为由一个点 x 所成的单点集，A 表 $\mathcal{B}$ 中的集. 概率空间为 $(\Omega,\mathcal{F},P)$，回忆一下，我们曾假定 P 为完全的概率测度.

设 $\{x(t,\omega),t\geqslant 0\}$ 为任意齐次可分马氏过程，相空间为 $(E,\mathcal{B})$. 相对于这过程，可将 E 中的点分成三类如下：

令

$$\tau(\omega)=\inf(t:x(t,\omega)\neq x(0,\omega)),\tag{1}$$

---

① 在取过程的可分修正时，需要考虑 $E^*=E\cup\{E$ 的极限点$\}$（极限点中可能有 $\pm\infty$）. 但因 $P(t,x,E)=1$，故 $E^*\setminus E$ 中的点在研究转移概率的分析性质时无关紧要.

则 $\tau(\omega)(\leqslant+\infty)$ 是一随机变量（如（1）右方集是空的，就令 $\tau(\omega)=+\infty$）. 因为

$$(\omega:\tau(\omega)<c)\doteq\bigcup_{r_n<c}\{\omega:x(r_n,\omega)\neq x(0,\omega)\}\in\mathcal{N}_c\subset\mathcal{F},$$

这里 $r_n\in R$（可分集），$M\doteq N$ 表 M,N 的对称差是零测集，即表

$$P(M\Delta N)=P(M\backslash N)+P(N\backslash M)=0.$$

简记 $P_{0,x}$ 为 P_x，$P_x(\tau\geqslant t)$ 为 $p(t)$. 试证

$$p(t)=\mathrm{e}^{-\lambda t}\quad(t\in\mathbf{R},\ \lambda\in[0,+\infty]\text{为常数}).\tag{2}$$

实际上，记 $A_b^a=(\omega:x(u,\omega)\equiv x(0,\omega)$，一切 $u\in[a,b])$. 显然 $(\tau\geqslant t)\supset A_t^0\supset(\tau>t)$. 令 $\tilde{p}(t)=P_x(A_t^0)$，由马氏性得

$$\begin{aligned}\tilde{p}(t+s)&=P_x(A_{t+s}^0)=P_x(A_t^0A_{t+s}^0)\\&=\int_{A_t^0}P_x(A_{t+s}^t\mid\mathcal{N})P_x(\mathrm{d}\omega)\\&=\int_{A_t^0}P_{x(t,\omega)}(A_s^0)P_x(\mathrm{d}\omega)\\&=P_x(A_t^0)P_x(A_s^0)=\tilde{p}(t)\tilde{p}(s).\end{aligned}\tag{2$_1$}$$

因为 $0\leqslant\tilde{p}(t)\leqslant1$ 而且 $\tilde{p}(t)$ 是 t 的不增函数，所以 (2_1) 的唯一解是[①] $\tilde{p}(t)=\mathrm{e}^{-\lambda t}$. 既然

$$p(t)=P_x(\tau\geqslant t)\geqslant\tilde{p}(t)=\mathrm{e}^{-\lambda t}\geqslant P_x(\tau>t),$$

可见在 $p(t)$ 的连续点上，$p(t)=\mathrm{e}^{-\lambda t}$，由于连续点集在 $\mathbf{R}$ 的稠性及 $p(t)$ 的左连续性即得证(2).

由(2)知 $E_x\tau=\dfrac{1}{\lambda}\left(\text{理解}\dfrac{1}{0}=+\infty,\dfrac{1}{+\infty}=0\right)$. 由 $E_x\tau$（或(2)）的概率意义，自然地称状态 x 为**吸引的，逗留的或瞬时的**，视 $\lambda\,(=\lambda(x))$ 为 0，正而有穷，或 $+\infty$ 而定.

---

① 证见§3.4中(7)式的推导，$\lambda\geqslant0$ 是一常数，但可能等于 $+\infty$；又 λ 依赖于 x，$\lambda=\lambda(x)$.

(二)

本章以下恒假设 $\{x(t,\omega),t\geqslant 0\}$ 的转移概率满足条件

$$(\mathrm{C}):\lim_{t\to 0+} p(t,x,\{x\})=1,(\text{一切 } x\in E).$$

条件(C)等价于:对任意 $x\in E,A\in\mathcal{B}$

$$\lim_{t\to 0+} p(t,x,A)=\chi_A(x),$$

其中 χ_A 是 A 的示性函数.

实际上,由上式推出(C)是显然的. 反之,若 $x\in A$,则由 $p(t,x,A)\geqslant p(t,x,\{x\})\to 1$;若 $x\overline{\in} A$,则 $x\in\overline{A}$ 而 $p(t,x,A)=1-p(t,x,\overline{A})\to 0$.

作为条件(C)的后果有

引理 1　若(C)成立,则

(i) $p(t,x,A)$是 t 的均匀连续函数,甚至此均匀性关于 A 也成立;精确些,即对任意 $\varepsilon>0$,存在 $\delta>0$,使对任意 $t\geqslant 0,s\geqslant 0$,$|t-s|<\delta$,任意 $A\in\mathcal{B}$,有

$$|p(s,x,A)-p(t,x,A)|<\varepsilon. \tag{3}$$

(ii) 对任意固定的 $t\geqslant 0$

$$\lim_{h\downarrow 0} P(x_{t+h}(\omega)\neq x_t(\omega))=0,$$

因而过程是右随机连续的.

证　(i) 由柯尔莫哥洛夫-查普曼方程,对任意 $h\geqslant 0$,有

$$\begin{aligned}&p(t+h,x,A)-p(t,x,A)\\&=\int_{y\neq x} p(h,x,\mathrm{d}y)p(t,y,A)-p(t,x,A)[1-p(h,x,\{x\})],\end{aligned}$$

因右方两项都非负,而且都不超过 $1-p(h,x,\{x\})$,故

$$|p(t+h,x,A)-p(t,x,A)|\leqslant 1-p(h,x,\{x\}),$$

因而

$$|p(s,x,A)-p(t,x,A)|\leqslant 1-p(|s-t|,x,\{x\}),$$

由(C)即得(3).

(ii) 对 $h\geqslant 0$，由过程的齐次性及(C)得

$$P_{t,x}(x_t(\omega)\neq x_{t+h}(\omega))=P_{0,x}(x_0(\omega)\neq x_h(\omega))$$
$$=p(h,x,\{\bar{x}\})\to 0\qquad (h\to 0),\tag{4}$$

令 $P_u(A)=P(x_u(\omega)\in A)$，由控制收敛定理，得

$$P(x_t(\omega)\neq x_{t+h}(\omega))$$
$$=\int P_{t,x}(x_t(\omega)\neq x_{t+h}(\omega))P_t(\mathrm{d}x)\to 0.\tag{5}$$

最后，因 $P(|x_t(\omega)-x_{t+h}(\omega)|>\varepsilon)\leqslant P(x_t(\omega)\neq x_{t+h}(\omega))$，可见由(C)可推出过程的右随机连续性. ■

(三)

关于转移概率在0点的可微性及导数的概率意义，第一个结果为

定理1 设(C)满足，则

(i) 对任意 $x\in E$，存在极限

$$\lim_{t\to 0}\frac{1-p(t,x,\{x\})}{t}=q(x),\tag{6}$$

而且 $q(x)$ 是波莱尔可测函数，$0\leqslant q(x)\leqslant +\infty$.

(ii) 为使 $q(x)(x\in E)$ 有界，充分必要条件是(C)在 E 上均匀成立；此时(6)关于 $x\in E$ 均匀成立.

(iii) 设 $\{x_t(\omega),t\geqslant 0\}$ 是以 $p(t,x,A)$ 为转移概率的可分马氏过程，则

$$P_{s,x}(x_{s+u}(\omega)=x,0\leqslant u\leqslant t)=\mathrm{e}^{-q(x)t}.\tag{7}$$

证 先证下列事实："设二维点集 $S\in\mathcal{B}\times\mathcal{B}$ 的 x-截口为 S_x，则 $p(t,x,S_x)$ 是 x 的波莱尔可测函数". 事实上，以 Λ 表使此事实成立的全体 S 构成的集系，则 Λ 是一 λ-系，此 λ-系包含全体矩形 $B\times B'\in\mathcal{B}\times\mathcal{B}$，因为 $p(t,x,(B\times B')_x)=\chi_B(x)p(t,x,B')$ 是 x 的波莱尔可测函数，而全体矩形成一 π-系. 由 λ-系方法即得证.

应用此事实于对角线集 $S=\{(x,x),x\in E\}$，即知 $p(t,x,$

$\{x\})$是 x 的波莱尔可测函数. 因此，若能证(6)中极限 $q(x)$存在，则作为沿 $t=t_n\to 0$ 的极限，$q(x)$是波莱尔可测函数.

由柯尔莫哥洛夫-查普曼方程，有

$$p(t,x,\{x\})\geqslant\left[p\left(\frac{t}{n},x,\{x\}\right)\right]^n,$$

当 n 相当大时，由(C)，右方大于 0，故函数

$$f(t)=-\lg\ p(t,x,\{x\}) \tag{8}$$

对一切 $t\geqslant 0$ 有意义，非负有穷，而且由于

$$p(t+s,x,\{x\})\geqslant p(t,x,\{x\})p(s,x,\{x\}),$$

得

$$f(t+s)\leqslant f(t)+f(s). \tag{9}$$

对 $t>0,h>0$，取 n 使 $t=nh+\varepsilon,0\leqslant\varepsilon<h$，由(9)

$$\frac{f(t)}{t}\leqslant\frac{nf(h)}{t}+\frac{f(\varepsilon)}{t}=\frac{nh}{t}\frac{f(h)}{h}+\frac{f(\varepsilon)}{\varepsilon}.$$

令 $h\to 0$，则$\dfrac{nh}{t}\to 1,f(\varepsilon)=-\lg\ p(\varepsilon,x,\{x\})\to 0$，故

$$\frac{f(t)}{t}\leqslant\underline{\lim_{h\to 0}}\frac{f(h)}{h},$$

$$\overline{\lim_{h\to 0}}\frac{f(h)}{h}\leqslant\sup_{t>0}\frac{f(t)}{t}\leqslant\underline{\lim_{h\to 0}}\frac{f(h)}{h},$$

从而得知存在极限

$$\lim_{h\to 0}\frac{f(h)}{h}=q(x)=\sup_{t>0}\frac{f(t)}{t}. \tag{10}$$

由(8)(10)

$$\frac{1-p(h,x,\{x\})}{h}=\frac{1-\mathrm{e}^{-f(h)}}{h}=(1+o(1))\frac{f(h)}{h}\to q(x),$$

于是得证(6). 其次，仍由(8)(10)有

$$p(t,x,\{x\})=\mathrm{e}^{-\frac{f(t)}{t}t}\geqslant\mathrm{e}^{-q(x)t}, \tag{11}$$

故若 $q(x)$ 在 E 上有上确界为 $d(\geqslant 0)$，则

$$p(t,x,\{x\})\geqslant e^{-dt},$$

这表示(C)关于 x 在 E 上均匀成立，定理1 (ii)的**必要性**得以证明.

以下证定理1 (iii). 由于过程右随机连续，$\{x_t(\omega),t\geqslant 0\}$ 若可分则完全可分. 对任意固定的 $t>0$，取 $R=\left\{\dfrac{kt}{2^n}\right\}$ 为可分集. 既然过程是齐次的，只要对 $s=0$ 证明(7). 由可分性得

$$\begin{aligned}&P_x(x_u(\omega)=x,0\leqslant u\leqslant t)\\&=\lim_{n\to+\infty}P_x(x_{\frac{kt}{2^n}}(\omega)=x,0\leqslant k\leqslant 2^n).\end{aligned}\tag{12}$$

由§4.2(17)与齐次性

$$P_x(x_s=x,x_{s+t}=x)=p(s,x,\{x\})p(t,x,\{x\}),\tag{13}$$

从而(12)左方值由(10)等于

$$P_x(x_u=x,0\leqslant u\leqslant t)=\lim_{n\to+\infty}\left[p\left(\frac{t}{2^n},x,\{x\}\right)\right]^{2^n}$$

$$=\lim_{n\to+\infty}\exp\left\{\frac{\lg p\left(\frac{t}{2^n},x\{x\}\right)}{\frac{t}{2^n}}\cdot\frac{t}{2^n}\cdot 2^n\right\}=e^{-q(x)t}.$$

现在来证定理1 (ii)中的**充分性**. 设(C)关于 $x\in E$ 均匀成立. 任取 $\varepsilon>0$，选 $\alpha>0$，使当 $s\leqslant\alpha$ 时，对一切 $x\in E$，有

$$p(s,x,\{x\})\geqslant 1-\varepsilon.$$

对任意一组常数 $0=\tau_0<\tau_1<\cdots<\tau_n=\alpha$，定义

$$_vp(x,x)=\begin{cases}1 & v=0,\\ P_x(x_{\tau_j}=x,j=0,1,\cdots,v), & n\geqslant v\geqslant 1.\end{cases}$$

则由马氏性

$$1-\varepsilon\leqslant p(\alpha,x,\{x\})={}_np(x,x)+\sum_{v=0}^{n-2}\int_{(\eta\neq x)}{}_vp(x,x)\cdot$$

$$p(\alpha-\tau_{v+1},\eta,\{x\})p(\tau_{v+1}-\tau_v,x,\mathrm{d}\eta)$$

$$\leqslant {}_{n}p(x,x)+\varepsilon\sum_{v=0}^{n-2}\int_{\eta\neq x}{}_{v}p(x,x)p(\tau_{v+1}-\tau_{v},x,\mathrm{d}\eta)$$

$$\leqslant {}_{n}p(x,x)+\varepsilon[1-{}_{n}p(x,x)],$$

因此

$$(1-\varepsilon)[1-{}_{n}p(x,x)]\leqslant 1-p(\alpha,x,\{x\})\leqslant\varepsilon.$$

注意定理 1 (ii)中的结论只涉及转移概率,在具有此转移概率的过程中不妨选可分(因而完全可分)过程. 由于上式对 τ_j 的任意选择都成立,故由过程的完全可分性及(7)得

$$(1-\varepsilon)[1-\mathrm{e}^{-q(x)\alpha}]\leqslant 1-p(\alpha,x,\{x\})\leqslant\varepsilon.$$

若取 $\varepsilon=\frac{1}{3}$,则上式化为 $\frac{1}{2}\leqslant\mathrm{e}^{-q(x)\alpha}$,由此可见 $q(x)$ 在 E 上有界.

最后,当 α 充分小时,由上式及(11)知不等式

$$(1-\varepsilon)\frac{1-\mathrm{e}^{-q(x)\alpha}}{\alpha}\leqslant\frac{1-p(\alpha,x,\{x\})}{\alpha}\leqslant\frac{1-\mathrm{e}^{-q(x)\alpha}}{\alpha}$$

关于一切 x 成立,只要 $q(x)$ 在 E 上有界. 由此即可推出定理 1 (ii)中第二结论. 实际上,由上式得

$$\left|\frac{1-p(\alpha,x,\{x\})}{\alpha}-q(x)\right|$$

$$\leqslant\max\left\{\left|\frac{1-\mathrm{e}^{-q(x)\alpha}}{\alpha}-q(x)\right|,\left|\frac{1-\mathrm{e}^{-q(x)\alpha}}{\alpha}(1-\varepsilon)-q(x)\right|\right\}$$

$$\leqslant\left|\frac{1-\mathrm{e}^{-q(x)\alpha}}{\alpha}-q(x)\right|+\varepsilon\left|\frac{1-\mathrm{e}^{-q(x)\alpha}}{\alpha}\right|.$$

因对任意常数 $q\geqslant 0,\alpha\geqslant 0$,有

$$|1-\mathrm{e}^{-q\alpha}|=\left|q\int_0^{\alpha}\mathrm{e}^{-qy}\mathrm{d}y\right|\leqslant q\alpha,$$

$$|1-\mathrm{e}^{-q\alpha}-q\alpha|=\left|q\int_0^{\alpha}(\mathrm{e}^{-qy}-1)\mathrm{d}y\right|\leqslant q\int_0^{\alpha}qy\,\mathrm{d}y=\frac{q^2\alpha^2}{2},$$

故

$$\left|\frac{1-p(\alpha,x,\{x\})}{\alpha}-q(x)\right|\leqslant\frac{d^2\alpha}{2}+\varepsilon d,$$

$d=\sup q(x)$. 由 ε 的任意小性得

$$\left|\frac{1-p(\alpha,x,\{x\})}{\alpha}-q(x)\right|\leqslant\frac{d^2\alpha}{2}. \quad ■$$

注 1 由证明过程可见，如 $q(x)$ 在 E 的某波莱尔可测子集 A 上有界，同样可证(C)关于 $x\in A$ 均匀成立.

注 2 由(7)得

$$P_x(\tau\geqslant t)=\mathrm{e}^{-q(x)t}. \tag{14}$$

由此立知 $E_x\tau=\dfrac{1}{q(x)}$. 换句话说，$q(x)$ 即(一)中末的 $\lambda(x)$.

(四)

今研究 $\lim\limits_{t\to0}\dfrac{p(t,x,A)}{t}$ 的存在性，其中 $x\overline{\in}A\in\mathcal{B}$.

称集 $U\in\mathcal{B}$ 为**匀集**，如(C)对 $x\in U$ 均匀地成立. 全体匀集构成集系 R，显然，若 $U_1\in R,U_2\in R$，则 $U_1\cup U_2\in R,U_1-U_2\in R$，故 R 是一环. $R\subset\mathcal{B}$.

引理 2 设(C)成立，则对 $U\in R,x\overline{\in}U$，存在极限

$$\lim_{t\to0}\frac{p(t,x,U)}{t}=q(x,U)\leqslant q(x); \tag{15}$$

若对任一对 $x\in E$, $U\in R$，定义①

$$q(x,U)=q(x,U-\{x\}), \tag{15_1}$$

则 $q(x,U)$ 具有性质：对固定的 U 是 x 的波莱尔可测函数；对固定的 x 是 R 上的有穷测度.

证 若能证(15)中 $q(x,U)$ 存在，则因 $p(t,x,U-\{x\})=p(t,x,U)-p(t,x,\{x\})\chi_U(x)$ 是 x 的波莱尔可测函数，故新定义后的 $q(x,U)=\lim\limits_{t_n\to0}\dfrac{p(t_n,x,U-\{x\})}{t_n}$ 也是波莱尔可测的. 而且当 $x\overline{\in}U$ 时，由于 $\overline{\{x\}}\supset U$，故

---

① 由定义 $q(x,\{x\})=0$. 又因当 $x\overline{\in}U$ 时，$U=U-\{x\}$，可见这定义与(15)不矛盾.

$$0 \leqslant \frac{1-p(t,x,\{x\})}{t} - \frac{p(t,x,U)}{t} \to q(x)-q(x,U),$$

即 $q(x) \geqslant q(x,U)$.

以下证(15)中极限存在.

任取 $V \in R$ 使 $V \supset U+\{x\}$, $x \overline{\in} U$. 由假定对 $\varepsilon, 0<\varepsilon<\frac{1}{3}$,存在 $\delta=\delta(V,\varepsilon)>0$,使 $t \leqslant \delta$ 时,对一切 $y \in V$,有

$$p(t,y,\{y\})>1-\varepsilon.$$

造函数列

$$p_U(h,x,A)=p(h,x,A),$$

$$p_U((j+1)h,x,A)=\int_{\overline{U}} p_U(jh,x,\mathrm{d}y)p(h,y,A)(A \in \mathcal{B}).$$

于是 $p_U((j+1)h,x,A)$是自 x 出发,于 $h, 2h, \cdots, jh$ 时不在U,而于$(j+1)h$ 时在 A 中的概率,亦即

$$P_x(x_{lh} \overline{\in} U, l=1,2,\cdots,j, x_{(j+1)h} \in A).$$

因此

$$\begin{aligned} & p(kh,x,A) \\ = & \sum_{j=1}^{k-1} \int_U p_U(jh,x,\mathrm{d}y)p((k-j)h,y,A)+p_U(kh,x,A). \end{aligned} \tag{16}$$

对已给的 h 及 $t(\leqslant \delta)$, $h \leqslant t$,取 $n=\left[\frac{t}{h}\right]$,则由(16)可得以下两个估计式:

$$\begin{aligned} & p(nh,x,U) \\ \geqslant & \sum_{k=1}^{n} p_U((k-1)h,x,\{x\})(1-\varepsilon)p(h,x,U), \end{aligned} \tag{17}$$

$$\sum_{k=1}^{n} p_U(kh,x,U) \leqslant \frac{\varepsilon}{1-\varepsilon}. \tag{18}$$

实际上,在(16)中取 $A=U, k=n$,得

$$p(nh,x,U)=\sum_{k=1}^{n}\int_U p_U(kh,x,\mathrm{d}y)p((n-k)h,y,U), \qquad (19)$$

既然 $p_U(kh,x,A)\geqslant p_U((k-1)h,x,\{x\})p(h,x,A)$，故

$$\begin{aligned}p(nh,x,U)\geqslant&\sum_{k=1}^{n}p_U((k-1)h,x,\{x\})\times\\&\int_U p(h,x,\mathrm{d}y)p((n-k)h,y,U)\\\geqslant&\sum_{k=1}^{n}p_U((k-1)h,x,\{x\})(1-\varepsilon)p(h,x,U),\end{aligned}$$

此即(17). 其次，再由(19)，并注意 $nh\leqslant\delta$，$x\overline{\in}U$，得

$$\varepsilon>p(nh,x,U)\geqslant(1-\varepsilon)\sum_{k=1}^{n}p_U(kh,x,U),$$

此即(18).

今在(16)中令 $A=\{x\}$，$k\leqslant n$，利用(18)即得

$$\begin{aligned}1-\varepsilon<p(kh,x,\{x\})&\leqslant\sum_{j=1}^{k-1}p_U(jh,x,U)+p_U(kh,x,\{x\})\\&\leqslant\frac{\varepsilon}{1-\varepsilon}+p_U(kh,x,\{x\}),\end{aligned}$$

因而

$$p_U(kh,x,\{x\})\geqslant\frac{1-3\varepsilon}{1-\varepsilon}.$$

以它代入(17)得

$$p(nh,x,U)\geqslant n(1-3\varepsilon)p(h,x,U)\quad\left(\varepsilon<\frac{1}{3}\right),$$

$$\frac{1}{1-3\varepsilon}\cdot\frac{p(nh,x,U)}{nh}\geqslant\frac{p(h,x,U)}{h}.$$

当 $h\rightarrow0$ 时，$nh\rightarrow t$，由引理 1 (i)，既然 $p(t,x,U)$ 关于 t 连续，故

$$\frac{1}{1-3\varepsilon}\frac{p(t,x,U)}{t}\geqslant\overline{\lim_{h\rightarrow0}}\frac{p(h,x,U)}{h}. \qquad (20)$$

令 $t\rightarrow0$，得

$$\frac{1}{1-3\varepsilon}\varliminf_{t\to 0}\frac{p(t,x,U)}{t}\geqslant\varlimsup_{h\to 0}\frac{p(h,x,U)}{h},$$

再令 $\varepsilon\to 0$，即得证存在极限

$$q(x,U)=\lim_{h\to 0}\frac{p(h,x,U)}{h}.$$

根据(20)，对任何 $t<\delta(V,\varepsilon)$ 及任意 U 使 $U+\{x\}\subset V$，有

$$\frac{1}{1-3\varepsilon}\frac{p(t,x,U)}{t}\geqslant q(x,U), \tag{21}$$

故 $0\leqslant q(x,U)<+\infty$. 剩下要证 $q(x,U)$ 在 R 上的完全可加性. 显然它是可加的，今如 $R\ni U_n\downarrow\varnothing$，不妨设 $x\overline{\in}U_n$，由(21)得

$$q(x,U_n)\leqslant\frac{1}{1-3\varepsilon}\frac{p(t,x,U_n)}{t}\to 0\quad n\to+\infty,$$

这里 t 是任意小于 $\delta(U_0+\{x\},\varepsilon)$ 的正数. ■

由引理 2 立得

系 1　设 $q(x)$ 有界(或由定理 1 等价地，设 $E\in R$，亦即设 R 为一代数)，则 $q(x,A)$ 对一切 $A\in\mathcal{B}$ 有定义，而且

$$q(x,E)=q(x).$$

证　因此时 $R=\mathcal{B}$，故得证第一结论. 注意

$$\frac{1-p(t,x,\{x\})}{t}-\frac{p(t,x,E\setminus\{x\})}{t}=0,$$

令 $t\to 0$ 并回忆(15_1)，即得 $q(x)=q(x,E)$. ■

然而 $q(x)$ 一般并不有界，故需放宽系 1 中的条件如下：

称 E 为 **σ-匀的**，如存在匀集列 $\{E_j\}\subset R$，使 $E=\bigcup_{j=1}^{+\infty}E_j$. 易见若 $q(x)$ 在 E 上有穷，或只存在可列多个 $x_j\in E$，使 $q(x_j)=+\infty$，则 E 是 σ-匀的. 实际上，令

$$E_j=(x:j-1\leqslant q(x)<j)\cup\{x_j\},$$

由于 $q(x)$ 的波莱尔可测性及注 1，即知 $E_j\in R$.

特别，若 E 是有穷集(或可列集)，则 E 是匀集(或 σ-匀集).

其次，对每 $x\in E$，引进

$$\bar{q}(x)=\sup_{U\in R}q(x,U),\tag{22}$$

由引理 2，$\bar{q}(x)\leqslant q(x)$. 根据上确界的定义，可以找到一列 $\{V_n\}\subset R$，$V_n\subset V_{n+1}$，使 $q(x,V_n)\uparrow\bar{q}(x)$. 令

$$V=\bigcup_{n=1}^{+\infty}V_n.$$

引理 3 (i) 若(C)成立，又 $\bar{q}(x)<+\infty$，则对此 x，测度 $q(x,U)(U\in R)$ 可扩张为有穷测度 $q(x,A)(A\in\mathcal{B})$，而且 $q(x,E)=\bar{q}(x)$；

(ii) 若 E 是 σ-匀的，则对每 $x\in E$，测度 $q(x,U)(U\in R)$ 可扩张为测度 $q(x,A)(A\in\mathcal{B})$，此扩张唯一.

证 先证一简单事实：设 $\mathcal{B}$ 上一列不下降测度 $\{\mu_n\}$，满足 $\mu_n(A)\uparrow\mu(A)(A\in\mathcal{B})$，则 μ 也是 $\mathcal{B}$ 上的测度. 为此，显见只需证 μ 的完全可加性. 事实上：如果 $A_j\in\mathcal{B}$，$A_iA_j=\varnothing(i\neq j)$，那么一方面

$$\mu\left(\bigcup_j A_j\right)\geqslant\mu_n\left(\bigcup_j A_j\right)\geqslant\sum_{j=1}^{m}\mu_n(A_j),\tag{23}$$

先令 $n\to+\infty$ 再令 $m\to+\infty$，即得 $\mu\left(\bigcup_j A_j\right)\geqslant\sum_{j=1}^{+\infty}\mu(A_j)$； 另一方面

$$\begin{aligned}\sum_{j=1}^{+\infty}\mu(A_j)&\geqslant\sum_{j=1}^{+\infty}\mu_n(A_j)\\&=\mu_n\left(\bigcup_j A_j\right)\to\mu\left(\bigcup_j A_j\right)\qquad(n\to+\infty).\end{aligned}$$

今证(i). 注意匀集的子集若属于 $\mathcal{B}$，则必是匀集，又匀集全体成环，故根据上述 $\{V_n\}$ 的性质，得

$$q(x,U\bar{V})=q(x,U\bar{V}+V_n)-q(x,V_n)\leqslant\bar{q}(x)-q(x,V_n)\to0,$$

故

$$q(x,U)=q(x,UV)+q(x,U\bar{V})=q(x,UV)=\lim_{n\to+\infty}q(x,UV_n).$$

最后一式启示：对任意 $A\in\mathcal{B}$，应定义

$$q(x,A)=\lim_{n\to+\infty}q(x,AV_n). \tag{24}$$

这里的极限其实是单调上升极限.

在上述事实中取 $\mu_n(A)=q(x,AV_n)$，即知 $q(x,A)$ 是 $\mathcal{B}$ 上一测度，而且是有穷的，因为

$$q(x,E)=\lim_{n\to+\infty}q(x,V_n)=\bar{q}(x)<+\infty. \tag{25}$$

下证(ii). 设 $E=\bigcup_j E_j$，$E_n\in R$，取 $V_n=\bigcup_{j=1}^{n}E_j\in R$，则因 $V_n\uparrow E$，得 $q(x,UV_n)\uparrow q(x,U)$. 据此，自然地应对 $A\in\mathcal{B}$，定义

$$q(x,A)=\lim_{n\to+\infty}q(x,AV_n).$$

然后仿上证明即知 $q(x,A)$ 是 $\mathcal{B}$ 上的测度. 最后，因 $\mathcal{B}$ 中任一集 $A\in\mathcal{B}$ 可表为 $A=\bigcup_n AV_n$，$AV_n\in R$，故 $\mathcal{B}=\mathcal{F}\{R\}$，即 $\mathcal{B}$ 为环 R 所产生的 σ 代数. 由 $q(x,U)$ 在 R 上的有穷性及测度的扩张定理可见此扩张是唯一的. ■

定理 2　如果以下两条件之一满足：

(i) 条件(C)成立而且 $\bar{q}(x)=q(x)<+\infty$；

(ii) E 是 σ-匀集，而且 $q(x,E)=q(x)<+\infty$，

那么对此 x 及任意 $A\in\mathcal{B}$，$x\overline{\in}A$，存在极限

$$\lim_{t\to 0}\frac{p(t,x,A)}{t}=q(x,A), \tag{26}$$

而且此收敛关于 A 均匀，这里 $q(x,A)$ 由引理 3 决定.

回忆对含 x 的 $A\in\mathcal{B}$，有

$$q(x,A)=q(x,A\setminus\{x\}), \tag{27}$$

又 $q(x,A)$ 是 $A\in\mathcal{B}$ 的有穷测度.

定理 2 的证　先考虑(i). 由引理 3(i)，$q(x,U)(U\in R)$ 可扩张为有穷测度 $q(x,A)$，$A\in\mathcal{B}$，使

$$q(x,AV_n)\uparrow q(x,A),\quad V_n\uparrow V, V_n\in R. \tag{28}$$

又由(25)得

$$\lim_{n\to+\infty} q(x,V_n)=q(x,E)=\bar{q}(x)=q(x)<+\infty. \tag{29}$$

现在，根据不等式

$$\begin{aligned}&\left|\frac{p(h,x,A)}{h}-q(x,A)\right|\\ \leqslant&\left|\frac{p(h,x,AV_n)}{h}-q(x,AV_n)\right|+\left|\frac{p(h,x,A\bar{V}_n)}{h}-q(x,A\bar{V}_n)\right|,\end{aligned} \tag{30}$$

便可证明(26)关于 A 的均匀性. 为此，先考虑上式右方第二项，它不大于

$$\begin{aligned}&\frac{p(h,x,\bar{V}_n\overline{\{x\}})}{h}+q(x,\bar{V}_n)\\ =&\frac{1-p(h,x,\{x\})}{h}-\frac{p(h,x,V_n\overline{\{x\}})}{h}+q(x,\bar{V}_n),\end{aligned}$$

而右方各项都不依赖于 A，并且当 $h\to0$ 时，由(15_1)(29)趋于

$$\begin{aligned}&q(x)-q(x,V_n\overline{\{x\}})+q(x,\bar{V}_n)\\ =&q(x)-q(x,V_n)+q(x)-q(x,V_n)\to0\quad(n\to+\infty).\end{aligned}$$

再考虑(30)右方第一项. 先证下列事实:“设已给 $U\subset V\in R$，$x\in\bar{V}$，则$\dfrac{p(h,x,U)}{h}\to q(x,U)$对 $U\subset V$ 均匀成立.”根据(21)并采用那里的符号，若$h\leqslant\delta(V+\{x\},\varepsilon)$，则对任意 $U'\subset V$ 有

$$\frac{p(h,x,U')}{h}-q(x,U')\geqslant-3\varepsilon q(x,U')\geqslant-3\varepsilon q(x,V),$$

又

$$\begin{aligned}&\frac{p(h,x,U)}{h}-q(x,U)\\ =&\frac{p(h,x,V)}{h}-q(x,V)+q(x,V-U)-\frac{p(h,x,V-U)}{h}\\ \leqslant&\frac{p(h,x,V)}{h}-q(x,V)+3\varepsilon q(x,V),\end{aligned}$$

从而

$$\sup_{U\subset V}\left|\frac{p(h,x,U)}{h}-q(x,U)\right|$$

$$\leqslant 3\varepsilon q(x,V)+\left|\frac{p(h,x,V)}{h}-q(x,V)\right|,$$

而右方项当 $h\to 0,\varepsilon\to 0$ 时趋于 0,故得证上述事实.

在此事实中取 $V=V_n-\{x\}$,由 $x\overline{\in}A, AV_n=A(V_n-\{x\})$,即知(30)右方第一项关于 $A\in\mathcal{B}$ 均匀地趋于 0.

其次考虑定理 2 条件 (ii). 仔细分析上面的证明,可见定理 2 条件(i)的作用只在于保证两件事: $q(x,U)(U\in R)$可扩张成为有穷测度 $q(x,A), A\in\mathcal{B}$;(29)中的 $q(x,E)=q(x)<+\infty$. 而定理 2 条件(ii)亦足以保证这两个结论正确. 于是定理得以证明. ■

由于 $p(0,x,A)=\chi_A(x)$,可把(6)(26)综合地写成

$$\lim_{t\to 0}\frac{p(t,x,A)-p(0,x,A)}{t}=q(x,A)-q(x)\chi_A(x),$$

这表示 $p(t,x,A)$在 0 点的(右)导数 $p'(0,x,A)$存在,而且

$$p'(0,x,A)=q(x,A)-q(x)\chi_A(x). \tag{31}$$

(五)

现在研究 $p(t,x,A)$在任一点 $t\geqslant 0$ 上的导数. 作为(31)的一般化,我们有

定理 3　在定理 2 的条件(i)或(ii)下,对条件中的 x 及 $A\in\mathcal{B}$,存在关于$t(\geqslant 0)$的有穷连续导数 $p'(t,x,A)=\frac{\mathrm{d}}{\mathrm{d}t}p(t,x,A)$(在 $t=0$ 处为右导数),其值为

$$p'(t,x,A)=\int_{\overline{\{x\}}}q(x,\mathrm{d}y)p(t,y,A)-q(x)p(t,x,A). \tag{32}$$

证　由柯尔莫哥洛夫-查普曼方程,对 $h>0$,有

$$\frac{p(t+h,x,A)-p(t,x,A)}{h}$$

$$=\int_{\overline{\{x\}}}\frac{1}{h}p(h,x,\mathrm{d}y)p(t,y,A)-\frac{1-p(h,x,\{x\})}{h}p(t,x,A). \tag{33}$$

令 $h\to 0$，根据本套书第7卷附篇引理11，得右导数为

$$p'_{+}(t,x,A)=\int_{\overline{\{x\}}}q(x,\mathrm{d}y)p(t,y,A)-q(x)p(t,x,A),$$

既然由控制收敛定理知右方是 t 的连续函数. 再由§4.5第13题即得所欲证. ■

如果已知$[q(x),q(x,A)]$而把 $p(t,x,A)$看成未知函数时，一般称方程(32)为**向后方程**，它是微分积分方程. 因而，为求$p(t,x,A)$必须在开始条件

$$p(0,x,A)=\chi_A(x) \tag{34}$$

下解此方程，而且应该要求所得的解是一转移函数. 通常这样的解不是唯一的，除非对$[q(x),q(x,A)]$加相当强的条件. 下节中，我们用考察样本函数(即运动的轨道)的方法来研究这个问题.

(六)

例1 设马氏过程$\{x(t,\omega),t\geqslant 0\}$的转移概率为$p_{ij}(t)$，$i,j\in E(0,1,2,\cdots,n)$. 条件(C)化为

$$\lim_{t\to 0}p_{ij}(t)=\delta_{ij},\quad i,j\in E. \tag{35}$$

因 E 有穷，故是匀集. 由定理1，$q_i(=q(i))$存在而且有界. 记$q_{ij}=q(i,\{j\})$，由系1

$$+\infty>q_i=q(i,E)=\sum_{j\neq i}q_{ij}=\bar{q}_i,\quad 一切\ i\in E. \tag{36}$$

定理2中两条件都满足. (32)化为

$$p'_{ij}(t)=-q_ip_{ij}(t)+\sum_{k\neq i}q_{ik}p_{kj}(t),\quad i,j\in E. \tag{37}$$

或记成矩阵的形式

$$\boldsymbol{P}'(t)=\boldsymbol{QP}(t), \tag{38}$$

其中 $\boldsymbol{P}'(t)=(p'_{ij}(t))$，$\boldsymbol{P}(t)=(p_{ij}(t))$，$\boldsymbol{Q}=(q_{ij})$，$q_{ii}=-q_i$.

例 2　设马氏过程$\{x_t(\omega),t\geqslant 0\}$的转移概率为 $p_{ij}(t)$，$i,j\in E=\mathbf{N}$. (C)化为

$$\lim_{t\to 0} p_{ij}(t)=\delta_{ij}, \quad i,j\in E. \tag{39}$$

此时 E 是σ-匀集. 由定理 1，存在 $q_i\leqslant+\infty$. 由引理 2，引理 3，相应于(36)的是

$$+\infty\geqslant q_i\geqslant q(i,E)=\sum_{j\neq i} q_{ij}=\bar{q}_i, \quad 一切\ i\in E. \tag{40}$$

如果除(39)外，还假定条件

$$\sum_{j\neq i} q_{ij}=q_i<+\infty, \quad 一切\ i\in E \tag{41}$$

成立，那么有

$$p'_{ij}(t)=-q_i p_{ij}(t)+\sum_{j\neq i} q_{ik} p_{kj}(t), \quad i,j\in E \tag{42}$$

或

$$\boldsymbol{P}'(t)=\boldsymbol{QP}(t), \tag{43}$$

而(34)则化为

$$\boldsymbol{P}(0)=\boldsymbol{I}, \tag{44}$$

$\boldsymbol{I}$ 为幺矩阵，即 $\boldsymbol{I}=(\delta_{ij})$.

§6.2　样本函数的性质，最小解

（一）

本节中仍然假定$\{x(t,\omega),t\geqslant 0\}$是齐次、完全可分的马氏过程，它的转移概率$p(t,x,A)$满足(C). 样本函数的一个性质已见于上节定理1 (iii). 进一步有

定理1　设对某$x\in E$，$0<q(x)<+\infty$，又α是任意非负数. $x\overline{\in}U\in R$，$x\overline{\in}A\in\mathscr{B}$，$U$及$A$都不含瞬时状态. 于是①

(i) $P_x(x(t,\omega))$在$[0,\alpha)$中有第一个断点$\tau(\omega)$；而且它是跳跃点；$x(s,\omega)\equiv x$，$s<\tau(\omega)$；又

$$x(\tau+0,\omega)\in U)=(1-\mathrm{e}^{-q(x)\alpha})\frac{q(x,U)}{q(x)};$$

(ii) $P_x(x(t,\omega))$有第一个断点$\tau(\omega)$；它是跳跃点；$x(s,\omega)\equiv x$，$s<\tau(\omega)$；又$x(\tau+0,\omega)\in U)=\dfrac{q(x,U)}{q(x)}$；

(iii) 若上节定理2中条件(i)或(ii)成立，则本定理(i)(ii)中的U可换为A.

证　任取正数β. 定义下列ω-集

$$D_{n,\beta}=\left\{\begin{array}{l}\omega:\text{存在某整数 } v,2\leqslant v\leqslant 2^n,\text{使}\\ x(t,\omega)=\begin{cases}x, & 0\leqslant t\leqslant\dfrac{v-1}{2^n}\alpha,\\ \eta\in U, & \dfrac{v\alpha}{2^n}\leqslant t\leqslant\dfrac{v\alpha}{2^n}+\beta.\end{cases}\end{array}\right\};$$

---

① 跳跃点及下面用到的阶梯函数的定义都见§3.2. 这里记号$x(\tau+0,\omega)$表$\lim\limits_{t\downarrow\tau}x(t,\omega)$；$x(\tau-0,\omega)$表$\lim\limits_{t\uparrow\tau}x(t,\omega)$.

$$D_\beta=\bigcap_{k=1}^{+\infty}\bigcup_{n=k}^{+\infty}D_{n,\beta}=\bigcup_{k=1}^{+\infty}\bigcap_{n=k}^{+\infty}D_{n,\beta}=\lim_{n\to+\infty}D_{n,\beta};$$

上式中第二等号成立是因为若 $n_1<n_2<n_3$，又 $\omega\in D_{n_1,\beta}$，$\omega\in D_{n_3,\beta}$，则 $\omega\in D_{n_2,\beta}$，只要 n_1 相当大.

注意当 $\beta\downarrow 0$ 时，D_β 不下降. 定义

$$D\equiv\lim_{\beta\downarrow 0}D_\beta=\lim_{n\to+\infty}D_{\frac{1}{n}}=\bigcup_{\beta>0}D_\beta.$$

如果 $\omega\in D$，那么存在某 $\tau\equiv\tau(\omega)$，$0<\tau\leqslant\alpha$，使在 $[0,\tau)$ 中，$x(t,\omega)\equiv x$，而且在某一以 τ 为左端点的开区间中，$x(t,\omega)$ 恒等于 U 中某常数 η. 于是由可分性，$x(\tau,\omega)$ 必等于 $x(\tau+0,\omega)$ 或 $x(\tau-0,\omega)$. 按上节引理 2 及本套书第 7 卷附篇引理 11，得

$$\begin{aligned}P_x(D_{n,\beta})&=\sum_{v=2}^{2^n}\int_U \mathrm{e}^{-q(x)\frac{v-1}{2^n}\alpha}p\left(\frac{\alpha}{2^n},x,\mathrm{d}\eta\right)\mathrm{e}^{-q(\eta)\beta}\\&=\frac{\mathrm{e}^{-\frac{q(x)\alpha}{2^n}}-\mathrm{e}^{-q(x)\alpha}}{\dfrac{1-\mathrm{e}^{-\frac{q(x)\alpha}{2^n}}}{\dfrac{\alpha}{2^n}}}\int_U\frac{p\left(\dfrac{\alpha}{2^n},x,\mathrm{d}\eta\right)}{\dfrac{\alpha}{2^n}}\mathrm{e}^{-q(\eta)\beta}\\&\to\frac{1-\mathrm{e}^{-q(x)\alpha}}{q(x)}\int_U q(x,\mathrm{d}\eta)\mathrm{e}^{-q(\eta)\beta},\quad n\to+\infty,\\&\to\frac{1-\mathrm{e}^{-q(x)\alpha}}{q(x)}q(x,U),\quad \beta\to 0,\end{aligned}$$

从而

$$P_x(D)=\frac{1-\mathrm{e}^{-q(x)\alpha}}{q(x)}q(x,U).$$

此得证(i). 令 $\alpha\to+\infty$，即得(ii). 为证(iii)，只要以上节定理 2 代替上面引用的上节引理 2. ■

系 1 在 §6.1 定理 2 的条件下，若 $q(x)>0$，则以 P_x-概率 1，$x(t,\omega)$ 有第一个断点 τ，而且它是跳跃点.

证 在定理 1(ii)中令 $U=E-\{x\}$，得右方值为 1. 根据跳跃点的定义及 τ 的性质，知 τ 是跳跃点. ■

由过程的齐次性，可见在定理 1 及系 1 中，如以 $P_{t,x}$ 换 P_x，以 $[t,t+\alpha)$ 换 $[0,\alpha)$，结论仍然成立.

称函数 $f(t)$ 在 $[0,c)$ 中是跳跃函数，如对任一 α，$0<\alpha<c$，$f(t)$ 在 $[0,\alpha)$ 中只有有穷多个断点 τ_i，它们都是跳跃点，而且在任一连续区间中，$f(t)$ 为常数，又 $f(\tau_i)=f(\tau_i+0)$ 或 $f(\tau_i)=f(\tau_i-0)$. 在 $[0,+\infty)$ 中的跳跃函数（简称为**跳跃函数**）与以前所定义的阶梯函数一致.

称两个函数 $q(x)$，$q(x,A)$ $(x\in E, A\in\mathcal{B})$ 为**标准对**，如果它们都非负有穷，关于 x 为波莱尔可测函数，关于 A，$q(x,A)$ 是 $\mathcal{B}$ 上的测度，满足

$$q(x,\{x\})=0,\quad q(x)=q(x,E).$$

若 $q(x)$ 有界，因之 $q(x,A)$ 也有界，则称此标准对是**有界的**.

如果存在转移函数 $p(t,x,A)$，使对一切 $x\in E, A\in\mathcal{B}$，有

$$p'(0,x,A)=q(x,A)-q(x)\chi_A(x),\tag{1}$$

那么说此标准对自 $p(t,x,A)$ 导出.

定理 2 (i) 设自某可分的马氏过程 $\{x(t,\omega),t\geqslant0\}$ 的转移概率 $p(t,x,A)$ 导出的 $q(x)$，$q(x,a)$ 为一标准对，则以概率 1 存在一随机变量 $\eta(\omega)$ $(\leqslant+\infty)$，它是跳跃点的极限点，而且在 $[0,\eta(\omega))$ 中，几乎一切样本函数都是跳跃函数. 特别，如果此标准对有界，那么几乎一切样本函数是跳跃函数.

(ii) 反之，设已给一标准对 $q(x)$，$q(x,A)$，则至少存在一马氏过程 $\{x(t,\omega),t\geqslant0\}$，使此标准对自其转移概率 $p(t,x,A)$ 导出，并满足(C). 只有两种可能性：或者这样的 $p(t,x,A)$ 只有一个，这时此 $p(t,x,A)$ 所对应的可分马氏过程 $\{x(t,\omega),t\geqslant0\}$ 的样本函数以概率 1 是跳跃函数；或者这样的 $p(t,x,A)$ 有无穷多个，这时每一 $p(t,x,A)$ 所对应的可分马氏过程在某个 $[0,\eta(\omega))$ 中是跳跃函数，又 $P(\eta(\omega)<+\infty)>0$.

证　(i) 设标准对 $q(x), q(x,A)$ 自可分马氏过程 $\{x(t,\omega), t\geqslant 0\}$ 的转移概率 $p(t,x,A)$ 导出. 若 $x(0,\omega)=z_1(\omega)$, 而且 $q(z_1(\omega))=0$, 则 $x(t,\omega)\equiv z_1(\omega), t\geqslant 0$, 于是(i)中结论得证. 否则, 若 $q(z_1(\omega))>0$, 则存在样本函数的每一个断点(跳跃点) $\tau_1(\omega)$, 使 $x(t,\omega)=z_1(\omega), 0\leqslant t<\tau_1(\omega), x(\tau_1(\omega)+0,\omega)=z_2(\omega)$ $(\neq z_1(\omega))$. 若 $q(z_2(\omega))=0$, 则 $x(t,\omega)\equiv z_2(\omega)$, 对一切 $t>\tau_1(\omega)$ 成立. 否则若 $q(z_2(\omega))>0$, 则存在第二个断点(跳跃点) $\tau_2(\omega)$, 使 $x(t,\omega)=z_2(\omega), \tau_1(\omega)<t<\tau_2(\omega), x(\tau_2(\omega)+0,\omega)=z_3(\omega)(\neq z_2(\omega))$. 如此继续. 于是以概率 1

$$\begin{aligned}&P(\tau_{n+1}-\tau_n>\alpha\,|\,\tau_1,\tau_2,\cdots,\tau_n,z_1,z_2,\cdots,z_{n+1})\\&=\mathrm{e}^{-q(z_{n+1})\alpha}\qquad(\alpha>0),\end{aligned}\tag{2}$$

$$P(z_{n+1}(\omega)\in A\,|\,\tau_1,\tau_2,\cdots,\tau_n,z_1,z_2,\cdots,z_n)=\frac{q(z_n,A)}{q(z_n)}.\tag{3}$$

(如 $q(z_{n+1})=0$, (2)仍有意义. 但若 $q(z_n)=0$, 则(3)无意义.)因而对 $t<\lim\limits_{n\to+\infty}\tau_n(\omega)=\eta(\omega)$, 几乎一切样本函数在 $[0,\eta(\omega))$ 中是跳跃函数①.

若标准对有界, 设 $q(x)$ 的上确界为 d, 并令 $P_t(A)=P(x(t,\omega)\in A)$, 则对 $s>0$, 有

$$\begin{aligned}P(x(t,\omega)\neq x(t+s,\omega))&=\int_E[1-p(s,x,\{x\})]p_t(\mathrm{d}x)\\&\leqslant\sup_{x\in E}(1-P(s,x,\{x\}))\leqslant 1-\mathrm{e}^{-ds}\leqslant ds,\end{aligned}$$

由此及 § 3.2, 系 1 可见几乎一切样本函数是跳跃函数.

(ii) 反之, 设已给标准对 $q(x), q(x,A)$, 选随机变量列 $z_1, \tau_1, z_2, \tau_2, \cdots$, 使它们满足(2)(3). [若 $q(z_n(\omega))=0$, 则取

$$\tau_n(\omega)=\tau_{n+1}(\omega)=\cdots=+\infty, z_{n+1}(\omega)=z_{n+2}(\omega)=\cdots=z_n(\omega)],$$

并定义

---

① $\eta(\omega)$ 称为过程的第一个飞跃点.

$$x(t,\omega)=\begin{cases} z_1(\omega), & 0\leqslant t<\tau_1(\omega), \\ z_2(\omega), & \tau_1(\omega)\leqslant t<\tau_2(\omega), \\ \cdots \end{cases}$$

因而 $x(t,\omega)$ 在 $t\in[0,\eta^{(1)}(\omega))$ 中有定义，这里 $\eta^{(1)}(\omega)=\lim\limits_{n\to+\infty}\tau_n(\omega)$. 若$P(\eta^{(1)}(\omega)=+\infty)=1$,则几乎一切样本函数 $x(t,\omega)$对一切 $t\geqslant 0$ 有定义. 此情况当 $q(x)$ 有界时必然出现. 若 $P(\eta^{(1)}(\omega)=+\infty)<1$,则可用下法（自然可能还有其他方法）补定义 $x(t,\omega)$于 $t\geqslant\eta^{(1)}(\omega)$. 选**随机变量** $z_1^{(1)}(\omega)$,使它与一切 z_n,τ_n 独立而具有某分布 $\pi(A)$,并视 $\eta^{(1)}(\omega)$如同 0,视 $z^{(1)}(\omega)$如同 $x(0,\omega)$,继续上面的造法：取$\tau_1^{(1)}(\omega)$,使

$$P(\tau_1^{(1)}(\omega)-\eta^{(1)}(\omega)\geqslant t\mid z_1,\tau_1,\cdots,\eta^{(1)},z_1^{(1)})=\mathrm{e}^{-q(z_1^{(1)}(\omega))t},$$

并定义 $x(t,\omega)=z_1^{(1)}(\omega)$,如 $\eta^{(1)}(\omega)\leqslant t<\tau_1^{(1)}(\omega),\cdots$,如此继续，直到第二个极限点 $\eta^{(2)}(\omega)=\lim\limits_{n\to+\infty}\tau_n^{(1)}(\omega)$. 又视 $\eta^{(2)}(\omega)$如同 0,选 $z_1^{(2)}(\omega)$使具有相同的分布 $\pi(A)$,并与 $z_n,\tau_n,\cdots,\eta^{(1)},z_1^{(1)},\cdots,z_n^{(1)},\tau_n^{(1)},\cdots$ 独立. 这样下去，得 $\{\eta^{(n)}(\omega)\}$ 易见 $P(\eta^{(n)}(\omega)\to+\infty)=1$①. 于是对每一个固定的 $t\geqslant 0$,$x(t,\omega)$以概率 1 有定义. 由于$\pi(A)$有无穷多种取法，这样的过程也有无穷多个. 剩下要证 $x(t,\omega)(t\geqslant 0)$是齐次马氏过程，而且已给的 $q(x),q(x,A)$自它的转移概率导出.

为此注意下列事实：若随机变量 $y(\omega)$有指数分布，即如 $P(y(\omega)>t)=\mathrm{e}^{-ct}\quad(c>0)$,则对任意 $s\geqslant 0,t\geqslant 0$,有

$$P(y>s+t\mid y>s)=P(y>t)=\mathrm{e}^{-ct}.$$

由此事实可见，若于时刻 s 中断上面的造法，因而 $x(t,\omega)$只定义于 $t\leqslant s$,然后以 $x(s,\omega)$的分布为开始分布，视 s 如同 0,并重新开始上面的构造而得$y(u,\omega)$,$u\geqslant 0$,则过程

---

① 利用§1.5 第 13 题.

$$\tilde{x}(t,\omega)=\begin{cases}x(t,\omega), & t\leqslant s,\\ y(u,\omega), & t=s+u\end{cases}$$

与 $x(t,\omega)(t\geqslant 0)$是同一过程. 这表示

i) $P(x(t)\in A|x(r),r\leqslant s)=P(x(t)\in A|x(s))$,即过程的马氏性.

其次,上面造法与时间起点(即 t 轴原点)的选择无关,故

ii) $p(s,x;t+s,A)=P_{s,x}(x(s+t)\in A)=P_{0,x}(x(t)\in A)=p(t,x,A)$.

最后,由于所造过程的转移函数 $p(t,x,A)$满足关系式

$$p(t,x,\{x\})\geqslant P_x(\tau_1>t)=\mathrm{e}^{-q(x)t},$$

故条件(C)满足. 由定理 1 及上述过程的构造,可见 $q(x)$,$q(x,A)$自 $p(t,x,A)$导出. ■

以后称刚才所造出的齐次马氏过程为**杜布过程**. 它由标准对 $q(x)$,$q(x,A)$及分布 π 所决定.

(二)

为了讨论向后方程的解,先作一些准备. 对已给标准,对 $q(x)$,$q(x,A)$,定义

$$\begin{cases}{}_0p(t,x,A)=\chi_A(x)\mathrm{e}^{-q(x)t},\\ {}_{n+1}p(t,x,A)=\int_0^t\mathrm{d}s\int_{E\setminus\{x\}}\mathrm{e}^{-q(x)s}\,{}_np(t-s,y,A)q(x,\mathrm{d}y);\end{cases}\tag{4}$$

或

$$\begin{cases}{}_0p(t,x,A)=\chi_A(x)\mathrm{e}^{-q(x)t},\\ {}_{n+1}p(t,x,A)=\int_0^t\mathrm{d}s\int_E{}_np(s,x,\mathrm{d}y)\int_{A-A\{y\}}\mathrm{e}^{-q(z)(t-s)}q(y,\mathrm{d}z).\end{cases}\tag{5}$$

其中$\chi_A(x)$是可测集 A 的示性函数. 令

$$\bar{p}(t,x,A)=\sum_{n=0}^{+\infty}{}_np(t,x,A).\tag{6}$$

可以证明:这些数具有下列概率意义. 设 $p(t,x,A)$为任一转移函

数，使$q(x)$，$q(x,A)$自它导出，又设$\{x(t,\omega),(t\geqslant 0)\}$是以$p(t,x,A)$为转移概率的可分马氏过程，则

$$_0p(t,x,A)=P_x(\omega:x(t,\omega)\in A，而且\ x(u,\omega)\equiv x,0\leqslant u\leqslant t),$$

$$_{n+1}p(t,x,A)=P_x(\omega:x(t,\omega)\in A,$$

$$在[0,t]中恰有\ n+1\ 个跳跃点\tau_i,$$

$$而且在[0,\tau_1),[\tau_1,\tau_2),\cdots,[\tau_{n+1},t]中,x(u,\omega)各为常数). \quad (7)$$

实际上，前一式由§6.1定理1推出. 为简单计，试对$_1p(t,x,A)$详细证明，对其余各式的证明类似. 设$x\neq y$，取

$$M_n=\left\{\omega:存在某整数\ v,0<v<2^n,使\ x(s,\omega)=\begin{cases}x, & 0\leqslant s<\dfrac{v}{2^n}t,\\ y\in A, & \dfrac{v+1}{2^n}t<s\leqslant t\end{cases}\right\}, \quad (8)$$

$$M=\left\{\omega:存在某常数\tau,0<\tau<t,使\ x(s,\omega)=\begin{cases}x, & 0\leqslant s<\tau,\\ y\in A, & \tau<s\leqslant t\end{cases}\right\}, \quad (9)$$

则$M=\lim\limits_{n\to+\infty}M_n$，而$M$是(7)右括号中的事件($n=0$时). 因此

$$\begin{aligned}P_x(M)&=\lim_{n\to+\infty}P_x(M_n)\\&=\lim_{n\to+\infty}\sum_{v=1}^{2^n-2}\int_{E\setminus\{x\}}\mathrm{e}^{-q(x)\frac{v}{2^n}t}p\left(\frac{t}{2^n},x,\mathrm{d}y\right){}_0p\left(\frac{2^n-v-1}{2^n}t,y,A\right)\\&=\int_0^t\mathrm{d}s\int_{E\setminus\{x\}}\mathrm{e}^{-q(x)s}\,{}_0p(t-s,y,A)q(x,\mathrm{d}y).\end{aligned}$$

还可以给出(7)式的直观证明. 左方值可看成：自x出发，在x停留时间s(概率为$\mathrm{e}^{-q(x)s}$)，于长为$\mathrm{d}s$的时间内，发生第一次跳跃到$\mathrm{d}y$中(概率为$q(x,\mathrm{d}y)\mathrm{d}s$)，再自$y$出发，经$n$次跳跃到$A$(概率为$_np(t-s,y,A)$)，将此各概率相乘，并对$\mathrm{d}s$自0到$t$积分，对$\mathrm{d}y$在$E-\{x\}$上积分，所得即右方值. 由概率意义此值显然应等于$P_x(M)$，$M$是(7)右括号中事件.

在以上论述中，利用了第一个跳跃点. 类似地，如果利用最后一个(即第$n+1$个)跳跃点，便可证明(5)式.

因此，$\bar{p}(t,x,A)$是自 x 出发，经有穷多次跳跃后，于 t 时落于A 的概率.

由此可见，若 $x(t,\omega)$以概率 1 是跳跃函数，则

$$p(t,x,A)=\bar{p}(t,x,A),$$

一般地则应是

$$p(t,x,A)\geqslant\bar{p}(t,x,A),$$

而

$$\begin{aligned}F_{x,A}(t)&=p(t,x,A)-\bar{p}(t,x,A)\\&=P_x(\eta(\omega)\leqslant t,x(t,\omega)\in A).\end{aligned}\tag{10}$$

特别

$$F_{x,E}(t)=1-\bar{p}(t,x,E)=P_x(\eta(\omega)\leqslant t)=\lim_{n\to+\infty}P_x(\tau_n(\omega)<t)$$

是第一个飞跃点 $\eta(\omega)$的分布函数.

与(7)的证明相似，可证 $p(t,x,A)$满足积分方程

$$\begin{aligned}&p(t,x,A)\\&=\int_0^t\mathrm{d}s\int_{E\setminus\{x\}}\mathrm{e}^{-q(x)s}p(t-s,y,A)q(x,\mathrm{d}y)+\mathrm{e}^{-q(x)t}\chi_A(x),\end{aligned}\tag{11}$$

得证此式的关键仍在于“存在第一个断点是跳跃点”这一事实. 此事实所以正确是因为标准对的定义中包含条件 $q(x)=q(x,E)$ (参看定理 1(ii)).

由(11)可再一次推出向后方程(见 § 6.1 定理 3). 实际上，在(11)中令$t-s=u$ 即得

$$\begin{aligned}&p(t,x,A)\\&=\int_0^t\mathrm{d}u\int_{E\setminus\{x\}}\mathrm{e}^{-q(x)(t-u)}p(u,y,A)q(x,\mathrm{d}y)+\mathrm{e}^{-q(x)t}\chi_A(x),\end{aligned}$$

故

$$p'(t,x,A)=\int_{E\setminus\{x\}}p(t,y,A)q(x,\mathrm{d}y)-$$

$$\int_0^t\mathrm{d}u\int_{E\setminus\{x\}}q(x)\mathrm{e}^{-q(x)(t-u)}p(u,y,A)q(x,\mathrm{d}y)-$$

$$q(x)\mathrm{e}^{-q(x)t}\chi_A(x)$$

$$=\int_{E\setminus\{x\}}p(t,y,A)q(x,\mathrm{d}y)-$$

$$q(x)\Big[\int_0^t\mathrm{d}u\int_{E\setminus\{x\}}\mathrm{e}^{-q(x)(t-u)}p(u,y,A)q(x,\mathrm{d}y)+$$

$$\mathrm{e}^{-q(x)t}\chi_A(x)\Big],$$

整理后即得向后方程

$$p'(t,x,A)=\int_{E\setminus\{x\}}p(t,y,A)q(x,\mathrm{d}y)-q(x)p(t,x,A).\quad(12)$$

如果除假定 $q(x)$,$q(x,A)$是标准对外，再补设几乎一切样本函数在任何固定的 $t\geqslant 0$ 的前面，有最后一个断点为跳跃点（例如，当 $q(x)$有界或几乎一切样本函数是跳跃函数时，这条件满足），于是利用最后一个跳跃点，由同样的考虑，对 $t_2>t_1$ 可得

$$p(t_2,x,A)=\int_{t_1}^{t_2}\mathrm{d}s\int_E p(s,x,\mathrm{d}y)\int_{A-A\{y\}}\mathrm{e}^{-q(z)(t_2-s)}q(y,\mathrm{d}z)+$$

$$\int_A\mathrm{e}^{-q(y)(t_2-t_1)}p(t_1,x,\mathrm{d}y),\quad(13)$$

两边同时减$\int_A\mathrm{e}^{-q(y)(t_2-t_1)}p(t_1,x,\mathrm{d}y)$，除以 t_2-t_1，并令 $t_1\to t$，$t_2\to t$，若 $q(x)$ 在 A 上有界，则

$$\lim_{\substack{t_1\to t\\ t_2\to t}}\frac{p(t_2,x,A)-\int_A\mathrm{e}^{-q(y)(t_2-t_1)}p(t_1,x,\mathrm{d}y)}{t_2-t_1}$$

$$=\int_E p(t,x,\mathrm{d}y)q(y,A-A\{x\}),$$

将 $\mathrm{e}^{-q(y)(t_2-t_1)}$ 按泰勒(Taylor)展开，并注意 $q(y,A\{y\})=0$，得

$$p'(t,x,A)$$
$$=-\int_A q(y,E-A)p(t,x,\mathrm{d}y)+\int_{E\backslash A} q(y,A)p(t,x,\mathrm{d}y), \quad (14)$$

称方程(14)为**向前方程**.

如果只假定 $q(x)$,$q(x,A)$为标准对,自然无从保证 t 以前最后一个跳跃点以概率 1 存在,由于上述讨论中只用了各种可能的转移方法中的一种,(13)(14)中的等号都应改为"$\geqslant$".

总结上述结果得

定理 3 设自 $p(t,x,A)$导出的 $q(x)$,$q(x,A)$是一标准对,则向后方程(12)成立,而(14)中等号应换成"$\geqslant$",如补设以$p(t,x,A)$为转移概率的可分马氏过程的几乎一切样本函数,在固定的 t 前,有最后一断点为跳跃点①(例如 $q(x)$在 E 上有界或等价地(C)均匀成立时此条件满足),而且 $q(x)$在 A 上有界,则向前方程(14)也成立.

在实际问题中,常常能由直观判断某一随机现象是马氏过程,而且根据观察资料可以求出 $q(x)$,$q(x,A)$,因为 $q(x)=\dfrac{1}{E_x\tau}$及 $p(t,x,A)=q(x,A)t+o(t)$,$x\overline{\in}A$. 它们只需由短时间的观察就可近似地决定(故有人称它们为过程的无穷小特征). 相反地,转移概率却一般很难由观察确定. 因此自然地问:能否以及如何根据 $q(x)$,$q(x,A)$以求出 $p(t,x,A)$? 容易想到,方法之一是在开始条件

$$p(0,x,A)=\chi_A(x) \quad (15)$$

下解向后方程或向前方程. 当然,我们重视的只是这样的解 $p(t,x,A)$,它是一个转移函数. 这时理论上会发生解的存在与唯一性问题.

如果 $q(X)$,$q(x,A)$是一标准对,由上述已经知道:作为转移

① 我们约定把$\tau_0(\omega)\equiv 0$ 也看成一断点,因而,断点总存在.

函数的解总是存在的，而且或者只有一个，或者有无穷多个. 如果 $q(x)$有界，解是唯一的.

为了具体地求出一解，考虑由(6)定义的函数 $\bar{p}(t,x,A)$，它是自 x 出发，经有穷次跳跃后，于 t 时位于 A 中的概率. 由这概率意义，可见 $\bar{p}(t,x,A)$应是一广转移函数；就是说，它满足转移函数定义中的一切条件，只是 $\bar{p}(t,x,A)\leqslant 1$. 其次，分别将(4)(5)对一切可能的 n 求和，便得到(11)与(13)(将其中的 $p(t,x,A)$换为 $\bar{p}(t,x,A)$). 微分后可见 $\bar{p}(t,x,A)$是两方程在上述开始条件下的一个解. 由于上述概率意义(其中没有估计到可经无穷多次跳跃或其他可能的转移方式)，故若 $p(t,x,A)$是向后方程的任一转移函数解，$p(0,x,A)=\chi_A(x)$，则必

$$p(t,x,A)\geqslant\bar{p}(t,x,A).$$

故称 $\bar{p}(t,x,A)$为**最小解**. 若补设 $q(x)$有界，则由于以 $q(x)$，$q(x,A)$为标准对的马氏过程的样本函数以概率 1 是跳跃函数，故在 $[0,t]$中只有有穷多个跳跃点，除有穷多次跳跃外别无其他转移方式，故

$$p(t,x,A)=\bar{p}(t,x,A),$$

而 $p(t,x,A)$是向后方程在(15)下的唯一转移函数解.

§6.3　补充与习题

1. 设 $q(x)$ 在可测集 B 上有界，又 A 为 B 的可测子集，点 $x_1 \in B$，$x_1 \neq x \in B \backslash A$. 试证对任意 $\varepsilon > 0$，存在 $\alpha > 0$，使对 $m = \left[\frac{\alpha}{\delta}\right] + 1$ ($\alpha \geqslant \delta > 0$ 任意)，有

$$p(m\delta, x, A) \geqslant (1-\varepsilon)\frac{1-p(\delta, x, \{x\})^m}{1-p(\delta, x, \{x\})}p(\delta, x, A);$$

$$p(m\delta, x_1, \{x\}) \geqslant (1-\varepsilon)p(\delta, x_1, \{x\})\frac{1-p(\delta, x, \{x\})^m}{1-p(\delta, x, \{x\})}.$$

提示　存在 $\alpha > 0$，使

$$(1-\varepsilon)\alpha q(x) \leqslant 1 - \mathrm{e}^{-q(x)\alpha} \leqslant \varepsilon, \quad x \in B.$$

故

$$p(m\delta, x, A) \geqslant \sum_{v=0}^{m-1} p(\delta, x, \{x\})^v \int_A \mathrm{e}^{-q(y)(m-v-1)\delta} p(\delta, x, \mathrm{d}y);$$

$$p(m\delta, x_1, \{x\}) \geqslant \sum_{v=0}^{m-1} p((m-v-1)\delta, x_1, \{x\}) \times p(\delta, x_1, \{x\})p(\delta, x, \{x\})^v.$$

2. 设点 x 使 $q(x) = +\infty$，$x \overline{\in} A$，$q(y)$ 在可测集 A 上有界，又 $x_1 \neq x$，试证

$$\lim_{t \to 0}\frac{p(t, x, A)}{1-p(t, x, \{x\})} = \lim_{t \to 0}\frac{p(t, x_1, \{x\})}{1-p(t, x, \{x\})} = 0.$$

提示　利用上题结果.

3. 设在相空间 E 中引进距离 $\rho(x, y) = 0$ 或 1，视 $x = y$ 或 $x \neq y$ 而定. 又设右连续过程满足 §6.1(C)，考虑点 $x \in E$ 及单点集 $\{x\}$，定义 $\tau_x(\omega) = \inf(t: x(t, \omega) \neq x)$，并回忆 §5.1(7) 中的 $\tau_{\{x\}}(\omega)$，试证

$$\tau_x=\tau_{\{x\}}.$$

提示 由 $(t:x(t)\neq x)\subset(t:\rho(X_t^0,E\backslash x)=0)$，故 $\tau_x=\inf(t:x(t)\neq x)\geqslant\inf(t:\rho(X_t^0,E\backslash x)=0)=\tau_{\{x\}}$. 反之，由所引进距离的离散性及 $\tau_{\{x\}}$ 的定义，对 $\varepsilon>0$，有

$$\rho(X^0_{\tau_{\{x\}}-\varepsilon},E\backslash x)=1,\rho(X^0_{\tau_{\{x\}}+\varepsilon},E\backslash x)=0,$$

可见存在 ε' 使 $\varepsilon\geqslant\varepsilon'\geqslant 0$，使

$$x(\tau_{\{x\}}+\varepsilon')\in E\backslash x,\text{或 } x(\tau_{\{x\}}+\varepsilon')\neq x.$$

既然 $\varepsilon(\varepsilon')$ 可任意小，故由 τ_x 的定义得 $\tau_{\{x\}}\geqslant\tau_x$.

4. 如上题假定，而且设 § 6.1 定理 2 中条件(i)或(ii)成立，试证对 $f\in D_{\mathfrak{A}}$，有

$$\mathfrak{A}f(x)=\int_E f(y)q(x,\mathrm{d}y)-q(x)f(x),$$

其中 $\mathfrak{A}$ 为广义无穷小算子.

提示 此过程是费勒的，因为可设拓扑离散. 利用 § 5.1(16). 当 $x\in U$，$\mathrm{d}(U)\to 0$ 时

$$E_x(\tau_U)\to E_x(\tau_{\{x\}})=\frac{1}{q(x)},$$

$$x(\tau_U)\to x(\tau)\quad(\tau=\tau_x).$$

当 f 为有界连续时，

$$E_xf(x(\tau_U))\to E_xf(x(\tau))=\int_E f(y)\Pi(x,\mathrm{d}y).$$

而 $\Pi(x,A)=\dfrac{q(x,A)}{q(x)}$ 或 $\chi_A(x)$，视 $q(x)>0$ 或 $q(x)=0$ 而定. 注意，将本题结果与向后方程比较，形式上有 $p'(t,x,A)=\mathfrak{A}p(t,x,A)$. 但这并不表示 $p(t,x,A)\in D_{\mathfrak{A}}$.

5. 对 § 6.1 例 1，试证 $\mathfrak{A}f=Qf$，而且

$$P(t)=\mathrm{e}^{Qt}.$$

提示 由于 $\{q_i\}$ 是有穷集，故有界，它所对应的过程唯一而且可取为右连续的. 由上题 $\mathfrak{A}f(i)=Qf(i)$. 因定义在 $E=(0,$

$1,2,\cdots,n$)上的函数 f(即 $n+1$ 维矢量)都是有界的,而且 $\mathfrak{A}f$ 也有界,由距离的离散性还都是连续的,故 $D_{\mathfrak{A}}$ 重合于 $n+1$ 维矢量空间. 特别 $p_{ij}(t)$ 作为 i 的函数也属于 $D_{\mathfrak{A}}$. 为了求出 $p_{ij}(t)$,只要求下列两方程的唯一解:$P'(t)=QP(t)$,$P(0)=1$,得 $P(t)=\mathrm{e}^{Qt}$. 由于 E 的紧性,有 $A=\widetilde{A}=\mathfrak{A}$.

对§6.1例2,类似有 $\mathfrak{A}f(i)=Qf(i)$.

6. 设 $\{x(t,\omega),t\geqslant 0\}$ 满足§6.1(C)而且是波莱尔可测的,又 A 为相空间的可测子集,令 $S_A(\omega)=(t:x(t,\omega)\in A)$,故 $L(S_A(\omega))$ 是停留在 A 中的总时间,L 表勒贝格测度. 试证

$$E_x[L(S_A(\omega))]=\int_0^{+\infty}p(t,x,A)\mathrm{d}t.$$

更一般地, $E_x[L([0,u]\cap S_A(\omega))]=\int_0^{u}p(t,x,A)\mathrm{d}t.$

提示　由过程的波莱尔可测性及富比尼定理,几乎对一切 ω,$S_A(\omega)$ 是波莱尔可测集,故 $L(S_A(\omega))$ 几乎对一切 ω 有意义. 对每一 t 定义 $y(t,\omega)=1$ 或 0,视 $t\in S_A(\omega)$ 或 $t\overline{\in} S_A(\omega)$ 而定. 则 $\int_0^{+\infty}y(t,\omega)\mathrm{d}t=L(S_A(\omega))$,然后用富比尼定理.

7. 对生灭过程,令 $V(0)=1$,$V(k)=0(k>0)$,用§6.3(36)定义 ξ,则 ξ 是在第一个飞跃点以前总共在状态 0 的时间. 试证

$$P_0(\xi\leqslant x)=\begin{cases}0, & x<0,\\ 1-\exp\left\{-\dfrac{x}{\sum\limits_{i=0}^{+\infty}g_i}\right\}, & x\geqslant 0,\end{cases}$$

其中 $g_0=\dfrac{1}{b_0}$,$g_i=\dfrac{a_ia_{i-1}\cdots a_1}{b_ib_{i-1}\cdots b_1b_0}$. 并求 $E_0\xi$.

提示　易求出

$$\varphi_{0n}(\lambda)=\frac{1}{\lambda\sum\limits_{i=0}^{n-1}g_i+1},$$

由拉普拉斯变换得 $P_0(\xi^{(n)} \leqslant x) = 1 - \exp\left\{-\dfrac{x}{\sum\limits_{i=0}^{+\infty} g_i}\right\}$ 或 0，视 $x \geqslant 0$ 或 $x < 0$ 而定. 又 $E_0\xi = \sum\limits_{i=0}^{+\infty} g_i$.

8. 设 $E=[0,1]$，$\mathcal{B}$ 为区间 E 中全体波莱尔子集所成 σ 代数，以 $L(A)$ 表集 A 的勒贝格测度，$\chi_A(x)$ 表 A 的示性函数. 求证

$$p(t,x,A)=\mathrm{e}^{-t}\chi_A(x)+(1-\mathrm{e}^{-t})L(A) \quad (t\geqslant 0)$$

是 $(E,\mathcal{B})$ 中齐次转移函数，且 $\lim\limits_{t\to 0} p(t,x,\{x\})=1$. 设 $\{x_t, t\geqslant 0\}$ 是以 $p(t,x,A)$ 为转移概率的可分马氏过程，试问它的样本函数是否几乎都是跳跃函数？

附记 间断型马氏过程的进一步研究主要集中在满足 §6.1(C) 的具可列多个状态的过程上. 这类过程所以重要，一是作为一般间断型过程的前奏而出现，一是实际中常产生这类过程如生灭过程、分枝过程等. 研究的课题主要有：转移函数的分析性质、样本函数的性质、积分型泛函的极限定理以及求向后或向前方程的全部解等. 关于生灭过程也积累了许多文献. 详见本书第 13～17 章. 近年来，我国在间断型马氏过程方面做了许多工作，其中一部分详见本章文献.

§6.1 中许多结果对较一般的相空间 $(E,\mathcal{B})$（不必限 E 为一维波莱尔可测集）及广义转移函数 $p(t,x,A)$ 也正确，详见本章参考文献[17].

参考文献

[1] 化工中的一个马尔可夫过程问题. 复旦大学数学论文集,1960:124-128.

[2] 王梓坤. Классификация всех процессов размножения и гибели. Научные Доклады высшей школы. Физ. -Матем. Наыки,1958,4:19-25.

[3] 王梓坤. 一个生灭过程. 科学记录,新辑,1959,3(8):266-268.

[4] 王梓坤. On distributions of functionals of birth and death processes and their applications in the theory of queues. Scientia Sinica,1961,10(2):160-170.

[5] 王梓坤. 生灭过程构造论. 数学进展,1962,5(2):137-179.

[6] 王梓坤. 生灭过程的遍历性与 0-1 律. 南开大学学报(自然科学版),1964,5(5):89-94.

[7] 朱成熹. 非齐次马尔可夫链的转移函数的分析性质. 数学进展,1965,8(1):34-54.

[8] 朱成熹. 非齐次马尔可夫链样本函数的性质. 南开大学学报(自然科学版),1964,5(5):95-104.

[9] 李志阐. 半群与马尔可夫过程齐次转移函数的微分性质. 数学进展,1965,8(2):153-160.

[10] 李漳南,吴荣. 可列状态马尔可夫链可加泛函的某些极限定理. 南开大学学报(自然科学版),1964,5(5):121-140.

[11] 吴立德. 关于一类随机游动中的逗留时间分布. 复旦大学数学论文集,1960:29-32.

[12] 吴立德. 齐次可数马尔可夫过程积分型泛函的分布. 数学学报,1963,13(1):86-93.

[13] 吴立德. 可数马尔可夫过程状态的分类. 数学学报,1965,15(1):32-41.

[14] 吴立德,吴霭成. 有限可尔可夫过程参量的估计. 数学进展,1965,8(2):168-172.

[15] 施仁杰.可列马尔可夫过程的随机时间替换.南开大学学报(自然科学版),1964,5(5):51-88.

[16] 孙振祖.一类马氏过程的表达式.北京大学研究生毕业论文,1959.

[17] 许宝騄.欧氏空间上纯间断的时齐马尔可夫过程的概率转移函数的可微性.北京大学学报(自然科学版),1958,(3):257-270.

[18] 杨超群.可列马氏过程的积分型泛函和双边生灭过程的边界性质.数学进展,1964,7(4):397-424.

[19] 杨超群.一类生灭过程.数学学报,1965,15(1):9-31.

[20] 杨超群.关于生灭过程构造论的注记.数学学报,1965,15(2):174-187.

[21] 杨超群.双边生灭过程.南开大学学报(自然科学版),1964,5(5):9-40.

[22] Feller W. The birth and death processes as diffusion processes. J. Math. Pures and Appl. ,1959,38(9):301-345.

[23] Karlin S,Mcgregor J. The classification of birth and death processes. Thans. Amer. Math. Soc. ,1957,86(2):366-400.

第 7 章　平稳过程

§7.1　平稳过程与保测变换

(一)

为确定计，设 $T=[0,+\infty)$. 考虑概率空间$(\Omega,\mathcal{F},P)$及定义于其上的实值随机过程

$$X(\omega)=\{x(t,\omega),t\in T\},$$

称它为**平稳过程**，如对任意常数 $s\geqslant 0$，任意正整数 n，及任意 $t_i\in T,c_i\in\mathbf{R},i=1,2,\cdots,n$，有

$$P(x(t_i)\leqslant c_i,i=1,2,\cdots,n)=P(x(s+t_i)\leqslant c_i,i=1,2,\cdots,n). \quad (1)$$

在平稳过程中，"推移"的观念非常重要. (1)式表示，平稳过程的特征是，它的有穷维分布不随推移而变. 精确些说，定义过程

$$X_s(\omega)=\{x(s+t,\omega),t\in T\},$$

如果 $X(\omega)$及 $X_s(\omega)$有相同的有穷维分布，那么 $X(\omega)$是平稳过程.

定理 1　为使 $X(\omega)$是平稳过程，必须且只需下列诸条件之一满足：

(i) 对任意 $s\geqslant 0$，$X(\omega)$与 $X_s(\omega)$有相同的分布；

(ii) 对任意 n 元实值波莱尔可测函数 $f(y_1,y_2,\cdots,y_n)$，有

$$Ef(x(t_1),x(t_2),\cdots,x(t_n))$$
$$=Ef(x(s+t_1),x(s+t_2),\cdots,x(s+t_n)). \tag{2}$$

(iii) 对任意定义于 $\mathbf{R}^T$ 上的实值$\mathcal{B}^T$ 可测函数 $\varphi(e(\cdot))$，有

$$E\{\varphi(X)\}=E\{\varphi(X_s)\}. \tag{3}$$

这里(2)(3)成立的意义是:式中若有一方存在，则他方存在，而且两者相等.

证 由于过程的分布由有穷维分布族唯一确定(见本套书第7卷附篇定理4)，故由(1)立得(i). 以 $P_{X_s}(B)=P(X_s\in B)$表 X_s 的分布，$B\in\mathcal{B}^T$，$P_{X_0}=P_X$. 则由(i)得

$$E\{\varphi(X_s)\}=\int_\Omega\varphi(X_s(\omega))P(\mathrm{d}\omega)=\int_{\mathbf{R}^T}\varphi(e)P_{X_s}(\mathrm{d}e)$$
$$=\int_{\mathbf{R}^T}\varphi(e)P_X(\mathrm{d}e)=E\{\varphi(X)\},$$

此即(iii). 取 $\varphi=fC$，其中 C 为 $\mathbf{R}^T$ 到 $\mathbf{R}^n$ 的变换

$$C(e(\cdot))=(e(t_1),e(t_2),\cdots,e(t_n)),$$

则(iii)化为(ii). 在(ii)中取

$$f(y_1,y_2,\cdots,y_n)=\prod_{i=1}^n\chi_{(-\infty,C_i]}(y_i),$$

则(ii)化为(1). ■

注1 若复值函数 $\psi=\psi_1+\psi_2\mathrm{i}$，其中实值函数 ψ_1 及 ψ_2 满足(ii)或(iii)中条件，则(ii)或(iii)中结论也对 ψ 正确，因为只要分别考虑 ψ_1,ψ_2.

以上考虑了 $T=[0,+\infty)$ 的情形，此外，通常还考虑 $T=(-\infty,+\infty)$，$T=\mathbf{N}$ 或 $T=\mathbf{Z}$，不难类似地下定义并证明定理1的相应结果仍成立，差别只在于把“$s\geqslant0$”分别改为“实数 s”“非负整数 s”“整数 s”.

对取抽象值的随机过程也可以定义平稳性. 设 T 为上述任何一参数集，称取值于可测空间$(E,\mathcal{B})$的随机过程$\{x(t,\omega),t\in$

$T\}$为**平稳的**,如对任意 $t_i \in T, s+t_i \in T, i=1,2,\cdots,n$,有

$$P(x(t_i,\omega)\in B_i, i=1,2,\cdots,n)$$
$$=P(x(s+t_i,\omega)\in B, i=1,2,\cdots,n), \tag{4}$$

其中 $B_i \in \mathcal{B}$ 任意.

特别,当 $E=\{a(\cdot)\}$ 是 T 上全体复值函数的集,而 $\mathcal{B}$ 为含一切如下型$a(\cdot)$-集的最小 σ 代数

$$(a(\cdot): \mathrm{Re}\, a(x)\leqslant c_1, \mathrm{Im}\, a(x)\leqslant c_2)(x\in T, c_1\in \mathbf{R}, c_2\in \mathbf{R})$$

时,满足(4)的过程称为**复值平稳过程**.这时(4)化为:对任意 $c_{1,i}\in \mathbf{R}, c_{2,i}\in \mathbf{R}, i=1,2,\cdots,n$,有

$$P(\mathrm{Re}\, x(t_i)\leqslant c_{1,i}, \mathrm{Im}\, x(t_i)\leqslant c_{2,i}, i=1,2,\cdots,n)$$
$$=P(\mathrm{Re}\, x(s+t_i)\leqslant c_{1,i}, \mathrm{Im}\, x(s+t_i)\leqslant c_{2,i}, i=1,2,\cdots,n).$$

(二)

设参数集为 $\mathbf{N}$,考虑实值平稳序列$\{x_n(\omega), n\geqslant 0\}$.于(2)中取 $t_i=i-1, s=1, f(y_1,y_2,\cdots,y_n)=\chi_{B_n}(y_1,y_2,\cdots,y_n)$,其中 B_n 为 n 维波莱尔集,则(2)化为

$$P([x_0(\omega), x_1(\omega),\cdots,x_{n-1}(\omega)]\in B_n)$$
$$=P([x_1(\omega), x_2(\omega),\cdots,x_n(\omega)]\in B_n). \tag{5}$$

(5)式可如下理解:在 $\mathcal{F}(x_n(\omega), n\geqslant 0)$的全体有穷维柱集①的集类 C 上定义一个到自身的一步推移变换 T,满足条件

$$T([x_0(\omega), x_1(\omega),\cdots,x_{n-1}(\omega)]\in B_n)$$
$$\doteq([x_1(\omega), x_2(\omega),\cdots,x_n(\omega)]\in B_n), \tag{6}$$

这里 $A\doteq B$ 表 $P(A\Delta B)\equiv P(A\backslash B)+P(B\backslash A)=0$.(5)式表示,在 C 上 T 保持测度不变.

试研究下列问题:

(i) 既然 T 已在 C 上有定义,能否合理地扩大它的定义域到

---

① 这里有穷维柱集指形如$[(x_{m_1}(\omega), x_{m_2}(\omega),\cdots,x_{m_n}(\omega))\in B_n]$之集,$B_n\in\mathcal{B}_n$.

全$\mathcal{F}'\{x_n(\omega),n\geqslant 0\}$上？

(ii) 平稳过程与保测变换有何关系？

我们先从保测变换的定义开始.

取$\mathcal{F}$的子σ代数$\mathfrak{S}$而考虑概率空间$(\Omega,\mathfrak{S},P)$，P为完全测度. 以下无特别声明时，可测集与随机变量都是指$\mathfrak{S}$可测集与$\mathfrak{S}$可测函数. 设T为把$\mathfrak{S}$中的集变到$\mathfrak{S}$中的集变换，如果它满足下列条件①，就称T为**保测集变换**.

(i) 设A_1是A的像，则A_2也是A的像的充分必要条件是$P(A_1\Delta A_2)=0$；

(ii) $P(A)=P(TA)$；

(iii) $$T\left(\bigcup_{n=1}^{+\infty}A_n\right)\doteq\bigcup_{n=1}^{+\infty}TA_n,\tag{7}$$

$$T(\Omega\backslash A)\doteq\Omega\backslash TA.\tag{8}$$

由(iii)及集的对偶规则推出

$$T\left(\bigcap_{n=1}^{+\infty}A_n\right)\doteq\bigcap_{n=1}^{+\infty}TA_n,\tag{9}$$

$$T\Omega=T(A\cup(\Omega\backslash A))\doteq TA\cup T(\Omega\backslash A)\doteq\Omega,\tag{10}$$

$$T\varnothing\doteq\varnothing,\tag{11}$$

并且若$A_1\subset A_2$，则$TA_1\subset TA_2$(除可能差一零测集外).

如果每一可测集B都是某可测集A在变换T下的像，那么可定义逆变换T^{-1}，T^{-1}也是保测集变换，此时称T为**可逆**保测集变换.

于是，保测集变换T将σ代数$\mathfrak{S}$变为子σ代数$T\mathfrak{S}$. 利用T可以定义保测集变换

$$T^k=T(T^{k-1})=T^{k-1}(T)(k>0,T^0=I),$$

---

① 下面(7)及(9)中$\bigcup_{n=1}^{+\infty}A_n$表有穷个或可列多个集$A_n$之和.

若 T 可逆，则上式中的 k 可为任意整数.

T 以自然的方式派生 $\mathfrak{S}$ 中集的示性函数的变换：若 $A\to TA$，则定义 $\chi_A\to\chi_{TA}$. 以下定理表示，此函数变换的定义域可唯一地（在具有性质(i′)～(iv′)的条件下）扩大到全体 $\mathfrak{S}$ 可测函数的集 F_σ 上.

定理 2　对每一保测集变换 T，存在唯一的随机变量的变换 T_1，T_1 把 F_σ 变到 F_σ 中，而且具有下列性质：

(i′) 若 x_1 是 x 的像，则 x_2 也是 x 的像的充分必要条件是 $P(x_1=x_2)=1$；

(ii′) 若 $x=\chi_A$，则 $P(T_1x=\chi_{TA})=1$；

(iii′) T_1 是线性的：对任两常数 a,b，

$$T_1(ax+by)=aT_1x+bT_1y\quad \text{a.s.};$$

(iv′) T_1 连续：若 $\lim\limits_{n\to+\infty} x_n=x$　a.s.，则

$$\lim_{n\to+\infty} T_1x_n=T_1x\quad \text{a.s.}.$$

证　唯一性　如 T_1 及 $\widetilde{T}_1$ 都有性质(i′)～(iv′)，那么由(ii′)(iii′)，它们在简单函数类上重合，因而根据(iv′)，对任意 $x\in F_\sigma$，

$$T_1x=\widetilde{T}_1x\quad \text{a.s.}.$$

存在性　对每个有理数 r，记 ω-集

$$A_r=T\{x(\omega)\leqslant r\}.$$

由于这个集有一零测集变动的自由，可以要求 A_r 对一切有理数具有下列单调性：

$$A_{r_1}\subseteq A_{r_2},\quad r_1\leqslant r_2,$$

为此只要从原来选定的诸 A_r 中适当除去一零测集并利用有理数集的可列性. 从这些 A_r 中加上或减去一零测集后，还可使

$$\bigcup_r A_r=\Omega,\ \bigcap_r A_r=\varnothing.$$

现在证明：可以找到随机变量 $\widetilde{T}_1x$，使

$$([\widetilde{T}_1 x](\omega) \leqslant s) \doteq T\{x(\omega) \leqslant s\}, \tag{12}$$

其中 $s \in \mathbf{R}$ 任意. 为此，我们倒过来想. 假设满足(12)的 $\widetilde{T}_1 x$ 已找到，看看它在指定的 ω 上应等于什么. 对任意有理数 r，由(12)有

$$([\widetilde{T}_1 x](\omega) \leqslant r) = T\{x(\omega) \leqslant r\} = A_r.$$

因此，对 $s \in \mathbf{R}$，有

$$([\widetilde{T}_1 x](\omega) < s) = \bigcup_{r<s} A_r,$$

$$([\widetilde{T}_1 x](\omega) \leqslant s) = \bigcap_{r>s} A_r,$$

于是

$$([\widetilde{T}_1 x](\omega) = s) = \bigcap_{r>s} A_r - \bigcup_{r<s} A_r.$$

这式子表明：应用如下定义 $\widetilde{T}_1 x$：

$$[\widetilde{T}_1 x](\omega) = s, \text{如果 } \omega \in \bigcap_{r>s} A_r - \bigcup_{r<s} A_r. \tag{13}$$

由于诸 A_r 的选择方法，可见 $\widetilde{T}_1 x$ 对每 ω 都是唯一确定的. 我们就用(13)来定义 $\widetilde{T}_1 x$. 由(13)及(9)可见

$$([\widetilde{T}_1 x](\omega) \leqslant s) = \bigcap_{r>s} A_r \doteq T\{x(\omega) \leqslant s\}. \tag{14}$$

由(14)及 π-系方法，可见对任意 $B \in \mathcal{B}_1$，有

$$([\widetilde{T}_1 x](\omega) \in B) \doteq T\{x(\omega) \in B\}. \tag{15}$$

特别可见，$\widetilde{T}_1 x$ 是随机变量.

现在定义 x 在 T_1 下的像为任一与所选的 $\widetilde{T}_1 x$ 几乎处处相等的随机变量. 剩下要证明的是：所得的变换 T_1 的确具有性质(i′)～(iv′).

(i′) 由定义显然.

(ii′) 如 $x(\omega) = \chi_A(\omega)$，由(15)

$$(T_1 x = 1) \doteq T(x = 1) = TA,$$

$$(T_1 x = 0) \doteq T(x = 0) = T\overline{A} \doteq \overline{TA},$$

既然 $TA \cup \overline{TA} = \Omega$，故 $T_1 x = \chi_{TA}$. a.s.

(iii′) 对正数 a，有理数 r，由(15)得下列诸式：

$$(T_1(-x)<s)\doteq T(-x<s)$$
$$=T(x>-s)\doteq(T_1x>-s)=(-T_1x<s);$$
$$(T_1(ax)<s)\doteq T(ax<s)$$
$$=T\left(x<\frac{s}{a}\right)\doteq\left(T_1x<\frac{s}{a}\right)=(aT_1x<s);$$
$$(T_1(x_1+x_2)<s)\doteq T(x_1+x_2<s)=T\bigcup_r(x_1<r)(x_2<s-r)$$
$$\doteq\bigcup_r T(x_1<r)T(x_2<s-r)$$
$$\doteq\bigcup_r(T_1x_1<r)(T_1x_2<s-r)=(T_1x_1+T_1x_2<s).$$

因而对任意 $a_1\in\mathbf{R}, a_2\in\mathbf{R}$，有

$$(T_1(a_1x_1+a_2x_2)<s)\doteq(a_1T_1x_1+a_2T_1x_2<s). \tag{16}$$

注意 若两随机变量 y,z 对任意有理数 $\tilde{s}$，有

$$(y<\tilde{s})\doteq(z<\tilde{s}), \tag{17}$$

则必 $P(y=z)=1$. 实际上，如说不然，必存在有理数[①] r，使 $P(y<r\leqslant z)>0$ 或 $P(z<r\leqslant y)>0$. 不妨设前式成立. 另一方面，由(17)，有

$$(y<r)=(y<r\leqslant z)\cup(y<r,z<r)\doteq(y<r\leqslant z)\cup(z<r),$$

故得 $P(y<r\leqslant z)=0$，与上述前式矛盾.

由此并注意到(16)，即得证(iii′).

(iv′) 由于

$$(T_1\sup_n x_n>s)\doteq T(\sup_n x_n>s)=T(\bigcup_n[x_n>s])$$
$$\doteq\bigcup_n(T_1x_n>s)=(\sup_n T_1x_n>s),$$

故 T_1 与 $\sup\limits_n$ 可交换，因而与 $\inf\limits_n x_n(=-\sup\limits_n(-x_n))$ 可交换，于是与 $\overline{\lim\limits_n}(=\inf\limits_{n\geqslant1}\sup\limits_{m\geqslant n})$ 及 $\underline{\lim\limits_n}(=\sup\limits_{n\geqslant1}\inf\limits_{m\geqslant n})$ 都可交换. 故若 $\lim\limits_n x_n=x$，则

---

① 由 $P(y\neq z)>0$ 及 $(y\neq z)=\bigcup\limits_r(y<r\leqslant z)\cup(z<r\leqslant y)$，可见此结论正确.

$$\overline{\lim_{n\to+\infty}} T_1 x_n = T_1 \overline{\lim_{n\to+\infty}} x_n = T_1 x = T_1 \underline{\lim_{n\to+\infty}} x_n = \underline{\lim_{n\to+\infty}} T_1 x_n \quad \text{a.s.}.$$

注 2 既然(i′)～(iv′)唯一决定随机变量变换，而由(15)又可推出(i′)～(iv′)，可见 $\widetilde{T}_1 x$，因而 $T_1 x$ 由(15)唯一决定(a.s.). ■

以后 T 及 T_1 同记为 T，并统称为**保测变换**，这不会引起误会，只要参看上下文即可.

变换 T 具有下列重要性质：

引理 1 设 $f(y_0, y_1, \cdots)$ 为无穷维波莱尔可测函数，$x_0(\omega)$，$x_1(\omega)$，…为任意随机变量，则

$$Tf(x_0, x_1, \cdots) = f(Tx_0, Tx_1, \cdots) \quad \text{a.s.}. \tag{18}$$

证 利用上述关于(17)的注意事项，为证(18)，只要证对任意 $B \in \mathcal{B}_1$，有

$$(\omega: Tf(x_0, x_1, \cdots) \in B) \doteq (\omega: f(Tx_0, Tx_1, \cdots) \in B). \tag{19}$$

由(15)

$$(Tf(x_0, x_1, \cdots) \in B) \doteq T(f(x_0, x_1, \cdots) \in B).$$

令 $B_{+\infty} = [(y_0, y_1, \cdots): f(y_0, y_1, \cdots) \in B]$，它是无穷维波莱尔可测集. 为证(19)，只要证

$$T[\omega: (x_0, x_1, \cdots) \in B_{+\infty}] \doteq [\omega: (Tx_0, Tx_1, \cdots) \in B_{+\infty}].$$

使此式成立的全体 $B_{+\infty}$ 构成无穷维空间中的 λ-系 Λ. 由(15)及(9)可见 Λ 包含以 $B_1 \times B_2 \times \cdots \times B_n$ 为底的有穷维柱集，这些柱集全体是一 π-系. 故 Λ 包含全体无穷维波莱尔可测集. ■

我们还需要测度论中一事实：

引理 2 设$(\Omega, \mathcal{F}, P)$为概率空间，对 $A \in \mathcal{F}$，$B \in \mathcal{F}$，定义 A，B 的距离为

$$d(A, B) = P(A \Delta B),$$

则 $\mathcal{F}$ 成为完备的距离空间(其中集 A，B 若满足 $P(A\Delta B) = 0$，则看成同一点).

证[①]　因 $A\Delta B=A\overline{B}\cup B\overline{A}$，显然

$$P(A\Delta B)=P(B\Delta A)\geqslant 0;$$

又由 $A\Delta B\subset(A\Delta C)\cup(B\Delta C)$，得

$$P(A\Delta B)\leqslant P(A\Delta C)+P(B\Delta C).$$

因而 $\mathcal{F}$ 是一距离空间. 为证完备性，设有一列 $A_n\in\mathcal{F}$，使 $P(A_n\Delta A_m)\to 0\ (n\to+\infty, m\to+\infty)$，则必存在一列正整数 N_k，$N_1<N_2<\cdots$，使当 $m\geqslant N_k$，$n\geqslant N_k$ 时，

$$P(A_n\Delta A_m)<\frac{1}{2^k}.$$

令 $A=\bigcup\limits_{j=1}^{+\infty}\bigcap\limits_{k=j}^{+\infty}A_{N_k}$，因之 $\overline{A}=\bigcup\limits_{j=1}^{+\infty}\bigcap\limits_{k=j}^{+\infty}\overline{A}_{N_k}=\lim\limits_{j\to+\infty}\bigcup\limits_{k=j}^{+\infty}\overline{A}_{N_k}$. 对任意正整数 s，有

$$A_{N_s}\overline{A}\subset A_{N_s}\overline{A}_{Ns+1}\cup A_{N_{s+1}}\overline{A}_{N_{s+2}}\cup\cdots,$$

故 $P(A_{N_s}\overline{A})\leqslant\sum\limits_{r=0}^{+\infty}\dfrac{1}{2^{s+r}}=\dfrac{1}{2^{s-1}}$；类似地，由

$$\overline{A}_{N_s}A\subset\overline{A}_{N_s}A_{N_{s+1}}\cup\overline{A}_{N_{s+1}}A_{N_{s+2}}\cup\cdots,$$

得 $P(\overline{A}_{N_s}A)\leqslant\dfrac{1}{2^{s-1}}$，于是 $P(A_{N_s}\Delta A)\leqslant\dfrac{1}{2^{s-2}}$. 最后得：当 $n>N_s$ 时

$$P(A_n\Delta A)\leqslant P(A_n\Delta A_{N_s})+P(A_{N_s}\Delta A)\leqslant\frac{1}{2^s}+\frac{1}{2^{s-2}}.$$

由此可见 $\lim\limits_{n\to+\infty}P(A_n\Delta A)=0$，这说明在上述距离 d 下，$\{A_n\}$ 有极限为 A. 为证唯一性，设有两极限为 A 与 B，则

$$P(A\Delta B)\leqslant P(A_n\Delta A)+P(A_n\Delta B)\to 0\quad(n\to+\infty).\quad\blacksquare$$

(三)

下列定理给出了上段中问题(i)(ii)答复.

定理 3　(i) 设 T 为保测变换，$x_0(\omega)$ 为任意随机变量，则

$$\{x_n, n\geqslant 0\}, x_n=T^n x_0\quad \text{a.s.}\tag{20}$$

---

① 另一证明见 §7.4 第 12 题.

是一平稳序列.

(ii) 反之,设$\{x_n, n\geqslant 0\}$为平稳序列,则必存在唯一的保测变换 T,它定义在 $\mathcal{F}'\{x_n, n\geqslant 0\}$上,使 $x_n = T^n x_0 (n\in \mathbf{N})$.(这里 $\mathcal{F}'$ 表 $\mathcal{F}$ 关于 P 完全化 σ 代数.)

证 (i) 由(20)(15)及(9)得

$$P\left(\bigcap_{j=1}^{k}(x_{n_j+h}\leqslant c_j)\right)=P\left(\bigcap_{j=1}^{k}(T^h x_{n_j}\leqslant c_j)\right)=P\left(\bigcap_{j=1}^{k}T^h(x_{n_j}\leqslant c_j)\right)$$
$$=P\left(T^h\left[\bigcap_{j=1}^{k}(x_{n_j}\leqslant c_j)\right]\right)$$
$$=P\left(\bigcap_{j=1}^{k}(x_{n_j}\leqslant c_j)\right). \tag{21}$$

(ii) 之证较繁①,分成几点:

i) 以 $\mathbf{C}$ 表全体柱集

$$(\omega: (x_{n_1}, x_{n_2}, \cdots, x_{n_k})\in B_k) \tag{22}$$

所成的代数,B_k 为 k 维波莱尔集,$k\in \mathbf{N}^*$. 定义自 $\mathbf{C}$ 到 $\mathbf{C}$ 中的集变换 T:

$$T[(x_{n_1}, x_{n_2}, \cdots, x_{n_k})\in B_k]\doteq((x_{n_1+1}, x_{n_2+1}, \cdots, x_{n_k+1})\in B_k), \tag{23}$$

则 T 在 $\mathbf{C}$ 上是保距(距离为 d)的变换,即

$$P(C_1\Delta C_2)=P(TC_1\Delta TC_2). \tag{24}$$

实际上,设 $C_i=((x_{n_1}, x_{n_2}, \cdots, x_{n_k})\in B_k^{(i)})(i=1,2)$. 由于任一 m 维柱集可看成 n 维柱集$(m\leqslant n)$,故不妨设足标 $n_1, n_2, \cdots, n_k$ 对二柱集是相同的. 显然

$$\overline{C}_i=((x_{n_1}, x_{n_2}, \cdots, x_{n_k})\in \overline{B}_k^{(i)}), T\overline{C}_i=\overline{TC_i}. \tag{25}$$

由序列的平稳性

---

① 另一较简的证明见§7.4第13题. 这里的证虽冗长,但因包含了一些技巧,故仍保留.

$$\begin{aligned}P(C_1C_2)&=P((x_{n_1},x_{n_2},\cdots,x_{n_k})\in B_k^{(1)}\cap B_k^{(2)})\\&=P((x_{n_1+1},x_{n_2+1},\cdots,x_{n_k+1})\in B_k^{(1)}\cap B_k^{(2)})\\&=P(TC_1\cap TC_2).\end{aligned}\tag{26}$$

由于柱集的补集仍是柱集，故由(26)(25)

$$\begin{aligned}P(C_1\Delta C_2)&=P(C_1\bar{C}_2)+P(\bar{C}_1C_2)\\&=P(TC_1\cap\overline{TC_2})+P(\overline{TC_1}\cap TC_2)\\&=P(TC_1\Delta TC_2).\end{aligned}$$

ii) 今扩大 T 的定义域到全 $\mathcal{F}'\{x_n,n\geqslant 0\}$ 上. 因后者是包含代数 **C** 的最小 σ 代数的完全化，由本套书第 7 卷附篇定理 7 知对每一 $A\in\mathcal{F}'\{x_n,n\geqslant 0\}$，必存在 $C_m\in\mathbf{C}$，使 $P(C_m\Delta A)\to 0$，故

$$P(TC_m\Delta TC_n)=P(C_m\Delta C_n)\to 0\quad(m,n\to+\infty).$$

由引理 2，存在集 $D\in\mathcal{F}'\{x_n,n\geqslant 0\}$，使 $P(TC_n\Delta D)\to 0(n\to+\infty)$. 我们定义

$$TA\doteq D.\tag{27}$$

注意，D 与 $\{C_m\}$ 的选择无关. 事实上，设另有一列 $\widetilde{C}_m\in\mathbf{C}$ 使 $P(\widetilde{C}_m\Delta A)\to 0$. 令 $\{\widetilde{C}_m\}$ 所决定的集为 $\widetilde{D}$. 合并 $\{C_m\}$，$\{\widetilde{C}_m\}$ 而得一新列 $\{\bar{C}_m\}=\{C_1,\widetilde{C}_1,C_2,\widetilde{C}_2,\cdots\}$，则 $P(\bar{C}_m\Delta A)\to 0$. 设 $\{\bar{C}_m\}$ 所决定的集为 $\bar{D}$，则因 $\{C_m\}$，$\{\widetilde{C}_m\}$ 都是 $\{\bar{C}_m\}$ 的子列而有

$$D\doteq\bar{D}\doteq\widetilde{D}.$$

iii) 今证由(27)定义的 T 在 $\mathcal{F}'\{x_n,n\geqslant 0\}$ 上是保测变换，即要验证 i′)，ii′)，iii′)成立

i′) 由 T 的定义是显然的.

ii′) 由(23)及序列的平稳性，已知 T 在 **C** 上保测度，故对任意 $A\in\mathcal{F}'\{x_n,n\geqslant 0\}$，有

$$P(TA)=P(D)=\lim_{n\to+\infty}P(TC_n)=\lim_{n\to+\infty}P(C_n)=P(A).$$

iii′) 试证(7)(8)成立. 先证

$$T(A_1\cup A_2)\doteq TA_1\cup TA_2.\tag{28}$$

取 $C_n^{(i)}\in\mathbf{C}(i=1,2)$，使

$$P(A_1\Delta C_n^{(1)})\to 0,P(A_2\Delta C_n^{(2)})\to 0\quad(n\to+\infty).$$

于是

$$P((A_1\cup A_2)\Delta(C_n^{(1)}\cup C_n^{(2)}))\to 0,$$

由此及定义(27)，

$$P(T(A_1\cup A_2)\Delta T(C_n^{(1)}\cup C_n^{(2)}))\to 0.$$

易见在柱集所成的集族 $\mathbf{C}$ 上，T 满足(28)，故

$$P(T(A_1\cup A_2)\Delta[TC_n^{(1)}\cup TC_n^{(2)}])\to 0. \tag{29}$$

另一方面，由 $P(TA_1\Delta TC_n^{(1)})\to 0,P(TA_2\Delta TC_n^{(2)})\to 0$ 得

$$P([TA_1\cup TA_2]\Delta[TC_n^{(1)}\cup TC_n^{(2)}])\to 0. \tag{30}$$

比较(29)(30)并利用在距离 d 下极限的唯一性得知(28)成立.

由(28)及归纳法得

$$T(\bigcup_{i=1}^{n}A_i)\doteq\bigcup_{i=1}^{n}TA_i. \tag{31}$$

在(23)中取 $B_k=\mathbf{R}^k$（k 维实数空间），得

$$T\Omega\doteq\Omega. \tag{32}$$

由(32)(28)得 $\Omega\doteq T\Omega=T(A\cup\overline{A})\doteq TA\cup T\overline{A}$；对柱集 C，易见 $TCT\overline{C}\doteq TC\overline{C}\doteq\varnothing$，从而仿上①可证 $TAT\overline{A}\doteq\varnothing$，综合上述有 $\overline{TA}\doteq T\overline{A}$，故得证(8). 又因

$$\begin{aligned}\overline{T(A_1A_2)}&\doteq T\,\overline{A_1A_2}=T(\overline{A}_1\cup\overline{A}_2)\doteq T\overline{A}_1\cup T\overline{A}_2\\&\doteq\overline{TA_1}\cup\overline{TA_2}=\overline{TA_1\cap TA_2},\end{aligned}$$

得

$$T(A_1A_2)\doteq TA_1\cap TA_2, \tag{33}$$

再者

$$T(A_1\Delta A_2)=T(A_1\overline{A}_2\cup A_2\overline{A}_1)\doteq TA_1\overline{A}_2\cup TA_2\overline{A}_1$$

---

① 或者利用 ii′)：$1=P(TA\cup T\overline{A})=P(TA)+P(T\overline{A})-P(TAT\overline{A})=P(A)+P(\overline{A})-P(TAT\overline{A})=1-P(TAT\overline{A})$，故 $TAT\overline{A}\doteq\varnothing$.

$$\doteq TA_1T\overline{A}_2 \cup TA_2T\overline{A}_1 = TA_1 \Delta TA_2. \tag{34}$$

现在可以证明(7). 因为 $P\left(\bigcup_{n=1}^{+\infty} A_n \Delta \bigcup_{n=1}^{m} A_n\right) \to 0$，由(31)(34)及 ii′)，得

$$P\left(T\left(\bigcup_{n=1}^{+\infty} A_n\right)\Delta\left(\bigcup_{n=1}^{m} TA_n\right)\right) = P\left(T\left(\bigcup_{n=1}^{+\infty} A_n\right)\Delta T\left(\bigcup_{n=1}^{m} A_n\right)\right)$$

$$= P\left(T\left(\left[\bigcup_{n=1}^{+\infty} A_n\right]\Delta\left[\bigcup_{n=1}^{m} A_n\right]\right)\right) = P\left(\bigcup_{n=1}^{+\infty} A_n \Delta \bigcup_{n=1}^{m} A_n\right) \to 0; \tag{35}$$

另一方面，显然有

$$P\left(\bigcup_{n=1}^{+\infty}(TA_n)\Delta\left(\bigcup_{n=1}^{m} TA_n\right)\right) \to 0. \tag{36}$$

比较(35)(36)，即得证(7).

iv) 最后要证由(27)定义的 T 是满足定理要求的唯一保测变换. 于(23)中取 $k=1, n_1=n$，得 $T(x_n \in B) \doteq (x_{n+1} \in B), B \in \mathcal{B}_1$. 由注 2 得 $Tx_n = x_{n+1}$　a.s.. 由此知

$$x_n = T^n x_0 (n \in \mathbf{N}) \quad \text{a.s.}, \tag{37}$$

故 T 满足定理的要求. 今设有两保测变换 T_1, T_2 都满足(37)，于是 $T_i(x_n \in B) \doteq (x_{n+1} \in B), i=1,2$. 由(9)得

$$T_i(x_{n_1} \in B_1, x_{n_2} \in B_2, \cdots, x_{n_m} \in B_m)$$
$$\doteq (x_{n_1+1} \in B_1, x_{n_2+1} \in B_2, \cdots, x_{n_m+1} \in B_m)$$
$$(B_l \in \mathcal{B}_1, l=1,2,\cdots,m),$$

再由 λ-系方法，可见对每一 $T_i(i=1,2)$，(23)都成立. 这说明 T_1，T_2 在 $\mathbf{C}$ 上一致. 对一般的 $A \in \mathcal{F}'\{x_n, n \geqslant 0\}$，取 $C_m \in \mathbf{C}$，使 $P(C_m \Delta A) \to 0$，由 T_i 的保测性

$$P(T_iC_m \Delta T_iA) \to 0.$$

由此式及 $T_1C_m \doteq T_2C_m$，得 $T_1A \doteq T_2A$. ■

注 3　定理 3 对平稳序列$\{x_n, -\infty < n < +\infty\}$也成立，只是(i)中应假设，而在(ii)中应要求，保测变换 T 是可逆的.

（四）

保测集变换较难掌握，下面叙述保测点变换，由它可产生保测集变换.

设$(\Omega,\mathfrak{S},P)$为概率空间，$\mathfrak{S}$已关于 P 完全化. 将 Ω 中的点变到 Ω 中的点变换 T，如果是一一的，定义域与值域都是全Ω，并且 T 及 T^{-1} 都把可测集变为等测度的可测集，那么称为**保测点变换**.

每一保测点变换 T 产生一保测集变换

$$TA \doteq \bigcup_{\omega\in A}(T\omega). \tag{38}$$

我们证明，后者所产生的随机变量的变换 Tx 可取为

$$[Tx](\omega)=x(T^{-1}\omega). \tag{39}$$

为证此，只要证明由(39)可推得(15). 令 $x^{-1}(B)=(\omega: x(\omega)\in B)$，由(39)得

$$\begin{aligned}(Tx\in B)&=(x(T^{-1}\omega)\in B)=(T^{-1}\omega\in x^{-1}(B))\\&=T(x^{-1}(B))=T(x\in B),\end{aligned}$$

此即(15).

以下定理说明，在某些问题中，只需考虑保测点变换就够了.

定理 4 (i) 设 T 为保测点变换，x 为任意随机变量，则

$$\{x_n,-\infty<n<+\infty\} \quad (x_n=T^n x) \tag{40}$$

是平稳序列.

(ii) 反之，设$\{x_n,-\infty<n<+\infty\}$为平稳序列，则存在平稳序列$\{\tilde{x}_n,-\infty<n<+\infty\}$，后者定义在某(一般是另一个)概率空间$(\tilde{\Omega},\tilde{\mathcal{F}},\tilde{P})$上，与原序列有相同的有穷维分布，并且

$$\tilde{x}_n=T^n\tilde{x}_0, \quad -\infty<n<+\infty,$$

其中 T 是 $\tilde{\Omega}$ 上的保测点变换.

证 (i)是定理 3 中(i)的特殊情形(参看注 3). (ii)的证明如下：令

$$\tilde{\omega}=(\cdots,\omega_{-1},\omega_0,\omega_1,\cdots)(\omega_i\in\mathbf{R}),$$
$$\tilde{\Omega}=(\tilde{\omega}),$$
$$\tilde{x}_n(\tilde{\omega})=\omega_n(\text{即 }\tilde{\omega}\text{ 的第 }n\text{ 个坐标}). \tag{41}$$

对柱集

$$A_k=[(\tilde{x}_{m_1}(\tilde{\omega}),\tilde{x}_{m_2}(\tilde{\omega}),\cdots,\tilde{x}_{m_k}(\tilde{\omega}))\in B_k]$$

定义

$$\tilde{P}(A_k)=P[(x_{m_1}(\omega),x_{m_2}(\omega),\cdots,x_{m_k}(\omega))\in B_k]. \tag{42}$$

含诸柱集的最小 σ 代数记为 $\tilde{\mathcal{F}}$，由柯氏定理（本套书第 7 卷附篇定理 4），可唯一地扩大 $\tilde{P}$ 的定义域到全 $\tilde{\mathcal{F}}$，而且 $\tilde{P}$ 是 $\tilde{\mathcal{F}}$上的一概率. 由(42)及$\{x_n,-\infty<n<+\infty\}$的平稳性可见$\{\tilde{x}_n,-\infty<n<+\infty\}$是定义在$(\tilde{\Omega},\tilde{\mathcal{F}},\tilde{P})$上并与$\{x_n,-\infty<n<+\infty\}$有相同的有穷维分布的平稳序列. $\tilde{\mathcal{F}}$对 $\tilde{P}$ 完全化的 σ 代数仍记为 $\tilde{\mathcal{F}}$. 今在 $\tilde{\Omega}$ 上定义点变换 T：

$$T\tilde{\omega}=(\cdots,\omega_{-2},\omega_{-1},\omega_0,\cdots),\text{如 }\tilde{\omega}=(\cdots,\omega_{-1},\omega_0,\omega_1,\cdots). \tag{43}$$

以 T^{-1}表 T 之逆，由(39)得

$$[T\tilde{x}_0](\tilde{\omega})=\tilde{x}_0(T^{-1}\tilde{\omega})=\tilde{x}_0(\cdots,\omega_0,\omega_1,\omega_2,\cdots)=\omega_1=\tilde{x}_1(\tilde{\omega}),$$
$$[T^{-1}\tilde{x}_0](\tilde{\omega})=\tilde{x}_0(T\tilde{\omega})=\tilde{x}_0(\cdots,\omega_{-2},\omega_{-1},\omega_0,\cdots)=\omega_{-1}=\tilde{x}_{-1}(\tilde{\omega}),$$

由此立得 $\tilde{x}_n=T^n\tilde{x}_0$.

今证 T 是保测的，只要对柱集证明. 取 $A=(\tilde{\omega}:(\omega_{m_1},\omega_{m_2},\cdots,\omega_{m_k})\in B_k)$，由(41)(42)及$\{\tilde{x}_n,-\infty<n<+\infty\}$的平稳性得

$$\begin{aligned}\tilde{P}(A)&=\tilde{P}((\tilde{x}_{m_1},\tilde{x}_{m_2},\cdots,\tilde{x}_{m_k})\in B_k)\\&=\tilde{P}((\tilde{x}_{m_1+1},\tilde{x}_{m_2+1},\cdots,\tilde{x}_{m_k+1})\in B_k)\\&=\tilde{P}((\omega_{m_1+1},\omega_{m_2+1},\cdots,\omega_{m_k+1})\in B_k)=\tilde{P}(TA).\end{aligned}$$ ■

§7.2 大数定理与遍历性

（一）

设 T 为概率空间$(\Omega,\mathcal{F},P)$上的保测集（或点）变换，可测集 A 如满足 $TA\doteq A$，则称 A 为**关于 T 不变集**；类似，若随机变量 x 满足 $Tx=x\quad$ a.s.，则称 x 为**关于 T 不变的**. 显然，当且只当χ_A为不变随机变量时，A 为不变集.

引理 1 关于 T 不变的全体不变集构成一 σ 代数 $\mathcal{U}$；随机变量 x 关于 T 不变的充分必要条件是它关于 $\mathcal{U}$ 可测.

证 由§7.1(10)，$\Omega\in\mathcal{U}$. 设 $A\in\mathcal{U}$，由于 $T\overline{A}=T(\Omega\backslash A)\doteq\Omega\backslash TA\doteq\Omega\backslash A=\overline{A}$，故 $\overline{A}\in\mathcal{U}$. 如果 $A_n\in\mathcal{U}(n\geqslant 1)$，由§7.1(7)，

$$T\left(\bigcup_{n=1}^{+\infty}A_n\right)\doteq\bigcup_{n=1}^{+\infty}TA_n\doteq\bigcup_{n=1}^{+\infty}A_n,$$

那么$\bigcup\limits_{n=1}^{+\infty}A_n\in\mathcal{U}$. 从而$\mathcal{U}$是一 σ 代数.

设 $Tx=x\quad$ a.s.，对任意 $s\in\mathbf{R}$，由§7.1(15)，

$$T(x\leqslant s)\doteq(Tx\leqslant s)\doteq(x\leqslant s),$$

这表示$(x\leqslant s)\in\mathcal{U}$ 而 x 关于 $\mathcal{U}$ 可测.

反之，设 x 关于 $\mathcal{U}$ 可测，对任意 $B\in\mathcal{B}_1$，$(x\in B)\in\mathcal{U}$，即 $\chi_{(x\in B)}$为不变随机变量，因之

$$x_n(\omega)=\sum_{i=-2^n n+1}^{2^n n}\frac{i-1}{2^n}\chi_{\left(\frac{i-1}{2^n}\leqslant x(\omega)<\frac{i}{2^n}\right)}.$$

由§7.1 定理 2(iii′)也不变，即 $Tx_n=x_n$. 既然 $\lim\limits_{n\to+\infty}x_n=x$，由§7.1 定理 2(iv′)得 $Tx=x\quad$ a.s.，故 x 不变. ■

平稳序列$\{x_n,n\geqslant 0\}$唯一地对应于$\mathcal{F}'\{x_n,n\geqslant 0\}$上的某保测

变换 T，$\mathcal{F}'\{x_n, n\geqslant 0\}$中关于 T 不变的集 A 以及关于 T 不变的 $\mathcal{F}'\{x_n, n\geqslant 0\}$可测函数 $x(\omega)$ 都称为**关于此平稳序列是不变的**. 这性质可不通过 T 而直接由序列本身来表达，描述如下.

首先注意，由本套书第 7 卷附篇引理 6 可见，对任一关于 $\mathcal{F}'\{x_n, n\geqslant 0\}$可测的 $x(\omega)$，必存在无穷维波莱尔可测函数 $f(y_0, y_1, \cdots)$，使

$$x(\omega)=f(x_0(\omega), x_1(\omega), \cdots) \quad \text{a.s.}. \tag{1}$$

这种 f 可能不唯一.

引理 2　$x(\omega)$关于平稳序列$\{x_n, n\geqslant 0\}$不变的充分必要条件是至少存在一个 f，使(1)及下式

$$f(x_0(\omega), x_1(\omega), \cdots)=f(x_k(\omega), x_{k+1}(\omega), \cdots) \quad \text{a.s.} \tag{2}$$

对任意整数 $k\geqslant 0$ 成立；这时任一使(1)成立的 f 都满足(2).

证　设存在 f 使(1)(2)成立，又 T 为此平稳序列所对应的保测变换. 根据 §7.1 引理 1

$$T^k f(x_0(\omega), x_1(\omega), \cdots)=f(x_k(\omega), x_{k+1}(\omega), \cdots) \quad \text{a.s.}.$$

由此式与(2)得

$$T^k f(x_0(\omega), x_1(\omega), \cdots)=f(x_0(\omega), x_1(\omega), \cdots) \quad \text{a.s.}.$$

根据(1)得 $T^k x(\omega)=x(\omega)$　a.s.，故 $x(\omega)$不变.

今设 $Tx=x$　a.s.，得 $T^k x=x$　a.s.. 任意取一使(1)成立的 f 代入上式即得

$$T^k f(x_0(\omega), x_1(\omega), \cdots)=f(x_0(\omega), x_1(\omega), \cdots) \quad \text{a.s.}.$$

再用一次 §7.1 引理 1 便得(2). ■

由此引理可见，若 $x(\omega)$不变，则

$$x(\omega)=f(x_k(\omega), x_{k+1}(\omega), \cdots) \quad \text{a.s.},$$

故它只依赖于序列的尾项$\{x_k(\omega), x_{k+1}(\omega), \cdots\}$，其中 k 为任意非负整数. 从而得证

系 1　若 $x(\omega)$关于平稳序列$\{x_n, n\geqslant 0\}$不变，则 $x(\omega)$关于

$\bigcap_{k} \mathcal{F}'\{x_n, n\geqslant k\}$可测；又 $\mathcal{U}\subset\bigcap_{k} \mathcal{F}'\{x_n, n\geqslant k\}$.

然而，系 1 的逆不真（参看 § 7.4 第 10 题）.

从一个平稳序列$\{x_n, n\geqslant 0\}$，可以产生无穷多个新的平稳序列，描述如下：任意取一无穷维[①]波莱尔可测函数 $f(y_0, y_1, \cdots)$，定义随机变量列

$$\begin{cases}\xi_0(\omega)=f(x_0(\omega), x_1(\omega), \cdots),\\ \xi_n(\omega)=T^n\xi_0=f(x_n(\omega), x_{n+1}(\omega), \cdots).\end{cases} \tag{3}$$

根据 § 7.1 定理 3 (i)，知$\{\xi_n, n\geqslant 0\}$也是平稳序列. 关于$\{x_n, n\geqslant 0\}$（及$\{\xi_n, n\geqslant 0\}$）不变的随机变量与集的全体分别记为 V，$\mathcal{U}$（及 V_ξ，$\mathcal{U}_\xi$）.

引理 3 $V_\xi\subset V$；$\mathcal{U}_\xi\subset\mathcal{U}$.

证 由引理 1 只要证两式中任何一个，试证 $V_\xi\subset V$. 设 $y(\omega)\in V_\xi$. 由引理 2，存在无穷维波莱尔可测函数 g，使

$$y(\omega)=g(\xi_0(\omega), \xi_1(\omega), \cdots) \quad \text{a.s.}, \tag{4}$$

$$g(\xi_0(\omega), \xi_1(\omega), \cdots)=g(\xi_k(\omega), \xi_{k+1}(\omega), \cdots) \quad \text{a.s.}. \tag{5}$$

考虑无穷维波莱尔可测函数

$$G(y_0, y_1, \cdots)=g(f(y_0, y_1, \cdots), f(y_1, y_2, \cdots), \cdots). \tag{6}$$

由此式及(3)(4)得

$$y(\omega)=G(x_0(\omega), x_1(\omega), \cdots) \quad \text{a.s.}, \tag{7}$$

以(3)代入(5)，利用(6)，得

$$G(x_0(\omega), x_1(\omega), \cdots)=G(x_k(\omega), x_{k+1}(\omega), \cdots) \quad \text{a.s.}. \tag{8}$$

再一次利用引理 2，并注意(7)(8)，得 $y(\omega)\in V$. ■

例 1 对平稳序列$\{x_n, n\geqslant 0\}$，令 $S_n=\sum_{i=0}^{n-1}x_i$，

$$\tilde{x}_1=\varliminf_{n\to+\infty}\frac{S_n}{n}, \quad \tilde{x}_2=\varlimsup_{n\to+\infty}\frac{S_n}{n},$$

① 有穷维函数显然是无穷维函数的特殊情况，维数指自变量个数.

$$A=(\omega:\widetilde{x}_1(\omega)=\widetilde{x}_2(\omega)).$$

于是 $\widetilde{x}_1$,$\widetilde{x}_2$ 都是不变随机变量,而 A 为不变集. 实际上,只要证 $\widetilde{x}_1$ 不变:

$$T\widetilde{x}_1=\lim_{n\to+\infty}\frac{1}{n}\sum_{n=1}^{n}x_i=\lim_{n\to+\infty}\frac{1}{n+1}\sum_{i=0}^{n}x_i=\widetilde{x}_1.$$

故 $\widetilde{x}_1$,$\widetilde{x}_2$ 都关于 $\mathcal{U}$ 可测,从而 $A\in\mathcal{U}$.

(二)

现在来研究平稳序列的强大数定理. 先要做些准备工作.

引理 4　设 $c_1,c_2,\cdots,c_n$ 为任意实数,令

$$E=(\text{正整数 } m:m<n;c_m<\max_{j>m}c_j),\tag{9}$$

则 E 由若干组接连的正整数构成;又如以 α 及 β 表任一组的首数及尾数,则

$$c_j<c_{\beta+1},\alpha\leqslant j\leqslant\beta.\tag{10}$$

例 2　设$(c_1,c_2,\cdots,c_{10})=(7,3,1,6,4,2,5,5,1,3)$,则 $E=(2,3;5,6;9)$.

引理 4 之证. 将 E 中元按大小排列,使小者在前,大者居后,则 E 自然由若干组(不超过 n 组)接连的正整数构成. 因为 $\beta+1\overline{\in}E$,故 $c_{\beta+1}\geqslant\max\limits_{j>\beta+1}c_j$(或$\beta+1=n$),既然 $\beta\in E$

$$c_\beta<\max_{j>\beta}c_j=c_{\beta+1}.$$

任取 k,$\alpha\leqslant k<\beta$. 设(10)对 $k+1\leqslant j\leqslant\beta$ 正确,则由 $k\in E$,得

$$c_k<\max_{j>\beta}c_j=\max_{j\geqslant\beta+1}c_j=c_{\beta+1}.\quad\blacksquare$$

引理 5　设平稳序列$\{x_n,n\geqslant0\}$对应的保测变换为 T,又 $x(\omega)$关于$\mathcal{F}'\{x_n,n\geqslant0\}$可测,而且 $E|x|<+\infty$. 于是对任意 $A\in\mathcal{F}'\{x_n,n\geqslant0\}$,有

$$\int_{T^kA}[T^kx]P(\mathrm{d}\omega)=\int_A xP(\mathrm{d}\omega).\tag{11}$$

证　像通常一样,只要对 $x=\chi_B$ 证明,其中 $B\in\mathcal{F}'\{x_n,n\geqslant$

0}. 此时

$$\int_{T^kA}[T^k\chi_B]P(\mathrm{d}\omega)=P(T^kA\cap T^kB)$$

$$=P(T^k(A\cap B))=P(AB)=\int_A\chi_BP(\mathrm{d}\omega).\quad \blacksquare$$

引理 6① 设$\{x_n,n\geqslant 0\}$为平稳序列,$E\mid x_0\mid<+\infty$;又设β为任一常数,M为不变集,$S_n=\sum_{i=0}^{n-1}x_i$. 则

$$\int_{M\left\{\sup\limits_{n\geqslant 1}\frac{S_n(\omega)}{n}>\beta\right\}}x_0P(\mathrm{d}\omega)\geqslant\beta P\left(\left\{\sup_{n\geqslant 1}\frac{S_n(\omega)}{n}>\beta\right\}\cap M\right).\qquad(12)$$

证 不妨设$\beta=0$,否则只要换$\{x_n\}$为$\{x_n-\beta\}$,换$\frac{S_n}{n}$为$\frac{S_n}{n}-\beta$. 定义 ω-集

$$\Lambda=\{\sup_{n\geqslant 1}S_n(\omega)>0\},\quad \Lambda_j=\{\sup_{1\leqslant n\leqslant j}S_n(\omega)>0\},$$

则$\Lambda_j\uparrow\Lambda(j\to+\infty)$. 对每个固定的$\omega$,可对$S_1,S_2,\cdots,S_m$用引理 4,所得(9)中的集记为$E(\omega)$. 固定$j,j<m$,令

$$\begin{aligned}N_j&=(\omega:j\in E(\omega))=(\omega:S_j<\max_{l>j}S_l)\\&=(\omega:\max_{j\leqslant k\leqslant m-1}[x_j(\omega)+\cdots+x_k(\omega)]>0)\\&\doteq T^j(\omega:\max_{0\leqslant k\leqslant m-j-1}[x_0(\omega)+x_1(\omega)+\cdots+x_k(\omega)]>0)\\&=T^j\Lambda_{m-j}.\end{aligned}\qquad(13)$$

设$E(\omega)$已表为r个相邻整数组$E_i(\omega)$之和,$E_i(\omega)$的首、尾数分别记为$\alpha_i,\beta_i\ (i=1,2,\cdots,r)$,则固定$\omega$时

$$\sum_{j:\omega\in N_j}x_j(\omega)=\sum_{j\in E(\omega)}x_j(\omega)=\sum_{j\in E(\omega)}(S_{j+1}(\omega)-S_j(\omega))$$

$$=\sum_{i=1}^{r}\sum_{j\in E_i(\omega)}(S_{j+1}(\omega)-S_j(\omega))=\sum_{i=1}^{r}(S_{\beta_i+1}(\omega)-S_{\alpha_i}(\omega))>0$$

---

① 由证明过程可见,如(12)中的$\left(\sup\limits_{n\geqslant 1}\frac{S_n(\omega)}{n}>\beta\right)$换为$\left(\sup\limits_{n\geqslant 1}\frac{S_n(\omega)}{n}\geqslant\beta\right)$,(12)仍正确.

(见引理 4). 因此,若以$\chi_{N_j}(\omega)$表 N_j 的示性函数,则

$$\sum_{j=0}^{m-1}\int_{MN_j} x_j P(\mathrm{d}\omega) = \sum_{j=0}^{m-1}\int_M \chi_{N_j}(\omega)x_j(\omega)P(\mathrm{d}\omega)$$

$$= \int_M \sum_{j=0}^{m-1} \chi_{N_j}(\omega)x_j(\omega)P(\mathrm{d}\omega) = \int_M \sum_{j:\omega\in N_j} x_j(\omega)P(\mathrm{d}\omega) \geqslant 0.$$

利用(13)及引理 5,并注意 $M\in\mathcal{U}$,得

$$0 \leqslant \sum_{j=0}^{m-1}\int_{MT^j\Lambda_{m-j}} x_j P(\mathrm{d}\omega) = \sum_{j=0}^{m-1}\int_{M\Lambda_{m-j}} x_0 P(\mathrm{d}\omega)$$

$$= \sum_{j=1}^{m}\int_{M\Lambda_j} x_0 P(\mathrm{d}\omega),$$

利用数学分析中事实:"$\lim\limits_{n\to+\infty} a_n$ 若存在,则 $\lim\limits_{n\to+\infty} a_n = \lim\limits_{n\to+\infty} \dfrac{\sum\limits_{i=1}^{n} a_i}{n}$",

即得

$$\int_{M\Lambda} x_0 P(\mathrm{d}\omega) = \lim_{j\to+\infty}\int_{M\Lambda_j} x_0 P(\mathrm{d}\omega)$$

$$= \lim_{m\to+\infty} \frac{1}{m}\sum_{j=1}^{m}\int_{M\Lambda_j} x_0 P(\mathrm{d}\omega) \geqslant 0.$$

最后,注意由 Λ 的定义,可见 $\Lambda=\left\{\sup\limits_{n\geqslant1}\dfrac{S_n(\omega)}{n}>0\right\}$,故得证(12)对 $\beta=0$ 正确. ■

定理 1　设$\{x_n, n\geqslant0\}$为平稳序列,$E|x_0|<+\infty$,则

$$\lim_{n\to+\infty}\frac{x_0+x_1+\cdots+x_n}{n+1}=E(x_0|\mathcal{U})\quad \text{a.s.}; \tag{14}$$

又若 $E|x_0|^r<+\infty(r\geqslant1)$,则

$$\lim_{n\to+\infty} E\left|\frac{x_0+x_1+\cdots+x_n}{n+1}-E(x_0|\mathcal{U})\right|^r=0, \tag{15}$$

这里 $\mathcal{U}$ 为关于此平稳序列不变集的 σ 代数.

证　(i) 令 $\tilde{x}_1=\varliminf\limits_{n\to+\infty}\dfrac{S_n}{n}$, $\tilde{x}_2=\varlimsup\limits_{n\to+\infty}\dfrac{S_n}{n}$, $S_n=\sum\limits_{i=0}^{n-1}x_i$, 由例 1

知 $\tilde{x}_1,\tilde{x}_2$ 不变. 对实数 $\alpha<\beta$, 以 $M_{\alpha\beta}$ 表不变集 $\{\tilde{x}_1(\omega)<\alpha<\beta<\tilde{x}_2(\omega)\}$，显然

$$M_{\alpha\beta}=M_{\alpha\beta}\left\{\sup_{n\geqslant 1}\frac{S_n(\omega)}{n}>\beta\right\}.$$

由引理 6 得

$$\int_{M_{\alpha\beta}}x_0P(\mathrm{d}\omega)=\int_{M_{\alpha\beta}\left\{\sup\limits_{n\geqslant 1}\frac{S_n(\omega)}{n}>\beta\right\}}x_0P(\mathrm{d}\omega)\geqslant\beta P(M_{\alpha\beta}). \tag{16}$$

应用此结果于 $\{-x_n\}$，换 α,β 为 $-\beta,-\alpha$，得

$$\int_{M_{\alpha\beta}}x_0P(\mathrm{d}\omega)\leqslant\alpha P(M_{\alpha\beta}). \tag{17}$$

由(16)(17)得 $P(M_{\alpha\beta})=0$，从而

$$\begin{aligned}P(\tilde{x}_1(\omega)<\tilde{x}_2(\omega))&=P\Big(\bigcup_{\alpha<\beta}M_{\alpha\beta}\Big)\\&\leqslant\sum_{\alpha<\beta}P(M_{\alpha\beta})=0,\quad\alpha,\beta\in\mathbf{Q},\end{aligned} \tag{18}$$

故 $\tilde{x}_1=\tilde{x}_2$ a.s.而存在极限 $x(\omega)=\lim\limits_{n\to+\infty}\dfrac{S_n(\omega)}{n}$ a.s.，它取有穷值或无穷值. 按法图引理

$$\int_\Omega\varliminf_{n\to+\infty}\frac{\sum\limits_{i=0}^{n}|x_i|}{n+1}P(\mathrm{d}\omega)\leqslant\varliminf_{n\to+\infty}\int_\Omega\frac{\sum\limits_{i=0}^{n}|x_i|}{n+1}P(\mathrm{d}\omega)=E|x_0|<+\infty,$$

故由 $|x(\omega)|\leqslant\varliminf\limits_{n\to+\infty}\dfrac{\sum\limits_{i=0}^{n}|x_i(\omega)|}{n+1}$，可见 $x(\omega)$ 有穷 a.s.而且可积.

(ii) 今证以概率 1，$x(\omega)=E(x_0(\omega)|\mathscr{U})$. 因已知 $x(\omega)$ 为 $\mathscr{U}$ 可测，故只要证：对任意 $\Lambda\in\mathscr{U}$ 有

$$\int_\Lambda x_0(\omega)P(\mathrm{d}\omega)=\int_\Lambda x(\omega)P(\mathrm{d}\omega). \tag{19}$$

由引理 6 知对任一常数 α 及 $M\in\mathscr{U}$ 有

$$\int_{M\left\{\inf\limits_{n\geqslant 1}\frac{S_n(\omega)}{n}<\alpha\right\}}x_0P(\mathrm{d}\omega)\leqslant\alpha P\left(\left\{\inf_{n\geqslant 1}\frac{S_n(\omega)}{n}<\alpha\right\}M\right). \tag{20}$$

令

$$\Lambda_m=(\omega:(m-1)\varepsilon\leqslant x(\omega)<m\varepsilon)\in\mathcal{U},\varepsilon>0.$$

在(12)(20)中，以 $m\varepsilon,(m-1)\varepsilon,\Lambda\Lambda_m$ 分别换 α,β,M，并注意 $\left\{\inf\limits_{n\geqslant 1}\frac{S_n(\omega)}{n}<m\varepsilon\right\}\supset\Lambda_m$，$\left\{\sup\limits_{n\geqslant 1}\frac{S_n(\omega)}{n}\geqslant(m-1)\varepsilon\right\}\supset\Lambda_m$，得

$$(m-1)\varepsilon P(\Lambda\Lambda_m)\leqslant\int_{\Lambda\Lambda_m}x_0P(\mathrm{d}\omega)\leqslant m\varepsilon P(\Lambda\Lambda_m).\qquad(21)$$

其次，根据 Λ_m 的定义，有

$$(m-1)\varepsilon P(\Lambda\Lambda_m)\leqslant\int_{\Lambda\Lambda_m}xP(\mathrm{d}\omega)\leqslant m\varepsilon P(\Lambda\Lambda_m).$$

既然已证 $P(|x|<+\infty)=1$，故 $\sum\limits_{m=-\infty}^{+\infty}P(\Lambda_m)=1$，将上式对 $m\in$ **Z** 求和，得

$$\sum_{m=-\infty}^{+\infty}m\varepsilon P(\Lambda\Lambda_m)-\varepsilon P(\Lambda)\leqslant\int_{\Lambda}xP(\mathrm{d}\omega)$$
$$\leqslant\sum_{m=-\infty}^{+\infty}(m-1)\varepsilon P(\Lambda\Lambda_m)+\varepsilon P(\Lambda),$$

利用(21)

$$\int_{\Lambda}x_0P(\mathrm{d}\omega)-\varepsilon P(\Lambda)\leqslant\int_{\Lambda}xP(\mathrm{d}\omega)\leqslant\int_{\Lambda}x_0P(\mathrm{d}\omega)+\varepsilon P(\Lambda),$$

令 $\varepsilon\to 0$，即得证(19).

(iii) 根据本套书第 7 卷附篇(三)定理 8 (iii)，为证(15)，只要证：

i) $E\left|\frac{S_n}{n}\right|^r<+\infty$；

ii) $\frac{S_n}{n}\xrightarrow{P}E(x_0|\mathcal{U})$；

iii) $\int_A\left|\frac{S_n}{n}\right|^rP(\mathrm{d}\omega)$ 对 A 均匀连续.

由闵科夫斯基(Minkowski)不等式：

$$E|Y_1+Y_2|^r \leqslant (E^{\frac{1}{r}}|Y_1|^r+E^{\frac{1}{r}}|Y_2|^r)^r \quad (r\geqslant 1);$$

得

$$E\left|\frac{S_{n+1}}{n+1}\right|^r \leqslant \left[\frac{n}{n+1}E^{\frac{1}{r}}\left|\frac{S_n}{n}\right|^r+\frac{1}{n+1}E^{\frac{1}{r}}|x_n|^r\right]^r;$$

因$\{x_n,n\geqslant 0\}$平稳，故$E^{\frac{1}{r}}|x_n|^r=E^{\frac{1}{r}}|x_0|^r$. 由此及上一不等式，用归纳法即得

$$E\left|\frac{S_n}{n}\right|^r \leqslant E|x_0|^r<+\infty,$$

此即 i). 由 $E|x_0|\leqslant E^{\frac{1}{r}}|x_0|^r<+\infty$，知 $E(x_0|\mathcal{U})$ 有定义，根据(14)便得证 ii). 最后，对任意 $\varepsilon>0$，存在常数 $c_\varepsilon>0$，使 $c\geqslant c_\varepsilon$ 时，对任意 i，由引理 5，有

$$\int_{(|x_i|\geqslant c)}|x_i|^rP(\mathrm{d}\omega)=\int_{(|x_0|\geqslant c)}|x_0|^rP(\mathrm{d}\omega)<\frac{\varepsilon}{2}.$$

因此，对任意 $A\in\mathcal{F}$，若 $P(A)<\frac{\varepsilon}{2c^r}$，则

$$\int_A|x_i|^rP(\mathrm{d}\omega)=\int_{A(|x_i|\geqslant c)}|x_i|^rP(\mathrm{d}\omega)+\int_{A(|x_i|<c)}|x_i|^rP(\mathrm{d}\omega)$$
$$<\frac{\varepsilon}{2}+c^r\cdot\frac{\varepsilon}{2c^r}=\varepsilon.$$

再仿上用闵科夫斯基不等式及归纳法，并简记 $\int_A xP(\mathrm{d}\omega)$ 为 E_Ax，即知对任意 $n\geqslant 1$，有

$$EA\left|\frac{S_{n+1}}{n+1}\right|^r \leqslant \left[\frac{n}{n+1}E_A^{\frac{1}{r}}\left|\frac{S_n}{n}\right|^r+\frac{1}{n+1}E_A^{\frac{1}{r}}|x_n|^r\right]^r$$
$$<\left[\frac{n}{n+1}\varepsilon^{\frac{1}{r}}+\frac{1}{n+1}\varepsilon^{\frac{1}{r}}\right]^r=\varepsilon,$$

此得证 iii). ■

定理 1 说明，极限 $x(\omega)$的值紧密依赖于不变 σ 代数 $\mathcal{U}$，而 $\mathcal{U}$ 决定于序列的概率结构. 直观地想，如果序列的概率结构越“松懈”，它产生的变换 T 的“变动”也越“大”，因而保留不变的集也

越少，即$\mathcal{U}$越小(参看下面的例3).

称平稳序列$\{x_n, n\geqslant 0\}$为**遍历的**，如果它的每一不变集的概率或为0，或为1；也就是说，如果它的每一不变随机变量以概率1等于某常数(见引理1). 这时，$\mathcal{U}$达到最小程度，它只由概率为0或1的可测集构成.

系2　设$\{x_n, n\geqslant 0\}$为遍历的平稳序列，又$\{\xi_n, n\geqslant 0\}$为任一由(3)定义的序列，$E|\xi_0|<+\infty$，则

$$\lim_{n\to+\infty}\frac{\xi_0+\xi_1+\cdots+\xi_n}{n+1}=E\xi_0\quad \text{a.s.}. \tag{22}$$

证　由上述知$\{\xi_n, n\geqslant 0\}$也是平稳的，按定理1得

$$\lim_{n\to+\infty}\frac{\xi_0+\xi_1+\cdots+\xi_n}{n+1}=E(\xi_0|\mathcal{U}_\xi)\quad \text{a.s.}.$$

但由引理3，$\mathcal{U}_\xi\subset\mathcal{U}$. 既然由假定$\mathcal{U}$只由概率为0或1的可测集构成，故$\mathcal{U}_\xi$亦然而$E(\xi_0|\mathcal{U}_\xi)=E\xi_0$　a.s..　■

(22)的直观意义可理解为：对时间的平均等于ξ_0(因之任意ξ_k)对ω的平均. 因而在系2的条件下，可以用序列的一次实现来估计$E\xi_0$.

(三)

试举例说明上述理论.

例3　设$\{x_n, n\geqslant 0\}$为独立同分布的随机变量序列，显然，它是平稳序列. 根据独立随机变量的0-1律，知$\bigcap_k \mathcal{F}'\{x_n, n\geqslant k\}$只含概率为0及1的可测集. 由系1，知$\mathcal{U}$也如此，故此序列具有遍历性. 如$E|x_0|<+\infty$，由(22)得

$$\lim_{n\to+\infty}\frac{x_0+x_1+\cdots+x_n}{n+1}=Ex_0\quad \text{a.s.}, \tag{23}$$

这就是概率论中证明过的强大数定理.

例4　考虑参数集为全体整数的平稳序列$\{x_n, -\infty<n<+\infty\}$，它对应的保测变换记为$T$，$\mathcal{F}'\{x_n, -\infty<n<+\infty\}$中的集

A 如满足 $TA\doteq A$，叫作关于此序列为**不变集**，$\mathcal{F}'\{x_n,-\infty<n<+\infty\}$ 可测函数 $x(\omega)$，若满足 $Tx=x\quad \text{a.s.}$，则称为关于此序列为**不变随机变量**. 不变集所成 σ 代数记为 $\mathcal{U}$，若 $\mathcal{U}$ 只含概率为 0 或 1 的集，则称此序列为**遍历的**. 总之，这些概念的定义与对 $\{x_n,n\geqslant 0\}$ 的情形一样.

设 $X=\{x_n,-\infty<n<+\infty\}$ 为平稳序列，k 为任意整数. 显然，$X^{-1}=\{x_{-n},-\infty<n<+\infty\}$ 及 $X_k=\{x_n,n\geqslant k\}$ 作为 X 的逆序列及子序列，也都是平稳的. 设 X 对应的保测变换为 T(定义域为 $\mathcal{F}'\{X\}$)，那么 X^{-1} 及 X_k 对应的保测变换分别为 T^{-1}(定义域为 $\mathcal{F}'\{X^{-1}\}=\mathcal{F}'\{X\}$)及 T(定义域为 $\mathcal{F}'\{X_k\}$). 关于 X,X^{-1} 及 X_k 不变的随机变量全体分别记作 $V_x,V_{x^{-1}}$ 及 V_k，试证 $V_x=V_{x^{-1}}=V_k$，从而三者有相同的不变 σ 代数.

实际上，若 $\overline{x}\in V_x$，则 $\overline{x}$ 为 $\mathcal{F}'\{X\}$ 可测，因之为 $\mathcal{F}'\{X^{-1}\}$ 可测. 既然 T 可逆，故两式

$$T\overline{x}=\overline{x}\quad \text{a.s.},\qquad T^{-1}\overline{x}=\overline{x}\quad \text{a.s.}$$

等价，此即得证 $\overline{x}\in V_{x^{-1}}$，$V_x\subset V_{x^{-1}}$. 同样证 $V_{x^{-1}}\subset V_x$.

若 $\overline{x}\in V_k$，则 $\overline{x}$ 为 $\mathcal{F}'\{X_k\}$ 可测，故更为 $\mathcal{F}'\{X\}$ 可测；既然 $T\overline{x}=\overline{x}\quad \text{a.s.}$，可见 $\overline{x}\in V_x$，$V_k\subset V_x$.

反之，如 $\overline{x}\in V_x$，为证 $\overline{x}\in V_k$，只要证 $\overline{x}$ 为 $\mathcal{F}'\{X_k\}$ 可测. 由于 $\overline{x}$ 为 $\mathcal{F}'\{X\}$ 可测，根据本套书第 7 卷附篇(三)定理 7，对任意 $m>0$，存在随机变量 y_m，它关于有穷多个 x_n 所产生的 σ 代数可测，而且

$$P\left(|\overline{x}(\omega)-y_m(\omega)|>\frac{1}{m}\right)<2^{-m}.$$

有必要时，可以换 y_m 为 $T^j y_m$，因为由 $\overline{x}\in V_x$ 有

$$P\left(|\overline{x}(\omega)-[T^j y_m](\omega)|>\frac{1}{m}\right)<2^{-m}.$$

因此，可以设 y_m 为 $\mathcal{F}'\{X_k\}$ 可测. 但由波莱尔-坎泰利引理（见

§1.5 第 12 题)，$\lim\limits_{m\to+\infty} y_m=\bar{x}$　a.s.，故 $\bar{x}$ 也 $\mathcal{F}'\{X_k\}$可测.

这样便得证 $V_x=V_{x^{-1}}=V_k$. 从而知系 1 对应地也正确.

以 X_k^{-1} 表子序列$\{x_{-n},n\geqslant k\}$，它的不变随机变量全体记为 $V_{k^{-1}}$，则$V_{k^{-1}}=V_{x^{-1}}=V_x=V_k$. 可见这四个平稳序列有相同的不变 σ 代数，都记为 $\mathcal{U}$. 现在来看对它们的加强大数定理. 设 $E|x_0|<+\infty$，分别对 X_k 及 X_k^{-1} 用定理 1，得

$$\lim_{n\to+\infty}\frac{x_k+x_{k+1}+\cdots+x_{k+n}}{n+1}=E(x_k|\mathcal{U})=E(x_0|\mathcal{U})\quad \text{a.s.},\tag{24}$$

$$\lim_{n\to+\infty}\frac{x_{-k}+x_{-k-1}+\cdots+x_{-k-n}}{n+1}=E(x_{-k}|\mathcal{U})=E(x_0|\mathcal{U})\quad \text{a.s.}.\tag{25}$$

由此两式立得

$$\lim_{n\to+\infty}\frac{x_{-n}+x_{-n+1}+\cdots+x_n}{2n+1}=E(x_0|\mathcal{U})\quad \text{a.s.}.\tag{26}$$

这式子明显的一般化为①：对任意固定的正整数 l,m，

$$\lim_{n\to+\infty}\frac{x_{-l-n}+x_{-l-n+1}+\cdots+x_{n+m}}{2n+1}=E(x_0|\mathcal{U})\quad \text{a.s.}.\tag{27}$$

然而，极限

$$\lim_{n-m\to+\infty}\frac{x_m+x_{m+1}+\cdots+x_n}{n-m+1}$$

的存在性并未因此而证明，实际上它一般是不存在的.

由上述还可见，此四个序列中，如果有一个是遍历的，那么其他三个也如此.

例 5(滑动和)　设$\{y_n,-\infty<n<+\infty\}$为独立同分布的随机

① 利用$\dfrac{x_{-l-n}+x_{-l-n+1}+\cdots+x_{n+m}}{2n+1}=\dfrac{x_{-l-n}+x_{-l-n+1}+\cdots+x_{-1}}{l+n}\cdot\dfrac{l+n}{2n+1}+\dfrac{x_0+x_1+\cdots+x_{n+m}}{n+m+1}\cdot\dfrac{n+m+1}{2n+1}$.

变量序列，$Ey_0=0$，$Ey_0^2<+\infty$，因而 $E|y_iy_j|\leqslant(Ey_i^2\cdot Ey_j^2)^{\frac{1}{2}}<+\infty$. 显然，此序列是平稳的而且具有遍历性. 定义

$$x_n=\sum_{m=-\infty}^{+\infty}c_m y_{m+n},\tag{28}$$

其中常数序列$\{c_m\}$满足 $\sum_{-\infty}^{+\infty}|c_n|^2<+\infty$. 由 §1.5,(14)，知(28)中级数既均方收敛，也以概率 1 收敛. 以 T 表$\{y_n,-\infty<n<+\infty\}$所对应的保测变换，则因

$$x_n=T^n x_0,\quad -\infty<n<+\infty,\tag{29}$$

根据 §7.1 定理 3 (i)及其注知$\{x_n,-\infty<n<+\infty\}$也是平稳序列，而且是遍历的. 后一结论由引理 3 推出. 因此，$\{x_n,n\geqslant0\}$也是遍历的.

例 6（平稳马氏序列） 分为四个问题：

(i) 设$\{x_n,n\geqslant0\}$为平稳序列，而且是以 **N** 为参数集的马氏过程. 我们证明：若 $x(\omega)$为不变随机变量，则 $x(\omega)$关于$\mathcal{F}'\{x_0\}$可测；换句话说，若 Λ 为不变集，则 $\Lambda\in\mathcal{F}'\{x_0\}$.

以 $z(\omega)$表 $\chi_\Lambda(\omega)$. 若能证

$$z=E(z|x_0)\quad \text{a.s.},\tag{30}$$

则由条件数学期望的定义，知 z 为$\mathcal{F}'\{x_0\}$可测，故 $\Lambda\in\mathcal{F}'\{x_0\}$，于是结论正确. 为证(30)，注意系 1，知 z 为$\mathcal{F}'\{x_{n+1},x_{n+2},\cdots\}$可测，$n\geqslant0$ 任意. 于是可用马氏性而得

$$E(z|x_0,x_1,\cdots,x_n)=E(z|x_n)\quad \text{a.s.}.\tag{31}$$

根据 §1.4 系 2，$\lim\limits_{n\to+\infty}E(z|x_n)=z$ a.s.. 从而

$$\lim_{n\to+\infty}P(|z-E(z|x_n)|>\varepsilon)=0,$$

其中 $\varepsilon>0$ 任意. 但因 $T^nz=z$，$T^nE(z|x_0)=E(z|x_n)$ a.s.，故由引理 5，$P(|z-E(z|x_n)|>\varepsilon)$与 n 无关. 于其中令 $n=0$，即得(30). 若令 $n=k$，则得$z=E(z|x_k)$ a.s..

(ii) 什么样的马氏序列$\{x_n, n\geqslant 0\}$是平稳的？设它为齐次的，相空间为$(\mathbf{R}, \mathcal{B}_1)$，一步转移概率为 $p(x,A)$，因之 n 步转稳概率为

$$p^{(n)}(x,A)=\int_E p^{(n-1)}(y,A)p(x,\mathrm{d}y)$$
$$=\int_E p(y,A)p^{(n-1)}(x,\mathrm{d}y). \tag{32}$$

设在$\mathcal{B}_1$ 上存在概率测度 $q(A)$，满足条件

$$q(A)=\int_E p(x,A)q(\mathrm{d}x). \tag{33}$$

如果$\{x_n, n\geqslant 0\}$的开始分布为 q，即 $P(x_0\in A)=q(A)(A\in\mathcal{B}_1)$，那么易见

$$P(x_n\in A)=\int_E p^{(n)}(x,A)q(\mathrm{d}x)=q(A)(n\geqslant 0), \tag{34}$$

而且对 $0\leqslant n_1<n_2<\cdots<n_k$，有

$$P(x_{n_1}\in A_1, x_{n_2}\in A_2, \cdots, x_{n_k}\in A_k)$$
$$=\int_{A_1}q(\mathrm{d}\xi_1)\int_{A_2}p^{(n_2-n_1)}(\xi_1,\mathrm{d}\xi_2)\cdots\int_{A_k}p^{(n_k-n_{k-1})}(\xi_{k-1},\mathrm{d}\xi_k),$$

既然右方值只依赖于差$(n_2-n_1, n_3-n_2, \cdots, n_k-n_{k-1})$而不依赖于$(n_1, n_2, \cdots, n_k)$本身，可见$\{x_n, n\geqslant 0\}$是平稳序列. 因此，由(3)定义的$\{\xi_n(\omega), n\geqslant 0\}$也是平稳的(但未必是马氏的). 若设

$$E|\xi_0|=E|f(x_0,x_1,\cdots)|<+\infty, \tag{35}$$

则由定理 1 知以概率 1 存在有穷极限 $\lim\limits_{n\to+\infty}\dfrac{\xi_0+\xi_1+\cdots+\xi_n}{n+1}$. 作为这个结果的重要特殊情形是：

系 3　设齐次马氏过程$\{x_n, n\geqslant 0\}$的开始分布 q 满足条件(33)，又 $f(y)$为(一维)波莱尔可测函数，使

$$E|f(x_0(\omega))|=\int_{\mathbf{R}}|f(y)|q(\mathrm{d}y)<+\infty,$$

则存在有穷极限

$$\lim_{n\to+\infty}\frac{\sum_{i=0}^{n}f(x_i(\omega))}{n+1}\quad \text{a.s.}.\tag{36}$$

(iii) 考虑齐次马氏链$\{x_n,n\geqslant0\}$，相空间 E 为$(0,1,2,\cdots)$，n 步转移概率为 $p_{ij}^{(n)}$，$p_{ij}=p_{ij}^{(1)}$. 按 § 2.3 定理 1，将 E 分解为 $E=H\cup\overline{H}$，$H=\bigcup\limits_{\alpha=1}C_\alpha$ 其中 $\overline{H}$ 为全体非常返状态及零状态所成的集，而每 C_α 为非零的常返状态构成的不可分闭集.

如果 $E=\overline{H}$，这链不可能是平稳序列. 实际上，以$\{q_i\}$表开始分布，因 $\sum\limits_i q_i=1$，故至少有一 i，使 $q_i>0$. 如果说链是平稳的，那么

$$P(x_n=i)=q_i,\quad 一切\ n\geqslant0.$$

于是 $0<q_i=\lim\limits_{n\to+\infty}P(x_n=i)=\lim\limits_{n\to+\infty}\sum\limits_j q_ip_{ji}^{(n)}=0$(见 § 2.4 定理 1 及 § 2.7 第 1 题)，这有矛盾.

以上设 $H=\bigcup\limits_{\alpha=1}C_\alpha\neq\varnothing$. 由 § 2.5 系 2，这时平稳分布(即满足(34)的概率测度)$\{q_i\}$总是存在的. 这分布的一般形式由 § 2.5 定理 1 给出.

如果只存在一个不可分闭集 $C_\alpha=C$，那么，为使$\{q_i\}$为平稳分布，由上引定理，必须 $q_i>0$，如 $i\in C$；$q_i=0$，如 $i\in\overline{H}$. 设$\{x_n,n\geqslant0\}$的开始分布为$\{q_i\}$，由上段已知此链是平稳序列. 试证此链必是遍历的. 实际上，根据(i)段，任何一个不变集 A 有形状

$$A\doteq(x_0(\omega)\in B),\tag{37}$$

B 为 E 中某子集. 如果对任一 $i\in B$ 有 $P(x_0=i)=0$，那么 $P(A)=0$；否则至少存在一 $i\in B$ 使 $P(x_0=i)>0$，由

$$(x_0\in B)\doteq A\doteq T^nA\doteq(x_n\in B),$$

得

$$\sum_{j\in B}p_{ij}^{(n)}=\frac{P(x_0=i,x_n\in B)}{P(x_0=i)}$$

$$=\frac{P(x_0=i,x_0\in B)}{P(x_0=i)}=1. \tag{38}$$

如说 $C\backslash B$ 不空，由上式得 $p_{ik}^{(n)}=0$ 对一切 $n\geqslant 1$ 及 $k\in C\backslash B$ 成立，这与 C 的不可分性矛盾，因此 $B=C$ 而 $A\doteq(x_0\in C)$，既然

$$P(x_0\in\overline{H})=\sum_{i\in H}q_i=0,\text{可见 } P(A)=P(x_0\in C)=1.$$

这便证明了遍历性.

假定至少存在两个不同的 C_α，为使 $\{q_i\}$ 为平稳分布，仍须 $q(\overline{H})=0$. 如果 q 集中在一个 C_α 上，即 $q(C_\alpha)=1$，那么同样可证明这链是遍历的平稳序列. 如果 q 不是集中在一个 C_α 上，即如有 $\beta\neq\alpha$，使 $q(C_\alpha)>0,q(C_\beta)>0$，那么，由 $(x_n(\omega)\in C_\alpha)\doteq(x_{n+1}(\omega)\in C_\alpha)$，知 $\Lambda_\alpha=(x_0(\omega)\in C_\alpha)$ 是不变集而且 $P(\Lambda_\alpha)=q(C_\alpha)>0$；同样 $\Lambda_\beta=(x_0(\omega)\in C_\beta)$ 也是不变集，$P(\Lambda_\beta)=q(C_\beta)>0$. 既然 $\Lambda_\alpha\cap\Lambda_\beta=\varnothing$，可见以这样的平稳分布 q 为开始分布时，链虽是平稳序列，但不是遍历的.

总结上述，便得

定理 2　设 $\{x_n,n\geqslant 0\}$ 为齐次马氏链，相空间 E 已分解为

$$E=\overline{H}\cup H,\quad H=\bigcup_{\alpha=1}C_\alpha.$$

i) 如果 $H=\varnothing$，那么，不论开始分布如何，这链不是平稳序列；

ii) 如果 $H\neq\varnothing$，那么，总存在平稳分布 q，当开始分布为 q 时，这链是平稳序列，这时它是遍历序列的充分必要条件是 q 集中在一个 C_α 上.

(iv) 试进一步研究齐次马氏链的强大数定理，在这一段中总设 $H\neq\varnothing$，因而平稳分布 q 总存在，于是可应用例 6 (ii) 中理论. 今试设法取消“开始分布是平稳分布”这一条件.

回忆 § 2.5 引理 1 与定理 1，知对每个 C_α，存在一个集中以 C_α 上的平稳分布 ${}_\alpha q=\{{}_\alpha q_i\}$，满足条件

$$
{}_{\alpha}q_i=\begin{cases}0, & i\overline{\in} C_{\alpha},\\ \dfrac{1}{\mu_i}>0, & i\in C_{\alpha}.\end{cases} \tag{39}
$$

其中 $\mu_i=\sum_{n=1}^{+\infty}nf_i^{(n)}$ 是状态 i 的平均回转时(见 § 2.2(5)).

为了强调开始分布 π 的作用，由 π 及转移概率 $\{p_{ij}\}$ 所产生的测度记为 P_{π}，相应的数学期望记为 E_{π}. 特别，当 π 集中在一点 i 上时，记此 P_{π}，E_{π} 为 P_i，E_i.

考虑无穷维波莱尔可测函数 $f(y_0,y_1,\cdots)$，以(3)定义序列 $\{\xi_n(\omega),n\geqslant 0\}$，假定

$$
E_{\alpha q}|\xi_0|=E_{\alpha q}|f(x_0(\omega),x_1(\omega),\cdots)|<+\infty. \tag{40}
$$

如果 f 只依赖于 y_0，那么(40)化为

$$
\sum_{i\in C_{\alpha}}|f(i)|_{\alpha}q_i<+\infty. \tag{41}
$$

由定理 2 已知，当 $\{x_n,n\geqslant 0\}$ 的开始分布为 ${}_{\alpha}q$ 时，它是遍历的平稳序列，故 $\{\xi_n,n\geqslant 0\}$ 也如此. 从而由定理 1 得①

$$
P_{\alpha q}\left(\lim_{n\to+\infty}\frac{\sum_{i=0}^{n}\xi_i(\omega)}{n+1}=E_{\alpha q}\xi_0\right)=1. \tag{42}
$$

以 W 表(42)左方括号中的集，我们证明

$$
P_i(W)=1,\text{一切 } i\in C_{\alpha}. \tag{43}
$$

如说不然，设对某 $i_0\in C_{\alpha}$，$P_{i_0}(W)<1$，由 ${}_{\alpha}q_{i_0}>0$ 得

$$
P_{\alpha q}(W)=\sum_{i\in C_{\alpha}}{}_{\alpha}q_iP_i(W)<1,
$$

与(42)矛盾.

这样，便证明了

定理 3 设 $H\neq\varnothing$. 若(40)对某 C_{α} 成立，则

① 并且 $\lim\limits_{n\to+\infty}E_{\alpha q}\left|\frac{1}{n+1}\sum_{i=0}^{n}\xi_i(\omega)-E_{\alpha p}\xi_0\right|=0.$

$$P_i\left(\lim_{n\to+\infty}\frac{\sum_{i=0}^{n}\xi_i(\omega)}{n+1}=E_{\alpha q}\xi_0\right)=1,\quad i\in C_\alpha;$$

若(40)对一切 $C_\alpha\subset H$ 成立，则对任意集中在 H 上的开始分布 π，即 $\pi(H)=1$，有

$$P_\pi\left(\omega:\text{存在有穷极限}\lim_{n\to+\infty}\frac{\sum_{i=0}^{n}\xi_i(\omega)}{n+1}\right)=1.$$

例 7　设平稳序列 $\{x_n,n\geqslant0\}$ 满足条件 $Ex_0^2<+\infty$，因此对任意正整数 τ，$E|x_{n+\tau}x_n|<+\infty$. 在(3)中取 $f(y_0,y_1,\cdots)=y_\tau\ y_0$，即知 $\{x_{n+\tau}x_n,n\geqslant0\}$ 也是平稳序列，从而由定理 1，存在有穷极限

$$\lim_{m\to+\infty}\frac{1}{m+1}\sum_{n=0}^{m}x_{n+\tau}x_n\quad\text{a.s.}.$$

如果 $\{x_n,n\geqslant0\}$ 遍历，那么 $\{\xi_n,n\geqslant0\}$ 也是，于是这极限几乎处处等于 $B(\tau)=Ex_{n+\tau}x_n$. 由定理 1 第二结论，知 $B(\tau)$ 还满足

$$\lim_{m\to+\infty}E\left|\frac{1}{m+1}\sum_{n=0}^{m}x_{n+\tau}x_n-B(\tau)\right|=0.$$

§7.3 连续参数情形

上两节中详细讨论了当参数集为全体非负整数及全体整数的情形，如果参数集为$[0,+\infty)$或$\mathbf{R}=(-\infty,+\infty)$，理论基本上类似，那么我们只着重叙述不同之处. 为确定计，先设参数集为$[0,+\infty)$.

在完全化的概率空间$(\Omega,\mathfrak{S},P)$上已给一**保测集(或点)变换半群** $T_t,t\geqslant 0$，如果对任意固定的$t\geqslant 0$，T_t是一保测集(或点)变换，而且对每$A\in\mathfrak{S}$，有

$$T_{s+t}A\doteq T_sT_tA\doteq T_tT_sA,T_0A\doteq A,\quad s\geqslant 0,t\geqslant 0. \tag{1}$$

(或相应地，对每$\omega\in\Omega$，有

$$T_{s+t}\omega=T_sT_t\omega=T_tT_s\omega,T_0\omega=\omega,\quad s\geqslant 0,t\geqslant 0.$$

设$x(\omega)$是随机变量，利用§7.1(取T_t为T)以定义$T_tx(\omega)$，则

$$\{x_t,t\geqslant 0\},\quad x_t=T_tx \tag{2}$$

是一平稳过程. 实际上，由保测性及(1)

$$\begin{aligned}P\Big(\bigcap_{i=1}^{n}(T_{t_i}x\in B_i)\Big)&=P\Big(\bigcap_{i=1}^{n}T_{t_i}(x\in B_i)\Big)\\&=P\Big(T_s\Big[\bigcap_{i=1}^{n}T_{t_i}(x\in B_i)\Big]\Big)\\&=P\Big(\bigcap_{i=1}^{n}T_{s+t_i}(x\in B_i)\Big)\\&=P\Big(\bigcap_{i=1}^{n}(T_{s+t_i}x\in B_i)\Big),\end{aligned}$$

其中$B_i\in\mathcal{B}_1$，这式子与(2)中第二式表明$\{x_t,t\geqslant 0\}$是平稳过程.

反之，设已给平稳过程$\{x_t,t\geqslant 0\}$. 对任一非负数τ，仿照

§ 7.1 定理 3 的证明，可证在 $\mathscr{F}'\{x_t, t\geqslant 0\}$ 上[①]，存在唯一保测集变换 T_τ，使对每 $B_k\in\mathscr{B}_k$，

$$T_\tau[(x_{t_1}, x_{t_2}, \cdots, x_{t_k})\in B_k]\doteq[(x_{\tau+t_1}, x_{\tau+t_2}, \cdots, x_{\tau+t_k})\in B_k]. \tag{3}$$

试证如是得来的一族保测集变换 $\{T_\tau, \tau\geqslant 0\}$ 满足(1). 实际上，易见两保测集变换的积 T_sT_t 及 T_tT_s 也是保测集变换. 既然 T'_{s+t}，T_sT_t，T_tT_s 由于(3)在全体有穷维柱集上重合，仿 § 7.1 定理 3 证明中的 d°，便知它们在 $\mathscr{F}'\{x_t, t\geqslant 0\}$ 上重合.

这样便证明了

定理 1　(i) 设 $\{T_t, t\geqslant 0\}$ 为保测集变换半群[②]，则

$$\{x_t, t\geqslant 0\} \quad (x_t=T_tx) \quad \text{a.s.} \tag{4}$$

是平稳过程，这里 x 是任意的随机变量.

(ii) 反之，若 $\{x_t, t\geqslant 0\}$ 是任一平稳过程，则必存在唯一的保测变换半群 $\{T_t, t\geqslant 0\}$，它定义在 $\mathscr{F}'\{x_t, t\geqslant 0\}$ 上，使

$$x_t=T_tx_0 \quad \text{a.s.,} \quad t\geqslant 0.$$

关于 T_τ 不变的集所成的 σ 代数记为 $\mathscr{U}_\tau$. 令 $\mathscr{U}=\bigcap_{\tau\geqslant 0}\mathscr{U}_\tau$，$\mathscr{U}$ 也是 σ 代数，称它为**关于半群 $\{T_t, t\geqslant 0\}$ 的不变 σ 代数**，$\mathscr{U}$ 中的集称为**关于 $\{T_t, t\geqslant 0\}$ 的不变集**. 同样，关于一切 T_τ 都不变的随机变量称为关于半群 $\{T_t, t\geqslant 0\}$ 的**不变随机变量**. 设 $\{x_t, t\geqslant 0\}$ 为平稳过程，$\mathscr{F}'\{x_t, t\geqslant 0\}$ 中的集(或关于 $\mathscr{F}'\{x_t, t\geqslant 0\}$ 可测的函数)，如果关于此过程所对应的保测变换半群不变，便称为**关于此过程的不变集(或不变随机变量)**.

回忆 § 3.3 中关于过程可测性的定义.

定理 2　设 $\{x_t, t\geqslant 0\}$ 为波莱尔可测的平稳过程. $E|x_0|<$

① 而不是只在 $\mathscr{F}'\{x_{n\tau}, n\geqslant 0\}$ 上.

② 保测变换是保测集变换及由它所决定的随机变量的变换的通称.

$+\infty$，$\mathcal{U}$为此过程的不变集所成的σ代数，则

$$\lim_{t\to+\infty}\frac{1}{t}\int_0^t x_s(\omega)\mathrm{d}s=E(x_0\mid\mathcal{U})\quad\text{a.s.};\tag{5}$$

若又设$E\{|x_0|^r\}<+\infty(r\geqslant1)$，则

$$\lim_{t\to+\infty}E\left|\frac{1}{t}\int_0^t x_s(\omega)\mathrm{d}s-E(x_0\mid\mathcal{U})\right|^r=0.\tag{6}$$

证 由过程的波莱尔可测性及富比尼定理可知，几乎一切样本函数$x_t(\omega)$是$\mathcal{B}_1$可测的. 对任意正数$\tau>0$，定义

$$\hat{x}_m(\omega)=\int_{m\tau}^{(m+1)\tau}x_s(\omega)\mathrm{d}s,\quad \hat{y}_m(\omega)=\int_{m\tau}^{(m+1)\tau}|x_s(\omega)|\mathrm{d}s,$$

根据富比尼定理

$$\int_\Omega\hat{y}_m(\omega)P(\mathrm{d}\omega)=\int_{m\tau}^{(m+1)\tau}E|x_s(\omega)|\mathrm{d}s=\tau E|x_0|,$$

可见$\hat{x}_m(\omega)$，$\hat{y}_m(\omega)$都有意义而且是随机变量. 今证$\{\hat{x}_m,m\geqslant0\}$是平稳序列. 实际上，设过程所对应的保测变换半群为$\{T_t,t\geqslant0\}$. 注意$\int_0^\tau x_s(\omega)\mathrm{d}s$为$\mathcal{F}\{x_s,0\leqslant s\leqslant\tau\}$可测的①，故存在无穷维波莱尔可测函数$f(y_0,y_1,\cdots)$及点列$\{s_i\}\subset[0,\tau]$，使

$$\hat{x}_0(\omega)=\int_0^\tau x_s(\omega)\mathrm{d}s=f(x_{s_0},x_{s_1},\cdots),$$

$$\begin{aligned}\hat{x}_m(\omega)&=\int_{m\tau}^{(m+1)\tau}x_s(\omega)\mathrm{d}s=\int_0^\tau x_{m\tau+s}(\omega)\mathrm{d}s\\&=f(x_{m\tau+s_0},x_{m\tau+s_1},\cdots)=[T_\tau]^m\hat{x}_0(\omega),\end{aligned}\tag{7}$$

由§7.1定理3知，$\{\hat{x}_m,m\geqslant0\}$为平稳序列.

同样可证$\{\hat{y}_m,m\geqslant0\}$也是平稳序列.

以下取$\tau=1$. 由§7.2定理1，知极限

$$\lim_{n\to+\infty}\frac{1}{n}\sum_{m=0}^{n-1}\hat{x}_m(\omega)=\lim_{n\to+\infty}\frac{1}{n}\int_0^n x_s(\omega)\mathrm{d}s\tag{8}$$

---

① 参看书末《参考书目》中[14]，II.5，147页；或[16]，64-65页.

以概率 1 存在、有穷，而且可积. 对$\{\hat{y}_m, m\geqslant 0\}$当然也如此，因而

$$\lim_{n\to+\infty}\frac{\hat{y}_n(\omega)}{n}=\lim_{n\to+\infty}\frac{1}{n}\int_n^{n+1}|x_s(\omega)|\mathrm{d}s=0. \tag{9}$$

以$[t]$表不超过 t 的最大整数，则

$$\frac{1}{t}\int_0^t x_s(\omega)\mathrm{d}s=\frac{1}{[t]}\left\{\int_0^{[t]}x_s(\omega)\mathrm{d}s\right\}\frac{[t]}{t}+\varepsilon_t, \tag{10}$$

其中 ε_t 由于(9)以概率 1 满足

$$\begin{aligned}|\varepsilon_t|&=\left|\frac{1}{t}\int_{[t]}^t x_s(\omega)\mathrm{d}s\right|\\&\leqslant\frac{1}{[t]}\int_{[t]}^{[t]+1}|x_s(\omega)|\mathrm{d}s\to 0,\quad t\to+\infty.\end{aligned} \tag{11}$$

由(10)(8)及(11)可见(5)中左方极限以概率 1 存在、有穷，而且可积. 试证它关于 $\mathcal{U}$ 可测，为证此，与§7.2 引理 1 相应地，只要证明它关于过程不变. 对任意 $u\geqslant 0$，我们有

$$\begin{aligned}T_u\left(\lim_{t\to+\infty}\frac{1}{t}\int_0^t x_s(\omega)\mathrm{d}s\right)&=\lim_{t\to+\infty}\frac{1}{t}\int_0^t x_{u+s}(\omega)\mathrm{d}s\\&=\lim_{t\to+\infty}\frac{1}{t}\left[\int_0^t x_s(\omega)\mathrm{d}s+\int_t^{u+t}x_s(\omega)\mathrm{d}s-\int_0^u x_s(\omega)\mathrm{d}s\right]\\&=\lim_{t\to+\infty}\frac{1}{t}\int_0^t x_s(\omega)\mathrm{d}s,\end{aligned}$$

由 $u\geqslant 0$ 的任意性即得所欲证.

为了完成(5)的证明，只要证对任意 $\Lambda\in\mathcal{U}$，有

$$\int_\Lambda x_0 P(\mathrm{d}\omega)=\int_\Lambda xP(\mathrm{d}\omega), \tag{12}$$

这里 $x(\omega)=\lim\limits_{t\to+\infty}\frac{1}{t}\int_0^t x_s(\omega)\mathrm{d}s$. 而为了证明(12)，又只要证平均值

$$\frac{1}{t}\int_0^t x_s(\omega)\mathrm{d}s \tag{13}$$

作为 ω 的函数是均匀可积的. 实际上，由均匀可积性可在积分号

下取极限，故对任意 $\Lambda\in\boldsymbol{\mathcal{U}}$，

$$\begin{aligned}\int_{\Lambda}x_0P(\mathrm{d}\omega)&=\frac{1}{t}\int_0^t\left[\int_{T_s\Lambda}T_sx_0P(\mathrm{d}\omega)\right]\mathrm{d}s\\&=\frac{1}{t}\int_0^t\left[\int_{\Lambda}x_sP(\mathrm{d}\omega)\right]\mathrm{d}s\\&=\int_{\Lambda}\left[\frac{1}{t}\int_0^t x_s\mathrm{d}s\right]P(\mathrm{d}\omega)\to\int_{\Lambda}xP(\mathrm{d}\omega),\end{aligned}$$

此即(12). 现在来证明更强的结论，即如果 $E\{|x_0|^r\}<+\infty$，那么不仅(13)中的平均值均匀可积，而且它的 r 次方也均匀可积 $(r\geqslant 1)$. 为证此结论，对任给 $\varepsilon_1>0$，选正数 ε_2 充分小，使

$$\int_M|x_t|^rP(\mathrm{d}\omega)<\varepsilon_1\text{，只要 }P(M)<\varepsilon_2\quad(t\geqslant 0).$$

仿照 § 7.2 定理 1 的证明，容易看出，这样的 ε_2 是存在的. 其次，如 $P(M)<\varepsilon_2$，则①

$$\int_M\left|\frac{1}{t}\int_0^t x_s\mathrm{d}s\right|^rP(\mathrm{d}\omega)\leqslant\int_M\left[\frac{1}{t}\int_0^t|x_s|^r\mathrm{d}s\right]P(\mathrm{d}\omega)<\varepsilon_1.\quad(14)$$

因而左方的积分可以均匀地小，只要 $P(M)$ 充分地小. 若能再证明在全空间 Ω 上的积分值均匀有界，则由此就可推出均匀可积性②. 然而在(14)中取 $M=\Omega$，右方即化为 $E\{|x_0|^r\}$，故得到所需要的结果.

最后只要注意，若 $E\{|x_0|^r\}<+\infty\quad(r\geqslant 1)$，则

$$\lim_{t\to+\infty}E\left\{\left|\frac{1}{t}\int_0^t x_s\mathrm{d}s-E(x_0\mid\boldsymbol{\mathcal{U}})\right|^r\right\}=0,\qquad(15)$$

这是因为对应的平均值均匀可积，故可在符号 E 下取极限. ■

称平稳过程 $\{x_t,t\geqslant 0\}$ 为**遍历的**，如它的任一不变集的概率或为 0，或为 1；也就是说，关于它的任一不变随机变量以概率 1

① 这里用的不等式见 Hardy, Littlewood, Polya. Inequalities. Cambridge: Cambridge University Press, 1934, § 6.14，定理 204.

② 参看本套书第 7 卷附篇定理 8.

等于某一常数. 对这种过程,定理 2 中的极限

$$E(x_0 \mid \mathcal{U}) = Ex_0 \quad \text{a.s..}$$

现在来考虑平稳过程$\{x_t, -\infty < t < +\infty\}$. 定理 1 仍然正确,只要将那里的“保测变换半群”换为“保测变换群”. 定义在完全化概率空间$(\Omega, \mathfrak{S}, P)$上的保测集(或点)变换的集合$\{T_t, -\infty < t < +\infty\}$称为保测集(或点)变换群,如果对每 $A \in \mathfrak{S}$,有

$$T_{s+t}A \doteq T_s T_t A \doteq T_t T_s A, \quad T_0 A \doteq A, \quad s \in \mathbf{R}, t \in \mathbf{R}. \tag{16}$$

(或相应地,对每 $\omega \in \Omega$,有

$$T_{s+t}\omega = T_s T_t \omega = T_t T_s \omega, \quad T_0 \omega = \omega, \quad s \in \mathbf{R}, t \in \mathbf{R}.)$$

$\mathfrak{S}$-可测函数 x 称为关于此群不变,如对任意 $t \in \mathbf{R}$,有 $T_t x = x$ a.s.;集 $A \in \mathfrak{S}$ 关于此群不变,如果它的示性函数不变. 由此即可仿前定义关于平稳过程$\{x_t, -\infty < t < +\infty\}$不变的集与随机变量.

与§7.2 例 4 相同,如果$\{x_t, -\infty < t < +\infty\}$是平稳过程,那么$\{x_{-t}, -\infty < t < +\infty\}$,$\{x_t, t \geqslant 0\}$,$\{x_{-t}, t \geqslant 0\}$也都是平稳过程,而且有相同的不变集与随机变量,因而它们或者都是遍历的,或者都不是. 如果第一个或第二个过程为波莱尔可测,那么其他两个也如此. 如果 $E|x_0| < +\infty$,仿§7.2 例 4,可证

$$\lim_{t \to +\infty} \frac{1}{2t} \int_{-t}^{t} x_s(\omega)\,\mathrm{d}s = E(x_0 \mid \mathcal{U}) \quad \text{a.s..} \tag{17}$$

§7.4 补充与习题

1. 在§7.1定理3(i)中取 $x(\omega)\equiv C$(常数)，得到的平稳序列 $x_n(\omega)=$？又在(ii)中取 $x_n(\omega)\equiv C$(一切 n 与 ω)，所得的 T 的定义域何在？

2. 试证由§7.1(20)定义的平稳序列所产生的保测变换 $\widetilde{T}$ 在 $\mathcal{F}'\{x_n,n\geqslant 0\}$ 上与 T 相重合.

提示 先考虑柱集.

3. 设 $\{x_n,n\geqslant 0\}$ 为有穷马氏链(即相空间 E 只含有穷多个状态)，$f(i)$ 是定义在 E 上的任意函数. 试证不论开始分布如何，以概率1存在有穷极限 $\lim\limits_{n\to+\infty}\dfrac{1}{n+1}\sum\limits_{i=0}^{n}f(x_i(\omega))$；它也是 $\delta(\geqslant 1)$ 次方收敛意义下的极限.

提示 先设没有非常返状态；对一般情况可利用§2.7题17中前一事实.

4. 设 $\{x_n,n\geqslant 0\}$ 为平稳序列，如果对任意关于 $\mathcal{F}'\{x_n,n\geqslant 0\}$ 可测而且可积的函数 $y(\omega)$，有

$$\frac{1}{n+1}\sum_{k=0}^{n}T^k y(\omega)\to Ey(\omega),n\to+\infty,$$

则此平稳序列遍历.

提示 考虑任一不变集 A 的示性函数 χ_A. 因 $T^k\chi_A=\chi_A$ a.s.，由假定有 $\chi_A=P(A)$，故 $P(A)=0$ 或 1.

5. 本例说明对于平稳序列，即使强大数定理成立，遍历性仍可不成立.

取 $\Omega=[0,2\pi]$；$\mathcal{F}=[0,2\pi]$ 中全体波莱尔可测子集；P 是 $[0,2\pi]$ 上的均匀分布，即 $P(A)=\dfrac{L(A)}{2\pi}$；L 表勒贝格测度；定义 Ω

上的一一点变换 $T:T\omega=\omega-\theta \pmod{2\pi}$，

其中 $\theta=\dfrac{2\pi}{m}$，m 是正整数. 显然，T 是保测点变换. 设 $x(\omega)$ 是取值于 $[0,2\pi]$ 中的具均匀分布的随机变量，而且 $x(\omega)=\omega$. 定义

$$x_n(\omega)=\sin(x(\omega)+n\theta)\quad (n\geqslant 0),$$

则因 $x_n(\omega)=T^n[\sin x(\omega)]$，可见 $\{x_n(\omega), n\geqslant 0\}$ 是平稳序列. 对于它强大数定理成立，因为

$$\frac{1}{n}\sum_{k=1}^{n}x_n(\omega)=\frac{1}{n}\sum_{k=1}^{n}\sin(x+k\theta)$$

$$=\frac{\sin\dfrac{n\theta}{2}\cdot\sin\left(x+\dfrac{n+1}{2}\theta\right)}{n\sin\dfrac{\theta}{2}}\to 0,\quad n\to+\infty,$$

而且 $$Ex_n(\omega)=E\sin x(\omega)=\frac{1}{2\pi}\int_0^{2\pi}\sin\omega\mathrm{d}\omega=0.$$

然而遍历性却不成立，为证此，取 ω-集

$$A=\left(0,\frac{2\pi}{2m}\right]\cup\left(\frac{2\pi}{m},\frac{2\pi}{m}+\frac{2\pi}{2m}\right]\cup\left(\frac{4\pi}{m},\frac{4\pi}{m}+\frac{2\pi}{2m}\right]\cup\cdots$$
$$\cup\left(\frac{2\pi(m-1)}{m},\frac{2\pi(m-1)}{m}+\frac{2\pi}{2m}\right],$$

显见 $TA=A$，$P(A)=\dfrac{1}{2}$.

6. 设 $x(\omega)$ 是取值于 $[0,2\pi]$ 中并有均匀分布的随机变量，$x(\omega)=\omega$. 试证对任意固定的 θ

$$x_t(\omega)=\sin(x(\omega)+t\theta),\quad t\geqslant 0$$

是平稳过程，而且当 $\theta\neq 0$ 时，它是遍历的.

7. 随机序列 $\{x_n, -\infty<n<+\infty\}$ 平稳的充分必要条件是它的标准表现 $\{\tilde{x}_n, -\infty<n<+\infty\}$（由 § 7.1 定理 4 (ii)定义）是平稳的；这时它们或者都是遍历的，或者都不是遍历的. 对 $\{x_n, n\geqslant 0\}$ 也如此.

8. 设$\{x_t,-\infty<t<+\infty\}$为平稳过程，$a_k,s_k$ 为常数，则过程

$$y_t=\sum_{k=1}^{n}a_k x_{t+s_k},\quad -\infty<t<+\infty$$

也是平稳过程，试问两者的遍历性间有何关系？

9. 利用题 2，可以给 § 7.2 引理 3 以更简单的证明：实际上，由 § 7.2$\{\xi_n,n\geqslant 0\}$的定义方式（见该节(3)式）以及题 2，可见$\{\xi_n,n\geqslant 0\}$所对应的保测变换 T_ξ 在$\mathcal{F}'\{\xi_n,n\geqslant 0\}(\subset\mathcal{F}'\{x_n,n\geqslant 0\})$上重合于$\{x_n,n\geqslant 0\}$所对应的保测变换 T，故若 $A\in\mathcal{U}_\xi$，则 $A\in\mathcal{F}'\{\xi_n,n\geqslant 0\}\subset\mathcal{F}'\{x_n,n\geqslant 0\}$；同时 $T_\xi A\doteq A$，因而$TA\doteq A$. 这表示 $A\in\mathcal{U}$.

10. 试证 § 7.2 系 1 的逆不真，即一般地 $\mathcal{U}\neq\bigcap_k\mathcal{F}'\{x_n,n\geqslant k\}$.

解　举例如下：设$\{x_n,n\geqslant 0\}$是具有平稳开始分布的不可分马氏链，一切状态常返、非零而且有周期为 2，因而相空间可分为两个不相交的集 G_1,G_2（见 § 2.3 定理 2），而且 $P(x_0\in G_i)>0,i=1,2$（见 § 2.5 定理 1）. 令$A_1=(\omega:x_0(\omega)\in G_1)$，则 $A_1=(x_{2n}\in G_1)$，故 $A_1\in\bigcap_{k=0}^{+\infty}\mathcal{F}'\{x_n,n\geqslant k\}$；然而$TA_1\doteq(x_1\in G_1)\doteq(x_0\in G_2)\neq A_1$，故 $A_1\overline{\in}\mathcal{U}$. ■

11. 试证 § 7.1 中保测集变换定义中的条件(iii)可换为条件：

(iii′)　$T(A_1\cup A_2)\doteq TA_1\cup TA_2$. 换句话说，从原来的条件(i)，(ii)及(iii′)可推得

$$T(\Omega\backslash A)\doteq\Omega\backslash TA,\tag{1}$$

$$T\left(\bigcup_{n=1}^{+\infty}A_n\right)\doteq\bigcup_{n=1}^{+\infty}TA_n.\tag{2}$$

证　由(ii)及(iii)得

$$\begin{aligned}1&=P(\Omega)=P(T\Omega)=P(T((\Omega\backslash A)\cup A))\\&=P(T(\Omega\backslash A)\cup TA)=P(T\bar{A}\cup TA);\end{aligned}\tag{3}$$

其次，从

$$1=P(T\bar{A}\cup TA)=P(T\bar{A})+P(TA)-P(TA\cap T\bar{A})$$

$$=P(\bar{A})+P(A)-P(TA\cap T\bar{A})=1-P(TA\cap T\bar{A})$$

得
$$P(TA\cap T\bar{A})=0. \tag{4}$$

由(3)(4)即得证(1). 下面证(2). 由(iii′)及(1)

$$T(\overline{A_1\cap A_2})=T(\bar{A}_1\cup\bar{A}_2)\doteq T\bar{A}_1\cup T\bar{A}_2\doteq\overline{TA_1}\cup\overline{TA_2};$$

$$T(A_1\cap A_2)=T(\Omega\backslash\overline{A_1\cap A_2})\doteq\Omega\backslash T(\overline{A_1\cap A_2})$$

$$\doteq\Omega\backslash(\overline{TA_1}\cup\overline{TA_2})=TA_1\cap TA_2. \tag{5}$$

由(iii′)(5)及(1)得

$$T(A_1\Delta A_2)=T(A_1\bar{A}_2\cup A_2\bar{A}_1)\doteq T(A_1\bar{A}_2)\cup T(A_2\bar{A}_1)$$

$$\doteq TA_1T\bar{A}_2\cup TA_2T\bar{A}_1\doteq TA_1\overline{TA_2}\cup TA_2\overline{TA_1}$$

$$=TA_1\Delta TA_2. \tag{6}$$

根据(6)及(ii)

$$P\left(T\left(\bigcup_{n=1}^{+\infty}A_n\right)\Delta T\left(\bigcup_{n=1}^{m}A_n\right)\right)=P\left(T\left[\left(\bigcup_{n=1}^{+\infty}A_n\right)\Delta\left(\bigcup_{n=1}^{m}A_n\right)\right]\right)$$

$$=P\left(\bigcup_{n=1}^{+\infty}A_n\Delta\bigcup_{n=1}^{m}A_n\right)\to 0\quad(m\to+\infty);$$

由此式及下列不等式:

$$P\left(\left(T\bigcup_{n=1}^{+\infty}A_n\right)\Delta\left(\bigcup_{n=1}^{+\infty}TA_n\right)\right)\leqslant P\left(T\left(\bigcup_{n=1}^{+\infty}A_n\right)\Delta T\left(\bigcup_{n=1}^{m}A_n\right)\right)+$$

$$P\left(T\left(\bigcup_{n=1}^{m}A_n\right)\Delta\left(\bigcup_{n=1}^{m}TA_n\right)\right)+P\left(\left(\bigcup_{n=1}^{m}TA_n\right)\Delta\left(\bigcup_{n=1}^{+\infty}TA_n\right)\right),$$

并利用(iii′)即得(2). ■

12. §7.1 引理 2 的另一证明:

设 $P(A_n\Delta A_m)\to 0\quad(n,m\to+\infty)$,由下式

$$A\Delta B=\{\omega:|\chi_A(\omega)-\chi_B(\omega)|\geqslant\varepsilon\},\quad 1\geqslant\varepsilon>0 \tag{7}$$

可见示性函数列$\{\chi_{A_n}(\omega)\}$是依测度基本的,故$\{\chi_{A_n}(\omega)\}$依测度收敛于某可测函数 $y(\omega)$. 存在$\{\chi_{A_n}(\omega)\}$的子列$\{\chi_{A_{n_k}}(\omega)\}$以概率 1 收敛于 $y(\omega)$,可取 $y(\omega)$为可测集 $A=\bigcup_{j=1}^{+\infty}\bigcap_{k=j}^{+\infty}A_{n_k}$ 的示性函数

$\chi_A(\omega)$. 由于

$$P(A_n\Delta A)\leqslant P(A_n\Delta A_{n_k})+P(A_{n_k}\Delta A)$$
$$=P(|\chi_{A_n}-\chi_{A_{n_k}}|\geqslant\varepsilon)+P(|\chi_{A_{n_k}}-\chi_A|\geqslant\varepsilon),$$

对任意 $\delta>0$，当 n 及 n_k 充分大时，右方第一项由假设小于 $\frac{\delta}{2}$，第二项则由 $\lim\limits_{k\to+\infty}\chi_{A_{n_k}}=\chi_A$ a.s. 也小于 $\frac{\delta}{2}$. 于是得证在距离 $d(A,B)=P(A\Delta B)$ 下，$\{A_n\}$ 有极限. 为证唯一性，设有两极限为 A,B，则 $P(A\Delta B)\leqslant P(A_n\Delta A)+P(A_n\Delta B)\to 0\quad(n\to+\infty)$，故 $A\doteq B$. ■

13. §7.1 定理 3 (ii)的另一证明：

设已给平稳序列 $X=\{x_n,n\geqslant0\}$，对任一 $A\in\mathcal{F}'\{X\}=\mathcal{F}'\{x_n,n\geqslant0\}$，存在$B\in\mathcal{B}^T$，$T=\mathbf{N}$，使

$$A\doteq(\omega:X(\omega)\in B);$$

定义 $TA\doteq(X_1(\omega)\in B)$，其中 $X_1=\{x_{n+1},n\geqslant0\}$. 先证 TA 与 A 的表现无关：即若$(X(\omega)\in B_1)\doteq A\doteq(X(\omega)\in B_2)$，则

$$(X_1(\omega)\in B_1)\doteq(X_1(\omega)\in B_2).$$

实际上，由 X 的平稳性

$$\begin{aligned}P((X_1\in B_1)\Delta(X_1\in B_2))&=P(X_1\in(B_1\Delta B_2))\\&=P(X\in(B_1\Delta B_2))\\&=P((X\in B_1)\Delta(X\in B_2))\\&=P(A\Delta A)=0.\end{aligned}$$

其次证 T 是定义在$\mathcal{F}'\{X\}$上的保测集变换. 条件(i) 由 T 的定义显然满足. (ii) 由 X 的平稳性推出. 以下证(iii). 设 $A_n\doteq(X(\omega)\in B_n)$，则$\bigcup\limits_n A_n\doteq\left(X(\omega)\in\left(\bigcup\limits_n B_n\right)\right)$. 根据 T 的定义

$$T\left(\bigcup_n A_n\right)\doteq\left(X_1(\omega)\in\left(\bigcup_n B_n\right)\right)=\bigcup_n(X_1(\omega)\in B_n)\doteq\bigcup_n TA_n;$$

$$T\bar{A} \doteq (X_1(\omega) \in \bar{B}) = \overline{(X_1(\omega) \in B)} \doteq \overline{TA}.$$

再证 $x_n = T^n x_0$(a.s.). 实际上,对 $B \in \mathcal{B}_1$,由 T 的定义易见

$$T(x_n \in B) \doteq (x_{n+1} \in B),$$

由 §7.1 注 2 得 $x_{n+1} = Tx_n$,从而 $x_n = T^n x_0$　a.s..

最后证唯一性. 设$\mathcal{F}'\{X\}$上有两保测变换 T_1, T_2 满足

$$T_1^n x_0 = x_n = T_2^n x_0 \quad \text{a.s.} \quad (n \in \mathbf{N}^*).$$

于是 $T_1(x_n \in B) \doteq (x_{n+1} \in B) \doteq T_2(x_n \in B)(B \in \mathcal{B}_1)$. 从而

$$T_1(x_{n_1} \in B_1, x_{n_2} \in B_2, \cdots, x_{n_k} \in B_k)$$

$$\doteq T_2(x_{n_1} \in B_1, x_{n_2} \in B_2, \cdots, x_{n_k} \in B_k),$$

$(B_i \in \mathcal{B}_i, i=1,2,\cdots,k)$. 用 λ 系方法即知 T_1, T_2 在$\mathcal{F}\{X\}$上重合,于是在$\mathcal{F}'\{X\}$上也重合. ■

附记　关于遍历理论的进一步叙述可见书末《参考书目》[21]中第 9 章及所引文献. 关于平稳过程极限定理(包括中心极限定理)的研究可见本章文献. 本章主要内容取材于[16],关于不变集的讲法略有不同. 对平稳马氏序列的应用(例 6),也许是第一次详细叙述.

参考文献

[1] Ибрагимов И А. Некоторые предельные теоремы для стационарных в узком *смысле вероятносмных процессов*. ДАН СССР, 1959, 125(4): 711-714; Теория Вероятностей и её Применения, 1962, 7(4): 361-392.

[2] Синай Я Г. О предельных теоремах для стационарных процессов. Теория Вероятностей и её Применения, 1962, 7(2): 213-219.

[3] Rosenblatt M. A central limit theorem and a strong mixing condition. Proc. Nat. Acad. Sci. Wash., 1956, 42(1): 43-47.

第 8 章　弱平稳过程的一般理论

§8.1　基本概念

（一）

设$\{\xi_t(\omega), t\in T\}$是定义在概率空间$(\Omega,\mathcal{F},P)$上的复数值随机过程，$\xi_t=\eta_t+\zeta_t\mathrm{i}$，$\eta_t$与$\zeta_t$分别是$\xi_t$的实、虚部分. 若$\zeta_t(\omega)\equiv 0$，则此过程为实值的. 因此，下述理论以实值过程为特殊情形. 为确定计，本章中总设$T=(-\infty,+\infty)=\mathbf{R}$或$T=(0,\pm 1,\pm 2,\cdots)=\mathbf{Z}$. 复数$a=b+c\mathrm{i}$的共轭数$b-c\mathrm{i}$记为$\bar{a}$.

过程$\{\xi_t(\omega), t\in T\}$，如果满足条件

(i) 对任意$t\in T$，$E|\xi_t|^2<+\infty$，

(ii) 对任意$t\in T$，$t+\tau\in T$，

$$E\xi_{t+\tau}\bar{\xi}_t=B(\tau) \tag{1}$$

不依赖于t，便称为**弱平稳过程**，而$B(\tau)$则称为它的**相关函数**. 由于(i)及

$$E^2|\xi_{t+\tau}\bar{\xi}_t|\leqslant E|\xi_{t+\tau}|^2\cdot E|\xi_t|^2, \tag{2}$$

可见$B(\tau)$是有意义的.

通常对弱平稳过程还假定

$$E\xi_t \equiv C \quad (\text{常数}), \tag{3}$$

这时因

$$E\{[\xi_{t+\tau}-E\xi_{t+\tau}]\overline{[\xi_t-E\xi_t]}\}=E\xi_{t+\tau}\bar{\xi}_t-E\bar{\xi}_t E\xi_{t+\tau}, \tag{4}$$

故左方数值也不依赖于 t. 然而这条件从数学上看并不自然，而且对今后理论来说也非必要，故一般不引进条件(3)，除非特别声明.

相关函数一般是复数值的，但如果过程是实值的，那么它也是实值的.

复值平稳过程未必是弱平稳的. 弱平稳过程更未必是平稳过程. 容易证明：为使复值平稳过程 $\{\xi_t, t\in T\}$ 是弱平稳的，充分必要条件是对某 $t\in T$，有 $E|\xi_t|^2<+\infty$.

实际上，必要性由(i)显然. 反之，如对某 $t\in T$，$E|\xi_t|^2<+\infty$，由平稳性知对一切 t，$E|\xi_t|^2$ 有穷而且其值与 t 无关. 由(2) $E|\xi_{t+\tau}\bar{\xi}_t|<+\infty$. 最后

$$E\xi_{t+\tau}\bar{\xi}_t=E[\eta_{t+\tau}\eta_t+\zeta_{t+\tau}\zeta_t]-\mathrm{i}E[\eta_{t+\tau}\zeta_t-\zeta_{t+\tau}\eta_t]. \tag{5}$$

由此式及复值平稳过程的定义可见 $E\xi_{t+\tau}\bar{\xi}_t=E\xi_\tau\bar{\xi}_0$，而且与 t 无关.

如果 $\{\xi_t, t\in T\}$ 是弱平稳过程，而且是满足(3)的实值正态过程，那么由 §1.2 (2)及(7)可见此过程是平稳的.

相关函数 $B(\tau)$ 具有下列性质：

i) $B(0)>0$(如 ξ_t 不几乎处处等于 0)；

ii) $|B(\tau)|\leqslant B(0)$；

iii) $B(-\tau)=\overline{B(\tau)}$；

iv) 非负定性：对任意自然数 n，任意复数 $a_1, a_2, \cdots, a_n$，任意 $t_1, t_2, \cdots, t_n\in T$，有

$$\sum_{j,k=1}^{n} B(t_j-t_k)a_j\bar{a}_k \geqslant 0. \tag{6}$$

实际上，$B(0)=E|\xi_t|^2>0$；

$$|B(\tau)|^2=|E\xi_{t+\tau}\bar{\xi}_t|^2\leqslant E|\xi_{t+\tau}|^2E|\xi_t|^2=[B(0)]^2;$$

$$B(-\tau)=E\bar{\xi}_{t+\tau}\xi_t=E\,\overline{\xi_{t+\tau}\bar{\xi}_t}=\overline{B(\tau)}.$$

最后，(6)的证与§1.2 (14)的证类似.

定理1 为使函数$B(\tau)$为某弱平稳过程的相关函数，充分必要条件是它具有性质 iii)，iv).

证 必要性已如上述，充分性则由§1.2 定理3 推出(取那里的$m(t)\equiv 0$)，而且所需的弱平稳过程可取为复值正态过程. ■

注1 如果定理1中的$B(\tau)$是实的，那么由§1.2 定理3 还知所需的过程可取为实的正态过程，因而如上所述，它甚至是实的平稳、正态过程.

在弱平稳过程的定义中，所给出的是过程的二级矩的性质. 因此，如果要研究这类过程的收敛性，自然考虑均方收敛性.

称弱平稳过程$\{\xi_t, t\in\mathbf{R}\}$**在$t_0$为均方连续的.** 如果

$$\lim_{h\to 0}E|\xi_{t_0+h}-\xi_{t_0}|^2=0; \tag{7}$$

如果过程在每一$t\in\mathbf{R}$都均方连续，就称它为**均方连续的.**

定理2 对弱平稳过程$\{\xi_t, t\in\mathbf{R}\}$，下列四条件等价：

(i) 过程均方连续；

(ii) 过程在$t=0$点均方连续；

(iii) $B(\tau)$ 在 $\mathbf{R}$ 上连续；

(iv) $B(\tau)$在$\tau=0$点连续.

证 (i)$\Leftrightarrow$(ii)：

$$\begin{aligned}E|\xi_{t+\tau}-\xi_t|^2&=E\xi_{t+\tau}\bar{\xi}_{t+\tau}-E\xi_{t+\tau}\bar{\xi}_t-E\xi_t\bar{\xi}_{t+\tau}+E\xi_t\bar{\xi}_t\\&=E\xi_\tau\bar{\xi}_\tau-E\xi_\tau\bar{\xi}_0-E\xi_0\bar{\xi}_\tau+E\xi_0\bar{\xi}_0=E|\xi_\tau-\xi_0|^2.\end{aligned}$$

(i)$\Rightarrow$(iii)：

$$\begin{aligned}|B(t+\tau)-B(t)|&=|E\xi_{t+\tau}\bar{\xi}_0-E\xi_t\bar{\xi}_0|=|E(\xi_{t+\tau}-\xi_t)\bar{\xi}_0|\\&\leqslant\{E|\xi_{t+\tau}-\xi_t|^2\cdot E|\xi_0|^2\}^{\frac{1}{2}}\end{aligned}$$

$$=\{E|\xi_{t+\tau}-\xi_t|^2\cdot B(0)\}^{\frac{1}{2}}.$$

(iii)⇒(iv)：显然.

(iv)⇒(i)：

$$\begin{aligned}E|\xi_{t+\tau}-\xi_t|^2&=E[\xi_{t+\tau}-\xi_t]\overline{[\xi_{t+\tau}-\xi_t]}\\&=2B(0)-B(\tau)-\overline{B(\tau)}.\end{aligned}\quad\blacksquare$$

作为定理 1 的加强，有下面的

定理 3　为使 $B(\tau)(\tau\in\mathbf{R})$ 为某均方连续的弱平稳过程的相关函数，充分必要条件是在一维波莱尔可测空间 $(\mathbf{R},\mathcal{B}_1)$ 上存在有穷测度 $F(A)$，使

$$B(\tau)=\int_{-\infty}^{+\infty}\mathrm{e}^{\lambda\tau\mathrm{i}}F(\mathrm{d}\lambda),\tag{8}$$

此时 $B(\tau)$ 与 $F(A)$ 相互唯一决定. 显然 $B(0)=F(\mathbf{R})$.

证　充分性　设 $B(\tau)$ 可表为(8)之形，由于 $|\mathrm{e}^{\lambda\tau\mathrm{i}}|=1$ 有界，故可在积分号下取极限，从而可得 $B(\tau)$ 的连续性. 由(8)知 $B(-\tau)=\overline{B(\tau)}$；又因

$$\begin{aligned}\sum_{j,k=1}^{n}B(t_j-t_k)a_j\bar{a}_k&=\sum_{j=1}^{n}\sum_{k=1}^{n}\left\{\int\mathrm{e}^{\lambda(t_j-t_k)\mathrm{i}}F(\mathrm{d}\lambda)\right\}a_j\bar{a}_k\\&=\int_{\mathbf{R}}\Big(\sum_{j=1}^{n}\mathrm{e}^{t_j\lambda\mathrm{i}}a_j\Big)\Big(\sum_{k=1}^{n}\mathrm{e}^{-t_k\lambda\mathrm{i}}\bar{a}_k\Big)F(\mathrm{d}\lambda)\\&=\int_{\mathbf{R}}\Big|\sum_{k=1}^{n}\mathrm{e}^{t_k\lambda\mathrm{i}}a_k\Big|^2F(\mathrm{d}\lambda)\geqslant 0,\end{aligned}$$

故由定理 1 知 $B(\tau)$ 是某弱平稳过程的相关函数. 根据定理 2 知此过程是均方连续的.

必要性　如果 $B(\tau)$ 是某均方连续弱平稳过程的相关函数，那么它是连续的非负定函数，而且 $B(0)<+\infty$. 根据博赫纳-辛钦定理，在 $(\mathbf{R},\mathcal{B}_1)$ 上有唯一的有穷测度 F，使(8)成立.　■

(8)式称为**相关函数的谱展式**，其中的 $F(A)(A\in\mathcal{B}_1)$ 称为过程的**谱测度**. 由(8)可见连续相关函数 $B(\tau)$ 如在 0 点大于 0，则除

一常数因子外，和某随机变量的特征函数一致.

如果存在关于勒贝格测度几乎处处非负的函数 $f(\lambda)$，使

$$F(A)=\int_A f(\lambda)\mathrm{d}\lambda, \tag{9}$$

那么称 $f(\lambda)$ 为过程的**谱密度**. 这时(8)化为

$$B(\tau)=\int_{-\infty}^{+\infty}\mathrm{e}^{\lambda\tau\mathrm{i}}f(\lambda)\mathrm{d}\lambda. \tag{10}$$

由傅里叶(Fourier)变换的反演公式，当 $B(\tau)$ 绝对可积时，有

$$f(\lambda)=\frac{1}{2\pi}\int_{-\infty}^{+\infty}\mathrm{e}^{-\lambda\tau\mathrm{i}}B(\tau)\mathrm{d}\tau. \tag{11}$$

现在考虑 $T=\mathbf{Z}$ 的情形. 以赫格洛茨(Herglotz)定理代替巴拿赫-辛钦定理，便得与定理3对应的

定理3′ 为使 $B(\tau)(\tau\in\mathbf{Z})$ 是某弱平稳序列的相关函数，充分必要条件是在①$(\prod,\prod\mathcal{B}_1)$ 上存在有穷测度 $F(A)$，使

$$B(\tau)=\int_{-\pi}^{\pi}\mathrm{e}^{\lambda\tau\mathrm{i}}F(\mathrm{d}\lambda). \tag{12}$$

此时 $B(\tau)$ 与 $F(A)$ 相互唯一决定. 显然 $B(0)=F(\prod)$.

类似的，称(12)为**相关函数的谱展式**，其中的 $F(A)$ $(A\in\prod\mathcal{B}_1)$ 称为**序列的谱测度**.

(二)

例1 设弱平稳过程 $\{\xi_t,t\in\mathbf{R}\}$ 均方连续，而且取实数值. 试研究其相关函数 $B(\tau)$ 与谱测度具有哪些特殊性质. 由于此时

$$B(\tau)=E\xi_{t+\tau}\xi_t, \tag{13}$$

$B(\tau)$ 也是实值的，性质iii)化为 $B(-\tau)=B(\tau)$，可见 $B(\tau)$ 是偶函数，对原点对称. 由此及(8)得

$$B(\tau)=\int_{-\infty}^{+\infty}\mathrm{e}^{\lambda\tau\mathrm{i}}F(\mathrm{d}\lambda)=\int_{-\infty}^{+\infty}\mathrm{e}^{-\lambda\tau\mathrm{i}}F(\mathrm{d}\lambda)=\int_{-\infty}^{+\infty}\mathrm{e}^{\lambda\tau\mathrm{i}}\widetilde{F}(\mathrm{d}\lambda), \tag{14}$$

---

① 自然，这里 $\prod\mathcal{B}_1$ 是指 $\prod=[-\pi,\pi]$ 中一切波莱尔子集所成 σ 代数.

这里 $\widetilde{F}(A)$ 仍是 $(\mathbf{R},\mathcal{B}_1)$ 上有穷测度，$\widetilde{F}(A)=F(-A)$，而 $-A=(-x:x\in A)$. 由于谱测度唯一，故从(14)得

$$F(A)=F(-A). \tag{15}$$

在(8)中展开 $\mathrm{e}^{\lambda\tau\mathrm{i}}=\cos\lambda\tau+\mathrm{i}\sin\lambda\tau$，既然 $B(\tau)$ 是实的，故

$$B(\tau)=\int_{-\infty}^{+\infty}\cos\lambda\tau\,F(\mathrm{d}\lambda). \tag{16}$$

如果假定 $F(\{0\})=0$（今后以 $\{a\}$ 表只含 a 点的集），那么根据(15)，可改写(16)为

$$B(\tau)=2\int_{0}^{+\infty}\cos\lambda\tau\,F(\mathrm{d}\lambda)=\int_{0}^{+\infty}\cos\lambda\tau\,F_1(\mathrm{d}\lambda), \tag{17}$$

其中 $F_1(A)=2F(A)$.

今设谱密度 $f(\lambda)$ 存在，由(15)可见：对几乎一切（关于勒贝格测度）λ，有

$$f(\lambda)=f(-\lambda). \tag{18}$$

再由(11)及 $B(\tau)=B(-\tau)$，得

$$\begin{aligned}f(\lambda)&=\frac{1}{2\pi}\int_{-\infty}^{+\infty}\cos\lambda\tau\cdot B(\tau)\,\mathrm{d}\tau\\&=\frac{1}{\pi}\int_{0}^{+\infty}\cos\lambda\tau\cdot B(\tau)\,\mathrm{d}\tau.\end{aligned} \tag{19}$$

例 2　设随机变量序列 $\{\xi_n,n\in\mathbf{N}\}$ 满足规范化条件 $E|\xi_n|^2=1$ 及条件

$$E\xi_{n+\tau}\bar{\xi}_n=0,\quad \tau\neq 0, \tag{20}$$

显然它是弱平稳序列. 这两条件可合写为

$$B(\tau)=\begin{cases}1, & \tau=0,\\ 0, & \tau\neq 0.\end{cases} \tag{21}$$

特别，独立随机变量序列 $\{\xi_n,n\in\mathbf{N}\}$ 如果使 $E\xi_n=0$，$E|\xi_n|^2=1$，那么它是弱平稳的.

例 3（序列的滑动和）　设规范化序列 $\{\xi_n,n\in\mathbf{N}\}$ 满足(20). 用均方收敛，定义

$$x_n = \sum_{i=-\infty}^{+\infty} a_i \xi_{n-i}, \quad 其中 \sum_{i=-\infty}^{+\infty} |a_i|^2 < +\infty; \tag{22}$$

$$y_n = \sum_{i=0}^{+\infty} b_i \xi_{n-i}, \quad 其中 \sum_{i=0}^{+\infty} |b_i|^2 < +\infty. \tag{23}$$

$$z_n = \sum_{i=0}^{m} c_i \xi_{n-i}. \tag{24}$$

a_i, b_i, c_i 均为复数，那么$\{x_n, n\in \mathbf{N}\}$，$\{y_n, n\in \mathbf{N}\}$，$\{z_n, n\in \mathbf{N}\}$都是弱平稳序列，它们分别有相关函数为

$$B_x(\tau) = \sum_{i=-\infty}^{+\infty} a_i \bar{a}_{i-\tau}, \tag{25}$$

$$B_y(\tau) = \sum_{\substack{i\geqslant 0 \\ i-\tau\geqslant 0}} b_i \bar{b}_{i-\tau}, \tag{26}$$

$$B_z(\tau) = \sum_{\substack{m\geqslant i\geqslant 0 \\ m\geqslant i-\tau\geqslant 0}} c_i \bar{c}_{i-\tau}. \tag{27}$$

例 4 设$\{z_n, n\geqslant 1\}$为一列随机变量，使

$$E z_{n+\tau}\bar{z}_n = \begin{cases} b_n, & \tau=0, \\ 0, & \tau\neq 0. \end{cases} \tag{28}$$

$$\sum_{n=1}^{+\infty} b_n < +\infty. \tag{29}$$

再取一列实常数$\{\lambda_k\}$而定义

$$\xi_t = \sum_{k=1}^{+\infty} z_k \mathrm{e}^{\lambda_k t \mathrm{i}}, \quad t\in \mathbf{R}, \tag{30}$$

收敛指均方收敛，我们证明，这级数收敛，而且$\{\xi_t, t\in \mathbf{R}\}$是均方连续的弱平稳过程.

实际上，(30)中级数收敛的充分必要条件，由柯西判别法，是对任何$\varepsilon>0$，存在N，当$n>m\geqslant N$，

$$E\left|\sum_{k=m}^{n} z_k \mathrm{e}^{\lambda_k t \mathrm{i}}\right|^2 = \sum_{k=m}^{n} E|z_k|^2 = \sum_{k=m}^{n} b_k < \varepsilon.$$

显然，这条件等价于(29). 其次

$$E\xi_{t+\tau}\bar{\xi}_t = E\left(\sum_{k=1}^{+\infty} z_k e^{\lambda_k (t+\tau) i}\right)\left(\sum_{j=1}^{+\infty} \bar{z}_j e^{-\lambda_j t i}\right)$$

$$= \sum_{k=1}^{+\infty} E \mid z_k \mid^2 e^{\lambda_k \tau i} = \sum_{k=1}^{+\infty} b_k e^{\lambda_k \tau i} \tag{31}$$

与 t 无关而且在 $\tau=0$ 连续,故由定理 2 知此过程是均方连续弱平稳过程. 由(31)

$$B(\tau) = \sum_{k=1}^{+\infty} b_k e^{\lambda_k \tau i} = \int_{-\infty}^{+\infty} e^{\lambda \tau i} F(d\lambda). \tag{32}$$

这里谱测度 $F(A) = \sum_{(k:\lambda_k \in A)} b_k (A \in \mathcal{B}_1)$.

与(32)对应,我们也可把(30)写成积分的形式:

$$\xi_t = \sum_{k=1}^{+\infty} z_k e^{\lambda_k t i} = \int_{-\infty}^{+\infty} e^{\lambda t i} Z(d\lambda), \tag{33}$$

其中 $Z(A) = \sum_{(k:\lambda_k \in A)} z_k$, $(A \in \mathcal{B}_1)$, (33) 中的积分就定义为 $\sum_{k=1}^{+\infty} z_k e^{\lambda_k t i}$, 它无非是后者的另一写法而已.

然而,定理 3 表明:任一均方连续的弱平稳过程的相关函数都可表为(8). 既然对由(30)定义的特殊过程,有(33)中的积分表示,那么,自然会想到:是否任一均方连续的弱平稳过程 $\{\xi_t, t \in \mathbf{R}\}$,都能表为

$$\xi_t = \int_{-\infty}^{+\infty} e^{\lambda t i} Z(d\lambda) \tag{34}$$

呢? 如果再往下想,就会发现许多基本上的困难:由于 ξ_t 是随机变量,(34)右方也必须如此,因而测度 $Z(A)$ 必须是随机的,这样就自然要问:什么叫随机测度? 什么叫关于随机测度的积分? 下面就来正式引进这些概念,然后证明:在所引进的意义下,(34)的确对每一上述过程正确.

§8.2 正交测度与对它的积分

（一）

我们先定义正交测度，随机测度将作为它的特殊情形而引进.

设$(E,\mathcal{B},F)$为任意具有测度F的可测空间，令

$$\mathcal{B}^{(0)}=(A:A\in\mathcal{B},F(A)<+\infty).$$

又设H为任意希尔伯特空间，H中两元h_1,h_2的内积记为(h_1,h_2). 定义在$\mathcal{B}^{(0)}$上而取值于H中的集函数$Z(A)(A\in\mathcal{B}^{(0)})$，如果对任意$A_1\in\mathcal{B}^{(0)},A_2\in\mathcal{B}^{(0)}$，有

$$(Z(A_1),Z(A_2))=F(A_1A_2),\tag{1}$$

便称为在$(E,\mathcal{B},F)$**上的正交测度**，如不混乱，亦简称为**正交测度**. 命名的根据是

引理1 $Z(A)(A\in\mathcal{B}^{(0)})$是正交测度的充分必要条件是

(i) $\|Z(A)\|^2\equiv(Z(A),Z(A))=F(A)$； (2)

(ii) 若$A_1A_2=\varnothing,A_1\in\mathcal{B}^{(0)},A_2\in\mathcal{B}^{(0)}$，则

$$(Z(A_1),Z(A_2))=0;\tag{3}$$

(iii) 若$A_i\in\mathcal{B}^{(0)}(i\in\mathbf{N}^*)$互不相交，$\sum\limits_{i=1}F(A_i)<+\infty$，(因而$A=\bigcup\limits_n A_n\in\mathcal{B}^{(0)}$)，则在$H$中依范收敛的意义下，有

$$Z(\bigcup_n A_n)=\sum_n Z(A_n).\tag{4}$$

证 必要性 (2)(3)由(1)直接推出. (4)则由于

$$\left\|Z(A)-\sum_{n=1}^m Z(A_n)\right\|^2$$

$$=\|Z(A)\|^2+\sum_{n=1}^m\|Z(A_n)\|^2-\sum_{n=1}^m(Z(A),Z(A_n))-$$

$$\sum_{n=1}^{+\infty}(Z(A_i),Z(A))$$

$$= F(A) + \sum_{n=1}^{m} F(A_n) - 2\sum_{n=1}^{m} F(A_n) \to 0, \quad m \to +\infty.$$

充分性　注意由(iii),对 $A_1 \in \mathcal{B}^{(0)}$,$A_2 \in \mathcal{B}^{(0)}$,有

$$Z(A_1) = Z(A_1A_2) + Z(A_1 \backslash A_2), Z(A_2) = Z(A_1A_2) + z(A_2 \backslash A_1).$$

因而由(i)(ii),得

$$\begin{aligned}(Z(A_1), Z(A_2)) = {} & \| Z(A_1A_2) \|^2 + (Z(A_1A_2), Z(A_2 \backslash A_1)) + \\ & (Z(A_1 \backslash A_2), Z(A_1A_2)) + \\ & (Z(A_1 \backslash A_2), Z(A_2 \backslash A_1)) \\ = {} & F(A_1A_2). \quad \blacksquare\end{aligned}$$

以后称测度 $F(A)$ 为正交测度 $Z(A)$ 的**均方测度**.

(二)

试引进关于正交测度的积分. 设 $f(x)$ 为定义在 E 上而取复数值的函数,其实、虚部分关于 $\mathcal{B}$ 可测而且

$$\int_E |f(x)|^2 F(\mathrm{d}x) < +\infty. \tag{5}$$

全体这样的函数构成一希尔伯特空间,记为 $L^2(E, \mathcal{B}, F)$,其中任二元 f, g 的内积定义为

$$(f, g)_{L^2} = \int_E f(x) \overline{g(x)} F(\mathrm{d}x). \tag{6}$$

我们的目的是想对 $L^2(E, \mathcal{B}, F)$ 中的一切函数 f,定义积分

$$I(f) = \int_E f(x) Z(\mathrm{d}x). \tag{7}$$

步骤与定义通常的积分一样:先对一切形为

$$f(x) = \sum_{i=1}^{n} a_i \chi_{A_i}(x), \quad A_i \in \mathcal{B}^{(0)}, a_i \text{ 为复数} \tag{8}$$

的简单函数(它们的集记为 S)定义(7),然后通过极限过渡以对一般的 f 定义积分.

对(8)中函数 $f(x)$,定义

$$I(f)=\sum_{i=1}^{n}a_iZ(A_i),\tag{9}$$

由于 $Z(A)\in H$，显然 $I(f)\in H$. 为使此定义合法，必须证明 $I(f)$ 的值，作为 H 中的元，不依赖于 $f(x)$ 是由(8)式的何种方式来表达. 为此，先注意在(8)中不妨假定 $A_iA_j=\varnothing\ (i\neq j)$，因为有必要时可利用(iii)而适当改变 a_i 的值. 今设 $f(x)$ 有另一表达式

$$f(x)=\sum_{j=1}^{m}b_j\chi_{B_j}(x),$$

造一组集 $\{C_h\}$，$k=1,2,\cdots,l$，使每 C_k 为某个 A_i 与 B_j 的交，又 $\{C_k\}$ 包含全体这样的交集，则 $C_kC_i=\varnothing\ (i\neq k)$，而且在 C_k 上，$a_i=b_j$，记此公共值为 c_k. 由(iii)，在 H 中相等的意义下①

$$\sum_{i=1}^{n}a_iZ(A_i)=\sum_{k=1}^{l}c_kZ(C_k)=\sum_{j=1}^{m}b_jZ(B_j),$$

换言之，$I(f)$ 的值唯一，不依赖于 f 的表达式.

由定义(9)易见 $I(f)$ 在 S 上具有性质：

(i) $I(af+bg)=aI(f)+bI(g)$，　a,b 复数；

(ii) $(I(f),I(g))=(f,g)_{L^2}$，

$$\|I(f)\|^2=\|f\|_{L^2}^2.$$

证　(i)的证与上面证 $I(f)$ 的值唯一的方法相同. 为证(ii)，

$$\begin{aligned}&\left(\sum_i a_iz(A_i),\sum_j b_jz(B_j)\right)\\&=\sum_{i,j}a_i\bar{b}_j(z(A_i),z(B_j))=\sum_{i,j}a_i\bar{b}_jF(A_iB_j)\\&=\left(\sum_I a_i\chi_{A_i}(x),\sum_j b_j\chi_{B_j}(x)\right)_{L^2},\end{aligned}\tag{10}$$

由此立得(ii). ■

---

① 即：若 $\|h_1-h_2\|=0$，则说 $h_1=h_2$.

现在任取 $f(x)\in L^2(E,\mathcal{B},F)$，找一列[①] $f_n(x)\in S$，使 $\| f_n-f\|_{L^2}\to 0$. 定义

$$I(f)=\lim_{n\to+\infty} I(f_n). \tag{11}$$

为使这定义合理，必须证明这均方收敛意义下的极限存在，而且与趋于 f 的简单函数列 $\{f_n\}$ 的选择无关. 由 $I(f)$ 在 S 上性质(i)(ii)得

$$\begin{aligned}\| I(f_m)-I(f_n)\| &= \| I(f_m-f_n)\| = \| f_m-f_n\|_{L^2}\\ &\leqslant \| f_m-f\|_{L^2}+\| f-f_n\|_{L^2}\to 0 \quad (m,n\to+\infty),\end{aligned}$$

故得证前一论断. 今如 $\{\tilde{f}_n\}$ 为另一列收敛于 f 的简单函数，即如 $\|\tilde{f}_n-f\|_{L^2}\to 0$，它由(11)所产生的值记为 $\tilde{I}(f)$，仍由 $I(f)$ 在 S 上性质(i)(ii)得

$$\begin{aligned}\| I(f_n)-I(\tilde{f}_n)\| &= \| f_n-\tilde{f}_n\|_{L^2}\\ &\leqslant \| f_n-f\|_{L^2}+\|\tilde{f}_n-f\|_{L^2}\to 0,\end{aligned}$$

$$\begin{aligned}\|\tilde{I}(f)-I(f)\| \leqslant{}& \|\tilde{I}(f)-I(\tilde{f}_n)\|+\\ & \| I(\tilde{f}_n)-I(f_n)\|+\| I(f_n)-I(f)\|\to 0.\end{aligned}$$

这证明了后一论断.

在 $L_2(E,\mathcal{B},F)$ 上，$I(f)$ 有下列性质：

(i) 对任意复数 a,b，

$$I(af+bg)=aI(f)+bI(g); \tag{12}$$

(ii) $(I(f),I(g))=(f,g)_{L^2}$， (13)

$$\| I(f)\|^2=\| f\|_{L^2}^2. \tag{14}$$

证　取两列简单函数 $\{f_n\}$，$\{g_n\}$，使

$$\| f_n-f\|_{L^2}\to 0,\ \| g_n-g\|_{L^2}\to 0,$$

则
$$\begin{aligned}\| af_n+bg_n-af-bg\|_{L^2} &= \| a(f_n-f)+b(g_n-g)\|_{L^2}\\ &\leqslant |a|\,\| f_n-f\|_{L^2}+|b|\,\| g_n-g\|_{L^2}\to 0,\end{aligned}$$

① 参看那汤松，著. 徐瑞云，译. 实变函数论. 北京：高等教育出版社，1958，第 7 章，§ 2，定理 6.

$$I(af+bg)=\lim_{n\to+\infty} I(af_n+bg_n)=\lim_{n\to+\infty} aI(f_n)+\lim_{n\to+\infty} bI(g_n)$$
$$=aI(f)+bI(g).$$

其次，利用希尔伯特空间中内积的连续性①："若 $\| a_n-a \| \to 0$，$\| b_n-b \| \to 0$，则 $(a_n,b_m)\to(a,b)$，$n,m\to+\infty$"，得

$$(I(f_n),I(g_n))\to(I(f),I(g)),$$
$$(f_n,g_n)_{L^2}\to(f,g)_{L^2},$$

由此及 $I(f)$ 在 S 上性质(ii)即得证(13)，而(14)则是(13)的特殊情形. ■

(三)

现在考虑一类特殊的希尔伯特空间. 设$(\Omega,\mathcal{F},P)$为概率空间，$z(\omega)$为其上的复数值随机变量. 令

$$H=(\text{全体如下的 } z(\omega):E|z(\omega)|^2<+\infty), \tag{15}$$

在 H 中引进内积

$$(z_1,z_2)=Ez_1\bar{z}_2=\int_\Omega z_1(\omega)\overline{z_2(\omega)}P(\mathrm{d}\omega), \tag{16}$$

因而

$$\| z \|^2=E|z|^2, \tag{17}$$

则 H 是一希尔伯特空间. 实际上，我们只要验证 H 的线性(关于复系数)与完备性，因为希尔伯特空间定义中其他条件都很明显地满足. 线性由闵科夫斯基不等式

$$E|a_1z_1+a_2z_2|^2\leqslant(|a_1|E^{\frac{1}{2}}|z_1|^2+|a_2|E^{\frac{1}{2}}|z_2|^2)^2<+\infty \tag{18}$$

立得. 今设$\{z_n\}\subset H$，$E|z_n-z_m|^2\to0$ $(n,m\to+\infty)$，则对任意 $\varepsilon>0$，有

$$P(|z_n-z_m|\geqslant\varepsilon)\leqslant\frac{1}{\varepsilon^2}E|z_n-z_m|^2\to0,\quad n,m\to+\infty.$$

故存在子列 $z_{k_n}\to z$ a.s.，$n\to+\infty$. 因而对固定 m

---

① 见刘斯铁尔尼克，苏伯列夫，著. 杨从仁，译. 泛函数分析概要. 北京：科学出版社，1964(第2次印刷)，127页.

$$z_m - z_{k_n} \to z_m - z \quad \text{a.s.}, \quad n \to +\infty.$$

但 $E|z_m - z_{k_n}|^2 \to 0\ (m \to +\infty, n \to +\infty)$，故由法图引理

$$E|z_m - z|^2 \leqslant \varliminf_{n \to +\infty} E|z_m - z_{k_n}|^2 \to 0, \quad m \to +\infty,$$

于是存在 m_0，使 $m \geqslant m_0$ 时，$E|z_m - z|^2$ 都有穷. 这说明 $z_m - z \in H$. 既然 $z_m \in H$，由 H 的线性即知 $z \in H$. 这样便证明了 H 的完备性.

其实还可以造出 H 的许多子希尔伯特空间.

任取 H 的子集 H_1，由 H_1 中有穷多个元用复系数所组成的全体线性组合构成 H 的子集 $L(H_1)$. 由 $L(H_1)$ 中的元列在均方收敛意义下的全体极限构成集 $\overline{L}(H_1)$，称 $\overline{L}(H_1)$ 为 H_1 的**线性闭包**. 由 H 的完备性知 $\overline{L}(H_1) \subset H$. 试证 $\overline{L}(H_1)$ 是 H 的子希尔伯特空间. 实际上，若 $y_i(\omega) \in \overline{L}(H_1)$，则必存在 $z_n^{(i)} \in L(H_1)$，使 $\| y_i - z_n^{(i)} \| \to 0\ (n \to +\infty)$，$i = 1, 2$. 于是

$$\| a_1 y_1 + a_2 y_2 - a_1 z_n^{(1)} - a_2 z_n^{(2)} \| \leqslant |a_1| \, \| y_1 - z_n^{(1)} \| + |a_2| \, \| y_2 - z_n^{(2)} \| \to 0, \quad n \to +\infty.$$

因而 $a_1 y_1 + a_2 y_2 \in \overline{L}(H_1)$，即得证 $\overline{L}(H_1)$ 的线性. 次证 $\overline{L}(H_1)$ 的完备性. 设 $\{y_n\} \subset \overline{L}(H_1)$，$\| y_n - y_m \| \to 0\ (n, m \to +\infty)$. 由定义存在 $\{z_m^{(n)}\} \in L(H_1)$，使 $\| z_m^{(n)} - y_n \| \to 0\ (m \to +\infty)$，$n \in \mathbf{N}^*$. 因而存在正整数 l_n，使

$$\| z_{l_n}^{(n)} - y_n \| < \frac{1}{n}.$$

于是

$$\| z_{l_n}^{(n)} - z_{l_m}^{(m)} \| \leqslant \| z_{l_n}^{(n)} - y_n \| + \| y_n - y_m \| + \| y_m - z_{l_m}^{(m)} \|$$
$$< \frac{1}{n} + \| y_n - y_m \| + \frac{1}{m} \to 0, \quad n, m \to +\infty.$$

由此知存在 y，使 $\| y - z_{l_n}^{(n)} \| \to 0\ (n \to +\infty)$. 故

$$\| y - y_n \| \leqslant \| y - z_{l_n}^{(n)} \| + \| z_{l_n}^{(n)} - y_n \|$$
$$< \| y - z_{l_n}^{(n)} \| + \frac{1}{n} \to 0, \quad n \to +\infty.$$

这说明 y 是两序列 $\{z_{l_n}^{(n)}\}$ 与 $\{y_n\}$ 的公共极限. 既然 $z_{l_n}^{(n)} \in L(H_1)$，

故 $y\in\overline{L}(H_1)$ 而得证 $\overline{L}(H_1)$ 的完备性. 由此即易见 $\overline{L}(H_1)$ 也是希尔伯特空间.

有了这些准备，现在可以对随机测度与随机积分下定义了.

我们称取值于 $\overline{L}(H_1)$ 中的正交测度为 **$\overline{L}(H_1)$ 中的随机测度**[①]；换句话说，后者是这样的集函数 $Z(A)$，$A\in\mathcal{B}^{(0)}$，使

(i) $Z(A)\in\overline{L}(H_1)$， (19)

(ii) $EZ(A_1)\overline{Z(A_2)}=F(A_1A_2)$. (20)

没有必要明确地指出 $\overline{L}(H_1)$ 时，就简称 $Z(A)$ 为**随机测度**. 关于它的积分

$$I(f)=\int_E f(x)Z(\mathrm{d}x),\quad f\in L^2(E,\mathcal{B},F)$$

称为**随机积分**.

如果限制 $Z(A)$ 及 $f(x)$ 只取实值，也可类似地定义实随机测度与实随机积分.

（四）

在普通测度论中熟知，由分布函数可产生 $\mathbf{R}$ 上一个测度. 下面看到，对随机测度也有类似事实，它提供利用随机过程以造随机测度的普遍方法.

设 T 为区间，开或闭，有界或无界均可. 称随机过程 $\{y_t,t\in T\}$ 为**正交增量过程**，如果

$$E|y_t-y_s|^2<+\infty,\quad s,t\in T,\tag{21}$$

而且对 T 中任一组 $t_1<t_2\leqslant t_3<t_4$，有

$$E\{(y_{t_4}-y_{t_3})\overline{(y_{t_2}-y_{t_1})}\}=0.\tag{22}$$

例如，维纳过程（见 § 3.4）是正交增量过程.

任取 $t_0\in T$，定义一函数

$$g_{t_0}(t)=\begin{cases}E|y_t-y_{t_0}|^2, & t\geqslant t_0,\\ -E|y_t-y_{t_0}|^2, & t<t_0.\end{cases}\tag{23}$$

---

① 更明确些，应该称为**正交随机测度**，为简便起见，我们省去了“正交”两字.

这函数虽依赖于 t_0，然而，如另选 $t_1>t_0$，利用(22)不难证明 $g_{t_0}(t)=g_{t_1}(t)+E|y_{t_1}-y_{t_0}|^2$，故 $g_{t_0}(t)$ 与 $g_{t_1}(t)$ 只相差一常数. 以后便固定 t_0，并记 $g_{t_0}(t)$ 为 $g(t)$. 由(23)及(22)还可见 $g(t)$ 是单调不减函数，因而它的不连续点集 A 至多是可列集，其实有

$$g(t)-g(s)=E|y_t-y_s|^2,\quad t>s. \tag{24}$$

对任意 $t\in T$，试证存在两随机变量 y_{t-0} 与 y_{t+0}，使[①] $\underset{s\to t-0}{\text{l.i.m}}\, y_s=y_{t-0}$，$\underset{s\to t+0}{\text{l.i.m}}\, y_s=y_{t+0}$.（当然，如 t 是 T 的左端点或端点，则只是 y_{t+0} 或 y_{t-0} 有意义.）实际上，因 $g(t)$ 不减，故当 $s<t$ 时，它有上界，于是

$$\lim_{s_1,s_2\to t-0} E|y_{s_2}-y_{s_1}|^2=\lim_{s_1,s_2\to t-0}[g(s_2)-g(s_1)]=0,$$

利用(三)中证明 H 的完备性的方法，可知存在 y_{t-0} 使 $\underset{s\to t-0}{\text{l.i.m}}\, y_s=y_{t-0}$. 同样可证明 y_{t+0} 存在. 由(24)还可见：当 $t\overline{\in}A$ 时

$$y_{t-0}=y_t=y_{t+0}\quad \text{a.s.}. \tag{25}$$

现在定义

$$y_-(t)=y_{t-0},\ y_+(t)=y_{t+0},$$

那么 $\{y_-(t),t\in T_-\}\{y_+(t),t\in T_+\}$ 也是正交增量过程，这里 $T_-=T$ 或 $T-\{T$ 的左端点$\}$，视 T 没有或有左端点而定，$T_+=T$ 或 $T-\{T$ 的右端点$\}$，视 T 没有或有右端点而定；而且前一过程左均方连续，后一过程右均方连续.

实际上，考虑 $\{y_-(t),t\in T_-\}$. 由(21)知 $y_t-y_s\in H$，当 $s\to s_1-0$ 时，由 H 的完备性，$y_t-y_-(s_1)\in H$，令 $t\to t_1-0$，再由此完备性得 $y_-(t_1)-y_-(s_1)\in H$，故

$$E|y_-(t_1)-y_-(s_1)|^2<+\infty. \tag{26}$$

其次，利用希尔伯特空间 H 内积的连续性，由(22)得

---

① 这里极限表 $\lim\limits_{s\to t-0} E|y_s-y_{t-0}|^2=0$ 等；然而并不要求 $E|y_s|^2<+\infty$，$E|y_{t-0}|^2<+\infty$.

$$E\{(y_-(t_4)-y_-(t_3))\overline{(y_-(t_2)-y_-(t_1))}\}=0. \tag{27}$$

根据(26)(27)知$\{y_-(t),t\in T_-\}$是正交增量过程. 再利用(24)，得

$$g(t-0)-g(s-0)=E|y_-(t)-y_-(s)|^2,\quad t>s. \tag{28}$$

令 $s\to t-0$，得左方为 0，故$\{y_-(t),t\in T_-\}$左均方连续.

对$\{y_+(t),t\in T_+\}$的证明类似，此时代替(28)有

$$g(t+0)-g(s+0)=E|y_+(t)-y_+(s)|^2,\quad t>s. \tag{29}$$

由此可见，只需在可列多个点 $t\in A$ 上改变$\{y_t,t\in T\}$的值，就可使此过程左(或右)均方连续.

定理 1 设$\{y_t,t\in T\}$是左均方连续正交增量过程，$T=(a,b)$，$-\infty\leqslant a<b\leqslant+\infty$，则在$(T,T\mathcal{B}_1,F)$上存在唯一随机测度 $Z(A)$，它取值于 $\overline{L}\{y_t,t\in T\}$，而且满足

$$Z([t_1,t_2))=y_{t_2}-y_{t_1},\quad t_1<t_2, \tag{30}$$

这里 $F(A)$，$A\in T\mathcal{B}_1$，是由(23)所定义的函数 $g(t)\equiv g_{t_0}(t)$所产生的勒贝格-斯蒂尔切斯测度.

证 上面已证明 $g(t)(t\in T)$是单调不减函数，由左均方连续及(23)知 $g(t)$左连续，因而 $g(t)$ 在 $T\mathcal{B}_1$ 上产生唯一测度 $F(A)$，它可能无穷，使

$$F([s,t))=g(t)-g(s),\quad t>s, \tag{31}$$

这里 $T\mathcal{B}_1$ 表 T 中全体波莱尔子集所成 σ 代数.

如下定义 $Z(A)$：如 $A=[s,t)$，令

$$Z([s,t))=y_t-y_s; \tag{32}$$

如 $A=\bigcup\limits_{i=1}^{n}[s_i,t_i)$，$[s_i,t_i)\cap[s_j,t_j)=\varnothing$，$i\neq j$，令

$$Z(A)=\sum_{i=1}^{n}Z([s_i,t_i)). \tag{33}$$

全体这种 A 集($n>0$，$s_i,t_i\in T$，$s_i<t_i$ 均任意)构成 T 中一个环 K. $Z(A)$在 K 上有限可加，而且由(22)得

$$
\begin{aligned}
E|Z(A)|^2 &= E\left|\sum_{i=1}^{n}(y_{t_i}-y_{s_i})\right|^2 \\
&= \sum_{i=1}^{n}\sum_{j=1}^{n}E(y_{t_i}-y_{s_i})\overline{(y_{t_j}-y_{s_j})} \\
&= \sum_{i=1}^{n}E|y_{t_i}-y_{s_i}|^2 = \sum_{i=1}^{n}(g(t_i)-g(s_i)) \\
&= \sum_{i=1}^{n}F([s_i,t_i)) = F(A). \qquad (34)
\end{aligned}
$$

最后应对任意 $A\in T\mathcal{B}_1$，$F(A)<+\infty$，定义 $Z(A)$. 为此，任取一列集 $\{A_n\}\subset K$，使

$$
F(A_n\Delta A)\to 0,\quad n\to+\infty. \qquad (35)
$$

如 $A\in K$，$B\in K$，$AB=\varnothing$，利用(22)并仿(34)中的计算，立知 $EZ(A)\overline{Z(B)}=0$. 由此并仿照引理 1 充分性部分的证明，可见一般有

$$
\begin{aligned}
E\{Z(A)\overline{Z(B)}\} &= E|Z(AB)|^2 \\
&= F(AB)\quad (A\in K,B\in K), \qquad (36)
\end{aligned}
$$

这里最后一等式用到(34). 于是对上述 $\{A_n\}$ 有

$$
\begin{aligned}
E|Z(A_n)-Z(A_m)|^2 &= E|Z(A_n\backslash A_m)+Z(A_nA_m)- \\
&\quad Z(A_m\backslash A_n)-Z(A_mA_n)|^2 \\
&= E|Z(A_n\backslash A_m)-Z(A_m\backslash A_n)|^2 \\
&= E|Z(A_n\backslash A_m)|^2+E|Z(A_m\backslash A_n)|^2 \\
&= F(A_n\backslash A_m)+F(A_m\backslash A_n)=F(A_n\Delta A_m) \\
&\leqslant F(A_n\Delta A)+F(A\Delta A_m)\to 0, \\
&\quad m\to+\infty, n\to+\infty, \qquad (37)
\end{aligned}
$$

这说明对 $\{Z(A_n)\}$ 存在均方收敛意义下的极限，我们就定义

$$
Z(A)=\underset{n\to+\infty}{\mathrm{l.i.m}}\, Z(A_n). \qquad (38)
$$

不难验证，$Z(A)$ 的值不依赖于满足(35)的 $\{A_n\}$ 的选择，即若有另一如是的集列 $\{\widetilde{A}_n\}$，且

$$
\widetilde{Z}(A)=\underset{n\to+\infty}{\mathrm{l.i.m}}\, Z(\widetilde{A}_n), \qquad (39)
$$

则有

$$Z(A)=\widetilde{Z}(A)\quad \text{a.s.}. \tag{40}$$

现在证 $Z(A)$ 是取值于 $\overline{L}\{y_t,t\in T\}$ 中的随机测度. 对满足 $F(A)<+\infty$ 的 A，由(38)及 $Z(A_n)\in L\{y_t,t\in T\}$ 知 $Z(A)\in\overline{L}\{y_t,t\in T\}$，故$(E_1)$满足. 对 A,B，如 $F(A)<+\infty$，$F(B)<+\infty$，取 $A_n\in K,B_n\in K$ 使

$$F(A_n\Delta A)\to 0,F(B_n\Delta B)\to 0; \tag{41}$$

$$Z(A)=\underset{n\to+\infty}{\text{l.i.m}}\,Z(A_n),\quad Z(B)=\underset{n\to+\infty}{\text{l.i.m}}\,Z(B_n). \tag{42}$$

注意对任意 $\varepsilon>0$，由 $F(|\chi_{A_n}-\chi_A|>\varepsilon)\leqslant F(A_n\Delta A)\to 0$ $(n\to+\infty)$，知存在子列$\{A_{k_n}\}$，使 $F(\lim\limits_{n\to+\infty}\chi_{A_{k_n}}=\chi_A)=1$，有必要时，自$\{A_n\}$中删去一些集后，就可设此子列就是$\{A_n\}$. 对$\{B_n\}$也可作同样假定. 故由(42)(36)

$$\begin{aligned}EZ(A)\overline{Z(B)}&=\lim_{n\to+\infty}EZ(A_n)\overline{Z(B_n)}=\lim_{n\to+\infty}F(A_nB_n)\\&=\lim_{n\to+\infty}\int_T\chi_{A_n}\chi_{B_n}F(\mathrm{d}x)\\&=\int_T\chi_A\chi_BF(\mathrm{d}x)=F(AB),\end{aligned} \tag{43}$$

其中用到控制收敛定理. 于是得证(E_2).

最后，注意若两随机测度 $Z_1(A)$，$Z_2(A)$均满足(30)，则它们必在 K 上一致，从而在 A 上一致，只要 $F(A)<+\infty$. ■

注1 定理1的结论对均方右连续正交增量过程也正确，证明完全一样. 只是，一切$[s,t)$应换为$(s,t]$，例如(30)应换为

$$Z((t_1,t_2])=y_{t_2}-y_{t_1},\quad t_1<t_2. \tag{44}$$

以后关于由$\{y_t,t\in T\}$所产生的随机测度 $Z(A)$的积分 $\int_T f(\lambda)Z(\mathrm{d}\lambda)$ 也记为$\int_T f(\lambda)y(\mathrm{d}\lambda)$.

例1 设$\{y_t,t\in\mathbf{R}\}$为维纳过程，即满足下列条件的过程：

$$y_{t_2}-y_{t_1},y_{t_3}-y_{t_2},\cdots,y_{t_n}-y_{t_{n-1}},\quad t_1<t_2<\cdots<t_n \tag{45}$$

相互独立,而且 y_t-y_s 有正态分布,使

$$E(y_t-y_s)=0, E(y_t-y_s)^2=\sigma^2|t-s|, \quad \sigma>0. \tag{46}$$

它所产生的随机测度叫**维纳测度**,关于它的积分叫**维纳积分**. 此测度的均方测度 F 满足

$$F(A)=\sigma^2 \cdot L(A), \quad A\in\mathcal{B}_1, \tag{47}$$

其中 L 表勒贝格测度. 故对任意关于 L 均方可积函数 f,可定义

$$x_t=\int_{\mathbf{R}} f(t-s)y(\mathrm{d}s). \tag{48}$$

因为$\{y_t-y_a, t\in\mathbf{R}\}$是正态过程,其中 a 任意固定,由随机积分的定义及 § 1.2定理 2,知$\{x_t, t\in\mathbf{R}\}$也是正态过程. 其次

$$Ex_{t+\tau}x_t=E\left(\int_{\mathbf{R}} f(t+\tau-s)y(\mathrm{d}s)\cdot\int_{\mathbf{R}} f(t-s)y(\mathrm{d}s)\right),$$

由(13)(14),右方

$$=\sigma^2\int_{\mathbf{R}} f(t+\tau-s)f(t-s)\mathrm{d}s=\sigma^2\int_{\mathbf{R}} f(\tau+s)f(s)\mathrm{d}s, \tag{49}$$

故 $Ex_{t+\tau}x_t=B(\tau)$不依赖于 t,因而$\{x_t, t\in\mathbf{R}\}$还是弱平稳过程. 如 § 8.1 所述,它也是平稳过程.

考虑特殊情况:设

$$f(t)=\begin{cases}0, & t<0,\\ c\mathrm{e}^{-\alpha t}, & t\geqslant 0, \quad c>0, \alpha>0.\end{cases} \tag{50}$$

因常数 σ 不起重大作用,以下为简便计令 $\sigma=1$. 由(49)得知此时若 $\tau>0$,则

$$B(\tau)=\int_0^{+\infty} c^2\mathrm{e}^{-\alpha s}\mathrm{e}^{-\alpha(s+\tau)}\mathrm{d}s=c^2\mathrm{e}^{-\alpha\tau}\int_0^{+\infty}\mathrm{e}^{-2\alpha s}\mathrm{d}s=\frac{c^2}{2\alpha}\mathrm{e}^{-\alpha\tau}.$$

因 $B(\tau)=B(-\tau)$,故得

$$B(\tau)=\frac{c^2}{2\alpha}\mathrm{e}^{-\alpha|\tau|}. \tag{51}$$

试证此时过程$\{x_t, t\in\mathbf{R}\}$是正态、平稳(也是弱平稳)、马氏过程. 实际上,由(48)及(50),如$-\infty<s<t$,

$$
\begin{aligned}
x_t &= c\int_{-\infty}^{t} \mathrm{e}^{-\alpha(t-u)}\, y(\mathrm{d}u) = c\int_{s}^{t} \mathrm{e}^{-\alpha(t-u)}\, y(\mathrm{d}u) + c\int_{-\infty}^{s} \mathrm{e}^{-\alpha(t-u)}\, y(\mathrm{d}u) \\
&= c\int_{s}^{t} \mathrm{e}^{-\alpha(t-u)}\, y(\mathrm{d}u) + \mathrm{e}^{-\alpha(t-s)}\, c\int_{-\infty}^{s} \mathrm{e}^{-\alpha(s-u)}\, y(\mathrm{d}u) \\
&= c\int_{s}^{t} \mathrm{e}^{-\alpha(t-u)}\, y(\mathrm{d}u) + \mathrm{e}^{-\alpha(t-s)}\, x_s .
\end{aligned}
$$

然而，由随机积分定义及条件(45)，随机变量

$$
Y = c\int_{s}^{t} \mathrm{e}^{-\alpha(t-u)}\, y(\mathrm{d}u)
$$

不依赖于一切 $y(u_2)-y(u_1)\,(u_1\leqslant s, u_2\leqslant s)$，因而也不依赖于 $\{x_u, u\leqslant s\}$. 由此即知 $\{x_t, t\in \mathbf{R}\}$ 是马氏过程（参考 § 4.5 第 12 题）. 根据 § 8.1 (11)，可求出谱密度为

$$
\begin{aligned}
\frac{1}{2\pi}\int_{\mathbf{R}} c_1 \mathrm{e}^{-\alpha|\tau|-\lambda\tau\mathrm{i}}\,\mathrm{d}\tau &= \frac{c_1}{2\pi}\left[\int_{-\infty}^{0} \mathrm{e}^{(\alpha-\lambda\mathrm{i})\tau}\,\mathrm{d}\tau + \int_{0}^{+\infty} \mathrm{e}^{-(\alpha+\lambda\mathrm{i})\tau}\,\mathrm{d}\tau\right] \\
&= \frac{c_1}{2\pi}\left(\frac{1}{\alpha-\lambda\mathrm{i}} + \frac{1}{\alpha+\lambda\mathrm{i}}\right) \\
&= \frac{c_1}{\pi}\,\frac{\alpha}{\alpha^2+\lambda^2} \quad \left(c_1 = \frac{c^2}{2\alpha}\right). \qquad (52)
\end{aligned}
$$

这类过程称为**奥恩斯坦-乌伦贝克过程**，进一步讨论见 § 9.3（二）及 § 10.3 例 3.

例 2 称实值随机测度 $Z(A)$ 为**正态的**，如果 $\{Z(A), A\in \mathcal{B}^{(0)}\}$ 是正态系（见 § 1.2），而且每个 $Z(A)$ 具有期望为 0，方差为 $F(A)$ 的正态分布. 对正态随机测度，我们有

(ii′) 若 $A_i\in \mathcal{B}^0$，$A_iA_j=\varnothing$，$i,j=1,2,\cdots,n$，则 $Z(A_i)$ 相互独立.

实际上，对正态分布随机变量，由两两不相关性可得总体独立性，故由(ii)得(ii′).

此时根据 § 1.2 所述正态系的性质，若对每固定的 $t\in T$，

$$
f(t,\lambda)\in L^2(E,\mathcal{B},F),
$$

则随机过程 $\{I(f(t,\lambda)), t\in T\}$ 是正态过程.

§8.3　弱平稳过程的谱展式，卡亨南定理

(一)

现在回到§8.1末所提出的问题，即研究§8.1中(34)是否可能. 为此先证明一般的卡亨南(Karhunen)定理，作为它的特殊情形，便是我们所需的结果. 称复数值随机过程$\{\xi_t(\omega), t\in T\}$为**二阶矩过程**，如果对任意$t\in T$，有

$$E|\xi_t|^2<+\infty,\quad t\in T. \tag{1}$$

其中T可以是任一抽象集. 以下固定$\Lambda\in\mathcal{B}_1$，$\Lambda\mathcal{B}_1$表Λ中所有波莱尔子集所成的σ代数.

定理 1(卡亨南)　(i) 设$Z(A)$为$(\Lambda,\Lambda\mathcal{B}_1,F)$上任一随机测度，$F(\Lambda)<+\infty$，$f(t,\lambda)$为$T\times\Lambda$上的复数值函数，使对每固定的$t\in T$

$$f(t,\lambda)\in L^2(\Lambda,\Lambda\mathcal{B}_1,F) \tag{2}$$

则

$$\xi_t=\int_\Lambda f(t,\lambda)Z(\mathrm{d}\lambda),\quad t\in T \tag{3}$$

是一个二阶矩过程，满足

$$E\xi_t\bar{\xi}_s=\int_\Lambda f(t,\lambda)\overline{f(s,\lambda)}F(\mathrm{d}\lambda),\quad s,t\in T. \tag{4}$$

(ii) 反之，设$\{\xi_t, t\in T\}$为二阶矩过程，使

$$E\xi_t\bar{\xi}_s=\int_\Lambda f(t,\lambda)\overline{f(s,\lambda)}F(\mathrm{d}\lambda), \tag{5}$$

其中

$$f(t,\lambda)\in L^2(\Lambda,\Lambda\mathcal{B}_1,F),\quad t\in T, \tag{6}$$

而且F为有穷测度，则存在随机测度$Z(A)$，$A\in(\Lambda,\Lambda\mathcal{B}_1,F)$，使

对任一固定的 $t\in T$，有

$$\xi_t=\int_\Lambda f(t,\lambda)Z(\mathrm{d}\lambda). \tag{7}$$

证 (i) 设(3)成立，由 § 8.2 性质(13)(14)得

$$E\xi_t\bar{\xi}_s=E\left(\int_\Lambda f(t,\lambda)Z(\mathrm{d}\lambda)\cdot\overline{\int_\Lambda f(s,\lambda)Z(\mathrm{d}\lambda)}\right)$$
$$=\int_\Lambda f(t,\lambda)\overline{f(s,\lambda)}F(\mathrm{d}\lambda),$$

特别

$$E|\xi_t|^2=\int_\Lambda |f(t,\lambda)|^2F(\mathrm{d}\lambda)<+\infty.$$

(ii) 考虑 λ 的函数 $\sum_{i=1}^{n}a_if(t_i,\lambda)$，$n>0$，$t_i\in T$，$a_i$ 为复数. 所有这种线性组合的集记为 $L(f)$. 先在

假设(D)："$L(f)$稠于 $L_2(\Lambda,\Lambda\mathcal{B}_1,F)$"

下证明所需结论. 然后再取消此假设.

由(D)，对 $A\in\Lambda\mathcal{B}_1$ 的示性函数$\chi_A(\lambda)$，存在一列

$$\chi_A^{(n)}(\lambda)=\sum_{i=1}^{n}a_i^{(n)}f(t_i^{(n)},\lambda),\qquad n\in\mathbf{N}^* \tag{8}$$

在 $L_2(\Lambda,\Lambda\mathcal{B}_1,F)$收敛意义下逼近 $\chi_A(\lambda)$. 令

$$z_n(\omega)=\sum_{i=1}^{n}a_i^{(n)}\xi_{t_i^{(n)}}(\omega). \tag{9}$$

考虑

$$E|z_m-z_n|^2=E\left|\sum_{i=1}^{m}a_i^{(m)}\xi_{t_i^{(m)}}(\omega)-\sum_{i=1}^{n}a_i^{(n)}\xi_{t_i^{(n)}}(\omega)\right|^2,$$

将右方展开为有限项的和，公项形为 $a\bar{b}E\xi_t\bar{\xi}_s$，对它用(5)得

$$a\bar{b}E\xi_t\bar{\xi}_s=a\bar{b}\int_\Lambda f(t,\lambda)\overline{f(s,\lambda)}F(\mathrm{d}\lambda),$$

利用此式再集项即得

$$E|z_m - z_n|^2$$
$$= \int_\Lambda \left| \sum_{i=1}^{m} a_i^{(m)} f(t_i^{(m)}, \lambda) - \sum_{j=1}^{n} a_j^{(n)} f(t_j^{(n)}, \lambda) \right|^2 F(\mathrm{d}\lambda)$$
$$= \int_\Lambda |\chi_A^{(m)}(\lambda) - \chi_A^{(n)}(\lambda)|^2 F(\mathrm{d}\lambda) \to 0, \quad m,n \to +\infty. \tag{9_1}$$

故存在极限

$$Z(A) = \underset{n\to+\infty}{\mathrm{l.i.m}}\, z_n(\omega). \tag{10}$$

这极限与序列(8)的选择无关.实际上,若$\{\tilde{\chi}_A^{(n)}(\lambda)\}$是另一列逼近于$\chi_A(\lambda)$的(8)型序列,它通过(9)所得的左方变量记为$\{\tilde{z}_n(\omega)\}$,则仍如上计算得

$$E^{\frac{1}{2}}|z_n - \tilde{z}_n|^2 = \left[\int_\Lambda |\chi_A^{(n)}(\lambda) - \tilde{\chi}_A^{(n)}(\lambda)|^2 F(\mathrm{d}\lambda)\right]^{\frac{1}{2}}$$
$$\leqslant \left[\int_\Lambda |\chi_A^{(n)}(\lambda) - \chi_A(\lambda)|^2 F(\mathrm{d}\lambda)\right]^{\frac{1}{2}} +$$
$$\left[\int |\chi_A(\lambda) - \tilde{\chi}_A^{(n)}(\lambda)|^2 F(\mathrm{d}\lambda)\right]^{\frac{1}{2}} \to 0, \quad n \to +\infty.$$

今证 $Z(A)$是$(\Lambda, \Lambda\mathcal{B}_1, F)$上的随机测度.任取 $A \in \Lambda\mathcal{B}_1$,$B \in \Lambda\mathcal{B}_1$,对$\chi_A(\lambda)$ 及 $\chi_B(\lambda)$,使(8)(9)成立的逼近序列分别记为$\{\chi_A^{(n)}(\lambda)\}$与$\{\chi_B^{(n)}(\lambda)\}$,它们由(9)产生的序列记为$\{z_n^{(A)}(\omega)\}$与$\{z_n^{(B)}(\omega)\}$,则①

$$EZ(A)\overline{Z(B)} = \lim_{n\to+\infty} EZ_n^{(A)}\overline{Z_n^{(B)}}$$
$$= \lim_{n\to+\infty} \int_\Lambda \chi_A^{(n)}(\lambda)\overline{\chi_B^{(n)}(\lambda)} F(\mathrm{d}\lambda)$$
$$= \int_\Lambda \chi_A(\lambda)\chi_B(\lambda) F(\mathrm{d}\lambda) = F(AB), \tag{11}$$

由此及 F 的有穷性即知,$Z(A)$ 确为上述随机测度.既然(6)成

---

① 这里极限与积分可交换都由于§8.2 中指出的希尔伯特空间中内积的连续性.

立，故可定义随机积分

$$\eta_t=\int_\Lambda f(t,\lambda)Z(\mathrm{d}\lambda). \tag{12}$$

为证(7)，只要证

$$E|\xi_t-\eta_t|^2=0,\quad t\in T. \tag{13}$$

展开此式左方得

$$E|\xi_t-\eta_t|^2=E|\xi_t|^2+E|\eta_t|^2-E\xi_t\bar{\eta}_t-E\bar{\xi}_t\eta_t. \tag{14}$$

试证(14)右方四项都等于实数 $\int_\Lambda |f(t,\lambda)|^2F(\mathrm{d}\lambda)$，从而(13)及(7)成立. 为此，由(5)及 § 8.2 (13)(14)，知

$$E|\xi_t|^2=\int_\Lambda |f(t,\lambda)|^2F(\mathrm{d}\lambda)=E|\eta_t|^2.$$

为计算(14)中最后两项，先注意

$$\begin{aligned}E\xi_t\overline{Z(A)}&=\lim_{n\to+\infty}E\xi_t\bar{Z}_n=\lim_{n\to+\infty}E\xi_t\sum_{i=1}^n\overline{a_i^{(n)}\xi_{t_i^{(n)}}(\omega)}\\&=\lim_{n\to+\infty}\sum_{i=1}^n\overline{a_i^{(n)}}\int_\Lambda f(t,\lambda)\overline{f(t_i^{(n)},\lambda)}F(\mathrm{d}\lambda)\\&=\lim_{n\to+\infty}\int_\Lambda f(t,\lambda)\overline{\chi_A^{(n)}(\lambda)}F(\mathrm{d}\lambda)\\&=\int_A f(t,\lambda)F(\mathrm{d}\lambda).\end{aligned}\tag{15}$$

由随机积分定义，存在简单函数列

$$f_n(\lambda)=\sum_{k=1}^n b_k^{(n)}\chi_{B_k^{(n)}}(\lambda),\quad B_k^{(n)}\in\Lambda\mathcal{B}_1,$$

使 $\int_\Lambda |f(t,\lambda)-f_n(\lambda)|^2F(\mathrm{d}\lambda)\to 0$ 而且

$$E\left|\eta_t-\int_\Lambda f_n(\lambda)Z(\mathrm{d}\lambda)\right|^2\to 0,\quad n\to+\infty. \tag{16}$$

于是由(15)

$$E\xi_t\bar{\eta}_t=\lim_{n\to+\infty}E\left\{\xi_t\overline{\int_\Lambda f_n(\lambda)Z(\mathrm{d}\lambda)}\right\}$$

$$= \lim_{n\to+\infty} \sum_{k=1}^{n} \overline{b_k^{(n)}} E\xi_t \overline{Z(B_k^{(n)})} = \lim_{n\to+\infty} \sum_{k=1}^{n} \overline{b_k^{(n)}} \int_{B_k^{(n)}} f(t,\lambda) F(\mathrm{d}\lambda)$$

$$= \lim_{n\to+\infty} \int_{\Lambda} \overline{f_n(\lambda)} f(t,\lambda) F(\mathrm{d}\lambda) = \int_{\Lambda} |f(t,\lambda)|^2 F(\mathrm{d}\lambda);$$

$$E\bar{\xi}_t \eta_t = \overline{E\xi_t \bar{\eta}_t} = \int_{\Lambda} |f(t,\lambda)|^2 F(\mathrm{d}\lambda).$$

这样便证明了(7). 总结上述，得知在假设(D)下，(ii)中结论已完全证明.

现在除去此假设. 如果 $L(f)$ 在 $L_2(\Lambda, \Lambda\mathcal{B}_1, F)$ 中不是稠密的，那么必有函数 $g(\lambda) \in L_2(\Lambda, \Lambda\mathcal{B}_1, F)$ 正交于一切 $f(t,\lambda)$，$t \in T$，即对任意 $t \in T$

$$\int_{\Lambda} g(\lambda) \overline{f(t,\lambda)} F(\mathrm{d}\lambda) = 0. \tag{16_1}$$

全体这种函数记为 $g(t,\lambda)$，$t \in T'$. 于是全体线性组合

$$\sum_{i=1}^{n} a_i f(t_i,\lambda) + \sum_{j=1}^{m} b_j g(t_j,\lambda) \quad (n > 0, m > 0)$$

便在 $L_2(\Lambda, \Lambda\mathcal{B}_1, F)$ 中稠密.

取正态过程 $\{\zeta_t, t \in T'\}$，使满足

(i) $E\zeta_t = 0 \quad (t \in T')$，

(ii) $E\zeta_t \bar{\zeta}_s = \int_{\Lambda} g(t,\lambda) \overline{g(s,\lambda)} F(\mathrm{d}\lambda), \quad s, t \in T'$，

(iii) 对 $t \in T, s \in T'$，ξ_t 与 ζ_s 独立.

这种过程的确存在：因为，仿 § 8.1 定理 3 的证明，易见二元函数

$$r(t,s) = \int_{\Lambda} g(t,\lambda) \overline{g(s,\lambda)} F(\mathrm{d}\lambda)$$

是非负定的而且 $r(t,s) = \overline{r(s,t)}$，故由 § 1.2 定理 3 可见满足(i)，(ii)的正态过程存在. 为使它满足(iii)，只要用 § 1.1 引理 2 以造联合的概率空间即可.

今造过程 $\{\tilde{\xi}_t, t \in T \cup T'\}$，其中

$$\tilde{\xi}_t=\begin{cases}\xi_t, & t\in T,\\ \zeta_t, & t\in T'.\end{cases} \tag{17}$$

这过程由于(5),(ii)及(16_1),(i),(iii)而满足

$$E\tilde{\xi}_t\overline{\tilde{\xi}_s}=\int_\Lambda h(t,\lambda)\overline{h(s,\lambda)}F(\mathrm{d}\lambda);$$

$$h(t,\lambda)=\begin{cases}f(t,\lambda), & t\in T,\\ g(t,\lambda), & t\in T'.\end{cases} \tag{18}$$

由于在(D)下已证明定理成立,故存在定义于$(\Lambda,\Lambda\mathcal{B}_1,F)$上的随机测度$Z(A)$,使

$$\tilde{\xi}_t=\int_\Lambda h(t,\lambda)Z(\mathrm{d}\lambda),\quad t\in T\cup T'.$$

特别,当$t\in T$时,上式也成立,而且由于(17),(18),它化为(7). ■

注1 (3)与(7)中ξ_t与$\int_\Lambda f(t,\lambda)Z(\mathrm{d}\lambda)$相等是说作为希尔伯特空间$H$(见§8.2(15))中的元,两者是相等的.亦即$E\left|\xi_t-\int_\Lambda f(t,\lambda)Z(\mathrm{d}\lambda)\right|^2=0$.后式等价于$\xi_t(\omega)=\int_\Lambda f(t,\lambda)Z(\mathrm{d}\lambda)$ a.s.,由于对每t,存在一零测集N_t,当$\omega\in N_t$时,此式可不成立,因而不能解释此式为:对几乎一切固定的ω,$\xi_t(\omega)=\int_\Lambda f(t,\lambda)Z(\mathrm{d}\lambda)$对一切$t\in T$成立(除非$T$为可列集).

(二)

现在已不难证明下面的

定理2 (i)设$Z(A),A\in(\mathbf{R},\mathcal{B}_1,F)$是任一随机测度,$F(\mathbf{R})<+\infty$,则由下式定义的随机过程

$$\xi_t=\int_{\mathbf{R}}\mathrm{e}^{\lambda t\mathrm{i}}Z(\mathrm{d}\lambda),\quad t\in\mathbf{R} \tag{19}$$

是均方连续弱平稳过程,其相关函数为

$$B(\tau)=\int_{\mathbf{R}}\mathrm{e}^{\lambda\tau\mathrm{i}}F(\mathrm{d}\lambda),\quad \tau\in\mathbf{R}, \tag{20}$$

因而此过程的谱测度重合于 $Z(A)$ 的均方测度.

(ii) 反之,设 $\{\xi_t, t\in\mathbf{R}\}$ 为均方连续的弱平稳过程,有相关函数为

$$B(\tau)=\int_{\mathbf{R}} \mathrm{e}^{\lambda\tau\mathrm{i}} F(\mathrm{d}\lambda), \tag{21}$$

因而 $F(A)$ 为过程的谱测度. 于是存在唯一的取值地 $\bar{L}\{\xi_t, t\in\mathbf{R}\}$ 中的随机测度 $Z(A)$, $A\in(\mathbf{R},\mathcal{B}_1,F)$, 使对任一固定的 $t\in\mathbf{R}$, 有

$$\xi_t=\int_{\mathbf{R}} \mathrm{e}^{\lambda t\mathrm{i}} Z(\mathrm{d}\lambda) \quad \text{a.s.}. \tag{22}$$

证　(i) 于定理 1(i) 中取 $f(t,\lambda)=\mathrm{e}^{t\lambda\mathrm{i}}$, $\Lambda=\mathbf{R}$ 知 (19) 中的 $\{\xi_t, t\in\mathbf{R}\}$ 是二阶矩过程, 其相关函数为 (20). 既然 $B(\tau)=E\xi_{t+\tau}\bar{\xi}_t$ 与 t 无关, 可见此过程弱平稳. 又因 $B(\tau)$ 连续, 故过程均方连续.

(ii) 仍在定理 1(ii) 中取 $f(t,\lambda)=\mathrm{e}^{t\lambda\mathrm{i}}$, $\Lambda=\mathbf{R}$, 则 (5) 化为 (21). 因而知 (22) 成立. 由 (9)(10) 知 $Z(A)\in\bar{L}\{\xi_t, t\in\mathbf{R}\}$. 剩下只要证唯一性.

设 $\widetilde{Z}(A)\in\bar{L}\{\xi_t, t\in\mathbf{R}\}$, $A\in(\mathbf{R},\mathcal{B}_1,\widetilde{F})$, 是任意一个满足 (22) 的随机测度. 由 (i) 知 $\widetilde{Z}(A)$ 的均方测度 $\widetilde{F}(A)$ 必须重合于过程 $\{\xi_t, t\in\mathbf{R}\}$ 的谱测度 $F(A)$. 利用 (8) 中的

$$\chi_A^{(n)}(\lambda)=\sum_{j=1}^{n} a_j^{(n)} \mathrm{e}^{t_j^{(n)}\lambda\mathrm{i}}, \tag{23}$$

我们有

$$\begin{aligned}
& E\left|\widetilde{Z}(A)-\int_{\mathbf{R}} \chi_A^{(n)}(\lambda)\widetilde{Z}(\mathrm{d}\lambda)\right|^2 \\
={}& E\left|\int_{\mathbf{R}}(\chi_A(\lambda)-\chi_A^{(n)}(\lambda))\widetilde{Z}(\mathrm{d}\lambda)\right|^2 \\
={}& \int_{\mathbf{R}} |\chi_A(\lambda)-\chi_A^{(n)}(\lambda)|^2 \widetilde{F}(\mathrm{d}\lambda) \\
={}& \int_{\mathbf{R}} |\chi_A(\lambda)-\chi_A^{(n)}(\lambda)|^2 F(\mathrm{d}\lambda) \to 0
\end{aligned}$$

(见 (9_1)). 这表示

$$\widetilde{Z}(A)=\underset{n\to+\infty}{\mathrm{l.i.m}}\int_{\mathbf{R}}\chi_A^{(n)}(\lambda)\widetilde{Z}(\mathrm{d}\lambda)$$

$$=\underset{n\to+\infty}{\mathrm{l.i.m}}\int_{\mathbf{R}}\left(\sum_{j=1}^{n}a_j^{(n)}\mathrm{e}^{t_j^{(n)}\lambda\mathrm{i}}\right)\widetilde{Z}(\mathrm{d}\lambda).$$

既然由假定(22)对 $\widetilde{Z}(A)$ 也成立，故由(10)

$$\widetilde{Z}(A)=\underset{n\to+\infty}{\mathrm{l.i.m}}\sum_{j=1}^{n}a_j^{(n)}\xi_{t_j^{(n)}}(\omega)=\underset{n\to+\infty}{\mathrm{l.i.m}}\,Z_n(\omega)=Z(A).\quad ■$$

类似地，对弱平稳序列$\{\xi_n,n\in\mathbf{N}\}$，利用§8.1定理3′，也可得到积分表达式. 为此，只要在定理1中，令 $f(t,\lambda)=\mathrm{e}^{t\lambda\mathrm{i}}$，$t\in\mathbf{N}$，令 $\Lambda=\Pi=[-\pi,\pi]$，即得

定理2′ (i) 设 $Z(A)$，$A\in(\Pi,\Pi\mathcal{B}_1,F)$，是任一随机测度，$F(\Pi)<+\infty$，则由下式定义的随机序列

$$\xi_n=\int_{\Pi}\mathrm{e}^{n\lambda\mathrm{i}}Z(\mathrm{d}\lambda),\quad n\in\mathbf{N}\tag{24}$$

是弱平稳序列，其相关函数为

$$B(m)=\int_{\Pi}\mathrm{e}^{m\lambda\mathrm{i}}F(\mathrm{d}\lambda),\quad m\in\mathbf{N}.\tag{25}$$

因而这序列的谱测度重合于 $Z(A)$ 的均方测度.

(ii) 反之，设$\{\xi_n,n\in\mathbf{N}\}$为弱平稳序列，有相关函数为

$$B(m)=\int_{\Pi}\mathrm{e}^{m\lambda\mathrm{i}}F(\mathrm{d}\lambda),\tag{26}$$

因而 $F(A)$ 为过程的谱测度. 于是存在唯一的取值于 $\overline{L}\{\xi_n,n\in\mathbf{N}\}$ 中的随机测度 $Z(A)$，$A\in(\Pi,\Pi\mathcal{B}_1,F)$，使对任一固定的 $n\in\mathbf{N}$，有

$$\xi_n=\int_{\Pi}\mathrm{e}^{n\lambda\mathrm{i}}Z(\mathrm{d}\lambda)\quad \text{a.s.}.\tag{27}$$

(22)(或(27))式称为$\{\xi_t,t\in\mathbf{R}\}$(**或**$\{\xi_n,n\in\mathbf{N}\}$)的**谱展式**. 利用此谱展式，可以在两个希尔伯特空间

$$\overline{L}\{\xi_t,t\in\mathbf{R}\},L^2(\mathbf{R},\mathcal{B}_1,F)$$

之间，建立一**同构**. 实际上，利用(22)式，令

$$\xi_t \leftrightarrow \mathrm{e}^{t\lambda\mathrm{i}},$$

$$\sum_{j=1}^{n} a_j \xi_{t_j} \leftrightarrow \sum_{j=1}^{n} a_j \mathrm{e}^{t_j\lambda\mathrm{i}},$$

亦即

$$\int_{\mathbf{R}} \Big(\sum_{j=1}^{n} a_j \mathrm{e}^{t_j\lambda\mathrm{i}} \Big) Z(\mathrm{d}\lambda) \leftrightarrow \sum_{j=1}^{n} a_j \mathrm{e}^{t_j\lambda\mathrm{i}}.$$

然而,全体右方中的线性组合稠于 $L^2(\mathbf{R},\mathcal{B}_1,F)$,而全体左方中的线性组合,亦即一切 $\sum_{j=1}^{n} a_j \xi_{t_j}$,稠于 $\overline{L}\{\xi_t,t\in\mathbf{R}\}$,于是令

$$\overline{L}\{\xi_t,t\in\mathbf{R}\} \ni \int_{\mathbf{R}} f(\lambda) Z(\mathrm{d}\lambda) \leftrightarrow f(\lambda) \in L^2(\mathbf{R},\mathcal{B}_1,F), \qquad (28)$$

则上式建立了上两个空间的一一对应①,而且由 §8.2 (12)～(14),可见此对应

(i) 是线性的:由 $f_i(\lambda) \leftrightarrow \int_{\mathbf{R}} f_i(\lambda) Z(\mathrm{d}\lambda)$,得

$$\sum_{i=1}^{n} a_i f_i(\lambda) \leftrightarrow \int_{\mathbf{R}} \Big(\sum_{i=1}^{n} a_i f_i(\lambda) \Big) Z(\mathrm{d}\lambda);$$

(ii) 是保内积的:

$$\Big(\int_{\mathbf{R}} f(\lambda) Z(\mathrm{d}\lambda), \int_{\mathbf{R}} g(\lambda) Z(\mathrm{d}\lambda) \Big) = (f,g)_{L^2}.$$

因此 $\overline{L}\{\xi_t,t\in\mathbf{R}\}$ 与 $L^2(\mathbf{R},\mathcal{B}_1,F)$ 同构.

同样,利用(27),可见两个希尔伯特空间

$$\overline{L}\{\xi_n,n\in\mathbf{N}\}, \quad L^2(\Pi,\Pi\mathcal{B}_1,F)$$

同构.

这种同构关系非常重要,因为在许多问题中,利用它可以把

---

① 令 $U=\overline{L}\{\xi_t,t\in\mathbf{R}\}$, $W=\left\{\int_{\mathbf{R}} f(\lambda)Z(\mathrm{d}\lambda),\ f\in L^2(\mathbf{R},\mathcal{B}_1,F)\right\}$,则 $U=W$. 实际上,这两个集都是线性闭集(在均方收敛意义下). 由(22)知 $\xi_t\in W$,故 $U\subset W$. 再由(22)知 $\int_{\mathbf{R}} \mathrm{e}^{t\lambda\mathrm{i}} Z(\mathrm{d}\lambda)\in U$, 然而 W 是含一切 $\int_{\mathbf{R}} \mathrm{e}^{t\lambda\mathrm{i}} Z(\mathrm{d}\lambda)$ $(t\in\mathbf{R})$ 的最小线性闭集,故 $W\subset U$.

对 $\overline{L}\{\xi_t,t\in\mathbf{R}\}$（或 $\overline{L}\{\xi_n,n\in\mathbf{N}\}$）的研究，化为对函数空间 $L^2(\mathbf{R},\mathcal{B}_1,F)$（或 $L^2(\Pi,\Pi\mathcal{B}_1,F)$）的研究.

（三）

现在来研究实值情形.

定理 3 为使均方连续弱平稳过程 $\{\xi_t,t\in\mathbf{R}\}$ 取实数值，充分必要条件是(22)中的随机测度具有性质：对任意 $A\in\mathcal{B}_1$，有

$$Z(A)=\overline{Z(-A)},\quad \text{a.s.}. \tag{29}$$

证 必要性 由 $\xi_t=\bar{\xi}_t$ a.s. 及(22)

$$\int_{\mathbf{R}}e^{t\lambda i}Z(d\lambda)=\int_{\mathbf{R}}e^{-t\lambda i}\overline{Z}(d\lambda)=\int_{\mathbf{R}}e^{t\lambda i}\widetilde{Z}(d\lambda),$$

其中 $\widetilde{Z}(A)=\overline{Z(-A)}$. 由于谱展式中随机测度的唯一性即得 $E|Z(A)-\overline{Z(-A)}|^2=0$，此即(29).

充分性 此因

$$\begin{aligned}\bar{\xi}_t&=\overline{\int_{\mathbf{R}}e^{t\lambda i}Z(d\lambda)}=\int_{\mathbf{R}}e^{-t\lambda i}\overline{Z}(d\lambda)=\int_{\mathbf{R}}e^{t\lambda i}\widetilde{Z}(d\lambda)\\&=\int_{\mathbf{R}}e^{t\lambda i}Z(d\lambda)=\xi_t\quad \text{a.s.}.\quad\blacksquare\end{aligned}$$

显然，定理的结论对弱平稳序列也正确.

自然希望实值情形的谱展式中不含复数，以下定理解决了此问题. 令 H 为一切二阶矩有穷的随机变量集. 若 $\xi_1\in H,\xi_2\in H$，$E\xi_1\bar{\xi}_2=0$，则说 ξ_1 **与** ξ_2 **互垂**，记为 $\xi_1\perp\xi_2$. 若集 $D_i\subset H$，并且对一切 $\xi_i\in D_i,i=1,2$，有 $\xi_1\perp\xi_2$，则说 D_1 **与** D_2 **互垂**，并记为 $D_1\perp D_2$.

以下令 $R_0=(0,+\infty)$，不含 0 点.

定理 4 (i) 设 $\{\xi_t,t\in\mathbf{R}\}$ 是实值均方连续的弱平稳过程，谱测度为 $F(A)$. 于是对任意 $t\in\mathbf{R}$，有

$$\xi_t=Z_0+\int_{R_0}\cos t\lambda X(d\lambda)+\int_{R_0}\sin t\lambda Y(d\lambda)\quad \text{a.s.}, \tag{30}$$

其中

i) $Z_0\in H$，Z_0 是实值随机变量，与 t 无关，而且 $EZ_0^2=F(\{0\})$.

ii) $X(A)$与$Y(B)$都是$(R_0,R_0\mathcal{B}_1,2F)$上的实值随机测度，即$EX(A)X(B)=EY(A)Y(B)=2F(AB)\ (A,B\in R_0\mathcal{B}_1)$；又 F 是对称的，即$F(A)=F(-A)(A\in\mathcal{B}_1)$.

iii) $Z_0\perp X(A),Z_0\perp Y(A),X(A)\perp Y(B)\ (A\in R_0\mathcal{B}_1,B\in R_0\mathcal{B}_1)$.

(ii) 反之，设已给有穷对称测度 $F(A)(A\in\mathcal{B}_1)$及满足 i)，ii)，iii)的 $Z_0,X(A),Y(B)$，则由(30)定义的$\{\xi_t,t\in\mathbf{R}\}$是实值均方连续的弱平稳过程，有谱测度为 $F(A)$.

证　考虑(22)中的 $Z(A)$. 对 $A\in R_0\mathcal{B}_1$，定义

$$X(A)=Z(A)+\overline{Z(A)},\quad Y(A)=\mathrm{i}(Z(A)-\overline{Z(A)}),$$
$$Z_0=Z(\{0\}).\tag{31}$$

$X(A),Y(A),Z_0$ 都属于 H 而且

i) 由(29)，$\overline{Z}_0=\overline{Z(\{0\})}=\overline{Z(\{-0\})}=Z(\{0\})=Z_0$；由(11)，$EZ_0^2=E(Z(\{0\}))^2=F(\{0\})$.

ii) 由定义知，$X(A),Y(A)$均取实值. 由(29)(11)得

$$X(A)=Z(A)+Z(-A),Y(A)=\mathrm{i}(Z(A)-Z(-A)),$$
$$\begin{aligned}EX(A_1)X(A_2)&=E\{[Z(A_1)+Z(-A_1)][Z(A_2)+Z(-A_2)]\}\\&=F(A_1A_2)+F(A_1[-A_2])+\\&\quad F([-A_1]A_2)+F([-A_1][-A_2]),\end{aligned}$$

既然 $A_1\subset R_0,A_2\subset R_0$，故 $A_1[-A_2]=\varnothing=[-A_1]A_2$，由 §8.1(15)得 F 的对称性，特别，$F([-A_1][-A_2])=F(A_1A_2)$，于是

$$EX(A_1)X(A_2)=2F(A_1A_2).$$

类似可证 $EY(A_1)Y(A_2)=2F(A_1A_2)$.

iii) 因 $0\overline{\in}A\subset R_0$，故由(31)及(11)

$$EZ_0X(A)=EZ(\{0\})Z(A)+EZ(\{0\})Z(-A)=0,$$

同样 $EZ_0Y(A)=0$. 此外，由 $Y(B)=\overline{Y(B)}$得

$$EX(A)Y(B)=-\mathrm{i}E[Z(A)+Z(-A)(\overline{Z(B)-Z(-B)})]$$

$$=-\mathrm{i}\{F(AB)+F([-A]B)-F(A[-B])-F([-A][-B])\}$$
$$=0.$$

今证(30). 改写(22)为

$$\begin{aligned}\xi_t &= Z(\{0\})+\int_{R_0\cup(-R_0)}\mathrm{e}^{t\lambda\mathrm{i}}Z(\mathrm{d}\lambda)\\ &= Z_0+\int_{R_0\cup(-R_0)}\cos t\lambda Z(\mathrm{d}\lambda)+\mathrm{i}\int_{R_0\cup(-R_0)}\sin t\lambda Z(\mathrm{d}\lambda).\end{aligned}\tag{32}$$

但对任一偶实值函数 $\varphi(\lambda)\in L^2(\mathbf{R},\mathcal{B}_1,F)$，有

$$\int_{R_0\cup(-R_0)}\varphi(\lambda)Z(\mathrm{d}\lambda)=\int_{R_0}\varphi(\lambda)X(\mathrm{d}\lambda).\tag{33}$$

实际上，当 $\varphi(\lambda)$ 为简单函数即

$$\varphi(\lambda)=\sum_{j=1}^n a_j\chi_{A_j}(\lambda)+\sum_{j=1}^n a_j\chi_{-A_j}(\lambda),\quad A_j\subset R_0$$

时，(33)之左方由于(29)而化为

$$\begin{aligned}\sum_{j=1}^n a_jZ(A_j)+\sum_{j=1}^n a_jZ(-A_j) &= \sum_{j=1}^n a_j[Z(A_j)+\overline{Z(A_j)}]\\ &= \int_{R_0}\varphi(\lambda)X(\mathrm{d}\lambda).\end{aligned}$$

既然任一满足 $\varphi(0)=0$ 的偶实值函数 $\varphi(\lambda)\in L^2(\mathbf{R},\mathcal{B}_1,F)$ 可由这种简单函数列逼近，故得证(33). 同样可证，对任一奇实值函数 $\varphi(\lambda)\in L^2(\mathbf{R},\mathcal{B}_1,F)$，有

$$\mathrm{i}\int_{R_0\cup(-R_0)}\varphi(\lambda)Z(\mathrm{d}\lambda)=\int_{R_0}\varphi(\lambda)Y(\mathrm{d}\lambda).\tag{34}$$

综合(32)(33)(34)即得(30).

反之，设 ξ_t 可表示成(30)，其中 Z_0，$X(A)$，$Y(A)$具有定理4 i)，ii)，iii)中的性质. 利用(30)及这些性质得

$$E\xi_{t+\tau}\xi_t=E\mid Z_0\mid^2+E\left[\int_{R_0}\cos(t+\tau)\lambda X(\mathrm{d}\lambda)\int_{R_0}\cos t\lambda X(\mathrm{d}\lambda)\right]+$$
$$E\left[\int_{R_0}\sin(t+\tau)\lambda Y(\mathrm{d}\lambda)\int_{R_0}\sin t\lambda Y(\mathrm{d}\lambda)\right]$$

$$= F(\{0\}) + 2\int_{R_0} \cos\lambda(t+\tau)\cos\lambda t F(\mathrm{d}\lambda) +$$

$$2\int_{R_0} \sin\lambda(t+\tau)\sin\lambda t F(\mathrm{d}\lambda)$$

$$= F(\{0\}) + 2\int_{R_0} \cos\lambda\tau F(\mathrm{d}\lambda) = \int_{-\infty}^{+\infty} \mathrm{e}^{\lambda\tau\mathrm{i}} F(\mathrm{d}\lambda),$$

最后一等号用到 F 的对称性.

既然 $E\xi_{t+\tau}\xi_t$ 不依赖于 t，对 τ 连续，而且 ξ_t 显然取实值，故 $\{\xi_t, t\in\mathbf{R}^1\}$ 是均方连续的实值弱平稳过程. ■

系 1　为使实值均方连续弱平稳过程是正态过程，充分必要条件是(30)中的 Z_0，$\{X(A), A\in R_0\mathcal{B}_1\}$，$\{Y(A), A\in R_0\mathcal{B}_1\}$ 除满足定理 4 证明中的 i)，ii)，iii)外，还构成正态系.

证　必要性　由于 $\overline{L}\{\xi_t, t\in\mathbf{R}\}$ 包含 Z_0，$\{X(A), A\in R_0\mathcal{B}_1\}$ 及 $\{Y(A), A\in R_0\mathcal{B}_1\}$，既然 $\{\xi_t, t\in\mathbf{R}\}$ 是正态过程，故由正态系的性质知此三者构成正态系.

充分性　由假定知随机变量族

$$\widetilde{A} = \{Z_0, X(A), Y(A), A\in R_0\mathcal{B}_1\}$$

是正态系. 既然由(30)知 $\xi_{t_i}\in\overline{L}\{\widetilde{A}\}$，而由 § 1.2，$\overline{L}\{\widetilde{A}\}$ 也是正态系，故 $\{\xi_{t_i}, i=1,2,\cdots,n\}$ 的联合分布也是正态的. ■

§8.4　对弱平稳过程的线性运算，微分与差分方程

（一）

设$\{\xi_t, t\in\mathbf{R}\}$为均方连续弱平稳过程，谱展式为§8.3(22)，谱测度为$F(A), A\in\mathcal{B}_1$. 对这过程的线性运算是指把这过程变为一新过程的变换，此新过程$\{\tilde{\xi}_t, t\in\mathbf{R}\}$：

(i) 或者是

$$\tilde{\xi}_t = \sum_{j=1}^{n} c_j \xi_{t+t_j} = \int_{\mathbf{R}} \mathrm{e}^{t\lambda \mathrm{i}} \Big(\sum_{j=1}^{n} c_j \mathrm{e}^{t_j\lambda \mathrm{i}} \Big) Z(\mathrm{d}\lambda), \tag{1}$$

其中c_j为任意复数而n为任意正整数；

(ii) 或者$\tilde{\xi}_t$是上式右方中的和在均方收敛意义下的极限，即

$$\tilde{\xi}_t = \underset{n\to+\infty}{\mathrm{l.i.m}} \int_{\mathbf{R}} \mathrm{e}^{t\lambda \mathrm{i}} \Big(\sum_{j=1}^{m_n} c_j^{(n)} \mathrm{e}^{t_j^{(n)}\lambda \mathrm{i}} \Big) Z(\mathrm{d}\lambda). \tag{2}$$

既然$\{\tilde{\xi}_t, t\in\mathbf{R}\}\subset\overline{L}\{\xi_t, t\in\mathbf{R}\}$，由上节所述同构性可见必存在复值函数$c(\lambda), \lambda\in\mathbf{R}$，

$$c(\lambda)\in L^2(\mathbf{R}, \mathcal{B}_1, F), \tag{3}$$

使

$$\tilde{\xi}_t = \int_{\mathbf{R}} \mathrm{e}^{t\lambda \mathrm{i}} c(\lambda) Z(\mathrm{d}\lambda); \tag{4}$$

反之，对任一已给满足(3)的$c(\lambda)$，由(4)定义的$\{\tilde{\xi}_t, t\in\mathbf{R}\}$必是对$\{\xi_t, t\in\mathbf{R}\}$进行某一线性运算的结果，因为由(3)，必存在$\sum_{j=1}^{m_n} c_j^{(n)} \mathrm{e}^{t_j^{(n)}\lambda \mathrm{i}}, n\in\mathbf{N}^*$，使

$$\Big\| \sum_{j=1}^{m_n} c_j^{(n)} \mathrm{e}^{(t+t_j^{(n)})\lambda \mathrm{i}} - \mathrm{e}^{t\lambda \mathrm{i}} c(\lambda) \Big\|_{L^2} \to 0 \quad (n\to+\infty),$$

于是对由(4)定义的 $\tilde{\xi}_t$ 有

$$\tilde{\xi}_t = \underset{n\to+\infty}{\mathrm{l.\,i.\,m}} \int_{\mathbf{R}} \mathrm{e}^{t\lambda \mathrm{i}} \Big(\sum_{j=1}^{m_n} c_j^{(n)} \mathrm{e}^{t_j^{(n)} \lambda \mathrm{i}} \Big) Z(\mathrm{d}\lambda).$$

由此可见,线性运算与满足(3)的函数 $c(\lambda)$ 是一一对应的,由 $c(\lambda)$ 所决定的(4)中的新过程记为 $\{\xi_t^{(c)}, t\in\mathbf{R}\}$,并称 $c(\lambda)$ 为此**线性运算的核**,而由 $c(\lambda)$ 所决定的线性运算则简称为 $c(\lambda)$-**运算**. 如果 $c_1(\lambda)$ 与 $c_2(\lambda)$ 都属于 $L^2(\mathbf{R},\mathcal{B}_1,F)$,而且 $c_1(\lambda)c_2(\lambda)$ 也属于 $L^2(\mathbf{R},\mathcal{B}_1,F)$,那么称 $c_1(\lambda)c_2(\lambda)$-运算为 $c_1(\lambda)$-运算与 $c_2(\lambda)$-运算的**积**,因为 $c_1(\lambda)$ 将 $\{\xi_t(\omega), t\in\mathbf{R}\}$ 变为 $\xi_t^{(c_1)}$,简记为 $\xi_t^{(1)}$:

$$\xi_t^{(1)} = \int_{\mathbf{R}} \mathrm{e}^{t\lambda \mathrm{i}} c_1(\lambda) Z(\mathrm{d}\lambda), \quad t\in\mathbf{R},$$

而 $c_2(\lambda)$ 则变 $\{\xi_t^{(1)}, t\in\mathbf{R}\}$ 为

$$\xi_t^{(2)} = \int_{\mathbf{R}} \mathrm{e}^{t\lambda \mathrm{i}} c_1(\lambda) c_2(\lambda) Z(\mathrm{d}\lambda), \quad t\in\mathbf{R}, \tag{5}$$

所得 $\{\xi_t^{(2)}, t\in\mathbf{R}\}$ 正与直接对 $\{\xi_t(\omega), t\in\mathbf{R}\}$ 施行 $c_1(\lambda)c_2(\lambda)$ 运算的结果一致. 显然,$\{\xi_t^{(2)}, t\in\mathbf{R}\}$ 不依赖于施行 $c_i(\lambda)$-运算($i=1,2$)的次序. 至于 $\{\xi_t^{(1)}, t\in\mathbf{R}\}$ 也是均方连续的弱平稳过程则因有以下定理:

定理 1　$\{\xi_t^{(c)}, t\in\mathbf{R}\}$ 是均方连续的弱平稳过程,它的谱展式为

$$\xi_t^{(c)} = \int_{\mathbf{R}} \mathrm{e}^{t\lambda \mathrm{i}} c(\lambda) Z(\mathrm{d}\lambda), \quad t\in\mathbf{R}; \tag{6}$$

正交随机测度为

$$Z_c(A) = \int_A c(\lambda) Z(\mathrm{d}\lambda), \quad A\in\mathcal{B}_1; \tag{7}$$

相关函数及谱测度分别为

$$B_c(\tau) = \int_{\mathbf{R}} \mathrm{e}^{t\lambda \mathrm{i}} |c(\lambda)|^2 F(\mathrm{d}\lambda); \tag{8}$$

$$F_c(A) = \int_A |c(\lambda)|^2 F(\mathrm{d}\lambda); \tag{9}$$

因此，若原方程$\{\xi_t, t\in\mathbf{R}\}$有谱密度 $f(\lambda)$，则$\{\xi_t^{(c)}, t\in\mathbf{R}\}$也有谱密度 $f_c(\lambda)$，而且关于勒贝格测度几乎处处

$$f_c(\lambda)=|c(\lambda)|^2 f(\lambda). \tag{10}$$

证 由于§8.2 (13)(14)

$$E\xi_{t+\tau}^{(c)}\overline{\xi_t^{(c)}} = E\left(\int_{\mathbf{R}} e^{(t+\tau)\lambda i}c(\lambda)Z(d\lambda)\right)\overline{\left(\int_{\mathbf{R}} e^{t\lambda i}c(\lambda)Z(d\lambda)\right)}$$

$$= \int_{\mathbf{R}} e^{\tau\lambda i}|c(\lambda)|^2 F(d\lambda), \tag{11}$$

可见 $B_c(\tau)=E\xi_{t+\tau}^{(c)}\overline{\xi_t^{(c)}}$与 t 无关而且关于τ连续，故$\{\xi_t^{(c)}, t\in\mathbf{R}\}$是均方连续弱平稳过程. 考虑(7)中的 $Z_c(A)$，因

$$EZ_c(A)\overline{Z_c(B)} = E\left(\int_A c(\lambda)Z(d\lambda)\overline{\int_B c(\lambda)Z(d\lambda)}\right)$$

$$= \int_{AB}|c(\lambda)|^2 F(d\lambda) = F_c(AB),$$

可见 $Z_c(A)(A\in\mathcal{B}_1)$是$(\mathbf{R},\mathcal{B}_1,F_c)$上的随机测度. 由于过程谱展开式及随机测度的唯一性，知$\{\xi_t^{(c)}, t\in\mathbf{R}\}$的谱展式及随机测度为(6)(7). 由相关函数谱展式的唯一性得证(8)(9). (10)则显然. ■

以下研究几种重要的线性运算.

(二)

设

$$c(\lambda)=\chi_A(\lambda), \tag{12}$$

其中 $A\in\mathcal{B}_1$ 任意固定. 经$\chi_A(\lambda)$-运算后①，所得过程

$$\xi_t^{(\chi_A)} = \int_A e^{t\lambda i}Z(d\lambda) \tag{13}$$

简记为$\{\xi_A(t), t\in\mathbf{R}\}$，它的谱测度记为 $F_A(B)$：

$$F_A(B) = \int_B|\chi_A(\lambda)|^2 F(d\lambda) = F(AB), \quad B\in\mathcal{B}_1, \tag{14}$$

---

① 在§9.1 中会证明，这运算与某投影变换一致.

可见此测度完全集中在集 A 上.

利用此运算,可将$\{\xi_t, t\in \mathbf{R}\}$正交地展开. 任取一列$\{A_i\}\subset \mathcal{B}_1$,使 $A_iA_j=\varnothing, i\neq j$; $\bigcup_i A_i=\mathbf{R}$,则

$$\xi_t = \sum_i \xi_{A_i}(t) \quad (\text{均方收敛意义下}), \tag{15}$$

$$(\xi_{A_i}(t), \xi_{A_j}(t))=0, \quad i\neq j. \tag{16}$$

实际上

$$\begin{aligned}
(\xi_{A_i}(t), \xi_{A_j}(t)) &= E\xi_{A_i}(t)\overline{\xi_{A_j}(t)} \\
&= E\left(\int_{\mathbf{R}} e^{t\lambda i}\chi_{A_i}(\lambda)Z(d\lambda)\overline{\int_{\mathbf{R}} e^{t\lambda i}\chi_{A_j}(\lambda)Z(d\lambda)}\right) \\
&= \int \chi_{A_i}(\lambda)\overline{\chi_{A_j}(\lambda)}F(d\lambda) = 0,
\end{aligned}$$

此得证(16);其次

$$\begin{aligned}
\left\| \xi_t - \sum_{i=1}^n \xi_{A_i}(t) \right\|^2 &= E\left| \xi_t - \sum_{i=1}^n \xi_{A_i}(t) \right|^2 \\
&= E\left| \int_{\mathbf{R}} e^{t\lambda i}\chi_{\mathbf{R}}(\lambda)Z(d\lambda) - \right. \\
&\qquad \left. \int_{\mathbf{R}} e^{t\lambda i}\chi_{\bigcup_{i=1}^n A_i}(\lambda)Z(d\lambda) \right|^2 \\
&= E\left| \int_{\mathbf{R}} e^{t\lambda i}\chi_{\bigcup_{i=n+1} A_i}(\lambda)Z(d\lambda) \right|^2 \\
&= \int_{\mathbf{R}} |\chi_{\bigcup\limits_{i=n+1} A_i}(\lambda)|^2 F(d\lambda) \\
&= F\left(\bigcup_{i=n+1} A_i \right) \to 0, \quad n \to +\infty,
\end{aligned}$$

这便证明了(15).

这样,对应于 $\mathbf{R}$ 的任一分解$\{A_i\}$,我们得到了$\{\xi_t, t\in \mathbf{R}\}$的**正交展开**$\{\xi_{A_i}(t)\}$,后者满足(15)(16),而且每个$\{\xi_{A_i}(t), t\in \mathbf{R}\}$都是均方连续弱平稳过程,它的谱测度完全集中在集 A_i 上.

重要的一种正交展开如下:设 $F(A)$的分布函数为

$$F(\lambda)=F((-\infty, \lambda]), \quad \lambda\in \mathbf{R}, \tag{17}$$

称此右连续、不减函数 $F(\lambda)$ 为过程的**谱函数**. 将 $F(\lambda)$ 分解为

$$F(\lambda)=\sum_{i=1}^{3}F_i(\lambda),\tag{18}$$

其中 $F_i(\lambda)(i=1,2,3)$ 都是不减函数. $F_1(\lambda)$ 是 $F(\lambda)$ 的跳跃部分，它只在 $F(\lambda)$ 的断点上上升，在这些点上的增量等于 $F(\lambda)$ 在各自上的跃度，因而 $F_1(\lambda)$ 等于 F 在 $(-\infty,\lambda]$ 中全体断点上的跃度的和；而 $F_2(\lambda)$ 则是 $F(\lambda)$ 的绝对连续部分，即

$$F_2(\lambda)=\int_{-\infty}^{\lambda}F'(y)\mathrm{d}y;$$

最后，$F_3(\lambda)$ 是 $F(\lambda)$ 的奇异部分，它是连续的不减函数. 分布 F_1 集中在 F 的全体断点的集 B_1 上；F_2 集中在使 F' 存在而且有穷的点的集 B_2 上；而 F_3 则集中在其他点上，在这些点上，$F(\lambda)$ 连续，但 $F'(\lambda)$ 或者不存在，或者值为无穷，这种点构成一勒贝格测度为 0 的集 B_3. 显然 B_1,B_2,B_3 互不相交而且和为 $\mathbf{R}$，故对应于 $\{B_1,B_2,B_3\}$ 可得 $\{\xi_t,t\in\mathbf{R}\}$ 的一正交展开 $\{\xi_{B_1}(t),\xi_{B_2}(t),\xi_{B_3}(t)\}$，对它们运用(6)～(9)后可得谱展式等，例如

$$\xi_{B_1}(t)=\sum_j \mathrm{e}^{t\lambda \mathrm{i}}Z(\{\lambda_j\}),\tag{19}$$

$$B_{B_1}(\tau)=\sum_j \mathrm{e}^{\tau\lambda_j \mathrm{i}}F(\{\lambda_j\}),\tag{20}$$

其中 λ_j 是 $F(\lambda)$ 的断点.

（三）

设

$$c(\lambda)=\lambda\mathrm{i},\tag{21}$$

如果 $\int_{\mathbf{R}}\lambda^2F(\mathrm{d}\lambda)<+\infty$，我们称 λi-运算为**可导运算**，命名的根据如下.

称过程 $\{\xi_t,t\in\mathbf{R}\}$ **在定点** $t_0\in\mathbf{R}$ **上可导**，如存在随机变量 $\xi'(t_0)$，使

$$\lim_{h\to 0} E\left|\frac{\xi(t_0+h)-\xi(t_0)}{h}-\xi'(t_0)\right|^2=0;\tag{22}$$

如果它在 $\mathbf{R}$ 中任一点上可导，那么称此过程**可导**.

定理 2　对均方连续弱平稳过程 $\{\xi_t, t\in\mathbf{R}\}$，下列条件等价：

(i) $\int_{\mathbf{R}}\lambda^2 F(\mathrm{d}\lambda)<+\infty$;　(23)

(ii) 相关函数 $B(\tau)$ 有 2 阶连续导数；

(iii) 相关函数 $B(\tau)$ 在 0 点有 2 阶导数；

(iv) $\{\xi_t, t\in\mathbf{R}\}$ 可导；

(v) $\{\xi_t, t\in\mathbf{R}\}$ 在某一定点 t_0 可导.

当任一条件满足时，$\{\xi_t', t\in\mathbf{R}\}$ 是自 $\{\xi_t, t\in\mathbf{R}\}$ 经

$$c(\lambda)=\lambda\mathrm{i}\tag{24}$$

运算而得的均方连续弱平稳过程.

证　只要证(i)→(iv)→(v)→(i)，(i)→(ii)→(iii)→(i).

(i)→(iv)：由(i)知 $\lambda\mathrm{i}\mathrm{e}^{\lambda t\mathrm{i}}\in L^2(\mathbf{R},\mathcal{B}_1,F)$，故可定义随机积分

$$\xi'(t)=\mathrm{i}\int_{\mathbf{R}}\lambda\mathrm{e}^{\lambda t\mathrm{i}}Z(\mathrm{d}\lambda)\quad(t\in\mathbf{R}).$$

利用过程的谱展式及 § 8.2 (13)(14)得

$$\begin{aligned}&\lim_{h\to 0} E\left|\frac{\xi(t+h)-\xi(t)}{h}-\xi'(t)\right|^2\\&=\lim_{h\to 0} E\left|\int_{\mathbf{R}}\mathrm{e}^{\lambda t\mathrm{i}}\left(\frac{\mathrm{e}^{\lambda h\mathrm{i}}-1}{h}-\lambda\mathrm{i}\right)Z(\mathrm{d}\lambda)\right|^2\\&=\lim_{h\to 0}\int_{\mathbf{R}}\left|\frac{\mathrm{e}^{\lambda h\mathrm{i}}-1}{h}-\lambda\mathrm{i}\right|^2F(\mathrm{d}\lambda),\end{aligned}$$

由于 $|\mathrm{e}^{\lambda h\mathrm{i}}-1-\lambda h\mathrm{i}|\leqslant|\mathrm{e}^{\lambda h\mathrm{i}}-1|+|\lambda h|\leqslant 2|\lambda h|$ 以及(23)，可以用控制收敛定理，故在积分号下取极限后，即知上面的极限等于 0. 此得证(iv)及(v). 同时还证明了 $\{\xi_t', t\in\mathbf{R}\}$ 是经过 $\lambda\mathrm{i}$-运算所得的过程. 由定理 1 知它均方连续、弱平稳，相关函数 $B_{\xi'}(\tau)$ 为

$$B_{\xi'}(\tau)=\int_{\mathbf{R}}\lambda^2\mathrm{e}^{\lambda\tau\mathrm{i}}F(\mathrm{d}\lambda)=-\frac{\mathrm{d}^2}{\mathrm{d}\tau^2}\int_{\mathbf{R}}\mathrm{e}^{\lambda\tau\mathrm{i}}F(\mathrm{d}\lambda)=-B''(\tau),$$

第二等式仍然用到(23)及控制收敛定理①. 既然 $B_\xi(\tau)$ 连续，故 $B''(\tau)$ 也连续. 从而得证(i)→(ii)及(iii).

试证(v)(因而(iv))→(i)：由(v)知存在

$$\lim_{h\to 0} E\left|\frac{\xi_{t_0+h}-\xi_{t_0}}{h}\right|^2=\lim_{h\to 0}\int_{\mathbf{R}}\left|\frac{\mathrm{e}^{\lambda h\mathrm{i}}-1}{h}\right|^2 F(\mathrm{d}\lambda)<+\infty,$$

既然 $\lim\limits_{h\to 0}\left|\frac{\mathrm{e}^{\lambda h\mathrm{i}}-1}{h}\right|^2=\lambda^2$，根据法图引理

$$\int_{\mathbf{R}}\lambda^2 F(\mathrm{d}\lambda)\leqslant\lim_{h\to 0}\int_{\mathbf{R}}\left|\frac{\mathrm{e}^{\lambda h\mathrm{i}}-1}{h}\right|^2 F(\mathrm{d}\lambda)<+\infty.$$

最后，试证(iii)(因而(ii))→(i). 这由概率论中下列事实推出："如果特征函数 f 在 0 点有 $2n$ 阶有穷导数 $f^{(2n)}(0)$，那么它对应的分布 G 有 $r(\leqslant 2n)$ 阶有穷矩". 这事实由下列计算证明：由法图引理及 $f^{(2n)}(0)$ 的存在与有穷性

$$\begin{aligned}|f^{(2n)}(0)|&=\left|\lim_{h\to 0}\int_{\mathbf{R}}\left(\frac{\mathrm{e}^{\lambda x\mathrm{i}}-\mathrm{e}^{-\lambda h\mathrm{i}}}{2h}\right)^{2n}G(\mathrm{d}x)\right|\\&=\lim_{h\to 0}\int_{\mathbf{R}}\left(\frac{\sin hx}{hx}\right)^{2n}x^{2n}G(\mathrm{d}x)\geqslant\int x^{2n}G(\mathrm{d}x).\end{aligned}$$ ■

系 1 对均方连续弱平稳过程 $\{\xi_t,t\in\mathbf{R}\}$，下列条件等价：

i) $\int_{\mathbf{R}}\lambda^{2n}F(\mathrm{d}\lambda)<+\infty$； (25)

ii) 相关函数 $B(\tau)$ 有 $2n$ 阶连续导数；

iii) 相关函数 $B(\tau)$ 在 0 点有 $2n$ 阶导数；

iv) $\{\xi_t,t\in\mathbf{R}\}$ n 次可导；

v) $\{\xi_t,t\in\mathbf{R}\}$ 在某一定点 t_0 上 n 次可导.

当任一条件满足时，$\{\xi^{(n)}(t),t\in\mathbf{R}\}$ 是均方连续弱平稳过程，谱展式为

$$\xi^{(n)}(t)=\int_{\mathbf{R}}(\lambda\mathrm{i})^n\mathrm{e}^{t\lambda\mathrm{i}}Z(\mathrm{d}\lambda),\tag{26}$$

① 见参考书[15]§7.3.

随机测度为

$$Z_{\xi^{(n)}}(A)=\int_A(\lambda \mathrm{i})^n Z(\mathrm{d}\lambda), \tag{27}$$

相关函数 $B_{\xi^{(n)}}(\tau)$的谱展式为

$$B_{\xi^{(n)}}(\tau)=\int_{\mathbf{R}}\lambda^{2n}\mathrm{e}^{\lambda\tau\mathrm{i}}F(\mathrm{d}\lambda), \tag{28}$$

谱测度为

$$F_{\xi^{(n)}}(A)=\int_A\lambda^{2n}F(\mathrm{d}\lambda). \tag{29}$$

若 $\{\xi_t,t\in\mathbf{R}\}$ 有谱密度 $f(\lambda)$，则 $\{\xi_t^{(n)},t\in\mathbf{R}\}$ 也有谱密度为

$$f_{\xi^{(n)}}(\lambda)=\lambda^{2n}f(\lambda). \tag{30}$$

证　用归纳法，当 $n=1$ 时，由定理 1，定理 2 知系 1 成立. 设它当$n=m$ 时成立，因而(26)～(30)对 $n=m$ 正确. 由定理 2，对$\{\xi_t^{(m)},t\in\mathbf{R}\}$的条件(i)～(v)等价，这时它们分别化为系 1 i)～v)(以$m+1$换其中的 n). 又一次利用定理 1 即知(26)～(30)对 $n=m+1$ 正确.　■

(四)

利用(三)中的结果可以研究关于弱平稳过程的常系数微分方程. 为此先证

引理 1　设 $Z_c(A)(A\in\mathcal{B}_1)$由(7)定义，其中 $\mathrm{c}(\lambda)$满足(3). 若$\mathrm{d}(\lambda)\in L^2(\mathbf{R},\mathcal{B}_1,F_c)$，$F_c$ 由(9)决定，则

$$\int_{\mathbf{R}}\mathrm{d}(\lambda)Z_c(\mathrm{d}\lambda)=\int_{\mathbf{R}}\mathrm{d}(\lambda)\mathrm{c}(\lambda)Z(\mathrm{d}\lambda). \tag{31}$$

证　由定理 1 已知 $Z_c(A)(A\in\mathcal{B}_1)$是以 $F_c(A)$为均方测度的随机测度，故(31)左方有意义. 由于

$$\int_{\mathbf{R}}|\mathrm{d}(\lambda)\mathrm{c}(\lambda)|^2F(\mathrm{d}\lambda)=\int_{\mathbf{R}}|\mathrm{d}(\lambda)|^2F_c(\mathrm{d}\lambda)<+\infty, \tag{32}$$

故(31)右方也有意义. 当

$$\mathrm{d}(\lambda)=\sum_{i=1}^n a_i\chi_{A_i}(\lambda)$$

为简单函数时

$$\int_{\mathbf{R}} d(\lambda) Z_c(\mathrm{d}\lambda) = \sum_{i=1}^{n} a_i Z_c(A_i) = \sum_{i=1}^{n} a_i \int_{A_i} c(\lambda) Z(\mathrm{d}\lambda)$$

$$= \int_{\mathbf{R}} \Big[\sum_{i=1}^{n} a_i \chi_{A_i}(\lambda) \Big] c(\lambda) Z(\mathrm{d}\lambda)$$

$$= \int_{\mathbf{R}} d(\lambda) c(\lambda) Z(\mathrm{d}\lambda).$$

对一般的 $d(\lambda) \in L^2(\mathbf{R}, \mathcal{B}_1, F_c)$，存在简单函数列 $\{d_n(\lambda)\}$，使 $\int_{\mathbf{R}} |d_n(\lambda) - d(\lambda)|^2 F_c(\mathrm{d}\lambda) \to 0\ (n \to +\infty)$，因而

$$\int_{\mathbf{R}} d(\lambda) Z_c(\mathrm{d}\lambda) = \underset{n\to+\infty}{\mathrm{l.\,i.\,m}} \int_{\mathbf{R}} d_n(\lambda) Z_c(\mathrm{d}\lambda)$$

$$= \underset{n\to+\infty}{\mathrm{l.\,i.\,m}} \int_{\mathbf{R}} d_n(\lambda) c(\lambda) Z(\mathrm{d}\lambda)$$

$$= \int_{\mathbf{R}} d(\lambda) c(\lambda) Z(\mathrm{d}\lambda). \qquad \blacksquare$$

现在考虑微分方程

$$P(D)\xi(t) = \eta(t), \tag{33}$$

其中 $P(D) = a_0 + a_1 D + a_2 D + \cdots + a_n D^n$，$D^k$ 表在均方收敛意义下的 k 阶微商算子，a_k 为复常数，$\eta(t)$，$\xi(t)\ (t \in \mathbf{R})$都是均方连续的弱平稳过程，$\eta(t)$已知而 $\xi(t)$待求. 我们的目的是解方程(33). 以下用 Z_η，F_η 表$\{\eta(t), t \in \mathbf{R}\}$的随机测度与谱测度，对$\{\xi(t), t \in \mathbf{R}\}$也用类似记号.

首先证明，(33)的求平稳解问题等价于求方程

$$Z_\eta(A) = \int_A P(\lambda \mathrm{i}) Z_\xi(\mathrm{d}\lambda) \quad (A \in \mathcal{B}_1) \tag{34}$$

的随机测度解 $Z_\xi(A)$，$A \in \mathcal{B}_1$，后者的均方测度应有穷.

实际上，设(33)有解为$\{\xi_t, t \in \mathbf{R}\}$，它的谱展式为

$$\xi(t) = \int_{\mathbf{R}} \mathrm{e}^{\lambda t \mathrm{i}} Z_\xi(\mathrm{d}\lambda). \tag{35}$$

由(26) 及(33) 得

$$D^k\xi(t)=\int_{\mathbf{R}}(\lambda\mathrm{i})^k\mathrm{e}^{\lambda t\mathrm{i}}Z_\xi(\mathrm{d}\lambda),$$

$$P(D)\xi(t)=\int_{\mathbf{R}}P(\lambda\mathrm{i})\mathrm{e}^{\lambda t\mathrm{i}}Z_\xi(\mathrm{d}\lambda)=\int_{\mathbf{R}}\mathrm{e}^{\lambda t\mathrm{i}}Z_\eta(\mathrm{d}\lambda).$$

由于谱展式中随机测度唯一,故(34)成立.

反之,设有随机测度 $Z_\xi(A)(A\in\mathcal{B}_1)$满足(34),则由(35)定义的过程$\{\xi(t),t\in\mathbf{R}\}$是(33)的解,这是因为由引理 1 得

$$P(D)\xi(t)=\int_{\mathbf{R}}\mathrm{e}^{\lambda t\mathrm{i}}P(\lambda\mathrm{i})Z_\xi(\mathrm{d}\lambda)=\int_{\mathbf{R}}\mathrm{e}^{\lambda t\mathrm{i}}Z_\eta(\mathrm{d}\lambda)=\eta(t).$$

这样便证明了方程(33)与(34)的等价性,又由于 $\xi(t)$与 $Z_\xi(A)$的一一对应,方程(33)与(34)的解同时唯一或不唯一.

其次证明,若

$$\int_{\mathbf{R}}\frac{E_\eta(\mathrm{d}\lambda)}{|P(\lambda\mathrm{i})|^2}<+\infty,\tag{36}$$

则方程(33)有解. 实际上,此时可定义

$$Z_\xi(A)=\int_A\frac{Z_\eta(\mathrm{d}\lambda)}{P(\lambda\mathrm{i})}=\int_{\mathbf{R}}\frac{\chi_A(\lambda)}{P(\lambda\mathrm{i})}Z_\eta(\mathrm{d}\lambda),\tag{37}$$

由定理 1 知 $Z_\xi(A)(A\in\mathcal{B}_1)$是随机测度,它的均方测度

$$F_\xi(A)=\int_A\frac{F_\eta(\mathrm{d}\lambda)}{|P(\lambda\mathrm{i})|^2}.\tag{38}$$

由引理 1

$$\int_A P(\lambda\mathrm{i})Z_\xi(\mathrm{d}\lambda)=\int_{\mathbf{R}}\chi_A(\lambda)Z_\eta(\mathrm{d}\lambda)=Z_\eta(A),$$

这说明由(37)定义的 $Z_\xi(A)$是方程(34)的解. 因此根据上段所证,(33)有一解为(35),其中的 $Z_\xi(A)$由(37)给出.

再次,试在条件(36)下,讨论(33)的解的唯一性问题. 分两种情况:

(i) 设 $P(\lambda\mathrm{i})$无实零点,亦即方程 $P(\lambda)=0$ 无纯虚根(包括 0). 这时必存在常数 a,使 $|P(\lambda\mathrm{i})|^2\geqslant a>0,\lambda\in\mathbf{R}$, 于是

$\int_{\mathbf{R}} \frac{F_\eta(\mathrm{d}\lambda)}{|P(\lambda \mathrm{i})|^2} \leqslant \frac{1}{a} F_\eta(\mathbf{R}) < +\infty$ 而(36)必然成立. 如果随机测度 $\widetilde{Z}_\xi(A)$满足(34)，由引理 1 得

$$\widetilde{Z}_\xi(A) = \int_A \frac{Z_\eta(\mathrm{d}\lambda)}{P(\mathrm{i}\lambda)} = Z_\xi(A), \tag{39}$$

亦即 $\widetilde{Z}_\xi(A)$必定与(37)中的 $Z_\xi(A)$重合，从而此时(34)有唯一解为(37)，那么(33)的解也唯一.

(ii) 设 $P(\lambda \mathrm{i})$有实零点为 $\lambda_1, \lambda_2, \cdots, \lambda_k$. 这里(34)的解不唯一. 由直接验证可见(34)除了(37)给出的解外，还有解

$$\widetilde{Z}_\xi(A) = Z_\xi(A) + \sum_{j=1}^{k} \chi_A(\lambda_j) \varphi_j, \tag{40}$$

这里 χ_A 是 A 的示性函数，$\{\varphi_j\}$为正交随机变量，即 $E\varphi_j \overline{\varphi}_i = 0$ $(j \neq i)$，$E|\varphi_j|^2 < +\infty$，$E\varphi_j \overline{Z_\xi(A)} = 0$ $(j = 1, 2, \cdots, k, A \in \mathcal{B}_1)$. 这些假定保证 $\widetilde{Z}_\xi(A)$是随机测度.

但若 A 不含一个 λ_j $(j = 1, 2, \cdots, k)$，则(39)对此 A 仍然成立，因而 $\widetilde{Z}_\xi(A) = Z_\xi(A)$唯一.

最后，试证(36)不仅是(33)有解的充分条件，而且还是必要的. 实际上，设(33)有解，因而(34)有解. 在上述讨论(33)的解的唯一性情况(i)下，早已证明(36)成立，故只要考虑情况(ii). 令

$\Lambda_j^{(\varepsilon)} = (\lambda_j - \varepsilon, \lambda_j + \varepsilon)$, $j = 1, 2, \cdots, k$, $\varepsilon > 0$ 任意，又 $\Lambda^{(\varepsilon)} = \bigcup_{j=1}^{k} \Lambda_j^{(\varepsilon)}$. 于是必存在正常数 b，使对一切 $\lambda \overline{\in} \Lambda^{(\varepsilon)}$，有 $|P(\lambda \mathrm{i})|^2 \geqslant b > 0$，或 $\frac{1}{|P(\lambda \mathrm{i})|^2} \leqslant \frac{1}{b}$，故可定义随机积分

$$\int_{\mathbf{R} \setminus \Lambda^{(\varepsilon)}} \frac{Z_\eta(\mathrm{d}\lambda)}{P(\lambda \mathrm{i})},$$

由(34)得知此积分等于 $\int_{\mathbf{R} \setminus \Lambda^{(\varepsilon)}} Z_\xi(\mathrm{d}\lambda)$，它们的均方值也因而相等，故得

$$\int_{\mathbf{R}\setminus\Lambda^{(\varepsilon)}} \frac{F_\eta(\mathrm{d}\lambda)}{|P(\lambda\mathrm{i})|^2} = F_\xi(\mathbf{R}\setminus\Lambda^{(\varepsilon)}) \leqslant F_\xi(\mathbf{R}).$$

令 $\varepsilon\to 0$ 得

$$\int_{\mathbf{R}\setminus\Lambda} \frac{F_\eta(\mathrm{d}\lambda)}{|P(\lambda\mathrm{i})|^2} \leqslant F_\xi(\mathbf{R}), \quad \Lambda = (\lambda_1, \lambda_2, \cdots, \lambda_k). \tag{41}$$

再者，由(34)得 $Z_\eta(\Lambda)=0$，故 $F_\eta(\Lambda)=0$. 由此及(41)便得(36).

总结上述四小段便得

定理 3　方程(33)有均方连续弱平稳过程解$\{\xi_t, t\in\mathbf{R}\}$的充分必要条件是(36)成立，这时一个解由(35)(37)给出；如果$P(\lambda\mathrm{i})$无实零点，解是唯一的，如果 $P(\lambda\mathrm{i})$是实零点为 $\lambda_1, \lambda_2, \cdots, \lambda_k$，那么除了(35)(37)所给出的解外，(35)与(40)也给出方程(33)的解.

(五)

对弱平稳序列$\{\xi_n, n\in\mathbf{N}\}$的线性运算与常系数差分方程的理论，与对弱平稳过程情形完全类似. 实际上，在(一)(二)中，以 $\mathbf{N}$ 换 $\mathbf{R}$，n 换 t，以在$\Pi=[-\pi,\pi]$上的积分换在 $\mathbf{R}$ 上的积分，以$\Pi\mathcal{B}_1$换$\mathcal{B}_1$ 后，并经明显的改变，就可得到关于$\{\xi_n, n\in\mathbf{N}\}$的相应结果. 当然，(三)中的问题对$\{\xi_n, n\in\mathbf{N}\}$不会发生，(四)中关于过程的微分方程应换为关于序列的差分方程，试稍详论之.

考虑差分方程

$$P(S)\xi(n)=\eta(n), \tag{42}$$

其中 S 表推移算子，即 $S\xi(n)=\xi(n+1)$，$P(S)=a_0+a_1S+a_2S+\cdots+a_nS^n$，$a_k$ 为复常数，$\eta(n)$，$\xi(n)$ $(n\in\mathbf{N})$都是弱平稳序列，$\eta(n)$已知而 $\xi(n)$ 待求. 由于

$$S^k\xi(n) = \xi(n+k) = \int_\Pi \mathrm{e}^{\lambda n\mathrm{i}}\mathrm{e}^{\lambda k\mathrm{i}} Z_\xi(\mathrm{d}\lambda),$$

故弱平稳序列$\{S^k\xi(n), n\in\mathbf{N}\}$的谱测度为

$$Z_{S^k\xi}(A) = \int_A \mathrm{e}^{\lambda k\mathrm{i}} Z_\xi(\mathrm{d}\lambda).$$

因此，解方程(42)等价于解方程

$$Z_\eta(A)=\int_A P(\mathrm{e}^{\lambda\mathrm{i}})Z_\xi(\mathrm{d}\lambda). \tag{43}$$

若 $Z_\xi(A)$是(43)的解，则

$$\xi(n)=\int_\Pi \mathrm{e}^{\lambda n\mathrm{i}}Z_\xi(\mathrm{d}\lambda) \tag{44}$$

是(42)的解.(42)有解的充分必要条件是

$$\int_\Pi \frac{F_\eta(\mathrm{d}\lambda)}{|P(\mathrm{e}^{\lambda\mathrm{i}})|^2}<+\infty, \tag{45}$$

这时可以定义

$$Z_\xi(A)=\int_A \frac{1}{P(\mathrm{e}^{\lambda\mathrm{i}})}Z_\eta(\mathrm{d}\lambda),\quad A\in\Pi\mathcal{B}_1, \tag{46}$$

于是(44)(46)给出(42)的一个解；如果 $P(\mathrm{e}^{\lambda\mathrm{i}})$在$\Pi$上无零点，此解是唯一的，如果有零点为 $\lambda_1,\lambda_2,\cdots,\lambda_k$，那么除此解外，还有由(44)及(40)所给出的解(这时(40)中的 $Z_\xi(A)$由(46)定义，又 $A\in\Pi\mathcal{B}_1$).

§8.5　大数定理，相关函数与谱函数的估计

(一)

我们还需要另一种随机积分，其中被积函数是随机的，收敛性用均方收敛.

设 $y_t(t\in\mathbf{R})$ 是二阶绝对矩有穷的随机变量，即

$$E|y_t|^2<+\infty. \tag{1}$$

引理 1　极限 $\underset{t\to 0}{\mathrm{l.i.m}}\, y_t$ 存在的充分必要条件是：不论 t,h 以何种方式都趋于 0，极限 $\lim\limits_{\substack{t\to 0\\ h\to 0}} Ey_t\bar{y}_h$ 存在.

证　必要性　设 $y=\underset{t\to 0}{\mathrm{l.i.m}}\, y_t$，由 Hilbert 空间中内积的连续性，得

$$\lim_{\substack{t\to 0\\ h\to 0}} Ey_t\bar{y}_h=E|y|^2.$$

充分性　设 $\lim\limits_{\substack{t\to 0\\ h\to 0}} Ey_t\bar{y}_h=a$，则

$$E|y_t-y_h|^2=E|y_t|^2-Ey_t\bar{y}_h-E\bar{y}_ty_h+E|y_h|^2$$
$$\to a-a-a+a=0\quad (t\to 0,h\to 0).\ \blacksquare$$

现在来定义所需的随机积分. 设 $\{\xi_t,t\in\mathbf{R}\}$ 为二阶矩过程，即 $E|\xi_t|^2<+\infty$ 对 $t\in\mathbf{R}$ 成立. 考虑复值函数 $f(t)(t\in\mathbf{R})$ 以及有穷区间 $[a,b]$. 对 $[a,b]$ 的任一有穷分割 Δ

$$\Delta: a=t_0<t_1<\cdots<t_n=b,$$

令 $\Delta t_i=t_i-t_{i-1}$，并在 $[t_{i-1},t_i]$ 中任选一点 $\tilde{t}_i$，作和 $\sum\limits_{i=1}^{n} f(\tilde{t}_i)\xi_{\tilde{t}_i}\Delta t_i$，它是一随机变量，如果当 $|\Delta|=\max\limits_i \Delta t_i\to 0$ 时，此和在均方收敛意义下有极限，而且这极限不依赖于分点及 $\tilde{t}_i$ 的取法，就记此极限

为 $\int_a^b f(t)\xi(t)\mathrm{d}t$.

如果当 $a\to-\infty, b\to+\infty$ 时，$\int_a^b f(t)\xi(t)\mathrm{d}t$ 均方收敛于某一极限，那么记此极限为 $\int_{-\infty}^{+\infty} f(t)\xi(t)\mathrm{d}t$.

定理 1 (i) 积分 $\int_a^b f(t)\xi(t)\mathrm{d}t$ $(-\infty\leqslant a<b\leqslant+\infty)$ 存在的充分条件是黎曼(Riemann)积分

$$\int_a^b\int_a^b B(t,s)f(t)\overline{f(s)}\mathrm{d}t\mathrm{d}s \tag{2}$$

存在；

(ii) 若令 $\eta(t)=\int_{t_0}^t f(\tau)\xi(\tau)\mathrm{d}\tau$，则

$$E\eta(t)\overline{\eta(s)}=\int_{t_0}^t\int_{t_0}^s B(u,v)f(u)\overline{f(v)}\mathrm{d}u\mathrm{d}v. \tag{3}$$

这里 $B(t,s)=E\xi(t)\overline{\xi(s)}$.

证 根据引理1，当$[a,b]$为有穷区间时，为使积分存在，充分必要条件是对 $[a,b]$ 的任意两分割 Δ_1 及 Δ_2，当 $|\Delta_1|\to0$，$|\Delta_2|\to0$ 时

$$E\Big(\sum_{i=1}^{n_1}f(\tilde{t}_i)\xi(\tilde{t}_i)\Delta t_i\Big)\overline{\Big(\sum_{j=1}^{n_2}f(\tilde{s}_j)\xi(\tilde{s}_j)\Delta s_j\Big)} \tag{4}$$

有极限. 然而(4)式中的数值等于

$$\sum_{i=1}^{n_1}\sum_{j=1}^{n_2}f(\tilde{t}_i)\overline{f(\tilde{s}_j)}B(\tilde{t}_i,\tilde{s}_j)\Delta t_i\delta s_j,$$

故由黎曼积分定义即知若(2)中积分存在，则上述极限存在，故(i)对有穷区间 $[a,b]$ 正确. 其次，依照上面的证明，得

$$E\Big(\int_{a_1}^{b_1}f(\tau)\xi(\tau)\mathrm{d}\tau\overline{\int_{a_2}^{b_2}f(s)\xi(s)\mathrm{d}s}\Big)$$

$$=\lim_{\substack{|\Delta_1|\to0\\|\Delta_2|\to0}}E\Big(\sum_{i=1}^{n_1}f(\tilde{t}_i)\xi(\tilde{t}_i)\Delta t_i\Big)\overline{\Big(\sum_{j=1}^{n_2}f(\tilde{s}_j)\xi(\tilde{s}_j)\Delta s_j\Big)}$$

$$= \int_{a_1}^{b_1}\int_{a_2}^{b_2} B(u,v) f(u)\overline{f(v)}\,\mathrm{d}u\mathrm{d}v,$$

这里 Δ_1,Δ_2 分别表 $[a_1,b_1]$ 及 $[a_2,b_2]$ 的分割. 上式的特殊情形是(3). 在上式中令 $a_1,a_2\to-\infty,b_1,b_2\to+\infty$, 再用一次引理 1, 便知对无穷区间, (i)也正确. ■

(二)

定理 2　设 $\{\xi_t,t\in\mathbf{R}\}$ 为均方连续弱平稳过程, 其谱测度为 $F(A),A\in\mathcal{B}_1$, 随机测度为 $Z(A),A\in\mathcal{B}_1$. 于是

$$\underset{T\to 0}{\mathrm{l.i.m}}\ \frac{1}{T}\int_0^T \xi(t)\,\mathrm{d}t = Z(\{0\}), \tag{5}$$

$$E\mid Z(\{0\})\mid^2 = F(\{0\}) = \lim_{T\to+\infty}\frac{1}{T}\int_0^T B(\tau)\,\mathrm{d}\,\tau, \tag{6}$$

其中 $\{a\}$ 表只含点 a 的单点集, $B(\tau)$ 为相关函数.

证　由定理 1 及 $B(\tau)$ 的有界连续性知积分 $\int_0 \xi(t)\,\mathrm{d}t$ 存在. 试证

$$\int_0^T \xi(t)\,\mathrm{d}t = \int_{\mathbf{R}}\left(\int_0^T \mathrm{e}^{\lambda t\mathrm{i}}\,\mathrm{d}t\right)Z(\mathrm{d}\lambda). \tag{7}$$

为此作 $[0,T]$ 的有穷分割 Δ, 由定义

$$\underset{|\Delta|\to 0}{\mathrm{l.i.m}}\ \sum_{j=1}^n \xi(\tilde{t}_j)\Delta t_j = \int_0^T \xi(t)\,\mathrm{d}t;$$

另一方面, 由过程的谱展式及 § 8.2(13)(14)

$$E\left|\sum_{j=1}^n \xi(\tilde{t}_j)\Delta t_j - \int_{\mathbf{R}}\left(\int_0^T \mathrm{e}^{\lambda t\mathrm{i}}\,\mathrm{d}t\right)Z(\mathrm{d}\lambda)\right|^2$$

$$= E\left|\int_{\mathbf{R}}\left(\sum_{j=1}^n \mathrm{e}^{\lambda\tilde{t}_j\mathrm{i}}\Delta t_j - \int_0^T \mathrm{e}^{\lambda t\mathrm{i}}\,\mathrm{d}t\right)Z(\mathrm{d}\lambda)\right|^2$$

$$= \int_{\mathbf{R}}\left|\sum_{j=1}^n \mathrm{e}^{\lambda\tilde{t}_j\mathrm{i}}\Delta t_j - \int_0^T \mathrm{e}^{\lambda t\mathrm{i}}\,\mathrm{d}t\right|^2 F(\mathrm{d}\lambda) \to 0,\ |\Delta|\to 0.$$

后一极限过渡用到控制收敛定理. 这说明(7)中两方值都等于 $\underset{|\Delta|\to 0}{\mathrm{l.i.m}}\ \sum_{j=1}^n \xi(\tilde{t}_j)\Delta t_j$, 故(7)成立. 于是

$$\frac{1}{T}\int_0^T \xi(t)\,\mathrm{d}t=\int_{\mathbf{R}}\frac{\mathrm{e}^{\lambda T\mathrm{i}}-1}{\lambda T\mathrm{i}}Z(\mathrm{d}\lambda). \tag{8}$$

然而右方被积函数的绝对值有界，不超过1，而且①

$$\lim_{T\to+\infty}\frac{\mathrm{e}^{\lambda T\mathrm{i}}-1}{\lambda T\mathrm{i}}=\chi_{\{0\}}(\lambda)=\begin{cases}0, & \lambda\neq 0,\\ 1, & \lambda=0.\end{cases} \tag{9}$$

显然，上式在关于 $F(\mathrm{d}\lambda)$ 均方收敛意义下也成立，故

$$E\left|\int_{\mathbf{R}}\left(\frac{\mathrm{e}^{\lambda T\mathrm{i}}-1}{\lambda T\mathrm{i}}-\chi_{\{0\}}(\lambda)\right)Z(\mathrm{d}\lambda)\right|^2$$

$$=\int_{\mathbf{R}}\left|\frac{\mathrm{e}^{\lambda T\mathrm{i}}-1}{\lambda T\mathrm{i}}-\chi_{\{0\}}(\lambda)\right|^2F(\mathrm{d}\lambda)\to 0,\quad T\to+\infty.$$

于是由(8)即得

$$\mathop{\mathrm{l.i.m}}_{T\to+\infty}\frac{1}{T}\int_0^T\xi(t)\,\mathrm{d}t=\int_{\mathbf{R}}\chi_{\{0\}}(\lambda)Z(\mathrm{d}\lambda)=Z(\{0\}),$$

这就是(5)(6) 中前一等式是明显的，后式则因

$$\begin{aligned}\frac{1}{T}\int_0^T B(\tau)\,\mathrm{d}\tau&=\frac{1}{T}\int_0^T\left(\int_{\mathbf{R}}\mathrm{e}^{\lambda\tau\mathrm{i}}F(\mathrm{d}\lambda)\right)\mathrm{d}\tau\\&=\frac{1}{T}\int_{\mathbf{R}}\left(\int_0^T\mathrm{e}^{\lambda\tau\mathrm{i}}\,\mathrm{d}\tau\right)F(\mathrm{d}\lambda)\\&=\int_{\mathbf{R}}\frac{\mathrm{e}^{\lambda T\mathrm{i}}-1}{\lambda T\mathrm{i}}F(\mathrm{d}\lambda),\end{aligned}$$

其中用到富比尼定理. 由(9)及控制收敛定理即完全证明了(6). ■

由定理 2 可见，若 $F(\{0\})=0$，则由(6)知

$$E|Z(\{0\})|^2=0,Z(\{0\})=0\quad \text{a.s.}. \tag{10}$$

于是(5)化为

$$\mathop{\mathrm{l.i.m}}_{T\to+\infty}\frac{1}{T}\int_0^T\xi(t)\,\mathrm{d}t=0. \tag{11}$$

由(6)还可看到，如果 $\lim\limits_{\tau\to+\infty}B(\tau)=0$ 或者 $\int_0^{+\infty}|B(\tau)|\,\mathrm{d}\tau<+\infty$，

---

① 由于 $\frac{\mathrm{e}^{\lambda T\mathrm{i}}-1}{\lambda T\mathrm{i}}=\frac{1}{T}\int_0^T\mathrm{e}^{\lambda t\mathrm{i}}\mathrm{d}t$ 是 λ 的连续函数. 故应定义 $\left.\frac{\mathrm{e}^{\lambda T\mathrm{i}}-1}{\lambda T\mathrm{i}}\right|_{\lambda=0}=\lim\limits_{\lambda\to 0}\frac{\mathrm{e}^{\lambda T\mathrm{i}}-1}{\lambda T\mathrm{i}}=1$.

那么 $F(\{0\})=0$.

回顾定理的证明，可见(5)(6) 中的 $\frac{1}{T}\int_0^T$ 换为 $\frac{1}{2T}\int_{-T}^T$ 甚至换为 $\frac{1}{T-S}\int_S^T$，$(T-S\to+\infty)$，结论仍然是正确的.（比较平稳过程的大数定理!）

系 1　在定理 2 的条件与记号下，对于任一实数 μ，有

$$\underset{T-S\to+\infty}{\mathrm{l.i.m}}\ \frac{1}{T-S}\int_S^T \xi(t)\mathrm{e}^{-t\mu\mathrm{i}}\mathrm{d}t = Z(\{\mu\}), \tag{12}$$

$$E|Z(\{\mu\})|^2 = F(\{\mu\}) = \lim_{T-S\to+\infty}\frac{1}{T-S}\int_S^T B(\tau)\mathrm{e}^{-\tau\mu\mathrm{i}}\mathrm{d}\,\tau. \tag{13}$$

证　令 $\tilde{\xi}(t)=\xi(t)\mathrm{e}^{-t\mu\mathrm{i}}$，则

$$E\tilde{\xi}(t+\tau)\overline{\tilde{\xi}(t)}=\mathrm{e}^{-\tau\mu\mathrm{i}}B(\tau) \tag{14}$$

与 t 无关而且对 τ 连续，故 $\{\tilde{\xi}(t),t\in\mathbf{R}\}$ 是均方连续弱平稳过程，其谱展式可如下求得：

$$\begin{aligned}\tilde{\xi}(t) &= \int_{\mathbf{R}}\mathrm{e}^{-t\mu\mathrm{i}}\mathrm{e}^{t\lambda\mathrm{i}}Z(\mathrm{d}\lambda) = \int_{\mathbf{R}}\mathrm{e}^{t(\lambda-\mu)\mathrm{i}}Z(\mathrm{d}\lambda)\\ &= \int_{\mathbf{R}}\mathrm{e}^{tv\mathrm{i}}\tilde{Z}(\mathrm{d}\nu),\end{aligned} \tag{15}$$

其中 $\tilde{Z}(A)=Z(A+\mu)$ 是它的随机测度，这里集 $A+\mu=(\lambda+\mu:\lambda\in A)$. 类似地，它的相关函数 $\tilde{B}(\tau)$ 由(14)为

$$\tilde{B}(\tau) = \int_{\mathbf{R}}\mathrm{e}^{t(\lambda-\mu)\mathrm{i}}F(\mathrm{d}\lambda) = \int_{\mathbf{R}}\mathrm{e}^{tv\mathrm{i}}\tilde{F}(\mathrm{d}\nu), \tag{16}$$

故它的谱测度为 $\tilde{F}(A)=F(A+\mu)$. 从而

$$\tilde{Z}(\{0\})=Z(\{\mu\}),\tilde{F}(\{0\})=F(\{\mu\}).$$

于是系 1 立刻从定理 2 及其下的说明推出.　■

类似地，对于弱平稳序列，我们有

定理 3　设 $\{\xi_n,n\in\mathbf{N}\}$ 是弱平稳序列，则对任一实数 $\mu\in[-\pi,\pi]$，有

$$\underset{n-m\to+\infty}{\text{l.i.m}}\ \frac{1}{n-m+1}\sum_{j=m}^{n}\xi_j \mathrm{e}^{-j\mu\mathrm{i}} = Z(\{\mu\}), \tag{17}$$

$$E|Z(\{\mu\})|^2 = F(\{\mu\}) = \lim_{n-m\to+\infty}\frac{1}{n-m+1}\sum_{j=m}^{n}B(j)\mathrm{e}^{-j\mu\mathrm{i}}. \tag{18}$$

证 先设 $\mu=0$. 令 $\Pi=[-\pi,\pi]$

$$\frac{1}{n-m+1}\sum_{j=m}^{n}\xi_j = \int_{\Pi}\frac{1}{n-m+1}\sum_{j=m}^{n}\mathrm{e}^{j\lambda\mathrm{i}}Z(\mathrm{d}\lambda)$$

$$= \int_{\Pi}\frac{\mathrm{e}^{m\lambda\mathrm{i}}}{n-m+1}\cdot\frac{1-\mathrm{e}^{(n-m+1)\lambda\mathrm{i}}}{1-\mathrm{e}^{\lambda\mathrm{i}}}Z(\mathrm{d}\lambda); \tag{19}$$

类似有

$$\frac{1}{n-m+1}\sum_{j=m}^{n}B(j)$$

$$= \int_{\Pi}\frac{\mathrm{e}^{m\lambda\mathrm{i}}}{n-m+1}\cdot\frac{1-\mathrm{e}^{(n-m+1)\lambda\mathrm{i}}}{1-\mathrm{e}^{\lambda\mathrm{i}}}F(\mathrm{d}\lambda). \tag{20}$$

上两式右方被积函数的绝对值不超过 1，而且当 $n-m\to+\infty$ 时，被积函数趋于$\chi_{\{0\}}(\lambda)$，这收敛性是处处收敛（在Π中），也可以是关于 $F(\mathrm{d}\lambda)$ 均方收敛. 于是由(19)及 § 8.2 (13)(14)得证(17)，由(20)得证(18)（$\mu=0$ 时）. 对一般的 μ，证明与系 1 的证类似. ■

现在对系 1 与定理 3 进行些讨论. 由它们可见，使 $F(\{\mu\})\neq 0$ 的点 μ 起着特殊的作用，以后称这种点 μ 为过程（或谱测度，或谱函数）的**离散谱**. 为确定起见，试考虑(12)式. 任意固定 T 而令 $S\to-\infty$，(12)左方显然只依赖于 T 以前的 $\xi(t)$，$t\leqslant T$，如果这均方极限非零的概率为正，于是 $P(Z(\{\mu\})\neq 0)>0$，那么由(13)可知 $F(\{\mu\})>0$，即 μ 是过程的离散谱. 既然 μ 任意，便得到结论：过程的一切离散谱 μ（它最多只有可列多个）以及 $Z(\{\mu\})$ 完全被过程的过去$\{\xi(t), t\leqslant T\}$所决定，这里 T 任意固定.

设谱测度完全集中在离散谱上，亦即设 § 8.4 中 $F(\lambda)=F_1(\lambda)$，$F_2(\lambda)=F_3(\lambda)=0$. 以$\{\mu_j\}$表离散谱的集，由 § 8.4(19)，这时过程的谱展式化为

$$\xi(t)=\sum_{j}\mathrm{e}^{t\mu_j\mathrm{i}}Z(\{\mu_j\})\quad(t\in\mathbf{R}).$$

于是在任一点 t 上的 $\xi(t)$ 由 $\{Z(\{\mu\})\}$ 决定. 由此事实与上述结论,可见 $\{\xi(t),t\in\mathbf{R}\}$ 完全被 $\{\xi(t),t\leqslant T\}$ 所决定,而且任一 $\xi(s)$ 可自 $\{\xi(t),t\leqslant T\}$ 经线性运算得到. 换言之

$$\{\xi_t,t\in\mathbf{R}\}\subset\bar{L}\{\xi_t,t\leqslant T\}\quad(T\in\mathbf{R}\text{ 任意}).$$

以上讨论也适用于 $\{\xi_n,n\in\mathbf{N}\}$. 总之,得

系 2　(i) 设 $\{\xi_t,t\in\mathbf{R}\}$(或 $\{\xi_n,n\in\mathbf{N}\}$)为任意均方连续弱平稳过程(或弱平稳序列),$\{\mu_j\}$ 是它的离散谱集,则 $\{\mu_j\}$ 完全被 $\{\xi_t,t\leqslant T\}$(或 $\{\xi_n,n\leqslant M\}$)所决定,而且

$$Z(\{\mu_j\})\in\bar{L}\{\xi_t,t\leqslant T\}\quad(T\in\mathbf{R}\text{ 任意})$$
$$(\text{或 } Z(\{\mu_j\})\in\bar{L}\{\xi_n,n\leqslant M\}\quad(M\in\mathbf{N}\text{ 任意})).\tag{21}$$

(ii) 如此过程(或序列)的谱测度完全集中在 $\{\mu_j\}$ 上,则

$$\{\xi_t,t\in\mathbf{R}\}\subset\bar{L}\{\xi_t,t\leqslant T\}$$
$$(\text{或 }\{\xi_n,n\in\mathbf{N}\}\subset\bar{L}\{\xi_n,n\leqslant M\}).\tag{22}$$

(i)(ii)中的 $\{\xi_t,t\leqslant T\}$(或 $\{\xi_n,n\leqslant M\}$)可换为 $\{\xi_t,t\geqslant M\}$(或 $\{\xi_n,n\geqslant M\}$).

证　只要证最后一论断,为此只要在(12)(或(17))中,固定 S(或 m)而令 $T\to+\infty$(或 $n\to+\infty$),再令 $S=T$(或 $m=M$). ■

(三)

作为(二)中定理的应用,试研究如何由样本序列(或样本函数)来估计相关函数 $B(\tau)$ 及谱测度 $F(A)$. 考虑弱平稳序列 $\{\xi_n,n\in\mathbf{N}\}$,并固定 τ,作一新序列 $\{\eta_n,n\in\mathbf{N}\}$,

$$\eta_n=\xi_{\tau+n}\bar{\xi}_n.\tag{23}$$

假定 $\{\eta_n,n\in\mathbf{N}\}$ 也是一弱平稳序列,即设

$$E|\eta_n|^2=E|\xi_{\tau+n}\bar{\xi}_n|^2<+\infty\quad(n\in\mathbf{N}),$$

$$B_\eta(m)=E\{\eta_{n+m}\bar{\eta}_n\}=E\{\xi_{\tau+n+m}\bar{\xi}_{n+m}\overline{\xi_{\tau+n}\bar{\xi}_n}\}$$

不依赖于$n(m\in\mathbf{N})$，于是$B_\eta(m)$是$\{\eta_n\}$的相关函数. 自然希望

$$\frac{1}{n+1}\sum_{j=0}^{n}\eta_j=\frac{1}{n+1}\sum_{j=0}^{n}\xi_{\tau+j}\bar{\xi}_j \tag{24}$$

可以作为$B(\tau)$的估计值，这猜想在一定条件下正确.

定理 4 (i) 设$\{\xi_n,n\in\mathbf{N}\}$，$\{\eta_n,n\in\mathbf{N}\}$都是弱平稳序列，则存在极限

$$\underset{n-m\to+\infty}{\mathrm{l.i.m}}\frac{1}{n-m+1}\sum_{j=m}^{n}\eta_j; \tag{25}$$

当而且只当

$$\lim_{n\to+\infty}\frac{1}{n+1}\sum_{j=0}^{n}B_\eta(j)=|B(\tau)|^2 \tag{26}$$

时，(25)中极限等于$B(\tau)$ a.s.；(ii) 如果$\{\xi_n,n\in\mathbf{N}\}$还是平稳序列，$m=0$，那么(25)中极限也是概率1收敛意义下的极限，若补设$\{\xi_n,n\in\mathbf{N}\}$是遍历序列，则这极限等于$B(\tau)$.

证 由假定

$$E\eta_n=E\xi_{\tau+n}\bar{\xi}_n=B(\tau) \tag{27}$$

不依赖于n，因而$\{\eta_n-B(\tau),n\in\mathbf{N}\}$也是弱平稳序列而且数学期望为0. 按定理3，极限

$$\underset{n-m\to+\infty}{\mathrm{l.i.m}}\frac{1}{n-m+1}\sum_{j=m}^{n}[\eta_j-B(\tau)]$$

$$=\underset{n-m\to+\infty}{\mathrm{l.i.m}}\frac{1}{n-m+1}\sum_{j=m}^{n}\eta_j-B(\tau)$$

存在. 再由(18)，这极限以概率1等于0，从而(25)中极限以概率1等于$B(\tau)$的充分必要条件是

$$\underset{n-m\to+\infty}{\mathrm{l.i.m}}\frac{1}{n-m+1}\sum_{j=m}^{n}E(\eta_j-B(\tau))\overline{(\eta_0-B(\tau))}=0,$$

由(27)，此式当$m=0$时化为(26)（注意(25)中极限与$\lim\limits_{n\to+\infty}\frac{1}{n+1}\cdot\sum\limits_{j=0}^{n}\eta_j$同时存在而且相等）.

如果 $\{\xi_n, n\in\mathbf{N}\}$ 平稳，那么 $\{\eta_n, n\in\mathbf{N}\}$ 也平稳，既然 $E|\eta_n|\leqslant E\{|\xi_0|^2\}$，故由平稳序列的强大数定理，以概率 1 存在极限

$$\lim_{n\to+\infty}\frac{1}{n+1}\sum_{j=0}^{n}\eta_j = E(\eta_0|\mathcal{U}),$$

$\mathcal{U}$为 $\{\eta_n, n\in\mathbf{N}\}$ 的不变集 σ 代数. 若 $\{\xi_n, n\in\mathbf{N}\}$ 遍历，则 $\{\eta_n, n\in\mathbf{N}\}$ 亦然，而

$$E(\eta_0|\mathcal{U})=E\eta_0=B(\tau). \quad \blacksquare$$

现在研究谱函数 $F(\lambda)=F((-\infty,\lambda])$ 的估计问题. 在一定条件下，可以证明结论：

(i) 在 $F(\lambda)$ 的任一对连续点 $\mu_1,\mu_2(\mu_1\leqslant\mu_2)$ 上，以概率 1 有

$$\lim_{n\to+\infty}\frac{1}{2\pi}\int_{\mu_1}^{\mu_2}\frac{1}{n+1}\left|\sum_{j=0}^{n}\xi_j\mathrm{e}^{-j\lambda\mathrm{i}}\right|^2\mathrm{d}\lambda = F(\mu_2)-F(\mu_1). \tag{28}$$

这里积分指勒贝格积分.

下面证明，如果弱平稳序列 $\{\xi_n, n\in\mathbf{N}\}$ 满足条件

(ii) 对任意整数 τ，以概率 1 有

$$\lim_{n\to+\infty}\frac{1}{n+1}\sum_{j=0}^{n}\xi_{j+\tau}\bar{\xi}_j = B(\tau), \tag{29}$$

那么(i)正确.

注意　由定理 4，为使条件(ii)满足，只要 $\{\xi_n, n\in\mathbf{N}\}$ 也是遍历的平稳序列.

定理 5　如果上述条件(ii)满足，那么结论(i)正确；如果(29)只在依概率收敛下满足，那么(28)也在依概率收敛意义下正确.

证　定义函数

$$F_n(\lambda)=\int_{-\pi}^{\lambda}\frac{1}{n+1}\left|\sum_{j=0}^{n}\xi_j\mathrm{e}^{-j\mu\mathrm{i}}\right|^2\mathrm{d}\mu,$$

这里用的是勒贝格积分. $F_n(\lambda)$ 与 ω 有关. 当 $|t|<n$ 时

$$\int_{-\pi}^{\pi}\mathrm{e}^{t\lambda\mathrm{i}}F_n(\mathrm{d}\lambda)=\int_{-\pi}^{\pi}\mathrm{e}^{t\lambda\mathrm{i}}\frac{1}{n+1}\left|\sum_{j=0}^{n}\xi_j\mathrm{e}^{-j\lambda\mathrm{i}}\right|^2\mathrm{d}\lambda$$

$$= \frac{1}{n+1}\sum_{j,k=0}^{n}\xi_j\bar{\xi}_k\int_{-\pi}^{\pi}\mathrm{e}^{(t+k-j)\lambda\mathrm{i}}\mathrm{d}\lambda$$

$$= \frac{2\pi}{n+1}\sum_{k=0}^{n-t}\xi_{k+t}\bar{\xi}_k. \tag{30}$$

由条件(ii)得

$$\lim_{n\to+\infty}\frac{1}{2\pi}\int_{-\pi}^{\pi}\mathrm{e}^{t\lambda\mathrm{i}}F_n(\mathrm{d}\lambda) = \lim_{n\to+\infty}\frac{1}{n+1}\sum_{k=0}^{n-t}\xi_{k+t}\bar{\xi}_k$$

$$= \lim_{n\to+\infty}\frac{1}{n-t+1}\sum_{k=0}^{n-t}\xi_{k+t}\bar{\xi}_k = B(t)$$

$$= \int_{-\pi}^{\pi}\mathrm{e}^{t\lambda\mathrm{i}}F(\mathrm{d}\lambda) \quad \text{a.s.}. \tag{31}$$

这表示函数 $\frac{1}{2\pi}F_n$ 的傅里叶-勒贝格变换值趋于 F 的傅里叶-勒贝格变换值.故由莱维关于单调函数的收敛定理即得证第一结论.

如果(29)只依概率收敛正确，那么(31)也只在依概率收敛意义下成立，于是对 $\{n\}$ 的任一子列必存在后者的子列 $\{m_n\}$，使

$$\lim_{n\to+\infty}\frac{1}{2\pi}\int_{-\pi}^{\pi}\mathrm{e}^{t\lambda\mathrm{i}}F_{m_n}(\mathrm{d}\lambda) = \int_{-\pi}^{\pi}\mathrm{e}^{t\lambda\mathrm{i}}F(\mathrm{d}\lambda) \quad \text{a.s.}.$$

从而(28)对子列 $\{m_n\}$ 正确，这便证明了(28)在依概率收敛意义下成立(参看本套书第7卷附篇(三) ii). ■

对于均方连续弱平稳过程，可以得到与定理4,5完全类似的结果，只要把其中有穷项和的平均换成对有穷区间的积分的平均.例如(28)应改为

$$\lim_{t\to+\infty}\frac{1}{2\pi}\int_{\mu_1}^{\mu_2}\frac{1}{t}\left|\int_0^t\xi_s\mathrm{e}^{-s\lambda\mathrm{i}}\mathrm{d}s\right|^2\mathrm{d}\lambda = F(\mu_2)-F(\mu_1). \tag{32}$$

§8.6　补充与习题

1. 试造一弱平稳过程，它不是均方连续的.

提示　考虑独立同分布、平均值为 0、方差为 1 的实值过程.

2. 设随机变量 ξ 满足 $E|\xi|^2<+\infty$. 定义 $\xi_n\equiv\xi$，试证 $\{\xi_n, n\in\mathbf{N}\}$ 为弱平稳序列，并求它的相关函数与谱测度.

提示　$B(n)=E|\xi|^2$，$F(A)$ 集中在点 0 上，质量为 $E|\xi|^2$.

3. 设实值均方连续弱平稳过程 $\{\xi_t, t\in\mathbf{R}\}$，$E\xi_t\equiv 0$，有谱密度为

$$f_a(\lambda)=\begin{cases} c\ (c>0), & |\lambda|\leqslant a,\quad a>0;\\ 0, & |\lambda|>a.\end{cases}$$

试证相关函数 $B_a(\tau)$ 满足

$$\lim_{a\to+\infty}\frac{B_a(\tau)}{B_a(0)}=\begin{cases}0, & \tau\neq 0,\\ 1, & \tau=0.\end{cases}$$

而

$$\lim_{a\to+\infty} f_a(\lambda)=c.$$

物理及工程上称谱密度恒等于常数的随机过程为**白噪声**. 这种过程的研究不能纳入本章的理论以内，因为它的谱测度 $F(A)$ 不是有穷的，$F(\mathbf{R})=+\infty$.

4. 白噪声也可用下列方法得到：设 $\{y(t), t\in\mathbf{R}\}$ 为任意均方连续实值弱平稳过程，$Ey(t)\equiv 0$，有谱密度为 $f_y(t)$，$f_y(0)=c>0$. 对 $\lambda>0$，定义

$$z_\lambda(t)=\sqrt{\lambda}\,y(\lambda t),$$

则 $\{z_\lambda(t), t\in\mathbf{R}\}$ 的相关函数为

$$B_z(\tau)=\lambda B_y(\lambda\tau),$$

其中 $B_y(\tau)$ 是 $y(t)$ 的相关函数. 又 $z_\lambda(t)$ 的谱密度为

$$f_z(t)=\frac{1}{\pi}\int_0^{+\infty}B_z(\tau)\cos t\tau\,\mathrm{d}\tau=\frac{\lambda}{\pi}\int_0^{+\infty}B_y(\lambda\tau)\cos t\tau\,\mathrm{d}\tau$$

$$=\frac{1}{\pi}\int_0^{+\infty}B_y(s)\cos\left(\frac{t}{\lambda}s\right)\mathrm{d}s=f_y\left(\frac{t}{\lambda}\right),$$

令 $\lambda\to+\infty$,则

$$\lim_{\lambda\to+\infty}f_z(t)=f_y(0)=c.$$

5. 设 η 为实随机变量,分布为 F,试证 $\xi(t)=\mathrm{e}^{t\eta\mathrm{i}}$ 是弱平稳过程,谱测度重合于 F.

6. 不能用§8.5(28)来估计谱密度 $f(\lambda)$;也就是说,即使谱密度 $f(\lambda)$ 存在,也未必有

$$\frac{1}{2\pi}\frac{1}{n+1}\left|\sum_{j=0}^{n}\xi_j\mathrm{e}^{-j\lambda\mathrm{i}}\right|^2\xrightarrow{P}f(\lambda).\tag{1}$$

例 设 $\{\xi_n,n\in\mathbf{N}\}$ 实值、相互独立、有相同分布 $N(0,1)$. $B(0)=1,B(n)=0(n\neq0),f(\lambda)\equiv\frac{1}{2\pi},\lambda\in[-\pi,\pi]$. 特别,$f(0)=\frac{1}{2\pi}$. 但

$$\frac{1}{2\pi}\frac{1}{n+1}\left|\sum_{j=0}^{n}\xi_j\mathrm{e}^{-j\lambda\mathrm{i}}\right|^2=\frac{1}{2\pi}\left(\frac{1}{\sqrt{n+1}}\sum_{j=0}^{n}\xi_j\right)^2,$$

既然 $\frac{1}{\sqrt{n+1}}\sum_{j=0}^{n}\xi_j$ 仍有 $N(0,1)$分布,故(1)式不可能成立.

7. 试求弱平稳过程

$$x_t=\int_{\mathbf{R}}f(t-s)y(\mathrm{d}s)\quad(t\in\mathbf{R})$$

的相关函数 $B(\tau)$,其中 $\{y(s),s\in\mathbf{R}\}$ 是有参数 $\sigma=1$ 的维纳过程,而

$$f(s)=\begin{cases}0, & s<0;\\ c\mathrm{e}^{-\alpha s}\sin\omega s, & s\geqslant0,c>0,\omega\neq0.\end{cases}$$

解 利用§8.2(49)及 $B(\tau)$的偶性,得

$$B(\tau)=c_1\mathrm{e}^{-\alpha|\tau|}\left(\cos\omega|\tau|+\frac{\alpha}{\omega}\sin\omega|\tau|\right),\quad \omega\neq 0,$$

其中 $c_1=\dfrac{c^2\omega^2}{4\alpha(\alpha^2+\omega^2)}$.

实际上,当 $\omega\neq 0,\tau>0$ 时,$B(\tau)=$

$$\int_0^{+\infty}c^2\mathrm{e}^{-\alpha s}\sin\omega s\,\mathrm{e}^{-\alpha(s+\tau)}\sin(s+\tau)\omega\mathrm{d}s$$

$$=c^2\mathrm{e}^{-\alpha\tau}\int_0^{+\infty}\mathrm{e}^{-2\alpha s}\ \frac{1}{2}[\cos\omega\tau-\cos(2\omega s+\omega\tau)]\mathrm{d}s$$

$$=\frac{c^2}{2}\mathrm{e}^{-\alpha\tau}\left[\frac{1}{2\alpha}\cos\omega\tau-\int_0^{+\infty}\mathrm{e}^{-2\alpha s}\cos(2\omega s+\omega\tau)\mathrm{d}s\right]$$

$$=\frac{c^2}{2}\mathrm{e}^{-\alpha\tau}\left[\frac{1}{2\alpha}\cos\omega\tau-\mathrm{Re}\int_0^{+\infty}\mathrm{e}^{-2\alpha s}\mathrm{e}^{(2\omega s+\omega\tau)\mathrm{i}}\mathrm{d}s\right]$$

$$=\frac{c^2}{2}\mathrm{e}^{-\alpha\tau}\left\{\frac{1}{2\alpha}\cos\omega\tau-\mathrm{Re}\left[\mathrm{e}^{\omega\tau\mathrm{i}}\ \frac{1}{2(\alpha-\omega\mathrm{i})}\right]\right\}$$

$$=\frac{c^2}{2}\mathrm{e}^{-\alpha\tau}\left\{\frac{1}{2\alpha}\cos\omega\tau-\mathrm{Re}\left[\mathrm{e}^{\omega\tau\mathrm{i}}\ \frac{\alpha+\omega\mathrm{i}}{2(\alpha^2+\omega^2)}\right]\right\}$$

$$=\frac{c^2}{2}\mathrm{e}^{-\alpha\tau}\left[\frac{1}{2\alpha}\cos\omega\tau-\frac{\alpha}{2(\alpha^2+\omega^2)}\cos\omega\tau+\frac{\omega}{2(\alpha^2+\omega^2)}\sin\omega\tau\right]$$

$$=\frac{c^2}{2}\mathrm{e}^{-\alpha\tau}\left[\frac{\omega^2}{2\alpha(\alpha^2+\omega^2)}\cos\omega\tau+\frac{\omega}{2(\alpha^2+\omega^2)}\sin\omega\tau\right]$$

$$=c_1\mathrm{e}^{-\alpha\tau}\left(\cos\omega\tau+\frac{\alpha}{\omega}\sin\omega\tau\right).\quad\blacksquare$$

8. 卡亨南-勒夫(Karhunen-Loève)定理　设 $\xi_t(t\in[a,b])$是均方连续的实值过程,$E|\xi_t|^2<+\infty$,$B(s,t)=E\xi_s\xi_t$,则

$$\xi_t=\sum_{n=1}^{+\infty}\frac{\psi_n(t)}{\sqrt{\lambda_n}}\eta_n,$$

其中级数为均方收敛,$E\eta_n\eta_m=\delta_{nm}$,$\eta_n$ 是实随机变量,而 λ_n 是积分方程

$$\psi(t)=\lambda\int_a^b B(t,s)\psi(s)\mathrm{d}s$$

的特征值，$\psi_n(t)$是相应的特征函数.

证 由 $\xi_{t+u}\xrightarrow{2}\xi_t,\xi_{s+v}\xrightarrow{2}\xi_s,u\to 0,v\to 0$，得 $B(s+v,t+u)=E\xi_{s+v}\xi_{t+u}\to E\xi_s\xi_t=B(s,t)$，故 $B(s,t)$是$[a,b]\times[a,b]$上的连续函数. 根据梅古（Mercu）定理（斯米尔诺夫，著. 陈传璋，译. 高等数学教程，卷 4. 北京：高等教育出版社，1958：27）知

$$B(s,t)=\sum_{n=1}^{+\infty}\frac{\psi_n(s)\psi_n(t)}{\lambda_n},$$

其中 ψ_n,λ_n 如上定义. 令

$$f(t,\lambda)=\begin{cases}\dfrac{\psi_n(t)}{\sqrt{\lambda_n}}, & \lambda=n,n\in\mathbf{N}^*,\\ 0, & \lambda\text{ 是非正整数},\end{cases}$$

则 $B(s,t)=\int_{\mathbf{R}^1}f(s,\lambda)f(t,\lambda)F(\mathrm{d}\lambda)$，其中 F 是集中在正整数集上的测度，$F(\{n\})=1$. 利用卡亨南定理（注意此定理对 σ 有穷测度 F 也正确，证明不变，只要限制证明中出现的 A,B 等满足 $F(A)<+\infty,F(B)<+\infty$），即得所欲证. ■

9. 设周期为 2π 的连续实值函数 $f(t)$可展为收敛于 $f(t)$的傅里叶级数：$f(t)=\sum\limits_{n=-\infty}^{+\infty}a_n\mathrm{e}^{nt\mathrm{i}}$，考虑在$[-\pi,\pi]$上均匀分布的随机变量 ξ，定义 $\xi_t=f(t+\xi)$. 试证$\{\xi_t,t\in\mathbf{R}\}$是弱平稳过程，并求谱展式等.

提示 利用 f 的周期性及 ξ 的均匀分布性，得

$$E\xi_s\xi_{s+t}=\frac{1}{2\pi}\int_0^{2\pi}f(x)f(x+t)\mathrm{d}x.$$

谱展式为

$$\xi_t=\sum_{n=-\infty}^{+\infty}\mathrm{e}^{nt\mathrm{i}}a_n\mathrm{e}^{n\xi\mathrm{i}},$$

故随机测度是离散的. $Z(A)=\sum\limits_{n\in A}a_n\mathrm{e}^{n\xi\mathrm{i}},F(A)=\sum\limits_{n\in A}|a_n|^2$. 关

于傅里叶级数可见斯米尔诺夫，著. 孙念增，译. 高等数学教程，卷 2. 北京：高等教育出版社，1956：161.

10. 设 $\psi(n)$ 为正交规范化序列，即有相关函数 $B(\tau)=1,\tau=0$；$B(\tau)=0,\tau\neq 0$，因而有谱密度为 $f_{\psi}(\lambda)=\frac{1}{2\pi}$. 考虑差分方程

$$Q(s)\xi(n)=P(s)\psi(n),$$

其中 $P(s)=\sum_{i=0}^{n}a_i s^i$，$Q(s)=\sum_{i=0}^{m}b_i s^i$，又 $Q(e^{\lambda i})$ 在 $\Pi=[-\pi,\pi]$ 上无零点，试求 $\xi(n)$ 的谱测度.

提示 相应于 § 8.4 (38)，对方程(42)也有

$$F_{\xi}(A)=\int_A \frac{F_{\eta}(d\lambda)}{|P(e^{\lambda i})|^2},$$

若 $F_{\eta}(A)=\int_A f_{\eta}(\lambda)d\lambda$，则

$$f_{\xi}(\lambda)=\frac{f_{\eta}(\lambda)}{|P(e^{\lambda i})|^2}.$$

令 $\eta(n)=P(s)\psi(n)$，由上式得 $f_{\eta}(\lambda)=\frac{1}{2\pi}|P(e^{\lambda i})|^2$；再用一次上式即得 $f_{\xi}(\lambda)=\frac{1}{2\pi}\frac{|P(e^{\lambda i})|^2}{|Q(e^{\lambda i})|^2}$.

11. 设 $\{x_t,t\in\mathbf{R}\}$ 为弱平稳过程，a_k 为复常数，s_k 为实常数，试证

$$y_t=\sum_{k=1}^{n}a_k x_{t+s_k},t\in\mathbf{R}$$

也是弱平稳过程. 如 $\{x_t,t\in\mathbf{R}\}$ 均方连续，有随机测度为 $Z_x(A)$，谱测度为 $F_x(A)$，试证 $\{y_t,t\in\mathbf{R}\}$ 也均方连续，并求相应诸量.

提示 $Ey_t\bar{y}_s=\sum_{i,j}a_i\bar{a}_j B_x(t-s+s_i-s_j)$，其中 $B_x(\tau)$ 是 $\{x_t,t\in\mathbf{R}\}$ 的相关函数. 如 $B_x(\tau)=\int_{\mathbf{R}}e^{\tau\lambda i}F_x(d\lambda)$，则 $B_y(\tau)=$

$\int_{\mathbf{R}} e^{\tau\lambda i}\left|\sum_{k} a_k e^{\lambda s_k i}\right|^2 F_x(d\lambda)$，故 $F_y(A)=\int_A\left|\sum_{k} a_k e^{\lambda s_k i}\right|^2 F_x(d\lambda)$.

又 $Z_y(A)=\int_A\left(\sum_{k} a_k e^{\lambda s_k i}\right) Z_x(d\lambda)$.

附记 本章中限于叙述弱平稳过程的基本知识，关于这方面的文献见[2]，那里的叙述所需的准备知识较少.更全面而又较严密的叙述见[16].对弱平稳过程的微分与差分方程则取材于柯尔莫哥洛夫的随机过程讲义(1959).

参考文献

[1] 郑曾同.随机测度与随机积分.数学学报，1961，11(2)：133-140.

[2] 雅格龙.平稳随机函数导论.数学进展，1956，2(1)：3-153.

第 9 章　弱平稳过程中的几个问题

§9.1　作为酉算子群的弱平稳过程

(一)

上章中，我们以谱展开为中心，叙述了弱平稳过程的基本理论. 本章将就几个专题，进一步叙述这方面的理论，每个专题构成每节的内容.

类似于保测变换与平稳过程间的关系，试研究希尔伯特空间中酉算子群与弱平稳过程间的关系.

设 $\xi(\omega)$ 为定义于概率空间 $(\Omega,\mathcal{F},P)$ 上的复值随机变量，令

$$H=(\xi(\omega):E|\xi(\omega)|^2<+\infty), \tag{1}$$

考虑(复)希尔伯特空间 H，其中任两元 ξ,η 的内积定义为

$$(\xi,\eta)=E\xi\bar{\eta}, \quad 故(\xi,\xi)=\|\xi\|^2=E|\xi|^2. \tag{2}$$

这空间在上章中已遇到过多次. 把 H 变到 H 中的线性算子 T 称为**等距的**[①]，如对任两元 $\xi,\eta\in H$，有

---

① 注意，在 H 中，如 $E|\xi-\eta|^2=0$，即 $\xi=\eta$ a.s.时，ξ,η 是同一元. 因此，若 $\xi_1=T\eta$，则 $\xi_2=T\eta$ 的充分必要条件是 $\xi_1=\xi_2$ a.s..

$$(T\xi, T\eta)=(\xi, \eta); \tag{3}$$

等距算子如把 H 变到 H 之上（而不仅是变到 H 的真子空间之上），则称它为**酉算子**，它有逆算子.

考虑酉算子集 $\{T_t, t\in\mathbf{R}\}$，若对任两 $s\in\mathbf{R}, t\in\mathbf{R}$，有

$$T_{s+t}=T_sT_t=T_tT_s, T_0=I \tag{4}$$

（I 为恒等算子，即 $I\xi=\xi, \xi\in H$），则称 $\{T_t, t\in\mathbf{R}\}$ 为**酉算子群**；称此群为连续的，如对任意 $\xi\in H$，有

$$\lim_{t\to 0}\| T_t\xi-\xi\|=0. \tag{5}$$

设 $\mathcal{M}\subset H$ 为任一闭线性子空间，类似地可以定义把 $\mathcal{M}$ 变到 $\mathcal{M}$ 的等距算子、酉算子等.

定理 1 (i) 设 $\{T_t, t\in\mathbf{R}\}$ 为 H 上的连续酉算子群，$\xi_0\in H$ 任意，则

$$\{\xi_t, t\in\mathbf{R}\}, \quad \xi_t=T_t\xi_0 \tag{6}$$

是一均方连续弱平稳过程；

(ii) 反之，设 $\{\xi_t, t\in\mathbf{R}\}$ 是均方连续弱平稳过程，则在 $\overline{L}\{\xi_t, t\in\mathbf{R}\}$ 上存在唯一的连续酉算子群 $\{T_t, t\in\mathbf{R}\}$ 使

$$\xi_t=T_t\xi_0. \tag{7}$$

证 (i) 事实上

$$\begin{aligned} E\xi_{t+h}\overline{\xi}_t &=(\xi_{t+h}, \xi_t)=(T_{t+h}\xi_0, T_t\xi_0) \\ &=(T_tT_h\xi_0, T_t\xi_0)=(T_h\xi_0, \xi_0)=E\xi_h\overline{\xi}_0; \\ E|\xi_{t+h}-\xi_t|^2 &=\|\xi_{t+h}-\xi_t\|^2=\|T_tT_h\xi_0-T_t\xi_0\|^2 \\ &=\|T_h\xi_0-\xi_0\|^2\to 0 \quad (h\to 0). \end{aligned}$$

(ii) 简记 $\Xi=\{\xi_t, t\in\mathbf{R}\}, L=L\{\xi_t, t\in\mathbf{R}\}, \overline{L}=\overline{L}\{\xi_t, t\in\mathbf{R}\}$，逐步于 $\Xi, L, \overline{L}$ 上定义 $\{T_t, t\in\mathbf{R}\}$.

i) 对 $\xi_s\in\Xi$，定义

$$T_t\xi_s=\xi_{s+t}. \tag{8}$$

ii) 若 $\eta=\sum_{i=1}^{n}a_i\xi_{t_i}\in L$，则定义

$$T_t\eta = \sum_{i=1}^{n} a_i T_t \xi_{t_i} = \sum_{i=1}^{n} a_i \xi_{t+t_i}. \tag{9}$$

为使如此定义的 T_t 单值，要证 $T_t\eta$ 与 η 之表现无关. 首先注意一般事实

$$\left(\sum_{i=1}^{n} a_i\xi_{t+t_i}, \sum_{j=1}^{m} b_j\xi_{t+s_j}\right) = \sum_{i,j} a_i\bar{b}_j B(t_i - s_j)$$

$$= \left(\sum_{i=1}^{n} a_i\xi_{t_i}, \sum_{j=1}^{m} b_j\xi_{s_j}\right). \tag{10}$$

因此，若 η 另有一表达式为 $\eta = \sum_{j=1}^{m} b_j\xi_{s_j}$，则由(10) 立得

$$\left\| \sum_{i=1}^{n} a_i\xi_{t+t_i} - \sum_{j=1}^{m} b_j\xi_{t+s_j} \right\| = \left\| \sum_{i=1}^{n} a_i\xi_{t_i} - \sum_{j=1}^{m} b_j\xi_{s_j} \right\|$$

$$= \| \eta - \eta \| = 0,$$

此得证 T_t 的单值性.

$T_t(t\in \mathbf{R})$在 L 上具有性质

i′) $T_t(a\xi+b\eta)=aT_t\xi+bT_t\eta$.

ii′) $(T_t\xi, T_t\eta)=(\xi,\eta)$，$\| T_t\xi \|^2=\| \xi \|^2$.

iii′) $T_{s+t}\xi=T_sT_t\xi=T_tT_s\xi$，$T_0\xi=\xi$.

iv′) $T_s^{-1}=T_{-s}$.

实际上，i′)，iii′)，iv′)由(9)直接看出，而 ii′)则由(10)推出.

iii) 今在 $\bar{L}$ 上定义 T_t. 对 $\xi\in\bar{L}$，任取$\{\xi_n\}\subset L$，使 $\| \xi_n-\xi \| \to 0$，并定义

$$T_t\xi = \underset{n\to+\infty}{\mathrm{l.\,i.\,m}}\, T_t\xi_n. \tag{11}$$

完全像在 § 8.2 中定义 $I(f)$时一样，可见极限 $T_t\xi$ 总存在；其值与趋于 ξ 的序列的选择无关；而且 i′)与 ii′)在 $\bar{L}$ 上也成立.（在 § 8.2 中，我们只利用 $I(f)$在 S 上的(i)与(ii)，而对 $I(f)$证明了此三事实；既然 i′)，ii′)相当于 § 8.2 $I(f)$在 S 上的(i)(ii)，故易见这些事实对 $T_t\xi$ 也正确.）

其实在 $\overline{L}$ 上还保留 iii′）. 这是因为，由(11)及 iii′）在 L 上的正确性得

$$T_{s+t}\xi=\underset{n\to+\infty}{\text{l. i. m}}\,T_{s+t}\xi_n=\underset{n\to+\infty}{\text{l. i. m}}\,T_s(T_t\xi_n),$$

然而 $T_t\xi=\underset{n\to+\infty}{\text{l. i. m}}\,T_t\xi_n$，故再用定义(11)即知右方项等于 $T_sT_t\xi$，即 $T_{s+t}\xi=T_sT_t\xi$. 由对称性得 $T_{s+t}\xi=T_tT_s\xi$. 最后

$$T_0\xi=\underset{n\to+\infty}{\text{l. i. m}}\,T_0\xi_n=\underset{n\to+\infty}{\text{l. i. m}}\,\xi_n=\xi.$$

在 $\overline{L}$ 上甚至还保留 iv′）. 这由于

$$T_{-s}T_s\xi=\underset{n\to+\infty}{\text{l. i. m}}\,T_{-s}T_s\xi_n=\underset{n\to+\infty}{\text{l. i. m}}\,\xi_n=\xi.$$

总之，我们已经证明了$\{T_t,t\in\mathbf{R}\}$是 $\overline{L}$ 上的酉算子群. 试证它是连续的.

它在 L 上连续：若 $\xi\in L$，则

$$\begin{aligned}\|T_t\xi-\xi\| &= \left\|\sum_{i=1}^{n}a_i(\xi_{t+t_i}-\xi_{t_i})\right\| \\ &\leqslant \sum_{i=1}^{n}|a_i|\,\|\xi_{t+t_i}-\xi_{t_i}\| \\ &= \sum_{i=1}^{n}|a_i|\,\|\xi_t-\xi_0\|\to 0,\quad t\to 0.\end{aligned}$$

它在 $\overline{L}$ 上连续：如 $\xi\in\overline{L}$，对 $\varepsilon>0$，存在 $\eta\in L$，使 $\|\eta-\xi\|<\dfrac{\varepsilon}{3}$，由此群在 L 上的连续性，知存在 $\delta>0$，使$|t|<\delta$ 时，$\|T_t\eta-\eta\|<\dfrac{\varepsilon}{3}$. 故

$$\begin{aligned}\|T_t\xi-\xi\| &\leqslant \|T_t\xi-T_t\eta\|+\|T_t\eta-\eta\|+\|\eta-\xi\| \\ &=2\|\xi-\eta\|+\|T_t\eta-\eta\|<\varepsilon.\end{aligned}$$

最后证**唯一性**　设有两连续酉算子群 $T_t,T_t'(t\in\mathbf{R})$，都满足(7)，则由(9)及算子的线性它们必在 L 上重合. 故对任意 $\xi\in\overline{L}$，由(11)及线性算子的连续性得

$$T_t\xi=\underset{n\to+\infty}{\text{l. i. m}}\,T_t\xi_n=\underset{n\to+\infty}{\text{l. i. m}}\,T_t'\xi_n=T_t'\xi.\quad\blacksquare$$

关于弱平稳序列，类似地有

定理 2　(i) 设 T 为 H 上的酉算子，$\xi_0 \in H$ 任意，则

$$\{\xi_n, n \in \mathbf{N}\}，其中\ \xi_n = T^n \xi_0 \tag{12}$$

是一弱平稳序列；

(ii) 反之，设 $\{\xi_n, n \in \mathbf{N}\}$ 是弱平稳序列，则在 $\overline{L}\{\xi_n, n \in \mathbf{N}\}$ 上存在唯一的酉算子 T，使

$$\xi_n = T^n \xi_0. \tag{13}$$

这定理的证与上定理的证类似，故从略(参看平稳序列的相应定理).

由此可见，均方连续弱平稳过程(或弱平稳序列)无非是特殊希尔伯特空间上的连续酉算子群(或酉算子)，因而可以利用一般的酉算子的理论来研究它们. 事实上可以从这里出发来叙述上章中的许多结果. 然而我们不愿这样做，以免过多地依靠泛函分析的知识. 作为一例，试利用关于一般酉算子的斯通(Stone)定理来重新证明 § 8.3 中的谱展式.

(二)

仍然考虑(1)中的 H. 把 H 变到 H 中的线性算子 E 称为**投影算子**，如对任意 $\xi \in H, \eta \in H$，有

$$(E\xi, \eta) = (\xi, E\eta), \quad E^2 \xi = E\xi. \tag{14}$$

两投影算子 E_1, E_2，若对任意 $\xi \in H$，有

$$E_1 E_2 \xi = E_2 E_1 \xi = E_1 \xi, \tag{15}$$

则记作 $E_1 \leqslant E_2$. 今设对每实数 λ，存在一投影算子 $E(\lambda)$，如果集 $\{E(\lambda), \lambda \in \mathbf{R}\}$ 满足下列三条件，就称它为**单位分解**：

(i) 若 $\lambda \leqslant \mu$，则 $E(\lambda) \leqslant E(\mu)$；

(ii) $E(\lambda + 0) = E(\lambda)$ (右连续性)；

(iii) ① $E(-\infty)=0, E(+\infty)=I$,

其中 $0\xi=0\quad$ a.s.，$I\xi=\xi\quad$ a.s..

对于任一有穷或无穷区间 Δ，如下定义 $E(\Delta)$：

$$\begin{cases}\Delta=[\alpha,\beta]: E(\Delta)=E(\beta)-E(\alpha-0);\\ \Delta=(\alpha,\beta): E(\Delta)=E(\beta-0)-E(\alpha);\\ \Delta=(\alpha,\beta]: E(\Delta)=E(\beta)-E(\alpha);\\ \Delta=[\alpha,\beta): E(\Delta)=E(\beta-0)-E(\alpha-0),\end{cases}\tag{16}$$

则可证 $E(\Delta)$也是投影算子，而且

$$E(\Delta)E(\Delta')=E(\Delta\cap\Delta'),$$

当 $\Delta\Delta'=\varnothing$时

$$E(\Delta)E(\Delta')=0.\tag{17}$$

任意固定 $\xi\in H$ 而定义 $\xi_t=E(t)\xi$，则$\{\xi_t, t\in\mathbf{R}\}$是正交增量过程. 事实上，对 $t_1<t_2\leqslant t_3<t_4$，由(14)(17)

$$\begin{aligned}(\xi_{t_4}-\xi_{t_3}, \xi_{t_2}-\xi_{t_1})&=((E(t_4)-E(t_3))\xi, (E(t_2)-E(t_1))\xi)\\ &=(E((t_3,t_4])\xi, E((t_1,t_2])\xi)\\ &=(\xi, E((t_3,t_4])E((t_1,t_2])\xi)=(\xi,0)=0.\end{aligned}$$

根据(ii)，这过程是均方意义下的右连续过程，故按§8.2 定理1及其注1，知它在$(\mathbf{R},\mathcal{B}_1)$上决定一随机测度 $Z_\xi(A), A\in\mathcal{B}_1$. 以 $F_\xi(A)$表此测度的均方测度，那么后者的广义分布函数为

$$\begin{aligned}F_\xi(\lambda)=F_\xi((-\infty,\lambda])&=E|E((-\infty,\lambda])\xi|^2\\ &=(E((-\infty,\lambda])\xi, E((-\infty,\lambda]\xi))\\ &=(\xi, E((-\infty,\lambda]\xi)).\end{aligned}\tag{18}$$

---

① 在条件(i)下，如 $\lambda_n\uparrow+\infty$（或 $\lambda_n\downarrow-\infty$），则对每 $\xi\in H$，存在$\underset{n\to+\infty}{\text{l.i.m}}\,E(\lambda_n)\xi$，记此极限为 $E(+\infty)\xi$（或 $E(-\infty)\xi$），它与$\{\lambda_n\}$之选择无关，而且 $E(+\infty)$，$E(-\infty)$也是投影算子. 当 $\lambda_n\uparrow\lambda$（或 $\lambda_n\downarrow\lambda$）而 λ 有穷时类似结果也成立. 所得算子记为 $E(\lambda-0)$（或 $E(\lambda+0)$）. 证见关肇直. 泛函分析讲义. 北京：高等教育出版社，1958，第398页. 以下有关泛函分析事实，无特别声明时均见此书.

总结上述，得

引理 1　对任一单位分解$\{E(\lambda),\lambda\in\mathbf{R}\}$及任一$\xi\in H$，在$(\mathrm{R},\mathcal{B}_1,F_\xi)$上存在唯一随机测度$Z_\xi(A),A\in\mathcal{B}_1$，满足

$$Z_\xi((\lambda,\mu])=E((\lambda,\mu])\xi,\quad \lambda<\mu,\tag{19}$$

而$F_\xi(\lambda)$则由(18)决定.

由 § 8.2，对$f(\lambda)\in L^2(\mathbf{R},\mathcal{B}_1,F_\xi)$可以定义随机积分

$$\int_{\mathbf{R}} f(\lambda)Z_\xi(\mathrm{d}\lambda)\tag{20}$$

今从另一角度来考虑(20)：固定$\{E(\lambda),\lambda\in\mathbf{R}\}$，若$f(\lambda)$属于一切$L^2(\mathbf{R},\mathcal{B}_1,F_\xi)(\xi\in H)$，则(20)对一切$\xi\in H$有意义，于是可以定义变换$\int_{\mathbf{R}} f(\lambda)E(\mathrm{d}\lambda)$：

$$\int_{\mathbf{R}} f(\lambda)E(\mathrm{d}\lambda)\cdot\xi=\int_{\mathbf{R}} f(\lambda)Z_\xi(\mathrm{d}\lambda),\tag{21}$$

它是把H变到H中的变换.

这样的$f(\lambda)$中，特别重要的有两个：

(i) $f_1(\lambda)=\chi_A(\lambda)$，$A$为$\mathcal{B}_1$中任一集. 这时自然地记$\int_{\mathbf{R}}\chi_A(\lambda)E(\mathrm{d}\lambda)$为$E(A)$，因而由(21)[①]

$$\begin{aligned}E(A)\xi&=\int_{\mathbf{R}}\chi_A(\lambda)E(\mathrm{d}\lambda)\cdot\xi\\&=\int_{\mathbf{R}}\chi_A Z_\xi(\mathrm{d}\lambda)=Z_\xi(A).\end{aligned}\tag{22}$$

(ii) $f_2(\lambda)=\mathrm{e}^{t\lambda\mathrm{i}}$，$t\in\mathbf{R}$为常数. 这时由(21)

$$\int_{\mathbf{R}}\mathrm{e}^{t\lambda\mathrm{i}}E(\mathrm{d}\lambda)\cdot\xi=\int_{\mathbf{R}}\mathrm{e}^{t\lambda\mathrm{i}}Z_\xi(\mathrm{d}\lambda).\tag{23}$$

至此已叙述完必要的预备知识.

---

① $E(A)$也是投影算子，证见关肇直. 泛函分析讲义. 北京：高等教育出版社，1958，第 406 页.

注意 在上面所说的一切当中，H 当然可换为 H 中任一闭线性子空间 $\overline{\mathcal{M}}$，因而可以得到把 $\overline{\mathcal{M}}$ 变到 $\overline{\mathcal{M}}$ 中的投影算子及单位分解等.下面还要用到

斯通定理 设$\{T_t,t\in\mathbf{R}\}$为定义在 $\overline{\mathcal{M}}$ 上的连续酉算子群，那么它必可展为

$$T_t=\int_{\mathbf{R}}\mathrm{e}^{t\lambda\mathrm{i}}E(\mathrm{d}\lambda),\tag{24}$$

其中$\{E(\lambda),\lambda\in\mathbf{R}\}$为某单位分解，由$\{T_t,t\in\mathbf{R}\}$唯一决定.

现在可以重新证明§8.3 定理2中关于均方连续弱平稳过程的谱展式如下：

设已给如此的过程$\{\xi_t,t\in\mathbf{R}\}$，由定理1(ii)，存在 $\overline{L}=\overline{L}\{\xi_t,t\in\mathbf{R}\}$上的唯一连续酉算子群$\{T_t,t\in\mathbf{R}\}$，使(7)成立.由(24)及(23)得

$$\xi_t=T_t\xi_0=\int_{\mathbf{R}}\mathrm{e}^{t\lambda\mathrm{i}}E(\mathrm{d}\lambda)\cdot\xi_0=\int_{\mathbf{R}}\mathrm{e}^{t\lambda\mathrm{i}}Z_{\xi_0}(\mathrm{d}\lambda),\tag{25}$$

由谱展式的唯一性及(22)知 $Z_{\xi_0}(A)=E(A)\xi_0$ 是过程的随机测度.

反之，设已给 H 中一单位分解$\{E(\lambda),\lambda\in\mathbf{R}\}$及一 $\xi\in H$.定义

$$\xi_t=\int_{\mathbf{R}}\mathrm{e}^{t\lambda\mathrm{i}}E(\mathrm{d}\lambda)\cdot\xi=\int_{\mathbf{R}}\mathrm{e}^{t\lambda\mathrm{i}}Z_{\xi}(\mathrm{d}\lambda),\tag{26}$$

其中 $Z_\xi(A)(A\in\mathcal{B}_1)$是由引理1所决定的随机测度，其均方测度为 $F_\xi(A)$，则由§8.2(13)(14)，知

$$E\xi_{t+\tau}\bar{\xi}_t=\int_{\mathbf{R}}\mathrm{e}^{\tau\lambda\mathrm{i}}F_\xi(\mathrm{d}\lambda)$$

与 t 无关而且对 $\tau\in\mathbf{R}$ 连续，故由(26)定义的$\{\xi_t,t\in\mathbf{R}\}$是均方连续弱平稳过程.

对弱平稳序列不难类似地重新证明它的谱展式，为此只要用定理2(ii)及泛函分析中的下列定理(以代替斯通定理)，即

酉算子的谱分解定理　任一定义在 $\overline{\mathcal{M}}$ 上的酉算子 T 必可展为

$$T=\int_{-\pi}^{\pi}\mathrm{e}^{\lambda\mathrm{i}}E(\mathrm{d}\lambda),\tag{27}$$

其中的单位分解由 T 唯一决定，而且满足条件

$$E(-\pi)=0,E(\pi)=I.\tag{28}$$

总结以上所述，并综合定理 1 与 § 8.3 定理 2，可见下面的四种观点是一致的：

i) 已给均方连续弱平稳过程 $\{\xi_t,t\in\mathbf{R}\}$.

ii) 已给 $(\mathbf{R},\mathcal{B}_1,F)$ 上随机测度 $Z(A),A\in\mathcal{B}_1$，这里 $F(\mathbf{R})<+\infty$.

iii) 已给某 $\overline{\mathcal{M}}(\subset H)$ 中连续酉算子群 $\{T_t,t\in\mathbf{R}\}$ 及某 $\xi_0\in\overline{\mathcal{M}}$.

iv) 已给某 $\overline{\mathcal{M}}(\subset H)$ 中单位分解 $E(A),A\in\mathcal{B}_1$ 及某 $\xi_0\in\overline{\mathcal{M}}$.

这四种观点间的联系是

$$\xi_t=\int_{\mathbf{R}}\mathrm{e}^{t\lambda\mathrm{i}}Z(\mathrm{d}\lambda)=T_t\xi_0=\int_{\mathbf{R}}\mathrm{e}^{t\lambda\mathrm{i}}E(\mathrm{d}\lambda)\cdot\xi_0;$$

$$\begin{aligned}\overline{L}\{\xi_t,t\in\mathbf{R}\}&=\overline{L}\{Z(A),A\in\mathcal{B}_1\}=\overline{L}\{T_t\xi_0,t\in\mathbf{R}\}\\&=\overline{L}\left\{\int_{\mathbf{R}}\mathrm{e}^{t\lambda\mathrm{i}}E(\mathrm{d}\lambda)\xi_0,t\in\mathbf{R}\right\}.\end{aligned}$$

关于弱平稳序列也有类似结果，不重复.

（三）

试指出由(22)所定义的算子 $E(A)$ 与 § 8.4 中所述线性运算的关系. 设已给均方连续弱平稳过程 $\{\xi_t,t\in\mathbf{R}\}$，它通过自己的酉算子群 $\{T_t,t\in\mathbf{R}\}$ 而唯一决定一单位分解 $\{E(\lambda),\lambda\in\mathbf{R}\}$，后者按(22)定义一变换 $E(A),A\in\mathcal{B}_1$ 任意固定. 由(22)知

$$E(A)\xi_0=Z_{\xi_0}(A).\tag{29}$$

因而 $E(A)$ 把 ξ_0 变到过程的随机测度在 A 上的值 $Z_{\xi_0}(A)$. 试问 $E(A)$ 把 $\xi_t(t\in\mathbf{R})$ 又变到哪里去了呢？为了回答这问题，注意一

方面由(25)得

$$\xi_{t+s}=\int_{\mathbf{R}}\mathrm{e}^{t\lambda\mathrm{i}}\mathrm{e}^{s\lambda\mathrm{i}}Z_{\xi_0}(\mathrm{d}\lambda);\tag{30}$$

另一方面，像证明(25)一样，得

$$\xi_{t+s}=T_t\xi_s=\int_{\mathbf{R}}\mathrm{e}^{t\lambda\mathrm{i}}Z_{\xi_s}(\mathrm{d}\lambda),\tag{31}$$

由于谱展式中随机测度的唯一性，比较(30)及(31)即得

$$Z_{\xi_s}(A)=\int_A\mathrm{e}^{s\lambda\mathrm{i}}Z_{\xi_0}(\mathrm{d}\lambda).\tag{32}$$

于是由(22)得

$$E(A)\xi_t=Z_{\xi_t}(A)=\int_A\mathrm{e}^{t\lambda\mathrm{i}}Z_{\xi_0}(\mathrm{d}\lambda),\tag{33}$$

右方值恰好与§8.4(13)右方值一致（注意 $Z_{\xi_0}(A)$是过程的随机测度）. 由此可见：$\{E(A)\xi_t,t\in\mathbf{R}\}$是对$\{\xi_t,t\in\mathbf{R}\}$进行线性运算 $c(\lambda)=\chi_A(\lambda)$后所得的均方连续弱平稳过程；或者说，$\chi_A(\lambda)$-运算与投影变换 $E(A)$一致.

§ 9.2　弱平稳序列的沃尔德分解与线性预测

(一)

设$\{\xi(n), n\in\mathbf{N}\}$为弱平稳序列,记

$$
\begin{gathered}
H_{\xi}^{n}=\bar{L}\{\xi_k, k\leqslant n\}, S_{\xi}=\bigcap_{n=-\infty}^{+\infty} H_{\xi}^{n}, \\
H_{\xi}=\bar{L}\{\xi_k, k<+\infty\}=\bar{L}\{\bigcup_{n=-\infty}^{+\infty} H_{\xi}^{n}\},
\end{gathered} \tag{1}
$$

这里$\bar{L}\{\cdots\}$表括号中一切随机变量的线性闭包,收敛性用均方收敛.如前所述,引入内积

$$
(\xi, \eta)=E\xi\bar{\eta} \tag{2}
$$

后,H_{ξ}^{n},H_{ξ}都成为希尔伯特空间,而且显然

$$
H_{\xi}^{n}\subset H_{\xi}^{n+1}\subset H_{\xi}. \tag{3}
$$

以R_{ξ}表闭线性子空间S_{ξ}在H_{ξ}中的正交补集,此补集也是闭线性子空间①,即

$$
R_{\xi}=(\eta: \eta\in H_{\xi}, \eta\perp S_{\xi}) \tag{4}
$$

(“$\perp$”的意义见§8.3),此关系也记为

$$
H_{\xi}=R_{\xi}\oplus S_{\xi} \text{ 或 } R_{\xi}=H_{\xi}\ominus S_{\xi}. \tag{5}
$$

对任意元$\eta\in H_{\xi}$,必存在唯一的$\eta_r\in R_{\xi}$,$\eta_s\in S_{\xi}$,使

$$
\eta=\eta_r+\eta_s, \tag{6}
$$

分别称η_r,η_s为η在R_{ξ}及S_{ξ}上的**投影**②.

根据R_{ξ},S_{ξ}可将弱平稳序列分类.

若$R_{\xi}=0$($0=\{0\}$表只含 0 的单点集),则称序列$\{\xi_n, n\in\mathbf{N}\}$

---

① 参见关肇直.泛函分析讲义.北京:高等教育出版社,1958,第 124 页.

② 这定义适用于任意希尔伯特空间中任意两个正交的闭线性子空间.

为**奇异**的；如 $R_\xi \neq 0$，称为**非奇异**的；非奇异序列称为**规则**的，如 $S_\xi = 0$.

由(6)，以 $\xi_r(n)$，$\xi_s(n)$ 表 $\xi(n)$ 在 R_ξ，S_ξ 上的投影，则

$$\xi(n) = \xi_r(n) + \xi_s(n), \quad n \in \mathbf{N}. \tag{7}$$

引理1 若弱平稳序列 $\{\xi(n), n \in \mathbf{N}\}$ 非奇异，则 $\{\xi_r(n), n \in \mathbf{N}\}$ 与 $\{\xi_s(n), n \in \mathbf{N}\}$ 分别是规则的与奇异的弱平稳序列；此两序列正交：

$$(\xi_r(n), \xi_s(m)) = 0, \quad n, m \in \mathbf{N}. \tag{8}$$

证 由于 $R_\xi \perp S_\xi$ 及 $\xi_r(n) \in R_\xi$，$\xi_s(m) \in S_\xi$ 故(8)是显然的.

以 T 表 $\{\xi_n, n \in \mathbf{N}\}$ 所对应的酉算子，则 T 及 T^{-1} 都把 S_ξ 变到自身. 为证此，任取 $\eta \in S_\xi$，则 $\eta \in H_\xi^n$（对一切 n）. 因而 $T\eta \in H_\xi^{n+1}$，$T^{-1}\eta \in H_\xi^{n-1}$（对一切 n）. 这表示 $T\eta \in S_\xi$，$T^{-1}\eta \in S_\xi$.

试证 T 及 T^{-1} 也都把 R_ξ 变到自身. 任取 $\eta \in R_\xi$，令

$$T\eta = y_r + y_s, \quad y_r \in R_\xi, y_s \in S_\xi. \tag{9}$$

由于 T 是酉算子，故 $(T\eta, y_s) = (\eta, T^{-1}y_s)$. 由于 $\eta \in R_\xi$ 并根据上面已证明的事实，$T^{-1}y_s \in S_\xi$，故

$$(y_r + y_s, y_s) = (T\eta, y_s) = (\eta, T^{-1}y_s) = 0. \tag{10}$$

然而 $(y_r, y_s) = 0$，由(10)即得 $\| y_s \|^2 = 0$，或 $y_s = 0$. 于是由(9)得 $T\eta = y_r \in R_\xi$，即 T 把 R_ξ 变到自身. 类似可证 T^{-1} 也把 R_ξ 变到自身.

根据(7)得

$$\xi_r(n) + \xi_s(n) = \xi(n) = T^n\xi(0) = T^n\xi_r(0) + T^n\xi_s(0),$$

既然 $\xi_r(n)$，$T^n\xi_r(0) \in R_\xi$，$\xi_s(n)$，$T^n\xi_s(0) \in S_\xi$，由 $\xi(n)$ 的投影的唯一性及上式即得

$$\xi_r(n) = T^n\xi_r(0); \xi_s(n) = T^n\xi_s(0). \tag{11}$$

再根据 § 9.1 定理 2，可见 $\{\xi_r(n), n \in \mathbf{N}\}$ 及 $\{\xi_s(n), n \in \mathbf{N}\}$ 都是弱平稳序列.

既然已证 $\xi_s(n)\in S_\xi$（对一切 n），故 $H_{\xi_s}\subset S_\xi$；另一方面，注意 S_ξ 在 S_ξ 上的投影仍是 S_ξ，故由 $S_\xi\subset H_\xi^n$ 得 $S_\xi\subset H_{\xi_s}^n$，于是 $H_{\xi_s}\subset S_\xi\subset H_{\xi_s}^n\subset H_{\xi_s}$. 再由定义 $S_{\xi_s}=\bigcap\limits_{n=-\infty}^{+\infty}H_{\xi_s}^n$，即得

$$S_\xi=S_{\xi_s}=H_{\xi_s}^n=H_{\xi_s},R_{\xi_s}=0.$$

这便证明了$\{\xi_s(n),n\in\mathbf{N}\}$是奇异的.

其次因对任意 n，由上式有 $H_\xi^n=H_{\xi_r}^n\oplus S_\xi$，又 $\bigcap\limits_{n=-\infty}^{+\infty}H_\xi^n=S_\xi$，故 $S_{\xi_r}=\bigcap\limits_{n=-\infty}^{+\infty}H_{\xi_r}^n=0$；从而 $R_{\xi_r}=H_{\xi_r}$. 注意 $R_\xi\oplus S_\xi=H_\xi=H_{\xi_r}\oplus H_{\xi_s}$，$S_\xi=H_{\xi_s}$，故 $H_{\xi_r}=R_\xi$. 由假定 $R_\xi\neq0$，于是 $R_{\xi_r}\neq0$ 而得证$\{\xi_r(n),n\in\mathbf{N}\}$规则. ■

以下简记 H_{ξ_r} 为 H_r.

考虑非奇异情形，即设 $R_\xi\neq0$. 方才已证明，此时$\{\xi_r(n),n\in\mathbf{N}\}$规则，故 H_r^n 不能同时对一切 n 都重合于 H_r^{n-1}；从而①可证对任一 n，$H_r^n\neq H_r^{n-1}$. 于是 $\xi_r(n)=\sigma(n)+\varphi(n)$，其中 $\varphi(n)\in H_r^{n-1}$ 而 $\sigma(n)\perp H_r^{n-1}$，并且空间 $H_r^n\ominus H_r^{n-1}$ 是由 $\sigma(n)$所产生的一维子空间，$\|\sigma(n)\|>0$. 将 $\sigma(n)$规范化而令 $\psi(n)=\dfrac{\sigma(n)}{\|\sigma(n)\|}$因而 $\|\psi(n)\|=1$，$\psi(n)\in H_r^n$，$\psi(n)\perp H_r^{n-1}$. 特别，$\psi(n)\perp\psi(m)$，$n\neq m$. 此外 $\psi(n)\perp\xi_s(m)$，$n,m\in\mathbf{N}$；$\psi(n)\perp\xi(m)$，$n>m$.

现在可将分解式深化. 注意，若$\{\xi(n),n\in\mathbf{N}\}$是奇异的，则由上述，$\xi(n)=\xi_s(n)$，此情况过于简单，故只要考虑非奇异的序列.

---

① 若对某 n，$H_r^n=H_r^{n-1}$，则由$\{\xi_r(n),n\in\mathbf{N}\}$的弱平稳性，此式对一切 n 正确. 此因：由 $\underset{k\to+\infty}{\mathrm{l.i.m}}\sum\limits_{i=1}^{l_k}a_i^{(k)}\xi(m_i^{(k)})=\xi(n)\,(m_i^{(k)}\leqslant n-1)$ 可得

$$\underset{k\to+\infty}{\mathrm{l.i.m}}\sum_{i=1}^{l_k}a_i^{(k)}\xi(m_i^{(k)}+1)=\xi(n+1),$$

故 $H_r^{n+1}=H_r^n$. 类似可得 $H_r^{n-2}=H_r^{n-1}$，于是诸 H_r^n（对一切 n）重合.

定理1 设$\{\xi(n),n\in\mathbf{N}\}$为非奇异的弱平稳序列，则$\xi(n)$可分解为

$$\xi(n)=\xi_r(n)+\xi_s(n)=\sum_{j=0}^{+\infty}c_j\psi(n-j)+\xi_s(n),\tag{12}$$

其中$\{\xi_r(n),n\in\mathbf{N}\}$是规则序列而$\{\xi_s(n),n\in\mathbf{N}\}$是奇异的. 又

$$\begin{cases}\sum_{j=0}^{+\infty}|c_j|^2<+\infty,\quad c_0>0,\\ E\psi(n)\overline{\psi(m)}=\delta_{nm},\quad E\psi(n)\overline{\xi_s(m)}=0,\quad n,m\in\mathbf{N},\\ \psi(n)\in H_\xi^n,\quad \psi(n)\perp H_\xi^{n-1},\quad \xi_s(n)\in S_\xi.\end{cases}\tag{13}$$

满足这些条件的$\{c_n\}$与$\{\psi(n)\}$是唯一的.

证 为证(12)，由(7)及引理1，只要证

$$\xi_r(n)=\sum_{j=0}^{+\infty}c_j\psi(n-j).\tag{14}$$

先设$n=0$. 如上所述

$$\xi_r(0)=\sigma(0)+\varphi_1(0)=c_0\psi(0)+\varphi_1(0),\quad c_0=\|\sigma(0)\|>0,$$

其中因

$$\varphi_1(0)\in H_r^{-1},\text{故 }\varphi_1(0)=c_1\psi(-1)+\varphi_2(0);$$

其中因

$$\varphi_2(0)\in H_r^{-2},\text{故 }\varphi_2(0)=c_2\psi(-2)+\varphi_3(0);\cdots;$$

故

$$\xi_r(0)=c_0\psi(0)+c_1\psi(-1)+\cdots+c_n\psi(-n)+\varphi_{n+1}(0),\tag{15}$$

而$\varphi_{n+1}(0)\in H_r^{-(n+1)}$. 由于$\{\psi(-k),\varphi_{n+1}(0),0\leqslant k\leqslant n\}$互相正交，故

$$\sum_{k=0}^{n}|c_k|^2\leqslant\|\xi_r(0)\|^2,\quad \sum_{k=0}^{+\infty}|c_k|^2<+\infty,$$

$$\sum_{k=0}^{+\infty}c_k\psi(-k)\text{ 均方收敛.}$$

其次，$\xi_r(0)-\sum_{k=0}^{n}c_k\psi(-k)=\psi_{n+1}(0)\in H_r^{-(n+1)}$；又

$$E|\varphi_{n+m+1}(0)-\varphi_{n+1}(0)|^2=\sum_{k=n+1}^{n+m}|c_k|^2\to 0,\quad n\to+\infty,$$

故存在 $\underset{n\to+\infty}{\text{l. i. m}}\,\varphi_n(0)\in H_r^{-m}$（对一切 m）. 既然 $\bigcap_{n=-\infty}^{+\infty}H_r^{-n}=0$，故 $\underset{n\to+\infty}{\text{l. i. m}}\,\varphi_n(0)=0$，从而得证(14)对 $n=0$ 正确.

为证(14)对一般的 n 正确. 先注意由

$$\sigma(n)+\varphi(n)=\xi_r(n)=T^n\xi_r(0)=T^n\sigma(0)+T^n\varphi(0)$$

及 $\sigma(n)$，$T^n\sigma(0)\perp H_r^{n-1}$，$\varphi(n)$，$T^n\varphi(0)\in H_r^{n-1}$，得 $\sigma(n)=T^n\sigma(0)$. 既然 T 是等距算子，我们有

$$\psi(n)=T^n\psi(0).\tag{16}$$

这说明 $\{\psi(n),n\in\mathbf{N}\}$ 也是弱平稳的（其实还是规范化正交序列）. 以 T^m 作用于(15)两边，利用(11)(16)得

$$\xi_r(m)=c_0\psi(m)+c_1\psi(m-1)+\cdots+c_n\psi(m-n)+T^m\varphi_{n+1}(0).$$

再注意 $\|T^m\varphi_{n+1}(0)\|=\|\varphi_{n+1}(0)\|\to 0\ (n\to+\infty)$，即得证(14).

(13)中除 $\psi(n)\in H_\xi^n$，$\psi(n)\perp H_\xi^{n-1}$ 未证外，其余都已证明. 由于 $H_\xi^n\ni\xi(n)=\xi_r(n)+\xi_s(n)$，而 $\xi_s(n)\in S_\xi\subset H_\xi^n$，故 $\xi_r(n)\in H_\xi^n$. 由此即得 $H_r^n\subset H_\xi^n$. 既然 $\psi(n)\in H_r^n$，我们有 $\psi(n)\in H_\xi^n$. 其次，由 $\psi(n)\perp H_r^{n-1}$ 及 $\psi(n)\perp\xi_s(m)$ 得证 $\psi(n)\perp H_\xi^{n-1}$.

剩下只要证满足(13)的 $\{c_n\}$ 与 $\{\psi(n)\}$ 的唯一性，设 $\xi(n)$ 已分解为

$$\xi(n)=\sum_{i=0}^{+\infty}c_j\psi(n-j)+\xi_s(n).\tag{17}$$

以 $\overline{\psi(n-j)}$ 乘(17)两边，取数学期望，由(13)得

$$c_j=E\xi(n)\overline{\psi(n-j)}.\tag{18}$$

以 $\psi_{n-v\,v}$ 表 ξ_n 在 H_ξ^{n-v} 上的投影，试证

$$\varphi_{n-v\,v}=\sum_{j=v}^{+\infty}c_j\psi(n-j)+\xi_s(n).\tag{19}$$

实际上，由(13)知 $\varphi_{n-v\,v}\in H_\xi^{n-v}$，而且

$$\xi_n - \varphi_{n-v\,v} = \sum_{j=0}^{v-1} c_j \psi(n-j) \perp H_\xi^{n-v}, \tag{20}$$

这便证明了(19). 注意(20)左方为序列$\{\xi_n, n \in \mathbf{N}\}$决定. 特别$c_0\psi(n) = \xi_n - \psi_{n-11}$由序列本身唯一决定. 然而$|c_0|^2 = E|\xi_n - \psi_{n-11}|^2 > 0$，否则$\xi_n = \psi_{n-11} \in H_\xi^{n-1}$，$H_\xi^n = H_\xi^{n-1}$，于是$H_\xi = S_\xi$，$R_\xi = 0$而与序列为非奇异的假定矛盾，又由假定$c_0 > 0$为正，从而$c_0$以及$\psi(n)$都唯一决定（对$\psi(n)$允许在一零测集上自由取值）. 再根据(18)便得证$c_j(j>0)$的唯一性. ■

注1 公式(7)以及(12)称为弱平稳序列的沃尔德(Wold)分解. 这分解的几何意义非常明显. 事实上，将H_ξ分解为互垂空间R_ξ，S_ξ的直积后，$\xi(n)$便分解为在此两空间上投影的和. 然而在R_ξ上的投影$\xi_r(n)$，又可按此空间中规范正交系$\{\psi(n)\}$展开为$\sum_{j=0}^{+\infty} c_j \psi(n-j)$. 至于$\xi_s(n)$则可解释为$\xi_n$在无穷远的分量. 直观上可比喻如下：以平面比作$H_\xi$，$x$轴，$y$轴（正交轴）比作$R_\xi$，$S_\xi$，平面矢量比作$\xi_n$，矢量在此两轴上的投影比作$\xi_r(n)$与$\xi_s(n)$，然后再设想$x$轴为无穷维空间.

注2 由定理1的证明可见

$$H_\xi \supset H_r = \overline{L}\{\psi(n), n \in \mathbf{N}\}, \quad H_\xi \supset S_\xi. \tag{21}$$

其次，(12)中后式尚可改写为

$$\xi(n) = \sum_{k=-\infty}^{n} c_{n-k} \psi(k) + \xi_s(n). \tag{22}$$

（二）

根据(21)可见三弱平稳序列$\psi(n)$，$\xi_r(n)$及$\xi_s(n)$，$n \in \mathbf{N}$，都是自$\{\xi_n, n \in \mathbf{N}\}$经某三个线性运算得来. 以$c_\psi(\lambda)$，$c_r(\lambda)$及$c_s(\lambda)$分别表此三运算的核（见§8.4)，因而如$\{\xi_n, n \in \mathbf{N}\}$的谱展式为

$$\xi_n = \int_{\Pi} e^{n\lambda i} Z(d\lambda), \tag{23}$$

$\Pi=[-\pi,\pi]$，则此三序列的谱展式应为

$$\begin{cases}\psi(n)=\int_{\Pi}\mathrm{e}^{n\lambda\mathrm{i}}c_{\psi}(\lambda)Z(\mathrm{d}\lambda),\\ \xi_r(n)=\int_{\Pi}\mathrm{e}^{n\lambda\mathrm{i}}c_r(\lambda)Z(\mathrm{d}\lambda),\\ \xi_s(n)=\int_{\Pi}\mathrm{e}^{n\lambda\mathrm{i}}c_s(\lambda)Z(\mathrm{d}\lambda).\end{cases}\tag{24}$$

试求 $c_{\psi}(\lambda),c_r(\lambda),c_s(\lambda)$. 为此，我们从研究这三序列的谱测度(或谱函数)$F_{\psi},F_r$ 及 F_s 开始.

引理 2 设$\{\psi(n),n\in\mathbf{N}\}$为任意规范化正交序列，即满足 $E\psi(n)\overline{\psi(m)}=\delta_{nm}$，又$\{y_n=\sum_{j=0}^{+\infty}c_j\psi(n-j),n\in\mathbf{N}\}$是单边滑动和序列，$\sum_{j=0}^{+\infty}|c_j|^2<+\infty$，则它们的谱测度 F_{ψ},F_y 都绝对连续，分别有谱密度为

$$f_{\psi}(\lambda)=\frac{1}{2\pi},\tag{25}$$

$$f_y(\lambda)=\frac{1}{2\pi}\left|\sum_{j=0}^{+\infty}c_j\mathrm{e}^{-j\lambda\mathrm{i}}\right|^2,\quad \lambda\in\Pi\tag{26}$$

(参看 § 8.1 例 3).

证 由于$\{\psi(n),n\in\mathbf{N}\}$的相关函数为

$$B_{\psi}(\tau)=\begin{cases}1, & \tau=0,\\ 0, & \tau\neq 0.\end{cases}\tag{27}$$

故得

$$f_{\psi}(\lambda)=\frac{1}{2\pi}\sum_{\tau=-\infty}^{+\infty}\mathrm{e}^{-\lambda\tau\mathrm{i}}B_{\psi}(\tau)=\frac{1}{2\pi}.\tag{28}$$

其次，由 § 8.1(26)得

$$B_y(\tau)=\int_{\Pi}\mathrm{e}^{\tau\lambda\mathrm{i}}\cdot\frac{1}{2\pi}\left|\sum_{j=0}^{+\infty}c_j\mathrm{e}^{-j\lambda\mathrm{i}}\right|^2\mathrm{d}\lambda,$$

从而得证(26). ■

由此引理可见，(12)中的 $\psi(n)$，$\xi_r(n)$($n\in\mathbf{N}$)都有绝对连续谱测度，它们的谱密度 $f_\psi(\lambda)$ 及 $f_r(\lambda)$ 分别由(25)(26)右方给出. 至于 F_s 则有

引理3 存在具有勒贝格测度为0的集 $A(\subset\Pi)$，使

$$F_s(A)=F_S(\Pi). \tag{29}$$

证 以 Z_ψ,Z_r,Z_s 分别表 $\psi(n)$，$\xi_r(n)$，$\xi_s(n)$ 的随机测度，由(12)

$$\int_\Pi \mathrm{e}^{n\lambda\mathrm{i}}Z(\mathrm{d}\lambda)=\xi(n)=\int_\Pi \mathrm{e}^{n\lambda\mathrm{i}}\Big[\Big(\sum_{j=0}^{+\infty}c_j\mathrm{e}^{-j\lambda\mathrm{i}}\Big)Z_\psi(\mathrm{d}\lambda)+Z_s(\mathrm{d}\lambda)\Big],$$

既然谱展式中随机测度唯一，故

$$Z(A)=\int_A\Big[\Big(\sum_{j=0}^{+\infty}c_j\mathrm{e}^{-j\lambda\mathrm{i}}\Big)Z_\psi(\mathrm{d}\lambda)+Z_s(\mathrm{d}\lambda)\Big].$$

由(24)得

$$\int_\Pi \mathrm{e}^{n\lambda\mathrm{i}}Z_\psi(\mathrm{d}\lambda)=\psi(n)=\int_\Pi \mathrm{e}^{n\lambda\mathrm{i}}c_\psi(\lambda)Z(\mathrm{d}\lambda)$$

$$=\int_\Pi \mathrm{e}^{n\lambda\mathrm{i}}c_\psi(\lambda)\Big[\Big(\sum_{j=0}^{+\infty}c_j\mathrm{e}^{-j\lambda\mathrm{i}}\Big)Z_\psi(\mathrm{d}\lambda)+Z_s(\mathrm{d}\lambda)\Big]. \tag{30}$$

注意

$$\overline{L}\{Z_\psi(A),A\in\mathcal{B}_1\}=\overline{L}\{\psi(n),n\in\mathbf{N}\}=H_r\subset R_\xi,$$
$$\overline{L}\{Z_s(A),A\in\mathcal{B}_1\}=\overline{L}\{\xi_s(n),n\in\mathbf{N}\}\subset S_\xi,$$

因此两随机测度 Z_ψ,Z_s 相互正交. 由(30)及(25)得

$$0=E\left|\int_\Pi \mathrm{e}^{n\lambda\mathrm{i}}\Big[1-c_\psi(\lambda)\sum_{j=0}^{+\infty}c_j\mathrm{e}^{-j\lambda\mathrm{i}}\Big]Z_\psi(\mathrm{d}\lambda)-\int_\Pi \mathrm{e}^{n\lambda\mathrm{i}}c_\psi(\lambda)Z_s(\mathrm{d}\lambda)\right|^2$$

$$=\int_\Pi\left|1-c_\psi(\lambda)\sum_{j=0}^{+\infty}c_j\mathrm{e}^{-j\lambda\mathrm{i}}\right|^2\frac{\mathrm{d}\lambda}{2\pi}+\int_\Pi|c_\psi(\lambda)|^2F_s(\mathrm{d}\lambda),$$

因此

$$c_\psi(\lambda)=\frac{1}{\sum\limits_{j=0}^{+\infty}c_j\mathrm{e}^{-j\lambda\mathrm{i}}}\quad(\text{勒贝格测度 a.s.}) \tag{31}$$

$$c_\psi(\lambda)=0 \quad (F_s\text{-测度 a.s.}). \tag{32}$$

为了使此两式可能同时成立,必须存在一勒贝格测度为零的集 A,使(29)成立,否则便会产生矛盾. ■

(29)表示,谱测度 F_s 是奇异的.

现在可以解答上面的问题.

定理 2　关于$\{\xi_n, n\in\mathbf{N}\}$的谱测度 F 几乎处处有

$$c_\psi(\lambda)=\frac{\chi_{\overline{A}}(\lambda)}{\sum\limits_{j=0}^{+\infty} c_j \mathrm{e}^{-j\lambda\mathrm{i}}}, \tag{33}$$

$$c_r(\lambda)=\chi_{\overline{A}}(\lambda),\ c_s(\lambda)=\chi_A(\lambda), \quad \lambda\in\Pi. \tag{34}$$

这里 A 满足(29),χ_A 为 A 的示性函数,$\overline{A}=\Pi\backslash A$.

证　首先注意:$\tilde{c}(\lambda)$,$c(\lambda)$是同一线性运算的核的充分必要条件是$c(\lambda)=\tilde{c}(\lambda)$,($F$—a.s.).事实上,

$$0=E\left|\int_\Pi \mathrm{e}^{n\lambda\mathrm{i}}(c(\lambda)-\tilde{c}(\lambda))Z(\mathrm{d}\lambda)\right|^2=\int_\Pi |c(\lambda)-\tilde{c}(\lambda)|^2 F(\mathrm{d}\lambda)$$

即得.其次证

$$F(B)=F_r(B)+F_s(B), \quad B\in\Pi\mathcal{B}_1. \tag{35}$$

实际上,由 $\xi(n)=\xi_r(n)+\xi_s(n)$ 及 $\xi_r(n)\perp\xi_s(n)$,立得 $B_\xi(\tau)=B_r(\tau)+B_s(\tau)$,写出这些相关函数的谱展式,并利用谱测度的唯一性,比较所得展式的两方的测度后,便得到(35).

由(35)可见,把 $\xi(n)$ 分解为 $\xi_r(n)$ 与 $\xi_s(n)$ 对应于把 F 分解为绝对连续部分 F_r 与奇异及跳跃部分 F_s.

考虑函数 $\tilde{c}_\psi(\lambda)=\dfrac{\chi_{\overline{A}}(\lambda)}{\sum\limits_{j=0}^{+\infty} c_j \mathrm{e}^{-j\lambda\mathrm{i}}}$,显然,它满足(31)(32).今设 $c\psi(\lambda)$ 为任一满足(31)(32) 的可测函数,由于 F_r 绝对连续,可见它关于 F_r 几乎处处等于 $\tilde{c}_\psi(\lambda)$;对 F_s 也如此.故由(35) 得

$$F(c_\psi(\lambda)\neq\tilde{c}_\psi(\lambda))$$

$$=F_r(c_\psi(\lambda)\neq\tilde{c}_\psi(\lambda))+F_s(c_\psi(\lambda)\neq\tilde{c}_\psi(\lambda))=0, \tag{36}$$

这证明了(33). 由(14)及(33)即得(34)中前式. 将(7)中诸序列谱展开，并以此前式代入，便得(34)中后式. ■

(三)

设$\{\xi_n, n\in\mathbf{N}\}$为弱平稳序列，我们仍然采用上段的记号 H_ξ^n，H_ξ 等，由于本节以下只出现一个序列，故下标 ξ 没有必要而简写 H_ξ^n, H_ξ 为 H^n, H 等. 现在来叙述预测理论.

预测问题的直观想法如下：固定整数 n 及 $v(>0)$，试根据已观察到的值 $\xi_{n-N},\xi_{n-N+1},\cdots,\xi_n$，以估计 ξ_{n+v}，这里 N 是非负整数. 换句话说，应该选择一个 $N+1$ 元函数 f，使 ξ_{n+v} 与 $f(\xi_{n-N},\xi_{n-N+1},\cdots,\xi_n)$ 在一定意义下最为接近. 所谓“一定意义”可以有多种解释，随具体问题的需要而定. 例如可理解为

$$\text{绝对差：}|\xi_{n+v}-f(\xi_{n-N},\xi_{n-N+1},\cdots,\xi_n)|; \tag{37}$$

$$\text{方　差：}|\xi_{n+v}-f(\xi_{n-N},\xi_{n-N+1},\cdots,\xi_n)|^2; \tag{38}$$

$$\text{均方差：}E|\xi_{n+v}-f(\xi_{n-N},\xi_{n-N+1},\cdots,\xi_n)|^2; \tag{39}$$

等. 由于实际中常常根据多组观察来进行预测，也由于弱平稳序列的定义中仅涉及二阶矩，所以我们自然选择均方差的大小来标志接近程序. 这便引导到问题的下列严格叙述：

考虑随机变量的集

$$\mathcal{F}(n,N)=(f(\omega): f\text{ 为}\mathcal{F}\{\xi_{n-N},\xi_{n-N+1},\cdots,\xi_n\}\text{可测，}\\ \text{而且 } E|f|^2<+\infty), \tag{40}$$

试求$g(\omega)\in\mathcal{F}(n,N)$，使

$$E|\xi_{n+v}-g|^2=\inf_{f\in\mathcal{F}(n,N)}E|\xi_{n+v}-f|^2, \tag{41}$$

亦即要求使 $E|\xi_{n+v}-f|^2$ 达到下确界的$g(\omega)$.

这样的g是否存在？如存在又是否唯一？

最好把上述问题用希尔伯特空间的语言来叙述，答案就清楚了. 全体二阶矩有穷的随机变量，如我们多次看到的，构成一希尔

伯特空间，显然$\mathcal{F}(n,N)$是它的闭线性子空间. 根据希尔伯特空间的一般理论[①] ξ_{n+c}在$\mathcal{F}(n,N)$上的投影(或称**垂足**)g是唯一的，而且是唯一的满足(41)和$g\in\mathcal{F}(n,N)$的元；此外，g由下列两条件决定：

$$g\in\mathcal{F}(n,N), \tag{42}$$

$$(\xi_{n+v}-g)\perp\mathcal{F}(n,N). \tag{43}$$

以上所述的是根据有穷个(即 $N+1$ 个)过去的最以预测将来. 当然也可根据全部过去来预测 ξ_{n+v}，这时只要在(40)(41)中，把$\mathcal{F}(n,N)$换为$\mathcal{F}(n)(=\mathcal{F}(n,+\infty))$便得到相应问题的准确数学提法. 以后只考虑根据全部过去的预测，因为有穷情况比较简单. 称g为 ξ_{n+v}**关于**$\xi_n,\xi_{n-1},\cdots$的**预测量**，它是ω的函数，与n,v有关，即$g=g_{nv}(\omega)$.

定理 3[②]　$g_{nv}(\omega)=E(\xi_{n+v}\,|\,\mathcal{F}(n))$　a.s..

证　令$\tilde{g}=E(\mathrm{Re}\,\xi_{n+v}\,|\,\mathcal{F}(n))$，即 ξ_{n+v}的实部关于$\mathcal{F}(n)$中全体变量的实虚部分所产生的σ代数$\mathcal{F}\{\mathcal{F}(n)\}$的条件期望. 显然$\tilde{g}$为$\mathcal{F}\{\mathcal{F}(n)\}$可测. 由 § 1.4 引理 2

$$E|\tilde{g}|^2\leqslant E\{E[\,|\mathrm{Re}\,\xi_{n+v}|^2\,|\,\mathcal{F}(n)]\}=E|\mathrm{Re}\,\xi_{n+v}|^2<+\infty, \tag{44}$$

即知$\tilde{g}$满足(42).(其中$\mathcal{F}(n,N)$换成$\mathcal{F}(n)$). 任取 $f\in\mathcal{F}(n)$，则

$$\begin{aligned}&E[\mathrm{Re}\,\xi_{n+v}-E(\mathrm{Re}\,\xi_{n+v}\,|\,\mathcal{F}(n))]\overline{f}\\&=E\mathrm{Re}\,\xi_{n+v}\overline{f}-E[E(\mathrm{Re}\,\xi_{n+v}\overline{f}\,|\,\mathcal{F}(n))]\\&=E\mathrm{Re}\,\xi_{n+v}\overline{f}-E\mathrm{Re}\,\xi_{n+v}\overline{f}=0.\end{aligned}$$

从而(43)对$\tilde{g}$也成立. 对虚部进行类似讨论，即知 $E(\xi_{n+v}\,|\,\mathcal{F}(n))$满足(42)(43)(其中$\mathcal{F}(n,N)$换为$\mathcal{F}(n)$). ■

注 3　上面的证明中未用到弱平稳性，而且$\mathcal{F}(n)$可换为任何

---

① 见关肇直. 泛函分析讲义. 北京：高等教育出版社，1958，第 124-125 页.

② 如$\eta=\eta_1+\eta_2\mathrm{i}$，定义 $E(\eta\,|\,\mathcal{B})=E(\eta_1\,|\,\mathcal{B})+\mathrm{i}E(\eta_2\,|\,\mathcal{B})$. 注意，显然有$\mathcal{F}\{\xi_n,\xi_{n-1},\cdots\}=\mathcal{F}\{\mathcal{F}(n)\}$，故此式也可写为

$$g_{nv}(\omega)=E(\xi_{n+v}\,|\,\xi_n,\xi_{n-1},\cdots)\quad \text{a.s.}.$$

一个二阶矩随机变量的集.

（四）

定理 3 给出了预测问题理论上的解答，然而要实际地写出 $g_{nv}(\omega)$ 的表达式时，却感到很大困难. 于是退而缩小可取函数类 $\mathcal{F}(n)$ 到 H^n 以考虑线性预测，即要求 $\varphi_{nv}(\omega)$ 使

$$\varphi_{nv}\in H^n; \tag{45}$$

$$E|\xi_{n+v}-\varphi_{nv}|^2=\inf_{f\in H^n}E|\xi_{n+v}-f|^2. \tag{46}$$

如同上述，这问题等价于求 ξ_{n+v} 在 H^n 中的投影 φ_{nv}. 后者由下列两条件决定：

$$\varphi_{nv}\in H^n; \tag{47}$$

$$(\xi_{n+v}-\varphi_{nv})\perp H^n. \tag{48}$$

我们自然还关心最小误差

$$\sigma_v^2=E|\xi_{n+v}-\varphi_{nv}|^2, \tag{49}$$

表面上 σ_v^2 似乎依赖于 n，下面会证明 σ_v^2 与 n 无关. 在线性预测理论中，重要的问题是求 φ_{nv} 及 σ_v^2. 利用（一）（二）中的结果与记号，可证

定理 4 对非奇异的弱平稳序列 $\{\xi_n,n\in\mathbf{N}\}$

$$\begin{aligned}\varphi_{nv}&=\sum_{j=v}^{+\infty}c_j\psi(n+v-j)+\xi_s(n+v)\\&=\int_\Pi \mathrm{e}^{n\lambda\mathrm{i}}\left[\frac{\sum\limits_{j=v}^{+\infty}c_j\mathrm{e}^{(v-j)\lambda\mathrm{i}}\,\chi_{\overline{A}}(\lambda)}{\sum\limits_{j=0}^{+\infty}c_j\mathrm{e}^{-j\lambda\mathrm{i}}}+\mathrm{e}^{v\lambda\mathrm{i}}\,\chi_A(\lambda)\right]Z(\mathrm{d}\lambda);\end{aligned} \tag{50}$$

$$\sigma_v^2=\sum_{j=0}^{v-1}|c_j|^2; \tag{51}$$

$$\lim_{v\to+\infty}\sigma_v^2=E|\xi_r(n)|^2>0. \tag{52}$$

证 根据定理 1，并回忆(13)中的 $H_\xi^n=H^n$，$S_\xi=\bigcap\limits_{n=-\infty}^{+\infty}H^n$，

可见 $\widetilde{\varphi}_{nv}=\sum_{j=v}^{+\infty}c_j\varphi(n+v-j)+\xi_s(n+v)\in H^n$，而且 $\xi_{n+v}-\widetilde{\varphi}_{nv}=\sum_{j=0}^{v-1}c_j\psi(n+v-j)\perp H^n$，故得证 $\widetilde{\varphi}_{nv}$ 满足(47)(48)，从而 $\varphi_{nv}=\widetilde{\varphi}_{nv}$. 再利用(33)(34) 便完全证明了(50). 既然按(13) 知 $\{\psi(n)\}$ 为规范化正交序列，故

$$\sigma_v^2=E\mid\xi_{n+v}-\varphi_{nv}\mid^2=E\left|\sum_{j=0}^{v-1}c_j\psi(n+v-j)\right|^2$$

$$=\sum_{j=0}^{v-1}|c_j|^2. \tag{53}$$

由此式可见 $\sigma_1^2\leqslant\sigma_2^2\leqslant\cdots,\sigma_1^2\geqslant c_0^2>0.$

$$\lim_{v\to+\infty}\sigma_v^2=\sum_{j=0}^{+\infty}|c_j|^2=E\left|\sum_{j=0}^{+\infty}c_j\psi(n-j)\right|^2$$

$$=E|\xi_r(n)|^2. \quad ■$$

定理 4 完全解决了非奇异序列的预测问题. 至于奇异序列，则因 $R(=R_\xi)=0$，$H=S=\bigcap_{n=-\infty}^{+\infty}H^n$，可见 $H^n=H^{n+v}$，故 $\xi_{n+v}\in H^n$，

$$\sigma_v^2=\inf_{f\in H^n}E|\xi_{n+v}-f|^2=0,\quad v\in\mathbf{N}^*. \tag{54}$$

这说明：对奇异序列，$\sigma_v^2\equiv0$；或者说，预测是完全精确的.

另一极端是规则序列，它的均方误差的极限达到最大值. 为了说明这点，先注意对任意弱平稳序列，由于$(\xi_{n+v}-\varphi_{nv})\perp\varphi_{nv}$，有

$$\sigma_v^2=E|\xi_{n+v}-\varphi_{nv}|^2\leqslant E|\xi_{n+v}-\varphi_{nv}|^2+E|\varphi_{nv}|^2$$

$$=E|\xi_{n+v}-\varphi_{nv}+\varphi_{nv}|^2=E|\xi_{n+v}|^2=E|\xi_0|^2. \tag{55}$$

故 $\lim\limits_{v\to+\infty}\sigma_v^2\leqslant E|\xi_0|^2$. 如果$\{\xi_n,n\in\mathbf{N}\}$是规则的，那么 $\xi_n=\xi_r(n)$，从而(52)化为

$$\lim_{v\to+\infty}\sigma_v^2=E|\xi(n)|^2=E|\xi_0|^2>0. \tag{56}$$

对于一般非奇异序列，(52)表示，上式左方极限等于此序列的规则部分的均方值.

§9.3　平稳正态过程

（一）

设$\{\xi_t, t\in T\}$为正态过程. 本节中，如无特别声明，我们总假定：

(i) $E\xi_t=0$,　$t\in T$.

(ii) ξ_t 取实数值.

这些条件不再重述.

对正态过程，最好把 ξ_t 关于 $\xi_{t_1}, \xi_{t_2}, \cdots, \xi_{t_n}$ 的线性预测量（即 ξ_t 在 $\overline{L}\{\xi_{t_1}, \xi_{t_2}, \cdots, \xi_{t_n}\}$ 上的投影）记为 $\widetilde{E}(\xi_t \mid \xi_{t_1}, \xi_{t_2}, \cdots, \xi_{t_n})$. 理由是：对这类过程，我们有

定理 1　$E(\xi_t \mid \xi_{t_1}, \xi_{t_2}, \cdots, \xi_{t_n})=\widetilde{E}(\xi_t \mid \xi_{t_1}, \xi_{t_2}, \cdots, \xi_{t_n})$　a.s..

证　取 $m(\leqslant n)$个随机变量 $e_1, e_2, \cdots, e_m$，使满足

(i) 每个 e_i 是 $\xi_{t_1}, \xi_{t_2}, \cdots, \xi_{t_m}$ 的线性组合；

(ii) $Ee_ie_j=\delta_{ij}$；

(iii) 每个 ξ_{t_i} 是 $e_1, e_2, \cdots, e_m$ 的线性组合，$i=1,2,\cdots,n$.

这样的$\{e_i\}$ 譬如说，可用下法找到：如果 ξ_{t_j} 等于 0 或者是 $\xi_{t_1}, \xi_{t_2}, \cdots, \xi_{t_{j-1}}$ 的线性组合，那么就不考虑 ξ_{t_j}. 剩下的 ξ_{t_j} 设有 m 个，不妨就设为 $\xi_{t_1}, \xi_{t_2}, \cdots, \xi_{t_m}$. 取$e_1=\dfrac{\xi_{t_1}}{E\mid \xi_{t_1}\mid^2}$，$E\mid \xi_{t_1}\mid^2>0$（否则$\xi_{t_1}=0$，而我们已把它排出），如 $e_1, e_2, \cdots, e_{k-1}$ 已取定，则令 $e_k=\dfrac{g_k}{\| g_k \|}$，其中$g_k=\xi_{t_k}-\sum\limits_{i=1}^{k-1}(E\xi_{t_k}e_i)e_i$. 由于 $\xi_{t_1}, \xi_{t_2}, \cdots, \xi_{t_m}$ 线性无关，而且 e_i 是 $\xi_{t_1}, \xi_{t_2}, \cdots, \xi_{t_i}$ 线性组合，故$g_k\neq 0$. 不难验证，$\{e_i\}$ 满足(i)(ii)(iii).

令 $\beta_i=E\xi_te_i$，$i=1,2,\cdots,m$. 试证

$$E\left|\xi_t-\sum_{i=1}^{m}\beta_i e_i\right|^2=\inf_f E\mid\xi_t-f\mid^2,\tag{1}$$

其中 inf 对 $f\in\mathcal{M}$ 而取，而

$$\mathcal{M}=(f(\omega):f\text{ 为}\mathcal{F}\{\xi_{t_1},\xi_{t_2},\cdots,\xi_{t_n}\}\text{可测};E|f|^2<+\infty)$$
$$=(f(\omega):f\text{ 为}\mathcal{F}\{e_1,e_2,\cdots,e_m\}\text{可测};E|f|^2<+\infty).$$

如果能证明(1)，那么便证明了 ξ_t 关于 $\xi_{t_1},\xi_{t_2},\cdots,\xi_{t_n}$ 的预测量是 $e_1,e_2,\cdots,e_m$ 的，因而也是 $\xi_{t_1},\xi_{t_2},\cdots,\xi_{t_n}$ 的线性函数 $\sum\limits_{i=1}^{m}\beta_i e_i$，后者显然也是 ξ_t 关于 $\xi_{t_1},\xi_{t_2},\cdots,\xi_{t_n}$ 的线性预测量，这样便证明了两个预测量的重合. 再利用 §9.2 定理 3 即得定理结论.

为证(1)先注意

$$E\left(\xi_t-\sum_{i=1}^{m}\beta_i e_i\right)e_j=0,\quad j=1,2,\cdots,m,\tag{2}$$

既然 $\xi_t-\sum\limits_{i=1}^{m}\beta_i e_i$ 及 e_j 都有正态分布，由它们的不相关性可得独立性，故 $\xi_t-\sum\limits_{i=1}^{m}\beta_i e_i$ 与 $e_j(j=1,2,\cdots,m)$ 独立，从而也与 f 独立. 于是

$$\begin{aligned}E\mid\xi_t-f\mid^2&=E\left|\left(\xi_t-\sum_{i=1}^{m}\beta_i e_i\right)+\left(\sum_{i=1}^{m}\beta_i e_i-f\right)\right|^2\\&=E\left|\xi_t-\sum_{i=1}^{m}\beta_i e_i\right|^2+E\left|\sum_{i=1}^{m}\beta_i e_i-f\right|^2,\end{aligned}\tag{3}$$

最后一等号成立是由于

$$E\left(\xi_t-\sum_{i=1}^{m}\beta_i e_i\right)=0.\tag{4}$$

由(3)即得证(1). ■

重复一次：在上述证明过程中，我们附带证明了：ξ_t 关于 ξ_{t_1}，$\xi_{t_2},\cdots,\xi_{t_n}$ 的预测量与线性预测量相等，它们重合于 $\sum\limits_{i=1}^{m}\beta_i e_i$.

现在来研究平稳正态过程. 我们早已知道(§8.1)，在条件

(i)(ii)下，正态过程是弱平稳（因而也是平稳）过程的充分必要条件是相关函数 $E\xi_{t+\tau}\xi_t=B(\tau)$ 与 t 无关.

定理 2 对可分的平稳正态过程 $\{\xi_t,t\in\mathbf{R}\}$，如果存在常数 $\varepsilon>0,c\geqslant 0$，使

$$|B(\tau)-B(0)|\leqslant c|\tau|^{\varepsilon},\tag{5}$$

那么它的样本函数以概率 1 连续.

证 这是§3.2 系 3 的直接推论. ■

为使(5)满足，例如，只要 $B(\tau)$ 在 0 点可导.

定理 3 设 $\{\xi_t,t\in\mathbf{R}\}$ 是均方连续波莱尔可测的平稳正态过程，则它为遍历的充分必要条件是：谱函数 $F(\lambda)$ 是连续函数.

证 如果 $\xi_t\equiv 0$，定理是显然的. 故以下不考虑退化情形. 不妨设 $E|\xi_t|^2=1$. 令

$$B(\tau)=\int_{\mathbf{R}}\mathrm{e}^{\tau\lambda\mathrm{i}}F(\mathrm{d}\lambda),\quad B(0)=1.\tag{6}$$

$\{\xi_t,t\in\mathbf{R}\}$ 对应的保测变换记为 $T_t,t\in\mathbf{R}$.

充分性 设 S 为不变集，对 $\varepsilon>0$，取柱集

$$C=\{\omega:(\xi_{\tau_1},\xi_{\tau_2},\cdots,\xi_{\tau_n})\in B\},B\in\mathcal{B}_n,$$

使 $P(C\Delta S)<\varepsilon$. 于是

$$\begin{aligned}&P(C\cap T_tC)\\&=P(\{(\xi_{\tau_1},\xi_{\tau_2},\cdots,\xi_{\tau_n})\in B\}\cap\{(\xi_{t+\tau_1},\xi_{t+\tau_2},\cdots,\xi_{t+\tau_n})\in B\})\\&=\frac{|\boldsymbol{\Lambda}(t)|^{-\frac{1}{2}}}{2(\pi)^{2n}}\int\cdots\int_{(x_1,x_2,\cdots,x_n)\in B;(x_{n+1},x_{n+2},\cdots,x_{2n})\in B}\int\cdots\int\mathrm{e}^{-\frac{1}{2}Q(x)}\mathrm{d}x_1\mathrm{d}x_2\cdots\mathrm{d}x_{2n},\end{aligned}\tag{7}$$

其中

$$\boldsymbol{\Lambda}(t)=\left[\begin{array}{cccc:c} 1 & B(\tau_1-\tau_2) & \cdots & \cdots & \\ \vdots & \vdots & & \vdots & \boldsymbol{D}(t) \\ B(\tau_n-\tau_1) & B(\tau_n-\tau_2) & \cdots & 1 & \\ \hdashline B(t) & B(\tau_1+t-\tau_2) & \cdots & \cdots & \\ \vdots & \vdots & & \vdots & \boldsymbol{A} \\ B(\tau_n+t-\tau_1) & B(\tau_n+t-\tau_2) & \cdots & \cdots & \end{array}\right]$$

$$=\begin{pmatrix} \boldsymbol{A} & \boldsymbol{D}(t) \\ \boldsymbol{D}(t)^{\mathrm{T}} & \boldsymbol{A} \end{pmatrix}; \tag{8}$$

$$\boldsymbol{Q}(x)=(x_1,x_2,\cdots,x_{2n})\boldsymbol{\Lambda}(t)^{-1}(x_1,x_2,\cdots,x_{2n})^{\mathrm{T}},$$

这里不难看出 $\boldsymbol{\Lambda}(t)^{-1}$ 的存在. 把一切 $\{\tau_i-\tau_j\}$ 记成 $t_1,t_2,\cdots,t_N$，则

$$\frac{1}{2T}\int_{-T}^{T}\sum_{i=1}^{N}|B(t_i+t)|^2\mathrm{d}t$$

$$=\frac{1}{2T}\int_{-T}^{T}\sum_{i=1}^{N}\int_{\mathbf{R}}\int_{\mathbf{R}}\mathrm{e}^{(t_i+t)\lambda\mathrm{i}-(t_i+t)\mu\mathrm{i}}F(\mathrm{d}\lambda)F(\mathrm{d}\mu)\mathrm{d}t$$

$$=\sum_{i=1}^{N}\int_{\mathbf{R}}\int_{\mathbf{R}}\frac{\mathrm{e}^{(t_i+T)(\lambda-\mu)\mathrm{i}}-\mathrm{e}^{(t_i-T)(\lambda-\mu)\mathrm{i}}}{2T_i(\lambda-\mu)}F(\mathrm{d}\lambda)F(\mathrm{d}\mu), \tag{9}$$

其中积分序可改变是由于绝对可积性. 令 $T\to+\infty$，上式右方趋于

$$N\cdot\iint_{\lambda=\mu}F(\mathrm{d}\lambda)F(\mathrm{d}\mu)=N\cdot\sum_{\lambda_i}[F(\lambda_i+0)-F(\lambda_i-0)]^2,$$

$\sum$ 对 $F(\lambda)$ 的一切断点 λ_i 进行. 但由假定 $F(\lambda)$ 连续，故

$$\lim_{T\to+\infty}\frac{1}{2T}\int_{-T}^{T}\sum_{i=1}^{N}|B(t_i+t)|^2\mathrm{d}t=0,$$

$$\lim_{T\to+\infty}\sum_{i=1}^{N}|B(t_i+t)|^2\mathrm{d}t=0,$$

于是存在子列 t_v，当 $v\to+\infty$，$t_v\to+\infty$ 时，$B(t_i+t_v)\to0$. 根据(7)(8)及控制收敛定理，得

$$\lim_{v\to+\infty} P(C\cap T_{t_v}C)$$

$$=\frac{|\boldsymbol{\Lambda}|^{-\frac{1}{2}}}{(2\pi)^{2n}}\int\cdots\int_{(x_1,x_2,\cdots,x_n)\in B;}\int\cdots\int_{(x_{n+1},x_{n+2},\cdots,x_{2n})\in B}\mathrm{e}^{-\frac{1}{2}\boldsymbol{Q}_0(x)}\mathrm{d}x_1\mathrm{d}x_2\cdots\mathrm{d}x_{2n},$$

其中

$$\boldsymbol{\Lambda}=\begin{pmatrix}\boldsymbol{A} & \boldsymbol{O}\\ \boldsymbol{O} & \boldsymbol{A}\end{pmatrix},$$

$$\boldsymbol{Q}_0(x)=(x_1,x_2,\cdots,x_{2n})\boldsymbol{\Lambda}^{-1}(x_1,x_2,\cdots,x_{2n})^{\mathrm{T}},$$

于是

$$\lim_{v\to+\infty}P(C\cap T_{t_v}C)=P(C)^2.$$

因 S 为不变集，又 T_t 保测度，故

$$P(S\Delta CT_{t_v}C)=P(ST_{t_v}S\Delta CT_{t_v}C)$$
$$\leqslant P(S\Delta C)+P(T_{t_v}S\Delta CT_{t_v}C)=2P(S\Delta C)<2\varepsilon,$$

更有 $|P(S)-P(CT_{t_v}C)|<2\varepsilon$. 令 $v\to+\infty$ 即得

$$|P(S)-P(C)^2|<2\varepsilon.$$

另一方面，又有

$$|P(S)^2-P(C)^2|\leqslant 2|P(S)-P(C)|\leqslant 2P(S\Delta C)<2\varepsilon.$$

综合上两式，即得 $|P(S)-P(S)^2|<4\varepsilon$. 既然 $\varepsilon>0$ 任意，便得 $P(S)=P(S)^2$，亦即 $P(S)=0$ 或 1.

必要性 考虑过程 $\{\xi_t^2,t\in\mathbf{R}\}$. 因正态分布具有各阶矩，故 ξ_t^2 具有有穷二阶矩，而且平稳. 令 $\beta(\tau)=E(\xi_\tau^2-E\xi_\tau^2)(\xi_0^2-E\xi_0^2)$，试证

$$\beta(\tau)=2(B(\tau))^2.$$

实际上，由正态性

$$E\{\exp(u_1\xi_\tau+u_2\xi_0)\mathrm{i}\}=\exp\left\{-\frac{1}{2}[a^2(u_1^2+u_2^2)+2B(\tau)u_1u_2]\right\},$$

其中 $a^2=E\xi_0^2$. 以 $\frac{\partial^4}{\partial u_1^2\partial u_2^2}$ 作用两边，令 $u_1=u_2=0$，得

$$E(\xi_\tau^2\xi_0^2)=\frac{1}{2}(2a^4+4B^2(\tau))=a^4+2B^2(\tau),$$

$$\beta(\tau)=E(\xi_\tau^2-a^2)(\xi_0^2-a^2)=2B^2(\tau). \tag{10}$$

其次，根据§7.3 定理 2，§7.3(17)及§8.5 定理 2，知以概率 1（同时也均方收敛地）有

$$\lim_{T\to+\infty}\frac{1}{2T}\int_{-T}^{T}\xi^2(t)\mathrm{d}t=\eta(\omega).$$

而且此极限的方差由§8.5 定理 2 为

$$D\eta=\lim_{T\to+\infty}\frac{1}{2T}\int_{-T}^{T}\beta(\tau)\mathrm{d}\,\tau=\lim_{T\to+\infty}\frac{1}{2T}\int_{-T}^{T}2B^2(\tau)\mathrm{d}\,\tau.$$

由(9)得

$$D\eta=2\sum_{\lambda_i}[F(\lambda_i+0)-F(\lambda_i-0)]^2.$$

如果$\{\xi_t,t\in\mathbf{R}\}$是遍历的，那么$\{\xi_t^2,t\in\mathbf{R}\}$亦然，因之$\eta(\omega)$以概率 1 等于某一常数，于是$D\eta=0$，由上式便得证$F(\lambda)$连续. ■

(二)

试研究什么时候满足总假定(i)(ii)的正态过程是马氏过程.由于定理 1，为使这种过程是马氏过程，充分必要条件是：对任一组$t_1<t_2<\cdots<t_n<t,t_i\in T,t\in T$

$$\widetilde{E}(\xi_t|\xi_{t_1},\xi_{t_2},\cdots,\xi_{t_n})=\widetilde{E}(\xi_t|\xi_{t_n})\quad \text{a.s.}, \tag{11}$$

定义二元函数

$$R(s,t)=\begin{cases}\dfrac{E\xi_t\xi_s}{E|\xi_s|^2}, & E|\xi_s|^2>0,\\ 0, & E|\xi_s|^2=0,\end{cases} \tag{12}$$

我们有

定理 4　正态过程$\{\xi_t,t\in T\}$当且仅当

$$R(s,u)=R(s,t)R(t,u),\quad s<t<u \tag{13}$$

时是马氏过程.

证　定义随机变量

$$\eta(t,u)=\xi_u-R(t,u)\xi_t, \tag{14}$$

则$\eta(t,u)\perp\xi_t$，此因若$E|\xi_t|^2>0$，则

$$E\eta(t,u)\xi_t = E(\xi_u - R(t,u)\xi_t)\xi_t$$
$$= E\xi_u\xi_t - R(t,u)E|\xi_t|^2 = 0; \qquad (15)$$

若 $E|\xi_t|^2=0, \xi_t=0$ a.s.，则结论是显然的.

必要性 如$\{\xi_t, t\in T\}$是马氏的，由(11)

$$\widetilde{E}(\xi_u|\xi_s,\xi_t)=\widetilde{E}(\xi_u|\xi_t)=R(t,u)\xi_t,$$

后一等号成立是因为 $R(t,u)\xi_t$ 是 ξ_u 在 $\overline{L}\{\xi_t\}$上的投影. 由上式可见 $\eta(t,u)\perp\xi_s$，这表示

$$E\xi_u\xi_s - R(t,u)E\xi_t\xi_s = 0, \qquad (16)$$

而此式等价于(13).

充分性 若(13)成立，则(16)成立. 而后者表示：$\eta(t,u)\perp\xi_s(s<t)$；亦即

$$E(\xi_u - R(t,u)\xi_t)\xi_s = 0.$$

特别，$\eta(t,u)\perp\xi_{t_i}, t_1<t_2<\cdots<t_n<t<u$，因而由(12)上式显然对 $s=t$ 也成立，故

$$\widetilde{E}(\xi_u|\xi_t)=R(t,u)\xi_t=\widetilde{E}(\xi_u|\xi_{t_1},\xi_{t_2},\cdots,\xi_{t_n},\xi_t). \qquad ■$$

注 1 由定理的证明可见，ξ_u 关于$\{\xi_s, s\leqslant t\}(t<u)$的预测量 $R(t,u)\xi_t$ 只依赖于最后的 ξ_t，这与马氏性相容而正是我们所预期的.

现在设$\{\xi_t, t\in T\}$是马氏平稳正态过程.

由平稳性知 $R(s,t)$只依赖于 $t-s$，记

$$R(t)=R(s,s+t). \qquad (17)$$

由马氏性得

$$R(t_1+t_2)=R(t_1)R(t_2), \quad t_1>0, t_2>0. \qquad (18)$$

如 T 为整数集，由(18)解得 $R(n)$必呈形式

$$R(n)=a^n, \quad a \text{ 为某常数}.$$

于是

$$B(\tau)=E\xi_\tau\xi_0=R(\tau)E|\xi_0|^2=ca^\tau, \quad \tau\geqslant 0,$$

其中 $c=E|\xi_0|^2\geqslant 0$. 估计到 $B(-\tau)=B(\tau)$，得

$$B(\tau)=ca^{|\tau|},\quad c\geqslant 0,\quad |a|\leqslant 1. \tag{19}$$

$|a|\leqslant 1$ 的原因是 $|a|=\dfrac{|E\xi_1\xi_0|}{E|\xi_0|^2}\leqslant 1$.

如 $T=(-\infty,+\infty)$ 而且过程均方连续，因而 $R(t)$ 连续时，由(18)解得

$$B(\tau)=c\mathrm{e}^{-\alpha|\tau|},\quad c\geqslant 0,\quad \alpha\geqslant 0. \tag{20}$$

特别，如 $c>0$，$\alpha>0$，过程不可能退化①，这类过程重合于由 § 8.2 (49)与(50)定义的过程类，因而它们可以通过对维纳过程的随机积分来表在达.

注意　由定理 2 及(20)可见，可分的均方连续的马氏平稳正态过程的样本函数以概率 1 连续.

总结上述，得

定理 5　设 $\{\xi_t,t\in T\}$ 为马氏平稳正态过程. 若 $T=\mathbf{N}$，则相关函数由(19)给出. 若 $T=(-\infty,+\infty)$，而且过程均方连续，则相关函数由(20)给出；如果补设过程可分，那么它的样本函数以概率 1 连续；如果(20)中 $c>0$，$\alpha>0$，那么所考虑的过程类重合于 § 8.2 中(49)与(50)所定义的过程类. 最后波莱尔可测的均方连续马氏平稳正态过程是遍历的.

证　只要证最后一结论. 如(20)中 $c=0$，$B(\tau)\equiv 0$，过程退化为 $\xi_t\equiv 0$，$\mathcal{F}'\{\xi_t,t\in\mathbf{R}\}$ 只含概率为 0 或 1 的集而结论显然正确. 若 $c>0$，则它有谱密度，由 § 8.2(52)给出，从而谱函数 $F(\lambda)$ 连续，于是结论由定理 3 得到. ■

---

① 若 $c>0$，则必 $\alpha>0$；否则 $B(\tau)\equiv c$，$\xi_t\equiv\sqrt{c}$(或 $-\sqrt{c}$)，再由总假定(i)即得 $c=0$，矛盾.

§9.4 补充与习题

1. 设均方连续弱平稳过程$\{\xi_t, t\in \mathbf{R}\}$所对应的投影算子族为$\{E(A), A\in \mathcal{B}_1\}$，谱测度为$F(A), A\in\mathcal{B}_1$，又$f(\lambda)\in L^2(\mathbf{R}, \mathcal{B}_1, F)$，试求$E(A)\left[\int_{\mathbf{R}} f(\lambda)Z(\mathrm{d}\lambda)\right]$，其中$Z(A)$是过程的随机测度.

提示 $E(A)\left[\int_{\mathbf{R}} f(\lambda)Z(\mathrm{d}\lambda)\right]=\int_{\mathbf{R}} f(\lambda)\chi_A(\lambda)Z(\mathrm{d}\lambda)$.

2. 试证弱平稳序列奇异的充分必要条件是由(49)所定义的$\sigma_1^2=0$；此时一切$\sigma_v^2=0, v\in\mathbf{N}^*$.

提示 一切$H_\xi^n(n\in\mathbf{N}^*)$当且仅当$\sigma_1^2=0$时相重合.

附记 通过弱平稳序列的谱函数$F(\lambda)$来判别序列是否奇异，有下列结果：弱平稳序列非奇异的充分必要条件是：对几乎一切λ(关于勒贝格测度)$F'(\lambda)>0$而且$\int_{-\pi}^{\pi}\lg F'(\lambda)\mathrm{d}\lambda>-\infty$. 此外，§9.2(51)中的$c_j$还可由$F'(\lambda)$求出，这里$F'(\lambda)$表$F(\lambda)$的导数，它对几乎一切$\lambda$有定义. 可惜这些结果的证明涉及较专门的复变函数理论，故只好从略，读者可参看[16]或[19]. 在一些特殊情形下，如何实际求σ_v^2及φ_{nv}，可见本章文献[10][11]. 均方连续弱平稳过程的预测理论也见[16]. 至于多维情况(或随机变量的值是多维的，或参数t的值是多维的)的预测理论则还是正在研究中的问题，目前也得到了不少结果，如见本章文献[4][5]. 与弱平稳过程紧密有关的是平稳增量过程与广义平稳过程，见本章文献[3][7][12][14][17].

近年来弱平稳过程的统计理论有很大的进展，见本章文献[1][5][9]；以及书末书目[18]及[19].

本章§9.1及§9.2的叙述方式属于柯尔莫哥洛夫，王梓坤有幸读到这位大师于1958年至1959年期间在莫斯科大学讲授随机过程的讲义.在§9.3及第8章若干部分的写作中，王梓坤参考了江泽培的平稳过程讲义.

参考文献

[1] 王寿仁.格子点上随机场的回归系数的估计问题.数学学报，1958，8(2)：210-222.

[2] 王寿仁.关于广义随机过程的一个注记.科学记录，1958，2(1)：15-17.

[3] 王梓坤.随机泛函分析引论.数学进展，1962，5(1)：45-71.

[4] 江泽培.О линейной экстраполяции непрерывного однооpодного случайного поля. Теория Вероятн. и её Прим.，1957，1(2)：60-91.

[5] 江泽培.On the estimation of regression coefficients of a continuous paramrter time series with a stationary residual. Теория Вероятн. и её Прим.，1958，4：405-423.

[6] 江泽培.多维平稳过程的预测理论(Ⅰ)(Ⅱ).数学学报，1963，13(2)：269-298；1964，14(3)：438-450.

[7] 郑绍濂.正则与奇异的平稳广义随机过程.科学记录，新辑，1959，8(3)：281-286.

[8] 郑绍濂.多维平稳广义随机过程的谱分析.复旦大学学报，1960，(2)：203-210.

[9] 郑绍濂，陶宗英，等.具有多维平稳随机扰动的回归系数的估计.数学学报，1961，11(2)：222-237.

[10] 雅格龙.平稳随机函数导论.数学进展，1956，2(1)：3-153.

[11] 雅格龙.具有有理谱密度的平稳随机过程的外推,内插及过滤.数学进展,1956,2(2):161-201.

[12] 雅格龙.具有随机平稳 n 级增量的过程的相关理论.数学进展,1956,2(2):202-255.

[13] Wiener N, Masani P. The prediction theory of multivariate stochastic processes, Ⅰ, Ⅱ, Ⅲ. Acta Math., 1957, 98:111-150; 1958, 99:93-137.

[14] Гелъфанд И М, Виленкин Н Я. Обобщенные Функции, 1961, 4.

[15] Добрушин Р Л. Своёства выборочных функций Гауссовского стационарного процесса. Теория Вероятн. и её Прим., 1960, 5(1):132-134, 128-131.

[16] Розанов Ю А. Спектральная теория многомерных стационарных случайиых процессов с дискретным временем. Успехи Матем. Наук, 1958, 13(2):93-142.

[17] Itô K. Stationary random distributions. Mem. College Sci. Univ. Kyoto, Ser. A, 1953, 28: 209-223(俄译文见 Математика, 1957, 1(3): 139-151).

随机过程通论(上卷)名词索引

二画～四画

五画

六画

七画

八画

九画

十画

十一画

十二画

十三画～十八画

后　记

王梓坤教授是我国著名的数学家、数学教育家、科普作家、中国科学院院士。他为我国的数学科学事业、教育事业、科学普及事业奋斗了几十年，做出了卓越贡献。出版北京师范大学前校长王梓坤院士的8卷本文集（散文、论文、教材、专著，等），对北京师范大学来讲，是一件很有意义和价值的事情。出版数学科学学院的院士文集，是学院学科建设的一项重要的和基础性的工作。

王梓坤文集目录整理始于2003年。

北京师范大学百年校庆前，我在主编数学系史时，王梓坤老师很关心系史资料的整理和出版。在《北京师范大学数学系史（1915～2002)》出版后，我接着主编5位老师（王世强、孙永生、严士健、王梓坤、刘绍学）的文集。王梓坤文集目录由我收集整理。我曾试图收集王老师迄今已发表的全部散文，虽然花了很多时间，但比较困难，定有遗漏。之后《王梓坤文集：随机过程与今日数学》于2005年在北京师范大学出版社出版，2006年、2008年再次印刷，除了修订原书中的错误外，主要对附录中除数学论文外的内容进行补充和修改，其文章的题目总数为147篇。该文集第3次印刷前，收集补充散文目录，注意到在读秀网（http：//www. duxiu. com)，可以查到王老师的散文被中学和大学语文教科书与参考书收录的一些情况，但计算机显示的速度很慢。

出版《王梓坤文集》，原来预计出版 10 卷本，经过测算后改为 8 卷。整理 8 卷本有以下想法和具体做法。

《王梓坤文集》第 1 卷：科学发现纵横谈。在第 4 版内容的基础上，附录增加收录了《科学发现纵横谈》的 19 种版本目录和 9 种获奖名录，其散文被中学和大学语文教科书、参考书、杂志等收录的 300 多篇目录。苏步青院士曾说：在他们这一代数学家当中，王梓坤是文笔最好的一个。我们可以通过阅读本文集体会到苏老所说的王老师文笔最好。其重要体现之一，是王老师的散文被中学和大学语文教科书与参考书收录，我认为这是写散文被引用的最高等级。

《王梓坤文集》第 2 卷：教育百话。该书名由北京师范大学出版社高等教育与学术著作分社主编谭徐锋博士建议使用。收录的做法是，对收集的散文，通读并与第 1 卷进行比较，删去在第 1 卷中的散文后构成第 2 卷的部分内容。收录 31 篇散文，30 篇讲话，34 篇序言，11 篇评论，113 幅题词，20 封信件，18 篇科普文章，7 篇纪念文章，以及王老师写的自传。1984 年 12 月 9 日，王梓坤教授任校长期间倡议在全国开展尊师重教活动，设立教师节，促使全国人民代表大会常务委员会在 1985 年 1 月 21 日的第 9 次会议上作出决定，将每年的 9 月 10 日定为教师节。第 2 卷收录了关于在全国开展尊师重教月活动的建议一文。散文《增人知识，添人智慧》没有查到原文。在文集中专门将序言列为收集内容的做法少见。这是因为，多数书的目录不列序言，而将其列在目录之前．这需要遍翻相关书籍。题词定有遗漏，但数量不多。信件收集的很少，遗漏的是大部分。

《王梓坤文集》第 3～4 卷：论文（上、下卷）。除了非正式发表的会议论文：上海数学会论文，中国管理数学论文集论文，以及在《数理统计与应用概率》杂志增刊发表的共 3 篇论文外，其余数学论文全部选入。

《王梓坤文集》第 5 卷：概率论基础及其应用。删去原书第 3 版的 4 个附录。

《王梓坤文集》第 6 卷：随机过程通论及其应用（上卷）。第 10 章及附篇移至第 7 卷。《随机过程论》第 1 版是中国学者写的第一部随机过程专著（不含译著）。

《王梓坤文集》第 7 卷：随机过程通论及其应用（下卷）。删去原书第 13～17 章，附录 1～2：删去内容见第 8 卷相对应的章节。《概率与统计预报及在地震与气象中的应用》列入第 7 卷。

《王梓坤文集》第 8 卷：生灭过程与马尔可夫链。未做调整。

王梓坤的副博士学位论文，以及王老师写的《南华文革散记》没有收录。

《王梓坤文集》第 1～2 卷，第 3～4 卷，第 5～8 卷，分别统一格式。此项工作量很大。对文集正文的一些文字做了规范化处理，第 3～4 卷论文正文引文格式未统一。

将数学家、数学教育家的论文、散文、教材（即在国内同类教材中出版最早或较早的）、专著等，整理后分卷出版，在数学界还是一个新的课题。

本套王梓坤文集列入北京师范大学学科建设经费资助项目（项目编号 CB420）。本书的出版得到了北京师范大学出版社的大力支持，得到了北京师范大学出版社高等教育与学术著作分社主编谭徐锋博士的大力支持，南开大学王永进教授和南开大学数学科学学院党委书记田冲同志提供了王老师在《南开大学》（校报）上发表文章的复印件，同时得到了王老师的夫人谭得伶教授的大力帮助，使用了读秀网的一些资料，在此表示衷心的感谢。

李仲来

2016-01-18

图书在版编目（CIP）数据

随机过程通论及其应用．上卷/王梓坤著；李仲来主编．—北京：北京师范大学出版社，2018.8(2019.12 重印)
（王梓坤文集；第 6 卷）
ISBN 978-7-303-23666-4

Ⅰ．①随… Ⅱ．①王… ②李… Ⅲ．①随机过程—研究生—教材 Ⅳ．①O211.6

中国版本图书馆 CIP 数据核字（2018）第 090381 号

营　销　中　心　电　话　010—58805072 58807651
北师大出版社高等教育与学术著作分社　http://xueda.bnup.com

Wang Zikun Wenji
出版发行：北京师范大学出版社 www.bnup.com
北京市海淀区新街口外大街 19 号
邮政编码：100875
印　　刷：鸿博昊天科技有限公司
经　　销：全国新华书店
开　　本：890 mm ×1240 mm　1/32
印　　张：14.5
字　　数：325 千字
版　　次：2018 年 8 月第 1 版
印　　次：2019 年 12 月第 2 次印刷
定　　价：78.00 元

策划编辑：谭徐锋　岳昌庆　　责任编辑：岳昌庆
美术编辑：王齐云　　装帧设计：王齐云
责任校对：陈　民　　责任印制：马　洁